"十三五"国家重点出版物出版规划项目

高性能高分子材料丛书

# 高性能高分子材料表征

高　峡　徐　军　邹文奇　著

科学出版社

北　京

# 内 容 简 介

本书系统介绍了高性能高分子材料的化学元素组成、链结构、分子量及聚集态结构和多种性能的标准化表征技术,提供高性能与功能化高分子材料表征技术的基本原理、测试方法、相关标准及应用案例。主要内容包括:化学元素组成分析及链结构表征,涉及有机元素分析、电感耦合等离子体原子发射光谱和质谱、原子吸收光谱、X 射线荧光光谱、离子色谱、红外光谱、核磁共振波谱、拉曼光谱等;分子量及分子量分布表征,涉及凝胶渗透色谱、静态激光光散射、基质辅助激光解吸电离-飞行时间质谱等;聚集态结构表征,涉及偏光显微镜、电子显微镜、原子力显微镜、差示扫描量热、正电子湮没寿命谱、X 射线衍射和散射等;基本物理特性表征,包括粒度、比表面积、孔径、密度等内容,涉及动态激光光散射、气体吸附和压汞技术;宏观性能表征,包含热性能、力学性能、耐环境性能和光、电性能,涉及热重、导热、热膨胀和动态热机械分析,拉伸、压缩、弯曲、剪切、剥离、撕裂等力学试验,老化试验、生物降解试验和热裂解气相色谱质谱分析、高分子材料全生命周期评价中老化降解产物收集与分析,以及紫外-可见分光光谱、荧光光谱、四探针测试、矢量网络分析等;前沿表征技术,涉及原子力-红外联用、同步辐射和中子散射等。

本书可供高分子材料科学与工程专业本科生、硕士生、博士生及从事高性能高分子材料合成与加工、研究和生产方面的专家、学者和工程技术人员参考。

## 图书在版编目(CIP)数据

高性能高分子材料表征 / 高峡,徐军,邹文奇著. —北京:科学出版社,2024.5

(高性能高分子材料丛书 / 蹇锡高总主编)

"十三五"国家重点出版物出版规划项目

ISBN 978-7-03-078187-1

Ⅰ. ①高… Ⅱ. ①高… ②徐… ③邹… Ⅲ. ①高分子材料—研究 Ⅳ. ①TB324

中国国家版本馆 CIP 数据核字(2024)第 056240 号

丛书策划:翁靖一

责任编辑:翁靖一 张 莉 / 责任校对:杨 赛

责任印制:徐晓晨 / 封面设计:东方人华

**科 学 出 版 社** 出版

北京东黄城根北街 16 号

邮政编码:100717

http://www.sciencep.com

河北鑫玉鸿程印刷有限公司印刷

科学出版社发行 各地新华书店经销

\*

2024 年 5 月第 一 版 开本:720 × 1000 1/16

2024 年 5 月第一次印刷 印张:31 1/4

字数:600 000

**定价:228.00 元**

(如有印装质量问题,我社负责调换)

# 总　序

自 20 世纪初，高分子概念被提出以来，高分子材料越来越多地走进人们的生活，成为材料科学中最具代表性和发展前途的一类材料。我国是高分子材料生产和消费大国，每年在该领域获得的授权专利数量已经居世界第一，相关材料应用的研究与开发也如火如荼。高分子材料现已成为现代工业和高新技术产业的重要基石，与材料科学、信息科学、生命科学和环境科学等前瞻领域的交叉及结合，在推动国民经济建设、促进人类科技文明的进步、改善人们的生活质量等方面发挥着重要的作用。

国家"十三五"规划显示，高分子材料作为新兴产业重要组成部分已纳入国家战略性新兴产业发展规划，并将列入国家重点专项规划，可见国家已从政策层面为高分子材料行业的大力发展提供了有力保障。然而，随着尖端科学技术的发展，高速飞行、火箭、宇宙航行、无线电、能源动力、海洋工程技术等的飞跃，人们对高分子材料提出了越来越高的要求，高性能高分子材料应运而生，作为国际高分子科学发展的前沿，应用前景极为广阔。高性能高分子材料，可替代金属作为结构材料，或用作高级复合材料的基体树脂，具有优异的力学性能。这类材料是航空航天、电子电气、交通运输、能源动力、国防军工及国家重大工程等领域的重要材料基础，也是现代科技发展的关键材料，对国家支柱产业的发展，尤其是国家安全的保障起着重要或关键的作用，其蓬勃发展对国民经济水平的提高也具有极大的促进作用。我国经济社会发展尤其是面临的产业升级以及新产业的形成和发展，对高性能高分子功能材料的迫切需求日益突出。例如，人类对环境问题和石化资源枯竭日益严重的担忧，必将有力地促进高效分离功能的高分子材料、生态与环境高分子材料的研发；近 14 亿人口的健康保健水平的提升和人口老龄化，将对生物医用材料和制品有着内在的巨大需求；高性能柔性高分子薄膜使电子产品发生了颠覆性的变化等。不难发现，当今和未来社会发展对高分子材料提出了诸多新的要求，包括高性能、多功能、节能环保等，以上要求对传统材料提出了巨大的挑战。通过对传统的通用高分子材料高性能化，特别是设计制备新型高性能高分子材料，有望获得传统高分子材料不具备的特殊优异性质，进而有望满足未来社会对高分子材料高性能、多功能化的要求。正因为如此，高性能高分子材料的基础科学研究和应用技术发展受到全世界各国政府、学术界、工业界的高度重视，已成为国际高分子科学发展的前沿及热点。

    因此，对高性能高分子材料这一国际高分子科学前沿领域的原理、最新研究进展及未来展望进行全面、系统地整理和思考，形成完整的知识体系，对推动我国高性能高分子材料的大力发展，促进其在新能源、航空航天、生命健康等战略新兴领域的应用发展，具有重要的现实意义。高性能高分子材料的大力发展，也代表着当代国际高分子科学发展的主流和前沿，对实现可持续发展具有重要的现实意义和深远的指导意义。

    为此，我接受科学出版社的邀请，组织活跃在科研第一线的近三十位优秀科学家积极撰写"高性能高分子材料丛书"，其内容涵盖了高性能高分子领域的主要研究内容，尽可能反映出该领域最新发展水平，特别是紧密围绕着"高性能高分子材料"这一主题，区别于以往那些从橡胶、塑料、纤维的角度所出版过的相关图书，内容新颖、原创性较高。丛书邀请了我国高性能高分子材料领域的知名院士、"973"计划项目首席科学家、教育部"长江学者"特聘教授、国家杰出青年科学基金获得者等专家亲自参与编著，致力于将高性能高分子材料领域的基本科学问题，以及在多领域多方面应用探索形成的原始创新成果进行一次全面总结归纳和提炼，同时期望能促进其在相应领域尽快实现产业化和大规模应用。

    本套丛书于 2018 年获批为"十三五"国家重点出版物出版规划项目，具有学术水平高、涵盖面广、时效性强、引领性和实用性突出等特点，希望经得起时间和行业的检验。并且希望本套丛书的出版能够有效促进高性能高分子材料及产业的发展，引领对此领域感兴趣的广大读者深入学习和研究，实现科学理论的总结与传承，以及科技成果的推广与普及传播。

    最后，我衷心感谢积极支持并参与本套丛书编审工作的陈祥宝院士、李仲平院士、瞿金平院士、王玉忠院士、张立群院士、李光宪教授、郑强教授、王笃金研究员、杨小牛研究员、余木火教授、解孝林教授、王锦艳教授、张守海教授等专家学者。希望本套丛书的出版对我国高性能高分子材料的基础科学研究和大规模产业化应用及其持续健康发展起到积极的引领和推动作用，并有利于提升我国在该学科前沿领域的学术水平和国际地位，创造新的经济增长点，并为我国产业升级、提升国家核心竞争力提供理论支撑。

中国工程院院士

大连理工大学教授

# 前　言

人们对于高分子材料的需求逐渐趋于高性能化与多功能化，促使功能化高性能高分子材料迅速发展。高性能高分子材料的制备、加工和应用均需借助多种科学仪器表征技术对其结构、性能及构效关系进行综合分析。随着高性能高分子材料应用领域的不断扩大，对科学仪器多维度表征手段和分析测试标准化提出了更高的要求。基于此，本书将对高性能高分子材料表征常用分析测试方法、原理、设备、标准和应用场景进行系统论述，着重介绍常用标准方法，通过丰富的应用案例使读者能够更好地理解和应用相关表征设备和方法。

在"高性能高分子材料丛书"中，本书偏重于介绍高性能高分子材料的化学组成、结构和性能常用表征技术，其中流体流动性能、功能膜过滤性能等已有同系列相关书籍单独介绍，本书不再赘述。

本书是作者们多年从事高性能高分子材料分析测试技术研发和检验检测服务工作的提炼和总结，是在借鉴该领域最新研究成果的基础上集体完成的。全书由高峡、徐军、邹文奇执笔与统稿，共分为 10 章，第 1 章为绪论；第 2 章探讨元素组成分析；第 3 章讨论官能团与分子链结构表征；第 4 章描述分子量及分子量分布表征技术；第 5 章阐述聚集态结构表征；第 6 章解析基本物理特性表征；第 7 章展开热性能表征介绍；第 8 章介绍高性能高分子材料的力学性能表征；第 9 章讨论耐环境性能表征；第 10 章介绍光电性能及其他表征技术。特别感谢团队成员白云、陈新启、陈宇迪、程贺、池海涛、崔芃、戴强、邓平晔、高原、勾新磊、关志东、郭霞、韩泽华、胡光辉、扈健、乐胜锋、黎爽、黎增山、李博、李昊、李铭祥、李琴梅、李书沐、刘建伟、刘蕊、刘卫卫、刘晓娜、刘奕忍、龙厚尹、罗振华、马博凯、倪虹、钱冲、卿克兰、邱穆楠、史家昕、史迎杰、孙晓丽、庹新林、王大海、王东、王佳敏、王尉、王小飞、魏晓晓、向俊锋、徐亮、张梅、张双琨、张涛、张裕祥、赵瑾、郑妍妍、邹涛在本书的撰写、修改过程中的贡献及给予的大力支持和帮助。

特别感谢蹇锡高院士、张立群院士、张军研究员、刘瑞刚研究员、吴战鹏教授、郭宝华教授、赵彤研究员对书稿提出的诸多建议，感谢翁靖一编辑为书稿付出的极大耐心和帮助。

本书旨在为读者提供高性能与功能化高分子材料表征技术的基本原理、测试方法、相关标准及应用案例。希望本书提供的内容能够使读者掌握高性能高分子材料标准化表征技术的原理和应用场景，为读者在相关研究领域的科研和应用推广工作提供实际帮助。

由于自身知识和经验所限，以及相关学科的快速发展，书中可能存在不足之处，请读者提出宝贵意见和建议，我们殷切期待与读者们共同努力，不断提升高性能高分子材料表征水平，以标准化分析测试技术助力高性能高分子材料行业的高质量发展。

作　者

2024 年 3 月于北京

# 目 录

## 第 3 章　链结构表征

43

## 第8章　力学性能表征　　313

# 第 1 章

绪　　论

1920 年，Hermann Staudinger 的《论聚合》问世，高分子的概念得以确立，至今有百余年历史，高分子材料已充分融入生活的方方面面[1, 2]。基于高分子材料灵活多变的分子结构特点，可实现坚硬、柔软、弹性、透明、阻隔、导电或绝缘、耐用或可生物降解等多样化应用，其应用领域涵盖了如食品阻隔包装、保温建筑、轻质工程材料、功能性纺织品、耐候涂层、耐用黏合剂，以及生物医用材料(如人工组织替代物、药物释放系统)等方面[3-10]。

高分子材料，特别是功能性、高性能高分子材料相关学科的快速发展，离不开现代仪器分析测试或表征技术的发展。高分子材料的结构特征、性能特点及其之间的构-效关系确立均需借助大量的现代分析测试技术进行多维度表征。如今，随着应用领域的扩大，人们对高分子材料的需求也逐渐趋于高性能化与多功能化的方向发展，这也对新型分析测试或表征方法的发展及表征手段的合理运用提出了更高的要求，以便更高效、准确地获取材料的相关信息，为高分子材料的结构设计与高性能化提供有效的指导。

基于此，本书将对高性能高分子材料表征测试原理进行论述，并着重对各种分析测试技术的应用场景进行详细介绍。为使读者能够更好地理解本书中高性能高分子材料的相关概念及表征技术，首先应明确高性能高分子材料的概念。

## 1.1 高性能高分子材料定义

高分子由众多结构单元(单体)通过化学键相互连接而成，其分子结构可为线型、支化型或交联型，分子量通常为 $10^4 \sim 10^7$ 数量级。不同化学组成的结构单元通过不同的方式或顺序排列成高分子链，高分子链进一步堆砌成不同的聚集态结构，最终构成了种类多样、性能各异的高分子材料。高性能高分子材料，通常被理解为具有优异力学或耐热性能的特种工程塑料或特种弹性体，该类材料在航空航天、电子电气、能源动力及国防军工等领域中发挥重要的作用。然而，随着高分子材料应用面的不断拓宽，单一的高强度已不能够满足人们对于高分子材料的性能与使用要求，因此，人们需要开发新型高分子材料，使高分子材料在不同应用场景中均实现"高性能化"。例如，在电子电气领域，需要材料具有更高的绝缘或导热性能；在生物医用领域，需要材料具有更高的生物相容性；在能源领域，需要材料展现出更好的电化学性能及耐腐蚀性；在农用薄膜领域，则希望材料表现出更加适宜的阻隔或透过性及降解性能等。可见，赋予高分子材料多功能，是目前高性能高分子的重要发展特征。在本书中，高性能高分子材料指在特定应用领域中展现出相对传统高分子材料更高性能或其他功能的一类高分子材料。从性能上分：一是指高模量、高强度及耐高温高分子材料(包含高模量、高强度纤维)等；二是指具有某种重要功能的高分子材料，如具有特殊光、电、声、磁、可控降解等性能的有机材料，而非狭义的特种塑料/弹性体材料。

根据目前国家发展需求，高性能高分子材料的应用领域大致可分为：新能源电池、高效分离分析、高性能复合材料、3D打印、隐身等尖端技术、第四代电子产品等急需的高性能高分子材料，以及具有高阻隔的食品接触、药品包装和具有组织相容性的生物医用(骨植入材料、血液透析膜等)等功能性高分子材料及其复合物。

高性能与功能化高分子材料具体包括但不限于如下种类：酚醛、脲醛，含芳环的环氧树脂，聚酰胺与聚酰亚胺，聚芳醚，聚磷腈，聚芳醚腈，聚醚酮，聚醚砜，聚芳硫醚，聚苯并噁嗪，含二氮杂萘酮联苯结构聚合物，高性能纤维(如芳纶、超高分子量聚乙烯)，生物降解塑料，含氟塑料，聚脲、聚氨酯及其共混物和复合材料等或经过功能改性的通用高分子材料及其复合物。

## 1.2　高性能高分子材料结构与表征内容　◄◄◄

### 1.2.1　高分子的结构特点

高分子材料的结构决定了其性能和应用，因此深入研究其结构对于设计、优化高分子材料具有重要意义[2, 11]。基于自身结构特点的差异化，不同高分子材料可展现出独特的性能特点。在讨论高性能高分子材料的性能与表征之前，我们首先需要了解高分子的基本结构特征。通常，高分子的结构可以分为三个层级结构。这些结构层次相互关联，共同影响高分子材料的性能。

#### 1. 一级结构

高分子的一级结构也称近程结构，通常指分子链中结构单元的排列方式，即化学结构，这是高分子的基本构成。一级结构的特点直接决定了材料的基本性质。

在合成高分子的过程中，单体通过化学键(如共价键)连接形成长链。高分子材料的一级结构因其单体单元种类、组成和排列顺序的不同而具有多样性。以下是关于高分子材料一级结构的几个关键方面：

(1)单体的种类：高分子材料的单体种类丰富多样，包括有机单体(如乙烯、苯乙烯、丙烯酸酯等)和无机单体(如硅氧烷或环磷腈等)。单体的种类决定了高分子链的基本骨架结构，进而影响了材料的性能。

(2)结构单元的组成：结构单元的组成决定了所构成的高分子是属于均聚物或共聚物等。均聚物是由相同类型的结构单元共价连接而成的高分子，共聚物由两种或多种不同的结构单元连接而成。

(3)排列顺序和空间构型：结构单元在高分子链上的排列顺序可以是有规律的或随机的。有规律的排列顺序通常会导致较高的结晶性和有序性，从而影响材料的力学、热等性能。而结构单元随机排列的高分子链具有更高的非晶性和无序性，可能导致不同的性能。空间构型是指结构单元连接的几何方式不同，如顺反异构。

## 2. 二级结构

高分子的二级结构也称远程结构，是指分子链的空间排列和局部有序结构，包括分子链的折叠、螺旋、层状结构等。二级结构受到一级结构的影响。例如，不同的单体序列会导致不同的分子链构象。二级结构对材料的晶体结构、力学性能、热性能等有重要影响。例如，普通聚乙烯塑料袋和聚乙烯纤维中的高分子链具有不同的二级结构，因而二者性能表现有差异。以下是关于高分子材料二级结构的几个关键方面：

(1)高分子链尺寸：高分子链尺寸是指高分子链在空间中所占据的体积。链尺寸受到分子量、链段长度、单体类型、分子链柔度等因素的影响。链尺寸的变化会影响高分子材料的溶解性、黏度、扩散性能等。分子量及其分布是高分子材料的一个重要参数，它表示高分子链的大小。分子量越大，参与链结构构筑的结构单元数量就越多，从而影响材料的力学性能、易加工性等。

(2)高分子链形态：高分子链构象是指高分子链在三维空间中的排列和形状。构象是分子链在一定温度、压力和环境条件下基于原子间力的作用所呈现出的稳定或准稳定的空间结构。在不同的环境条件下，高分子链可能发生构象变化，构象变化对材料的宏观性能有很大影响。

## 3. 三级结构

高分子的三级结构也称凝聚态结构，是指高分子链在更大的尺度上，如微米或纳米尺度上的空间排列和组织形态。凝聚态结构主要描述分子链之间的排列与相互作用、相分离现象及不同相区的形成和分布，涵盖了高分子材料整体的内部结构。以下是关于高分子材料凝聚态结构的几个关键方面：

(1)相分离与相区：在高分子材料中，尤其是共聚物或者共混物中，通常会发生相分离现象。相分离现象导致材料中形成具有不同化学和物理性质的相区。这些相区的形成和分布对材料的宏观性能具有重要影响。

(2)结晶与非晶区域：凝聚态结构中，高分子材料通常包含结晶区域和非晶区域。结晶区域是指分子链在空间上有序排列的区域，非晶区域则是指分子链在空间上无序排列的区域。结晶区域与非晶区域的相对比例及它们的空间分布直接导致了不同材料的力学性能、热性能和光学性能等宏观性能的差异。

(3)取向结构：高分子的取向结构是指聚合物分子链在宏观尺度上表现出一定方向性排列的现象。当高分子链沿着某一方向有序排列时，称为取向。取向结构的形成通常导致高分子材料的性能在不同方向有显著差异，如某一个方向性能显著增强。该类结构通常需借由外力实现，如经过挤出、吹塑、拉伸等加工过程。

### 1.2.2　高性能高分子的表征内容

上述各级结构共同决定着高分子材料的性能特点。高分子材料的高性能化可以通过在不同尺度下进行结构设计来实现。例如，通过在分子结构中引入多种杂原子、芳环或特殊官能团结构，可以调整链的刚性、柔性及反应性。在聚集态结构方面，可以通过控制结晶条件来调节材料的结晶度和有序性。另外，添加功能性填料，如导热颗粒、碳纳米管和陶瓷纤维等，可以改变材料的导热、导电和力学性能等。这些不同的结构设计方法，共同展现了高性能高分子材料结构的复杂性。

因此，精准表征高分子材料的各级结构与性能特点，为材料各级结构的设计提供有效反馈和指导，是推动高性能、功能化高分子材料的制备应用和升级换代的关键步骤。

高性能高分子材料的基本表征内容包括化学元素、分子结构、分子量与聚集态结构和材料性能等，其中化学元素表征既包括 C、H、O、N、S 等主要有机元素的分析测试，又包括无机非金属及金属元素的分析测试，特别是重金属等杂质元素或离子基团的分析测试。在分子结构方面，高性能高分子材料化学结构的表征内容主要包括结构单元及其官能团的原子组成、键接顺序、空间立构等分析测试。在分子量与聚集态结构方面，主要包括整条分子链的大小、分布，以及分子链聚集结构的分析测试。而设计和表征高分子材料结构的目的通常是提升材料的特定性能，并最终建立材料的结构-性能关系。要实现这一目标，需将结构表征与性能表征相结合。性能表征包括基础物理性能(如密度、溶解性、比表面积和孔径等)，以及应用物理性能(如热、力学、耐环境老化和电磁性能等)的分析测试。

## 1.3 不同领域高性能高分子材料的表征技术特点[12] ◀◀◀

### 1.3.1 电子电气和光电领域

基于保护人类健康和环境的理念，对于电子电气产品及其高性能高分子材料中有毒有害成分的表征和监测已得到世界各国的重视，为控制电子电气废弃物对生态环境的污染，规范电子电气产品的材料及工艺标准，欧盟《关于限制在电子电气设备中使用某些有害成分的指令》(RoHS)为代表的环保指令设定了某些有害物质的限量要求。RoHS 2.0(EU2015/863)将限制使用的有害物质增加到 10 种，包括镉、铅、汞、多溴二苯醚等。欧盟的 REACH 法规涉及的产品范围比 RoHS 指令更广，2021 年 7 月 8 日起，REACH 法规中高度关注物质(SVHC)清单增加至 219 种，要求每种 SVHC 含量不能超过 0.1%。我国自 2016 年 7 月 1 日起施行的《电器电子产品有害物质限制使用管理办法》规定了在设计、生产、销售及进口过程中，应标注有害物质名称及其含量，其中铅、汞、镉、六价铬、多溴联苯、多溴二苯醚的限量值与 RoHS 指令指标一致。

因此，应用于电子电气和光电领域的高性能与功能化高分子材料，除针对 C、H、O、N、S 等主要有机元素的分析测试外，还要考虑无机及金属元素的检验检测，特别是重金属等有毒有害成分、杂质元素或离子基团的检验检测。应用于电子电气和光电领域的高性能高分子材料中铅、汞、镉、六价铬、多溴联苯、多溴二苯醚等成分的表征，一般根据目标物及产品的特性、含量水平等因素选择准确度和可操作性较强的表征手段。

在元素分析测试方面，常用的仪器设备和技术方法包括：有机元素分析仪、原子吸收光谱、原子荧光光谱、X 射线荧光光谱(XRF)、电感耦合等离子体(ICP)原子发射光谱及质谱联用仪(ICP-MS)，以及离子色谱仪等。对于材料中的多溴联苯和多溴二苯醚类阻燃剂、邻苯二甲酸酯类增塑剂等挥发性和半挥发性有机物，可采用气相色谱-质谱联用法(GC-MS)、高效液相色谱法(HPLC)或液相色谱-串联质谱法(LC-MS/MS)进行定性和定量分析，必要时可采用串联质谱进行更为准确的筛查。

功能性高分子材料在光电领域的应用，要特别考虑杂质元素或离子基团等对高灵敏度光电产品的影响。例如，具有高导电性能的聚苯胺等导电高分子材料，以及石墨烯复合功能性高分子材料，在应用于电子电气、储能、光电转化领域时，其中的氟离子($F^-$)、氯离子($Cl^-$)、亚硝酸根离子($NO_2^-$)、溴离子($Br^-$)等阴离子杂质含量会直接影响材料的导电性能，可以通过离子色谱法来进行分析测试。

### 1.3.2 民生安全健康领域

1) 食品接触材料领域

高性能高分子材料用于食品接触材料领域，除满足和考虑 REACH 法规中要求的高度关注物质(SVHC)的限制要求和分析测试以外，对于其中可溶出和迁移的化学物质的限量与迁移量的分析测试也需要重点关注。《食品安全国家标准 食品接触用塑料树脂》(GB/T 4806.6—2016)、《食品安全国家标准 食品接触用塑料材料及制品》(GB 4806.7—2016)、《食品安全国家标准 食品接触材料及制品用添加剂使用标准》(GB 9685—2016)及相关公告分别对食品接触用高性能塑料树脂的原料树脂、塑料材料及制品所用的添加剂做出了相关规定，确保塑料制品在正常及预期使用条件下不会对人体健康产生危害。除此之外，食品接触材料在生产和使用过程中不可避免地会引入一定量的非有意添加物，如原料中的杂质、反应中的副产物、使用周期中的降解产物等，作为影响食品安全的重要因素也应受到足够关注。

食品接触材料中有毒有害物质的暴露评估一般采用食品模拟物进行迁移试验。在现有的报道中，暴露评估所用的食品模拟物多为液态的水、乙醇水溶液、乙酸水溶液和精制植物油。食品接触材料中可溶出和迁移的化学物质的限量与迁移量的测定方法中，色谱及色谱质谱联用技术具有分析精度高、速度快、分析范围广等特点，适用于大部分标准中涉及的化合物限量成分的定性和定量分析。

2) 生物医用材料领域

高性能高分子材料在医疗领域的应用与人体健康息息相关，因此，必须对其化学结构组成、物理性能，以及其与人体接触时的生物相容性、安全性等指标进行分析测试和评估。生物医用材料生物学评价标准目前已经形成了从细胞水平到动物整体的较完整的评价框架。国际标准化组织(ISO)以 10993 编号发布了 17 个相关标准。目前，我国生物医用材料的生物学评价标准是根据世界标准化组织 ISO10993 系列标准转化而来的 GB/T 16886 系列标准。

国际标准《医疗器械的生物学评价第 18 部分：材料的化学特性》(ISO10993-18-2005)，规定了相应材料种类定量和定性的各种分析方法。常规的分析方法，如红外光谱、核磁共振波谱和质谱等可用于确定高分子材料的化学结构，凝胶渗透色谱可用于测定高分子材料的分子量。对于生物医用材料的物理、化学和形态特征的分析，国际标准《医疗器械的生物学评价第 19 部分：材料物理、机械和形态特征》(ISO10993-19-2006)规定了可用显微学方法观察材料的多孔性能；用 X 射线衍射、显微镜等分析材料的晶态结构；从接触角及润湿性来判断材料的亲疏水性等。

以聚丙烯酸酯类人工晶体材料的主要表征内容与技术为例，通常利用差示扫描量热法(DSC)测定玻璃化转变温度，通过将玻璃化转变温度与常温比较来表征人工晶体分类中常提到的"软、硬"，材料的玻璃化转变温度大于常温称为"硬性材料"，反之称为"软性材料"；紫外-可见分光谱测试光谱透过率表征光学透明度；高效液相色谱法和气相色谱法都适用于测定聚合物单体的残留量；还有光学(光焦度、分辨率)、力学及稳定性(水解和光照)等理化检测内容。

### 1.3.3 航天航空与国防军工领域

高性能与功能化高分子材料是现代高新技术和新材料产业的基础和先导之一。新型高性能与功能化高分子材料技术的发展和突破为航空航天和国防军工领域的发展提供了先进材料。

1) 力学性能

在航天航空与国防军工领域，材料不同的受力状态使得对高分子材料的力学性能要求各不相同，因此需要开展不同材料特有的力学性能表征方法研究。高分子材料及其复合材料的力学性能表征通常采用试验与计算相结合的方式。以聚合物基复合材料开孔拉伸测试及有限元分析为例。开孔拉伸体现了材料拉伸性能对圆形缺口的敏感程度，是对材料在拉伸状态下抗损伤能力的一种度量，相关测试标准包括 ASTM D5766/D5766 M、GB/T 30968.3—2014 及 HB 6740—1993 等。测试结果表明复合材料开孔拉伸层合板在孔边存在严重的应力集中，其损伤往往从孔边起始。复合材料开孔拉伸层合板的可能破坏模式包括纤维断裂、基体横向开裂和纵向劈裂、层间分层，在损伤扩展过程中，这些破坏模式相互影响，相互耦合，破坏模式及损伤发生顺序将导致层合板开孔拉伸的失效类型不同。失效类型可分为三种：脆性断裂、拔出和分层。通过三维有限元模拟技术开展不同失效类型的层合板开孔拉伸过程中的损伤起始和损伤扩展机理表征，采用三维 Hashin 失效准则和黏聚区模型界面失效准则对开孔拉伸的纤维断裂、基体开裂及层间分层进行模拟，可以推断复合材料层合板开孔拉伸失效类型。

随着高性能高分子材料及其复合材料的性能提升，常出现已有的测试技术无法完整描述其性能的情况，因此有必要开展适用于高性能新材料的力学性能表征测试技术研究，如高弹性材料长时力学性能表征技术及柔性材料疲劳特性表征技术等方面的研究等。

2) 耐高温性能

超音速航空和航天器在高速飞行时，其表面温度可高达 600℃，在需要高强度的同时，对材料瞬时耐热温度和热稳定性要求更为苛刻。而当前市场上的大多数通用塑料和一般工程塑料都往往难以满足要求。为此，国内外早期的研究大多数集中在将热稳定的芳环或杂环结构引入到聚合物分子结构中制备耐高温的高性能高分子材料，在航空航天领域用作雷达罩、耐热涂料或要求高强度、高模量的耐热零件等。大多数热塑性聚合物在高温环境下的使用功能主要取决于聚合物的耐热性、玻璃化转变温度($T_g$)及其形态。对于耐高温聚合物，通常采用热失重测试表征其热性能和热氧化稳定性。而 $T_g$ 是衡量非晶态高分子材料热性能的一个重要参数，它是指高分子链段从冻结状态到可运动的转变所对应的临界温度，其大小取决于高分子链内旋转的难易，通常用 DSC 来表征。

要使高性能高分子材料满足飞行环境的要求，除了基本的性能测试，还需根据实际工况环境进行特殊环境下的测试。例如，聚四氟乙烯（PTFE）与聚苯硫醚（PPS）复合涂料的长期使用温度为 240℃，可通过将涂膜在经过不同温度范围内多次加热-制冷循环后，考察其是否依然保持良好的附着力、柔韧性及冲击强度等力学性能，从而对其耐高温性能进行评价。耐高温涂料可防止钢铁等金属设备在高温环境下氧化腐蚀，广泛应用于高温设备（场所），如高温管道、军工装备的外表涂饰等，以确保设备的长期使用。

3）耐老化性能

在使用环境中，高分子材料不可避免地受到光照、高温、低温、降雨、氧等环境因素的作用，会导致高分子材料各种性能的下降，这称为老化。高分子材料表面至内部发生的老化现象，最终导致材料的降解，表现为材料的宏观机械性能显著下降，材料失去使用价值，会给建筑工程等带来极大的安全隐患。

高分子材料的使用寿命主要取决于高分子材料的使用状况及其长期暴露的环境，如何预测高分子材料的服役寿命一直是业内研究热点，其中耐老化性能是影响所有高分子材料寿命的关键问题之一。近年来研究者对高分子材料老化过程进行了深入研究，利用现代检测技术，监测老化过程中材料的性能、成分及微观结构的变化情况，并通过这些宏观性能或微观结构、组分的变化来表征老化过程，提出相应的老化机理，在此基础上建立预测高分子材料服役寿命的理论模型或公式，包括以宏观性能，如力学性能、光泽度、交流阻抗等变化预测寿命，以微观变化，如添加剂损失、老化产物、分子量变化预测寿命。

## 1.4　高性能高分子材料表征技术发展趋势 ◀◀◀

### 1.4.1　多尺度表征技术相互结合

随着科学技术的进步，表征技术不仅限于宏观尺度和微观尺度，还需要探究介观尺度的结构和性能。因此，未来表征技术的发展将趋于多尺度表征，以全面解析高性能高分子材料的结构和性能。

原子尺度的表征技术主要关注高性能高分子材料的原子结构和化学键的信息。例如，高分辨透射电子显微镜（HRTEM）等技术可以提供原子尺度的结构信息，揭示高分子材料中的化学键类型、晶格结构、取向分布等细节，为材料的设计和性能优化提供基础信息。

分子尺度的表征技术需要关注高分子材料的分子组成、分子量分布、分子间相互作用等信息。例如，凝胶渗透色谱(GPC)等技术可以获取高分子材料的分子量信息，傅里叶变换红外光谱(FTIR)、拉曼(Raman)光谱和荧光光谱等技术可以揭示材料的分子结构和化学组成。通过这些技术，可以深入了解高分子材料的分子组装和相互作用机制，为材料的性能调控提供指导。

纳米尺度的表征技术关注高分子材料在纳米级别的形貌、组织结构、界面和相互作用等信息。例如，原子力显微镜(AFM)、电子显微镜(SEM、TEM)和中子散射技术等可以揭示纳米尺度的形貌和结构特征。这些技术有助于揭示纳米尺度下的物理和化学现象，为高性能高分子材料的设计提供依据。

微米尺度的表征技术关注高分子材料在微米级别的形貌、组织结构、力学性能等信息。例如，光学显微镜(OM)、共聚焦激光扫描显微镜(CLSM)结合拉伸测试等技术可以获取微米尺度的结构和性能信息。这些技术能够揭示材料在微观层面的力学性能和应变分布，为材料的应用提供重要参考。

宏观尺度的表征技术关注高分子材料的整体性能和功能的信息。例如，差示扫描量热法(DSC)、热重分析(TGA)和动态热机械分析(DMA)等热分析技术可以获取材料的热性能和力学性能信息；电化学阻抗谱(EIS)和循环伏安法(CV)等电化学技术可以揭示材料的导电性能和电化学性能；紫外-可见分光光度法(UV-vis)、激光散射法和折射率测量等光学表征方法可以评估材料的光学性能。这些宏观尺度的表征技术可以帮助研究者评估高性能高分子材料在实际应用中的综合性能。

通过多尺度表征技术的发展和结合应用，可以从不同层次全面了解高性能高分子材料的结构和性能。多尺度表征技术的发展将有助于揭示高性能高分子材料的构效关系，促进材料设计和性能优化的研究。在未来的发展中，多尺度表征技术的整合和创新将成为一个重要的研究方向，为高性能高分子材料的研究和应用提供更强大的支持。

### 1.4.2　计算机模拟技术日益重要

数据驱动的表征技术是指通过将大量实验数据、计算机模拟和机器学习算法相结合，从而实现对材料性能和结构的高效、准确表征。这种方法在高性能高分子材料研究中具有巨大的潜力。

计算机模拟技术在高性能高分子材料的表征中发挥着越来越重要的作用。通过构建合适的模型，研究者可以模拟高分子材料的结构、动力学行为和性能。计算机模拟技术可以提供关于高分子材料在原子和分子层面的深入认知，从而指导实验研究和性能优化。

多种分子模拟软件已应用于高分子材料的结构与性能研究，如 LAMMPS

(Large-scale Atomic/Molecular Massively Parallel Simulator)：LAMMPS 是一个非常强大的分子动力学(MD)模拟软件，可以模拟各种高分子材料的动力学行为和力学性能。例如，研究者可以使用 LAMMPS 模拟聚合物纳米复合材料中的高分子链和纳米颗粒之间的相互作用，从而优化材料的性能。GROMACS （GROningen MAchine for Chemical Simulations）：GROMACS 是一个广泛应用于生物大分子系统的分子动力学模拟软件。在高分子材料研究中，GROMACS 可以用于模拟聚合物在生物环境中的行为，如聚合物药物载体在体内的释放过程。Materials Studio：Materials Studio 是一款集成化的材料建模软件，提供了丰富的功能，包括分子动力学模拟、量子化学计算和蒙特卡洛模拟等。在高分子材料研究中，Materials Studio 可以用于优化聚合物链的结构和组成，以实现特定的力学性能或热稳定性。NAMD(NAnoscale Molecular Dynamics)：NAMD 是一款专注于大规模并行计算的分子动力学模拟软件，可以模拟大型高分子系统。在高性能高分子材料研究中，NAMD 可以用于模拟聚合物膜的力学和透过性能，从而指导高分子膜的设计和制备。Quantum Espresso：Quantum Espresso 是一个基于密度泛函理论(DFT)的电子结构计算和分子动力学模拟软件。在高分子材料研究中，Quantum Espresso 可以用于计算聚合物的能带结构和电子输运性能，为导电高分子材料的设计提供理论依据。

  分子模拟技术在高性能高分子材料表征中的重要性不容忽视，因为它们能够弥补现有表征手段在某些领域的局限性，提供有力补充。这些关键优势包括原子层面的洞察、理论预测和指导、复杂环境下的表征、多尺度模拟及模拟实验的补充。分子模拟技术使研究者能够更直接地观察和分析原子层面的结构和行为，为实验研究提供理论依据和指导，从而提高研究效率。在复杂环境中，分子模拟技术可以模拟高分子材料行为，为其在这些环境中的应用提供理论支持。此外，多尺度模拟有助于揭示材料在各个尺度上的性能特点和结构-性能关系，为材料设计和性能优化提供更全面的信息。

  总之，计算机模拟技术在高性能高分子材料表征中具有重要意义，它弥补了现有表征手段的局限性，为材料的研究和应用提供有力支持。随着计算资源和算法的不断发展，分子模拟技术将继续在高分子材料研究领域发挥越来越重要的作用。将分子模拟技术与实验表征手段相结合，将有望为高性能高分子材料的发展提供全面而深入的理解，推动该领域的进一步创新和应用。但是，高分子材料的非模拟表征手段地位仍不可动摇，模拟手段仍需与实验验证相结合。

### 1.4.3　多种表征手段的联合应用

  多种表征手段的联合应用在高性能高分子材料研究领域具有重要价值。通过结合不同的表征技术，研究者可以获得关于材料性能和结构的全面信息，从而更好地了解高分子材料的性质和应用。在这方面，多种联用技术已经得到广泛应用，如热重-傅里叶变换红外光谱/质谱(TG-FTIR/MS)、红外光谱-原子力显微镜(IR-AFM)，以及气相色谱-电感耦合等离子体-光学发射光谱(GC-ICP-OES)等，这些联用技术手段为高性能高分子材料的研究提供了更广泛的应用前景。通过结合多种表征技术，可以更好地解决高分子材料研究中的一些挑战性问题。例如，表征复杂体系中多种组分的存在及揭示材料在不同条件下的性能变化。以下几点重点强调了这类联用手段在高性能高分子材料研究领域的潜在应用价值。

(1)提高分析准确性：通过联用不同的表征手段，可以获得关于材料性能和结构的多角度信息，提高对高分子材料的理解。例如，结合 GC-MS 和 LC-MS 对高分子材料中的挥发性和非挥发性组分进行全面分析，从而提高分析的准确性和可靠性。

(2)揭示复杂体系的信息：高性能高分子材料通常具有复杂的组成和结构，通过单一的表征手段难以获得全面的信息。联用技术 TG-FTIR 和 TG-DSC 可以在提供材料的热稳定性和热性能的同时给出化学成分变化信息。

(3)跟踪化学反应过程：某些高性能高分子材料的制备过程涉及多种化学反应，通过 TG-FTIR/MS，可以实时跟踪这些反应过程，了解各个阶段产物的生成和转化，这有助于优化制备工艺、提高材料的性能和稳定性。

(4)提高检测灵敏度和选择性：不同的表征手段具有各自的检测范围和选择性。通过联用技术，可将各种手段的优势结合起来，提高对高分子材料中特定成分或性能的检测灵敏度和选择性。例如，GC-ICP-OES 可以在气相色谱分离的基础上，利用电感耦合等离子体进行高灵敏度的元素分析，有助于发现和定量材料中的微量元素。

因此，多种表征手段的联用在高性能高分子材料研究领域具有显著的应用价值。通过结合不同的表征技术，研究者可以更全面地了解高分子材料的性能和结构，推动高性能高分子材料的创新和应用。随着科学技术的发展和研究方法的不断完善，未来这类联用手段在高分子材料研究领域的应用将更加广泛和深入。

## 1.5 高性能高分子材料表征技术的挑战与发展需求 ◀◀◀

### 1.5.1 表征技术专一适用性有待加强

高性能高分子材料表征技术的发展需重点解决新材料发展过程中遇到的不易测量和无法测量的难点。例如，某些光电材料的导电和导热关键性能指标测试受到质轻、难以聚集成束等因素的影响，现有表征技术很难获得准确数据。需要开发新的表征技术以解决试样制备的难题，同时解决不同制样方式带来的系数标定和折算问题。此外，针对不同类别的高性能高分子材料，应针对其特殊性能进行专一性方法的研发，以提高表征技术的适用性和准确性。

### 1.5.2　检测方法亟需标准化

目前，我国高性能与功能化高分子材料发展迅速，但很多测试标准缺失，迫切需要尽快将新的检测方法标准化，以解决数据统一、可比对的问题。首先，应加强与国际标准组织的合作与交流，参照国际先进标准，制定适合我国高性能高分子材料发展的标准体系。其次，要加大标准研究和制定的投入，鼓励产学研各方在高性能高分子材料表征技术的标准化研究中开展深入合作，建立统一和互认的分析测试与评价体系，加快推进我国新材料表征技术的标准化步伐。

综上所述，高性能与功能化高分子材料的表征技术涵盖了广泛的分析测试技术方法，从基本的化学、物理分析方法到以各种设备为主的仪器分析技术，再到算法、模拟和识别技术等，这些技术为材料科学家和工程师提供了深入了解材料性能和结构的重要方式。尽管目前的表征技术取得了显著进步，但随着高性能与功能化高分子材料应用领域的不断拓展，表征技术仍需进一步发展与完善，并且需要不断开发新的表征方法和完善标准化技术体系，以满足日益复杂的高性能高分子材料研究和应用需求。

## 参 考 文 献

[1] MÜLHAUPT R. Hermann Staudinger and the origin of macromolecular chemistry[J]. Angewandte Chemie International Edition, 2004, 43(9): 1054-1063.

[2] 何曼君, 陈维孝, 董西侠. 高分子物理[M]. 3 版. 上海: 复旦大学出版社, 2007.

[3] GOLBA B, BENETTI E M, De GEEST B G. Biomaterials applications of cyclic polymers[J]. Biomaterials, 2021, 267: 120468.

[4] MA B R, OLVERA DE LA CRUZ M. A perspective on the design of ion-containing polymers for polymer electrolyte applications[J]. The Journal of Physical Chemistry B, 2021, 125(12): 3015-3022.

[5] ACOSTA M, SANTIAGO M D, IRVIN J A. Electrospun conducting polymers: approaches and applications[J]. Materials, 2022, 15(24): 8820.

[6] YANGL J, PAN L A, XIANG H X, et al. Organic-inorganic hybrid conductive network to enhance the electrical conductivity of graphene-hybridized polymeric fibers[J]. Chemistry of Materials, 2022, 34(5): 2049-2058.

[7] SADEGHI K, YOON J Y, SEO J. Chromogenic polymers and their packaging applications: a review[J]. Polymer Reviews, 2020, 60(3): 442-492.

[8] MUY B, SUN Q, LI B W, et al. Advances in the synthesis and applications of mussel-inspired polymers[J]. Polymer Reviews, 2022, 63(1): 1-39.

[9] VERMA S, MOHANTY S, NAYAK S K. A review on protective polymeric coatings for marine applications[J].

Journal of Coatings Technology and Research, 2019, 16(2): 307-338.

[10]　HE L, TONG L F, BAI Z X, et al. Investigation of the controllable thermal curing reaction for ultrahigh $T_g$ polyarylene ether nitrile compositions[J]. Polymer, 2022, 254: 125064.

[11]　朱诚身. 聚合物结构分析[M]. 3 版. 北京: 科学出版社, 2022.

[12]　李琴梅, 魏晓晓, 郭霞, 等. 高性能与功能化高分子材料的表征技术及其特点[J]. 分析仪器, 2020(4): 1-9.

第2章

元素组成分析

　　元素是组成自然界众多物质的基础，通过元素分析验证有机化合物纯度、鉴定未知物结构、确定高分子材料结构单元及性能的应用日益增多。采用适宜的元素分析方法不仅可以用来确定高分子物质合成的路线，还可以鉴定中间产物和副产品，对相关产品的研发和质控有着重要的意义。

　　有机元素作为组成高分子聚合物的基础单元，直接影响材料的弹性、耐磨性、化学稳定性等关键性能参数。可见，对于高性能高分子材料中有机元素的组成分析尤为重要。广泛应用于航空航天、汽车及体育用品等领域的聚丙烯腈基碳纤维材料中氧元素的含量反映了其制备过程的进展程度，包括氧化程度、碳化程度、杂质引起的缺陷遗传等。该含量的测定与精准控制，对于揭示预氧化机理、指定碳纤维制备工艺等都具有重要的意义[1]。目前测量氧元素含量的方法有氧氮分析仪法、有机元素分析仪法和 X 射线光电子能谱法。其中，氧氮分析仪主要用于测量金属材料中微量氧元素含量[2]，而 X 射线光电子能谱法主要用于微观形貌的表征分析，常用于材料表面的元素组成及元素价态分析[3]，无法准确测定预氧化纤维总体氧元素的含量。有机元素分析仪可以直接定量分析有机样品中氧元素含量[4]，具有较高的精密度与准确度，同时还应用于高性能高分子材料中碳、氢、氮、硫等元素的测定。

　　无机元素成分对于高性能高分子材料的影响是不可忽略的，它们的存在通常具有多重性。例如，在橡胶填充补强工艺中经常使用炭黑、氧化锌、二氧化硅、含氟化合物等无机物作为填充料，可明显提高橡胶模量和强度，进一步增强橡胶的耐热耐磨、耐老化、抗屈挠和耐油等性能。填充了纳米氧化铝的氢化丁腈橡胶材料，耐原油溶胀性能和交联密度均提高，耐磨性增强[5]；经过普通粉煤灰和循环流化床固硫灰补强的橡胶，其定伸应力、永久形变及硬度均得到提升[6]。然而，并不是所有无机物都能提高橡胶性能，生胶中碳酸氢钠和氯化钠的含量过高会导致橡胶电导率增加，电绝缘性下降，橡胶塑性初值和塑性保持率均降低，混炼胶的硫化时间明显延长，转矩值下降，硫化胶的综合性能明显降低[7]；过高的碳酸钙和白炭黑掺杂会使丁腈橡胶的耐油和低温性能下降[8]。另外，在橡胶改性的过程中，所用到的催化剂都必须从橡胶中脱除分离回收，一方面是为了降低催化剂损耗，控制成本，另一方面则是避免催化剂的残留对橡胶性能的影响[9]。光谱分析仪器在高性能高分子材料的应用是十分广泛的，主要针对无机元素的分析。紫外-可见分光光度法(ultraviolet and visible spectrophotometry)、原子吸收分光光度法(atomic absorption spectrophotometry, AAS)、原子荧光光谱法(atomic fluorescence spectrometry, AFS)、电感耦合等离子体原子发射光谱法(inductively coupled plasma atomic emission spectroscopy, ICP-AES)、电感耦合等离子体质谱法(inductively coupled plasma-mass spectrometry, ICP-MS)、X 射线荧光光谱法(X-ray fluorescence spectrometry, XRF)等都是元素组成分析的重要方法。各种技术因其原理不同，分别具有不同的特点。例如，二硫腙比色法作为一种经典的紫外-可见分光光度的分析方法，具有准确度好、灵敏度高的优点，且不需要昂贵的仪器，是基层实验室用于测定重金属元素的常用方法。但其最大的不足是操作比较烦琐，稍有操作不当易造成实验结果的偏差，检测元素种类受限，常被用于测定镉、铅、汞、锌等。AAS、AFS、ICP-AES、ICP-MS 相较于紫外-可见分光光度法具有诸多优势，如AAS 谱线简单、选择性好、灵敏度高、干扰少；AFS 具有较低的检出限，灵敏度高、仪器结构简单、价格便宜；ICP-AES 稳定性好、精密度高、基体效应小；ICP-MS 灵敏度高，可测试元素及其价态，测元素同位素。XRF 技术作为一种使用较为广泛的射线检测技术，经过多年的发展，已经初步取得了一定的进展。XRF 的优点十分明显，主要有分析速度较快、实验成本较低、检测范围大等特点，被广泛用于半定量和定量的分析中。

另外，离子色谱对于卤族及 P、S 等元素离子的测试具有不可替代的地位。高性能阻燃材料的应用和日常生活、生产和社会建设的各个行业领域息息相关，在国民经济建设中发挥着巨大的作用。卤系阻燃剂(特别是溴系阻燃剂)的最大优点是阻燃效率高、用量少、相对成本较低。研究表明，当某种材料的氧指数大于25%时，该材料不易燃烧，当氧指数大于 27%时，材料具有自熄性。虽然有机元素分析仪法可以同时测定有机化合物中的 C、H、N、S 等元素的含量[10]，但该方法无法测定 F、Cl、Br、I 等卤族及 P 等元素，测定 S 元素也需要特殊的试剂，同时要在仪器上配置与含卤素的产物发生反应而使其不进入检测器的装置。高性能高分子材料中含有卤素的物质在进行元素分析时是经常遇到的，而离子色谱对卤族元素离子测定具有独特的优越性，分析一般不存在基体干扰，灵敏度很高，对S、P 元素也可以很方便地进行测定[11]。另外，在离子态成分的分析中，滴定法和离子色谱法是最常用的分析技术，离子色谱法因其灵敏度高、选择性好，前处理简单、试样用量少，可在高基体浓度下检测低浓度成分，减少或免除样品的提纯，可同时测定多组分和分析不同化合价态，易实现自动化等优点，弥补了经典化学方法和其他仪器分析手段的不足。可见，离子色谱法在高性能高分子材料杂质的检测中具有非常广泛的应用前景，如无机盐杂质分析、有机杂质分析、残留单体分析、非金属杂质分析等。

## 2.1 有机元素分析仪法

碳(C)、氢(H)、氧(O)、氮(N)、硫(S)元素作为高性能高分子材料组成中的主要成分，对其准确分析显得尤为重要。有机元素分析仪可同时对有机的固体高分子材料、液体聚合物、纳米材料中上述五种元素的含量进行定量分析，在研究高性能高分子材料的元素组成方面具有重要作用。

### 2.1.1 有机元素分析仪分析原理

有机元素分析仪是利用高温燃烧法检测有机化合物中的各元素含量，常用检测器主要为热导检测器(TCD)，也可配备火焰光度检测器/红外检测器(FPD/IR)，具有 CHNSO、CHNS、CHN、NCS、NC、N、S、O 等多种模式可选，其中选用最多的是 CHN、CHNS、O 模式。

CHN/CHNS 测定模式下，样品在可熔锡囊或铝囊中称量后，进入燃烧管在纯氧氛围下静态燃烧。含有 C、H、N、S 及含其他卤族元素的有机物在高温下和高纯氧气中进行燃烧反应，通常将 $Co_3O_4$、$AgMnO_4$、$NiO$ 等化合物作为催化剂：

$$CHNS + O_2 \longrightarrow CO_2 + H_2O + N_2 + NO_x + CO + SO_2 + SO_3$$

燃烧的最后阶段再通入定量的动态氧气以保证所有的有机物和无机物都完全燃烧。样品燃烧后的产物通过特定的试剂后形成 $CO_2$、$H_2O$、$N_2$ 和氮氧化物，同时用试剂将一些干扰物质，如卤族元素、S 和 P 等去除。随后气体进入装有铜的还原管将 $NO_x$、$SO_3$ 还原成稳定气体($CO_2$、$H_2O$、$N_2$、$SO_2$ 及其他卤素化合物)，其他卤素化合物通过还原管顶部的银丝被吸收。反应生成的混合气体 $CO_2 + H_2O + N_2 + SO_2$ 经过 HSC 吸附柱后[12]，相对应的 $CO_2$、$H_2O$、$SO_2$ 被吸附柱吸附。因为 $N_2$ 不受吸附柱的影响，所以直接进入 TCD 进行检测，待 N 元素被检测完成后，CSH 吸附柱将逐一升温释放所吸附的气体，进入 TCD 检测器检测 C、H、S 的元素含量。

O 测定模式下，主要是裂解法，样品在纯氢氛围下热解后与铂碳反应生成 CO，然后通过热导池检测，最终计算出氧的含量。

### 2.1.2 相关标准

高性能高分子材料表征中有机元素分析相关的标准方法见表 2.1。

表 2.1　高性能高分子材料表征中有机元素分析相关的标准方法

| 序号 | 标准编号 | 标准名称 |
|---|---|---|
| 1 | YB/T 075—2022 | 炭纤维及其制品碳、氢元素分析方法 |
| 2 | DL/T 568—2013 | 燃烧元素的快速分析方法 |
| 3 | JY/T 0580—2020 | 元素分析仪分析方法通则 |

## 2.1.3　有机元素分析仪在高性能高分子材料研究中的应用

### 1. 碳纤维复合材料中 C 元素含量的测定

碳纤维是一种含碳量高于 95% 的高分子材料，具有超高的力学强度和模量碳纤维复合材料是由有机纤维经过一系列热处理转化而成、含碳量高于 90% 的无机高性能纤维，是一种力学性能优异的新材料，具有碳材料的固有本性特征，又兼备纺织纤维的柔软可加工性，是新一代增强纤维。C 元素作为主要成分，是评价其品质的重要指标之一。采用有机元素分析仪对同一碳纤维复合材料中 C 元素含量测试，其结果(表 2.2)具有较高精密度和准确度，该方法成为测定碳纤维复合材料中 C 元素含量有效的检测手段。

表 2.2　碳纤维复合材料中的 C 元素含量测试结果

| 材料编号 | C 元素含量/% | | | | | | RSD/% |
|---|---|---|---|---|---|---|---|
| | 平行 1 | 平行 2 | 平行 3 | 平行 4 | 平行 5 | 平行 6 | |
| 1# | 97.2 | 97.5 | 98.0 | 97.7 | 98.1 | 97.9 | 0.346 |

### 2. 聚丙烯腈基预氧化纤维中氧元素含量的测定

由于聚丙烯腈基碳纤维原丝在预氧化过程中，氧元素的含量会不断地发生变化，氧元素的含量反映了制备过程中的进展程度，包括氧化程度、碳化程度、杂质引起的缺陷遗传等。因此对聚丙烯腈基碳纤维中氧元素含量的测定与精准控制，对于揭示预氧化机理、指定碳纤维制备工艺等都具有重要的意义。采用有机元素分析仪可以准确快速测定聚丙烯腈基预氧化纤维中氧元素含量(表 2.3)[13]。

表 2.3　聚丙烯腈基预氧化纤维中氧元素含量测试结果

| 材料编号 | O 元素含量/% | | | | | RSD/% |
|---|---|---|---|---|---|---|
| | 平行 1 | 平行 2 | 平行 3 | 平行 4 | 平行 5 | |
| 2# | 2.358 | 2.193 | 2.452 | 2.209 | 2.428 | 5.2 |
| 3# | 2.423 | 2.353 | 2.563 | 2.264 | 2.284 | 5.1 |

## 2.2 电感耦合等离子体原子发射光谱仪法 ◀◀◀

高分子材料主要包括塑料材料、橡胶材料、化学纤维材料等，为了进一步提升高分子材料的应用广度和深度，使其向高性能化方向发展(如高机械化、耐久性、耐热性和耐腐蚀性等)[14, 15]，对高性能高分子材料采用了合成、共聚、共混、交联等工艺，并对催化体系进行了改进，在制备中引入了很多无机元素[16-18]。无机元素的来源主要分为特意添加和非特意添加两类。特意添加主要是为了满足功能化特点要求而添加的一些填料，如碳酸钙、滑石粉、硅石灰粉等，含有大量的无机元素；非特意添加则主要是在加工过程中引入的，且在高分子合成过程中使用的催化剂，多由金属化合物构成，如茂金属催化剂等[19]。虽然无机元素在高分子材料中的填充量比较低，但对高性能高分子材料的性能影响很大，将间接影响高分子材料的耐高温、耐老化、耐磨损与抗腐蚀等性能[20]。同时催化体系的改变也会影响合成过程中的催化效率，进而改变高分子材料的性能。因此分析高性能高分子材料中的微量和痕量元素对于其性能和质量控制具有重要的意义。

电感耦合等离子体原子发射光谱法(ICP-AES)作为元素分析的主要方法，能够实现多元素同时检测，具有灵敏度高、分析速度快、抗基体干扰性强、稳定性高、线性动态范围宽等优点，同时克服了原子吸收与原子荧光法不能同时进行多元素的测定等问题[21]。

### 2.2.1 ICP-AES 分析原理

ICP-AES 是以电感耦合等离子体为激发光源的原子发射光谱分析技术[22, 23]，其主要原理是高能量源释放能量将电子激发到较高能级，电子从较高能级再返回到低能级时发射出特征波长的发光强度与待测元素浓度成正比[24]。当物质原子外层电子(基态)受到外界能量(如电弧、电火花、高频电能等)作用，吸收一定特征的能量跃迁到能量高的另一定态(激发态)，处于激发态的电子并不稳定，约 $10^{-8}$ s 将返回基态或者其他较低的能级，并将电子跃迁时吸收的能量以光的形式释放出来。每种元素被激发时，会产生自己特有的光谱。由于能量和浓度之间可以建立如下数学关系，因此可进行定量分析。

$$\Delta E = h \times \gamma = h \times 1/T = h \times 1/(\lambda/c)$$

式中，$\lambda$ 为波长；$c$ 为浓度。根据不同的特征波长可以区分不同的元素。

## 2.2.2　ICP-AES 测定方法

### 1. 样品前处理

使用 ICP-AES 仪器进行元素分析主要采用液体进样方式，并且要去除有机物和基体的干扰，因此高性能高分子材料作为固体样品，实验前处理过程非常重要。主要的前处理方法为湿法消解、浸泡、干法消解及微波消解法等[25, 26]。这几种方法都适用于高分子材料，对于塑料样品，还可以采用冷冻研磨的方法进行前处理。消解方法最终目的是将待测离子溶于消解液中。其中湿法消解具有简便和高效的特点，适合大批量样品的快速消解。浸泡法主要是将待测离子浸提到溶液中后直接测试或酸化消解后上机测试。在食品接触材料的迁移性研究中常用模拟液浸提法，用到的模拟液分为水系、酸性、乙醇类、脂肪模拟液四类[27-29]。具体到实验用模拟液分别为：蒸馏水、3%乙酸溶液(质量浓度)、10%乙醇溶液(体积分数)、异辛烷/橄榄油/95%乙醇溶液[30-33]。

在高分子样品的干法消解中，将样品高温灰化后再用酸溶解，优点是可以将有机物碳化，缺点是可能会造成损失，且灰化的器皿可能会带来二次污染。微波消解具有密闭和高温的特点[34]，优点是元素几乎无损失，与湿法消解相比待测元素消解更完全，缺点是需要再次赶酸和定容，赶酸过程耗时较长且可能会造成损失。

前处理消解过程的作用：

(1)一般称取 0.1～1 g 固体样品进行前处理消解，保证所取样品均匀、有代表性。

(2)固体样品经处理分解后，元素都以离子态存在于溶液中，消除了元素的赋存状态、物理特性所引起的测定误差。

(3)样品中需要测定的元素完全溶入待测溶液中，溶液雾化法具有较好的稳定性，能获得良好的分析准确度和精密度。

在整个处理过程中应避免样品的污染，包括固体样品的制备(碎样、过筛、分样)、实验室环境、试剂(水)质量、器皿等。

### 2. 定性和定量分析

将前处理后的样品溶液注入 ICP-AES 光谱仪，可对所含元素进行定性和定量分析。通过特征谱线的位置(波长)进行定性。每种元素的特征发射谱线不一样，通过一条或多条特征谱线是否存在判断是否存在该元素。定量方法主要有 3 种：标准曲线定量分析法(外标法)、标准加入法、内标法。

(1)标准曲线定量分析法是根据朗伯-比尔定律，样品的浓度与光谱强度呈线性关系，一般配制不少于 5 个标准物质溶液浓度点进样，绘制标准工作曲线，通过标准曲线来对未知量样品进行定量，在高分子材料测试中对于要求不高的样品也可用两点法定量[35]。

(2) 标准加入法是在未知样品中加入已知浓度元素的标准溶液，加入标准物质元素形态要求与待测定元素相同，根据浓度与强度呈线性关系，需要扣除光谱背景，信号产生的唯一来源是待测定元素，通过计算得出未知样品中元素浓度。

(3) 内标法是将一定量的标准物质作为内标物，加到一定量的被分析样品混合物中，然后对含有内标物的样品进行分析，分别测定内标物和待测组分的含量及相对校正因子，按公式计算即可求出被测组分在样品中的含量。此方法可以提高测定精密度、消除物理干扰、抑制基体效应。

### 2.2.3　ICP-AES 在高性能高分子材料研究中的应用

#### 1. 医用材料人工神经鞘管中重金属元素分析

人工神经鞘管是一种用胶原蛋白制成的医用生物材料，与周围神经具有高度相似性，有利于神经轴突的生长，提高进行神经修复的效果[36]。采用 ICP-AES 对医用高分子材料制备的人工神经鞘管中重金属元素进行分析，称取一定量的样品，用硝酸进行消解处理，取消解液定容上机，测定数值如表 2.4 所示。

**表 2.4　人工神经鞘管中重金属元素的含量（mg/kg）**

| 砷(As) | 镉(Cd) | 铬(Cr) | 铜(Cu) | 铁(Fe) | 汞(Hg) | 镍(Ni) | 铅(Pb) | 钼(Mo) |
|--------|--------|--------|--------|--------|--------|--------|--------|--------|
| < 0.300 | < 0.300 | 8.941 | 1.010 | 34.201 | < 0.400 | 2.908 | < 0.400 | < 0.300 |

从表 2.4 中可以看出，有铬、铜、铁、镍等金属元素检出，这可能是由加工工程中金属机械引入的。

#### 2. 食品包装高分子材料中重金属元素分析

阻隔性能更强的食品包装高分子材料得到广泛的应用，其满足对食品的货架期及保鲜的更高要求。

采用 ICP-AES 对一批食品包装高分子材料中可能存在的重金属元素进行分析，将样品剪碎至约 0.5 cm² 小块，精确称取 0.5 g 置于比色管中，加入 4% 乙酸溶液 10 mL，加盖，60℃浸泡 2 h。浸泡液经 0.45 μm 滤膜过滤后进样检测，结果如表 2.5 所示。

**表 2.5　食品包装高分子材料中重金属元素含量（mg/kg）**

| 样品代号 | 砷(As) | 镉(Cd) | 铬(Cr) | 汞(Hg) | 铅(Pb) | 锡(Sn) |
|----------|--------|--------|--------|--------|--------|--------|
| 001 | < 0.03 | < 0.03 | < 0.1 | < 0.06 | < 0.002 | < 0.02 |
| 002 | < 0.03 | < 0.03 | < 0.1 | < 0.06 | < 0.002 | 1.16 |

续表

| 样品代号 | 砷(As) | 镉(Cd) | 铬(Cr) | 汞(Hg) | 铅(Pb) | 锡(Sn) |
|---|---|---|---|---|---|---|
| 003 | < 0.03 | < 0.03 | < 0.1 | < 0.06 | < 0.002 | 1.66 |
| 004 | < 0.03 | < 0.03 | < 0.1 | < 0.06 | < 0.002 | 1.86 |
| 005 | < 0.03 | < 0.03 | < 0.1 | < 0.06 | < 0.002 | 1.04 |
| 006 | < 0.03 | < 0.03 | < 0.1 | < 0.06 | < 0.002 | 1.07 |
| 007 | < 0.03 | < 0.03 | < 0.1 | < 0.06 | < 0.002 | 2.12 |
| 008 | < 0.03 | < 0.03 | < 0.1 | < 0.06 | < 0.002 | 2.23 |
| 009 | < 0.03 | < 0.03 | < 0.1 | < 0.06 | < 0.002 | 2.31 |
| 010 | < 0.03 | < 0.03 | < 0.1 | < 0.06 | 2.97 | < 0.02 |
| 011 | < 0.03 | < 0.03 | < 0.1 | < 0.06 | 2.06 | < 0.02 |
| 012 | < 0.03 | < 0.03 | < 0.1 | < 0.06 | < 0.002 | < 0.02 |
| 013 | < 0.03 | < 0.03 | < 0.1 | < 0.06 | < 0.002 | < 0.02 |
| 014 | < 0.03 | < 0.03 | < 0.1 | < 0.06 | < 0.002 | < 0.02 |
| 015 | < 0.03 | < 0.03 | < 0.1 | < 0.06 | < 0.002 | < 0.02 |
| 016 | < 0.03 | < 0.03 | < 0.1 | < 0.06 | < 0.002 | 0.49 |
| 017 | < 0.03 | < 0.03 | < 0.1 | < 0.06 | < 0.002 | 0.88 |
| 018 | < 0.03 | < 0.03 | < 0.1 | < 0.06 | < 0.002 | < 0.02 |
| 019 | < 0.03 | < 0.03 | < 0.1 | < 0.06 | 0.22 | < 0.02 |

从表 2.5 中可知，在功能性高分子包装材料中含有微量的锡元素，可能是高分子材料制备过程中使用含锡的热稳定剂引起的迁移和溶出。

### 3. 高性能高分子材料合成过程中的贵金属催化剂含量测试

Suzuki 偶联反应主要应用到高性能高分子材料的合成中。例如，用溴代、Suzuki 偶联等一系列反应，可成功制得链型、星型和十字型三种不同类型的荧光材料，如直链型小荧光材料 1, 3, 5-三(4, 4′, 4″-联苯基)苯的合成，还可以合成含有三氟甲基氨基的液晶材料。在 Suzuki 偶联反应中的钯催化剂使用非常重要，研究人员用二氧化钛负载制备不同形貌的钯纳米粒子催化剂，利用 ICP-AES 法对催化剂中的钯含量进行含量分析，通过对比发现绒球状钯纳米粒子中的含量最多，可更好地提高催化效率[37]。

## 2.3　电感耦合等离子体质谱法　◀◀◀

电感耦合等离子体质谱法是一种无机质谱元素分析技术，能够检测样品中从

$^6$Li 到 $^{238}$U 所有的元素。其具有灵敏度高、分析速度快、抗基体干扰性强、稳定性高、线性动态范围宽等优点，适用于样品中主、次、痕量元素分析[38]，是高性能高分子材料中无机元素分析的重要手段。

### 2.3.1　ICP-MS 分析原理

ICP-MS 仪器主要包括电感耦合等离子体和质谱检测器。电感耦合等离子体是一种高温离子源，能够将引入的样品中的元素都电离出一个电子而形成一价正离子状态，经加速电场的作用形成离子束，通过离子传输透镜最终到达质谱检测器进行分析。质谱检测器是一种离子质量筛选和分析器，通过选择特定质荷比($m/z$)的离子经检测器来检测到该离子的存在及其强度，可对一定质荷比范围内的离子进行全扫描检测，也可以同时选择多个特定质荷比离子进行选择性扫描检测。线性检测范围为 ppm($10^{-6}$)级～ppt($10^{-12}$)级，实现了对多元素的同时检测。

除标准曲线定量分析法(外标法)、标准加入法、内标法这三种常见的定量方法外，ICP-MS 还经常用于高性能高分子材料的全元素初步定性定量分析。该方法使用多元素混合标准溶液建立灵敏度响应曲线，无需事先了解样品的具体信息，可以快速测定样品的元素/同位素的信息，并进行初步定量(又称半定量分析)。分析未知样时，用灵敏度响应曲线进行初步定性定量分析，可在没有内标下进行[39]。

### 2.3.2　ICP-MS 在高性能高分子材料研究中的应用

#### 1. 医用材料铂-PLGA 缓释载药体药物释放行为分析

在高分子微球缓释抗癌药物研究中[40]，采用乳酸-羟基乙酸共聚物 [poly(lactic-*co*-glycolic acid)，PLGA]制备卡铂-PLGA 微球，通过测定释放介质中铂元素含量，比较不同来源和不同规格 PLGA 对药物释放行为的影响。精确称取卡铂-PLGA 微球约 20 mg，放入透析袋中，用 pH 7.4 磷酸盐缓冲液作为释放介质，37℃下分别在不同的时间点取样，用 ICP-MS 测定，计算公式为

$$微球中卡铂含量(w/w) = \frac{测定Pt浓度 \times 稀释倍数 \times 定容体积 \times (371/195)}{微球称样量}$$

式中，371 为卡铂的分子量；195 为铂的原子量。

#### 2. 工程用高性能高分子材料中元素杂质含量的测试

工程用纤维毡产品中元素杂质会对产品质量产生影响，对配套的相关设备的性能产生影响。通过选用酸溶解法对纤维毡进行前处理，用 ICP-MS 对其中的元素杂质含量进行了测试，主要元素含量如表 2.6 所示。通过分析其中的元素含量为评估产品质量和改进产品制备提供依据。

**表 2.6　纤维毡样品中的元素杂质含量（mg/kg）**

| B | Na | Mg | Al | P | K | Ca | Cr | Fe | Zn | S | Si |
|---|---|---|---|---|---|---|---|---|---|---|---|
| 11.1 | 1.26 | 9.18 | 17.7 | 8.99 | 22.6 | 24.9 | 3.43 | 55.8 | 25.0 | 517.4 | 44.6 |

塑格悬浮式运动地板广泛用于体育运动地板及幼儿园、游乐场等场所，材质主要为改性聚丙烯、PP 与 SBS 橡胶共混物，为一种高性能高分子材料，有良好的力学性能，还有无味、防水耐湿、绿色环保等特点。采用 ICP-AES 和 ICP-MS 对塑格悬浮式运动地板中的 Pb、Cd、Cr、Hg 4 种重金属元素含量进行了测定，结果显示，以上两种方法操作简单、快速、灵敏，均适合 Pb 等 4 种元素的含量测定，具有较高的回收率和精密度[41]。

## 2.4　原子吸收光谱法　　◀◀◀

### 2.4.1　AAS 原理

原子吸收光谱法（AAS）是指在蒸气相中的基态原子吸收该元素特征辐射光线而产生的吸收光谱。气态自由原子通过获取电磁辐射能跃迁到更高能态，外层电子跃迁到更高能级水平，并成为激发态原子。只有特定波长的辐射可以被吸收，因为基态原子只吸收一定的能量。被选择谱线的辐射强度对应的吸收值与吸收体积中产生吸收的原子的数量，即样品中元素的浓度有关，这种关系就是研究样品中某一元素的定量测定的基本原理。

### 2.4.2　AAS 测定方法

AAS 测定方法就是使用空心阴极灯发射出与待测元素对应的特征波长的光，待测元素吸收能量后电子从基态激发到激发态（更高的能级），吸光强度与样品中待测元素浓度成正比。传统的原子吸收光谱仪的结构主要由光源、原子化器、光学系统、检测器组成。根据原子化过程的不同分为火焰原子吸收光谱法和石墨炉原子吸收光谱法。光源辐射不仅会被气态原子吸收，还会被背景吸收。因此需要进行背景校正，背景校正模式有氘灯背景校正技术、自吸收背景校正技术、塞曼背景校正技术三种。

原子吸收光谱法主要为单元素检测，每次测定不同的元素需要换不同的光源灯，测试效率低且费时费力，在高性能高分子材料检测领域应用较少。

## 2.5　原子荧光光谱　　◀◀◀

### 2.5.1　AFS 原理

原子荧光光谱法（AFS）是介于原子发射光谱法（AES）和原子吸收光谱法（AAS）

之间的光谱分析技术。它的基本原理是测量待测元素基态原子(一般蒸气状态)吸收合适的、特定频率的辐射而被激发至高能态，在激发过程中以光辐射的形式发射出特征波长的荧光，根据荧光强度进行定量分析。原子荧光的波长在紫外、可见光区。若原子荧光的波长与吸收线波长相同，称为共振荧光；若不同，则称为非共振荧光。共振荧光强度大，在分析中应用最多。在一定条件下，共振荧光强度与样品中某元素浓度成正比。

### 2.5.2　AFS 测定方法

原子荧光光谱分析的对象是以离子态存在的砷(As)、硒(Se)、锗(Ge)、碲(Te)、汞(Hg)等。高分子样品必须经消解、浸提等方式使元素溶入水溶液或酸溶液中，待测元素在特定频率辐射能激发下，产生的荧光发射强度与试液中待测元素的浓度成正比。

原子荧光光谱法具有发射谱线简单、灵敏度高于原子吸收光谱法、线性范围较宽、干扰少的特点，能够进行痕量元素的测定，但适用于原子荧光光谱法测定的元素种类不多，其在高性能高分子材料检测领域应用较少。

## 2.6　X 射线荧光光谱法 ◀◀◀

自 1948 年美国海军研究实验室首次研制出波长色散 X 射线荧光光谱仪[42]以来，经过 70 多年的发展，基础理论、波长色散及能量色散光谱分析技术、仪器技术、应用软件，经历了飞跃式发展，已在各种科研和工业领域得到广泛应用。

高分子材料领域当中，X 射线荧光光谱法(XRF)具有快速、简便、无损分析等优点，其应用十分广泛，特别是在 RoHS 和 REACH 检测中重点应用于电气产品部件中的材料组成成分分析[43]。XRF 可以对塑料[44]、橡胶[45]、纤维[46]类高分子材料进行快速定性定量检验，为高分子材料的元素分析提供快捷有效的技术支持。如欧盟颁布的 RoHS 指令对电子电气设备中 Cd、Pb、Hg、Cr(Ⅵ)的含量都有严格限制，XRF 技术能实现多元素的快速、灵敏的分析，但是复合材料必须拆分成均质材料进行检测，否则误差较大[47, 48]。

### 2.6.1　XRF 原理

X 射线是由高能量粒子轰击原子所产生的电磁辐射，具有波粒二象性。X 射线管产生的 X 射线光谱，称为初级 X 射线光谱，由连续谱和特征谱组成。在 X 射线管中，当所加的管电压低于 X 射线管靶原子的临界激发电位时，只产生连续谱；当所加电压高于或等于 X 射线管的阳极材料激发电位时，特征 X 射线光谱以叠加在连续谱之上的形式出现[49]。由于不同的元素 X 射线荧光波长具有不同的特征波长，因此可以通过 X 射线荧光光谱进行定性分析。同时，可通过对特征 X 射线荧光的能量和强度分析实现对元素的定量分析。

XRF 仪已经从单一的波长色散发展成为拥有波长色散、能量色散、全反射、同步辐射、质子和 X 射线微荧光分析仪等仪器的家族系列，结合偏振光、掠射设计等装置可以满足不同层次和要求的检测任务。从常规分析的需求来看，现代分析结果的准确度已经接近或达到化学分析水平。

### 2.6.2　XRF 测定方法

#### 1. 样品制备

XRF 分析中，样品制备的目的是通过适当的方法将原始试样处理成一种有整体代表性、化学组成分布均匀、表面平整光滑具有可重复性、规格合适、能直接送入仪器检测的样品。

根据样品形态不同，采用不同的样品前处理方法。固体样品可以用其原始形态或加工成规则状固体进行分析，也可制备成粉末熔融物或溶液状加以分析。粉末样品通常采用压片法制成表面平整结实的圆片。当样品是松散粉末，黏性差难以压成片状或团块时，可以以松散形式装在特制样品杯中，杯底保持厚度均匀的辐照面也可获得良好的检测结果。以硅酸盐为主体的矿物类样品通常采用熔融法制样，熔融法的基本操作过程可简要归纳为粉末样品取样、按比例称取样品及溶剂、添加氧化剂预氧化、高温熔融、铸片冷却固化等步骤，以获得透明均匀的玻璃片，这种制样法可以最大程度消除矿物类的颗粒效应。液体样品通常不需要特殊的前处理，但必须置于特殊的样品杯中并在氦气模式的保护下进行测量。

高分子材料中，如塑料和橡胶等样品，通常将其原始块状物切割并取出大小合适的样块，使测试面保持平整光滑直接送入仪器测试。对于不规则样品则通常采用压片机与压模仪相结合来制备出适宜的样片。

#### 2. 样品测试

高分子材料中元素的来源主要分为人为添加和非人为添加两类。人为添加是为了满足性能要求添加的一些填料，如钙粉、黏土等，其中含有大量的无机元素，另外高分子材料催化剂很多为金属元素构成。非人为添加主要是在加工过程中引入的。

XRF 分析的目的是确定样品中存在哪些元素或化合物并粗略估计其属主量、次量及痕量的成分等级，通过定量分析确定样品中各化学成分精确的浓度。对于无损分析的 XRF，精确定量分析需要用一组与未知样相同类型的标样建立校正曲线。高分子材料的定性定量测试依赖待测元素的化合物与标准样品熔融混匀制成标准物，并建立校正曲线以获得准确的测试结果。对于普通样品比较难得到一系列标样，一般采用 XRF 无损定性和半定量分析可检测元素周期表中绝大部分的元素。无损半定量分析分为两类：一类是对标准样品进行全扫描，对其中含有的各个元素的强度和浓度作图，求出校正曲线的斜率和截距。然后对样品采用与标样相同的扫描方式进行全程扫描，对得到的谱图进行匹配后计算出样品中各元素的浓度值。另一类则是仅测量标准样品和基体样品设置好的峰位及背景点的强度，该类半定量分析时需要加入校正计算。

### 2.6.3 相关标准

高性能高分子材料表征中 XRF 相关的标准方法见表 2.7。

**表 2.7 高性能高分子材料表征中 XRF 相关的标准方法**

| 序号 | 标准编号 | 标准名称 |
|---|---|---|
| 1 | GB/T 21114—2019 | 耐火材料 X 射线荧光光谱化学分析 熔铸玻璃片法 |
| 2 | GB/T 9560.301—2020 | 电子电气产品中某些物质的测定 第 3-1 部分：X 射线荧光光谱法筛选铅、汞、镉、总铬和总溴 |
| 3 | GB/T 17040—2019 | 石油和石油产品中硫含量的测定 能量色散 X 射线荧光光谱法 |
| 4 | GB/T 33352—2016 | 电子电气产品中限用物质筛选应用通则 X 射线荧光光谱法 |
| 5 | DB13/T 5220—2020 | 合成材料跑道面层中铅、镉、铬、汞的测定 X 射线荧光光谱法 |
| 6 | ASTM D6376-10 | 通过波长色散 X 射线荧光光谱法测定石油焦中微量金属的标准测试方法 |
| 7 | ASTM D6247-10 | 通过波长色散 X 射线荧光光谱法测定聚烯烃的元素含量的标准测试方法 |
| 8 | ASTM F2853-10 | 通过使用多个单色激发束的能量色散 X 射线荧光光谱法测定油漆层和类似涂层或基板和均质材料中的铅的标准测试方法 |
| 9 | ASTM D4764-01 | 通过 X 射线荧光光谱法测定涂料中二氧化钛含量的标准测试方法 |
| 10 | ASTM D6247-98 | 用 X 射线荧光光谱法分析聚烯烃中元素含量的标准试验方法 |
| 11 | SN/T 1504.5-2017 | 食品容器、包装用塑料原料 第 5 部分：聚烯烃中杂质元素含量的测定 X 射线荧光光谱法 |
| 12 | BS 1902-9.2-1987 | 耐火材料试验方法 第 9.2 部分：仪器化学分析法 第 2 节：用 X 射线荧光光谱法分析硅质耐火材料 |
| 13 | SN/T 3795-2014 | 硅胶及其他聚合物中二氯化钴的筛选 波长色散 X 射线荧光光谱法 |
| 14 | SN/T 3816-2014 | 橡胶制品中钴、砷、铬、锡、溴和铅的定量筛选方法 能量色散 X 射线荧光光谱法 |
| 15 | SN/T 2003.3-2006 | 电子电气产品中铅、汞、镉、铬和溴的测定 第 3 部分：X 射线荧光光谱定量筛选法 |
| 16 | SN/T 1504.5-2005 | 食品容器、包装用塑料原料 第 5 部分：聚烯烃中杂质元素含量的测定 X 射线荧光光谱法 |

| 序号 | 标准编号 | 标准名称 |
|---|---|---|
| 17 | AS 2503.6-2007 | 耐火材料，耐火灰浆和硅酸盐材料主要元素和次要元素的测定 使用硼酸锂融合的色散 X 射线荧光光谱法 |
| 18 | ANSI/ASTM D6247-1998 | 通过 X 射线荧光光谱法对聚烯烃中元素含量分析的试验方法 |
| 19 | T/LNWTA 003-2019 | 供水管材中无机物元素快速检测方法 能量色散 X 射线荧光光谱法 |

## 2.6.4　XRF 在高性能高分子材料研究中的应用

### 1. 电子电气设备中有害成分的检测

欧盟于 2003 年通过了 2002/95/EC《关于限制在电子电气设备中使用某些有害成分的指令》(简称 RoHS 指令)以减少报废产品中重金属、阻燃剂及其他添加剂等有害物质对环境造成的污染。2011 年又发布了 2011/65/EU 指令(RoHS 2.0)，产品范围增加了医疗设备、监视和控制设备及其他产品，限制范围则维持原来的六种，即限定产品中禁止使用铅(Pb)、汞(Hg)、六价铬［Cr(VI)］、镉(Cd)、多溴联苯(PBB)和多溴二苯醚(PBDE)，其中镉限量值为 0.01%，其余五项指标限量值为 0.1%。

可以采用 XRF 分析法(波长色散型和能量色散型)参照《电子电气产品中限用物质筛选应用通则 X 射线荧光光谱法》(GB/T 33352—2016)对需要达到 RoHS 指令要求的产品进行筛选检测。筛选检测合格的样品，可不再进行定量分析，一方面可进行快速检测，另一方面可降低检测成本。筛选检测不合格的样品，则需采用其他检测方法，如电感耦合等离子体发射光谱法、气相色谱-质谱联用法、紫外-可见分光光度法等进行进一步定量分析。

利用 X 射线荧光分析法将标准物质 GBW(E)081634、GBW(E)081635、GBW(E)081636、GBW(E)081637 和 GBW(E)081638 测试 5 次后取平均值，测试结果如表 2.8 和表 2.9 所示[50]。

表 2.8　标准物质中 Cd、Cr、Hg 元素 XRF 检测结果

| GBW(E)<br>标准物质编号 | 镉(Cd) | | 铬(Cr) | | 汞(Hg) | |
|---|---|---|---|---|---|---|
| | 标准值<br>/(mg/kg) | 测试值<br>/(mg/kg) | 标准值<br>/(mg/kg) | 测试值<br>/(mg/kg) | 标准值<br>/(mg/kg) | 测试值<br>/(mg/kg) |
| 081634 | 8.7 | 11.1 | 97.3 | 105.3 | 91.5 | 93.4 |
| 081635 | 26.7 | 29.1 | 288 | 276.4 | 271 | 254.3 |
| 081636 | 36.3 | 35.4 | 380 | 373.2 | 373 | 350.0 |
| 081637 | 76 | 74.1 | 777 | 719.8 | 748 | 764.9 |
| 081638 | 107 | 103.5 | 1122 | 1054.7 | 1096 | 1000.1 |

表 2.9    标准物质中 Pb、Br 元素 XRF 检测结果

| GBW（E）<br>标准物质编号 | 铅（Pb） | | 溴（Br） | |
| --- | --- | --- | --- | --- |
| | 标准值/(mg/kg) | 测试值/(mg/kg) | 标准值/(mg/kg) | 测试值/(mg/kg) |
| 081634 | 93.1 | 84.8 | 90 | 98.5 |
| 081635 | 276 | 289.3 | 280 | 289.7 |
| 081636 | 378 | 359.6 | 376 | 348.5 |
| 081637 | 778 | 786.1 | 785 | 834.2 |
| 081638 | 1122 | 1074.6 | 1116 | 1210.3 |

对比测试结果和标准值，发现只有标样 GBW（E）081634 中 Cd 测试浓度值超出了实际值±10%范围，表明 XRF 对低浓度含量元素的检测不灵敏。XRF 其余元素测试浓度都在元素实际值±10%范围内波动，可以满足 RoHS 检测中铅（Pb）、汞（Hg）、六价铬［Cr（VI）］、镉（Cd）、多溴联苯（PBB）和多溴二苯醚（PBDE）筛选检测的需求。

### 2. 食品容器、包装用塑料的检测

符合常见国家有关规定的用于食品包装的塑料主要有聚对苯二甲酸乙二醇酯、高密度聚乙烯、聚氯乙烯、低密度聚乙烯、聚丙烯、聚苯乙烯、聚碳酸酯等[51]。塑料基食品包装材料的缺点是某些材料存在着卫生安全方面的问题，这些材料在生产过程中添加的稳定剂、增塑剂、着色剂等添加剂或在合成过程中使用的无机金属类催化剂/引发剂带入了重金属元素，导致塑料中重金属离子在包装、运输、储存、销售与使用过程中，均可能发生重金属向食品迁移而污染食品，给人体健康带来隐患。《食品容器、包装用塑料原料 第 5 部分：聚烯烃中杂质元素含量的测定 X 射线荧光光谱法》（SN/T 1504.5—2007）规定了食品容器、包装用聚烯烃中杂质元素含量的测定方法 X 射线荧光光谱法。利用 X 射线荧光分析法建立食品包装用塑料材料重金属含量工作曲线检测其重金属铅（Pb）、砷（As）、镉（Cd）、汞（Hg）、铬（Cr）、铜（Cu）、钡（Ba）、锌（Zn）元素含量，测试结果如表 2.10 所示[52]。

表 2.10    检测结果与已知重金属元素含量的塑料标准样品的标称值比较

| 元素 | X 射线荧光光谱法检测含量/(mg/kg) | 标称含量/(mg/kg) | 误差/(mg/kg) |
| --- | --- | --- | --- |
| Pb | 5.16 | 5.20 | 0.04 |
| As | 1.39 | 1.44 | 0.05 |
| Cd | 6.57 | 6.60 | 0.03 |
| Hg | 1.27 | 1.29 | 0.02 |
| Cr | 5.86 | 5.90 | 0.04 |

续表

| 元素 | X 射线荧光光谱法检测含量/$10^{-6}$ | 标称含量/$10^{-6}$ | 误差/$10^{-6}$ |
|---|---|---|---|
| Cu | 6.02 | 6.00 | 0.02 |
| Ba | 145.19 | 145.20 | 0.01 |
| Zn | 1.25 | 1.25 | 0 |

X 射线荧光光谱法测定塑料中的重金属元素的分析速度快，精确度和准确度高，满足食品包装塑料中重金属元素含量的分析要求。

## 2.7 离子色谱法 ◀◀◀

离子分析主要是针对在水溶液中以离子形式存在的化合物，这类化合物可以是样品的主要组成成分，也可以是样品的杂质成分；其状态可以是阴离子或阳离子，如 $SO_4^{2-}$、$SO_3^{2-}$、$S_2O_3^{2-}$、$PO_4^{3-}$、$AsO_4^{3-}$、$CN^-$、$Cl^-$、$Br^-$、$I^-$、$S^{2-}$、$NO_3^-$、$NO_2^-$ 等。离子分析技术可以对高性能高分子样品中的特殊成分和杂质含量进行定性和定量分析，保证这些物质对样品性能的影响处于可知、可控范围内，对优化相关产品工艺、性能表征提供了准确的数据支撑，是产品研发和质量监控的重要技术环节。

离子分析在高性能高分子样品中主要有经典化学滴定分析法和离子色谱法。经典化学滴定分析法是指通过试样的处理和使用一些分离、富集、掩蔽等化学手段实现对目标离子的测定。化学滴定主要有四种：酸碱滴定、氧化还原滴定、配位滴定及沉淀滴定。酸碱滴定需要选择合适的指示剂来指示滴定终点，变色范围部分或者全部落在滴定突跃范围内的指示剂都可以用来指示终点。常见的酸碱指示剂有甲基橙、甲基红、溴酚蓝、溴甲酚氯、酚酞、百里酚酞等。通过使用酸碱滴定分析可以表征伯氨基及叔氨基的数量[53]。氧化还原滴定是以氧化还原反应为基础的一类滴定方法。根据物质氧化还原电位的高低可以选择合适的滴定剂。通过氧化还原滴定法研究聚苯胺对 Cr(Ⅵ) 的吸附性能，效果良好[54]。配位滴定主要用于金属离子的测定，其中乙二胺四乙酸（EDTA）的应用范围最广。配位滴定可以对高分子消解液中的金属离子（$Zn^{2+}$、$Cu^{2+}$、$Fe^{3+}$等）进行滴定。可通过 EDTA 配位滴定分析 5 种新的高分子反应型三元铽配合物的组成[55]。沉淀滴定是以沉淀反应为基础的一种滴定方法，常用的有银量法，多用于卤素的测定。硫酸根通常也可以利用沉淀滴定的方法来进行定量。通常对高分子材料分解后得到的水溶液进行滴定，选用 KI 作为指示剂，可以简便、快速地得到高分子中硫含量。由于经典化学分析法存在着试剂配制复杂、步骤烦琐、检出限不够低等弊端，随着分析技术的发展，用于卤素、硫等目标物的部分经典化学分析方法被更为快速、准确的离子色谱法所替代。YY/T 1507.2—2016 标准中外科植入物用超高分子量聚乙烯粉料中杂质氯(Cl)元素含量的测定采用的就是离子色谱法。

离子色谱能对溶液中离子型化合物实现检测，分析对象包括无机阴离子、无机阳离子、有机酸、生物胺、糖类物质。具有以下优点：

(1)它解决了经典的容量法、重量法和光度法无法同时对多种离子进行分析的难题，常见阴离子($F^-$、$Cl^-$、$Br^-$、$NO_2^-$、$NO_3^-$、$SO_4^{2-}$、$PO_4^{3-}$)和常见阳离子($Li^+$、$Na^+$、$NH_4^+$、$K^+$、$Mg^{2+}$、$Ca^{2+}$)的分析时间已小于 10 min。虽然同时检测的能力有时会受样品中不同成分之间的巨大浓度差限制，但是通过灵敏度设置、稀释不同浓度、柱切换技术等都可以较好地改善上述问题。如使用高容量色谱柱，样品中高低浓度比高达 10000∶1 时，样品仍可直接进样分析[5]。

(2)首先，它可以通过电解淋洗液在线发生器提供离子色谱分析中常使用的高纯度氢氧化物淋洗液，无需人工配制，操作简单方便。其次，该项装置实现了梯度淋洗，极大地扩展了方法分析目标物范围，且极大减少了背景干扰，提高了检测灵敏度。离子色谱分析的浓度范围为每升微克至毫克水平。直接进样 50 μL，对常见阴离子的检出限小于 10 μg/L。检测系统配合高效电解抑制器的使用，使得实验废液基本转化为水，降低了对环境的污染。

(3)苯乙烯/二乙烯基苯共聚物的离子色谱柱选择性好，其固定相通常针对的是同一类物质，不同类型物质干扰少，许多样品只需要进行稀释和过滤就可以上机分析。且离子色谱柱稳定性好，可在 pH 为 1~14 的条件下使用，也可耐受一定的有机试剂。

(4)离子色谱可与其他技术联用，如 ICP-AES、ICP-MS、质谱法等，可以发挥其选择性好的优势、消除基体干扰、提高检测灵敏度，是复杂基体中超痕量有害离子分析的有效工具[56]。

如果说 ICP-MS 是目前同时测定多元素的快速、灵敏而准确的分析方法，那么同时测定多种阴离子的快速、灵敏而准确的分析方法当首推离子色谱法(ion chromatography, IC)。

### 2.7.1　IC 原理

离子色谱法是高效液相色谱法(high performance liquid chromatography, HPLC)的一种，是分析阴离子和阳离子的一种液相色谱方法。它是以离子交换树脂为固定相对离子性物质进行分离，用电导检测器、安培检测器和紫外检测器等连续检测流出物的一种色谱方法。

离子色谱的分离机理主要是离子交换，它是基于离子交换树脂上可离解的离子和流动相中具有相同电荷的溶质离子之间进行的可逆交换；其次是非离子性的吸附[57,58]。其分离方式有高效离子交换色谱法(HPIC)、高效离子排斥色谱法(HPIEC)和离子对色谱法(MPIC)。

1) 高性能高分子样品的前处理提取方法

高分子化合物几乎无挥发性,常温下常以固态或液态存在。高分子样品前处理步骤取决于待分析物质的存在形式。如果测定的是高分子样品中水溶性游离成分,一般采用溶剂提取法,即采用纯水、淋洗液等溶剂辅助超声或者微波方式分散高分子化合物,以提取目标成分。如果测定的成分以共价键等方式与高分子化合物结合在一起,则需要采用氧弹燃烧或燃烧管吸收的方式在一定的高温环境下破坏高分子结构,将目标物释放出来便于测定。

氧弹燃烧法是将样品放入氧瓶(弹)中,通入氧气燃烧数秒,待测元素直接转换为气体或离子被吸收液吸收,进入离子色谱仪进行分析。目前,该方法主要用于测定高分子化合物中的卤素[59,60]、氮元素[61,62]、硫[63]元素的含量。该方法简单,除 $H_2O_2$ 外,不用其他化学试剂,不会引入干扰测定的其他阴离子[64]。而对于不容易发生完全氧化的物质,通过高压氧弹进行处理,并且加入十二烷醇等作为助燃剂。该样品前处理方法在测定有机化合物中氮元素含量时,测定结果往往偏低,且产生 $NO_2^-$ 和 $NO_3^-$ 两个色谱峰,这是因为化合物中的氮元素分解时容易形成 $N_2$ 和不易被溶液吸收的 NO,而不是完全以 $NO_2$ 形式分解[65]。

燃烧管吸收法是将被测物质放入管式炉内,与氧气混合燃烧,经裂解氧化后待测元素转化为气体随载气进入吸收液,而后用离子色谱法分析测定[66]。与氧弹燃烧法相比,该方法对待测元素的吸收更为完全。利用这一技术,赛默飞世尔科技公司、万通公司等仪器制造商生产出了相应的全自动燃烧装置,与离子色谱仪在线联用,用于卤素和硫元素的快速分析[67]。

2) 不同待测离子的色谱柱选择和优化

高分子样品经过处理后,一般检测的离子有 $F^-$、$Cl^-$、$Br^-$、$NO_3^-$、$SO_4^{2-}$、$I^-$、$CN^-$ 和部分有机酸根等。对于常规的 $F^-$、$Cl^-$、$Br^-$、$NO_3^-$、$SO_4^{2-}$ 等阴离子,可采用碳酸盐体系或氢氧根体系的色谱柱实现分离,如赛默飞世尔科技公司的 IonPac AS14A、IonPac AS23 离子色谱柱,Shodex 公司的 Shodex IC SI-52 4E 离子色谱柱,青岛盛瀚色谱技术有限公司的 SH-AC-3 离子色谱柱等。其分析条件一般固定,无需调整。若样品基质复杂,则需要开发梯度洗脱程序,便于目标离子和杂质离子分离。采用的梯度洗脱来自离子色谱特有的氢氧根体系淋洗液发生器。该装置可以在线产生高达 100 mmol/L 的 $OH^-$,无需多元泵,非常方便且极大地减小了系统背景干扰,消除了手工配制淋洗液所带来的误差,方法重现性好。

而对于 $CN^-$ 和 $S^{2-}$ 等弱保留的离子,选用强保留的固定相色谱柱,如 IonPac AS7。对于 $I^-$ 等易极化的无机阴离子,保留较强,需要选用亲水性的固定相,如

IonPac AS16[68]和 IonPac AS22[69]，一次进样即可同时分析常见阴离子和可极化的阴离子。对于有机酸的分离，目前常选用亲水性强的高容量色谱柱，如 IonPac AS11-HC(图 2.1)。

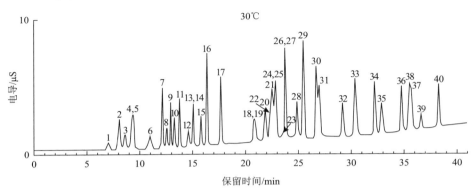

| 分析物 | 浓度/(mg/L) | 分析物 | 浓度/(mg/L) | 分析物 | 浓度/(mg/L) |
|---|---|---|---|---|---|
| 1. 奎尼酸根 | 10 | 18. 山梨酸根 | 10 | 35. 邻苯二甲酸根 | 20 |
| 2. 氟离子 | 3 | 19. 三氟乙酸根 | 10 | 36. 柠檬酸根 | 20 |
| 3. 乳酸根 | 10 | 20. 溴离子 | 10 | 37. 异柠檬酸根 | 20 |
| 4. 乙酸根 | 10 | 21. 硝酸根 | 10 | 38. 铬酸根 | 20 |
| 5. 羟乙酸根 | 10 | 22. 戊二酸根 | 10 | 39. 顺式乌头酸根 | 20 |
| 6. 丙酸根 | 10 | 23. 碳酸根 | 20 | 40. 反式乌头酸根 | 20 |
| 7. 甲酸根 | 10 | 24. 琥珀酸根 | 15 | | |
| 8. 丁酸根 | 10 | 25. 苹果酸根 | 15 | | |
| 9. 甲基磺酸根 | 10 | 26. 丙二酸根 | 15 | | |
| 10. 丙酮酸根 | 10 | 27. 酒石酸根 | 15 | | |
| 11. 亚氯酸根 | 10 | 28. 马来酸根 | 15 | | |
| 12. 戊酸根 | 10 | 29. 硫酸根 | 15 | | |
| 13. 半乳糖醛酸根 | 10 | 30. 草酸根 | 15 | | |
| 14. 氯乙酸根 | 10 | 31. 延胡索酸根 | 15 | | |
| 15. 溴酸根 | 10 | 32. 酮基丙二酸根 | 20 | | |
| 16. 氯离子 | 5 | 33. 钨酸根 | 20 | | |
| 17. 亚硝酸根 | 10 | 34. 磷酸根 | 20 | | |

图 2.1 AS11-HC 色谱柱的有机阴离子和无机阴离子的梯度分离(来自赛默飞应用文档 NO.031333-09)

3)不同待测离子的检测器选择和优化

高分子研究中离子色谱的检测器主要有两类，分别为电导检测器和安培检测器。

电导检测器是离子色谱的通用型检测器，主要用于测定无机阴离子、阳离子和部分极性化合物，如有机酸，基于 Kohlrausch 定律设计，反映电导值和离子浓度之间的关系。

安培检测器主要用于能在电极表面发生氧化还原反应而引起电位变化的物质，如 $I^-$、$S^{2-}$ 和 $CN^-$。它包括三种电极，分别是工作电极、参比电极和对电极。电化学反应发生在工作电极上。常用的工作电极为银电极和金电极。安培检测器的灵敏度高至 $10^{-12}$ mol/L 级的浓度，且选择性好，对测定可能存在干扰的物质若不是电活性物质，在电极上就不产生氧化或还原反应。另外，它的响应范围宽（$10^5$）。安培检测器的工作模式分为直流安培、脉冲安培和积分安培。$I^-$、$S^{2-}$ 和 $CN^-$ 的检测通常是用直流安培，工作电极为银电极。

### 2.7.2 IC 测定方法

离子色谱的定性方法一般是根据标准溶液中相应离子的保留时间来确定的。定量方法一般采用外标法或标准曲线法。

外标法是分别精密取一定量标准溶液和待测样品溶液，进样，记录色谱图，测量标准溶液和供试品溶液中待测物质的峰面积(或峰高)，按下式计算含量。

$$C_X = C_R \times \frac{A_X}{A_R} \tag{2.1}$$

式中，$C_X$ 为待测样品溶液中目标离子浓度；$C_R$ 为标准溶液中目标离子浓度；$A_X$ 为待测样品溶液中目标离子的峰面积；$A_R$ 为标准溶液中目标离子的峰面积。

标准曲线法则是以标准溶液中待测组分的峰面积为纵坐标，以标准溶液的浓度为横坐标，回归计算标准曲线，其公式为 $A_R = a \times C_R + b$。式中，$A_R$ 为标准溶液中目标离子的峰面积；$C_R$ 为标准溶液的浓度；$a$ 为标准曲线的斜率；$b$ 为标准曲线的截距。实际应用时，测出样品中待测离子峰面积，根据式(2.2)就可以计算得到样品浓度：

$$C_S = \frac{A_S - b}{a} \tag{2.2}$$

式中，$C_S$ 为待测样品中目标离子的浓度；$A_S$ 为待测样品中目标离子的峰面积；$a$、$b$ 符号的意义同上。

### 2.7.3 相关标准

高性能高分子材料表征中离子分析相关的标准方法见表 2.11。

表 2.11　高性能高分子材料表征中离子分析相关的标准方法

| 序号 | 标准编号 | 标准名称 | |
| --- | --- | --- | --- |
| 1 | GB/T 41067—2021 | 纳米技术 石墨烯粉体中硫、氟、氯、溴含量的测定 燃烧离子色谱法 | |
| 2 | GB/T 41068—2021 | 纳米技术 石墨烯粉体中水溶性阴离子含量的测定 离子色谱法 | |

### 2.7.4　IC 在高性能高分子材料研究中的应用

#### 1. 硅溶胶材料中无机盐杂质分析

硅溶胶是高分子二氧化硅微粒分散于水中或有机溶剂中的胶体溶液。目前，硅溶胶被广泛用于纤维、织物、纸张、橡胶等行业中，其制备方法主要依赖于化学合成法。这一过程不可避免地引入了很多杂质，如氯化物、硫酸盐等无机阴离子。这些杂质的存在会对硅溶胶产品的稳定性造成一定不利影响。因此，建立合适的分析方法以实现对该类杂质的定量分析，有助于优化生产工艺，保证产品质量。

硅溶胶中的氯化物和硫酸盐如果采用化学滴定的方法，其形成的沉淀反应会受到硅溶胶基质的影响，需要的样品量也较多，不易定量。而采用离子色谱方法进行检测时不存在相应的问题[70]。离子色谱分析方法基于 Dionex IonPac AS23 色谱柱或性能相当的离子色谱柱，以 4.5 mmol/L $Na_2CO_3$-0.8 mmol/L $NaHCO_3$ 为淋洗液，在 1.0 mL/min 的流速下分离并使用电导检测器进行检测。硅溶胶样品上机前需要经过氢氟酸酸解处理，破坏高分子造成的高黏度体系，然后在 15000 r/min 的转速下离心 10 min，收集上清液。样品分析谱图见图 2.2 和图 2.3。

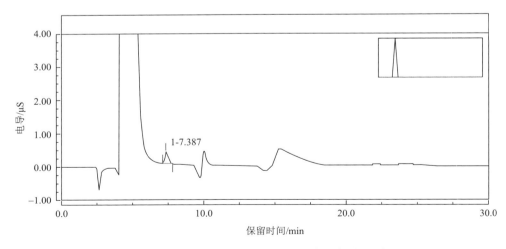

图 2.2　酸处理 23%聚合度样品稀释 100 倍离子色谱图(峰 1-Cl⁻)

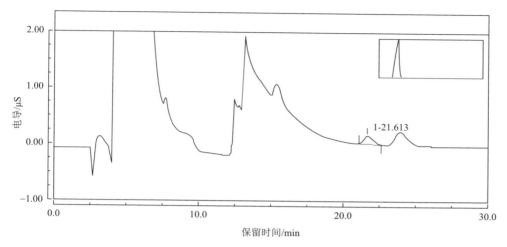

图 2.3　酸处理 23%聚合度样品稀释 10 倍离子色谱图(峰 1-$SO_4^{2-}$)

通过对实际样品的分析，在酸解后直接采取稀释的方法即可完成对目标物的检测。该方法简单、快速、准确。

### 2. 可吸收止血纱布高分子材料有机杂质分析

可吸收止血纱布属于生物医用高分子可生物降解型材料，用于处理突发事件或手术过程中失血情况。起初，它由天然植物原料氧化再生纤维素编织而成，但是以羟甲基壳聚糖为基础的材料具有更优异的生物相容性和可降解性及更好的止血效果和抑菌性，所以逐渐受到重视。

在制造羟甲基壳聚糖的过程中，容易导致反应副产物二甘醇酸的产生。该类物质具有抗凝血和促使血管舒张作用，会影响产品的使用。为保证使用安全性，需要严格控制该类产品中二甘醇酸的含量。离子色谱方法可以对二甘醇酸的含量进行准确检测[71]，其检测方法基于 Dionex IonPac AS9-HC 色谱柱或性能相当的离子色谱柱，以 12 mmol/L $Na_2CO_3$ 作为淋洗液，在 1.0 mL/min 的流速下进行等度洗脱，使用抑制电导模式检测。色谱图结果见图 2.4 和图 2.5。该方法中可吸收止血纱布高分子样品直接溶解于纯水中，过滤后即可上机，无需复杂的前处理步骤。离子色谱方法用于检测二甘醇酸，简单快速，检测下限低至 0.2 mg/L，是一种理想的快速检测方法。

### 3. 聚乳酸高分子可降解材料中单体成分分析

聚乳酸(PLA)是一种高分子聚合材料，其制备原料为乳酸，主要来源于玉米、小麦、甜菜等含淀粉的农副作物发酵。该高分子聚合材料具有生物可降解性，且同时拥有良好的机械性能和物理性能，如防油、防潮、密闭性良好等。

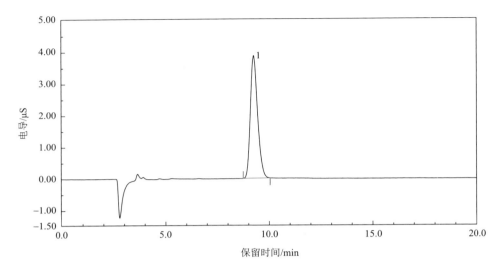

图 2.4    25.0 mg/L 二甘醇酸标准溶液离子色谱图(峰 1-二甘醇酸)

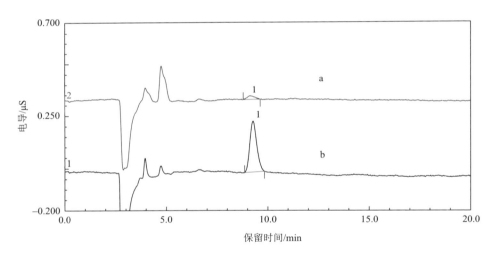

图 2.5    样品提取液(曲线 a)和二甘醇酸标准溶液(曲线 b)离子色谱图对比图

在常温条件下，聚乳酸保持性能稳定，在环境中分解为二氧化碳和水，是一种绿色无污染的新型环保材料，可极大减轻人们对塑料制品的使用强度。离子色谱法测定聚乳酸制品中聚乳酸含量的原理是试样中聚乳酸在氢氧化钠溶液中会水解生成乳酸，然后经由离子色谱测定水解液中乳酸含量，从而计算得到聚乳酸的含量。该离子色谱分析方法基于 Dionex IonPac AS11-HC 离子色谱柱或性能相当的离子色谱柱，采用梯度洗脱的方式在 1.0 mL/min 的流速下进行目标物的分离，检测端则用抑制电导模式。样品分析色谱图见图 2.6。该方法准确高效地对样品中的聚乳酸含量进行了测定，可以作为该类产品中的相关物质定量检测方法。

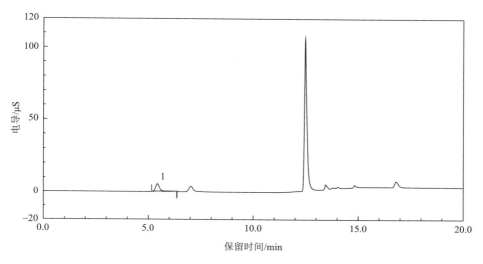

图 2.6　聚乳酸样品稀释 50 倍离子色谱图(峰 1-乳酸根)

### 4. 石墨烯材料非金属杂质分析

石墨烯材料是由石墨烯(graphene)单独或堆垛而成层数不超过 10 层的碳纳米材料，作为新型功能填料广泛应用于高性能高分子材料的制备中。石墨烯粉体的基本理化性质是石墨烯粉体材料研发、产品制备及应用的基础，杂质的存在会直接影响石墨烯粉体的应用价值。其中阴离子杂质的存在会对石墨烯产品特定性能造成不良影响。例如，石墨烯粉体用于锂离子电池的电极材料或导电剂时，阴离子在电池中会引起不可逆副反应，会影响电解液的纯度及电极极化，从而导致电池性能与稳定性下降。石墨烯粉体及相关产品中各类水溶性阴离子含量，是衡量产品品质的重要指标之一，应对其中水溶性阴离子种类及含量进行准确测定。石墨烯粉体中阴离子主要来源于原料与制备过程中杂质引入。石墨烯粉体的制备方法主要有微机械剥离法、碳化硅热解外延生长法、化学氧化还原法、化学气相沉积法等，石墨烯粉体制备过程中可能会用到多种工业级的化学试剂，试剂中的阴离子及石墨原料中的阴离子杂质，均会造成石墨烯粉体中存在阴离子残留。阴离子种类及含量的准确测定直接影响石墨烯粉体应用产品研发过程中组成-结构-性能精确构效关系的建立，建立石墨烯粉体中阴离子含量测定的标准方法对于检测和评价石墨烯粉体材料及相关产品的品质具有重要意义。

针对无机盐杂质的测定，采用筛选过的提取体系进行超声提取，然后过滤上机检测。离子色谱图见图 2.7。该方法基于 Dionex IonPac AS11-HC 色谱柱或性能相当的离子色谱柱，在 1.5 mL/min 的流速下采用梯度洗脱方式洗脱，使用抑制电导模式检测。

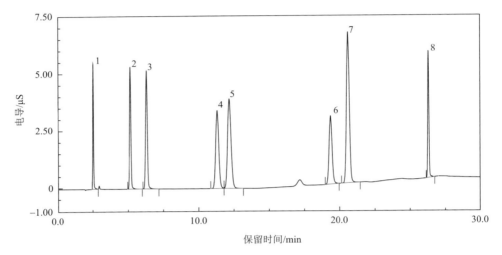

图 2.7　八种阴离子混合标准溶液典型离子色谱图

峰 1-F$^-$；峰 2-Cl$^-$；峰 3- NO$_2^-$；峰 4-Br$^-$；峰 5- NO$_3^-$；峰 6- SO$_3^{2-}$；峰 7- SO$_4^{2-}$；峰 8- PO$_4^{3-}$

石墨烯粉体中的硫、氟、氯、溴元素既可能以离子形式存在石墨烯粉体中，也可能以共价键形式存在。石墨烯粉体中卤素和硫元素对于石墨烯在润滑油、电子电气产品、功能性涂料等领域的应用有一定的影响，例如，硫元素会腐蚀金属表面，同时非氧化态的硫元素的抗氧化能力较差，在环境温度较高且有氧化剂存在的条件下，极易被氧化，因此含有硫元素的石墨烯粉体用于防腐涂料时，其防腐效果将受到硫元素的较大影响；石墨烯粉体作为关键原料的电子电气产品在废弃时也会带来严重的环境污染问题，必须在产品选材生产时对上述元素进行控制，以满足欧盟 RoHS 指令、IEC 61249-2-21 及相关法律法规中对卤素限量的要求；以石墨烯粉体作为关键组分的新型润滑油产品，在油品规格等级认证时必须满足国家标准及 ILSAC、JASO、MB 等标准化组织和企业标准中对硫、氯等元素的限量要求。

上述四种元素含量的测定需要采用燃烧离子色谱法，该法基于高温裂解原理，将待测元素转化为氧化态，然后采用合适吸收液吸收，直接通过离子色谱检测。它作为固体、液体复杂样品的一项新型阴阳离子分析技术，已被广泛应用于环保、电子材料、塑料、矿石、医药等领域的检测。该方法基于 Metrosep A Supp5（4 mm×150 mm）色谱柱或性能相当的离子色谱柱，以 3.2 mmol/L Na$_2$CO$_3$-1.0 mmol/L NaHCO$_3$ 为淋洗液，在 0.7 mL/min 的流速下分离并使用电导检测器进行检测。离子色谱图见图 2.8。

燃烧离子色谱法需要样品量少，自动化控制燃烧过程，燃烧更充分，保证含硫化合物的高转化率。同时，这个方法避免了操作人员带来的测定结果差异，能够实现石墨烯粉体中硫含量的准确、快速和高灵敏度的测定。

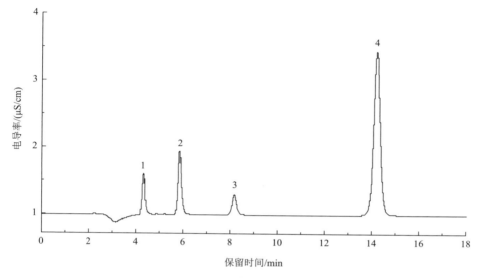

图 2.8 混合标准溶液离子色谱图

峰 1-$F^-$；峰 2-$Cl^-$；峰 3-$Br^-$；峰 4-$SO_4^{2-}$

随着提高检测灵敏度、缩短检测时间、简化操作等新需求的提出，单一的光谱或色谱技术已经远不能满足测试的需求。其中，仪器联用技术成为新的突破口，仪器联用技术也是重金属元素形态检测的发展方向。重金属元素的形态分离主要依靠色谱技术完成，气相色谱可适用于易挥发或中等挥发的有机金属化合物分离，但分离之前的衍生化步骤使分析过程较复杂，而且会增加待测形态丢失或污染的可能。高效液相色谱适用于生物活性物质、高沸点和热不稳定化合物的分离，最大的优点是无需衍生，即能直接分离，简单快速，且分离效率高，因此得到广泛的使用。在元素形态分离方法中，毛细管电泳法成为近年来发展最快的方法之一。在联用的检测仪器中，ICP-MS 应用最为广泛，而电喷雾质谱由于能提供分子碎片的结构信息，也受到一定的关注。另外，无损检测技术也是高分子样品分析测试的重要发展趋势。其中 XRF 因其测量的元素浓度范围宽、灵敏度高、分析速度快，以及可多元素同时测定的特点，在环境、地质、石油和材料科学等领域的微量元素分析方面得到广泛应用。同时，该技术不破坏样品，对试样状态要求不高，所以常被用于珍贵或稀有样品的测试中。更重要的是，随着便携式 XRF 技术的发展，现场快速检测成为可能，有望成为最具前景的普适性测试技术。

# 参 考 文 献

[1] 由欣然, 荀其宁, 郭国建, 等. 有机元素分析仪测定聚丙烯腈基预氧化纤维中氧元素[J]. 化学分析计量, 2022, 31(4): 79-82.

[2] 罗小云, 顾晓川, 张显平, 等. TC600氧氮分析仪测定无氧铜杆中氧[J]. 四川冶金, 2009, 31(2): 43-44.

[3] 安谧, 杨晓彦, 汪艳, 等. 能量色散X射线荧光光谱仪测定油品中的金属含量. 第十二届全国工业催化技术及应用年会论文集[C]. 中国湖南湘潭, 2015.

[4] 丁小艳, 武晓, 娄金分, 等. X射线光电子能谱测定元素化学态的常见问题探讨[J]. 广州化工, 2020, 48(16): 85-87.

[5] 刘增辉, 谈金祝, 高小荃. 填充纳米氧化铝对氢化丁腈橡胶摩擦磨损行为的影响[J]. 高分子材料科学与工程, 2020, 36(2): 60-67, 73.

[6] 魏雅娟, 王群英, 李小江, 等. 不同种类粉煤灰对丁苯橡胶补强性能的对比研究[J]. 矿产综合利用, 2019, 215(1): 88-91, 77.

[7] 李宁宁. 天然鲜胶乳掺假物的检测及其对橡胶性能的影响研究[D]. 海口: 海南大学, 2016.

[8] 徐加勇, 马小鹏, 袁玉虎. 无机填料对丁腈橡胶性能的影响[J]. 特种橡胶制品, 2012, 33(2): 39-41.

[9] 张锐. 几种高性能材料中微量无机物杂质的脱除过程研究[D]. 兰州: 兰州大学, 2020.

[10] 王敬尊, 瞿慧生. 复杂样品的综合分析: 剖析技术概论[M]. 北京: 化学工业出版社, 2000.

[11] 王少明, 王爱萍, 荀其宁. 离子色谱在有机物和高分子材料分析中的应用[J]. 分析实验室, 2003, 22(2): 18-20.

[12] 王昌益. 有机元素分析的仪器化-II[J]. 分析仪器, 1975(1): 17-24.

[13] 贾文杰. 高性能聚丙烯腈原丝制备工艺优化[D]. 济南: 山东大学, 2005.

[14] 孙镇镇. 高分子材料的发展历程与趋势[J]. 中国粉体工业, 2016(3): 1-3.

[15] 王兴江. 高分子材料发展现状和应用趋势[J]. 工业B, 2015(11): 74.

[16] 李琴梅, 魏晓晓, 郭霞, 等. 高性能与功能化高分子材料的表征技术及其特点[J]. 分析仪器, 2020(4): 1-9.

[17] 赵迎新, 宋倩, 马同宇, 等. 改性/新型氟吸附材料的研究进展[J]. 工业水处理, 2018, 38(5): 9-14.

[18] 陈庆, 曾军堂. 塑料填充技术研究现状及发展趋势[J]. 塑料工业, 2013, 41(S1): 57-63.

[19] 韩云艳. 茂金属催化剂及烯烃高分子材料研究新进展[J]. 化工管理, 2015(17): 226.

[20] 周海鸥. 高分子材料研究现状与应用趋势探讨[J]. 赤峰学院学报(自然科学版), 2019, 35(4): 31-33.

[21] 邓晓庆. FAAS、GFAAS、ICP-AES和ICP-MS 4种分析仪器法的比较[J]. 云南环境科学, 2006, 25(4): 56-57.

[22] 李冰, 周剑雄, 詹秀春. 无机多元素现代仪器分析技术[J]. 地质学报, 2011, 85(11): 1878-1916.

[23] 邓勃. 实用原子光谱分析[M]. 北京: 化学工业出版社, 2013.

[24] 辛仁轩. 等离子体发射光谱分析[M]. 3版. 北京: 化学工业出版社, 2018.

[25] 邱德仁. 原子光谱分析[M]. 上海: 复旦大学出版社, 2002.

[26] 池海涛, 刘颖, 高峡, 等. 食品接触聚丙烯塑料中抗氧化剂迁移模型研究[J]. 分析化学, 2015, 43(3): 399-403.

[27] BRITISH STANDARDS INSTITUTION. Materials and articles in contact with foodstuffs-Plastics substances subject to limitation-Part 2: Determination of terephthalic acid in food stimulants: DIN EN 13130-2: 2004[S]. In British Standard, 2004.

[28] 国家质量监督检验检疫总局. 食品接触材料 塑料中受限物质 塑料中物质向食品及食品模拟物特定迁移试验和含量测定方法以及食品模拟物暴露条件选择的指南: GB/T 23296.1—2009[S]. 北京: 中国标准出版社, 2009.

[29] 勾新磊, 赵新颖, 池海涛, 等. 固相萃取-超高效液相色谱-串联质谱法同时测定食品接触塑料制品中10种苯并三唑类紫外吸收剂[J]. 色谱, 2015, 33(6): 571-576.

[30] 魏晓晓, 刘伟丽, 池海涛, 等. 食品包装塑料制品中掺杂回收塑料的分析及检测方法研究现状[J]. 食品安全质量检测学报, 2015, 6(9): 3323-3328.

[31] 池海涛, 程静, 高峡, 等. 食品接触塑料中添加剂迁移模型研究进展[J]. 食品安全质量检测学报, 2015, 6(9): 3315-3322.

[32] CHI H T, LIU Y, GAO X A, et al. Antioxidant BHT modelling migration from food packaging of high density polyethylene plastics into the food simulant[J]. Advance Journal of Food Science and Technology, 2015, 9(7): 534-538.

[33] 池海涛, 高峡, 刘伟丽, 等. 聚碳酸酯新料和回收料中双酚 A 含量及迁移规律分析[J]. 食品安全质量检测学报, 2017, 8(11): 4424-4429.

[34] 徐聪, 赵婷, 池海涛, 等. 微波消解-ICP-MS 法测定土壤及耕作物小麦中的 8 种重金属元素[J]. 中国测试, 2019, 45(5): 85-92.

[35] 刘密新, 罗国安, 张新荣, 等. 仪器分析[M]. 2 版. 北京: 清华大学出版社, 2002.

[36] 吴昊, 林前明, 杨文福, 等. 用人工神经鞘管治疗周围神经离断缺损的临床效果分析[J]. 当代医药论丛, 2015, 13(18): 255-256.

[37] 任宁宁. 负载不同形貌钯纳米粒子催化剂的制备及催化 Suzuki 偶联反应的研究[D]. 武汉: 中南民族大学, 2015.

[38] BENDAKOVSKA'L, KREJČOVÁ A, ČERNOHORSKÝ T, et al. Development of ICP-MS and ICP-OES methods for determination of gadolinium in samples related to hospital waste water treatment[J]. Chemical Papers, 2016, 70(9): 1155-1165.

[39] 池海涛, 赵婷, 高峡, 等. ICP/ICP-MS 在功能化高分子材料表征中的应用[J]. 分析仪器, 2022(4): 1-6.

[40] 徐风华, 刘飯阳, 蒋雪芹. 高分子材料对卡铂-乳酸/羟基乙酸共聚物微球体外性质的影响[J]. 中国新药杂志, 2006, 15(21): 1855-1858.

[41] 魏远芳, 李奇映, 余巧玲, 等. ICP-OES 与 ICP-MS 测定塑格悬浮式运动地板中的 Pb、Cd、Cr 和 Hg[J]. 塑料科技, 2017, 45(3): 85-89.

[42] 章连香, 符斌. X 射线荧光光谱分析技术的发展[J]. 中国无机分析化学, 2013, 3(3): 1-7.

[43] 牛丽川. XRF 在 RoHS 和 REACH 检测中的应用[J]. 电视技术, 2015, 39(11): 55-56, 66.

[44] 李若琳, 陈丽萍, 姜红, 等. X 射线荧光光谱结合支持向量机对眼药水塑料瓶的分类研究[J]. 上海塑料, 2022, 50(6): 56-63.

[45] 姜红, 徐乐乐, 付钧泽. X 射线荧光光谱法对橡胶鞋底的分类[J]. 化学研究与应用, 2020, 32(5): 832-834.

[46] 马辉, 李涛, 武素茹, 等. 基于 XRF 和 XRD 分析初探玄武岩纤维定性鉴别方法[J]. 中国口岸科学技术, 2022, 4(7): 30-33.

[47] 徐娜娜, 蒋则臣. 基于 X 射线荧光光谱仪对材料元素检测的研究[J]. 绿色科技, 2017, 19(12): 230-232.

[48] 赵婷, 池海涛, 刘奕忍, 等. X 射线荧光微区分析结合电感耦合等离子体质谱法进行保健食品中元素含量的测定[J]. 光谱学与光谱分析, 2021, 41(3): 750-754.

[49] 高新华, 宋武元, 邓赛文, 等. 实用 X 射线光谱分析[M]. 北京: 化学工业出版社, 2017.

[50] 陆雪. XRF 方法对 RoHS 有害物质检测的研究[D]. 上海: 上海交通大学, 2013.

[51] 宋晓云, 孙卓军, 郭兵, 等. 食品接触塑料中重金属检测及样品前处理方法综述[J]. 塑料工业, 2015, 43(6): 7-12.

[52] 张磊. X 射线荧光光谱法测定食品包装用塑料多种重金属元素含量[J]. 中国检验检测, 2021, 29(2): 37-39, 51.

[53] 黄坚, 陈胜福, 曾涛, 等. 酸碱滴定分析在聚酰胺-胺表征中的应用[J]. 高分子材料科学与工程, 2007, 23(4): 185-187, 191.

[54]  陈诚, 李曦, 刘信, 等. 聚苯胺的合成及其对六价铬吸附实验研究[J].实验技术与管理, 2014, 31(4): 61-63, 67.

[55]  郭栋才, 舒万艮, 周悦, 等. 反应型三元铽配合物的合成及发光性能研究[J].中国稀土学报, 2004, 22(2): 196-200.

[56]  乐胜锋, 王尉, 高峡, 等. 离子色谱技术特点及其在环境与食品领域的应用[J]. 食品安全质量检测学报, 2016, 7(11): 4333-4340.

[57]  牟世芬, 朱岩, 刘克纳. 离子色谱方法及应用[M]. 3 版. 北京: 化学工业出版社, 2018.

[58]  史亚利, 蔡亚岐, 刘京生, 等. 大体积直接进样离子色谱法测定饮用水中痕量溴酸盐[J]. 分析化学, 2005, 33(8): 1077-1080.

[59]  叶明立, 何仁键, 韩小江. 氧弹燃烧-离子色谱法测定高分子聚合物的卤素离子[J]. 化学分析计量, 2009, 18(4): 45-47.

[60]  童国璋, 徐哲明. 氧弹燃烧-离子色谱法测定高分子聚合物的卤素[J]. 环境科学与技术, 2011, 34(S1): 268-270.

[61]  汪丽, 余小岚, 黄滨, 等. 氧弹燃烧法测定环氧树脂中氮含量[J].中山大学学报(自然科学版), 2009, 48(3): 139-141.

[62]  邓江华, 谭帅霞, 昌慧娟, 等. 氧弹燃烧-离子色谱法测定天然橡胶中的氮含量[J]. 橡胶工业, 2014, 61(3): 184-186.

[63]  邓江华, 谭帅霞, 昌慧娟, 等. 氧弹燃烧-离子色谱法测定橡胶中全硫含量[J].特种橡胶制品, 2011, 32(6): 52-54.

[64]  FUNG Y S, DAO K L. Oxygen bomb combustion ion chromatography for elemental analysis of heteroatoms in fuel and wastes development[J]. Analytica Chimica Acta, 1995, 315(3): 347-355.

[65]  王少明, 荀其宁, 许峰. 离子色谱分析的样品前处理方法[J]. 化学分析计量, 2005, 14(4): 59-62.

[66]  范云场, 朱岩. 离子色谱分析中的样品前处理技术[J]. 色谱, 2007, 25(5): 633-640.

[67]  王碗, 刘肖, 蔡亚岐, 等. 自动快速燃烧炉-离子色谱联用技术检测水泥等建材中的氯[J]. 分析试验室, 2007, 26(12): 10-13.

[68]  张学宽, 赵若辉. 离子色谱法测定地下水中碘离子[J].环境与发展, 2013, 25(4): 148-149.

[69]  王维. 抑制型电导-离子色谱法快速测定矿泉水中碘离子[J]. 预防医学情报杂志, 2010, 26(6): 486-488.

[70]  王自新, 赵冰. 硅溶胶制备与应用[J]. 化学推进剂与高分子材料, 2003, 1(5): 34-39.

[71]  黄敏敏, 董冰冰, 蒋丽霞, 等. 羧甲基壳聚糖中 MCA 和 DGA 的检测[J]. 生物医学工程学进展, 2012, 33(4): 229-231.

# 第 3 章

# 链结构表征

在高分子材料中，特定的原子或原子团组成对分子链结构特性具有决定性的影响。除常见的碳碳双键、醚键、羟基、羧基、醛基、羰基及酯基等原子组成和官能团外，高性能高分子材料中还含有磷酸基、酰胺键、酰亚胺键、芳香环等结构，这些官能团的种类和含量均会对材料的各级性能特点产生显著影响。因此，了解高性能高分子化合物中官能团的种类和性质对掌握材料的性能具有重要的意义。要准确鉴别和分析高性能高分子材料中的官能团和分子结构，需要采用适当的测定技术。本章将介绍高性能高分子材料中官能团和分子结构的表征手段，重点介绍光谱和质谱两类主要技术。

光谱（spectroscopy）技术是一种利用物质对电磁波的吸收、散射、发射等现象进行分析的方法，包括红外光谱（infrared spectroscopy，IR）、紫外光谱（ultraviolet spectroscopy，UV）、拉曼光谱（Raman spectroscopy）、核磁共振波谱（nuclear magnetic resonance，NMR）等，这些技术可以帮助我们快速准确地鉴别出材料中的分子结构。其中，紫外光谱法、红外光谱法、核磁共振波谱法等是利用了物质粒子对光的吸收特性，称为吸收光谱法；原子发射光谱法和荧光发射光谱法等是利用了物质粒子发射光特性，称为发射光谱法；拉曼光谱利用光散射后发生频率变化产生物质特征光谱，也是光谱分析的一种方式。在高性能高分子材料分析领域，分析官能团和分子结构主要采用红外光谱法、核磁共振波谱法和拉曼光谱法。红外光谱法能够准确地分析链结构中的官能团；核磁共振波谱法既可有效获取原子核在分子中所处的化学环境，又可对不同化学结构进行有效的定量；拉曼光谱法则可以揭示分子结构的详细信息。

质谱（mass spectrometry，MS）技术是一种分析物质化学组成和结构的方法，它可以通过测量分子或离子的质量来确定分子的结构和组成。在高分子材料中，质谱技术可以帮助我们确定分子的分子量、化学式及分子结构等信息。

# 3.1 红外光谱法

1800 年英国科学家 William Herschel 在研究各种色光的热效应时发现了红外光。20 世纪初,Coblentz 发表了一百多个有机化合物的红外光谱图,为有机化学家提供了鉴别未知化合物的有力手段。随后,红外光谱技术迅速发展。到了 20 世纪 70 年代,干涉型的傅里叶变换红外光谱仪及计算机化色散型仪器的使用,使仪器性能得到了极大提高。现在,红外光谱法已经成为分析有机化合物的重要手段,可以鉴定高分子材料的种类和表征其分子结构。

根据红外光波长的不同,可分为近红外光区、中红外光区和远红外光区,如表 3.1 所示。由于绝大多数有机物和无机物的基频吸收带都出现在 $4000 \sim 400\ cm^{-1}$ 之间的中红外区,因此该区域是研究和应用最多的区域,积累的资料也最多,仪器技术最为成熟,提供化合物结构的信息最丰富。通常所说的红外光谱也指中红外光谱[1, 2]。

表 3.1    不同红外光分区及其特点

| 区域 | $\lambda/\mu m$ | $\sigma/cm^{-1}$ | 能级跃迁类型 |
|---|---|---|---|
| 近红外光区 | 0.78~2.5 | 12800~4000 | 分子化学键振动的倍频和组合频 |
| 中红外光区 | 2.5~25 | 4000~400 | 化学键振动的基频 |
| 远红外光区 | 25~1000 | 400~10 | 骨架振动和转动 |

对高分子化合物来说,每个分子包括的原子数目是相当大的,理论上应产生相当数目的简正振动使光谱变得极为复杂,但实际上某些高分子的红外光谱显得更为简单。这是因为聚合物链结构是由许多重复单元构成的,各个重复单元又具有大致相同的键力常数,其振动频率是接近的,而且由于严格的选择定律的限制,只有一部分振动具有红外活性。

在高分子材料的结构分析和鉴定工作中,红外光谱法是应用最多且最有效的方法。其主要优点包括:①不破坏被分析样品;②可以分析具有各种物理状态(气、液和固体)和各种外观形态(弹性、纤维状、薄膜、涂层状和粉末状)的样品;③红外光谱的基础(分子振动光谱学)已较成熟,对化合物红外光谱的解释比较容易掌握;④国际上已出版了大量各类化合物的标准红外光谱图,通过谱图查对使解析工作更为便捷;⑤随着电子计算机的应用和谱图数据库的建立、健全,鉴定工作将更省力,结论将更可靠。

### 3.1.1　红外光谱法实验原理

红外光谱仪的归类方法比较多，依照仪器的分光元器件，一般可分为 4 个关键种类：光栅散射型、滤光片型、傅里叶变换型和声光可调谐滤波器型。

光栅散射型又有光栅扫描仪单路和非扫描仪固定不动环路多路检验之分。非扫描仪固定不动环路多路近红外光谱仪器是由仪器的检测器选用多路感光元器件而出名。这类仪器的散射系统软件一般使用平面图光栅或全息投影光栅，与光栅扫描仪型对比，光栅不用旋转就可以完成明确波长范围的扫描。多路检测器的种类主要有两种：光电二极管列阵（photo-diode array，PDA）和电荷耦合器件（charge coupled device，CCD）。该种类仪器精确测量的波长范围在于检测器感光元器件的原材料，如硅基感光元器件的相应范围在中短波近红外光谱区。这类仪器的特性是仪器内部无法挪动构件，仪器的稳定度和抗干扰性好；另一个特征是扫描仪速度更快，一般一张光谱的检测时间仅有几十毫秒。这两个特性的融合，使此类仪器尤其适合现场或线上剖析仪器应用。多路型仪器的屏幕分辨率在于光栅特性、检测器的清晰度及其双缝的规格。在明确的波长范围内，检测器的清晰度越高，所检验到的样品信息内容越丰富多彩，但通常清晰度越高的检测器价格也越高。

滤光片型近红外光谱仪器可分成固定不动滤光片型光谱仪和可调式滤光片型光谱仪。固定不动滤光片型光谱仪是近红外光谱仪器的最开始设计方案方式，这类仪器要依据测量试品的光谱仪特征选择适度波长的滤光片。该种类仪器的特性是设计方案简易、成本低、流明值大、数据信号记录快、经久耐用，但这种仪器只能在单一波长下测量，操作灵活性较弱，样品的基材产生变化，通常会造成较大的数据误差。可调式滤光片型光谱仪选用滤光轮，可以较为便捷地在一个或多个波长下开展测试。这类仪器一般用于专用型剖析，如粮食作物水分测试仪。因为滤光片总数有限，难以剖析繁杂管理体系的试品。与滤光片型的近红外光谱仪器对比，散射型近红外光谱仪器有可完成全谱扫描、屏幕分辨率较高、仪器价格适度和有利于维护保养等优势，缺点是光栅或后视镜的机械轴承长期持续使用非常容易损坏，影响波长的精密度和再现性，抗震性较弱，一般不适宜作为全过程剖析仪器应用。

傅里叶变换（Fourier transform）光谱仪技术是通过精确测量干涉图，并运用干涉图和光谱图之间的对应关系，再对干涉图开展傅里叶积分变换从而实现对光谱的精确测量和科学研究的技术。与传统的散射型光谱仪相比，傅里叶变换光谱仪能一起精确测量、记录全部波长的数据信号，并高效率收集来自灯源的辐射源动能，具备更高的波长精密度、屏幕分辨率和频率稳定度。但因为干涉仪中动镜的存在，仪器的线上长期稳定性遭受一定的限定，此外对仪器的应用和置放自然环境也有较严格的规定。

声光可调谐滤波器(acousto-optic tunable filter，AOTF)是一种基于声光衍射原理的分光器件。它通过改变输入电信号的频率来选择不同波长的输出光，具有调谐速度快、可调谐范围宽、插入损耗低、通道驱动功率低等特点。声光可调谐滤波器近红外光谱仪器的这种特点使其近些年在工业生产线上中获得很多的运用。但现阶段这类仪器的屏幕分辨率相对性较低，价格也较高。

红外光谱属于一种分子吸收光谱。当样品受到频率连续变化的红外光照射时，分子吸收了某些频率的辐射，并存在由其振动或转动运动引起偶极矩的净变化，产生分子振动和转动能级从基态到激发态的跃迁，使相应于这些吸收区域的透射光强度减弱。记录红外光的透射比与波数 $\sigma$ 或波长 $\lambda$ 关系曲线，就得到了红外光谱。分子的振动能量比转动能量大，当发生振动能级跃迁时，不可避免地伴随有转动能级的跃迁，所以无法测量纯粹的振动光谱，只能得到带状的分子振动-转动光谱。

并不是所有的振动能级跃迁都能够产生红外吸收，物质吸收红外光发生振动和转动能级跃迁必须满足两个条件：

(1)红外辐射光量子与分子振动能级跃迁所需的能量应相等，即满足式(3.1)。

$$\Delta E = E_{v2} - E_{v1} = h\upsilon \tag{3.1}$$

式中：$E_{v2}$、$E_{v1}$ 分别为高振动能级和低振动能级的能量；$\Delta E$ 为其能量差；$\upsilon$ 为红外光的频率；$h$ 为普朗克常量。

(2)分子振动时，必须伴有偶极矩的变化，有偶极矩变化的分子振动才能与红外光发生耦合作用，从而显示出红外活性，否则就不能产生红外吸收。

### 3.1.2　基团红外吸收频率及其影响因素

红外吸收谱图是测试样品分子结构的反映，具有相同化学键或官能团的一系列化合物的红外吸收谱带均出现在一定的波数范围内，谱图中的吸收峰与分子中各基团的振动形式相对应，具有一定的规律性和特征性。双原子组成的简单分子，其红外吸收的频率主要由原子的质量和原子间的键力常数决定。例如，O—H、N—H、C—H、C=O 和 C=C 等都有自身特定的红外吸收区域，分子的其他部分对其吸收位置影响较小，这样的吸收谱带称为特征吸收谱带，吸收谱带极大值的频率称为化学键或官能团的特征频率[3]。

一般将中红外区域(4000～400 cm⁻¹)分为官能团区和指纹区，以利于对谱图进行初步分析。4000～1300 cm⁻¹ 区域的谱带有比较明确的基团和频率的对应关系，基团的特征吸收峰一般位于该区域，且分布稀疏容易分辨，称为基团判别区或官能团区；1300 cm⁻¹ 以下的低波数段振动谱带十分复杂，包含了不含氢的单键伸缩振动、各键的弯曲振动及分子的骨架振动，吸收带的位置和强度随化合物而异，分子结构稍有不同，在该区的吸收就有细微的差异，因此称为指纹区，该区域在鉴定化合物结构时有重要用途。

对于复杂分子，基团频率还受到分子内部结构和外部环境的影响，同样的基团在不同的分子和不同的外界环境中，基团频率可能会出现一个较大的范围。因此了解影响基团频率的因素，对解析红外光谱和推断分子结构是非常有用的。

(1)诱导效应：由于取代基具有不同的电负性，通过静电诱导作用，引起分子中电子分布的变化，从而改变键力常数，使基团的特征频率发生位移。元素的电负性越强，诱导效应越强，吸收峰越向高波数方向移动。以羰基为例，若有一电负性大的基团或原子和羰基的碳原子相连，诱导效应将使电子云由氧原子转向双键的中间，增加了 C=O 键的力常数，使 C=O 的振动频率升高，吸收峰向高波数移动，如图 3.1 所示。

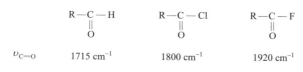

$$\begin{array}{cccc} & R{-}\underset{\substack{\|\\O}}{C}{-}H & R{-}\underset{\substack{\|\\O}}{C}{-}Cl & R{-}\underset{\substack{\|\\O}}{C}{-}F \\ \upsilon_{C=O} & 1715\ cm^{-1} & 1800\ cm^{-1} & 1920\ cm^{-1} \end{array}$$

图 3.1　诱导效应

(2)共轭效应：分子中形成大 $\pi$ 键所引起的效应称为共轭效应，共轭效应使共轭体系中的电子云密度平均化，使原来的双键略有伸长，电子云密度降低，键力常数减小，吸收峰向低波数移动，如图 3.2 所示。

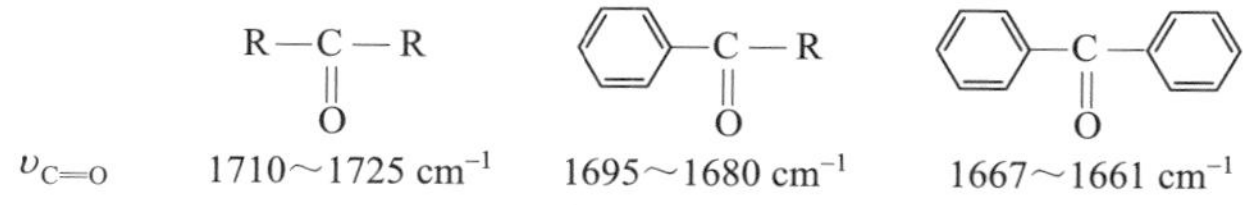

$$\upsilon_{C=O}\quad 1710{\sim}1725\ cm^{-1}\quad 1695{\sim}1680\ cm^{-1}\quad 1667{\sim}1661\ cm^{-1}$$

图 3.2　共轭效应

(3)空间效应：空间效应主要包括空间位阻效应和环状化合物的环张力等。取代基的空间位阻效应使双键的共轭受到限制，共轭效应下降，红外峰向高波数移动。如图 3.3 所示。

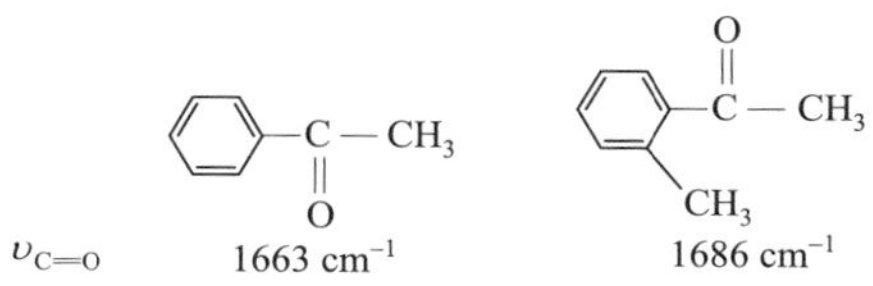

$$\upsilon_{C=O}\quad 1663\ cm^{-1}\quad\quad 1686\ cm^{-1}$$

图 3.3　空间效应

(4)振动耦合作用：当两个振动频率相同或相近的基团相邻并具有一公共原子时，两个键可能产生强烈的机械耦合相互作用，其结果是使振动频率发生变化，一个向高频移动，另一个向低频移动。例如，羧酸酐和亚酰胺的两个 C═O 伸缩振动谱带位于 1818~1720 cm$^{-1}$ 范围内，伯胺和伯酰胺的两个 N—H 伸缩振动谱带位于 3497~3077 cm$^{-1}$ 范围内。在基频振动与倍频或组频的振动之间也可以发生相互作用，这种相互作用被称为费米(Fermi)共振。例如，苯甲酰氯发生费米共振，$v_{C═O}$ = 1774 cm$^{-1}$ 峰裂分为 1773 cm$^{-1}$ 和 1736 cm$^{-1}$。

(5)氢键的影响：氢键的形成使电子云密度平均化，体系能量降低，X—H 伸缩振动频率移向较低波数处，吸收谱带强度增大，谱带变宽；变形振动频率将移向较高波数处，但其变化没有伸缩振动明显。形成分子内氢键时，X—H 伸缩振动谱带的位置、强度和形状的改变均较分子间氢键小。同时，分子内氢键的影响不随浓度变化而改变，分子间氢键的影响随浓度增加而增强。

### 3.1.3　高性能高分子材料红外吸收谱图解析

高分子化合物的红外光谱是与高分子中特有的结构特征相联系的，高分子链中重复的结构单元使得它的光谱图有时反而显得简单。一般来说，高分子中含有的主要极性基团包括—COOR、—COOH、—CO—NH—、—CO—N═、—COC、—OH 等，含有硅、硫、磷、氯和氟等原子的化合物也常具有极性，能够特征地反映这种高分子的结构和预示这类高聚物的存在。按照各种高分子化合物的最强谱带位置，从 1800 cm$^{-1}$ 到 600 cm$^{-1}$ 分成六个区[4]。

第一区：在 1800~1700 cm$^{-1}$ 区域有最强谱带的高聚物，主要是聚酯类、聚羧酸类和聚酰亚胺类等。聚酯类高分子是由多元醇和多元酸缩聚而得的聚合物总称。主要指聚对苯二甲酸乙二醇酯(PET)，也包括聚对苯二甲酸丁二酯(PBT)和聚芳酯(PAR)等线型热塑性树脂，是一类性能优异、用途广泛的工程塑料。聚酯类高分子特征吸收谱带为基团中的 C═O 和 C—O—C 中的伸缩振动。聚酯类高分子的 $v_{C═O}$ 的吸收带取决于链结构中有没有不饱和基团，一般位于 1750~1700 cm$^{-1}$ 之间。大多数饱和链中的 $v_{C═O}$ 在 1740 cm$^{-1}$ 附近；当聚酯中有苯环等不饱和基团时，如 PET 由于 C═O 和不饱和基团的共轭效应，降低了 C═O 键的力常数，$v_{C═O}$ 移到 1730~1715 cm$^{-1}$ 范围。聚羧酸和聚酰亚胺类高分子与聚酯一样，基团中的 C═O 的伸缩振动为它们的特征吸收谱带，位于 1800~1700 cm$^{-1}$ 之间，根据附近基团不同而稍有差异。

第二区：在 1700~1500 cm$^{-1}$ 区域有最强谱带，主要是聚酰胺类(PA)、聚脲和天然多肽等。聚酰胺类高分子材料俗称尼龙(nylon)，是分子主链上含有重复酰胺基团—C(O)—NH—的热塑性树脂总称，PA 的品种繁多，根据主链的结构不同，可分为脂肪族 PA、脂肪-芳香族 PA 和芳香族 PA。聚酰胺有三种重要的特征吸收峰：C═O 伸缩振动、N—H 伸缩振动和 N—H 变形振动。聚酰胺中 C═O 伸缩振动称为酰胺吸收带 I，由于羰基 C═O 与氨基 p-π 共轭，使 C═O 双键性减弱，其 $v_{C═O}$ 频率降低，通常位于 1700～1600 cm$^{-1}$ 之间；N—H 伸缩振动谱带位于 3000 cm$^{-1}$ 以上高频区域，$v_{N—H}$ 通常向低频移动到 3320～3060 cm$^{-1}$ 之间；N—H 变形振动称为酰胺吸收带 II，主要是 $\delta_{N—H}$，位于 1570～1510 cm$^{-1}$。聚脲和天然多肽有类似的重复结构单元——酰胺基团，因此红外谱图也可以与聚酰胺类高分子进行比照。

第三区：在 1500～1300 cm$^{-1}$ 有最强谱带，主要是聚烃类和一些有极性基团取代的聚烃类。饱和的聚烃类化合物属于碳链高分子，其重复单元主要为—CH$_2$—，典型例子有 PP、PE、PVC 等。它们在 3000～2800 cm$^{-1}$ 范围内有甲基和亚甲基的伸缩振动谱带；另外一个有显著吸收的区域位于 1500～1300 cm$^{-1}$，属于 C—H 变形振动的特征谱带，当碳链上连有极性基团时，该区域某些吸收明显增强。

第四区：在 1300～1200 cm$^{-1}$ 区域有最强谱带，主要是芳香族聚醚类、聚砜类和一些含氯的高聚物。聚芳醚类高分子化合物中，芳醚中具有最强吸收的 C—O—C 不对称振动吸收位于 1750～1210 cm$^{-1}$，这也是该类高聚物红外光谱图的主要特征。同样，聚砜类高分子主要结构单元的特征吸收峰也位于该区域。

第五区：在 1200～1000 cm$^{-1}$ 区域有最强谱带，主要是脂肪族的聚醚类、聚醇类和含硅、含氟的高聚物。脂肪族和有机硅的醚键不对称伸缩振动位于 1200～1000 cm$^{-1}$ 范围，如果该区域有显著的红外吸收，则表明该高聚物可能含有这些结构单元。

第六区：在 1000～600 cm$^{-1}$ 区域有最强谱带，主要是含有取代苯、不饱和双键和一些含氯的高聚物。

### 3.1.4　相关标准

目前，红外光谱法依据的相关测试标准如表 3.2 所示。

表 3.2　红外光谱法依据的相关测试标准

| 标准编号 | 标准名称 |
| --- | --- |
| GB/T 32198—2015 | 红外光谱定量分析技术通则 |
| GB/T 32199—2015 | 红外光谱定性分析技术通则 |
| GB/T 35927—2018 | 傅里叶变换显微红外光谱法识别聚合物层或夹杂物的标准规程 |
| GB/T 37969—2019 | 近红外光谱定性分析通则 |
| GB/T 6040—2019 | 红外光谱分析方法通则 |
| GB/T 21186—2007 | 傅立叶变换红外光谱仪 |

续表

| 标准编号 | 标准名称 |
|---|---|
| GB/T 35772—2017 | 聚氯乙烯制品中邻苯二甲酸酯的快速检测方法 红外光谱法 |
| GB/T 40722.2—2021 | 苯乙烯-丁二烯橡胶（SBR）溶液聚合 SBR 微观结构的测定 第 2 部分：红外光谱 ATR 法 |
| GB/T 7764—2017 | 橡胶鉴定 红外光谱法 |
| DB13/T 2953—2019 | 丁苯橡胶中苯乙烯含量的测定 红外光谱外标法 |
| DB21/T 2751—2017 | 海水中微塑料的测定 傅立叶变换显微红外光谱法 |
| DB32/T 3159—2016 | 塑料种类鉴定 红外光谱法 |
| DB32/T 4009—2021 | 塑料包装材质快速鉴定 红外光谱法 |
| DB32/T 4379—2022 | 氧化石墨烯材料 傅立叶变换红外光谱的测定 |
| DB46/T 519—2020 | 全生物降解塑料制品 红外光谱/拉曼光谱指纹图谱快速检测法 |
| ASTM E1252-98：2021 | Standard Practice for General Techniques for Obtaining Infrared Spectra for Qualitative Analysis |
| ASTM E932-89：2021 | Standard Practice for Describing and Measuring Performance of Dispersive Infrared Spectrometers |
| ISO 15063：2011 | Plastics—Polyols for Use in the Production of Polyurethanes—Determination of Hydroxyl Number by NIR Spectroscopy |

## 3.1.5　红外光谱法在高性能高分子材料链结构分析中的应用

### 1. 主链与小分子间相互作用分析

聚合物电解质因锂离子电池的飞速发展而变得越来越重要，在电子市场上几乎取代了所有基于液体电解质的现有电池系统。基于聚乙烯氧化物(PEO)的聚合物电解质具有诸多优点，如高安全性、易于制备、低成本、高能量密度、良好的电化学稳定性和与盐/酸的优异兼容性，在电化学领域中体现出了其高性能优势，但在部分温度下的低离子传导性限制了其进一步拓展应用。添加增塑剂有助于提高电解质中高浓度下离子聚合体/未解离盐(酸)的解离程度，增加非晶含量，并降低玻璃化转变温度($T_g$)。FTIR 技术则可用于对这些电解质不同组分之间的相互作用进行探究。

通过 FTIR 可对在较高三氟甲磺酸(HCF$_3$SO$_3$)浓度下未增塑聚合物电解质中离子聚合体的形成及通过添加增塑剂二甲基乙酰胺(DMA)而在增塑聚合物电解质中离子聚合体的解离过程进行有效表征。图 3.4 展示了在 1500～1000 cm$^{-1}$ 区域内，含有 8 wt%(wt%表示质量分数)HCF$_3$SO$_3$ 的未增塑聚合物电解质(a)、含有 50 wt% DMA 的增塑聚合物电解质(b)及相应含有 3 wt% SiO$_2$ 的纳米复合增塑聚合物电解质(c)的 FTIR 光谱。

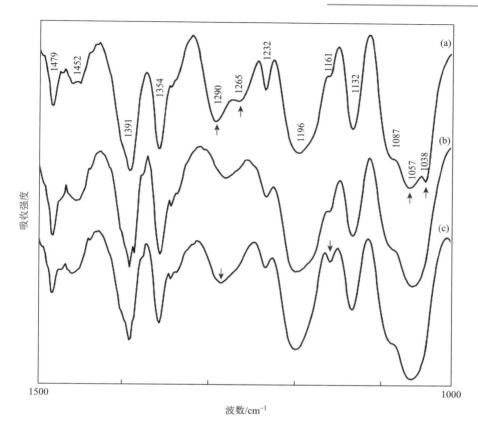

图 3.4　PEO 电解质的 FTIR 谱图[5]

在未增塑聚合物电解质的光谱中［图 3.4(a)］，观察到 1087 cm$^{-1}$ 处的峰归因于 PEO 中 C—O—C 基团的对称和非对称伸缩振动。1057 cm$^{-1}$ 处的峰被认为是由于三氟甲磺酸根(triflate)阴离子中 SO$_3^-$ 的对称伸缩振动和 PEO 中 C—O—C 基团的对称和非对称伸缩振动之间的重叠。1132 cm$^{-1}$、1161 cm$^{-1}$、1196 cm$^{-1}$ 和 1232 cm$^{-1}$ 处的峰分别归因于 PEO 中 C—O—C 基团的对称和非对称伸缩振动、CF$_3^-$ 的非对称伸缩振动、PEO 中 C—H 的对称伸缩振动及 SO$_3^-$ 的非对称伸缩振动。未增塑聚合物电解质光谱中出现在 1038 cm$^{-1}$ 和 1265 cm$^{-1}$ 附近的两个肩峰是由自由三氟甲磺酸根离子与附近的氢离子之间相互作用引起的。

Bernson 等在离子聚合体研究中观察到，三氟甲磺酸离子具有点群对称性。具有 E 对称性的非对称 SO$_3^-$ 伸缩模式 $\nu_{as}$(SO$_3^-$)是双重简并的，而具有 A1 对称性的对称模式 $\nu_s$(SO$_3^-$)是非简并的，两种模式都是红外活性的。当三氟甲磺酸离子与阳离子(H$^+$)配位时，简并的 $\nu_{as}$(SO$_3^-$)带会分裂为两个带，从光谱 3.4(a)中可以看出，在 1232 cm$^{-1}$ 和 1057 cm$^{-1}$ 处观察到两个自由三氟甲磺酸离子带。

通过添加 DMA[图 3.4(b)]，可以发现 1038 cm$^{-1}$ 和 1265 cm$^{-1}$ 处的肩峰消失，表明离子聚合体解离。观察到 1290 cm$^{-1}$ 处的峰归因于 PEO 中 C—O 基团的伸缩振动，由于 PEO 的羰基峰与 DMA 的重叠，在添加 DMA 后变宽。在向增塑聚合物电解质中添加熔融二氧化硅后，观察到 1290 cm$^{-1}$ 处峰的增宽[图 3.4(c)]，这表明熔融二氧化硅也影响了 DMA 的 C═O 伸缩振动模式。在未增塑和增塑聚合物电解质光谱中观察到的 1354 cm$^{-1}$ 和 1391 cm$^{-1}$ 处的峰归因于 PEO 中 C—H 的对称变形振动模式与 DMA 带的重叠。1400～1500 cm$^{-1}$ 区域内的其他强峰(1452 cm$^{-1}$ 和 1479 cm$^{-1}$)也归因于 PEO 中的 C—O 伸缩振动。

红外光谱在离子聚合体研究中起到了关键作用，揭示了在不同条件下离子聚合体的形成和解离过程。通过对 FTIR 的谱图解析，研究人员能够确定未增塑聚合物电解质中离子聚合体的存在，以及添加增塑剂(DMA)和纳米材料(熔融二氧化硅)后离子聚合体的解离情况。这些结果与电导率测量结果相吻合，有助于更好地理解聚合物电解质的性能和潜在应用。

### 2. 高分子材料的结构分析

对新型聚合物合成结构的确认是光谱类仪器表征高分子材料的核心应用之一，可组合使用不同的光谱表征增加分子结构表征的可信度。

由于分子间氢键作用，聚酰胺型热塑性弹性体(TPAE)的综合性能优于其他弹性体类型，因此受到了广泛关注。为了提高脂肪族聚酰胺的热稳定性和强度，通常在聚合物主链中加入芳香环结构，形成半芳香族聚酰胺。半芳香族聚酰胺结合了芳香族聚酰胺出色的热学和力学性能及脂肪族聚酰胺良好的加工性能，因此可作为制备高性能 TPAE 的潜在硬段分子链。通过将苯二酚与长链含醚酰胺和不同碳链长度的半芳香族酰胺单体进行亲核取代和缩聚反应，可以合成具有不同分子结构的热塑性聚酰胺弹性体，从而实现新型高性能热塑性弹性体的制备[6]。

图 3.5 为一种半芳香族酰胺单体的合成流程示意图，该类单体可进一步与二元醇进行缩聚形成高分子产物。以原料二胺中亚甲基个数为 6($x=6$)的产物 FDC-C6 为例，其 $^1$H-NMR 表征结果如图 3.6 所示。

在化学位移 8.43 ppm 处，有一个酰胺键上的质子信号。此外，在 7.88 ppm 和 7.28 ppm 处，可以观察到对位取代苯环上的质子信号。在主链上，可以看到两个亚甲基的质子信号，分别位于 1.28 ppm 和 1.52 ppm 处。此外，还可以看到与酰胺键相连的亚甲基的质子信号，位于 3.22 ppm 处。这些结果表明，所制备的单体结构与预期相一致，证明了该结构的成功合成。

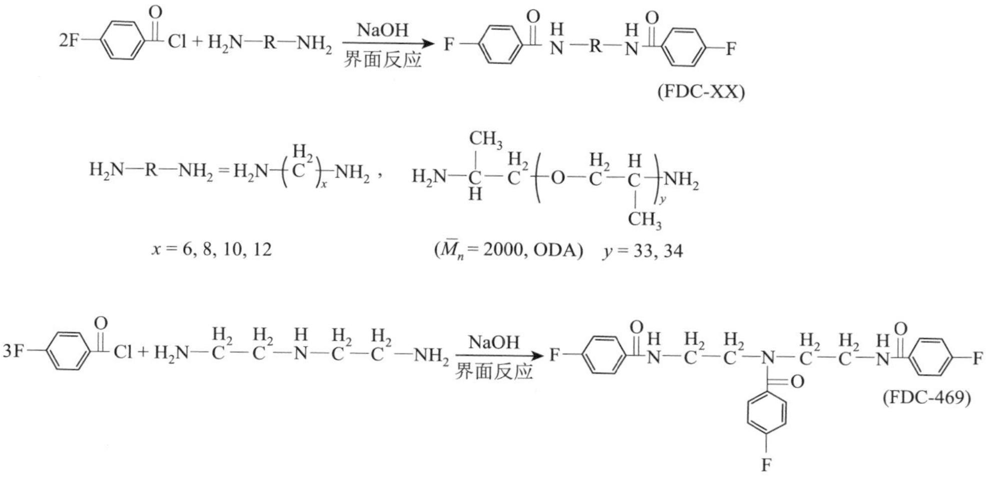

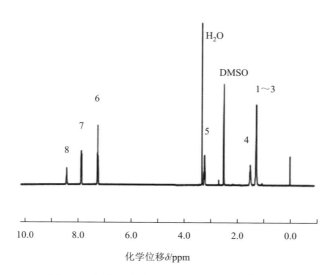

图 3.5　半芳香族酰胺单体的合成流程示意图

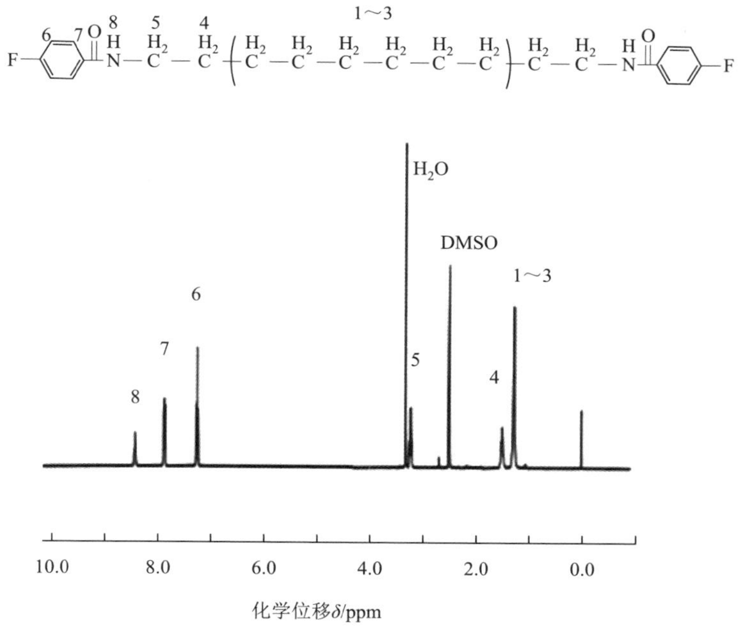

图 3.6　半芳香族酰胺单体 FDC-C6 的 $^1$H-NMR 谱图

　　进一步，通过该类单体与二元醇的亲核取代反应，可缩聚为半芳香族聚酰胺弹性体，其合成流程如图 3.7 所示，而其聚合产物对应的 $^1$H-NMR 及 FTIR 表征结果如图 3.8 所示。

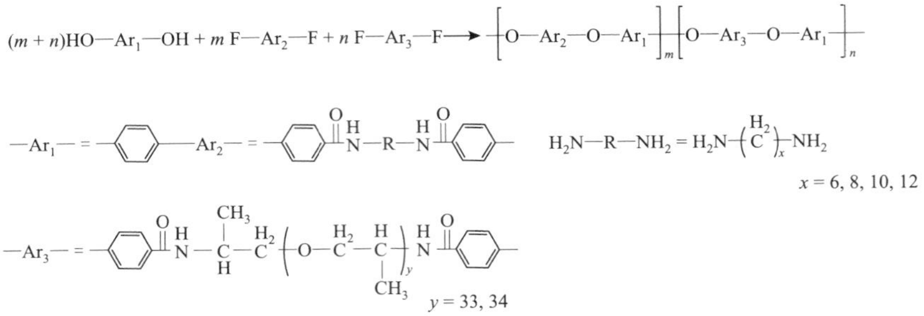

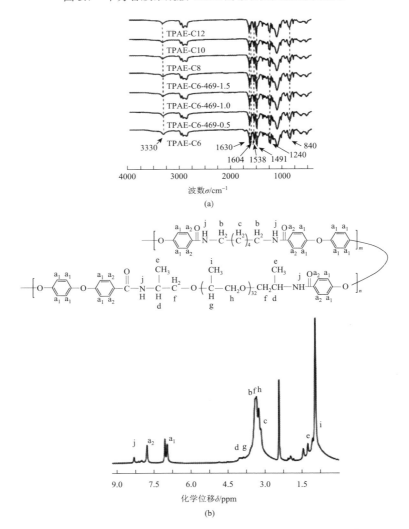

$$(m+n)\text{HO}-\text{Ar}_1-\text{OH} + m\,\text{F}-\text{Ar}_2-\text{F} + n\,\text{F}-\text{Ar}_3-\text{F} \longrightarrow \left[\text{O}-\text{Ar}_2-\text{O}-\text{Ar}_1\right]_m \left[\text{O}-\text{Ar}_3-\text{O}-\text{Ar}_1\right]_n$$

$x = 6, 8, 10, 12$

$y = 33, 34$

图 3.7    半芳香族聚酰胺 TPAE 的聚合反应流程示意图

TPAE-C12
TPAE-C10
TPAE-C8
TPAE-C6-469-1.5
TPAE-C6-469-1.0
TPAE-C6-469-0.5

3330    TPAE-C6    1630    840
1604  1538  1491  1240

4000        3000        2000        1000

波数 σ/cm$^{-1}$

(a)

bf h
c
d g
e
i
j  a$_2$  a$_1$

9.0        7.5        6.0        4.5        3.0        1.5

化学位移 δ/ppm

(b)

图 3.8    不同软段长度半芳香族酰胺 TPAE 系列的 FTIR(a) 及 TPAE-C6 的 $^1$H-NMR(b) 谱图

图 3.8(a)显示，热塑性弹性体 TPAEs 的红外透射图谱中出现了 3330 cm⁻¹ 的 N—H 的伸缩振动吸收峰、1538 cm⁻¹ 的 N—H 的弯曲振动吸收峰、1630 cm⁻¹ 的酰胺键中 C═O 的伸缩振动吸收峰、1604 cm⁻¹ 和 1491 cm⁻¹ 的苯环骨架的伸缩振动峰、840 cm⁻¹ 的苯环对位取代吸收峰，以及 1240 cm⁻¹ 的 C—O 的伸缩振动峰。同时，在 1220 cm⁻¹ 处，C—F 的红外吸收峰消失。这些发现初步表明，FDC-2000 和半芳香族聚酰胺可能与对苯二酚发生了聚合反应。此外，弹性体 TPAE-C6 的 ¹H-NMR 图谱[图 3.7(b)]显示，酰胺键的质子信号峰位于 8.40 ppm 处，而苯环上的质子信号峰分别位于 7.86～7.88 ppm 及 7.03～7.14 ppm 处。主链上亚甲基和次甲基的信号峰分别位于 4.03～4.13 ppm 及 3.48～3.68 ppm 处，而侧链甲基上的质子信号峰则出现在 1.03～1.14 ppm 处。红外与核磁图谱分析表明，所制备的聚合物结构与预期相一致。基于上述结构分析，还可进一步对该系列聚合物的耐热、结晶及力学等性能进行测试，并以此建立该系列聚合物的构效关系。

## 3.2 核磁共振波谱法 ◂◂◂

核磁共振（nuclear magnetic resonance，NMR）是磁矩不为零的原子核在外磁场作用下自旋能级发生裂分与特定频率的电磁波发生共振并吸收能量的物理现象。1945 年，Bloch 和 Purcell 的研究小组同时发现核磁共振现象，并分享了 1952 年的诺贝尔物理学奖。1966 年，Ernst 发明脉冲傅里叶变换核磁共振（FT-NMR）和二维核磁共振（2D-NMR）技术，扩大了核磁共振的应用范围，促进了 ¹³C、¹⁵N、²⁹Si 核磁和二维结构解析的发展，因此被授予 1991 年诺贝尔化学奖。20 世纪 80 年代，基于梯度编码的核磁共振成像技术得到很大发展，并在生物医学领域得到应用。魔角旋转、交叉极化、偶极去耦等技术的应用，极大地促进了高分辨率固体核磁共振技术的发展，使 NMR 成为研究固体高分子材料的重要手段。

NMR 属于吸收波谱，与紫外-可见、红外等光谱不同的是核磁共振吸收发生在频率为兆赫数量级的无线电波范围。核磁共振谱通常按照测定的原子核进行分类，氢元素和碳元素构成了有机化合物的主体，其对应的核磁共振氢谱（¹H-NMR）、碳谱（¹³C-NMR）及其二维相关谱在核磁技术中的应用也最为广泛。通过对应原子核的 NMR 谱图可有效获取该类原子在分子中所处的化学环境，同时还可对不同化学结构进行有效的定量。目前，液体 NMR 和固体 NMR 技术已经成为高分子化学结构分析的有力工具。

### 3.2.1 核磁共振波谱法原理

量子力学中用自旋量子数 $I$ 描述原子核的运动状态，$I$ 不为零的核都具有磁矩，原子核的自旋情况可以按 $I$ 的数值分为以下三种情况。

(1) $I = 0$ 的原子核包括 $^{12}C$、$^{16}O$、$^{32}S$ 等，无自旋，没有磁矩，不产生共振吸收。

(2) $I = 1/2$ 的原子核包括 $^{1}H$、$^{13}C$、$^{19}F$、$^{31}P$ 等，原子核的电荷均匀分布，核磁共振吸收的谱线窄，是核磁共振研究的主要对象，$^{13}C$ 和 $^{1}H$ 也是有机化合物的主要组成元素。

(3) $I > 1/2$ 的原子核包括 $^{2}H$、$^{14}N$、$^{17}O$ 等，这类原子核的电荷分布可看作一个椭球体，电荷分布不均匀，共振吸收复杂，谱线分辨率低，液体核磁研究应用较少。

$I$ 不为零的核自旋运动产生磁矩 $\mu$，与其自旋角动量 $P$ 成正比：$\mu = \gamma P$，式中，$\gamma$ 称为旋磁比 (gyromagnetic ratio)，它是一个只与原子核的种类有关的常数。当有自旋运动的原子核处于磁力线为 $z$ 轴方向、磁场强度为 $B_0$ 的静磁场中时，根据量子力学原理，其自旋角动量 $P$ 的取值要量子化，取值的数量由原子核的磁量子数 $m$ 决定，$m = I, I-1, \cdots, -I$，如图 3.9 所示。对 $I = 1/2$ 的核而言，$m = 1/2$、$-1/2$，可以认为原子核在静磁场中裂分成能量不同的两个能级。

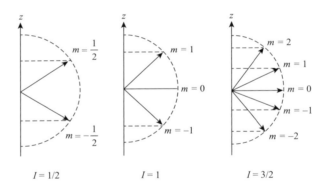

图 3.9　在静磁场中时，原子核自旋角动量的空间量子化

不同能级之间的能量差为：$\Delta E = -\gamma \Delta m \hbar B_0$，式中，$\hbar = h/2\pi$，$h$ 为普朗克常量。根据量子力学的规律，只有当 $\Delta m = \pm 1$ 时，能级间的跃迁才是被允许的，因此产生跃迁的能级间的能量差为：$\Delta E = \gamma \hbar B_0$。例如，用特定频率 $\upsilon$ 的电磁波照射原子核时，当满足条件 $\Delta E = h\upsilon$ 时，原子核就会吸收能量从低能级跃迁至高能级，产生共振：$h\upsilon = \gamma h B_0/2\pi$，得到相应电磁波的角频率 $\omega = 2\pi\upsilon = \gamma B_0$。由 $\omega = \gamma B_0$ 可知：在磁场强度一定的磁场中，由于不同的原子核的 $\gamma$ 值不同，产生共振的频率也不同。

### 3.2.2　高性能高分子材料核磁的特点

在使用液体测量核磁图谱时，通常先将样品溶解在适当的氘代溶剂中，然后进行锁场、匀场和采样。在选择溶剂时需要考虑以下因素：溶解度、溶剂信号对样品信号的干扰、溶剂的熔点和沸点，以及溶剂的黏度等。对于高分子材料，常用的氘代溶剂有氯仿、四氢呋喃、丙酮、甲醇、二甲亚砜等，一些特殊的聚合物，还可以采用氘代三氟乙酸、六氟异丙醇等溶剂。鉴于某些高分子材料在常温下溶解性不好，可以采用氘代四氯乙烷、取代芳烃等高沸点溶剂，使其在升温溶解的状态下测定。对于溶液中固体杂质或悬浮物，可以通过过滤或离心除去。另外，样品中不能混有磁性杂质，否则会扭曲磁场，降低谱仪的分辨率。

　　液体核磁具有较高的分辨率，但只能对溶解于溶液中的样品进行测试，受限于样品的溶解性，对于溶解性差或溶解后容易变质的样品往往比较难以分析。而这种困难在固体核磁实验中不存在，固体核磁可对制样处理后的固态物质直接检测，因此可以测定的样品范围要远大于液体核磁。另外，从所测定核子的范围看，固体核磁同液体核磁一样不仅可以测定自旋量子数为 1/2 的原子核，如 $^1H$、$^{19}F$、$^{13}C$、$^{15}N$、$^{29}Si$、$^{31}P$，还可以测定四极核，如 $^2H$、$^{17}O$ 等，其可分析对象的范围非常广泛。

　　在液体和溶液状态下，物质的 NMR 化学位移通常是所有可能构象的平均值，这是各种构象通过围绕键的旋转快速相互转化所致，液体核磁的分辨率也因此远优于固体核磁。另外，处于固态时，由于键的旋转强烈受阻，NMR 化学位移受到由分子结构变化引起的电子结构变化的影响，化学位移通常是表现特定构象的特性。因此，固体 NMR 提供了与特定固态结构相关更加丰富的有用信息[7]。特别是近年来，固体 NMR 技术已经发生了巨大的飞跃，高场磁体、超高速魔角旋转、多量子相关、连续相调制多脉冲和动态核极化等新技术的不断出现，将对高分子科学的研究和发展产生深远的影响[8]。

### 3.2.3　核磁共振氢谱解析

　　$^1H$ 是含量最高的氢同位素，且 $^1H$ 的自旋量子数 $I = 1/2$，因此 $^1H$-NMR 具有许多无可比拟的优点：①灵敏度高；②峰形好，分辨率高；③$^1H$ 是有机物的主要元素组成之一。从 $^1H$-NMR 中可以得到丰富的样品信息。

　　核磁共振氢谱的主要参数有 3 个：化学位移、自旋耦合和耦合常数、峰面积。

#### 1. 氢谱的化学位移

　　在有机化合物中，原子核受核外电子的屏蔽作用在磁场中的共振频率发生微小变化，引起共振吸收峰的位移。不同的原子核因所处的化学环境不同，所受屏蔽作用和位移的大小也不相同，此位移的大小反映了原子核所处的化学环境，因此被称为化学位移，符号为 $\delta$。核磁共振氢谱的横坐标是化学位移。化学位移的基准物质最常用的是四甲基硅烷(TMS)，它在氢谱中呈现的是一个单峰，其位置定为零。按照"左正右负"的原则，一般官能团在 TMS 的左面出峰，化学位移数值均为正，只有特殊的官能团具有负的化学位移数值。目前，国际上通用以相对值 ppm（1 ppm = 1/10⁶）表示化学位移。

不同官能团的 $\delta$ 值有一定范围。同时，对于每一种官能团，$\delta$ 值又受取代基等其他因素的影响。有机化合物常见官能团的氢谱化学位移数值（变化范围）如表 3.3 所示。

表 3.3　有机化合物常见官能团氢谱的化学位移数值（变化范围）

| 官能团 | $\delta(^1H)$ /ppm | 官能团 | $\delta(^1H)$ /ppm |
|---|---|---|---|
| —(CH₂)ₙ—CH₃* | 0.87 | （苯环） | 6.5~8.0 |
| —C=C—CH₃ | 1.7~2.0 | （吡啶，—H） | 8.0~8.8 |
| （苯基）—CH₃ | 2.1~2.4 | （吡啶 H） | 6.5~7.3 |
| —C(=O)—CH₃ | 2.1~2.6 | R—NH₂ | 0.5~3.0 |
| —N—CH₃ | 2.2~3.1 | R—NH— | |
| —O—CH₃ | 3.5~4.0 | Ar—NH₂ | 3.0~4.8 |
| C—CH₂—C | 1.2~1.4 | Ar—NH— | |
| C—CH₂—N | 2.3~3.5 | R—OH | 0.5~5.0 |
| C—CH₂—O— | 3.5~4.5 | Ar—OH | 4.0~10.0 |
| —C≡CH | 2.2~3.0 | —C(=O)—H | 9.5~10.0 |
| C=CH₂ | 4.5~6.0 | —C(=O)—OH | 9.0~12.0 |
| —CH=CH— | 4.5~8.0 | | |

高分子链结构官能团本身的性质、取代基和介质都对核磁共振氢谱中的化学位移产生影响。

化学位移数值首先取决于官能团本身的性质。与氢核直接相连的官能团中，

饱和基团的 $\delta$ 值较小,不饱和基团的 $\delta$ 值较大。与氢核相连的碳原子从 sp$^3$ 杂化(碳碳单键)到 sp$^2$ 杂化(碳碳双键),键电子更靠近碳原子,对于相连的氢原子有去屏蔽作用,氢核 $\delta$ 值移向低场,数值增大,具体 $\delta$ 值的变化还要综合考虑共轭体系的环电流效应。以苯环为例,在外加磁场的作用下,环状共轭体系的离域 $\pi$ 电子将产生环电流。其磁力线在苯环的上、下方与外加磁力线的方向相反,但是在侧面与外加磁力线的方向相同,因而对于苯环的氢(在苯环的侧面)有去屏蔽作用,对苯环上、下方向的氢有屏蔽作用。因此,苯环氢的 $\delta$ 值较烯氢大。炔氢恰恰相反,氢核位于三键键轴的延长线上,$\pi$ 电子感应出的环流磁场使氢核处于屏蔽区域,导致氢核的化学位移向高场移动。化学键无论是单键、双键还是三键都具有各向异性的屏蔽作用,它们对于不同方向的屏蔽作用是不同的,某方向是屏蔽作用,某方向是去屏蔽作用。例如,六元环如果不能快速翻转,亚甲基上面的平伏氢和直立氢的化学位移数值通常有明显的差别,直立氢的化学位移数值约比平伏氢小 0.5 ppm,这就是单键各向异性屏蔽作用的结果。

对于每一个官能团来说,$\delta$ 值不会完全相同,都有一定的变化范围,这是来自取代基的影响。对脂肪氢来说,由于诱导效应,当吸引电子的电负性基团与官能团相连时,氢原子的电子密度将下降,从而会使其化学位移数值增加。其中 $\alpha$-氢的化学位移增加值要大于 $\beta$-氢的增加值。对芳香氢来说,取代基的作用需要同时考虑诱导效应和共轭效应。根据对化学位移的影响,取代基可分为三类:第一类取代基包括烃基和卤素原子。这类取代基对苯环的电子密度改变不大,因而对于邻、间、对位氢的化学位移数值均无大的影响。第二类取代基是能与苯环形成 p-$\pi$ 共轭的基团。这类取代基主要有—OH、—OR、—NH$_2$、—NHR、—NR'R″等。由于氧、氮等原子的未成键电子对与苯环有 p-$\pi$ 共轭作用,苯环的电子密度增加,从而使苯环的其他氢原子向高场位移。这样的高场位移对于邻、对位氢比较明显,尤其对于邻位氢。第三类是取代基的杂原子上含有双键等不饱和键的基团。属于第三类取代基的有—CHO、—COR、—COOH、—COOR、—CONHR、—NO$_2$等。它们与苯环形成大的共轭体系,但由于杂原子的电负性,苯环剩余氢原子的电子密度下降,即它们的氢谱谱峰都向低场移动,其中邻位氢的峰向低场的移动最远。

由于在不同的介质中样品分子受到的磁感应强度不同,介质对于样品分子的不同官能团的作用也可能有差别,因此使用不同的溶剂得到的核磁共振谱图可能会有差异。核磁共振氢谱对这种影响更敏感,可能会产生比较明显的变化。因此在进行谱图比对时,必须考虑溶剂的因素。另外,分子内和分子间形成的氢键都有可能影响官能团的 $\delta$ 值。由于 $\delta$ 值和基团本身及该基团的邻位基团有关,因此从一个峰组的 $\delta$ 值可以推断基团种类,也可以推断它的相邻基团或者它的取代情况。

#### 2. 氢谱的自旋-自旋耦合

分子中自旋核在外磁场作用下因取向不同产生不同的局部磁场，并通过成键电子传递而发生间接耦合，这种自旋核与自旋核之间的相互作用称为自旋-自旋耦合，会引起共振吸收峰的裂分。由自旋-自旋耦合引起的裂分峰的间距称为耦合常数 (coupling constant)，用 $J$ 表示，单位为 Hz。$J$ 值反映了耦合原子核之间作用的强度，其大小与外磁场 $B_0$ 无关。影响 $J$ 值大小的主要因素是核间距、原子核的磁性和分子结构及构象。因此，耦合常数是化合物分子结构的属性。简单自旋耦合体系 $J$ 值等于多重峰的间距，复杂自旋耦合体系则需要通过计算求得。

磁性核之间会有耦合作用，产生耦合裂分的磁性核可以是氢核或者其他磁性核，如 $^{13}C$、$^{19}F$、$^{31}P$ 等。对于氢谱来说，距离在一定范围内的氢核之间会产生耦合。

在解析氢谱的耦合裂分时，最经常用到的是 $n+1$ 的裂分规律。该规律的内容是，如果所讨论基团的相邻基团含有 $n$ 个氢原子，所研究的基团将被这个相邻的基团裂分为 $n+1$ 重峰。

耦合作用的大小以耦合常数来表示。因为耦合作用通过化学键传递，通常跨越的化学键数目越少，耦合作用就越强。人们习惯在耦合常数 $J$ 的左上角用阿拉伯数字表示耦合跨越的化学键数目，如 $^3J$ 表示跨越 3 个化学键的耦合常数。为方便地描述耦合裂分的峰形，一般用 s、d、t 和 q 分别表示单峰、双峰、三重峰和四重峰，多重峰则表示为 m。

#### 3. 氢谱的峰面积

核磁共振氢谱的纵坐标是谱峰的强度。谱峰的大小以其积分面积的数值来度量，该积分数值和峰组所对应的氢原子数目成正比。核磁共振氢谱的定量关系比较好，其良好的定量性对于推导未知物结构很重要，从各峰组的积分面积数值比可以找到各峰组所对应的氢原子数目比。如果测试的样品是混合物，由这种定量关系则可确定各组分的摩尔比。

### 3.2.4  核磁共振碳谱解析

核磁共振碳谱 ($^{13}C$-NMR) 的参数有化学位移、自旋耦合和耦合常数、峰面积，这些参数与核磁共振氢谱类似，但 $^{13}C$-NMR 与氢谱又有很大的差别。

因为 $^{13}C$ 同位素丰度只有约 1%，所以在碳谱中基本上看不到碳碳之间的耦合裂分。氢核对 $^{13}C$ 有耦合作用，但是为了避免氢核的耦合作用导致碳谱重叠变得复杂而难以解析，通常在测定碳谱时会对氢进行去耦，因此在碳谱中呈现的是一条条的谱线，它不仅简化了碳谱，还提高了碳谱的灵敏度。核磁共振碳谱的横坐标是化学位移，纵坐标是谱峰的强度，其面积只能近似反映碳原子的数目。如果对碳原子的定量要求高，可以做定量碳谱(需要采用特定的脉冲序列)以得到准确的碳原子定量信息。与氢谱相比，$^{13}$C-NMR 具有以下的特点。

(1)碳原子构成有机化合物的骨架，对于羰基、氰基等不含氢原子的官能团，也可以有碳信号。

(2)核磁共振碳谱 $\delta$ 值的变化范围远大于核磁共振氢谱。氢谱中常见官能团的化学位移数值很少超过 10 ppm，而它们碳谱的变化范围则可超过 200 ppm。

(3)因为核磁共振碳谱 $\delta$ 值的变化范围很大，且碳谱中呈现的是一条条的谱线，所以很少遇到谱线重叠的情况。

(4)采用特定的脉冲序列很容易测定碳原子的级数，并推导出物质中含有的碳原子数目，伯、仲、叔、季碳原子各占多少。

### 1. 碳谱的化学位移

普通 $^{13}$C-NMR 中最主要的参数就是化学位移。碳谱中有机化合物常见官能团碳谱的化学位移数值(变化范围)见表 3.4。

表 3.4 有机化合物常见官能团碳谱的化学位移数值(变化范围)

| 官能团 | $\delta(^{13}C)$/ppm | 官能团 | $\delta(^{13}C)$/ppm |
|---|---|---|---|
| —CH$_2$—CH$_3^*$ | 10~15 | —C≡C— | 70~100 |
| >C—CH$_3^*$ | 25~30 | 苯环 | 110~150 |
| —C=C—CH$_3^*$ | 15~28 | 吡啶环(N) | 125~155 |
| 苯环—CH$_3^*$ | 15~25 | —C≡N | 110~130 |
| —N—CH$_3$ | 25~45 | R—C(=O)—OR′ | 165~175 |
| —O—CH$_3$ | 45~60 | R—C(=O)—Cl | 165~180 |
| >C—CH$_2^*$— | 23~37 | R—C(=O)—OH | 172~185 |
| —CH$_2$—N— | 41~60 | —C(=O)—N(R)(R′) | 165~175 |
| —CH$_2$—O— | 45~75 | R—C(=O)—H | 200~205 |
| —CH=CH— | 110~150 | R—C(=O)—R′ | 205~220 |

对饱和链状烷烃来说，取代基的电负性是决定其 $\delta$ 值的主要因素。由于诱导效应，电负性的取代基团使碳原子产生明显的低场位移，对于 $\beta$-位的碳原子也有一定的低场位移作用。各种基团(包括电负性基团)的取代会使 $\gamma$-位碳原子的 $\delta$ 值减小，这是由于 $\gamma$-旁式($\gamma$-gauche)立体效应，该 C—H 键的电子移向碳原子，从而增加碳原子的核外电子密度，使其 $\delta$ 值减小，向高场移动。

碳谱中关于链状烷烃的规律都适用于饱和环烷烃及其衍生物。然而，环烃的环张力对碳原子的化学位移有一定影响。从五元环到七元环，环内碳原子的 $\delta$ 值变化不大。但三元环由于环张力大，$\delta$ 值明显降低。

乙烯的 $\delta$ 值为 123.3 ppm，被取代烯基的 $\delta$ 值一般为 $100\sim150$ ppm。$\delta$ 值大致有下列顺序：$\delta_{C=} > \delta_{=CH} > \delta_{=CH_2}$。

碳谱中关于链状烷烃的规律仍然适用于取代的烯基。如果目标双键和其他双键形成共轭体系，由于共轭效应，中间碳原子的 $\delta$ 值将减小几 ppm。

对于芳环化合物，未取代苯环的化学位移数值为 128.5 ppm。对于取代苯环的讨论分为两个部分：被取代碳原子的化学位移和相对于取代基的邻、间、对位碳原子的化学位移。取代基对被取代碳原子碳谱化学位移的影响可参考以上规律，若羟基的取代使被取代的苯环碳原子的 $\delta$ 值增加 26.9 ppm，则氨基的取代增加 19.2 ppm。对于取代基的邻、间、对位碳原子的化学位移，氢谱中讨论的三类取代基的概念仍然可用，且对碳原子 $\delta$ 值的影响具有类似的规律。

羰基化合物中羰基的谱峰在核磁共振碳谱的最低场，因此很容易识别。由于杂原子的电负性，羰基与杂原子相连会使羰基的电子密度增加，进而使羰基产生比较大的高场位移。酮羰基的 $\delta$ 值一般超过 200 ppm，和杂原子相连会使其 $\delta$ 值下降到 180 ppm 之内。羰基和双键相连，形成共轭体系，将使羰基的 $\delta$ 值降低。但是这个效应弱于杂原子取代效应，一般高场位移为 10 ppm 左右。

### 2. 碳原子级数的确定

碳原子上相连氢原子的数目，称为碳原子的级数，可分别用伯、仲、叔、季碳原子来表示。现在一般采用 DEPT 方法确定碳原子的级数。

DEPT 又称无畸变极化转移增强技术，DEPT 谱可分为：DEPT-135、DEPT-90、DEPT-45。其中，DEPT-135：CH、CH$_3$ 为正吸收信号，CH$_2$ 为负吸收信号，季碳信号消失。DEPT-90：仅有 CH 信号，且为正吸收。DEPT-45：除季碳外，所有碳核都有正吸收信号。综合以上谱图，就能够确定化合物中各碳原子的级数。因为 DEPT-135 谱实际上已经基本包括了 DEPT-45 谱、DEPT-90 谱的信息，所以一般只做 DEPT-135 谱，通常简称 DEPT 谱。

## 3.2.5　适用于链结构分析的其他原子核磁共振图谱和分析方法

#### 1. 氟谱

氟只有一种同位素，天然丰度为 100%，且自旋量子数 $I = 1/2$，因此谱图的许多特点与 $^1$H-NMR 相似。但其化学位移范围比氢谱和碳谱都要宽，因此具有峰位不易重叠的优点，很容易得到高分辨率的核磁共振谱图，$^{19}$F-NMR 对于许多含氟材料具有重要的应用价值。

聚合物分子量的大小是决定其性能的一个重要参数。由于线型聚合物端基和内部重复单元的化学环境不同，因此其化学位移显著不同。对核磁谱图中的端基和内部重复单元的共振峰进行积分并比对，可获得其有关分子量的重要信息。全氟聚醚是工业和日常生活中常用的重要高分子材料，可利用该材料的 $^{19}$F-NMR 谱积分值进行分子量的定量计算。当清楚归属了样品 $^{19}$F-NMR 的每一个区域后，利用端基区域的积分来对其他单元的峰面积归一化，进而可进行数均分子量的计算，计算值与厂家提供数值偏差很小。采用 NMR 测定高聚物的数均分子量重要的前提是，端基结构与聚合物内部重复单元的特征峰峰位之间存在差异[9]。

自由基聚合合成聚氟乙烯是一种可经常观察到局部缺陷的材料。在商业上材料缺陷水平为 3%～6%，但合成的材料可能不含缺陷或水平非常高(23%)。除 $^{13}$C-NMR 应用于含氟聚合物外，$^{19}$F-NMR 因具有更高的灵敏度以及更大的化学位移范围，也更适合进行分析表征这些材料得到区域缺陷的比例[10]。

#### 2. 硅谱

$^{29}$Si 核是硅唯一具有磁矩的硅同位素，它在自然界中的丰度为 4.7%，自旋量子数为 1/2，天然存在于所有含硅化合物中。$^{29}$Si 的化学位移比 $^{13}$C 小很多，这种小的化学位移范围很可能是由于硅上缺少多重键，而大多数 $^{13}$C 的去屏蔽是在 $sp^2$ 杂化原子上。同为天然丰度时，$^{29}$Si 的灵敏度约是 $^{13}$C 的 2 倍，远小于 $^1$H，因此，在测定 $^{29}$Si-NMR 时，需要提高样品的浓度，必要时增加累加时间，才能达到良好效果。

有机硅高分子是指一类主链含有硅原子，且有机基团与硅原子直接相连的聚合物。有机硅材料以其优异的电性能、耐候性和生物特性等性能，在许多领域发挥着重要作用。对含硅材料进行 $^{29}$Si-NMR 测定，是对其结构解析的重要手段，能够得到含硅官能团种类及其比例等丰富信息，从而为研究构效关系及质控打下基础。

#### 3. 二维核磁共振

对于复杂化合物和体系，为了达到特定的解析目的，常需要二维核磁技术的帮助。2D-NMR 利用系列的射频脉冲，通过二次傅里叶变换，使一维谱峰平铺在二维平面上，极大地提高了谱的分辨率，也为谱峰的归属提供了非常直观明了的方式，并能获得许多一维实验难以实现的结构和动力学信息[11]。

2D-NMR 包括以下三大类：$J$ 分辨谱、化学位移相关谱与多量子谱。其中目前涉及最多的化学位移相关谱有以下三种：同核相关、异核相关、NOE 类二维核磁共振谱[12]。

1）同核位移相关谱

通过 $J$ 耦合的同核位移相关谱主要有 ${}^1$H-${}^1$H COSY（correlated spectroscopy，相关谱）和 TOCSY（total correlation spectroscopy，全相关谱），这些谱的目的都是考察 ${}^1$H-${}^1$H 相关性、辅助解析和确认结构。因为检测的是质子，所以这些谱具有很高的灵敏度，实验时间短。

${}^1$H-${}^1$H COSY 谱是以类似等高线形状显示的二维谱，它有一条对角线，对角线之外的信号称为交叉峰，一般出现在具有 ${}^2J$ 和 ${}^3J$ 耦合关系的质子之间。通过这些交叉峰可获知一维氢谱中质子与质子的相邻关系，虽然通过一维氢谱也可以推断出这种关系，但是 COSY 谱的方式更明显直接。

TOCSY 通常可以显示整个自旋体系的全部相关峰。例如，如果质子 A 与 B 耦合、B 与 C 耦合、C 与 D 耦合，则 TOCSY 谱给出所有质子 A～D 之间的相关性。若中间某个碳上没有质子，如羰基，则会发生耦合传递和交叉峰信号的中断。与 TOCSY 相比，COSY 耦合信号是逐步的，这意味着它显示 A 和 B、B 和 C 及 C 和 D 之间的交叉峰，但没有耦合作用的 A 和 C 或 D、B 和 D 之间没有交叉峰。这两种方法都提供了非常有用的结构信息，可以相互补充。当一个分子具有在结构上分离但在一维谱图中重叠的多个自旋体系（如肽）时，TOCSY 数据对于区分哪些信号属于哪些结构片段非常有用，而 COSY 数据可以区分哪些质子在自旋体系中直接相互耦合。

2）异核位移相关谱

目前，常用的异核位移相关谱主要包括：${}^1$H-${}^{13}$C 直接相连的异核多量子相干谱（heteronuclear multiple-quantum coherence spectroscopy, HMQC）和异核单量子相干谱（heteronuclear single-quantum coherence spectroscopy，HSQC）、${}^1$H-${}^{13}$C 远程耦合的 HMBC 谱（heteronuclear multiple-bond correlation，异核多键相关）。

这些脉冲序列及相关改进序列本质上都是考察 ${}^1$H 和 ${}^{13}$C 之间的耦合信息。HMQC 和 HSQC 谱得到的是 ${}^1$H 和 ${}^{13}$C 键耦合相关，因为其直接对质子采样，所以具有比碳谱更高的灵敏度。相比来说，HSQC 实验比 HMQC 具有更好的灵敏度和分辨率，同时还具有多重编辑的功能，因此，HMBC 近年来常由 HSQC 代替。HMQC 实验则主要适用于型号较旧的核磁仪器，或一些特殊样品。

HMBC 实验给出了由两个或多个键分开的质子和碳之间的交叉峰。该谱图信息通常作为重要补充，以解释在分析 COSY/TOCSY 和 HSQC 类型数据之后仍然存在的结构空白区域，也为分离的自旋体系或难以检测的季碳之间提供关键的连接性。因为对质子进行采样，所以检测与间隔少于 4 个键的质子耦连的季碳，HMBC 实验通常比一维碳谱更灵敏。

3）NOE 类二维核磁共振谱

若对分子中空间相距较近的两核（< 0.5 nm）之一进行辐照，使之达到跃迁的饱和状态，此时记录另一核的核磁共振峰，可发现相比无辐照时，谱峰强度有所变化，这即是核奥弗豪泽效应（nuclear Overhauser effect，NOE）。两个核空间距离相近就有发生核奥弗豪泽效应的充分条件，和它们相隔的化学键的数目无关。因此 NOE 就成为研究立体化学的重要工具。

NOE 产生的机制是磁性核之间的偶极-偶极耦合。以一定化学键相连的磁性核之间有自旋-自旋耦合。磁性核具有磁矩，两个磁矩在空间有相互作用称为偶极-偶极耦合[12]，只要二者空间距离在一定范围之内，这种作用就能反映出来，与化学键是否存在无关。

NOE 类二维核磁共振谱主要包括 NOESY 谱与 ROESY 谱，其目的是通过一张二维谱确定化合物内所有空间距离相近的质子对，若它们距离小于 0.5 nm，则会产生 NOE 效应，谱图上产生相关峰，这就提供了立体化学相关的重要信息。NOESY 谱或 ROESY 谱的外观与 COSY 谱相同，只是 NOE 类相关谱中的交叉峰反映的是有 NOE 效应的质子对。由于具有 $^3J$ 耦合的两个质子的距离不远，因此在 NOE 类相关谱中也常出现其相关峰。所以，在分析 NOE 类相关谱时要特别注意排除 $^3J$ 耦合的相关峰。某个相关峰所对应的两个质子跨越的化学键数目越多，从 NOE 效应的角度来看对立体化学的意义越大。

NOESY 实验和 ROESY 实验分别适用于分子大小不同的物质，这是由于 NOE 的强度和符号取决于分子的翻转速率，较小的分子翻转速率快，表现出正 NOE，较大的分子翻转速率较慢，则表现出负 NOE。NOESY 谱中 NOE 的强度对中等大小的分子可能有问题，即使两个质子在空间上接近，它们的 NOE 也可以为零。ROESY 实验的 NOE 效应始终为正，对于分子量为 500～2000 的中等大小的分子，可使用 ROESY 实验来代替 NOESY 实验以避免 NOE 接近零问题。但是，ROESY 实验也有缺点，对于小分子和更大的分子，它的 NOE 效应强度通常小于 NOESY 实验，这时通常使用 NOESY 实验。

溶液中的 NOE 类共振谱可用于聚合物链的构象及其缔合的相关研究。关于构象的信息主要通过 2D-NMR 测量核间距离获得。大多数聚合物链的各构象之间会发生快速的相互转化，因此通过这些方法测量的构象属于各构象时间分布的平均图。

2D-NOESY 法不仅用于研究聚合物中的链构象，还用于识别相互作用基团并测量共混体系中聚合物间的相互作用强度。大多数聚合物在固态下是不可混容的，因为混合时熵是不利的，并且通常只有存在有利的分子间相互作用时才观察到聚合物链的分子级混合。但是，通常不容易从聚合物的化学结构中识别出有利的相互作用。研究发现，2D-NOESY 可以通过观察哪些基团显示分子间 NOE 来研究基团间的相互作用，并且可以根据观察分子间 NOE 所需的聚合物浓度来估计分子间相互作用的强度。

### 4. 固体 NMR 技术及应用

聚合物的大多数使用状态是固态，为了了解固态聚合物的特性，需要固态核磁共振方法不断进步。通过多年的快速发展，固态核磁已成为聚合物科学研究的重要手段，其中许多研究的重点是在分子水平上理解聚合物的功能状态。固态核磁共振的分辨率通常比溶液的分辨率低，但研究表明，通过这种技术可以测量很多有用的信息。这主要体现在其不仅能够获得液体核磁所测得的化学位移、$J$ 耦合、峰面积等结构方面的通用信息，还能够测定样品中特定原子间的相对位置(包括原子间相互距离、取向)等结构相关的信息，非常适用于研究固体材料的微观结构，既可用于结晶度较高的固体物质的结构分析，也可用于结晶度较低的固体物质及非晶质的结构分析，它已经成为除 X 射线衍射外，重要的解析固体聚合物结构和动力学的手段之一。

与液体核磁共振一样，随着 2D-NMR 的引入和核磁共振谱仪的改进，通过固态核磁共振表征材料的能力有了显著的提高，可从多尺度、多层次上对高分子的特性进行研究。例如，利用对局域化学环境敏感的化学位移相互作用，可在原子至化学键尺度上通过核外电子云的变化有效地检测高分子的化学结构、链结构和构象，以及弱相互作用等；而通过静态下核的化学位移各向异性粉末谱可有效检测分子运动和链段取向[10, 13]。

多相与多组分聚合物中通过链间的相互作用可以形成多层次和多尺度的复杂凝聚态结构，一般都包含有复杂的相区和微小的界面相结构，通过精细地调控其凝聚态结构可以有效地控制高聚物材料的物理化学性质。目前，关于多相聚合物中界面相、相区尺寸及链间相容性的定量表征一直是高分子物理学家面临的挑战性课题。核磁共振也被证明是研究多相固体聚合物的有力工具，因为不同环境中的聚合物具有不同的分子动力学和不同的核磁共振弛豫时间。利用这些差异，可以观察到来自材料的特定相的 NMR 信号。通过这种方式，可以选择性地观察结晶、无定形、界面和橡胶材料。由于核自旋具有多尺度的特性，固体 NMR 技术可以从 0.5～100 nm 的尺度上测定多相聚合物中界面相厚度、相区尺寸等参数。

### 3.2.6    相关标准

核磁共振波谱法依据的相关测试标准见表 3.5。

表 3.5　核磁共振波谱法依据的相关测试标准

| 序号 | 标准编号 | 标准名称 |
| --- | --- | --- |
| 1 | GB/T 34247.2—2018 | 异丁烯-异戊二烯橡胶(IIR)不饱和度的测定　第 2 部分：核磁共振氢谱法 |
| 2 | GB/T 33269—2016 | 纺织品 聚酯纤维混合物定量分析 核磁共振法 |
| 3 | SH/T 1774—2012 | 塑料 聚丙烯等规指数的测定 低分辨率脉冲核磁共振法 |
| 4 | SH/T 1800—2016 | 塑料 乙烯-丙烯共聚聚丙烯单体含量及序列结构分析 碳-13 核磁共振波谱法 |
| 5 | GB/T 20376—2006 | 变性淀粉中羟丙基含量的测定 质子核磁共振波谱法 |
| 6 | SN/T 1690.2—2013 | 新型纺织纤维成分分析方法 第 2 部分：PTT、PBT 纤维核磁共振光谱法 |
| 7 | ISO 24076：2021 | Plastics—Polypropylene(PP)—Determination of Isotactic Index by Low-Resolution Nuclear Magnetic Resonance Spectrometry |
| 8 | ISO 11543：2000 | Modified Starch-Determination of Hydroxypropyl Content-Method Using Proton Nuclear Magnetic Resonance(NMR)Spectrometry |
| 9 | ASTM D5017：2017 | Standard Test Method for Determination of Linear Low Density Polyethylene(LLDPE)Composition by Carbon-13 Nuclear Magnetic Resonance |

### 3.2.7　实例分析

1. NMR 在生物降解塑料定量测定中的应用[14]

采用 $^1$H-NMR 的方法，以 1，2，4，5-四氯苯作为内标，以目标物重复单元的特征峰峰面积作为定量指标，以重复单元的摩尔质量作为定量摩尔质量，可对聚乳酸(PLA)、聚丁二酸丁二酯(PBS)和聚对苯二甲酸/己二酸/丁二酯(PBAT)三种典型生物降解塑料的含量进行定量分析[14]。

PLA 分子结构和核磁共振氢谱谱图如图 3.10 所示，其重复单元元素组成为 $C_3H_4O_2$，精确摩尔质量为 72.06。其中：$(5.17 \pm 0.05)$ppm 处是次甲基的质子峰，$(1.59 \pm 0.05)$ppm 处的峰是与次甲基相连的甲基质子峰。选取 $(5.17 \pm 0.05)$ppm 处的共振峰作为定量特征峰。

PBS 分子结构和核磁共振氢谱如图 3.11 所示，其重复单元元素组成为 $C_8H_{12}O_4$，精确摩尔质量为 172.18。其中：$(4.12 \pm 0.05)$ppm 处的共振峰是丁二醇单元上与氧原子相连的两组亚甲基质子峰，$(1.71 \pm 0.05)$ppm 处的峰是丁二醇单元上中间两组亚甲基的质子峰，$(2.63 \pm 0.05)$ppm 处的峰是丁二酸单元上两组亚甲基的质子峰。选取 $(2.63 \pm 0.05)$ppm 处的共振峰作为定量特征峰。

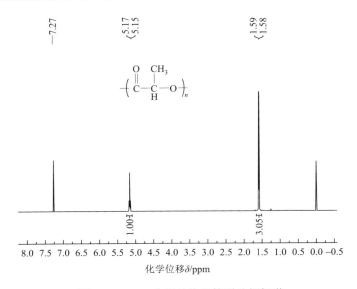

图 3.10　PLA 分子结构和核磁共振氢谱

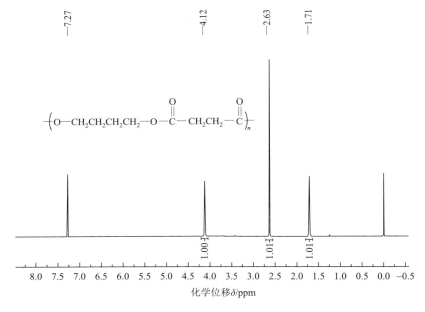

图 3.11　PBS 的分子结构和核磁共振氢谱

PBAT 分子结构和核磁共振氢谱如图 3.12 所示。其重复单元较为复杂，共有两组，分别为丁二醇-己二酸重复组合单元 $x$：元素组成为 $C_{10}H_{16}O_4$，精确摩尔质量为 200.23；丁二醇-对苯二甲酸重复组合单元 $y$：元素组成为 $C_{12}H_{12}O_4$，精确摩尔质量为 220.22。其中：$(8.10 \pm 0.05)$ppm 处的共振峰对应 T 单元苯环上的质子峰；

$(4.41 \pm 0.05)$ppm、$(4.12 \pm 0.05)$ppm 处的共振峰对应 B 单元中与氧原子相连的两组亚甲基的质子峰；$(2.33 \pm 0.05)$ppm 处的共振峰对应 A 单元中与羰基相连的两组亚甲基的质子峰。因为其有 $x$ 和 $y$ 两组重复组合单元，且两组重复组合单元的摩尔比具有不确定性，选取分别代表两组重复组合单元的 $(8.10 \pm 0.05)$ppm（$y$ 组合中 T 单元）与 $(2.33 \pm 0.05)$ppm（$x$ 组合中 A 单元）处的共振峰作为定量特征峰。

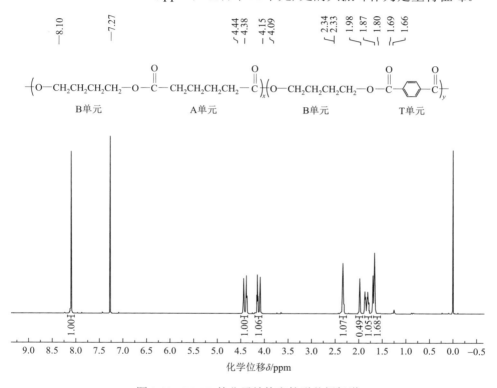

图 3.12　PBAT 的分子结构和核磁共振氢谱

在确定定量特征峰和重复单元摩尔质量的基础上，以 1, 2, 4, 5-四氯苯作为核磁定量内标物，可建立 PLA、PBS 和 PBAT 的定量计算公式，分别如式(3.2)～(3.4)所示。

$$m_{\mathrm{PLA}} = \frac{A_{\mathrm{PLA}} \times m_{\mathrm{is}} \times M_{\mathrm{PLA}} \times 2}{A_{\mathrm{is}} \times M_{\mathrm{is}}} \tag{3.2}$$

$$m_{\mathrm{PBS}} = \frac{A_{\mathrm{PBS}} \times m_{\mathrm{is}} \times M_{\mathrm{PBS}}}{A_{\mathrm{is}} \times M_{\mathrm{is}} \times 2} \tag{3.3}$$

$$m_{\mathrm{PBAT}} = \frac{A_y \times m_{\mathrm{is}} \times M_{\mathrm{PBAT}}}{A_{\mathrm{is}} \times M_{\mathrm{is}} \times 2} \tag{3.4}$$

$$M_{\mathrm{PBAT}} = \frac{A_x}{A_y} \times 200.23 + 220.22$$

式中，$m_x$ 为 $x$（PLA、PBS、PBAT）的计算质量，mg；$m_{\mathrm{is}}$ 为内标物 1, 2, 4, 5-四氯苯的称量质量，mg；$M_{\mathrm{PLA}}$ 为 PLA 中重复单元的摩尔质量，取值 72.06；$M_{\mathrm{PBS}}$ 为 PBS 中重复单元的摩尔质量，取值 172.18；$M_{\mathrm{is}}$ 为内标物 1, 2, 4, 5-四氯苯的摩尔质量；$M_{\mathrm{PBAT}}$ 为 PBAT 中重复单元的折合摩尔质量；$A$ 为各物质定量峰的积分面积。$A_x$ 和 $A_y$ 分别为 PBAT 的核磁谱图中 $(2.33 \pm 0.05)\,\mathrm{ppm}$ 和 $(8.10 \pm 0.05)\,\mathrm{ppm}$ 处特征共振峰的积分面积，其比值代表了两种重复单元的摩尔比。

式(3.4)中考虑到 PBAT 中 $x$ 重复单元和 $y$ 重复单元摩尔比的不同，根据其积分面积，对 PBAT 中重复单元的折合摩尔质量 $M_{\mathrm{PBAT}}$ 进行了计算。

通过上述 $^1$H-NMR 的定量方法，可对生物降解塑料中 PLA、PBS、PBAT 的含量进行快速测定。

### 2. 固体 NMR 和红外光谱在密胺塑料和脲醛塑料鉴别中的应用

密胺塑料和脲醛塑料均可用于仿瓷餐具，但在这两种材质的安全性上仍有争议。固体核磁（$^{13}$C-NMR）与红外光谱相互印证，可用于密胺塑料和脲醛塑料材质的鉴别。

密胺塑料和脲醛塑料重复结构单元、主要特点和主要用途如表 3.6 所示。因为这两种材料均难溶于溶剂，所以可借助固体核磁进行表征。

表 3.6    密胺塑料和脲醛塑料的对比[14]

| 名称 | 重复结构单元 | 主要特点 | 主要用途 |
|---|---|---|---|
| 密胺塑料 | | 卫生性能好，耐酸碱 | 用于制造耐热耐水餐具 |
| 脲醛塑料 | | 无臭无味，不耐酸，热稳定性稍差 | 压制碗、杯、盆、罐、筷、盘、食品瓶盖等食用器皿 |

从二者重复结构单元来看，密胺塑料和脲醛塑料存在很大差别，脲醛塑料中存在一个羰基结构，而密胺塑料中存在一个含氮杂芳环结构，这在红外光谱中应该有本质性的区别；另外二者的碳原子从数量和形式上都有较大差异，在 $^{13}$C-NMR 谱上也会有相应差异。

　　三种未知仿瓷餐具材质的红外和核磁实验结果见图 3.13 和图 3.14。从它们的红外谱图看，1、2 号样品成分基本一致，特征吸收在 1633 cm$^{-1}$，强度较大且峰形稍宽（箭头所示处）；3 号样品与 1、2 号有较大差异，1633 cm$^{-1}$ 处无吸收峰，809 cm$^{-1}$ 有一个尖而强特征吸收（箭头所示处）。1633 cm$^{-1}$ 特征吸收对应羰基的碳氧双键伸缩振动，而 809 cm$^{-1}$ 特征吸收对应杂芳环上碳氮双键的成环共轭，即 1、2 号样品为脲醛塑料制造，而 3 号样品为密胺塑料制造。

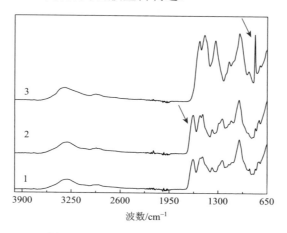

图 3.13　1～3 号样品的 ATR-IR 谱图

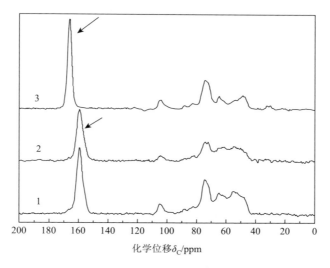

图 3.14　1～3 号样品的固体 $^{13}$C-NMR 谱图

　　从三种未知仿瓷餐具样品的固体核磁（$^{13}$C-NMR）谱图来看，159 ppm 为脲醛中羰基的特征峰，166 ppm 为密胺的氮杂环上碳的特征峰。综上所述，红外光谱法和核磁共振碳谱法制样简单，方法灵敏度高，可以作为鉴别密胺塑料和脲醛塑料的准确方法。

### 3. 非碳链高分子材料的合成结构表征[15]

聚磷腈材料是一类以磷-氮为无机主链结构的有机/无机杂化高分子材料。与传统的碳主链聚合物不同，聚磷腈拥有独特的磷-氮主链结构，这一结构特点赋予了它们更加优异的耐热、阻燃、绝缘性能。聚磷腈主链上每个磷位可连接两个相同或不同的侧基基团，不同取代侧基的化学结构可以赋予其不同的理化性能。因此，各国学者对其在生物降解、药物缓释、防火阻燃、疏水疏油、固体电解质、气体交换，以及催化等多个科研领域进行了广泛而深入的应用探索研究。

然而，在聚有机磷腈制备过程中，其主要通过环磷腈小分子的阳离子开环聚合机制来进行，因为它们不仅受到制备中间体聚合物过程影响，还受到取代反应过程的影响，所以很难避免副反应发生。通过 $^{31}$P-NMR 可实现对磷腈类聚合物化学结构的有效分析。

以聚二芳氧基磷腈为例，其合成原理如图 3.15 所示。在聚二氯磷腈(PDCP)的基础上，通过亲核试剂苯酚钠(也可以是其他种类亲核试剂)对分子链上的氯原子进行取代，实现聚二芳氧基磷腈(PDPP)的合成。该反应通常是通过溶液聚合进行，在该合成过程中，溶液浓度、温度条件等都会对最终 PDPP 的产物化学结构造成影响。$^{31}$P-NMR 可对其制备过程中各类副反应对应结构进行表征，为副反应的原因提供最大信息并推导其机理。

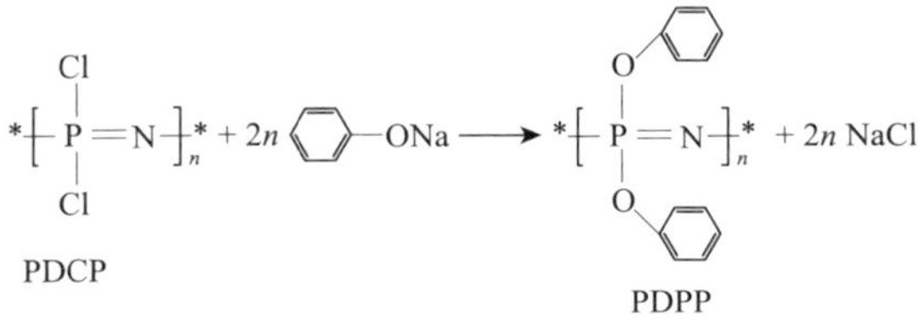

图 3.15　聚二芳氧基磷腈的合成原理示意图

通过改变溶剂的用量调整取代反应在不同的 PDCP 浓度下进行，保证其他的条件统一，可考察聚合物浓度对取代反应的影响。不同聚合物浓度的 PDCP 溶液与苯酚钠的取代反应产物磷核磁图如图 3.16 所示。

从图 3.16 中磷核磁结构所反映出来的结果可见，除在–19.18 ppm 处的结构是目标产物聚二苯氧基磷腈[N＝P(OC$_6$H$_5$)$_2$]$_n$外，多重磷核磁响应峰的出现也表明取代产物是非线性而且存在一定的不完全取代。在–5.60 ppm 处的小磷核磁响应对应的结构为包含 P—OH 或 P—ONa 的磷化学结构。此外，对比聚合聚二氯磷腈时的交联凝胶核磁结构，在–12.20 ppm 处的磷核磁特征峰与交联产物的结构特征峰

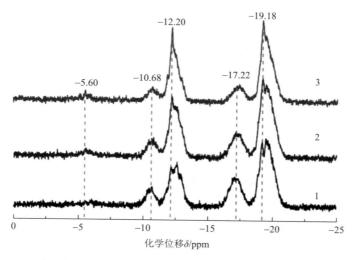

图 3.16　不同聚合物浓度的 PDCP 溶液与苯酚钠的取代反应产物磷核磁图

1. 1 g/100 mL；2. 2 g/100 mL；3. 3 g/100 mL

化学位移近似，又因为取代产物可溶而表明该结构应该对应于支化结构，与交联产物具有相似结构，生成过程与机理相同。在 –10.68 ppm 和 –17.22 ppm 处的峰则分别对应于支化和线型单元不完全取代时的结构。

　　不同的取代产物通过磷核磁和 FTIR 表征结果见图 3.17 和图 3.18。从图 3.17 的磷核磁图谱中可以发现，不同取代温度下的取代产物磷化学结构有明显的变化。随着取代温度的升高，目标产物的 –19.34 ppm 处的响应峰的半峰宽明显减小，而且部分产物结构的响应峰逐渐消失，如 –10.50 ppm 处和 –17.19 ppm 处。这表明随着温度的升高聚合物结构逐渐变得均一，大大提高了取代率，使聚合物呈现理想结构，同时在低温反应条件下，不易完全取代，且支化等结构特征峰的半峰宽较大，结构复杂程度高。结合 FTIR 分析可见，与图 3.17 中两个 $^{31}P$ 核磁峰的消失相似，两个红外峰（420 cm$^{-1}$ 和 1250 cm$^{-1}$）随着取代温度的升高而消失（图 3.18），消失的结构同样与不完全取代结构相关。在 –10.50 ppm 处的峰对应结构 $[N\!\!=\!\!PCl(R)]_n$（R 是交联支化结构），而在 –17.19 ppm 处的峰对应结构 $[N\!\!=\!\!PCl(OC_6H_5)]_n$；同样在红外图谱中消失的是在 420 cm$^{-1}$ 处的 P—Cl 振动峰，在 1250 cm$^{-1}$ 处的峰位于 1200 cm$^{-1}$ 处 P=N 主峰的肩位对应 Cl—P=N 结构，这与磷核磁分析结果相互印证。但是磷核磁结果中其支化与非支化结构的积分面积比例基本未发生变化，说明取代温度没有对 –12.3 ppm 处的支化结构存在明显影响。该类实验数据分析可为磷腈类高分子的合成工艺优化提供大量指导信息。

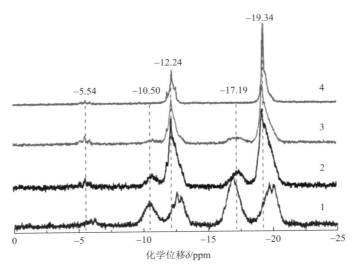

图 3.17    PDCP 与苯酚钠在不同的温度下取代反应的产物磷核磁图

1. 30℃；2. 60℃；3. 80℃；4. 100℃

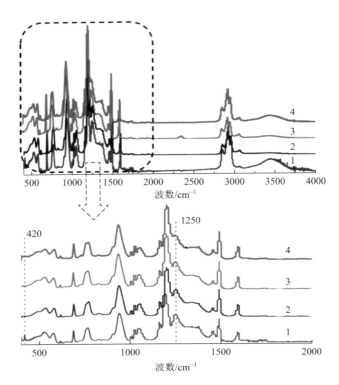

图 3.18    PDCP 与苯酚钠在不同的温度下取代反应的产物红外图

1. 30℃；2. 60℃；3. 80℃；4. 100℃

综上，通过 NMR 并结合 FTIR 谱图分析等，可实现对新型非碳链聚合物的合成结构确认与对副反应机理的推导，在新型高分子合成机制研究中发挥了不可替代的重要作用。

## 3.3　拉曼光谱法

1928 年，印度物理学家拉曼 (C. V. Raman) 首次观察到苯和甲苯对光的非弹性散射效应，并命名为拉曼效应。随后，以拉曼效应为基础的拉曼光谱分析法得到了广泛重视，成为研究分子结构的主要方法。1960 年以后，随着激光技术的发现与使用，再次促进了拉曼技术的发展。目前，拉曼光谱分析法在物理、化学、医药、材料、环境等各个领域都得到了广泛应用，越来越受到研究者的重视[16]。

频率为 $v_0$ 的单色光照射到物质上时会发生散射，大部分光子仅是改变了方向，光的频率仍与激发光源一致，这种散射称为瑞利散射。但也有一部分光子不仅改变了传播方向，也改变了光的频率，这种现象称为拉曼效应，这种散射过程称为拉曼散射。拉曼散射和瑞利散射的能级图如图 3.19 所示。拉曼散射有两种跃迁的能量差谱线，形成能量为 $h(v_0 - v_1)$、频率为 $v_0 - v_1$ 的谱线为斯托克斯线；形成能量为 $h(v_0 + v_1)$、频率为 $v_0 + v_1$ 的谱线为反斯托克斯线。斯托克斯线与反斯托克斯线散射光的频率与激发光源频率之差 $v_1$ 称为拉曼位移。拉曼位移只取决于散射分子的结构，与 $v_0$ 无关，所以拉曼光谱可以作为分子振动能级的指纹图谱。

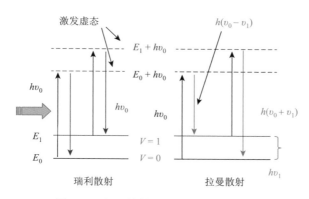

图 3.19　拉曼散射和瑞利散射的能级图

由于反斯托克斯线起源于受激振动能级，处于这种能级的粒子数较少，因此斯托克斯线强度要远强于反斯托克斯线。在拉曼光谱分析中，通常测定斯托克斯散射光线。分子振动是否出现拉曼活性主要取决于分子在运动过程中某一固定方向上的极化率的变化。对于分子振动和转动来说，拉曼活性都是根据极化率是否改变来判断的。对于全对称振动模式的分子，在激发光子作用下，会产生拉曼活性，而对于离子化合物，不能产生拉曼活性。

### 3.3.1 拉曼光谱法实验原理

拉曼光谱仪由光源、收集系统、分光系统和检测系统构成，光源一般采用能量集中、功率密度高的激光，收集系统由透镜组构成，分光系统采用光栅或陷波滤光片结合光栅以滤除瑞利散射和杂散光，检测系统采用光电倍增管检测器、半导体阵列检测器或多通道的电荷耦合器件。激光使拉曼光谱获得了新生，因为激光的高强度极大地提高了双光子过程的拉曼光谱分辨率和实用性[17]。

激光是一种光源，它能发射出可见、红外、紫外等波长的光。普通光源是由原子或分子自发辐射产生的，而激光光源是由原子或分子受激辐射产生的。

外光路系统和样品池包括激光器后、单色器前的一系列光路，为了分离所需的激光波长，最大限度地吸收拉曼散射光，采用了多重发射装置。为了减少光热效应和光化学反应的影响，拉曼光谱仪的样品池多采用旋转式样品池。

单色器：常用的单色器是由两个光栅组成的双联单色器或由三个光栅组成的三联单色器，其目的是将拉曼散射光分光并减弱杂散光。

检测及记录系统：样品产生的拉曼散射光，经光电倍增管接收后转变成微弱的电信号，再经放大器放大后即可由记录仪记录下清晰的拉曼光谱图。

拉曼样品制备比红外简单。气体样品可采用多路反射气槽测定。液体样品可装入毛细管中或多重反射槽内测定。单晶、固体粉末可直接装入玻璃管内测试，也可配成溶液，由于水的拉曼光谱较弱、干扰小，因此可配成水溶液测试。特别是测定只能在水中溶解的生物活性分子的振动光谱时，拉曼光谱优于红外光谱。而对有些不稳定的、贵重的样品，可不拆密封，直接用原装瓶测试。

此外，强激光引起的非线性效应导致了新的拉曼散射现象。为了进一步提高拉曼散射的强度，人们先后发展了傅里叶变换拉曼光谱、表面增强拉曼光谱、超位拉曼光谱、共振拉曼光谱、时间分辨拉曼光谱等新技术，使光谱仪的效率和灵敏度得到了更大提高。目前拉曼光谱的应用范围遍及化学、物理学、生物学和医学等各个领域，对于纯定性分析、高度定量分析和测定分子结构都有很大价值。随着拉曼光谱学研究的深入，拉曼光谱的应用必将越来越广泛。

近年来，实现了拉曼与其他多种微区分析测试仪器的联用[18]，如拉曼与扫描电镜联用（Raman-SEM）、拉曼与原子力显微镜/近场扫描光学显微镜联用（Raman-AFM/NSOM）、拉曼与红外联用（Raman-IR）、拉曼与激光扫描共聚焦显微镜联用（Raman-CLSM），这些联用的着眼点是微区的原位检测。通过联用可以获得更多的信息，并提高可靠度。拉曼光谱分析法可提供快速、简单、可重复、无损伤的定性、定量分析，拉曼谱线的数目、拉曼位移和谱线强度等参量提供了被散射分子及晶体结构的相关信息，揭示原子的空间排列和相互作用。拉曼光谱分析法无需样品准备，样品可直接通过光纤探头或者通过玻璃、石英和光纤测量。由于水的拉曼散射很微弱，因此拉曼光谱是研究水溶液中的生物和化学化合物的理想工具。拉曼光谱一次可以同时覆盖 $50\sim4000$ cm$^{-1}$ 波数的区间，可对有机物及无机物进行分析。拉曼光谱的谱峰清晰尖锐，适合定量研究、数据库摸索及运用差异分析进行定性研究。在化学结构分析中，独立的拉曼区间的强度可以和功能基团的数量相关。紫外拉曼和共焦显微拉曼光谱等新拉曼技术的出现，解决了拉曼光谱荧光干扰大、固有的灵敏度低等问题。拉曼光谱技术、光导纤维技术，以及其他光谱、色谱技术的联用使得拉曼光谱技术的应用范围日益扩大。

### 3.3.2　拉曼光谱谱图解析

#### 1. 高分子材料拉曼光谱结构信息

(1)同种原子的非极性键 S—S、C=C、N=N、C≡C 产生强拉曼谱带，随单键—双键—三键谱带强度增加。

(2)拉曼光谱中由 C—C、C≡N、C=S、S—H、O=C=C 伸缩振动产生的谱带是强谱带。

(3)环状化合物的对称振动通常是最强的拉曼谱带。

(4)醇和烷烃的拉曼光谱相似，C—O 键与 C—C 键的力常数或键的强度没有很大，与 C—H 和 N—H 谱带比较，O—H 拉曼谱带较弱。

高分子材料中常见有机基团的拉曼特征吸收见表 3.7。

表 3.7　高分子材料中常见有机基团的拉曼特征吸收[19]

| 振动 | 频率范围/cm$^{-1}$ | 拉曼强度 | 振动 | 频率范围/cm$^{-1}$ | 拉曼强度 |
|---|---|---|---|---|---|
| $v_{O-H}$ | $3650\sim3000$ | w | $v_{C-C}$ | $1500\sim1400$ | m$\sim$w |
| $v_{N-H}$ | $3500\sim3000$ | m | $v_{as,\,C-O-C}$ | $1150\sim1060$ | w |
| $v_{\equiv C-H}$ | 3300 | w | $v_{s,\,C-O-C}$ | $970\sim800$ | s$\sim$m |
| $v_{=C-H}$ | $3100\sim3000$ | s | $v_{as,\,Si-O-Si}$ | $1110\sim1000$ | w |
| $v_{-C-H}$ | $3000\sim2800$ | s | $v_{Si-O-Si}$ | $550\sim450$ | s |
| $v_{-S-H}$ | $2600\sim2550$ | s | $v_{O-O}$ | $900\sim840$ | s |
| $v_{C\equiv N}$ | $2255\sim2200$ | m$\sim$s | $v_{S-S}$ | $550\sim430$ | s |
| $v_{C\equiv C}$ | $2250\sim2100$ | vs | $v_{C-F}$ | $1400\sim1000$ | s |
| $v_{C=O}$ | $1520\sim1680$ | s$\sim$w | $v_{C-Cl}$ | $800\sim550$ | s |
| $v_{C=C}$ | $2250\sim2100$ | vs$\sim$m | $v_{C-Br}$ | $700\sim500$ | s |
| $v_{C=S}$ | $1250\sim1000$ | s | $v_{C-I}$ | $660\sim480$ | s |
| $\delta_{CH_2}$ | $14170\sim1400$ | m | $v_{C-Si}$ | $1300\sim1200$ | s |
| $\delta_{CH_3}$ | $1600\sim1580$ | s$\sim$m | | | |

## 2. 拉曼光谱特性

在众多光谱技术中,拉曼光谱的独特优势[18-20]如下:

(1)拉曼光谱的频移不受光源频率的限制,光源频率可根据样品的不同特点而有所选择。

(2)检测范围广,包括常见的无机物和有机物,能对生物大分子、天然和合成材料(碳纳米管、光子晶体等)、矿石、活体动植物组织、水污染样品、化学反应催化剂等实现检测。

(3)拉曼光谱不破坏样品,无需样品制备,一般样品可装于毛细管内直接测定,玻璃即为理想的窗口材料,危险及热敏样品可在密封的容器内测试。

(4)所需样品量少,只需几毫升、几毫克甚至更少就可以给出样品浓度信息。

(5)适用于水溶液体系的测量,这是拉曼光谱与红外光谱相比最显著的优点之一。由于水分子的不对称性,在拉曼光谱上没有伸缩振动频率带,且其他变形、剪切等振动频率带很弱,因而水的拉曼光谱很弱。

(6)可用于低浓度样品检测。拉曼光谱法的检测灵敏度非常高,尤其是对水环境中有机成分和生物大分子等,有着很低的检测限,一般可达 $10^{-3}$ g/L 或 $10^{-3}$ mol/L。在水质分析中,很多需要检测的成分浓度都非常低,但是某些物质即使只是处于痕量的范围,对水质的影响也是巨大的,如杀虫剂、多环芳烃类物质、氰化物等,正需要像拉曼光谱这样高灵敏度的检测手段。近几年研究表明,运用 CCD 技术,结合其本身的高灵敏度特性,采用共振表面增强拉曼光谱,可获得超高灵敏度的检测限,可达 $10^{-6}$ g/L、$10^{-12}$ g 或 $10^{-15}$ mol,检测下限接近单分子。

(7)拉曼散射的强度通常与散射物质的浓度呈线性关系,这为样品的定量分析提供了理论依据。

(8)拉曼活性的谱带是基团极化率随简谐振动改变的原因,而红外活性的谱带是基团偶极矩随简谐振动改变的原因,拉曼光谱中包含的倍频带及组频谱带比红外光谱少。

(9)拉曼光谱能对 C═C、S═S、N═N 等红外吸收较弱官能团给出强的拉曼信号,易产生偏振的一切重要元素(过渡金属、超铀元素等)的组合键均可出现拉曼强谱带。

(10)可以实时、实地检测。光谱仪可以采用 CCD 作为光谱探测器,利用 CCD 能实现高速的全波段光谱扫描特性,可将光谱扫描时间缩短至几秒甚至更短。结合发达的计算机分析和管理方法,完全可能实现实时分析和在线监测功能。这一特点使得拉曼光谱在工业监控和环境质量在线监测中受到特别的关注与欢迎。

### 3.3.3　相关标准

拉曼光谱法主要依据的现行国内外标准见表 3.8。

表 3.8　高性能高分子材料表征中有机元素分析相关的标准方法

| 序号 | 标准编号 | 标准名称 |
|---|---|---|
| 1 | IEC TS 62607-6-6：2021 | Nanomanufacturing-Key Control Characteristics-Part 6-6：Graphene-Strain Uniformity：Raman Spectroscopy |
| 2 | IEC TS 62607-6-14：2020 | Nanomanufacturing-Key Control Characteristics-Part 6-14：Graphene-Based Material-Defect Level：Raman Spectroscopy |
| 3 | GB/T 40219—2021 | 拉曼光谱仪通用规范 |
| 4 | GB/T 40069—2021 | 纳米技术 石墨烯相关二维材料的层数测量 拉曼光谱法 |
| 5 | GB/T 32871—2016 | 单壁碳纳米管表征 拉曼光谱法 |
| 6 | DB46/T 519—2020 | 全生物降解塑料制品 红外光谱/拉曼光谱指纹图谱快速检测法 |
| 7 | JY/T 0573—2020 | 激光拉曼光谱分析方法通则 |

### 3.3.4　实例分析

#### 1. PMMA 与 PET 共混体系中的成分分布

使用激光共聚焦拉曼光谱仪研究 PMMA 与 PET 共混体系中的 PMMA、PET 的分布。通过 $x$-$z$ 扫描得到共混聚合物的 PMMA、PET 的拉曼光谱图，测试结果如图 3.20(a)所示。通过拉曼成像技术得到共混聚合物中不同聚合物的分布，不同的颜色代表不同的聚合物，图像如图 3.20(b)所示。

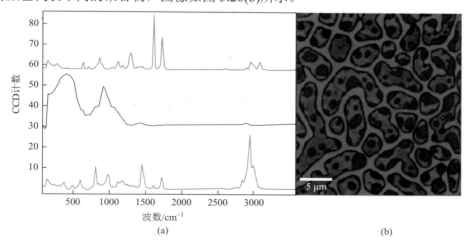

图 3.20　PMMA-PET 共混聚合物化学组分拉曼光谱及成像图

(a)共混聚合物化学组分拉曼光谱图；(b)PMMA-PET 共混聚合物分布拉曼成像：红色为 PET；蓝色为玻璃；绿色为 PMMA

## 2. 共聚焦拉曼成像用于聚合物薄膜和涂层的深度分析

共聚焦拉曼显微镜可以实现对聚合物(如薄膜和涂层)的全面、三维表征。薄膜、涂料在许多应用领域发挥着重要作用,如食品包装、药物输送和医疗设备或黏合剂。

以纸制饮料容器的内层塑料薄膜为样本,通过 $x$-$z$ 扫描得到四层不同材质的拉曼光谱图,测试结果如图 3.21 所示。通过拉曼成像技术,分析容器内涂层的厚度,不同的颜色代表容器涂层内的特定化合物,涂层厚度约为 80 μm,整体是由 4 种化合物组成的 5 层不同厚度的涂层。

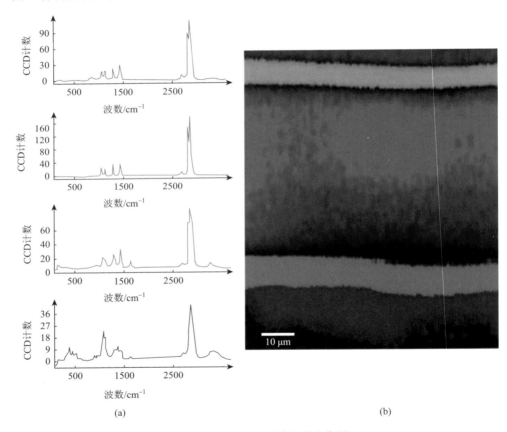

(a)             (b)

图 3.21　容器内涂层的拉曼成像图

(a)记录的拉曼光谱;(b)对应的拉曼图像

通过共聚焦拉曼深度扫描,可对聚合物层状结构进行深入了解,这些聚合物被应用到纸张表面,以使其具有黏性。将两种聚合物和纸(由纤维素组成)通过拉曼光谱进行识别[图 3.22(a)]及拉曼深度扫描[图 3.22(b)]，结果显示，两种聚合物互不混容，彼此之间及与下面的纸之间均形成了尖锐的界面。

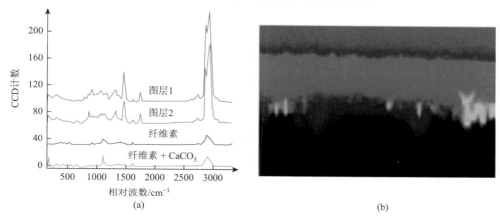

图 3.22　纸基板上胶黏聚合物层的拉曼成像图

(a)记录的拉曼光谱；(b)拉曼深度剖面［两种不同的聚合物(红色、绿色)在纸上形成了不同的层(蓝色、黄色)］

### 3. 聚合物混合薄膜的拉曼光谱分析

采用拉曼光谱法分析聚合物混合的薄膜，得到亚微米尺度上异质高分子材料的形态和化学成分。将聚甲基丙烯酸酯(PMMA)和苯乙烯-丁二烯-橡胶(SBR)混合并旋转涂覆在玻璃盖片上进行拉曼光谱分析。在这些分子结构中，拉曼光谱包含一个相对波数为 1735 cm$^{-1}$ 的波段[图 3.23(a)红色]，这与 C==O 双键拉伸有关，确定该物质为 PMMA。球体之间的区域由 SBR 组成，在波数为 1640 cm$^{-1}$ 的拉曼带，这是 SBR 分子的 C==C 双键的特征[图 3.23(a)蓝色]。聚合物的分布通过拉曼成像可见[图 3.23(b)]，PMMA(红色)在 SBR(蓝色)周围形成圆形结构。

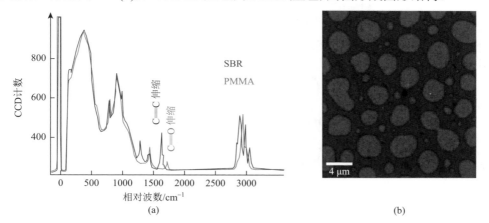

图 3.23　PMMA-SBR 共混物的拉曼图(a)与微相图(b)

## 3.4　质谱法　◀◀◀

　　1906 年 Jospeh John Thomson(1906 年诺贝尔物理学奖获得者)在实验中发现带电荷离子在电磁场中的运动轨迹与它的质荷比($m/z$)有关,并于 1912 年成功研制了世界上第一台现代意义上的简易质谱仪,这标志着科学研究的一个新领域-质谱学的开创,在此基础上,1919 年 Francis William Aston 设计出了第一台速度聚焦型精密质谱仪,发现了多种同位素,第一次证明了原子质量亏损。1934 年 Mattauch 与 Herzog 通过采用电场提供能量聚焦,磁场提供方向聚焦,进一步发展出了完整的离子束能量和方向的双聚焦理论,提高了质量分辨率,开创了高分辨率质谱仪的时代,是质谱学发展的又一个里程碑。

　　20 世纪 40 年代,质谱被广泛应用于有机物质的分析,1943 年美国加州统一工程中心制成第一部商业质谱仪,用于分析石油成分,从此质谱仪进入了工农业生产领域。随后,质谱技术迎来了一个飞速发展的时代,在质量分析器方面,高分辨双聚焦仪器性能进一步提高,出现了四极杆、飞行时间、离子阱等质量分析器,串联质谱仪的研制使得质谱在复杂有机混合物分析方面占有独特的地位。随着电喷雾电离源(ESI)、大气压化学电离源(APCI)和基质辅助激光解吸电离源(MALDI)的出现,开创了质谱技术研究生物大分子的新领域,J. B. Fenn 和田中耕一分别发明了用于生物大分子的 ESI 离子化和 MALDI 质谱分析方法,一起分享了 2002 年诺贝尔化学奖。

### 3.4.1　质谱法实验原理

　　质谱分析是一种测量离子质荷比的分析方法,其基本原理是使试样中各组分在离子源中发生电离、生成不同质荷比($m/z$)的带电荷离子,经加速电场的作用,形成离子束,进入质量分析器,再利用电场和磁场使其发生相反的速度色散,将它们聚焦得到质谱图,从而确定其质量[21]。随着质谱分析技术的不断进步,进入新世纪以来,该技术的应用领域越来越广泛,其在高性能高分子材料的表征方面也备受青睐。

　　样品的离子化是质谱分析的首要环节,其整个离子化过程都是在离子源中进行。样品分子吸收能量后发生电离并生成分子离子,由于分子离子具有较高的能量,会按自身特有的碎裂规律进一步分裂,从而生成一系列特殊组合的碎片离子,再通过加速电场和聚焦透镜等附件将产生的离子束调制成具有一定能量和几何形状的离子束,输入质量分析器。最终质谱中会出现大量的分子离子、同位素离子、碎片离子、重排离子、亚稳离子、多电荷离子、负离子和分子离子相互作用产生的离子等多种复杂成分,将不同质荷比的离子,以及对应的响应强度和相对丰度,以谱图形式记录分析,就可以得到化合物的分子量、化学结构和裂解规律等大量信息。一个优质的离子源应该具备离子产率高、离子产量稳定、离子利用率高、离子能量分散度小、离子束散角小、样品利用率高等优点,根据样品的理化性质,选用合适的离子源进行分析尤为重要。目前常用的离子源种类有电子轰击源(EI)、化学电离源(CI)、电喷雾电离源(ESI)、大气压化学电离源(APCI)和基质辅助激光解吸电离源(MALDI)等。

EI 源通过灯丝发热发射出带有初始化动能的电子碰撞样品分子,从而产生带电离子,是一种硬电离技术,当电离能量为 70 eV 时,所有原子和分子都能发生电离,适用于具有一定挥发性的有机化合物的检测分析。EI 源拥有完整的 NIST 标准谱图数据库,通过标准谱库的检索比对,可有效实现样品的分子结构和定性分析。

CI 源与 EI 源较为相似,需在工作时引入甲烷、氨气、异丁烷等作为电离缓冲介质,在高能电子流(约 500 eV)轰击下,反应气电离或者裂解,生成的离子和反应气分子进一步反应或与样品分子发生离子-分子反应,再通过质子交换使样品分子发生电离。CI 源是一种软电离技术,样品分子产生的碎片离子较少,但生成的准分子离子峰强度较大,有些用 EI 源得不到分子离子的样品,改用 CI 源后可以得到准分子离子,便于样品分子量的准确推断。CI 源一般有正 CI 和负 CI,可以根据样品的性质进行选择。

ESI 源是一种使用强静电场的电离技术,内衬弹性石英管的不锈钢毛细管(内径 0.1~0.15 mm)被加以 2~5 kV 的电压,当样品溶液以低流速经毛细管流出后,在雾化器的辅助作用下,雾化成细小的带电液滴。带电液滴因溶剂的挥发逐渐缩小,在电荷排斥力作用下不断发生裂分,直至液滴足够小时,液滴表面的电荷密度极大足以解析出分子离子,产生单个多电荷分子离子,可用于有机大分子的表征分析。ESI 源是一种软电离方式,即使是分子量大、稳定性差的化合物,也不会在电离过程中发生分解,它适合于热稳定性差、中高极性有机化合物的分析。

APCI 源与 ESI 源大致相同,不同之处在于配置了一个针状的放电电极,通过高压放电将离子源内的气体电离,产生的气体离子与溶剂分子反应生成溶剂离子,然后溶剂离子再与样品分子发生碰撞,实现样品分子的电离,更适于分析易挥发、热稳定性好的样品,且流动相的适用范围更广。有些化合物由于结构和极性方面,ESI 源分析时产生的离子强度响应较弱,可采用 APCI 源的电离方式增加离子产率,由于 APCI 源只能形成单电荷离子,主要是准分子离子,因此 APCI 源适用于中低极性的小分子有机化合物的表征分析。

MALDI 源是样品与基质在溶剂中混合均匀,然后将其点在靶上形成共结晶,再用一束高能脉冲紫外或可见激光轰击共结晶表面，脉冲激光能量在瞬间可使样品表面升至使基质发生相变或升华的温度，基质分子强烈地吸收激光辐射产生的能量被离子化，并夹带其晶格中的样品分子气化，形成激光卷流，脱离固态表面并迅速扩散，使其从共结晶表面解析实现样品分子的离子化，生成准分子-离子。基质具有能量传递、包埋分析物、提高离子化效率等作用，适宜的基质是 MALDI 源获得较好离子产率的关键，良好的基质在激光器对应的波长处都应具有很强的吸收并将能量传递给样品分子，同时还应与样品之间具有很好的相容性，每个样品分子被若干基质分子包围可有效降低样品分子之间的相互作用，此外，合适的基质还能通过其分子的光激发或光离子化作用将质子转移给样品，促进样品分子离子的形成，基质的引入使 MALDI 源有效解决了非挥发性和热不稳定性有机大分子难以电离的难题。

质量分析器是质谱仪的关键组成部分，它的工作原理是依据不同方式将离子源产生的离子根据质荷比($m/z$)大小分离，目前应用较为广泛的质量分析器有单聚焦、双聚焦、四极杆、离子阱、静电场轨道阱、飞行时间和傅里叶变换离子回旋共振等，质量分析器是影响质谱灵敏度的重要部件之一，其工作原理与质谱仪的分析性能(如分辨率、质量范围)息息相关。

质谱法具有强大的鉴别、定性、定量分析能力，且灵敏度高、受基质干扰小，常用于痕量有机化合物的定性、定量分析和未知化合物的鉴别分析。目前，质谱分析技术在高聚物单体残留、有害物质、挥发性成分、添加助剂、未知成分，以及高聚物组成的表征分析中发挥着重要作用。

### 3.4.2    色谱-质谱联用分析有机化合物

将色谱分离技术与质谱分析技术结合起来是分离科学方法中的一项突破性进展，该方法可获得化合物分子量、分子式、化学结构、裂解规律等方面的信息，并在目标化合物的表征方面发挥着重要作用。色谱技术是利用一定温度下不同化合物在流动相和固定相中分配系数的差异，从而实现不同化合物的分离，并按时间的先后顺序从色谱柱中依次流出，再通过对比标准品的保留时间、峰面积或峰高，实现目标化合物的定性、定量分析。该技术的优点在于其可以将色谱技术高效的分离能力与质谱技术强大的定性、定量性能有效地结合，充分发挥了各自的优势，是目前分析复杂混合物的重要手段。在色谱-质谱联用系统中，色谱仪相当于质谱仪的进样和分离系统，质谱仪相当于色谱仪的检测器，气相色谱-质谱联用(GC-MS)和液相色谱-质谱联用(LC-MS)作为最成熟的色谱-质谱联用技术，被广泛应用于高性能高分子材料的表征分析。

气相色谱-质谱联用技术是一项将气相色谱与质谱有效结合的技术，其中气相色谱是一种利用气体作为流动相对混合物组分进行高效分离的色谱技术，充分利用了气相色谱对复杂化合物高效的分离能力和质谱对未知化合物强大的定性、定量能力，具有分析速度快、灵敏度高、检测限低、鉴别能力强、受基质背景干扰小、基质效应低等特点，可直接实现易挥发、热稳定性好的物质成分检测分析，对于挥发度低、热稳定性差的物质，可通过适宜的衍生化处理，将其转变成适用于 GC-MS 分析的衍生产物进行分析。

　　GC-MS 常配置的离子源主要有 EI 源和 CI 源，常配置的分析器是单四极杆质量分析器，它有全扫描(SCAN)和选择离子扫描(SIM)两种监测模式，SCAN 模式可通过采集全质谱图，在化合物结构和定性分析方面拥有巨大的优势，定量分析中可采用 SIM 模式提取化合物的特征碎片离子来降低基质背景的干扰，常规分析通常采用 SCAN、SIM 相结合的监测模式来实现化合物的定性、定量分析。为了更大程度地降低基质背景的干扰，提高检测的灵敏度和方法的专属性，气相色谱-三重四极杆质谱(GC-MS/MS)常被用于痕量有机化合物的检测分析，在三重四极杆质量分析器系统中，目标物的一级碎片离子会与碰撞气发生碰撞生成二级碎片离子，通过采用多重反应监测模式(MRM)采集特异性更强的二级碎片离子来实现化合物的定性、定量分析。

　　液相色谱-质谱联用技术(LC-MS)是以液相色谱系统为分离手段，以质谱为检测手段的分离、分析方法，其中液相色谱是以液体为流动相的色谱分离技术，溶于流动相的混合组分经过固定相时，会与固定相发生吸附、分配、离子吸引或亲和作用，导致各组分的滞留时间存在一定差异，并依次从色谱柱流出，实现混合组分的分离，再通过检测峰信号，从而实现样品的检测分析。目前常用的高效液相色谱法、超高效液相色谱法通过提高柱效、加快分析速度来提高分离效率。LC-MS 技术适用于难挥发、热稳定性差、不易衍生化，且分子量较大化合物的检测分析，具有分析范围广、检测速度快、分离能力强、定性、定量的结果准确可靠、检测限低和灵敏度高等优点。LC-MS 的电离方式为软电离，不同物质要求的电离强度不同，导致无法建立标准谱库，因此该技术在化合物定性和结构剖析方面不如 GC-MS 功能强大。

　　LC-MS 常配置的离子源为 ESI 源和 APCI 源，常配置的质量分析器为三重四极杆质量分析器，具有正、负离子两种电离模式，采用单四极杆分析时，可通过分析电离所生成的准分子离子峰，实现化合物分子量的测定，采用三重四极杆分析时，可在 MRM 监测模式下，通过参照标准品的保留时间、母离子、子离子，以及对应的响应值来实现化合物的定性、定量分析。此外，LC-MS 还常与飞行时间(TOF)和静电场离子轨道阱(Orbitrap)高分辨质量分析器串联构成高分辨质谱(HRMS)，HRMS 因具备极高的分辨率和灵敏度，可实现化合物分子量的精确测定和分子式的推导，该技术在痕量未知化合物的筛查和鉴定方面发挥着重要作用。

### 3.4.3 相关标准

高性能高分子材料色谱-质谱联用表征技术相关国内外标准汇总见表3.9。

表 3.9    高性能高分子材料色谱-质谱联用表征技术相关国内外标准汇总

| 编号 | 标准编号 | 标准名称 |
|---|---|---|
| 1 | GB/T 36793—2018 | 橡塑材料中增塑剂含量的测定 气相色谱质谱联用法 |
| 2 | GB/T 34436—2017 | 玩具材料中甲酰胺测定 气相色谱-质谱联用法 |
| 3 | GB/T 35492—2017 | 乳胶制品中有机锡含量的测定 气相色谱-质谱法 |
| 4 | GB/T 34436—2017 | 玩具材料中甲酰胺测定 气相色谱-质谱联用法 |
| 5 | GB/T 37101—2018 | 聚合物材料中 3,3-二氯-4,4-二氨基二苯基甲烷的测定 气相色谱-质谱法 |
| 6 | GB/T 41524—2022 | 玩具材料中短链氯化石蜡含量的测定 气相色谱-质谱联用法 |
| 7 | GB/T 34436—2023 | 玩具材料中甲酰胺的测定 高效液相色谱-质谱法 |
| 8 | GB/T 38420—2019 | 玩具聚碳酸酯和聚砜材料中双酚 A 迁移量的测定 高效液相色谱-串联质谱法 |
| 9 | ANSI/NEMA 62321-10: 2020 | Determination of Certain Substances in Electrotechnical Products-Part 10: Polycyclic Aromatic Hydrocarbons (PAHs) in Polymers and Electronics by Gas Chromatography Mass Spectrometry (GC-MS) |
| 10 | UOP 1015：2017 | Determination of Trace Oxygenates in Polymer Grade Ethylene & Propylene by Gas Chromatography Mass Spectrometry |
| 11 | ASTM D 4275：2017 | Standard Test Method for Determination of Butylated Hydroxy Toluene (BHT) in Polymers of Ethylene and Ethylene-Vinyl Acetate (EVA) Copolymers by Gas Chromatography |
| 12 | ASTM UOP 1021：2017 | Determination of Trace Methyl and Ethyl Mercaptan in Polymer Grade Ethylene & Propylene by Gas Chromatography Mass Spectrometry |
| 13 | ASTM U 022：2018 | Determination of Trace Carbonyl Sulfide and Hydrogen Sulfide in Polymer Grade Ethylene & Propylene by Gas Chromatography Mass Spectrometry |
| 14 | ASTM D 4275: 2017-REDLINE | Standard Test Method for Determination of Butylated Hydroxy Toluene (BHT) in Polymers of Ethylene and Ethylene-Vinyl Acetate (EVA) Copolymers by Gas Chromatography |
| 15 | 19/30381735 DC | BS IEC 63209-11. Determination of Certain Substances in Electrotechnical Products. Part 11. TCEP in Polymers by Gas Chromatography-Mass Spectrometry and Liquid Chromatography-Mass Spectrometry |
| 16 | BS EN ISO 23702-1：2018 | Leather. Organic fluorine. Determination of Non-Volatile Compounds by Extraction Method Using Liquid Chromatography/Tandem Mass Spectrometry Detector (LC-MS/MS) |

### 3.4.4 实例分析

#### 1. 聚合物中增塑剂成分分析

增塑剂通过插入到聚合物分子链之间，削弱链间应力，增加分子链的移动性，降低聚合物分子链的结晶度，使聚合物的塑性增加。采用 GC-MS 法对家用爬行垫聚合材料中邻苯二甲酸酯类增塑剂成分进行测试。将样品剪碎至单个碎片直径 ≤ 0.2 cm，混合均匀，采用正己烷作为提取溶剂超声提取 2 次，合并提取液，定容，有机滤膜过滤，取滤液上机检测分析。采用 SCAN、SIM 相结合的监测模式来实现化合物的定性、定量分析，16 种邻苯二甲酸酯混合标准溶液总离子流图见图 3.24，爬行垫选择离子流图见图 3.25，色谱峰形、响应均良好。通过与 16 种邻苯二甲酸酯成分的标准溶液的保留时间和质谱图进行比较，确定爬行垫中 DBP 和 DEHP 增塑剂成分[22]。

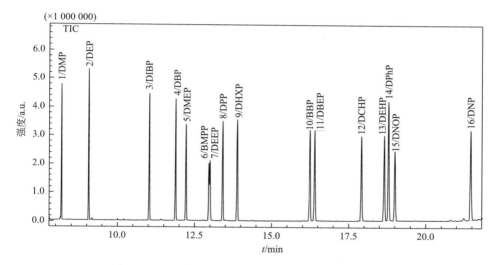

图 3.24　16 种邻苯二甲酸酯混合标准溶液总离子流图

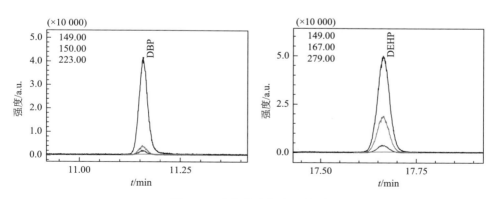

图 3.25　爬行垫选择离子流图

## 2. 生物可吸收降解材料聚乳酸中单体残留分析

聚乳酸(PLA)的分子构象存在 3 种异构体，即左旋的 L-PLA、右旋的 D-PLA 以及内消旋的 D, L-PLA。聚 L-丙交酯(L-PLA)是一种生物可吸收降解材料，具有良好的生物相容性。可采用 GC-MS 法对聚乳酸中的 L-丙交酯单体成分进行测试。称取样品适量置于三氯甲烷中，静置过夜使样品完全溶解，微孔滤膜过滤，取滤液上机检测分析。采用 SCAN、SIM 相结合的监测模式来实现化合物的定性、定量分析，L-丙交酯标准溶液和 9625 聚乳酸的选择离子流图分别见图 3.26 与图 3.27，通过与 L-丙交酯标准溶液的保留时间和质谱图进行比较，确定待测样品聚乳酸中仍含有一定量的 L-丙交酯单体残留[23]。

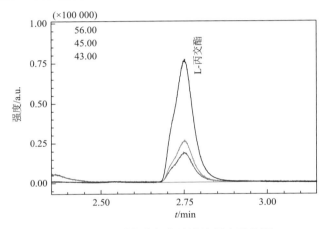

图 3.26　L-丙交酯标准溶液选择离子流图

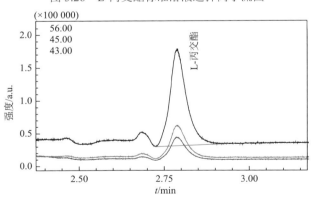

图 3.27　9625 聚乳酸选择离子流图

## 3. 食品接触材料中有机锡稳定剂成分分析

有机锡作为聚氯乙烯(PVC)材料的热稳定剂和光稳定剂，在提供优异的加工稳定性、耐候性的同时，赋予产品极高的透明性，虽然价格较高，但是仍从众多稳定剂中脱颖而出，得到广泛应用。由于有机锡不易挥发，不能直接采用 GC-MS 进行检测分析，可采用四乙基硼化钠作为衍生化试剂，将有机锡转化为易挥发的衍生产物后再进行 GC-MS 分析。采用 SCAN、SIM 相结合的监测模式来实现化合物的定性、定量分析，9 种有机锡混合标准溶液衍生物的总离子流图见图 3.28，色谱峰形、响应均良好。将样品剪成 4 mm×4 mm 以下的小块，混合均匀，采用四氢呋喃作为提取溶剂，超声处理至样品完全溶解，加甲醇使聚合物沉淀，离心，取上清液，再用甲醇洗涤沉淀物，合并上清液后，定容，上机检测分析。该方法可对 PVC 保鲜膜、保温袋内膜、餐垫、饺子冰箱收纳盒等食品接触材料中的有机锡进行检测分析，以确定这些食品接触材料在日常使用中是否安全[24]。

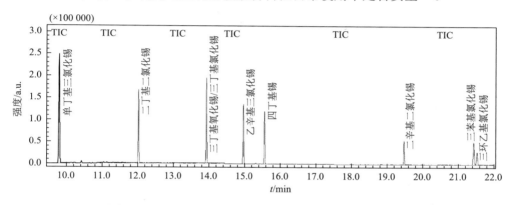

图 3.28　9 种有机锡混合标准溶液衍生物质谱总离子流图

### 4. 聚乙二醇-聚乳酸共聚物的源内碰撞诱导电离分析

聚乳酸（PLA）作为临床和医药高分子材料，由于疏水性和降解时间长限制了其在静脉给药中的应用，因此通常将 PLA 与典型的亲水性聚乙二醇（PEG）共聚来改变其性能，从而得到生物相容性良好的 PEG-PLA 两亲性共聚物。PEG-PLA 可作为新型药物载体进而得到广泛应用。

采用 LC-MS/MS 耦合电离源（源内 CID）碰撞诱导解离和 MRM 扫描模式定量分析生物样品中的 PEG-PLA，方法选择性好、灵敏度高，可用于其潜在的毒性和长期的副作用评价。选用 mPEG2000-PDLLA2500-COOH（mPPC，2-kDa 线型甲氧基聚（乙二醇）结合 2.5 kDa 聚（D, L)-(±)-乳酸，图 3.29）作为模型化合物，使 mPPC 的众多前体离子生成一些特定的代理离子，然后再经 UPLC 分离，可获得一系列具有 PEG 和 PLA 特异性的特征碎片离子。这些代理离子可在碰撞池中进一步受到 CID 的碰撞作用，生成代理离子的子离子，这些子离子可用于生物样品中 PEG-PLA 的分析。采用 MRM 监测模式分析 PEG-PLA 具有较高的灵敏度和特异性，ESI 源中的 CID 产生的代理离子可以使所有带电态的离子簇发生裂解，从而产生更高强度的代理离子信号。

图 3.29    mPEG2000-PDLLA2500-COOH 的分子结构式

采用 LC-MS/MS 质谱仪，在正离子模式下使用 ESI 源，并结合使用源内 CID 进行分析，结果表明大部分离子正常分布在质荷比为 500～900 范围内(携带多电荷)，在电离源的碰撞诱导解离作用下，聚合物可被裂解生成一系列具有 PEG 特异性和 PLA 特异性的特征碎片离子。PEG 可以裂解成不同的结构单元，对应的质荷比 $m/z$ 为 89.05971(二聚体)、133.08592(三聚体)、177.11214(四聚体)等，而图 3.30(d)中相邻的碎片离子正好相差 44 Da，如 $m/z$ 为 133.1、177.2、221.2、309.1 和 353.3 是一系列之间相差 44 Da 的碎片离子，这表明这些离子是具有 PEG 特异性的特征碎片离子。同样，PLA 是由重复结构的乳酸亚基(72 Da)组成的，如图 3.30(d)所示。$m/z$ 为 73.2、145.1、217.1、289.1、361.2、433.1、505.1、577.1、649.2 和 721.0 是一系列之间相差 72 Da 的碎片离子，这表明这些碎片离子是具有 PLA 特异性的特征碎片离子。由于 PLA 链的末端被羧基修饰，图 3.30(d)还可以发现一些被羧基末端修饰的 PLA 碎片离子，如 $m/z$ 为 189.1、261.1、333.3、405.2、477.3、549.1、621.2 和 693.2[25]。

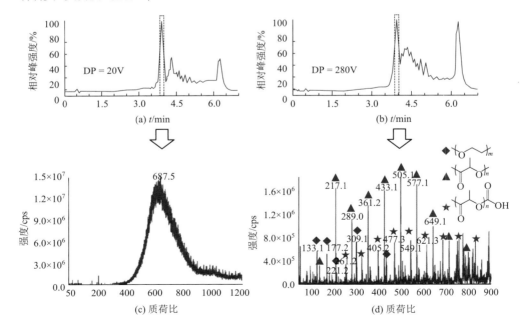

(a) $t$/min    (b) $t$/min

(c) 质荷比    (d) 质荷比

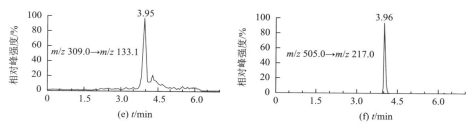

图 3.30　mPPC 质谱条件的优化：mPPC（10 μg/mL）的一级总离子流图 DP 20V(a)、DP 280V(b)；
源内 CID/mPPC 一级质谱图保留时间 3.85 min～4.05 min 处的裂解谱图 DP 20V(c)、DP 280V(d)；
mPPC 在 DP 280V 下的源内 CID/MRM 谱图 $m/z$ 309.0＞133.1(e)、$m/z$ 505.0＞217.0(f)

# 参 考 文 献

[1]　柯以侃, 董慧茹. 分析化学手册-第三分册-光谱分析[M]. 2 版. 北京: 化学工业出版社, 1998.

[2]　陆婉珍. 现代近红外光谱分析技术[M]. 2 版. 北京: 中国石化出版社, 2007.

[3]　杨万泰. 聚合物材料表征与测试[M]. 北京: 中国轻工业出版社, 2008.

[4]　翁诗甫. 傅里叶变换红外光谱分析[M]. 2 版. 北京: 化学工业出版社, 2010.

[5]　KUMAR R, SHARMA S, PATHAK D, et al.Ionic conductivity, FTIR and thermal studies of nano-composite plasticized proton conducting polymer electrolytes[J]. Solid State Ionics, 2017, 305: 57-62.

[6]　文言泽, 李东升, 李洪春, 等.不同碳链长度半芳族聚酰胺热塑性弹性体的合成与性能[J].高分子材料科学与工程, 2022, 38(11): 1-7.

[7]　ISAO A, TETSUO A. Solid State NMR of Polymer [M]. Netherland: Elsevier Science, 1998.

[8]　孙平川, 赵守远, 王媛媛, 等. 高分子多尺度结构与动力学的固体 NMR 研究[J]. 高分子通报, 2013(1): 72-86.

[9]　殷红楠.全氟聚醚的核磁共振波谱研究[D]. 苏州: 苏州大学, 2017.

[10]　BOVEY F A, MIRAU P A. NMR of Polymers [M]. SanDiego: Academic Press, 1996.

[11]　毛希安. 核磁共振基础简论[M]. 北京: 科学出版社, 1996.

[12]　宁永成. 有机化合物结构鉴定与有机波谱学[M]. 2 版. 北京: 科学出版社, 2000.

[13]　徐璐, 李宝会, 孙平川.高分子化学位移的量化计算与固体 NMR 实验研究[J]. 波谱学杂志, 2010, 27(4): 597-608.

[14]　陈新启, 白云, 刘珊珊, 等. 核磁法定量分析生物降解塑料中聚乳酸等组分[J]. 中国塑料, 2021, 35(8): 181-188.

[15]　ZHANG S K, ALI S, MA H L, et al.Preparation of poly(bis(phenoxy)phosphazene)and $^{31}$P NMR analysis of its structural defects under various synthesis conditions[J]. The Journal of Physical Chemistry B, 2016, 120(43): 11307-11316.

[16]　阿杜·佐里奥, 米尔德里德·德雷斯尔豪斯, 斋藤里一郎, 等. 石墨烯相关体系的拉曼光谱学[M]. 谭平恒, 林妙玲, 李晓莉译. 北京: 国防工业出版社, 2022.

[17]　谭平恒, 从鑫. 石墨烯基材料的拉曼光谱研究[M]. 上海: 华东理工大学出版社, 2021.

[18]　张汪年, 邓宁. 激光拉曼光谱法及在材料科学中的应用[J]. 广西轻工业, 2009, 25(10): 30, 37.

[19]　朱诚身. 聚合物结构分析[M]. 2 版. 北京: 科学出版社, 2016.

[20]　牛丽. 碳材料拉曼光谱的理论研究[M]. 哈尔滨: 哈尔滨地图出版社, 2017.

[21]　威廉斯, 弗莱明. 有机化学中的光谱方法[M]. 张艳, 施卫峰, 王剑波, 等译. 6 版. 北京: 北京大学出版社, 2019.

[22] 国家卫生和计划生育委员会. 食品安全国家标准食品接触材料及制品邻苯二甲酸酯的测定和迁移量的测定: GB 31604.30-2016[S]. 北京: 中国标准出版社, 2017.

[23] 国家教育委员会. 有机质谱分析方法通则: JY/T 003-1996[S]. 北京: 科学技术文献出版社, 1997.

[24] 钱冲, 张梅, 勾新磊, 等. 食品接触材料中 9 种有机锡的检测[J]. 食品科学技术学报, 2021, 39(4): 163-170.

[25] SHI M Y, JIANG H, YIN L, et al. Development of an UPLC-MS/MS method coupled with in-source CID for quantitative analysis of PEG-PLA copolymer and its application to a pharmacokinetic study in rats[J]. Journal of Chromatography B, 2019, 1125: 121716.

# 第4章

## 分子量及分子量分布表征

　　分子量及分子量分布是表征高分子材料的最基本参数之一，也是聚合物材料性能研究和生产过程中需要控制的重要参数。分子量和分子量分布对聚合物的物理机械性能和成型加工性能影响显著，高分子材料的性能与分子量紧密联系，由于分子量太高加工会困难，而提高纺丝性能和力学强度又需要提高分子量，因此需将分子量控制在一定范围内。为了控制聚合物的分子量，必须研究聚合条件对分子量的影响，以及分子量对材料的加工和使用性能的影响。此外，分子量的测定还可以为聚合反应的机理和动力学研究提供必要的信息。

　　聚合物分子量的测定方法很多，本章主要介绍目前使用最广泛的凝胶渗透色谱法（GPC）、GPC-光散射联用法、乌氏黏度计法、飞行时间质谱法（MALDI-TOF）等，测定依据是聚合物稀溶液某些物理、化学性质相对于纯溶剂而发生的改变与溶液浓度和聚合物分子量之间存在某种定量关系。

　　凝胶渗透色谱技术是一种利用聚合物溶液通过填充有特种凝胶的色谱柱将聚合物分子按尺寸大小进行分离的方法。GPC 可用于测定聚合物材料的分子量及分布、测定聚合物支化度、研究共聚物组成分布、研究多组分样品含量、跟踪聚合反应及反应动力学。将 GPC 仪与光散射仪联用，由光散射仪测定聚合物中各个组分的绝对分子质量，还可以省去 GPC 法中必须由标准样品做校正曲线的步骤。黏度法是由于聚合物溶液的黏度与聚合物分子量之间有一定的关系，利用这种关系可间接地求出聚合物的分子量。用黏度法得到的是聚合物的黏均分子量。MALDI-TOF 是通过软电离质谱技术将样品分子离子化，然后在电场作用下加速，由到达检测器的飞行时间计算质荷比，从而对样品进行定性或定量分析的技术。MALDI-TOF 不仅可以分析聚合物分子的分子量及其分布，还可以提供分子的端基、嵌段分子结构，以及混合物中的含量等信息。

## 4.1　　凝胶渗透色谱法　　　　◀◀◀

　　1964 年 J. C. Moore 首次采用高交联的苯乙烯-二乙烯苯共聚物作为固定相成功

测定合成高分子的分子量分布，为凝胶渗透色谱法(gel permeation chromatography，GPC)奠定了基础，此后 GPC 作为分离高分子和分子量测定的方法很快被广泛应用。60 年代末这种方法已经发展成熟，成为生物化学和高分子化学中常用的分离和分析方法。近年来，GPC 仪器发展迅速，高速型、高压型、高效型仪器相继出现，配合高精度高压流动泵、高效凝胶色谱柱、耐高温体系、高灵敏度检测单元等使用，既提高了 GPC 的分辨率，也拓展了 GPC 的应用范围。目前，GPC 已成为测定聚合物分子量及分子量分布不可缺少的方法。

### 4.1.1　凝胶渗透色谱技术原理

GPC 分离不利用分配和吸附等化学作用，即凝胶表面之间和溶质分子之间没有相互作用，依据各成分物理性质的分子大小进行分离(图 4.1)。因此，根据分离机理这种方法又称为尺寸排阻色谱(size exclusion chromatography，SEC)。聚合物分子在溶液中依据其分子链的柔性及聚合物分子与溶剂的相互作用，呈现无规线团、棒状或球状等各种构象，并且其尺寸大小和聚合物分子量相关。GPC 分离的核心部件就是一根装有多孔性载体的色谱柱，它们的孔径大小有一定的分布，且与待分离的聚合物分子尺寸相近。进行实验时，先将待测聚合物溶解到适当溶剂中，再将聚合物溶液从色谱柱柱头加入，以这种溶剂自头至尾淋洗，同时从色谱柱的尾端接收淋出液。样品进入色谱柱后，尺寸很大的分子因不能渗透到载体空穴中而受到排阻，最先流出色谱柱；中等体积的分子可以渗透载体的一些大孔，而不能进入小孔，产生部分渗透作用，比体积大的分子流出色谱柱的时间稍迟；较小的分子能全部渗入载体内部的孔穴中，而最后流出色谱柱。因此，聚合物淋出体积与其分子量有关，分子量越大，淋出体积越小。

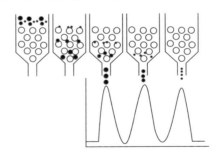

图 4.1　凝胶渗透色谱原理示意图

为了测定聚合物的分子量及分布，不仅需要将它按照分子量的大小分离开，还需测定各级分的含量和分子量。对于凝胶色谱来说，级分的含量即是淋出液的浓度，只要选择与溶液浓度有线性关系的某种物理性质，即可通过测量这种物理性质来测定溶液的浓度。常用示差折光仪测定淋出液的折光指数与纯溶剂的折光指数之差，来表征溶液的浓度。关于级分的分子量的测定有直接法和间接法。直接法是在测定淋出液浓度的同时测定其浓度或光散射，从而求出分子量。间接法是用一组分子量不等的、单分散的试样作为标准样品，绘制标准曲线。

现代完整的 GPC 仪器主要由去溶剂中空气的脱气机、控制稳定流速的输液泵、自动进样系统、柱温箱、分离样品的色谱柱、检测洗脱样品信号的检测器组成。如图 4.2 所示，进样针先吸取样品溶液，分析物随流动相进入色谱柱中，分离过程基于分子筛效应进行，洗脱出来的分析物依次进入检测器中，产生不同程度的响应信号，数据经过软件处理系统以波谱的形式呈现。

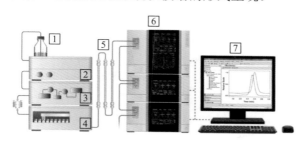

图 4.2　现代 GPC 仪器的结构示意图

1. 流动相；2. 脱气机；3. 输液泵；4. 自动进样系统；5. 色谱柱；6. 不同种类的检测器；7. 数据处理系统

GPC 的色谱柱填充的是多孔性凝胶或多孔微球，填料的粒度越小越均匀，堆积越紧密，柱的分离效率越高。对色谱柱中填充的凝胶颗粒的基本要求是不能被流动相溶剂溶解。目前常用填料种类包括聚苯乙烯凝胶、无机硅胶、交联聚乙酸乙烯酯凝胶、交联聚丙烯酰胺凝胶、交联葡聚糖凝胶、多孔玻璃和多孔氧化铝等。

GPC 的色谱分离系统与不同种类的检测器联合，可实现对可溶性高性能高分子材料的分子量及分子量分布相关特性进行表征。常用的检测器有示差折光检测器、二极管阵列检测器、黏度检测器、激光光散射检测器等。

### 1. 示差折光检测器

示差折光检测器（refractive index detector，RID）属于通用型检测器，对不具有灵敏信号响应单元的物质均可产生不同程度的响应值，如单糖、多糖类和高分子聚合物。由于这种检测器的原理是由样品溶液的物理性质所决定的，因此该检测器的灵敏度不高，样品溶液需要配制 mg/mL 的浓度级别。在检测过程中，参比池中的溶剂不能发生变化，故不能采用梯度洗脱，只能采用等度洗脱模式。示差折光检测器的检测依据是当样品自身的折射率与溶剂的折射率不同时，样品溶液的折射率与纯溶剂的折射率存在差异。只要样品组分与流动相的折光指数不同，就可以被检测，二者相差越大，灵敏度就越高，在一定浓度范围内检测器的输出与溶质浓度成正比。溶液的折射率是纯溶剂(流动相)和纯溶质(样品)的折射率乘以各物质的浓度之和。示差折光检测器的结构如图 4.3 所示。光束在依次经过检测池两室后会发生偏转，偏转的大小与两种液体之间折光率的差异成正比。示差折光检测器的信号简单计算原理如下：

$$\mathrm{RI}_{\mathrm{signal}} = K_{\mathrm{RI}} \cdot (\mathrm{d}n / \mathrm{d}c) \cdot c \tag{4.1}$$

式中，$K_{\mathrm{RI}}$ 为示差检测器仪器常数；$n$ 为折射率或折光率，折光指数；$c$ 为样品浓度。

折光指数增量 $\mathrm{d}n / \mathrm{d}c$ 用式(4.2)计算：

$$\frac{\mathrm{d}n}{\mathrm{d}c} = \lim_{C \to 0} \left( \frac{n_{\mathrm{s}} - n_{\mathrm{r}}}{C} \right) \tag{4.2}$$

式中，$n_{\mathrm{s}}$ 为溶液的折光指数；$n_{\mathrm{r}}$ 为溶剂的折光指数。

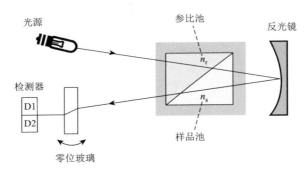

图 4.3    示差折光检测器的结构原理图

### 2. 二极管阵列检测器

传统的紫外检测器逐渐被二极管阵列检测器取代，传统紫外检测只能在同一时间测量一个波长下的数据，而二极管阵列检测器可获取全波长的样品信息，能得到波长的三维谱图，具有更广泛的应用功能。该检测器适用于有紫外吸收基团的化合物检测，如含苯环和共轭双键的化合物，可在生物大分子领域中应用。

二极管阵列检测器(diode-array detector，DAD)(图 4.4)的原理基于吸收光谱，是指待测物与光源辐射的能量产生相互作用，从低能级或基态跃迁到高能级而吸收了一部分能量，检测器接受透过样品后剩余的能量，形成吸收强度随着波长的变化而变化的光谱。吸收光谱法的定性分析主要通过吸收波长的位置与强度而进行，其定量分析则是基于朗伯-比尔(Lambert-Beer)定律。

$$A = -\lg T = -\lg(I / I_0) = \varepsilon bc \tag{4.3}$$

式中，$A$ 为吸光度；$T$ 为透射光强度与入射光强度之比；$I$ 为透射光强度；$I_0$ 为入射光强度；$b$ 为光程，cm；$c$ 为分析物浓度，mol/L；$\varepsilon$ 为摩尔吸光系数，L/(mol·cm)，与物质的性质、入射光波长、温度、溶剂等因素有关。

朗伯-比尔定律表明，当一束单色光通过含有吸光物质的溶液后，溶液的吸光度与吸光物质的浓度及溶液的厚度成正比。在同一波长处，溶液中的不同组分其吸收行为互不相干，且吸光度具有加和性。通常，吸光度在 0.2～0.8 之间测量较为准确，吸收光谱法较适用于微量物质的测定(微摩尔浓度水平)，相对误差为 2%～5%。

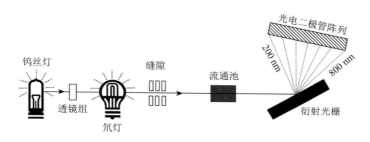

图 4.4　二极管阵列检测器的结构原理示意图

### 3. 黏度检测器

黏度检测器(viscometer)的主要结构是四毛细管微分黏度计，其结构如图 4.5 所示。美国 Dr. Haney 在电路-惠斯通电桥的基础上提出了该检测器的设计构思，并发明创造了在线特性黏度检测器。四边形的管路为黏度检测器四毛细管的桥路，在毛细管路的进出口端设置一个 IP 压力传感器，在毛细管桥路之间设有一个 DP 压力传感器，其中一侧桥路上 $R_3$ 装有相对毛细管路体积较大的延迟体积柱，当样品分流至桥路 $R_3$ 的延迟体积柱时，样品会在体积柱中聚集，此时毛细管桥路之间 DP 和进出口端 IP 都会产生压力差，进而产生了响应信号。黏度检测器可直接测定高分子溶液增比黏度 $\eta_{sp}$，进而得知特性黏度$[\eta]$，流体力学半径 $R_h$，建立 Mark-Houwink-Sakurada 方程，通过式中常数 $\alpha$ 可得知高分子构象。简单的推导原理公式如下：

增比黏度通过式(4.4)计算：

$$\eta_{sp} = \frac{4DP}{IP - 2DP} \tag{4.4}$$

式中，DP 为桥路之间压力；IP 为毛细管路进出口压力。

特性黏度计算如下：

$$[\eta] = \lim_{c \to 0} \frac{\eta_{sp}}{c} \tag{4.5}$$

分子体积：

$$V_{\mathrm{h}} = \frac{M[\eta]}{2.5 N_{\mathrm{A}}} \tag{4.6}$$

流体力学半径:

$$R_{\mathrm{h}} = \sqrt[3]{\frac{3V_{\mathrm{h}}}{4\pi}} \tag{4.7}$$

Mark-Houwink-Sakurada 方程: $[\eta] = K M^{\alpha}$,式中,当 $\alpha < 0.5$ 时,高分子在溶液中呈紧凑结构;当 $\alpha = 0.7$ 时,高分子在溶液中呈柔性链;当 $\alpha > 0.8$ 时,高分子在溶液中呈刚性结构。

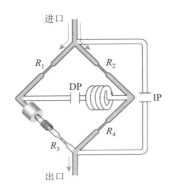

图 4.5    黏度检测器中四毛细管黏度结构示意图

### 4. 静态激光光散射检测器

静态光散射是指用一束激光照射从柱上洗脱的聚合物,并对产生的散射光强度进行测量,如图 4.6 所示。当一束光沿入射方向照射到聚合物稀溶液时,绝大部分光仍保持原来的方向传播,而部分光将散射至各个方向,称为光散射现象。光束中聚合物分子在光的电磁波作用下极化,形成诱导偶极子,向各个方向发射出电磁波,这些振动的偶极子称为二次波源。对于纯净的溶液,次波相互干涉的影响,使光线只能在折射方向上传播,而在非传播方向上相互抵消,所以没有散射光出现。对于掺入高分子聚合物溶液,则会扰乱溶剂次波相干性,而在其他方向上出现散射光。散射光的强度与溶质的分子形态、分子量和分子尺寸有关,分子量越大其散射光越强。散射光强度正比于摩尔质量 $M$、浓度 $c$ 和折光指数 $\mathrm{d}n/\mathrm{d}c$ 增量的平方,其较简单的公式表达为 $I(\theta)_{\mathrm{scattered}} \propto M c \left( \dfrac{\mathrm{d}n}{\mathrm{d}c} \right)^2$,通过收集散射光信息,静态光散射法可以完成测定聚合物的重均分子量 $\bar{M}_W$、第二维利系数 $A_2$、均方根旋转半径 $R_{\mathrm{g}}$。

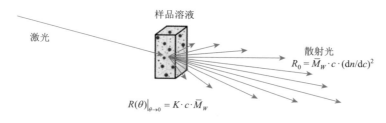

图 4.6　静态光散射原理图

$R(\theta)$：瑞利比；$c$：聚合物溶液浓度；$\bar{M}_W$：重均分子量；$K$：常数$(\mathrm{d}n/\mathrm{d}c)^2$

根据光学原理，光的强度与光的频率的平方成正比，而频率是可以叠加的。因此，研究散射光的强度，必须考虑散射光是否干涉。从溶液中某一分子所发出的散射光相互干涉，称为外干涉；从分子中的某一部分发出的散射光与从另一分子的另一部分发出的散射光相互干涉，称为内干涉。当溶液比较浓时，会产生外干涉。由于外干涉情况比较复杂，因此实验中避免使用浓溶液。

对于稀溶液，又分为小粒子和大粒子两种情况。所谓大小粒子，是与入射光的波长相对而言的，小粒子是指尺寸小于入射光在介质里波长的 1/20 的分子。此时粒子间的距离比较大，没有相互作用，各个分子产生的散射光不相干，介质的散射光强是各个分子散射光的加和，即小粒子没有内干涉。若分子的尺寸与入射光波在介质里的波长同数量级则称为大粒子。由于大粒子溶液同一粒子内部有多个散射中心，因此存在内干涉使总的散射光强减弱，且减弱的程度与散射角相关。

1）小粒子溶液的光散射分析

小粒子溶液的散射光强是各个分子散射光强的简单加和，没有干涉。根据溶液光散射理论，对于入射光垂直偏振光，散射角为 $\theta$、距离散射中心 $r$ 处每单位体积溶液中溶质的散射光强 $I(r,\theta)$ 为

$$I(r,\theta) = (4\pi^2 / \lambda^4 r^2)n^2\left(\frac{\mathrm{d}n}{\mathrm{d}c}\right)^2 \frac{KTc}{\partial\pi / \partial c}I_0 \tag{4.8}$$

式中，$\lambda$ 为入射光波长；$I_0$ 为入射光的强度；$n$ 为溶液折光指数，溶液浓度很稀时近似等于溶剂的折光指数；$\mathrm{d}n/\mathrm{d}c$ 为溶液折光指数增量；$c$ 为溶液浓度；$\pi$ 为溶液渗透压。

代入渗透压表达式，则公式可以变成下式：

$$I(r,\theta) = (4\pi^2 / \lambda^4 N_A r^2)n^2\left(\frac{\mathrm{d}n}{\mathrm{d}c}\right)^2 \frac{c}{\dfrac{1}{M} + 2A_2 c}I_0 \tag{4.9}$$

式中，$M$ 为溶质分子量；$A_2$ 为第二维利系数；$N_A$ 为阿伏伽德罗常数。

将单位散射体积所产生的散射光强 $I$ 与入射光强 $I_0$ 之比乘以观测距离的平方定义为瑞利因子 $R(\theta)$，也称为瑞利比。当观测距离、入射光强度及散射体积确定

后，瑞利比就是散射光的强的度量。

$$R(\theta) = r^2 \frac{I(r,\theta)}{I_0} = \frac{4\pi^2}{N_A \lambda^4} n^2 \left(\frac{dn}{dc}\right)^2 \frac{c}{\dfrac{1}{M} + 2A_2 c} \tag{4.10}$$

当高分子-溶剂体系、温度、入射光波长度固定时，$\dfrac{4\pi^2}{N_A \lambda^4} n^2 \left(\dfrac{dn}{dc}\right)^2 = K$，$K$ 称为光学常数。$K$ 是一个与溶液浓度、散射角及溶质分子量无关的常数。

式(4.11)为小粒子溶液光散射法测分子量的基本公式，该式表明小粒子的散射光强与散射角无关。

$$R(0) = \frac{Kc}{\dfrac{1}{M} + 2A_2 c} \tag{4.11}$$

若入射光是非偏振光（自然光），则散射光强将随散射角而变化，用式(4.12)表示：

$$R(\theta) = \frac{Kc(1 + \cos^2 \theta)}{2(1/M + 2A_2 c)} \tag{4.12}$$

当散射角等于 90°时，散射光受杂散光的干扰最小，因此实验上常测定散射角为 90°时的瑞利比以计算小粒子溶液的分子量。

$$\frac{Kc}{2R(90)} = 1/M + 2A_2 c \tag{4.13}$$

实验方法是配制一系列不同浓度的溶液，测定其在 90°的瑞利比 $R(90)$，以 $Kc/2R(90)$ 对 $c$ 作图，得一直线，截距为 $1/M$，斜率为 $2A_2$。

2) 大粒子溶液的光散射分析

大多数高分子的分子量力 $10^5 \sim 10^7$ g/mol，在良溶剂中的尺寸至少在一维方向超过了小粒子的范围，为 $20 \sim 300$ nm，即大于 $\lambda/20$。每个大粒子不同部分发出的散射光会相互干涉，使散射光强度减小。引入散射因子 $P(\theta)$ 表示散射角 $\theta$ 处散射光强度因干涉而减弱的程度。$P(\theta)$ = 大分子的散射强度/无干涉时的散射强度。$P(\theta)$ 的值与大分子形状、大小及光波波长有关。当 $\theta = 0°$时，$P(\theta) = 1$。

对于无规线团状分子链，散射因子 $P(\theta)$ 为

$$P(\theta) = 1 - \frac{8\pi^2}{9(\lambda')^2} \overline{h^2} \sin^2 \frac{\theta}{2} \tag{4.14}$$

式中，$\overline{h^2}$ 为均方末端距；$\lambda'$ 为入射光在溶液中的波长，$\lambda' = \lambda/n$。

将散射因子 $P(\theta)$ 代入小粒子溶液散射公式，并利用 $\dfrac{1}{1-X} \approx 1 + X$，得到无规线团状分子，大粒子溶液光散射的基本公式：

$$\frac{1+\cos^2\theta}{2}\cdot\frac{Kc}{R(\theta)} = \frac{1}{M}\left[1+\frac{8\pi^2}{9(\lambda')^2}\overline{h^2}\sin\frac{\theta}{2}\right]+2A_2c \tag{4.15}$$

式中，各符号的含义同前；$K$ 为光学常数。

具有多分散体系的高分子溶液的光散射，在极限情况下（即 $\theta\to0$ 及 $c\to0$）可写成以下两种形式：

$$\left(\frac{1+\cos^2\theta}{2\sin\theta}\cdot\frac{Kc}{R(\theta)}\right)_{\theta\to0} = \frac{1}{\overline{M}_W}+2A_2c \tag{4.16}$$

$$\left(\frac{1+\cos^2\theta}{2\sin\theta}\cdot\frac{Kc}{R(\theta)}\right)_{c\to0} = \frac{1}{\overline{M}_W}\left[1+\frac{8\pi^2}{9\lambda^2}\overline{h_z^2}\sin^2\frac{\theta}{2}\right] \tag{4.17}$$

实验中测定不同浓度和不同角度下的瑞利比，首先以 $\dfrac{1+\cos^2\theta}{2}\cdot\dfrac{Kc}{R(\theta)}$ 对 $\sin^2\dfrac{\theta}{2}+qc$ 作图，先外推 $c\to0$，再以 $Kc/R(\theta)$ 对 $\sin^2(\theta/2)$ 作图，截距给出 $1/\overline{M}_W$，斜率为 $\dfrac{8\pi^2}{9\lambda^2\overline{M}_W}(\overline{h^2})$，可求得高聚物的均方末端 $\overline{h^2}$；外推 $\theta=0°$，以 $Kc$ 和 $R(\theta)$ 对 $c$ 作图，斜率为 $2A_2$。这就是著名的 Zimm 双重外推作图法，通过配制一系列不同浓度的溶液，测定各个溶液在不同散射角时的散射光强，用 Zimm 作图法进行数据处理后，可同时得到反映高分子链特征的三个基本参数：$\overline{M}_W$、$\overline{h^2}$、$A_2$[1]。

多角度激光光散射（MALS），顾名思义就是从多个角度进行光强度测量，而非局限在单一角度。测量结果可用于建立散射光随入射角度变化的函数模型，从而推断出 0° 入射光时的散射光强度，见图 4.7。最简单的 MALS 检测器仅在两个点上对散射光强度进行测量，这样的系统样品流量最小，样品保留时间也最短，并且由于结构简单成为市面上最便宜的 MALS 检测器。但是，仅凭两个角度的检

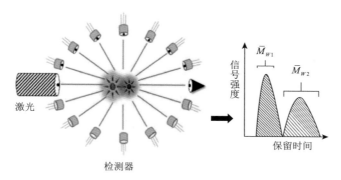

图 4.7　多角度激光光散射仪简单结构原理图

测难以建立起可靠的校正曲线，尤其是当德拜曲线呈非线性时，而这种情况又比较常见。由于上述双检测点系统的数据外推质量和拟合度较差，因此在多数情况下这种检测系统的结果可靠性也较低。现代 MALS 系统倾向于配备数量较多的检测点，最先进的系统多达 20 个。因此，它们能够拟合更加复杂的散射模式曲线，而不是简单的直线。这对入射角度较小的情况来说特别重要，因为入射角度较小时，非线性特性会对所测量的分子量值产生很大的影响。与双点检测产品相比，多点检测的系统能够测得更精确的分子量和 $R_g$ 数据。

### 5. 动态激光光散射检测器

动态光散射技术（dynamic light scattering, DLS）是指通过测量样品散射光强度起伏的变化来得出样品颗粒大小信息的一种技术。之所以称为"动态"是因为样品中的分子不停地做布朗运动，正是这种运动使散射光产生多普勒频移。动态光散射技术的工作原理可以简述为以下几个步骤：首先根据散射光的变化，即多普勒频移测得溶液中分子的扩散系数 $D$，再由 $D = KT/6\pi\eta r$ 可求出分子的流体动力学半径 $r$（式中，$K$ 为玻尔兹曼常数；$T$ 为热力学温度；$\eta$ 为溶液的黏滞系数），根据分子半径-分子量模型，就可以算出分子量的大小。

### 6. 多检测器

多检测器 GPC 最常见的形式是浓度型检测器与黏度计联用。黏度计测量从色谱柱中洗脱出来的物质溶液的黏度。将黏度同其他检测器给出的浓度信息结合，能深入了解溶液中聚合物分子的行为，除进行聚合物分子量的测定外，还能提供聚合物的构象信息。

多检测器 GPC 的另一种形式是浓度型检测器与静态光散射检测器联用。

三检测器是将浓度型检测器、黏度检测器和光散射检测器联用，三检测器是多检测器 GPC 的最先进形式。该方法的优点是可以利用所有数据，用马克-霍温克（Mark-Houwink）曲线或构象图对样品进行研究。

## 4.1.2 影响 GPC 分析的关键实验条件

色谱柱的种类及规格决定了被测样品的分离效果，每根色谱柱都有一定的分子量分离范围和渗透极限，色谱柱有使用的上限和下限。色谱柱的使用上限是聚合物最小的分子尺寸要小于色谱柱中最大的凝胶颗粒尺寸，当聚合物最小的分子尺寸比色谱柱中最大的凝胶颗粒的尺寸还大时，高聚物进入不了凝胶颗粒孔径，全部从凝胶颗粒外部流过，不仅达不到分离不同分子量的高聚物的目的，还可能堵塞凝胶孔，影响色谱柱的分离效率，降低其使用寿命。色谱柱的使用下限就是聚合物中最大尺寸的分子链要大于凝胶孔的最小孔位，当聚合物中最大尺寸的分子链比凝胶孔的最小孔径还要小时，也达不到分离不同分子量的目的。所以在使用凝胶色谱仪测定分子量时，必须首先选择好与聚合物分子量范围相匹配的色谱柱。当聚合物的分离度不高时，可以将两支或三支色谱柱联用以改善系统的分离度。为防止不溶解的颗粒或者污染物阻塞色谱柱，一般还会在主色谱柱之前连接一根保护柱。

溶剂的选择与色谱柱类型、聚合物类型及检测器类型有关。有些色谱柱填料适合有机溶剂，有些色谱柱填料适合无机溶剂，在选择溶剂时应首先考虑聚合物试样是否会完全溶解于所选择的溶剂中。部分溶解得不到真实的分布曲线。且在样品注入色谱柱之前，须将溶液在压力下通过微孔过滤器进行过滤，为了保证有较高的检测灵敏度，溶剂还应与检测器相匹配。若用示差折光仪检测，则要求溶剂的折光指数与被测试样的折光尽可能有大的差别。若用紫外吸收检测器，则要求在溶质的特征吸收波长附近没有强烈的吸收。

凝胶渗透色谱法一般都在样品低浓度时测定，在一定的范围内，改变样品浓度，对分子量的测定结果基本没有影响，但要注意样品浓度不能太高，同时保证样品的分子链段在溶液中得到充分的舒展，就可以测得每个分子的分子量，若浓度太大，会导致分子链段互相缠绕或缔合，使测定结果偏大，在保证分子链段充分舒展的前提下可适当增大样品的浓度，降低噪声的影响，样品分子量越大，采用浓度应越低，但样品浓度过低会导致色谱峰两端数据的误差较大。

保持流量的稳定性至关重要，流量精度的微小变化都会导致 GPC 谱图波动，从而影响计算结果。流速对色谱峰的影响不大，在保证分离度的同时，可以适当提高流速以提高工作效率。

### 4.1.3　高性能高分子材料 GPC 分析的样品处理

一些高性能高分子材料基体在化学元素组成上除含有 C、H、O 元素外，还常含有 N、S、F 等杂元素，且分子量相对较高或者含有大量的芳环或芳杂环，分子链较刚硬。这些材料在常温下通常表现出良好的耐溶剂性，极难溶解，需用特殊的方法对其进行处理后再进行分子量的测试。

#### 1. 常温强极性或特殊溶剂溶解

GPC 测定首先需要将样品在溶剂中溶解而不降解，而高性能高分子材料一般具有很强的耐溶剂性，常用溶剂水、四氢呋喃、二氯甲烷等无法将其溶解，在常温下聚酰胺、聚酯、聚氨酯等高性能高分子材料仅能溶解于酸、含氟醇、酚类等强极性溶剂中，因而给其分子量的测定带来一定的困难。该类高分子材料分子量测量的难点是根据材料特点选择可以将其溶解的适当溶剂，再选择常规的分子量测试方法进行测试。

长碳链聚酰胺(LCPA)又被称为长碳链尼龙，通常指单体单元中平均碳原子数大于或等于 10 的聚酰。长碳链尼龙具有柔韧性好、吸水率低、耐磨性好、耐冲击性好、耐腐蚀性好、电绝缘性好等特点，广泛用于电子、化工、新能源等领域。

用 GPC 对聚合物的分子量进行测试，将少量 LCPA 1210 粉末溶于六氟异丙醇(HFIP)，并用处理后的 HFIP(分析纯的 HFIP 减压蒸馏后再加入三氟乙酸钠作为稳定剂)以单分散聚甲基丙烯酸甲酯为标样，用凝胶渗透色谱仪对 LCPA 1210 分子量进行了测试。结果如图 4.8 所示。经计算 LCPA 1210 的数均分子量为 25450 g/mol，重均分子量为 50300 g/mol，分子量分布宽度为 1.98[2]。

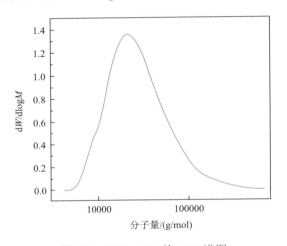

图 4.8　LCPA 1210 的 GPC 谱图

### 2. 将高分子材料处理成易溶于常用溶剂的聚合物

除选择用特殊溶剂将高分子材料直接溶解的方法外，还可以在对聚合物结构与聚合物溶液体系深入研究的基础上选择将高分子材料进行适当的处理使其转化为易溶于常用溶剂的聚合物进行测试。可以通过化学反应改变聚合物的结构或聚集状态，从而改变其溶解性，如对难溶于流动相的聚酰胺进行乙酰化或烷基化处理，使其溶解于四氢呋喃中。也可以通过向流动相中加入一些无机盐，改变聚电解质在流动相中的伸展状态及溶液的物理性质，使样品溶液的折光指数随浓度变化的增量提高。例如，通过加入无机盐，实现对聚丙烯酰胺均聚物及其共聚物的分子量及分子量分布的表征。

芳香族聚酰胺是大分子主链中含有苯环和酰胺基结构的聚酰胺，芳香族聚酰胺可分为半芳香族和全芳香族两类。半芳香族聚酰胺是芳香族二元胺或二元酸与脂肪族二元酸或二元胺缩聚的芳香族聚酰胺；全芳香族聚酰胺是芳香族二元胺与芳香族二元酸缩聚的芳香族聚酰胺。这类聚酰胺的突出特点是耐高温、高强度、高模量、吸收性小、尺寸稳定性好，缺点是其加工性能不如脂肪族聚酰胺。芳香族聚酰胺不同于脂肪族聚酰胺，在脂肪族聚酰胺长链中引入芳环结构，可使链段硬度大大增加，能够缩小溶解芳香族聚酰胺的溶剂选择范围。通常将芳香族聚酰胺进行乙酰化或烷基化处理转化为易溶于常用溶剂的聚合物后来表征聚酰胺分子量大小。

为了用 GPC 表征 PA6T 的分子量及其分布，可以用三氟乙酸酐（TFAA）将 PA6T 乙酰化（图 4.9）。将一定量的样品置于 50 mL 锥形瓶中，用连有橡胶管的磨口塞密闭。用氮气置换锥形瓶内空气，之后用注射器依次加入二氯甲烷（5～6 mL）和 TFAA（约 2 mL）。反应 24 h 后，旋转蒸发除去未反应的 TFAA 和生成的三氟乙酸及二氯甲烷溶剂，得到三氟乙酰化的 PA6T 聚合物样品，记为 PA6T-TFAA。加入四氢呋喃，制成 3 mg/mL 左右的溶液，可以上机 GPC 测试[3]。

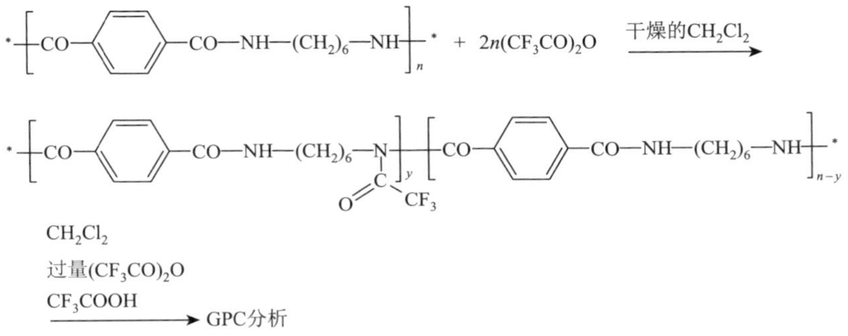

图 4.9 PA6T 三氟乙酰化过程

### 3. 高温凝胶渗透色谱法

大多数高性能与功能化高分子材料熔点较高，只有在高温条件下、特定溶剂中，加热数小时才能够完全溶解，普通凝胶渗透色谱很难测试其分子量。随着仪器技术的发展，出现了耐高温的 GPC 及适合高温、大分子测试用的凝胶柱，用于测试室温下不容易溶解的聚合物，如聚烯烃类、聚酯类等化合物的分子量及其分布。高温凝胶渗透色谱可以在 220℃ 以下精确恒温，选择合适的色谱柱可以满足不同高分子材料对不同淋洗剂的要求。凝胶渗透色谱法操作简便快捷、进样量小、数据可靠且重现性好、自动化程度高，广泛用于高性能与功能化高分子材料分子量及其分布的测定。

目前高温凝胶渗透色谱法测量分子量及分子量分布也已经发布相应的标准。例如，《聚烯烃相对分子量和分子量分布的测定 高温凝胶渗透色谱法》（SN/T 4183—2015）主要适用于聚乙烯和聚丙烯分子量和分子量分布的测定。标准中明确并详细规定了实验所需试剂和材料、仪器设备要求、仪器工作条件、样品测定方法等。其中样品溶液配制过程如下：已称量的聚烯烃样品加入带盖子的溶剂惰性材料的自动取样管或较大体积得到耐热管，聚烯烃质量浓度在 0.05%～0.2% 之间。添加 2,6-二叔丁基-4-甲基苯酚溶液（浓度约为 250 mg/L），盖上盖子，约 150℃加热 3～6 h 完全溶解样品。聚丙烯和高分子量聚乙烯样品完全溶解可能需要加热到 160～180℃。标准的制定使得实验过程更规范化和程序化，也保证了实验结果在不同实验室的复现性[4]。

### 4.1.4 分子量测试相关标准

目前凝胶渗透色谱法测定分子量的通用标准主要有《凝胶渗透色谱法(GPC)用四氢呋喃做淋洗液》(GB/T 21863—2008)[5]和《中华人民共和国药典(2020 年版)》四部 0514 分子排阻色谱法[6]，两个标准分别适用于有机相和水相溶解样品。除了通用方法，对特定样品也有部分产品标准可以参考，包括《聚苯乙烯的平均分子量和分子量分布的检测标准方法高效体积排阻色谱法》(GB/T 21864—2008)[7]，《化学品聚合物低分子量组分含量测定凝胶渗透色谱法(GPC)》(GB/T 27843—2011)[8]，《数字印刷材料用成膜树脂平均分子量及其分布的测定凝胶渗透色谱法》(GB/T 30787—2014)[9]，《水处理剂聚合物分子量及其分布的测定凝胶色谱法》(GB/T 31816—2015)[10]，《聚乙烯相对分子量和分子量分布的测定凝胶渗透色谱法》(SN/T 3002—2011)[11]。

### 4.1.5 GPC 在高性能高分子材料分子量表征中的应用

GPC 示差折光检测器与激光光散射检测器联用，由示差折光检测器检测各个级分的浓度，同时由激光光散射检测器连续测定聚合物样品中各个级分的分子量，可以得到聚合物的各种平均分子量，同时还能给出回转半径、支化度等参数。

#### 1. 凝胶渗透色谱分析聚碳酸酯材料

利用凝胶渗透色谱-激光光散射联用技术(GPC-MALS)对聚碳酸酯(PC)的分子量进行了检测（图 4.10），并与凝胶渗透色谱-示差折光检测器的校准曲线法结果（图 4.11）进行比较。除分子量及分子量分布数据外，GPC-MALS 还可以进一步得到均方根旋转半径，配合黏度检测器还可以得到黏度数据及 $k$、$\alpha$ 值。

两种方法测得聚碳酸酯样品的出峰时间都在 10～20 min 之间，然而从表 4.1 可以看出所得的分子量结果存在着一定的差异。这是因为利用 GPC-MALS 技术对高性能材料的分子量进行检测得到的是样品的绝对分子质量，该分子量是直接测定的结果。而传统凝胶色谱法需要利用多个标准品绘制标准曲线，所得结果为相对分子质量，该结果会受到标准品种类、分子量大小及实验条件等多种因素的限制。

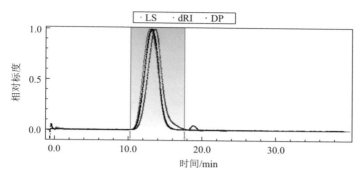

图 4.10　聚碳酸酯 GPC-MALS 色谱图

LS 为光散射信号相对强度；dRI 为折光指数增量；DP 为黏度信号相对强度

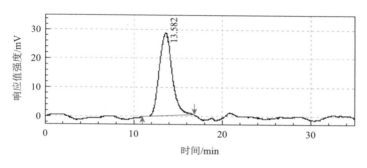

图 4.11　聚碳酸酯色谱图(示差折光检测器)

表 4.1　两种方法所得分子量对比结果

| | 绝对法(光散射法) | 相对法(校准曲线法) |
|---|---|---|
| 重均分子量($\bar{M}_W$) | $3.686 \times 10^4$ | 76829 |
| 数均分子量($\bar{M}_n$) | $2.319 \times 10^4$ | 33524 |
| Z 均分子量($\bar{M}_Z$) | $5.573 \times 10^4$ | 130197 |
| PDI($M_W/M_n$) | 1.589 | 2.292 |
| $R_g$ | 24.5 | — |
| $[\eta]$ | 51.6 | — |
| $K$ | $2.141 \times 10^{-2}$ | — |
| $\alpha$ | 0.746 | — |

利用 GPC-MALS 对 PC 的支化度进行进一步分析研究(图 4.12)。其支化度测定结果为 0.976，也证明了 PC 是一种线型碳酸聚酯结构。

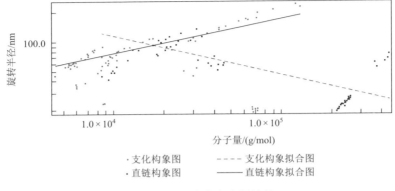

图 4.12　PC 支化度分析结果

### 2. 生物降解塑料降解机制辅助研究

聚乳酸(PLA)、聚丁二酸丁二酯(PBS)及聚(对苯二甲酸-己二酸-丁二醇)酯 PBAT 是生物可降解材料中的代表性品种。利用凝胶渗透色谱可对上述生物降解聚酯的降解机制进行辅助分析。

通过酶促降解对生物降解材料进行人工加速降解,是一种有效的微生物体外降解过程的模拟方式。

对经酶促降解后的 PBS、PBAT 与 PLA 三种底物表面微观形貌进行观察,其结果如图 4.13 所示。可见,在酶促降解前,三种底物均呈现出较为平整的表面结构,而在经酶促降解后,PBS 表面形成了较大尺寸的凹陷结构,同时材料内部展现出较多连通的孔道结构;PBAT 呈现出凹凸不平的表面结构;而 PLA 表面结构

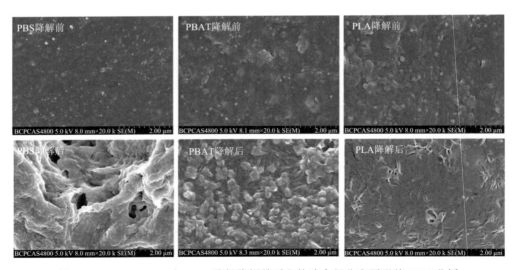

图 4.13　PBS、PBAT 与 PLA 酶促降解前后主体残余部分表面形貌 SEM 分析

整体较为平整，只在局部区域内产生了纤维状突起结构。PBS 的表面被侵蚀区域分布广泛，结构破坏严重，表明其在角质酶的作用下被降解区域分布较为均匀，而 PBAT 与 PLA 在经过酶促降解后其表面存在大量凸起的颗粒/纤维状结构，这可能是酶促降解的局部性所致。由于酶促降解过程通常是局部进行的，这意味着酶可能优先作用于底物表面的某些区域，导致这些区域的降解速率较其他区域更快，这种局部降解可能导致底物表面结构的不均匀变化。

对不同底物的固相降解残留物进行 GPC 分析，其结果如表 4.2 所示。可见对于 PBAT、PBS 与 PLA 而言，其降解产物的固相物质残余部分重均分子量并未表现出显著的下降，但其分子量分布却有所增加，表明上述底物的酶促降解过程基本仅发生于材料表面区域，对材料内部没有显著影响。

表 4.2　生物降解聚酯经不同浓度角质酶酶促降解后固相残留物 GPC 分析

| PLA 样品指标 | 未降解 | 酶浓度 0.10 mg/mL | 酶浓度 0.20 mg/mL |
|---|---|---|---|
| $\bar{M}_n$ /(g/mol) | $3.509 \times 10^4 (\pm 7.776\%)$ | $3.349 \times 10^4 (\pm 4.657\%)$ | $3.315 \times 10^4 (\pm 3.093\%)$ |
| $\bar{M}_w$ /(g/mol) | $4.308 \times 10^4 (\pm 8.106\%)$ | $4.123 \times 10^4 (\pm 4.150\%)$ | $4.260 \times 10^4 (\pm 2.179\%)$ |
| 分子量分布 | $1.228 (\pm 11.232\%)$ | $1.231 (\pm 6.238\%)$ | $1.285 (\pm 3.784\%)$ |
| PBAT 样品指标 | 未降解 | 酶浓度 1.00 mg/mL | 酶浓度 4.00 mg/mL |
| $\bar{M}_n$ /(g/mol) | $2.921 \times 10^4 (\pm 3.173\%)$ | $2.848 \times 10^4 (\pm 2.220\%)$ | $2.438 \times 10^4 (\pm 5.908\%)$ |
| $\bar{M}_w$ /(g/mol) | $4.004 \times 10^4 (\pm 4.594\%)$ | $3.922 \times 10^4 (\pm 2.110\%)$ | $3.777 \times 10^4 (\pm 3.172\%)$ |
| 分子量分布 | $1.371 (\pm 5.583\%)$ | $1.377 (\pm 3.063\%)$ | $1.550 (\pm 6.706\%)$ |
| PBS 样品指标 | 未降解 | 酶浓度 1.00 mg/mL | |
| $\bar{M}_n$ /(g/mol) | $3.161 \times 10^4 (\pm 4.033\%)$ | $2.188 \times 10^4 (\pm 5.218\%)$ | |
| $\bar{M}_w$ /(g/mol) | $4.342 \times 10^4 (\pm 2.194\%)$ | $4.281 \times 10^4 (\pm 2.726\%)$ | |
| 分子量分布 | $1.374 (\pm 4.591\%)$ | $1.956 (\pm 5.887\%)$ | |

### 3. 凝胶渗透色谱在光稳定添加剂检测中的应用

光稳定剂 Tinuvin 622 具有良好的阻光性能，可与抗静电剂和抗氧化剂混合后添加在高分子塑料制品中，对其起到有效防光照作用，达到延长塑料制品使用寿命的目的。通过凝胶渗透色谱与多角度激光光散射的联用技术可建立聚合物添加剂中光稳定剂 Tinuvin 622 的分析方法[12]。该方法可简便、直接检测聚合物添加剂中光稳定剂 Tinuvin 622，并获取其分子量及分布信息的全新方法。气相色谱法[13]和传统的反相液相色谱法[14, 15]都不能对光稳定剂 Tinuvin 622 进行直接测定，都需要皂化水解成 4-羟基-2, 2, 6, 6-四甲基-1-哌啶乙醇(Diol)后，才能进行定量分析。此外，与其他分析方法的分析谱图相比，如填充毛细管液相色谱(PC-HPLC)[9]、热裂解气质(PY-GC/MS)[16, 17]、液相色谱-质谱联用(HPLC-MS)[18]和基质辅助激光解吸源(MALDI)[19]等进行检测时，谱图均会出现多重峰形态、辨识度低等问题。而利用 GPC-MALS 测定光稳定剂 Tinuvin 622 时，峰形呈单一形态，识别度高，便于定性和准确定量，能弥补以上技术的不足。该方法已成功应用于含 Tinuvin 622 聚合物添加剂样品的测定，为聚合物添加剂(其他低聚物光稳定剂)的质量监测提供了分析工具，具有重要的实际应用价值。

图 4.14(a)：填充毛细管液相色谱与蒸发光散射检测器联用的谱图，实验条件：浓度为 20 mg/mL Tinuvin 622；色谱柱：0.32 mm×40 cm 填充为粒径 3 μm 的 Hypersil ODS 颗粒；流动相：95%乙腈 + 5%三乙胺。流速：3 μL/min。柱升温程序：28℃维持 2 min，以 0.7℃/min 升至 120℃；检测器漂移管温度为 90℃；氮气流速：2 L/min。

图 4.14(b)：热裂解气质的总离子流图。实验条件：取样量为 2 mg 的 Tinuvin 622；裂解炉温度：500℃；色谱柱：DB-5 MS (30 m×0.25 mm×0.25 μm)；前进样口温度：280℃；柱升温程序：45℃维持 5 min，以 15℃/min 的速率升温至 300℃ 并维持 8 min；载气：氦气；分流比为 20：1；柱流速度：1 mL/min。

质谱离子源：EI 源；电子能量：70 eV；离子源温度：230℃；接口温度：280℃；采集方式：Scan；质量数扫描范围：$m/z$ 29～800 amu。

图 4.14(c)：电喷雾离子源配飞行时间质量分析器的离子提取流图[7]。实验条件：浓度为 4 mg/L Tinuvin 622；色谱柱：(50 mm×4.6 mm，3 μm) Triart C18。流动相：pH = 11 的 0.3 mol/L NH$_3$ 和甲醇溶液，梯度洗脱。

图 4.14(d)：基质辅助激光解吸电离源配傅里叶变换质谱仪的质谱图。实验条件：将基质溶液(2, 5-二羟基苯甲酸，DHB)和浓度为 5 mg/mL 的 Tinuvin 622 四氢呋喃溶液按 10：1 ($V/V$)混合。采用正离子扫描模式，质量采集范围为 $m/z$ 202.1～7500.0。

图 4.14(e)：凝胶渗透色谱与多角度激光光散射联用技术的色图。实验条件：色谱柱为 GPC-COLUMN MZ-Gel SDplus Linear (300 mm×8.0 mm，10 μm) 串联 GPC-COLUMN MZ-Gel SDplus 100Å (300 mm×8.0 mm，10 μm)；流动相：四氢呋喃；柱流速：0.8 mL/min。

通过这个应用案例，我们可以清楚地看到使用凝胶渗透色谱在分析光稳定剂 Tinuvin 622 这类低聚物时，谱图显得更加干净简单，使用整体分析法，用单一峰的形式呈现给分析者，而质谱法的谱图出峰多，不简便，使用局部分析法，易给分析者造成不解的困惑，将一个简单的分析问题复杂化。

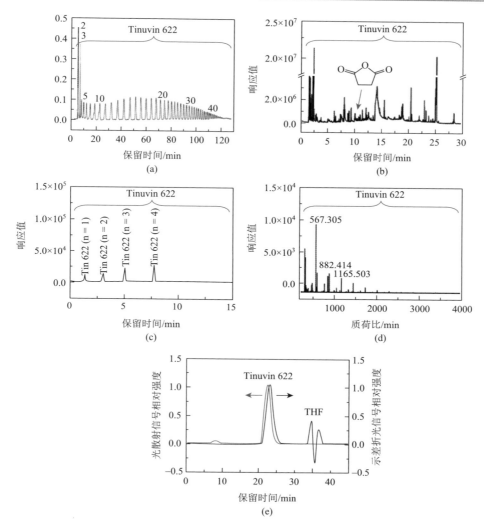

图 4.14　光稳定剂 Tinuvin 622 的 GPC-MALS 分析

### 4. 凝胶渗透色谱法表征医用高分子材料的分子量及其分布

玻璃酸钠滴眼液对干眼症[20]和白内障术后治疗[21]起到了关键性作用。它是一种由 N-乙酰氨基葡萄糖和 D-葡萄糖醛酸通过糖苷连接而成的双糖重复结构单元组成的线型多糖。目前，国内现行测定玻璃酸钠滴眼液的标准[22]只能得到分子量大小，不能获得关于更多玻璃酸钠的深层次信息，如均方根半径、溶液构象和分子量分布的直观性，如图 4.15 所示。

用 GPC-MALS 法直接对玻璃酸钠滴眼液进行分子量表征，实验条件：以亲水性球形高聚物为填充剂(以 Shodex SB-806 M HQ 为分离柱)；以 0.2 mol/L 氯化钠

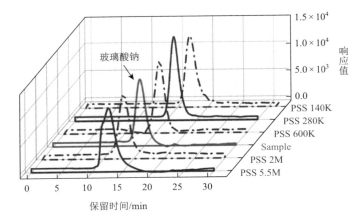

图 4.15    系列标准聚苯乙烯磺酸钠测定样品玻璃酸钠滴眼液分子量示意图

溶液为流动相，流速为 0.6 mL/min；柱温为 35℃；采用多角度激光光散射检测器和示差折光检测器串联检测，图 4.16 为玻璃酸钠滴眼液的样品谱图。已知玻璃酸钠的 d$n$/d$c$ = 0.167，测得结果为 $\bar{M}_W$ = 806300 g/mol；$\bar{M}_W$ 的结果与标准聚苯乙烯磺酸钠测定的相比，相对偏差小于 5%，说明在不需要标准品进行校正的情况下，获得的结果具有较高的准确性，而操作更简便。

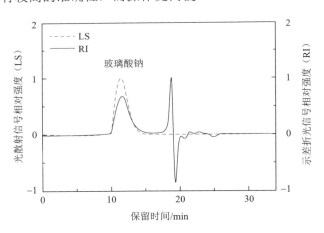

图 4.16    玻璃酸钠滴眼液的 GPC-MALS 的谱图

运用 GPC-MALS 技术绘制均方根半径分布曲线图，均方根半径分布曲线（图 4.17）还可以衡量粒子在溶液中的平均尺寸大小，玻璃酸钠滴眼液 $R_g$ = 117 nm。

将分子量对流出体积作图可以得出分子量分布曲线图，该图对分子量分布给出了对应的直观性，见图 4.18 点状部分。可得出分散度为 $(\bar{M}_W / \bar{M}_n)$ = 1.258，接近窄分布。

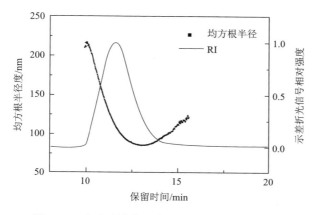

图 4.17　玻璃酸钠滴眼液均方根半径分布曲线图

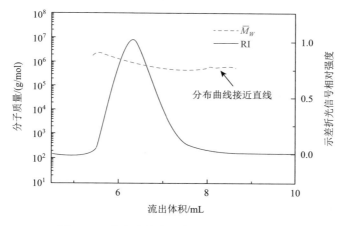

图 4.18　玻璃酸钠滴眼液分子量分布曲线图

与其他获取高分子聚合物分子量的测定方法相比，GPC-MALS 法除能得到数均分子量（$\bar{M}_n$）和分子量分布的信息外，还可通过均方根旋转半径（$R_g$）与分子量（$\bar{M}_W$）绘制曲线，从直线的斜率能够分析出溶液的构象，即高分子的形状。若斜率为 1 左右，则聚合物的聚集态为棒状；若斜率在 0.5～0.6 之间，则聚集态为无规则线团；若斜率为 0.3 左右，则聚集态为球状。

从图 4.19 得知曲线的斜率为 0.54 在 0.5～0.6 之间，溶液的构象为无规线团，易成网状结构，具有凝胶弹性的特点。说明可以分析构象，能更合理的解释样品性状上的特点。

这个技术应用案例能说明凝胶渗透色谱能更简便地测定高分子的绝对分子量、均方根半径、溶液构象和分子量分布，可用于医用玻璃酸钠的质量控制和应用研究，直接了解产品的差异性。

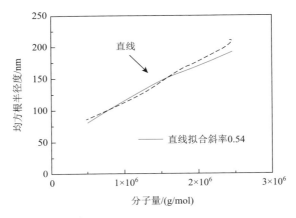

图 4.19　玻璃酸钠滴眼液的旋转半径对分子量的作图

### 5. 凝胶渗透色谱在生物制药领域中的应用

光散射技术与二极管阵列检测器联用，可测量蛋白质、多肽化合物及生物药等生物大分子的分子量，以及聚集态。针剂超速效赖脯胰岛素能迅速对血糖快速响应，与普通胰岛素相比，能更好模拟生理胰岛素的自然功能。由于成品胰岛素中含有高比重的辅料，如甘油、缓冲盐类、灭菌剂间甲酚等，高浓度的药用辅料直接上机会污染质谱离子源，需要烦琐的超滤离心，将盐和药品辅料除去后才能上机，但是这样的操作会破坏成品的胰岛素制剂，检测不到胰岛素在制剂中原始的聚集体，而GPC-MALS 法可以对那些需要无损或非破坏性的样品进行直接测定分子量及聚集态。运用了 GPC-MALS 和二极管阵列检测器联用技术可实现赖脯胰岛素分子量表征测试。实验条件：色谱柱：ACQUITY UPLC protein BEH SEC column（200Å，1.7 μm，4.6 mm×150 mm）；流动相：Tris/NaCl/Phenol；紫外检测波长：280 nm；经 SEC 色谱柱分离，紫外检测谱图见 4.20(a)，其中保留时间约 20 min 色谱峰均为样品辅料峰，因为辅料的分子量较小，所以在目标物后面出峰，从图 4.20(a)中 280 nm 的紫外全视图可以看出基质辅料和样品主成分完全实现基线分离，不影响对主成分的分子量分析。

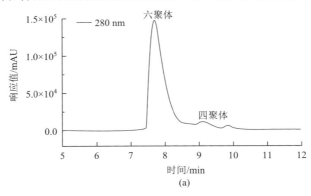

(a)

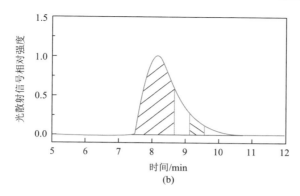

图 4.20　赖脯胰岛素在 280 nm 下的紫外吸收图(a)及 MALS 图(b)

## 4.2　乌氏黏度计法　　◀◀◀

高分子材料的分子量与其溶液的黏度密切相关。通常，高分子材料的分子量越大，其溶液的黏度也越高。这是由于高分子的链段运动受到限制，它们难以像小分子一样自由地扩散和运动，分子量越大，其链段运动的范围也越大，从而导致其溶液的黏度增加。建立溶液黏度与分子量之间的关系，可通过对高分子溶液黏度的测定实现对分子量的计算。

### 4.2.1　乌氏黏度计实验方法原理

黏度(viscosity)是指流体(如液体或气体)在流动时所表现出的阻力和内摩擦力，或者流体中质点运动的阻滞力和抗阻力的大小。黏度系数(黏度)$\eta$ 的物理意义是在相距单位距离的两液层中，使单位面积液层维持单位速度差所需的切线力。其单位在厘米·克·秒(cm·g·s)制中为泊($g\cdot cm^{-1}\cdot s^{-1}$)，在国际单位制中为帕斯卡·秒($Pa\cdot s$ 或 $kg\cdot m^{-1}\cdot s^{-1}$)，1 泊 = 0.1 帕·秒。

高分子材料由于其分子链体积较大，且伴随有缠结效应，在溶液中对体系的增黏作用比小分子溶剂更加显著。对于高分子溶液而言，其黏度的概念有多种，如增比黏度 $\eta_{sp}$、相对黏度 $\eta_r$、特性黏度[$\eta$]等。

与纯溶剂相比，高分子溶质的加入会使体系黏度得到提升，这种体系黏度与纯溶剂相比所增加的倍数即为增比黏度($\eta_{sp}$)，可通过如下公式计算：

$$\eta_{sp} = (\eta - \eta_0)/\eta_0$$

式中，$\eta$ 为聚合物溶液的黏度；$\eta_0$ 为纯溶剂的黏度；高分子溶液黏度与纯溶剂黏度的比值 $\eta/\eta_0$ 即为相对黏度 $\eta_r$。

特性黏度(intrinsic viscosity)是反映高分子特性的黏度，常以[$\eta$]表示，单位是分升/克(dL/g)，其数值不随溶液中高分子的浓度而改变，定义为当高分子溶液浓

度趋于零时的比浓黏度，也指在无限稀释条件下的高分子溶液黏度，即

$$[\eta] = \lim_{c \to 0} \frac{\eta_{sp}}{c} \tag{4.18}$$

它是衡量高分子分子量的一个重要参数，为高分子材料的研究和应用提供重要的参考依据。而高分子材料的分子量可通过马克-霍温克(Mark-Houwink)经验公式与材料的特性黏度之间建立关系，即

$$[\eta] = k\bar{M}_v^{\alpha} \tag{4.19}$$

式中，$\bar{M}_v$ 为材料的黏均分子量；$k$ 与 $\alpha$ 被称为 Mark-Houwink 常数，与高分子种类、溶剂种类和温度有关。对于给定温度下的某种聚合物溶液，在一定分子量范围内，$K$ 和 $\alpha$ 是与分子量无关的常数。常见高能分子材料的 $K$ 和 $\alpha$ 值可根据 *Polymer Data Handbook* 中给出的经验数值进行获取，其他也可通过 GPC、光散射法等进行测定。通过毛细管黏度计对特性黏度进行测定，后通过 Mark-Houwink 公式对高分子的分子量进行计算。

乌氏黏度计(Ubbelohde viscometer)是由德国科学家 Oswald Ubbelohde 于 20 世纪初发明的一种毛细管黏度计，其结果如图 4.21 所示。基于其操作简便、测量准确等优点，乌氏黏度计成为测量特性黏度的重要工具。

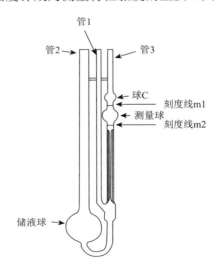

图 4.21    乌氏黏度计结构示意图

乌氏黏度计是一种通过流动来测量高分子材料黏度的仪器。其基本原理基于牛顿流体力学原理，即在黏性流体中，流体的剪切应力和流动速度成正比。乌氏黏度计利用高分子材料溶液或熔融物质在一定温度下通过毛细管的流动，测量流动时间并计算出黏度，从而得到了高分子材料的特性黏度。

乌氏黏度计主要由储液球、毛细管和测量球组成。储液球用于容纳溶液，毛细管用于控制溶液的流速，测量球则用于记录溶液流过的时间。在使用时，乌氏黏度计需搭配恒温与计时设备使用。

通常，乌氏黏度计的操作步骤如下：

（1）将乌氏黏度计放在一个稳定的环境中，为确保温度恒定，通常需要放置在恒温水浴中待体系温度达到预设值。

（2）封闭管 2 与管 1 入口，用移液管将溶液吸入储液球，并使溶液通过毛细管经过测量球进入球 c 内。

（3）等待溶液温度稳定后，放开管 1 与管 2 入口，将溶液从测量球的上部流出，使溶液流经测量球进入储液球，并记录溶液从测量球上标线（刻度线 m1）到下标线（刻度线 m2）所需的时间（流动时间）。

（4）重复测量若干次以减小误差，求得平均流动时间 $t$。

（5）同样的方法测量纯溶剂的流动时间。

（6）根据测得的流动时间计算相对黏度、特性黏度等参数。

可通过式（4.20）对溶液中的高分子样品的特性黏度进行计算

$$[\eta] = \frac{\left[ 2\left[ \dfrac{t}{t_0} - \ln\left( \dfrac{t}{t_0} \right) - 1 \right] \right]^{1/2}}{c} \tag{4.20}$$

式中，$[\eta]$ 为样品的特性黏度，dL/g；$t_0$ 为纯溶剂的流出时间，s；$t$ 为高分子溶液的流出时间，s。

此外，通过乌氏黏度计来测定材料特性黏度时，通常需选用合适的溶剂，使得溶剂的流出时间大于 100 s，从而避免液体流速过快产生湍流造成误差；配制高分子溶液时相对黏度 $\eta_r$ 控制在 1.2～2.0 之间较为适宜，以避免黏度超出线性区间。

### 4.2.2　黏度法测分子量相关标准

目前黏度法测分子量的标准主要是《聚丙烯酰胺分子量测定　黏度法》（GB/T 12005.10—1992）[23]，该标准适用于粉末或胶状非离子型聚丙烯酰胺分子量的测定和粉状或胶状阴离子型聚丙烯酰胺表观分子量的测定。

### 4.2.3　乌氏黏度计法应用实例

在使用钛硅复合氧化物类催化剂对生物降解聚酯 PBS 进行合成动力学研究时，异相催化剂可能会对 GPC 设备造成损坏，因而可通过黏度法测定聚合物的分子量，并对催化剂催化活化能进行计算。选取 220℃、225℃、230℃、235℃及

240℃五个温度点对钛硅复合氧化物催化合成 PBS 进行缩聚反应动力学探究，同时以钛酸四丁酯(TBT)作为对照组进行分析。

缩聚动力学的研究不考虑副反应的发生且真空度小于 100 Pa，并默认 PBS 链端均为羟基。该金属离子催化 PBS 的反应满足 Rafler 等提出的二级反应方程计算。

$$-\frac{\mathrm{d}c_{\mathrm{OH}}}{\mathrm{d}t} = Kc_{\mathrm{OH}}^2 \tag{4.21}$$

经积分后可得如下方程式：

$$\frac{1}{c_t} - \frac{1}{c_0} = Kt \tag{4.22}$$

式中，$c_{\mathrm{OH}}$ 为 PBS 的端羟基浓度，mol/L；$c_t$ 为开始真空缩聚后 $t$ 时刻的端羧基浓度；$c_0$ 为反应起始时的端羟基浓度。

在同一温度点下，实验每间隔 25 min 进行一次取样并对样品进行特性黏度测试，根据式(4.19)计算其黏均分子量 $\bar{M}_v$。式中，PBS 的 Mark-houwink 常数 $k$ 与 $\alpha$ 分别取值 $1.71 \times 10^{-4}$ 与 0.79。

通过式(4.23)计算 $t$ 时刻反应体系的羟基浓度：

$$C_t = \frac{1}{\bar{M}_v} \tag{4.23}$$

将 $\bar{M}_v$ 与 $t$ 进行线性拟合，得到 $\bar{M}_v$ 与时间 $t$ 的关系式：

$$\bar{M}_v = Kt + M_0 \tag{4.24}$$

对不同催化体系，在不同缩聚温度条件下所测的 $\bar{M}_v$ 与 $t$ 进行拟合(图 4.22)，拟合方程如表 4.3 所示。

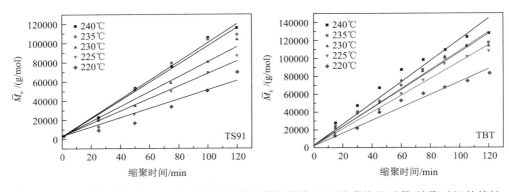

图 4.22　钛硅复合氧化物及 TBT 在不同温度下催化缩聚 PBS 的黏均分子量-缩聚时间的线性拟合

表 4.3　不同催化体系线性回归方程

| 缩聚温度/℃ | 线性回归方程(钛硅复合氧化物) | 线性回归方程(TBT) |
| --- | --- | --- |
| 220 | $Mt = 2923 + 481t$；$K = 241$ | $Mt = 2923 + 716t$；$K = 358$ |
| 225 | $Mt = 2923 + 656t$；$K = 328$ | $Mt = 2923 + 933t$；$K = 467$ |
| 230 | $Mt = 2923 + 779t$；$K = 390$ | $Mt = 2923 + 1042t$；$K = 521$ |
| 235 | $Mt = 2923 + 946t$；$K = 473$ | $Mt = 2923 + 1053t$；$K = 527$ |
| 240 | $Mt = 2923 + 972t$；$K = 486$ | $Mt = 2923 + 1180t$；$K = 590$ |

根据其斜率可得到反应速率常数 $K$，然后将反应速率 $K$ 与反应温度 $T$ 根据式 Arrhenius 公式(4.25)进行线性拟合。可求得反应活化能 $E_a$，实现部分反应体系动力学的有效计算。

$$\ln K = \ln A - \frac{E_a}{RT} \tag{4.25}$$

式中，$A$ 为阿伦尼乌斯常量；$E_a$ 为反应活化能，kJ/mol；$R$ 为摩尔气体常量，J/(mol·K)；$T$ 为反应温度，K。

## 4.3　基质辅助激光解吸电离-飞行时间质谱法 <<<

基质辅助激光解吸电离-飞行时间质谱(MALDI-TOF-MS)是一种质谱技术，通过将样品与基质混合，用激光脉冲将样品分子离子化，并在电场加速下飞向飞行时间质谱仪，分析分子离子的质荷比。与其他质谱技术相比，MALDI-TOF-MS 具有分析速度快、灵敏度高、通量高、易于自动化和广泛适用于各种类型的生物分子等优点。它在蛋白质组学、分子生物学、药物研发等领域得到广泛应用。

### 4.3.1　MALDI-TOF-MS 的发展

基质辅助激光解吸电离(MALDI)这个术语由弗伦茨·希伦坎普(Franz Hillenkamp)、迈克尔·卡拉斯(Michael Karas)的研究团队在 1985 年提出。研究人员发现，将丙氨酸与色氨酸混合并用 266 nm 激光脉冲照射可以更容易地将丙氨酸电离，从而推断色氨酸吸收激光能量并帮助非吸收能力的丙氨酸电离，提出了基质辅助激光解吸电离这一术语。1985 年初，岛津制作所的田中耕一和他的同事使用被他们称为"超细金属加液体基质"(将 30 nm 钴颗粒混合在甘油中，并用 337 nm 的氮激光进行电离)方法，成功实现了大分子量蛋白质电离。使用这种激光和基质组合，田中耕一等能够电离分子质量质高达 34472 Da 的蛋白分子，此方法后来称为软激光脱附法(soft laser desorption，SLD)。2002 年，约翰·贝内特·芬恩与田中耕一因各自开发出 ESI 与 SLD 方法，分享了 2002 年的诺贝尔化学奖。

MALDI 技术的进一步改进是通过使用 355 nm 的激光和肉桂酸衍生物，咖啡酸和芥子酸作为基质实现的。由于 337 nm 波长运行的小型和相对廉价的氮分子激光器出现，在 20 世纪 90 年代初期推出了第一款商业 MALDI 仪器。现在，MALDI 质谱因其分析速度快、通量高、无交叉污染、分析物质种类广等优势被广泛用于生物分析，高分子表征等领域。

在多种表征高分子的方法中，质谱受到越来越多的关注。过去，用质谱表征合成聚合物的分子量几乎不可能，必须将高分子进行热降解或化学降解之后才能进行质量分析，很长时间里，场解吸质谱是分子质量高达 10 kDa 高分子化合物的唯一选择。现代的软电离技术，如电喷雾(ESI)和基质辅助激光解吸(MALDI)在生物大分子，如蛋白和多肽的分析方面有很大作用，研究人员逐渐发现 ESI 和 MALDI 也适用于合成聚合物高分子的表征。合成高分子的情况比蛋白更为复杂，因为合成高分子中有多重质量分布的共存情况。

与单一分子量不同，高分子的质量分布具有分散性。分子链可能由于不同的引发和终止过程而具有不同的端基，从而导致不同的官能团种类分布。对于嵌段共聚物，额外的序列和嵌段长度分布表现出的结构分布为线型、环状、支链状、树枝状等。尽管合成高分子的情况比蛋白更为复杂，但 ESI 和 MALDI 质谱仍可对其分子量分布进行表征。虽然迄今大多数研究仅限于 MWD 和 FTD 分析，但基质辅助激光解吸电离-飞行时间质谱(MALDI-TOF-MS)非常适用于高分子分析。这是因为 MALDI-MS 主要获得单电荷准分子离子，且几乎没有任何碎裂，这使所得的谱图便于解析；飞行时间(TOF)质量分析器可以分析质量超过 1 MDa 的高分子量聚合物。装配了反射飞行模式和延迟配件的 TOF 分析器的分辨率可达 10000±20000(FWHM)，从而使 MALDI-TOF-MS 可以用于分析聚合物的重复单元和端基，但这也取决于单体结构和链结构的复杂性。

### 4.3.2　MALDI-TOF-MS 方法原理

基质辅助激光解吸电离(MALDI)法使用可以吸收激光能量的小分子物质作为基质。测试时将被测样品分散在基质分子中并形成共结晶，之后用激光照射晶体，基质吸收大部分激光能量自身发生升华和电离，从而帮助被测分子气化，与此同时，基质与被测分子间发生质子或电子转移从而使被测分子带电荷，成为离子(图 4.23)。

MALDI 离子源通常使用脉冲式激光。这种离子化方式多产生单电荷离子(分子量大时可能出现少量双电荷离子)，质谱图中谱峰与样品各组分分子量有很好的对应关系。离子化效率很高。

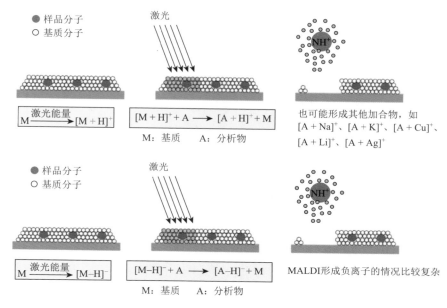

图 4.23　MALDI 离子化原理示意图

　　MALDI 离子源可以和很多种质量分析器进行联用，如磁质谱、傅里叶变换-离子回旋共振、四级杆离子阱、轨道阱等，但 TOF 质量分析器最常与 MALDI 联用。在 TOF 质量分析器中，所有离子被相同的电压 $V$ 进行加速，因此在离开离子源时具有相同的动能，对于质量为 $m$ 的离子：

$$zV = mv^2/2 \qquad (4.26)$$

式中，$v$ 为离子离开离子源时的飞行速度；$z$ 为离子的电荷数。离子进入无场飞行区后，具有不同的荷质比 $m/z$ 的离子会得到分离。最终速度可以通过无场飞行管的长度 $D$ 除以飞行时间 $t$ 来表示。因此，离子的飞行时间正比于离子质量的平方根：

$$t = (m/2zV)^{1/2}D \qquad (4.27)$$

　　飞行时间质量分析器(图 4.24)不是连续采集离子的飞行时间的，离子通过脉冲分批次飞离离子源。测量它们的飞行时间需要得知计时的原点，计时起点就是脉冲开始的时间。MALDI 是一种固有的脉冲化离子化方法，因为离子的解吸使用的是脉冲激光。此外，TOF 质量分析器是唯一一种没有质量检测上限的质量分析器，甚至大于 1 MDa 的离子也可被 TOF 分析器检测，且 TOF 的灵敏度很高。

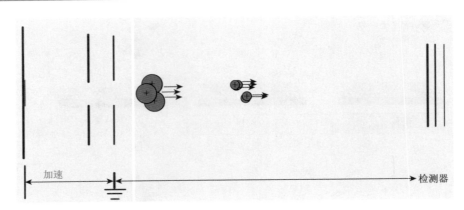

图 4.24    飞行时间质量分析器示意图

### 4.3.3    MALDI-TOF-MS 在高性能高分子材料分析测试中的应用

由于 MALDI-MS 离子化效率较高,通常出单电荷离子,而 TOF 检测器可测量质量范围广,因此 MALDI-TOF-MS 在测定高分子体系有比较明显的优势。

(1)直接测量分子量:当样品分散度较小时,MALDI-MS 所给出质量的正态分布曲线就能表示样品的真实分子量分布。

(2)确认重复单元:通过计算相邻峰的质量差,来确定重复单元。

(3)确认末端基团:通过某一个峰的分子量除以重复单元所得的余数计算,可以得知高分子两端端基的加和质量数。

(4)增塑剂和杂质分析:通过对小分子区域进行质量分析,可知增塑剂和杂质种类。

聚乙二醇(PEG)是一种水溶性很好的高分子材料,并与许多有机物组分有良好的相溶性,化学分子式是 $HO(CH_2CH_2O)_nH$。因具有优良的润滑性、保湿性、分散性、粘接性,可作为抗静电剂及柔软剂等使用,在化妆品、制药、化纤、橡胶、塑料、造纸、油漆、电镀、农药、金属加工及食品加工等行业中均有着极为广泛的应用。在很多应用中,需要通过对 PEG 的端位羟基进行衍生化修饰,来达到进一步偶联反应的目的。端基的修饰目前主要依靠 MALDI-MS 来进行。

例如,对 PEG 进行磷酸化修饰,反应用三氯氧磷与 PEG 进行反应,反应完成后会形成如图 4.25 所示结构化合物。原料和产物的 MALDI-TOF-MS 谱图如图 4.26 所示。

红色曲线为 PEG 原料谱图。可见,峰间距为 44 是标准 PEG 的重复单元,其中所标峰值为$[M+Na]^+$,计算可得端基与原料所示甲氧基匹配。

反应后,黑色曲线比红色曲线明显右移,表明经过反应后,整体分子量变大,由放大图(图 4.27)可知:峰位移值为 80 Da,与分子结构中单加成产物增加的 $HPO_3$ 分子量吻合。

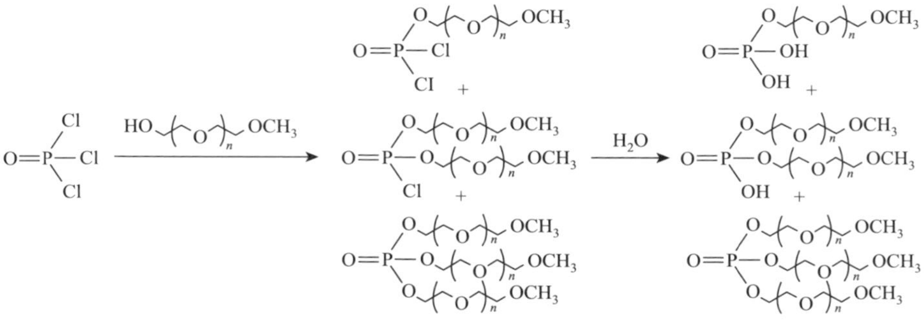

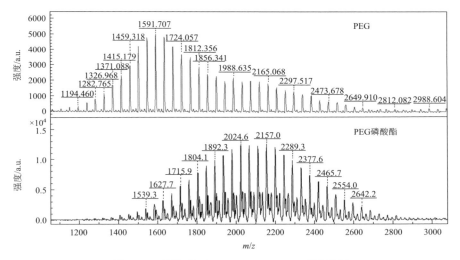

图 4.25　聚合物端基修饰反应示意图

图 4.26　修饰前后 MALDI-TOF-MS 对比谱图

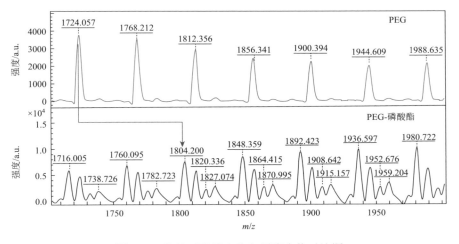

图 4.27　修饰后的聚合物与原聚合物对比图

除此之外，黑色曲线中仍可观察到少量 PEG 信号，表明反应产物中存在少量未反应完全的 PEG 原料。

# 参 考 文 献

[1] 陈厚. 高分子材料分析测试与研究方法[M]. 2 版. 北京: 化学工业出版社, 2018.

[2] 龚舜. 长碳链聚酰胺弹性体的设计制备及性能研究[D]. 北京: 北京化工大学, 2022.

[3] 常静. 含芳环聚酰胺的合成与表征[D]. 杭州: 浙江大学, 2009.

[4] 国家质量监督检验检疫总局. 聚烯烃相对分子量和分子量分布的测定高温凝胶渗透色谱法: SN/T 4183-2015[S]. 北京: 中国标准出版社, 2016.

[5] 国家质量监督检验检疫总局, 中国国家标准化管理委员会. 凝胶渗透色谱法(GPC)用四氢呋喃做淋洗液: GB/T 21863-2008[S]. 北京: 中国标准出版社, 2008.

[6] 国家药典委员会. 中国药典四部通则 0514 分子量与分子量分布检验分子排阻色谱法[M]. 北京: 中国医药科技出版社, 2020.

[7] 国家质量监督检验检疫总局, 中国国家标准化管理委员会. 聚苯乙烯的平均分子量和分子量分布的检测标准方法高效体积排阻色谱法: GB/T 21864-2008[S]. 北京: 中国标准出版社, 2008.

[8] 国家质量监督检验检疫总局, 中国国家标准化管理委员会. 化学品聚合物低分子量组分含量测定凝胶渗透色谱法(GPC): GB/T 27843-2011[S]. 北京: 中国标准出版社, 2012.

[9] 国家质量监督检验检疫总局, 中国国家标准化管理委员会. 数字印刷材料用成膜树脂平均分子量及其分布的测定凝胶渗透色谱法: GB/T 30787-2014[S]. 北京: 中国标准出版社, 2014.

[10] 国家质量监督检验检疫总局, 中国国家标准化管理委员会. 水处理剂聚合物分子量及其分布的测定凝胶色谱法: GB/T 31816-2015[S]. 北京: 中国标准出版社, 2016.

[11] 国家质量监督检验检疫总局. 聚乙烯相对分子量和分子量分布的测定凝胶渗透色谱法: SN/T 3002-2011[S]. 北京: 中国标准出版社, 2012.

[12] MA B K, SHI Y J, JIANG N, et al. A novel method for the direct detection of light stabilizer Tinuvin 622 in polymer additives by gel permeation chromatography combined with multi-angle laser light scattering[J]. Talanta, 2023, 253: 123896.

[13] ALI FARAJZADEH M, EBRAHIMI M, RANJI A L, et al.Comparison of GC and HPLC methods for quantitative analysis of Tinuvin 622 after saponification in polyethylene[J]. Microchimica Acta, 2005, 150(2): 173-177.

[14] FREITAG W, WURSTER R, MADY N. Determination of the polymeric light stabilizer Tinuvin 622 in polyolefins[J]. Journal of Chromatography A, 1988, 450(3): 426-429.

[15] TRONES R, ANDERSEN T, HEGNA D R, et al. Hindered amine stabilizers investigated by the use of packed capillary temperature programmed liquid chromatography II: Poly-(N-β-hydroxyethyl-2, 2, 6, 6-tetramethyl-4-hydroxypiperidyl succinate)[J]. Journal of Chromatography A, 2000, 902: 421-426.

[16] TAGUCHI Y, ISHIDA Y, OHTANI H, et al. Determination of polymeric hindered amine light stabilizer in polypropylene frmulated with magnesium hydroxide flame retardant by reactive thermal desorption-gas chromatography[J]. Analytical Sciences, 2004, 20: 495-499.

[17] JANSSON K D, ZAWODNY C P, WAMPLER T P. Determination of polymer additives using analytical pyrolysis[J]. Journal of Analytical and Applied Pyrolysis, 2007, 79(1/2): 353-361.

[18] REISINGER M, BEISSMANN S, BUCHBERGER W. Quantitation of hindered amine light stabilizers in plastic materials by high performance liquid chromatography and mass spectrometric detection using electrospray

ionization and atmospheric pressure photoionization[J]. Analytical Chimica Acta, 2013, 803: 181-187.

[19] HSIAO S T, TSENG M C, CHEN Y R, et al. Analysis of polymer additives by matrix-assisted laser desorption ionization/time of flight mass spectrometer using delayed extractionand collision induced dissociation[J]. Journal of the Chinese Chemical Society, 2001, 48(6A): 1017-1027.

[20] SACHON E, Matheron L, CLODIC G, et al.MALDI TOF-TOF characterization of a light stabilizer polymer contaminant from polypropylene or polyethylene plastic test tubes[J]. Journal of Mass Spectrometry, 2009, 45: 43-50.

[21] 田玉景，张钦. 高浓度玻璃酸钠滴眼液治疗中重度干眼的临床研究[J]. 国际眼科杂志，2014，14(6): 1110-1112.

[22] 陈志丽，王红霞. 玻璃酸钠联合 rhEGF 滴眼液治疗白内障术后干眼症泪膜的疗效分析[J]. 重庆医学，2016，45(6): 767-769.

[23] 国家技术监督局. 聚丙烯酰胺分子量测定粘度法: GB/T 12005.10-1992[S]. 北京: 中国标准出版社，1993.

# 第 5 章

## 聚集态结构表征

高分子的聚集态结构是指高分子链之间的排列和堆砌结构，是高分子材料宏观性能与其化学结构之间的纽带。不同的高分子链段结构受其独特的极性、刚性、螺旋/折叠结构、官能团结构或位阻影响，在自发或外场作用的驱动下相互聚集，形成各种无定形、结晶、单相、多相，以及取向的堆砌结构，该类结构通过分子间作用力(如范德瓦耳斯力、氢键、离子键等)维持，这些结构特征的尺度从分子级到微米不等。

通过设计高分子链的化学结构，如改变单体种类、引入特定功能基团或改变分子链构型、调整高分子的分子量和分布、调控高分子链间的相互作用力和排列方式、构建多组分高分子体系或调整成型条件，如温度、压力、剪切速率等，均可调控聚集态结构的形成。聚集态结构根据其晶体/无定形结构、自由体积分数、分相形式、相畴尺寸及相界面的结构等特点，可表现出不同的理化特性与宏观性能，如阻隔性、力学性能、透光性和耐热性等，这些性能均可通过聚集态结构的调控实现增强。

为了揭示高分子聚集态结构与宏观性能之间的关系，研究人员可采用多种表征手段对不同尺度的结构进行研究。例如，偏光显微镜(POM)和扫描电镜(SEM)可用于表征微米至纳米尺度的高分子聚集态结构，如球晶结构、相分离和表面形貌。原子力显微镜(AFM)和透射电镜(TEM)可用于探究纳米至亚纳米尺度的结构，如片晶、纳米相和微观颗粒等。正电子湮没寿命谱(PALS)主要用于研究亚纳米尺度的空腔结构，如自由体积和孔隙等。此外，还可通过 X 射线与材料组成结构之间的相互作用实现对材料聚集态结构的分析，小角 X 射线散射(SAXS)利用 X 射线在纳米层级结构中的电子密度起伏反映样品中的微相结构及其变化，可实现纳米至亚纳米尺度的高分子晶体结构和长程有序结构分析；广角 X 射线衍射法(WAXD)通过 X 射线照射待测物质，经相干散射后在大角度采集衍射 X 射线的信息，可分析高分子材料的结晶与取向等信息。

基于热分析法的差示扫描量热法(DSC)除用于表征材料热性能外，还可提供熔融与结晶过程中的热流变化，可对高分子材料的聚集态结构、相变过程及动力学进行深入分析，因此移到本章节中进行介绍。

综上，通过对高分子材料聚集态结构的深入研究和调控，可以更好地理解和改善高分子材料的性能，推动高分子科学和工程的进一步发展。而不同的表征手段具有各自独特的优势和适用范围，通过综合运用这些手段，科研工作者可以深入了解高分子材料聚集态结构的形成机理和结构-性能关系，从而为材料设计、性能优化和应用提供有力的支持。随着科学技术的不断发展，这些表征方法也在不断地完善和创新，使得我们对高分子材料聚集态结构的认识和调控越来越深。

## 5.1　偏光显微镜法　　　◀◀◀

用肉眼观察是人们认识世界最基本的手段，虽然人眼的分辨率不足以支撑我们直接观察到材料的微观信息，但是随着光学理论的完善与工业生产力的变革，基于显微镜的光学成像技术于近代蓬勃发展。早在 17 世纪，列文虎克和胡克等就利用原始的显微镜发现并记录了细胞的结构，在 19 世纪，基于光的波动学说，达到衍射分辨率极限的光学显微镜也已制成，目前，各式各样的显微镜已成为我们观察微观世界的"眼睛"，是最为直观的表征技术之一。

17 世纪下半叶，人们在冰洲石的双折射现象中发现了偏振光的存在，而后 Malus 经过大量实验研究推出 Malus 定律，定量描述了线偏振光通过偏振片后的光强度随偏振光方向与偏振片方向的夹角变化的规律，奠定了偏振光学的基础。具有各向异性的体系大多都具有双折射性质，这类性质在普通显微镜的明场下难以定量表征，而利用可以定量检测偏振光与样品双折射作用的偏光显微镜，我们可以直观地得到结晶的取向、分布等形貌信息，以及晶体的生长速率等动力学信息。目前，偏光显微镜及其衍生的 Polscope 显微镜与 Müller 矩阵显微镜等在各类结晶与取向结构的表征领域有着广泛的应用。

光源、样品台、物镜和目镜是显微镜的基本结构，在此基础上可以根据应用需求添加合适的组件。为了增强样品中密度与成分分布的对比度，可以添加环形光阑和相位板，定量表征样品因密度与成分不同而引起的透射光的相位变化，这样的显微镜称为相衬显微镜。类似地，在光路上添加起偏片与检偏片，可以制成偏光显微镜，如图 5.1 所示，其可以定量表征偏振光透过双折射样品后的偏振态改变。

### 5.1.1　偏光显微镜的测量原理

偏光显微镜的光源为自然光，其通过起偏片后变为线偏振光。根据麦克斯韦 (Maxwell) 电磁理论，光是一种电磁波，其电场方向与磁场方向彼此垂直，且均垂直于其传播方向，表现出横波的性质，如图 5.2 所示。

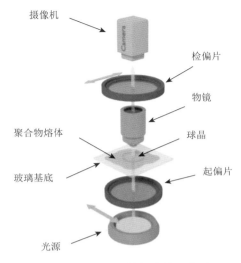

图 5.1    偏光显微镜的结构示意图

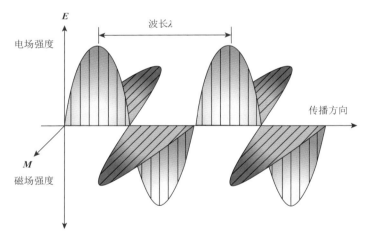

图 5.2    光的电磁波与横波性质

由于光主要通过光波中的电场矢量 **E** 与物质进行相互作用,因此通常用光波电场矢量的振动描述光,用电场矢量振幅的平方来表示光的强度。若光在传播的过程中电场矢量的振动方向在垂直于传播方向的平面内的投影是一条直线,如图 5.3 所示,则将其称为线偏振光。

当两个传播方向相同,且彼此相干的线偏振光波列叠加时,其电场矢量的振动方向在垂直于传播方向的平面内的投影可能仍是一条直线,也可能是椭圆形和圆形,相应的波列示意图见图 5.3,将其分别称为线偏振光、椭圆偏振光与圆偏振光。

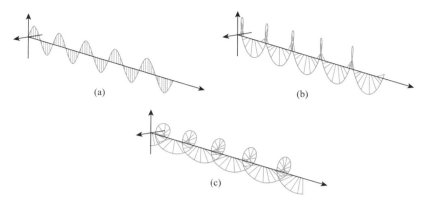

图 5.3  线偏振光(a)、椭圆偏振光(b)与圆偏振光(c)的示意图

　　自然光或者普通光源发出的光，均为大量的发光原子或分子发出的光集合而成，因不同发光的原子或分子在一次激发过程中发射的光具有不同的电场矢量和初始相位，故其为一系列轴对称分布的、相位关系随机的线偏振光的集合，不显示特定的偏振特性，如图 5.4 所示。当其通过起偏片时，变为振动方向与起偏片平行的线偏振光，其他振动方向的线偏振光近似可以忽略，如图 5.4 所示。

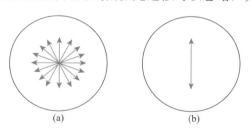

图 5.4  自然光(a)与偏振光(b)

　　光在介质中传播的速度 $c$ 慢于在真空中的传播速度 $c_0$，$c_0$ 与 $c$ 的比值定义为该介质的折射率 $n$，即式(5.1)。

$$n = c_0 / c \tag{5.1}$$

　　由 Maxwell 电磁理论可导出式(5.2)：

$$n = \sqrt{\varepsilon_r \mu_r} \tag{5.2}$$

式中，$\varepsilon_r$ 和 $\mu_r$ 分别为介质的相对介电常数和相对磁导率。在光对应的电磁波频段，$\mu_r = 1$，式(5.2)可简化为式(5.3)，即介质的折射率本质上取决于其介电常数。

$$n = \sqrt{\varepsilon_r} \tag{5.3}$$

　　对于各向同性的样品，其各个方向的折射率相同；而对于各向异性的样品，如晶体，其在各个方向上具有不同的介电常数，故光在其中传播的折射率与其传播方向及电场矢量的振动方向有关。

当光束通过各向异性且不属于立方晶系的晶体（如冰洲石）时，折射光将分为两束传播方向有差异的光线，一束遵循折射定律，且与入射光共平面，称为 o 光（ordinary wave）；另一束不遵循折射定律，其折射角与入射角及晶体的取向有关，且通常与入射光不在同一平面，称为 e 光（extraordinary wave）。o 光与 e 光均为线偏振光，如图 5.5 所示，这样的现象称为双折射现象。

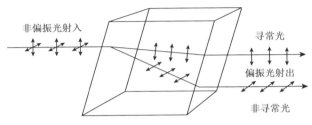

图 5.5    双折射示意图

双折射现象来源于晶体内部折射率的各向异性，当晶体中沿某方向存在特定的折射率，但在此方向的垂面上各方向折射率相同时，光沿此方向传播，不会发生双折射现象，此方向称为光轴方向。只有一个光轴的晶体称为单轴晶体，如方解石、石英等。部分晶体，如云母等存在两个光轴，称为双轴晶体。

当光束垂直入射光轴平行于界面的双折射样品时，双折射产生的 o 光与 e 光传播方向相同，但传播速度有所差异，故射出样品后，两束光存在一定的相位差，且偏振方向相互正交，如图 5.6 所示。

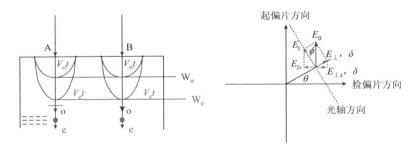

图 5.6    正交偏光显微镜样品中的双折射模型

$W_o$ 为 o 光的波面；$W_e$ 为 e 光的波面

偏光显微镜样品中发生的双折射与此类似。线偏振光 $E_0$ 通过薄样品后产生两束偏振态正交、彼此相干的线偏振光 $E_{\parallel}$ 和 $E_{\perp}$，下标表示其与起偏片方向的位置关系，其在检偏片透振方向的分量 $E_{\parallel x}$、$E_{\perp x}$ 振幅相反，但存在一个相位差 $\delta$，故透过检偏片后可以检测到其合成光的光强。由于样品很薄，可以忽略其光轴不平行表面带来的 o 光与 e 光的传播方向的差距。

由图 5.6 可以计算得到对于样品中的某一点 $(x, y)$，透过检偏片后的光强 $I(x, y)$ 为式(5.4)。

$$I(x, y) = I_0(x, y) \sin^2 2\phi(x, y) \sin^2 \frac{\delta(x, y)}{2} \qquad (5.4)$$

式中，$I_0(x, y)$ 为该点入射光的光强；$\phi(x, y)$ 为该点光轴方向与起偏片透振方向的夹角；$\delta(x, y)$ 为该点出射光中 o 光与 e 光的相位差，其满足式(5.5)。

$$\delta(x, y) = \frac{2\pi}{\lambda}(n_\perp - n_\parallel)d(x, y) \qquad (5.5)$$

式中，$\lambda$ 为入射光的波长；$n_\perp$ 为该点垂直光轴方向的折射率；$n_\parallel$ 为该点平行光轴方向的折射率；$d(x, y)$ 为该点的样品厚度。

对于各向同性的介质，偏振光入射后不发生双折射，$\delta(x, y)$ 为 0，故出射光强为 0，在视野中表现为黑色；对于双折射样品，其大部分位置出射光强均不为 0，在视野中较为明亮。相比于明场下的图像，偏光显微镜中双折射样品与各向同性背景的衬度差异很大，如图 5.7 所示。

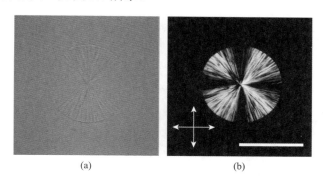

(a)　　　　　　　　　　　(b)

图 5.7　120℃下右旋聚乳酸球晶在明场(a)及偏光显微镜下(b)的形貌图

比例尺为 100 μm，箭头为正交的检偏片与起偏片方向[1]

### 5.1.2　偏光显微镜的测试方法

由于双折射样品在偏光显微镜下与周边各向同性背景具有非常明显的衬度差异，因此偏光显微镜常用于观察各类表现出双折射性质的晶体的形貌，以经典的高分子球晶为例，其在偏光显微镜下的图像见图 5.8。

高分子球晶的结构通常具有圆对称性，其内部结构是由捆束状的堆叠片晶在生长过程中不断发生分叉形成，对于比较经典的二维球晶，从某一径向来看，其实质上是高分子折叠链片晶，其光轴方向即为其分子链方向，平行样品表面且沿球晶切向，如图 5.9 所示。

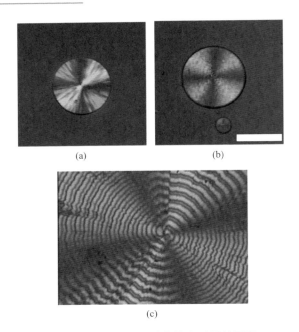

图 5.8    不同球晶形貌的偏光显微镜图像

(a)聚乳酸立构复合晶；(b)聚(R-3-羟基丁酸酯)(标尺为 50 μm)[1]；(c)3-羟基丁酸酯与 3-羟基戊酸酯共聚物

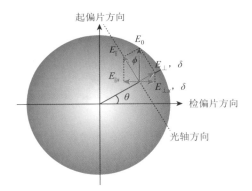

图 5.9    球晶在偏光显微镜中的双折射

故对于厚度均匀的球晶，式(5.4)、式(5.5)可表示为式(5.6)、式(5.7)，如下所示。

$$I = I_0 \sin^2 2\theta \sin^2 \frac{\delta}{2} \tag{5.6}$$

$$\delta = \frac{2\pi}{\lambda}(n_r - n_t)d \tag{5.7}$$

式中，$\theta$ 为球晶某点的极坐标，$n_r$、$n_t$ 分别表示球晶的径向折射率与切向折射率。

当 $\theta = 0$、$\dfrac{\pi}{2}$、$\pi$、$\dfrac{3\pi}{2}$，即平行或垂直于起偏片透振方向时，透过检偏片的光强为 0，即产生如图 5.8 所示的黑十字消光现象。

参照晶体学对于正负晶体的定义，可以定义 $n_r > n_t$ 的球晶为正球晶，反之则为负球晶[2]。为了区分正负球晶，在偏光显微镜的观察过程中，往往会在样品和检偏片间增加一个波长为 530～560 nm 的全波片，该波片也被称为一级补偿片、一级红波片、$\gamma$ 补偿片等。其本质为一个光轴平行表面，一定厚度的双折射晶体。全波片即指该波长的光垂直入射后，产生的 o 光与 e 光的相位差为 $2\pi$ 的整数倍。

在偏光显微镜的光路中，此全波片的慢轴，即折射率最大的轴与起偏片角度为 45°，位于球晶样品的第一三象限。当样品台上没有样品时，光源中的绿光(以 530 nm 的光为例)经起偏片后入射全波片，产生的 o 光与 e 光相位关系不变，所以偏振态不改变，无法透过检偏片，故背景呈现与 530 nm 绿色光互补的洋红色。对于正球晶，其慢轴沿径向，在一三象限其与全波片慢轴接近平行，偏振光穿过二者的光程差相加，相当于体系变为波长更大的红光的全波片，故呈现其补色，即蓝色，在二四象限则呈现波长更低的蓝光的补色，即黄色。而对于负球晶则刚好相反，其在一三象限呈现黄色，在二四象限呈现蓝色。

利用偏光显微镜，可以非常直观地判断正负球晶。大多数高分子球晶都是由中心向外辐射的纤维状片晶生长而成，其分子链方向沿球晶切向排列，且沿分子链方向折射率最大，故呈现负球晶的性质 [图 5.8(a)]。但对于部分极性较强的分子链，如聚(R-3-羟基丁酸酯)(P3HB)，其在垂直于分子链方向具有强的氢键极化作用，最大折射率方向垂直于分子链方向，即出现在球晶的径向，故表现为正球晶，如图 5.8(b)所示。对于规整的球晶，其在偏光显微镜下呈现经典的黑十字消光图样。但在球晶中片晶的生长过程中，生长前沿各方向的表面应力可能会导致出现片晶弯曲或扭转的现象，其在偏光显微镜下表现为存在沿径向亮暗交替的环带图样，如图 5.8(c)所示。

环带图样出现的本质是因为径向生长的片晶在弯曲或扭转的过程中，$n_r - n_t$ 发生周期性的变化，不同的片晶扭转方式会产生不同的环带结构，如图 5.10 所示。

利用偏光显微镜观察环带的形貌，可以确定球晶生长过程中不同的片晶弯曲或扭转的机理。例如，采用 helical twisting 机理(片晶中线扭转)的球晶相比于 helicoidal twisting 机理(片晶中线不扭转)的球晶，光轴方向相同的扭转位置存在一定切向位移，故其环带存在明显的交错。对于双轴晶体，若其径向折射率介于扭转过程中出现的两个切向折射率极值之间，则会出现两种不同亮度的亮带，添加补偿片后体现为黄蓝交替的亮带，表现为双环带现象，如图 5.8（c）所示。

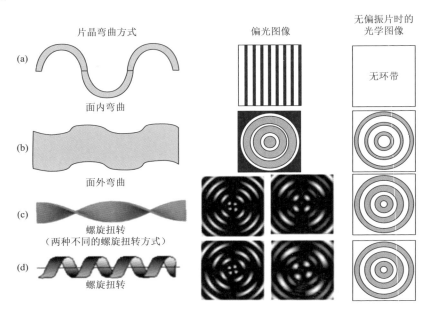

图 5.10　不同的片晶扭转方式在偏光显微镜及明场下的理论图样[3]

片晶扭转的手性可以通过倾斜样品获得。对于某一径向生长的扭转片晶，以该径向为轴旋转倾斜样品，相当于给螺旋状的扭转片晶施加了沿着径向的位移，体现为该处的环带朝球晶中心或外侧移动，移动方向即反映扭转手性。

其他因素，如片晶厚度的周期性变化、晶体断裂产生的裂纹等也会在偏光显微镜下产生环带，但正交偏振片对此环带的影响很小，在此不再赘述。

除了形成球晶，在特殊条件下高分子也可以形成其他形貌的晶体，如低分子量的 PBS 在低过冷度下形成六边形的片晶群、PHB 在液氮淬冷熔体条件下形成串晶等，如图 5.11 所示。由偏光结果可以推断出，此条件下形成的 PBS 片晶采取平躺（flat-on）取向，分子链平行光路。对于 PHB 串晶，旋转偏振片方向，可以观察到串晶不同区域的透射光强发生不同的变化，借此可以确定串晶内部细线区主光轴与串晶取向呈 45°角，而其他区域主光轴平行于串晶取向。

偏光显微镜的测试过程中不涉及对样品结构的破坏，并且能够实时成像，故偏光显微镜除可以测试双折射样品的形貌外，还可以原位测量其变化的动力学。例如，利用摄像头连续拍照，可以测得在一定温度下球晶的径向生长速率，如图 5.12 所示。

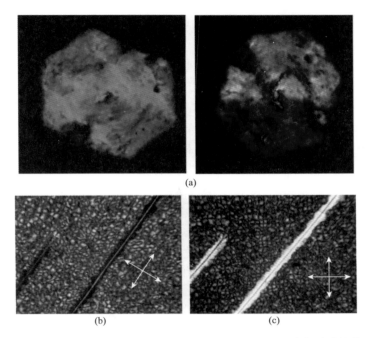

图 5.11　低分子量的 PBS 在低过冷度结晶形成六边形晶体(a)及液氮淬冷熔体下结晶的
PHB〔(b)、(c)〕

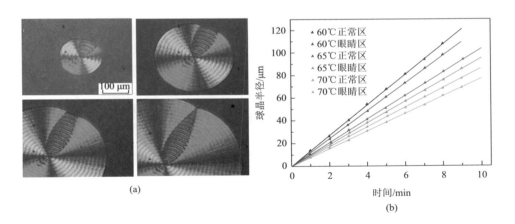

图 5.12　PHV 的原位生长过程及 PHV 在 60℃、65℃和 70℃时的生长速度曲线图

(a)PHV 的原位生长过程；(b)PHV 在 60℃、65℃和 70℃时的生长速率曲线[4]

### 5.1.3　偏光显微镜 Polscope 测量原理

普通偏光显微镜获得图像的光强分布实际上是样品的慢轴分布与光程差分布

综合作用的结果，当样品的结构比较简单，如观察生长规整的经典球晶时，所得到的结果非常直观，可以定性地分析样品的组成与结构。但当样品的结构趋于复杂时，单一线偏振光的双折射结果难以反映样品的全貌，需要综合多种偏振光的双折射结果来反推解析样品的双折射结构信息。Polscope 即是典型的利用多组双折射结果解析样品结构的偏振光学仪器。

Polscope 可以测量样品在任意一点的双折射光程差及慢轴的方位角，可以用于分析材料中的分子取向，其常见的结构及测量原理如图 5.13 所示。

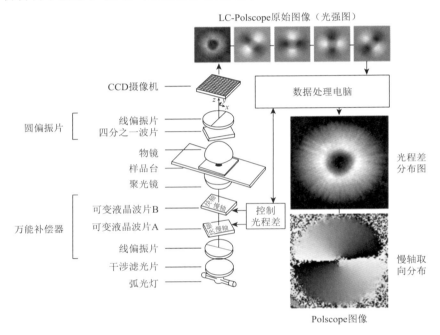

图 5.13　LC-Polscope 的结构及测量原理[5]

样品与偏振光作用得到的透射光强分布取决于入射光强分布、样品的透光率分布、偏振器件的偏振效率、样品的慢轴分布，以及光程差分布。为了从这些影响因素中解耦出样品的慢轴分布与光程差分布，Polscope 采用单色光源及可变的椭圆起偏器，通过电场改变其中的可变液晶偏振片的取向度，从而获得不同光程差的液晶偏振片，产生不同偏振状态的入射椭圆偏振光，最终获得数个不同入射条件下的出射光强分布，并通过相应算法从数个方程中解得样品的慢轴方位角分布与光程差分布，如图 5.13 右侧所示。

与传统的偏光显微镜相比，Polscope 的结果更加直观，可以定量地反映样品的结构及取向信息。相应的，由于定量计算的需求，在进行 Polscope 测试时，应避免使用双折射的基底，同时应采集背景信号，排除背景双折射的影响。且由于采集多组信号与运算需要一定的时间，Polscope 对于时间依赖性很强的样品的测试结果并不准确。

　　部分样品，如手性高分子材料等，对于圆偏振光可能有特异性响应，这种响应可能被线偏振性质掩蔽，使用普通的偏光显微镜及 Polscope 均难以解析出这部分性质，而使用更为复杂的 Müller 矩阵显微镜可以解析样品对圆偏振光的透过与吸收性质，获得样品对圆偏振光的双折射特性，具体过程与原理在此不再赘述。

### 5.1.4　偏光显微镜应用实例

#### 1. 球晶的形貌观察

　　当手性聚(*R*-3-羟基戊酸酯)(PHV)在 70℃下等温结晶时，其在偏光显微镜下出现眼睛状的区域，如图 5.14 所示。

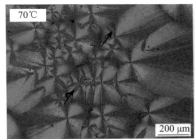

图 5.14　70℃下 PHV 等温结晶的形貌[4]

　　PHV 在正常区域内呈现正球晶形貌，且存在环带，而在眼睛状区域呈现出黄蓝相间的环带形貌。DSC 结果表明，两种区域具有相同的熔点；微区 X 射线衍射结果显示，两种形貌属于同一晶型，这表明两种形貌很可能是不同的晶体取向导致的。普通的偏光显微镜难以直观地解析这两种不同的结构，利用 Polscope 对其表征可以直观地给出其在任意一点的双折射光程差及其最大折射率方向(慢轴)的方位角，如图 5.15 所示。

　　Polscope 分析结果显示，在普通球晶区域，其最大折射率方向始终沿着径向，且双折射的光程差更大，而在眼睛状的区域，其最大折射率方向在径向与切向方向发生周期性的变化，可以推断出 PHV 为双轴晶体。X 射线微区衍射的结果表明，在正常球晶区域，PHV 片晶沿 *b* 轴方向生长，对应的折射率 $n_3$ 最大，片晶扭转导致的双环带的两个亮带对应的光程差符号相同，颜色符合正球晶的形貌；在眼睛状区域，PHV 片晶沿 *a* 轴方向生长，对应的折射率 $n_2$ 介于 $n_3$ 与 $n_1$ 之间，片晶扭转导致的双环带的两个亮带光程差符号相反，故呈现黄蓝相间的双环带，且片晶沿 *b* 轴方向的生长速率稍快，最终将眼睛状的区域包裹在了球晶内部，如图 5.16 所示。

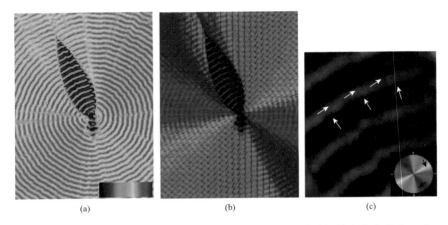

图 5.15    PHV 晶体的光程差分布(a)、最大折射率方向(慢轴)的方位角分布(b)和
眼睛区的放大图(c)[4]

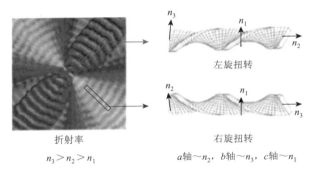

图 5.16    PHV 球晶不同区域的片晶扭转方式[4]

## 2. 片晶生长动力学研究

球晶的径向生长前沿也是片晶的生长前沿，按照经典的 Hoffman-Lauritzen 理论，片晶的生长速率取决于生长前沿次级成核的速率与次级核侧向铺展的速率，在合适的温度范围内(Ⅲ区)，片晶生长速率与次级成核的速率成正比。

临界次级核的尺寸很难通过实验方法直接给出，但其与次级成核的速率直接相关，若假设熔体中的结晶为随机过程，且临界次级核由 $m$ 个结晶单元、$n$ 根分子链组成，则对于熔体黏度和均聚物相同的、共聚了一定非晶单元的无规共聚物，结晶前没有相分离，其从熔体中结晶时，片晶前沿生长速率，即球晶径向生长速率 $G$ 满足式(5.8)；对于共混了一定比例无定形聚合物的共混物，其从熔体中结晶时，球晶径向生长速率 $G$ 满足式(5.9)，如图 5.17 所示。

$$G_{\text{ran}} = G_{\text{homo}} p_{\text{A}}^{m} \tag{5.8}$$

$$G_{\text{blends}} = G_{\text{homo}} \phi_{\text{A}}^{n} \tag{5.9}$$

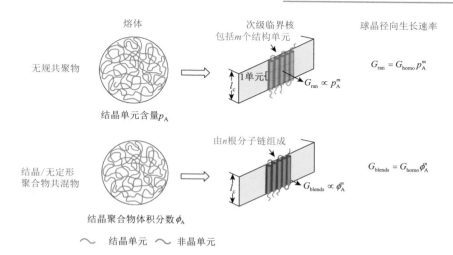

图 5.17　利用片晶生长动力学测定次级临界核尺寸示意图[6]

可以利用偏光显微镜测得在某一温度下，不同非晶单元含量的一系列无规共聚物、不同非晶分子链浓度的一系列共混物中球晶的平均生长速率，绘制成双对数图，测定其斜率即可获得该温度下一个临界次级核中含有的分子链数目 $n$ 及重复单元的数量 $m$。对于 PBS 体系，测试结果如图 5.18 所示。

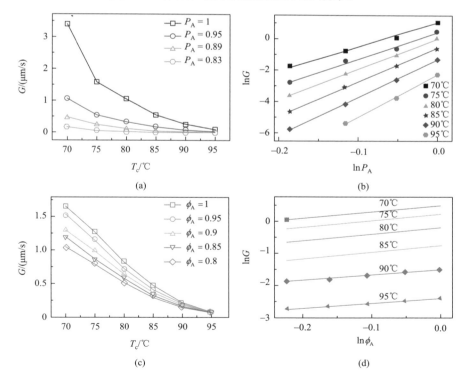

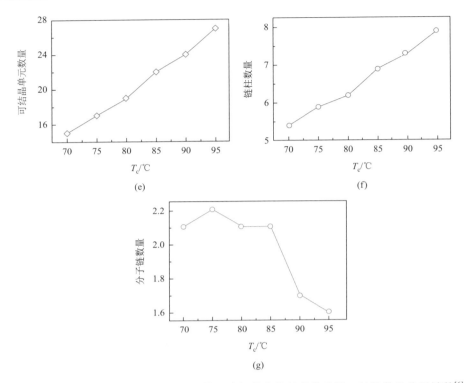

图 5.18　不同结晶温度下测得的 PBS 临界次级核中的结晶单元数、链柱数及分子链数[6]

　　当 PBS 在 70~95℃的温度范围内从静止熔体中等温结晶时，其临界次级核由 15~27 个丁二酸丁二酯单元组成，这些结晶单元对应于 5~8 根链柱，并由 1~2 条聚合物分子链提供。经典的 H-L 理论认为临界次级核仅由 1 根链柱构成，研究结果不能用经典的 H-L 理论来解释，更完善的结晶过程理论仍有待进一步研究。

## 5.2　扫描电子显微镜法　

　　作为一种介于透射电子显微镜和光学显微镜之间的显微观察手段，扫描电子显微镜(scanning electron microscope，SEM，简称扫描电镜)是一种用来观察材料表面显微形貌的大型高精密分析仪器。它很好地弥补了另外两种观察仪器的表征尺度范围的不足。扫描电镜是利用聚焦高能电子束来扫描样品表面，通过电子束与物质的相互作用，激发出各种物理信号，再通过探测器收集、放大，显示出高分辨率的材料显微图像。

　　SEM 的发展可以追溯到 20 世纪 30 年代早期，当时德国物理学家 Knoll 首次提出了采用电子束来进行显微成像的构想，于是 Ernst Ruska 和 Max Knoll 在

1935 年发明了首台透射电子显微镜。而后扫描电镜的设计思想便被提出，1942 年在实验室制成第一台扫描电镜。在各项基础科学技术的不断推动下，1965 年世界上第一台商品化的扫描电镜在英国问世。在 1975 年，中国具有自主知识产权的扫描电镜 DX3 在中国科学院科学仪器厂(现北京中科科仪股份有限公司)研制成功。而后，随着计算机技术的发展及科学研究的需要，扫描电镜在图像的空间分辨率、成像速度和拓展应用等方面得到了大幅度的提高，二次电子的空间分辨率可达 1 nm 以内，因而能够实现对材料的显微形貌、显微元素成分、显微晶体结构取向等进行更加精确的研究。与此同时扫描电镜的应用领域得到了进一步扩展，被广泛地应用于材料科学、生命科学、环境科学等领域。

## 5.2.1　SEM 结构及工作原理

如图 5.19 所示，扫描电子显微镜主要由电子光学系统、样品仓、信号电子探测系统、图像显示与记录系统及真空系统组成。

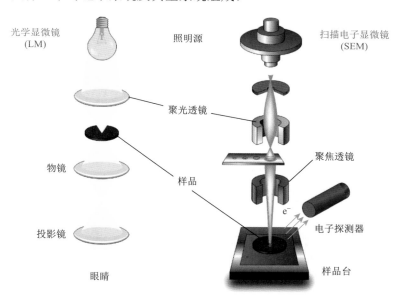

图 5.19　扫描电子显微镜结构原理图(https://myscope.training/SEM_SEM_Basics)

1)电子光学系统

在扫描电镜中电子光学系统是极为重要的组成部分，它由电子枪、电磁透镜、扫描偏转线圈、光阑组成，主要用来形成扫描电子束，作为产生各种信号的激发源。一般要求入射电子束具备高亮度(高束流密度)、稳定的束流及最小尺度的束斑直径，以用来获得具有较高信号强度和空间分辨率的高质量显微图像。

扫描电镜的电子枪是用来发射高能电子束的部件，位于电子显微镜的最上部。

它由阴极、聚焦电极和加速电极组成。通过在阳极施加电压，让大量自由电子从电子枪阴极释放。随后，这些电子在加速电极的作用下被加速，经聚焦电极形成一束尖锐的电子束，最终作为电子光源被照射到样品的表面。由于扫描电镜的入射电子束具备的能量高、波长短，因此非常适用于材料表面超微结构的观察。电子枪的种类不同，电子束的会聚直径和能量发散度也不同。

聚焦透镜用于将电子束聚焦在样品表面。它由多个电磁透镜组成，通过电磁场来控制电子束的路径和聚焦程度。聚焦透镜主要具有三个作用：①聚焦电子束，电子束需要在样品表面聚焦才能形成高分辨率的显微图像。聚焦透镜可以通过改变磁场强度和方向来调整电子束的聚焦程度，从而使电子束更加集中在样品表面。②改善分辨率，聚焦透镜对电子束的聚焦程度可以直接影响扫描电镜的分辨率。如果电子束聚焦不准确，分辨率会降低，影响显微镜的成像效果。因此，优化聚焦透镜对于提高分辨率非常关键。③控制电子束密度，聚焦透镜可以控制电子束的密度，从而使电子束的能量得到充分利用，增加扫描电子显微镜的清晰度。聚焦透镜可以帮助减少电子束中的漂移现象，从而确保高质量的显微图像。

扫描偏转线圈是扫描电子束在样品表面进行扫描时所需要的关键部件之一，可以控制和定位电子束的位置和方向。扫描偏转线圈通常由水平和垂直线圈组成，分别用于控制电子束在水平方向和垂直方向上的位置。水平线圈负责产生一个方向垂直于电子束方向的磁场，控制电子束的水平方向偏转；垂直线圈则负责产生一个方向与电子束方向相垂直的磁场，控制电子束的垂直方向偏转。通过控制扫描偏转线圈中电流的强度和方向，可以精确地控制电子束的扫描范围和扫描速度，从而实现样品表面的高分辨率成像和三维显微观察。

光阑是控制扫描电子束的直径和聚焦的重要组成部分。光阑是有小孔的薄金属板，通过调节光阑大小可以控制扫描电子束直径并调节信号强度，从而实现最优的成像效果。一般来说，光阑越小，扫描电镜成像的分辨率越高，但是成像的信噪比和灵敏度会降低。因此，实际应用中需要在分辨率和信噪比之间进行权衡和优化选择，以适应不同的应用场景。

2）样品仓

样品仓位于物镜下方，用于装载样品和容纳信号探测器。它内部有一个样品台，可以使样品在三维坐标系（$X$、$Y$、$Z$）方向上移动，同时可以实现样品台的原位旋转（$R$）和原位倾斜（$T$）。通过控制这 5 个自由度，可以对样品进行全方位的观察。其中，$Z$ 方向的距离称为工作距离（working distance）。工作距离越远，观察的视野越大、景深好；工作距离越近，图像分辨率越高。

3）信号电子探测系统

用于检测和转换扫描电镜所接收的各种电子信号。其原理是先利用电子束与样品表面相互作用，然后探测其所产生的电子信号并将电子信号转化为图像。信号电子探测系统是扫描电镜成像的关键。日常表征常用的探测器主要有二次电子探测器(SE detector)和背散射电子探测器(BSE detector)。二次电子探测器是最常用的一种信号电子探测器。它是基于扫描电镜中的二次电子(由样品表面产生的电子)产生的电流变化来工作的。背散射电子探测器是用来收集从样品表面被散射回来的高能电子的探测器。由于不同元素对入射电子束的散射程度不同,因此背散射电子探测器能够提供有关样品组成的信息。

4) 图像显示与记录系统

图像显示与记录系统是由显像管和照相机组成的。显像管作为其中最核心的组件,它用来将信号探测系统输出的调制信号转换成图形,在阴极射线荧光屏上进行显示。为了方便记录显像管产生的图像,还需要使用一台照相机将显像管显示的图像、放大倍率、标尺长度、加速电压等信息拍摄到底片上。这样可使图像永久保存下来,便于后续的分析和研究。

5) 真空系统

在电子光学系统中,为了保证系统的正常、稳定运行,避免样品被污染,必须保持严格的真空度。这种需求在场发射扫描电镜的操作中尤为重要。常常需要使用机械泵、分子泵和离子泵协同工作来达到所需的真空度。通过保持高真空度,可以减少散射的影响,延长电子枪阴极的使用寿命,并降低高压电极的放电和打火风险。因此,在电子光学系统中,严格的真空度控制是确保稳定的系统操作、保护设备的寿命,以及实现最佳成像质量的关键因素。

在真空环境下,电子枪发射的电子束经多级电磁透镜汇聚成几纳米的细小电子束(电子探针或一次电子)。再通过物镜上方的扫描线圈使电子束在样品表面做光栅扫描(行扫 + 帧扫)。入射电子束与样品表面作用引发二次电子、背散射电子、特征 X 射线等一系列特征信息。这些特征信息随着样品表面的特征变化(如表面形貌、成分、晶体取向等)而变化,被对应的探测器收集并经信号处理系统处理后得到扫描图像。

入射到样品表面的高能电子束与样品微区发生的相互作用如图 5.20 所示。当样品微区受到高能电子束激发时,微区中一定体积内(一般为雨滴形或梨形)的原子会与入射电子相互作用,发射出各种电子(俄歇电子、二次电子和背散射电子)、特征 X 射线、光(阴极发光)和热。

其中,二次电子、背散射电子和特征 X 射线均是扫描电子显微镜中最常使用的分析信号,其产生原理如图 5.20 所示。

二次电子(SE)是样品微区中原子的外层电子与入射电子发生非弹性散射作用,摆脱原子核束缚形成的低能电子,能量小于 50 eV。二次电子信号主要来自距离样品受激微区表面小于 10 nm 的深度范围,成像具有较高分辨率。材料表面凸起或边缘处二次电子产率高、信号强度大,能在图像上呈现更高亮度,因此二次电子能够很好地反映样品形貌特征。

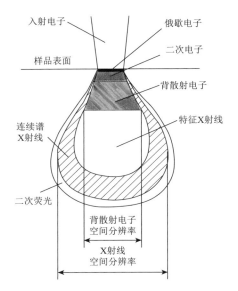

图 5.20    高能电子束与样品微区的相互作用区间

背散射电子(BSE)是与原子核发生散射作用被反弹回来的入射电子,背散射电子能量较高,信号产生深度可达 2 μm。背散射电子的产率与原子核所带正电荷量成正比,产率越大则在图像上呈现出的亮度越高。因此,背散射电子信号可以显示样品表面原子序数的差异,图像中亮度越高的位置原子序数越大[7]。

当高能入射电子与原子的内层电子发生非弹性散射时,内层电子获得足够的能量离开原子并产生空穴,较外层电子发生跃迁填补空穴并产生具有特征能量的 X 射线(图5.21)。特征 X 射线的出射深度可达 5 μm。原子序数不同时核外电子排布方式

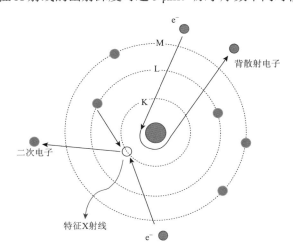

图 5.21    样品表面受激产生信号示意图

不同,内外层电子的能量差(释放的 X 射线)不同。因此,特征 X 射线与元素间有一一对应关系,对特征 X 射线进行检测和分析,能获得样品微区元素种类与含量的信息[8]。

值得注意的是,一般针对铁磁性粉末的样品不能采用高分辨型的 SEM 或 TEM 表征,磁性粉末在电子束库仑电场的作用下,会脱离样品台或铜网,散布在电镜的镜筒中,会严重损伤电镜的空间分辨率。同时,磁性材料的磁场会对入射电子束的聚焦产生干扰,由此改变象散,造成图像模糊。

## 5.2.2　SEM 的常用概念和基本原理

### 1. 成像

入射电子束在样品表面的逐点扫描是实现扫描电镜成像的前提。为了使样品表面信息与显示器显示的结果逐点实时对应,入射高能电子束和荧光屏中的电子束被扫描发生器控制从而进行同步扫描,让样品表面产生的信息点位与荧光屏上显示的点位实时一一对应。也就是说,在入射电子束扫描样品表面时,在荧光屏上也进行着同步扫描,将样品表面各位点产生的信号实时同步地转换到荧光屏上。扫描电镜的成像信号不同于光镜和透射电镜的直接信号成像,电子束扫描样品表面,激发出各种强度与表面特征相关的物理信号,这些信号探测器按顺序成比例地将这些信号转为视频信号,经放大处理后,用于调制荧光屏上对应点的光点亮度,由图像上不同点之间的亮度差即可反映出样品的某些特性,扫描电镜的显微图像由此形成。

### 2. 放大倍率

扫描电镜用于观察材料表面形貌和微观结构,拥有很高的放大倍率,通常可以在纳米尺度表征样品表面的微观结构,其放大倍率可以从几十倍到数百万倍不等。扫描电镜的放大倍率通常由其电子光学系统的特性决定,可以在成像过程中对光学系统进行调整以改变放大倍率。不同型号的扫描电镜能够提供不同的放大倍率,并且在获得不同类型样品的高质量成像方面表现不同。在选择放大倍率时,必须考虑到所需的分辨率和细节水平,以及仪器的性能和限制。为了便于连续观察样品的相同微区,可以在高倍率微观尺度下对图像进行清晰聚焦,这样在低倍率宏观成像时就不需要再次对图像进行调节了。

### 3. 像元

扫描电镜的像元指的是图像中最小的可分辨单位,也称为像素。一般来说,扫描电镜的像元大小可以是几纳米到微米不等。像元尺寸越小可以得到的图像分辨率越高,同时也可获得更多的样品细节信息。在扫描电镜中,电子束扫描样品表面并通过反射或散射的电子信号形成图像,这些信号被接收器捕获并转换为数字信号，每个数字信号代表图像中的一个像素。为了实现更高倍率的成像效果和实际意义，需使入射电子束束斑直径小于像元尺寸，只有在入射电子束束斑直径小于像元尺寸的前提下，才能够形成有效的放大倍率，否则形成的即是虚假放大倍率。因此，为了获得一张高质量、高分辨的显微形貌图像，需要均衡像元尺寸、放大倍率、束斑直径这三要素之间的相互作用。

### 4. 景深

景深是指近物与远物在光轴上的最大距离差。不同于光镜和透射电镜，扫描电镜成像具备景深大的优势，能够清晰呈现相同微区不同景深的细节信息，适于观察凹凸起伏的样品表面。提高显微成像的景深可以通过降低入射电子束孔径角的方法实现，可以采用更小的物镜光阑或增加样品焦点面到物镜极靴的距离(工作距离)来获得更小的孔径角。当然，降低放大倍率同样可以实现更大的景深，但考虑到更多显微细节观察的需要，这种方法一般使用较少。

### 5. 空间分辨率

扫描电镜的空间分辨率是指在显微图像中可以分辨两个位置点间的最小距离。空间分辨率取决于扫描电镜的光源参数和样品的特性(元素组成、质量、厚度、密度等)。常见的扫描电镜的空间分辨率(二次电子)在 1 nm 左右，其中场发射扫描电镜可以达到亚埃级别的分辨率。一般认为，扫描电镜的空间分辨率要达到 0.2~2 nm 的水平才能够进行高精度的成像和分析。在实际应用中，要根据具体的样品和所需的分辨率来选择适合的扫描电镜。

### 6. 荷电效应

扫描电镜是依靠入射电子束激发材料表面的信号进行显微成像，一般需要材料满足导电性良好的要求。对于非导电或导电性不良的样品，入射电子束会在样品表面积累负电荷形成静电场，从而引发荷电效应。荷电效应会对出射的电子信号产生强烈的排斥作用，对于低能量电子该作用尤为严重，会在显微图像中形成明暗相间的荷电条纹，严重影响成像质量。通过样品喷镀导电层、调节光源参数、应用低真空技术可以显著降低荷电效应对成像质量的影响。

## 5.2.3　SEM 的分类和拓展功能

### 1. 扫描电镜的分类

1) 场发射扫描电镜(FE-SEM)

随着材料研究领域对其所需的显微空间分辨率需求不断提高，普通钨灯丝电子枪已不能完全满足科研工作的需要，因此在 1968 年采用场致发射电子枪的场发射扫描电镜开始成为除普通钨灯丝电子枪外另一种主流的大型科学工具。场致发射电子枪需要的真空度很高，各品牌扫描电镜均采用由机械泵、分子泵和离子泵相结合的多级真空系统来提高电镜的真空度，一般在 $10^{-8}$ Pa 左右，这种高真空环境极大地约束了电子束的散射范围，使其电子束斑尺寸进一步缩小，成像分辨率和束流密度得到显著提高；同时采用磁悬浮技术，使得抗噪声振动的能力和灯丝寿命都大为提升。尤其适合低加速电压条件下的高质量成像。场发射扫描电镜主要分为冷场发射型和热场发射型。冷场扫描电镜的特点包括小束流、小束斑及高束流密度，这些特点使其特别适用于材料表面的高分辨显微形貌特征，同时可以与能谱仪的结合，实现显微条件下微区化学元素成分的分析。热场扫描电镜具有高束流、样品装载便捷等特点，非常适合能谱(EDS)、波谱(WDS)、电子背散射衍射(EBSD)、阴极荧光(CL)等拓展功能的应用，除高分辨显微形貌成像外，还可以实现对显微元素成分、显微晶体取向织构的表征。

21 世纪初，日本日立公司在上代机型的基础上研制出 S4800 型冷场高分辨场发射扫描电镜，既采用半浸没式物镜，15 kV 加速电压条件下的空间分辨率可达 1 nm，又采用最先进的 E×B 电子光学技术，结合上探头的偏压设置，不仅可以采集纯电子成像，还能够实现混合电子信号成像。

2) 低电压扫描电镜

为了更好地适应半导体和非导体材料的显微形貌表征，可以采用低电压扫描电镜对这类材料进行分析。低电压扫描电镜的低电压一般是指电子束流加速电压在 1 kV 左右。在这种光源条件下，材料表面的荷电效应和辐照损伤都显著降低。较低的加速电压使能量较高的信号产额降低，表征样品表面的二次电子信号(SE1)量得到提高，因此可以获得更多关于样品浅表面细节的显微形貌信息。高分子聚合物材料的表征也可以采用这种技术。

3) 低真空扫描电镜

低真空扫描电镜为低导电性材料的观察表征提供了另一种解决方案。在样品仓中，高能入射电子束在低真空环境中与残余的空气分子碰撞并将其电离，形成带有正电的气体分子并运动到样品表面。将这些离子化后的气体分子与样品表面沉积的电子相中和，就消除了样品表面的荷电现象，提高了成像质量，实现了非导电样品在自然状态下的直接观察。但由于在低真空条件下入射电子束与空气分子发生碰撞，电子束的散射范围增大，因此其成像分辨率受到一定限制，这就需要研究人员根据材料表征的真实目的进行综合考虑。

4) 环境扫描电镜

环境扫描电镜(ESEM)采用两级压差光栅，其环境真空压力可达 2600 Pa，通过向样品仓输送水蒸气，配合气体二次电子探测器(GSED)采集环境真空条件下样品表面形貌信息，二次电子图像分辨率可达 3 nm。环境扫描电镜可以装配热力学原位样品台，具备实时原位观察功能。

ESEM 具有以下特点：①可以对非导电材料不喷镀导电膜的情况下直接观察，可实现材料高效无损的分析表征；②可对含油、含水的样品进行实时动态观察；③可进行具有大量气体释放的原位动态实验研究，包括样品的热力学模拟过程，这种真空度非恒定实验只能在环扫状态下进行观察。

### 2. 扫描电镜的拓展功能

1）能量色散光谱仪

能量色散光谱仪(energy dispersive spectrometer，EDS)，作为配合电子显微仪器(扫描电镜、透射电镜)的科学工具，其主要应用于材料微区元素成分的定性与定量分析。每种元素都具有各自的特征 X 射线能量，当入射电子束激发样品表面时，会造成样品核外电子的能级跃迁从而释放出的特征 X 射线，通过 EDS 对信号的收集来确定样品的元素组成和含量。EDS 主要由 Si 漂移/Si(Li) 探测器、前置放大器、脉冲信号处理单元、模数转换器、多道脉冲分析器、小型计算机及显示记录系统等部分组成，可对 Be4～U92 范围内的元素进行分析，目前能谱仪最高的能量率可达 121 eV，探测极限为 0.1%～0.5%(质量百分数)。

EDS 主要分为液氮制冷型和电制冷型，前者因制冷时间长、制冷温度低、杜瓦瓶过重、操作不便捷等一系列不足正逐渐被后者所取代，电制冷能谱仪是未来显微元素分析的主流设备。EDS 主要的分析方式包括单点、选取元素分析，以及元素线/面分布成像。这里需要指出，由于元素的特征 X 射线能量高、出射深度大，因此在常规扫描电镜能谱系统中其空间分辨率较低，尤其是对于元素分布成像而言，其还会受到轫致辐射(连续 X 射线，入射电子束受到样品原子核库仑场的阻力而减速，动能转化为 X 射线的能量时产生的辐射)信号的影响。判断其分析精度通常需要考虑电镜电子光源参数、样品特性，以及所收集的元素特征 X 射线能量。

2）波长色散光谱仪

波长色散光谱仪(简称 WDS)，是一种与电子显微仪器相结合的化学元素分析工具。其原理是通过采集元素特征波长来对样品中的元素组成和含量进行分析。波谱仪主要由分光晶体、X 射线探测器、X 射线计数器和记录系统等部分组成。波谱仪的分辨率可达 4～12 eV，高于能谱仪一个数量级，可对 Be4～U92 范围内的元素进行分析，探测极限为 0.01%～0.1%(质量百分数)。

EDS 与 WDS 相比，具有以下几方面的优点：EDS 探测 X 射线效率高、分析速度快、结构简单、对样品的要求更低。但同时也存在以下几方面不足：EDS 分辨率低、低能量区间谱峰易重叠、谱失真严重、元素含量探测极限低。表 5.1 列出了 EDS 与 WDS 的性能参数比较，供广大科研人员参考。

表 5.1　EDS 与 WDS 性能参数比较

| 性能参数 | EDS | WDS |
|---|---|---|
| 元素分析范围 | Be4~U92 | Be4~U92 |
| 定量分析速度 | 快 | 慢 |
| 分辨率 | 低 (121 eV) | 高 (5 eV) |
| 定量探测极限 | $10^{-1}\%$ | $10^{-2}\%$ |
| 定量分析准确度 | 低 | 高 |
| X 射线收集效率 | 高 | 低 |

### 5.2.4　相关标准

目前，在国内标准分类中，扫描电镜涉及的标准主要以国家市场监督管理总局及中国国家标准化管理委员会颁布的推荐性国家标准为主，还有部分团体、部门、地方和行业标准，颁布时间多集中在 2000 年以后，尤以 2010 年以后颁布或更新的标准居多。涉及的领域有纺织产品、金属材料、有色金属、光学设备、纺织纤维、分析化学、表面处理和镀涂、长度和角度测量、航空、物证鉴别、捕捞和水产养殖等。表 5.2 中列举了一些实验室常用的扫描电镜的国家标准。

表 5.2　扫描电镜部分标准

| 序号 | 标准编号和标准名称 | 规定 | 适用性 |
|---|---|---|---|
| 1 | JY/T 0584—2020《扫描电子显微镜分析方法通则》 | 该标准规定了扫描电子显微镜的分析方法原理、环境条件指标、仪器、样品、分析测试、结果报告、仪器维护和安全注意事项 | 适用于各类扫描电镜进行的微观形貌、微区成分和结构分析等 |
| 2 | GB/T 36422—2018《化学纤维　微观形貌及直径的测定　扫描电镜法》 | 该标准规定了使用扫描电子显微镜对化学纤维的微观形貌进行观察及纤维直径进行测定的试验方法 | 适用于各类化学纤维及其制品的微观形貌及直径的测定，其中直径的测定仅适用于纤维横截面为圆形或接近圆形的化学纤维，其他材料可参照本标准执行 |
| 3 | GB/T 31563—2015《金属覆盖层　厚度测量　扫描电镜法》 | 该标准规定了通过扫描电子显微镜检测金属试样横截面局部厚度的方式测量金属涂层厚度的方法 | 适用于金属覆盖层厚度的测量 |
| 4 | GB/T 16594—2008《微米级长度的扫描电镜测量方法通则》 | 该标准规定了用扫描电镜测量微米级长度的通用原则 | 适用于测量 0.5~10 μm 的长度 |
| 5 | GB/T 20307—2006《纳米级长度的扫描电镜测量方法通则》 | 该标准规定了用扫描电镜测量纳米级长度的基本原则 | 适用于测量 10~500 nm 的点或线的间距 |

这些标准为扫描电镜在不同领域的应用提供了技术支持和标准化的基础，对

于扫描电镜技术的发展和推广具有重要意义。从这些标准的应用领域中不难看出，在各领域中高性能高分子材料的电子显微分析标准还属于空白阶段，随着这类特种工程复合材料在各行业的应用日益广泛，针对材料的特点和实际应用，有关部门应逐步颁布相关的国家、地方和行业标准，建立健全材料的评价体系，在不同领域规范材料的标准化应用。

## 5.2.5　SEM 应用实例分析

### 1. 高分子球晶形貌的观察

聚偏氟乙烯(PVDF)具有 α、β、γ、δ 多种晶型，PVDF 的 β 和 γ 极性相具有压电和铁电性能，使其能够用于能量转换和存储，通过化学改性、热处理等多种方式制备富极性相的 PVDF。聚合物的复杂链结构和多层聚集态结构使得聚合物的熔化行为和小分子有很大的区别，表现为复杂的熔化行为和宽的熔限。对于结晶聚合物而言，若聚合物的晶体经历了不充分或者部分熔化的过程，则一些小的晶体碎片或分子簇得以保存在随后的冷却过程中充当无热核，这些残留物充当无热核会导致聚合物在随后的结晶过程中表现出独特的结晶行为，如由熔体记忆效应引起的自成核(self-nucleation)现象。通过调控自成核的温度可以调控聚合物的晶型形态[9, 10]。

如图 5.22 所示，通过偏光显微镜(POM)观察在 155℃结晶 40 h 的 PVDF 薄膜[11]。样品在室温下存在带有条纹的大球晶和不带条纹的小球晶。当温度升高至 173℃ 时，带有条纹的大球晶发生熔融，双折射消失，仅残留一些带状结构的不规则晶体。温度升至 178℃时，不带条纹的小球晶也发生了熔融，而带状结构的不规则晶体仍然保留。根据熔融温度可知带有条纹的大球晶是 α 晶体；不带条纹的小球晶是 γ 晶；熔融过程形成的不规则带状晶体是 γ' 晶体[12]。将样品从 178℃降温至 155℃保持 30 min 后再降至室温，γ 球晶可再次生成，而熔化的 α 晶体的相应区域仍然没有双折射。仅从偏光图像中我们可以推断，在熔化的 α 晶体区域没有再次发生结晶。

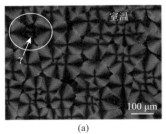
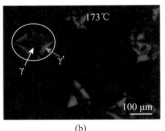

(a)　　　　　　　　　　　　　(b)

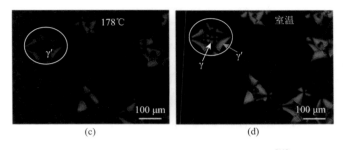

图 5.22　不同温度下的 PVDF 偏光显微图[11]

通过 SEM（图 5.23）[11]可以帮助我们进一步分析 PVDF 形成晶体的形态。结合偏光显微镜图，从图 5.23(a)中可以得出，箭头所指的带状结构是形成的 γ'，数字 1 所在圆形区域是重结晶形成的 γ 球晶，而数字 2 所在没有规则形状的区域则是起始的 α 球晶所在区域。增加放大倍数，图 5.23(b)显示了一个再结晶的 γ-PVDF 球晶的放大形态，它充满了卷曲的片晶，和文献中所报道的 γ-PVDF 片晶通常表现出沿 b 轴的卷曲行为相匹配，同时和偏光显微镜中显示的双折射相匹配[13]。增加放大倍数，观察数字 2 所在区域［图 5.23(c)］显示有大量颗粒；进一增加放大倍数［图 5.23(d)］观察到类似于 γ 晶的卷曲片晶。观察区域 2 的断裂表面［图 5.23(e)］，片晶仍然呈现出卷曲状但没有表面紧密，这种形态与 PVDF 溶液结晶中形成的 γ 晶相似。

图 5.23　PVDF 扫描电镜形貌图[11]

### 2. 高性能高分子材料断裂韧性分析

聚醚醚酮(PEEK)、聚苯硫醚(PPS)、超高分子量聚乙烯(UPE)、聚酰亚胺(PI)是目前在特种工程领域应用较为广泛的高性能高分子材料。聚苯硫醚的分子结构由苯环与硫原子交互排列，构型整齐，易形成热稳定性较高的结晶结构。同时，其分子结构使 PPS 材料具有了高度稳定的化学键特性，苯环结构使 PPS 具有较大的刚性，而硫醚键(—S—)则提供了一定的柔顺性。聚醚醚酮是在主链结构中含有两个醚键和一个酮键的重复单元所构成的高聚物，属于特种高分子材料，是聚芳醚酮的一个材料系列，拥有半结晶态的特点，具有耐高温、耐化学腐蚀等特性。聚醚醚酮是目前聚芳醚酮(PAEK)材料中可大批量生产的唯一品种，PEEK 作为一种特种工程塑料，具有超优异的综合性能[14]。超高分子量聚乙烯是一种高分子聚合物，由大量重复单元组成，其分子结构与普通的线型聚乙烯有很大区别。UPE 的分子量通常在 100 万以上，其主要特点是高强度、高韧性和低摩擦系数。UPE 的分子结构和一般聚乙烯的分子结构相似，都是由乙烯单体组成。但是 UPE 中聚合物分子链单体的分子量非常高，单体经过聚合形成的高分子分子链长度可以达到几百甚至千万级别。这导致 UPE 分子呈现出非常长的高分子链结构，分子链之间交织缠绕，形成了类似于网状结构的聚合物分子结构。聚酰亚胺(PI)是一类特殊的高性能聚合物，具有优异的热稳定性和机械性能。其主要结构由亚胺环和酰胺键组成，这使得聚酰亚胺不仅能在极端的温度条件下保持稳定，还具有良好的化学稳定性和电绝缘性。

将这四种材料在液氮中进行冷冻脆断处理，获得新鲜的材料断面。材料断面经离子溅射仪镀金后，在扫描电镜中进行显微形貌观察。从图5.24材料断裂面宏观尺度可以看到，这四种材料的断面上均出现明显的镜面区、雾状区和粗糙区，说明这四种材料在特定温度环境经受外力载荷的作用下，材料本体经历了由脆性

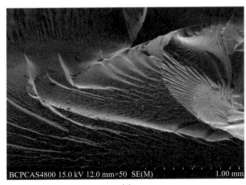

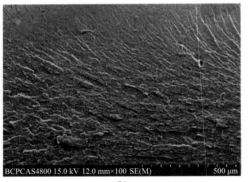

(a)                                    (b)

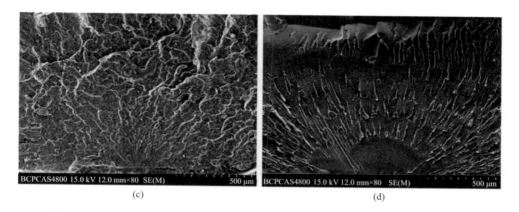

(c)　　　　　　　　　　　　　　(d)

图 5.24　PPS(a)、PEEK(b)、UPE(c)及 PSU(d)发生韧性断裂的断裂面宏观形貌[15]

断裂向韧性断裂过渡的过程。通过比较，UPE 相对其他三种材料而言镜面区较小，说明 UPE 的材料韧性较高。

如图 5.25 所示，材料由脆性断裂转变为韧性断裂的过程中，在应力集中的区域产生了塑性形变，形成银纹。当外界载荷力不断提高时，本体高聚物在局部塑

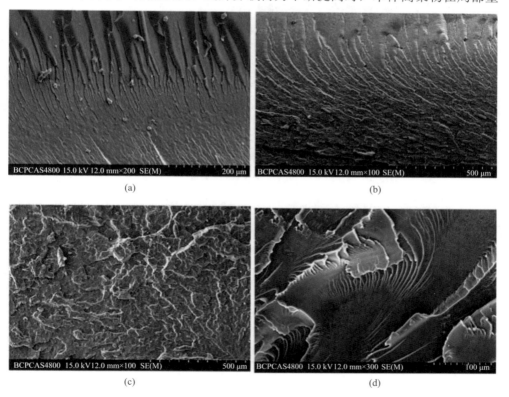

图 5.25　PPS(a)、PEEK(b)、UPE(c)及 PSU(d)发生韧性断裂过程所形成的银纹和裂纹[15]

性形变的作用下，在银纹尖端区域会形成微纤束状的银纹质，使银纹随着应力方向扩展。当应力水平足够大时，银纹底部逐渐张开，其中微纤束状的银纹质被拉断，这时银纹转化为裂纹。四种材料在韧性断裂的过程中均表现出高度取向、平行排列的裂纹，尤其是聚醚醚酮和聚苯硫醚更为明显，表明材料聚合物链的排列方式相当有序，显示其具有良好的机械性能。

从图 5.26 微观尺度可以看到，材料发生韧性断裂后，其断面存在微孔或空穴，说明材料由脆性断裂转变为韧性断裂的过程中，弹性体粒子首先发生形变，并通过微孔和空穴来吸收外力载荷的能量，提高了材料本体的韧性强度。由于材料的结构和成分不同，因此这四种材料的微孔和空穴的尺寸存在差异。

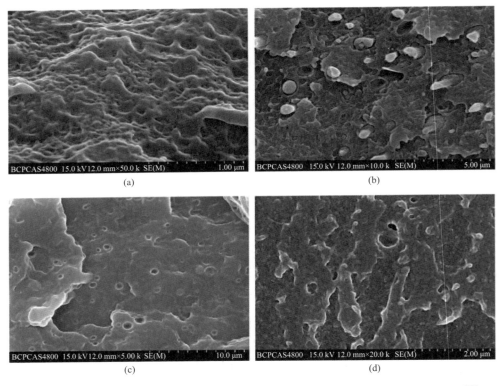

图 5.26    PPS(a)、PEEK(b)、UPE(c)及 PSU(d)发生韧性断裂过程所形成的微孔和空穴[15]

### 3. 低剂量显微成像技术在高性能高分子材料表征中的应用

扫描电子显微镜是通过经加速、聚焦后的高能电子束入射到材料表面，激发并采集材料的二次电子(secondary electron，SE)信号，从而获得材料表面显微形貌的信息。根据材料特性及分析表征目的的需要，通过均衡、兼顾仪器的各种参数，进而获得较小的电子束斑尺寸及高亮度的电子光源，使显微图像的空间分辨率、信噪比，以及 SE$_1$ 信号产额均达到最佳状态，这是获得材料真实客观、高质量的显微图像的关键。

　　基于电子束低剂量技术，并依托仪器各项参数的性能，可以实现在纳米尺度高质量表征材料超微结构形貌的目的。以 Hitachi S4800 扫描电子显微镜为例，首先，优化电子光源的束斑尺寸和束流能量，选择可以获得材料浅表面形貌信息的加速电压，控制电子束斑尺寸至最小，同时在弱束流条件下提高电子束流密度。其次，优化仪器参数，提高有效信号的采集效率，以获得高质量的显微成像效果。采用低剂量显微成像技术，对喷镀金导电层的 PPS 和 UPE 材料的断面显微形貌进行表征，如图 5.27、图 5.28 所示。在相同显微尺度下，可以观察到采用低剂量成像技术图像衬度好、成像质量高，微孔和空穴等结构细节信息呈现清晰，这主要得益于低剂量的电子光源、合适的电子束斑尺寸和高亮度的贡献。而采用高剂量成像，由于电子光源能量过高、电子束斑尺寸过大，加之影响信号采集效率的仪器参数，因此其图像衬度、成像质量，以及细节信息的呈现均逊于前者，而且在样品表面出现了电子束损伤的情况。

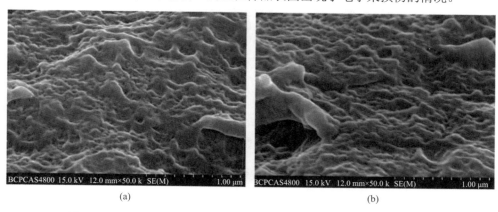

图 5.27　采用低(a)、高(b)剂量显微成像技术对 PPS 断裂面的成像效果

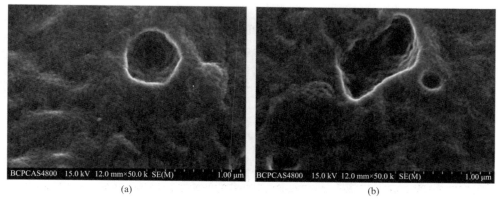

图 5.28　采用低(a)、高(b)剂量显微成像技术对 UPE 断裂面的成像效果

通过观察，该技术在保证 SE$_1$ 信号产额较高及材料无损的前提下，可以满足多种加速电压条件下形成的不同尺寸的电子束斑对材料表面进行高分辨显微形貌成像。由此可见，低剂量显微成像技术优化了成像效果，显著提高了显微图像的质量，尤其突出了冷场发射扫描电镜高分辨、高亮度的技术优点。低剂量显微成像技术具备以下优点：①高质量的成像效果，低加速电压条件下的成像质量得到显著提高，具备良好的成像衬度；②准确反映材料真实的显微形貌信息；③克服了电子光源对材料表面的辐照损伤，减少了材料表面的碳沉积效应，实现材料无损观察，适合电子束敏感材料(如高分子材料、生物材料等)的高分辨显微形貌表征；④纳米尺度成像无漂移、晃动，具备良好的成像条件；⑤该技术适用于常规扫描电镜平台的日常分析表征，在当今科研工作中能够表现出更加优异的性能，充分发挥其科研价值。

低剂量显微成像技术通过优化扫描电镜电子光源和仪器参数，实现了高质量表征材料表面超微结构形貌的目的。该方法与扫描电子显微镜的匹配度高，可以充分发挥不同类型扫描电镜的性能优点。低剂量显微成像技术在扫描电镜形貌表征中的应用，可为科研人员对相关材料的研究分析提供参考。

### 4. 多相聚合物的相态结构表征

通过 SEM 可实现对聚合物合金的相态结构进行有效观察。聚对苯二甲酸丁二酯(PBT)是一种结晶性的工程塑料，在许多方面有着优异的性能，相较于其他工程塑料而言，其力学性能较低，耐冲击强度较差，需要对其改性从而提高力学性能；聚碳酸酯(PC)是一种非晶态的工程塑料，具备优良的综合力学性能，但由于存在酯交换反应，造成 PBT/PC 合金力学性能的下降。通过加入抑制剂控制酯交换反应，从而改变 PBT 与 PC 两相之间的相容性，进而使 PBT/PC 合金的相态结构会从近似均相体系逐渐向双连续相态结构转变，材料的各项性能也会发生改变。

图 5.29 显示 PBT/PC 共混体系经过二氯甲烷(CH$_2$Cl$_2$)24 h 刻蚀后 SEM 照片。在此条件下，两相间形成了较好的界面结构。在该体系中，CH$_2$Cl$_2$ 表现出了优异的溶解性能，能够完全溶解 PC 相，而 PBT 相则无法在 CH$_2$Cl$_2$ 中溶解。

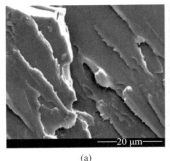 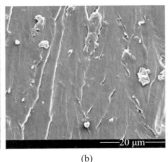 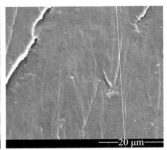

　　　　(a)　　　　　　　　　　　　(b)　　　　　　　　　　　　(c)

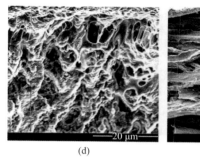

(d)　　　　　　　　　　　　　(e)

图 5.29　PBT/PC 共混物经 CH₂Cl₂ 刻蚀后的微观形貌

图(a)、(b)、(c)、(d)和(e)分别为 PBC 与 PC 体积配比为 4∶1、2∶1、1∶1、1∶2 和 1∶4 的微观形貌[16]

　　根据图 5.29 所示，随着 PC 含量的增加，经过刻蚀处理的样品表面的粗糙度并未随着 PC 含量低于 50 vol%（vol%表示体积分数）而有所增加。然而，当 PC 用量达到一半时，样品表面开始变得粗糙，且在 PBT/PC 配比达到 1∶4 时，样品已经发生坍塌，这表明在该配比下 PC 为连续相，而 PBT 为分散相。这意味着此时体系是由两组分组成的不稳定状态向两相共存转变。然而，当 PBT 和 PC 的比例为 1∶1 时，该体系应呈现出双连续相态结构，这一结论在 SEM 图像中并不明显，因为样品在 CH₂Cl₂ 中的溶解度较低。因此，我们认为在该体系下不可能出现类似于传统方法中所描述的现象。另外，当 PC 含量小于 50 vol%后，随 PC 含量增加，试样 SEM 照片无法反映刻蚀部分增大。因存在酯交换反应，PBT 与 PC 之间的相容性得到了显著提升，导致 PC 相被 PBT 相包覆，从而使得整个体系的耐溶剂性得到了大幅增强。

　　图 5.30(a)～(e)依次所示的是亚磷酸三苯酯(TPPi)含量为 0 wt%（wt%表示质量分数）、0.5 wt%、1.0 wt%、1.5 wt%及 2.0 wt%的 PBT/PC = 1/1 样品的显微形貌。通过扫描电子显微镜观察到了上述各样品在不同温度下的相结构和形态变化过程。随着 TPPi 用量的增加，体系中的微观结构逐渐变得复杂多样，导致相畴的尺寸变得更加粗大；抑制了酯交换反应导致 PBT-PC 嵌段共聚物的数量减少，因此 PBT 与 PC 相间的相容性降低，进而导致两相间界面层的厚度和面积均有所减少，相畴尺寸也相应增大。此外，还发现在上述不同用量下，体系中出现了一个新的两相形态——双相状态。在 PBT/PC 共混体系中，引入 TPPi 可以有效地抑制酯交换反应的发生。随着 TPPi 用量的增加，材料的相态结构逐渐呈现出明显的双连续相态结构，这一转变类似于均相体系的特征。

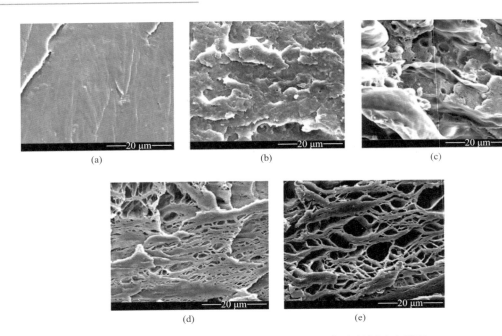

图 5.30    经 $CH_2Cl_2$ 刻蚀后的 PBT/PC/TPPi 复合材料冲击断面

TPPi 用量在(a)、(b)、(c)、(d)、(e)中分别为 0 wt%、0.5 wt%、1.0 wt%、1.5 wt%、2.0 wt%[16]

### 5. 纤维的结构分析

随着科技水平的提高和工业生产的需要，在特种纸制造领域，机械性能优异的纸基材料作为研究的热门课题，逐渐取代传统材料成为该领域的发展方向和趋势。芳纶纤维(PPTA)具有超高强度、高模量和耐高温、耐酸、耐碱、质量轻、绝缘、抗老化、生命周期长、化学结构稳定、燃烧无熔滴、不产生毒气等优良性能，聚苯硫醚(PPS)具有硬而脆、结晶度高、难燃、热稳定性好、机械强度较高、电性能优良、电绝缘性能优、耐电弧性好等优点。将上述两种材料的优点相结合，以对位芳纶短切纤维(ACFs)为骨架、聚苯硫醚(PPS)为填充材料和黏结剂，采用湿法造纸与热压结合法，制备出新型的 ACFs/PPS 结构性复合材料，该种材料具备优良的结构稳定性和机械性能，同时具有较好的热稳定性、水稳定性及介电性能等。

为考察 ACFs/PPS 复合材料的机械性能，对材料进行拉伸断裂，得到材料的断裂面，并将其固定于扫描电镜样品台上，离子溅射镀金，采用扫描电镜对 ACFs/PPS 复合材料拉伸断面进行观察。如图 5.31 所示，芳纶纤维经拉伸后，纤维断面光滑平坦，表面纤维内部不含有杂质，经过显微测量，纤维直径约为 12 μm。复合材料经过拉伸断裂，PPS 树脂在芳纶纤维四周有均匀的分布，黏结牢固，两相界面未出现开裂情况，说明 PPS 在 ACFs 表面具备良好的黏结性。通过复合材料断面显微形貌还可以观察到材料断裂面存在许多微细纤维，说明由拉伸断裂产生的应力从 PPS 树脂层较好地传递到纤维基体，造成纤维形态的变化。通过显微形貌表征可以得出：通过拉伸断裂力学测试，ACFs/PPS 复合材料表现出良好的两相界面黏结性，说明通过该工艺制备的复合材料具备了较高的机械拉伸性能，可以作为特种热塑性纤维增强复合材料应用于关键工程机械领域[17]。

(a)　　　　　　　(b)　　　　　　　(c)

(d)　　　　　　　(e)　　　　　　　(f)

图 5.31　ACFs/PPS 复合材料拉伸断裂表面的显微形貌[18]

## 5.3　透射电子显微镜法

　　透射电子显微镜 (transmission electron microscope, TEM) 是一种利用电子束透过物质样品并成像的显微镜。与光学显微镜不同的是，TEM 使用电子束作为光源，具有分辨率高、样品制备简单、可以观察到样品内部结构等优点。

　　TEM 的基本构造与光学显微镜类似，也是由光源、物镜和投影镜三部分组成，只不过是将光束换成了电子束、将玻璃透镜换成了电子透镜。当一束电子通过电子透镜聚焦射到样品上时，电子的运动方向会发生变化，再经过另一个电子透镜成像就形成了我们所观察到的图像。TEM 在研究聚合物结晶方面具有不可忽视的重要作用。在研究晶体结构的过程中，TEM 不仅可以提供像模式明场 (BF) 和暗场 (DF) 下正空间的形貌信息，还可以提供衍射模式下倒空间的衍射信息。

### 5.3.1 TEM 的结构及工作原理

相比于普通的光学显微镜，TEM 设备十分庞大，通常高达 2 m。我们可以将其基本结构分为电子枪、聚光镜和成像系统，如图 5.32(a)所示。从电子枪系统的阴极发射出的电子束在通过阳极孔中心时得到加速，以高速状态进入聚光镜。聚光镜能汇聚电子束并控制照明孔径角、电流密度、光斑尺寸，然后以最优的状态将电子束送达待测样品表面，电子束和样品发生各种相互作用，如图 5.32(b)所示。而穿过样品的电子束最终会进入成像系统，形成我们所观察到的图像。成像系统又分为物镜、中间镜和投影镜。物镜的光学特性对 TEM 的性能影响很大，因此需要尽可能减小其球的球差和像散。中间镜和投影镜共同影响着 TEM 的放大倍数，通过调节这两者我们可以实现不同放大倍数的工作模式。

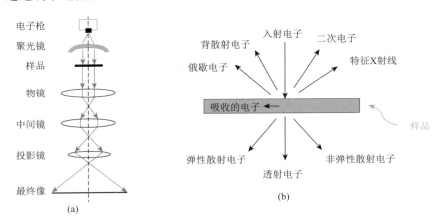

图 5.32　TEM 的结构简图(a)；电子束与样品相互作用示意图(b)

TEM 的成像模式有两种，分别为像模式和衍射模式。在衍射模式下，我们可以观察到倒空间的电子衍射信息。此时，我们需要调整成像系统使物镜的后焦面成为中间镜的物平面，这样所需要的衍射花样就会投影到观察屏上。在像模式下，我们可以观察到正空间的明场(BF)像和暗场(DF)像。此时，我们需要重新设置中间镜使其物平面成为物镜的像平面，此时所需要的像便会投影到观察屏上。

衍射模式中，衍射花样中的电子来自于被电子束照亮的所有样品区域，同时入射的电子束通常很强容易损坏荧光屏，这便需要我们进行一个额外的操作来调整产生衍射花样的特定样品区域并降低荧光屏上衍射的强度。一种方法是减小电子束的尺寸，另一种方法是在光路中插入一个光阑使只有通过光阑的电子才能打到样品上。第一种方式是将电子束进行会聚，但通常会破坏电子束的平行度，若想获得平行电子束，标准方法是使用选区光阑。先移出物镜光阑，然后在物镜的像平面中插入选区光阑，使选区光阑与光轴上对中形成选区电子衍射花样，这样的操作称为选区电子衍射(SAED)。

像模式中，我们需要先移出选区光阑，然后在物镜的后焦面插入物镜光阑。在使用过程中，若选用透射束，则可以得到明场像；若选用不包含透射束的电子(如散射电子)，则可以得到暗场像。其形成原理如图 5.33 所示。

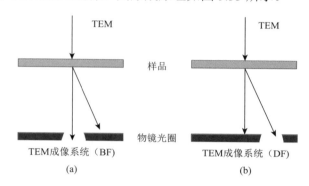

图 5.33 TEM 像模式下明暗场成像原理简图

(a)明场(BF)，物镜光阑选择透射束；(b)暗场(DF)，物镜光阑选择散射束

电子衍射可以通过指标化确定晶面。运用布拉格方程 $2d\sin\theta = n\lambda$，我们可以进行一个参量的换算。式中，$d$ 为两晶面的间距；$\theta$ 为衍射角；$\lambda$ 为电子束的波长。选用已知衍射点的晶面间距 $d_0$，求得其衍射角 $\theta_0$，从衍射图中测得该衍射点到衍射中心的距离 $R_0$(以下称为衍射半径)，根据 $\tan 2\theta = R/L$，标定出相机距离 $L$。测得各未知衍射点的衍射半径，从而计算出它们的衍射角 $\theta$ 和实验的 $d$ 值。再根据样品的晶胞数据求得各晶面的理论 $d$ 值。最后对比实验和理论的 $d$ 值，确定各衍射点的 $h$、$k$ 和 $l$，也就是确定了各衍射点所对应的晶面。

### 5.3.2 TEM 的关键参数

TEM 的三要素分别是分辨率、放大倍数和衬度。根据分辨率的公式 $\delta = \dfrac{0.61\lambda}{n\sin\alpha}$，式中，$\delta$ 为分辨率；$\lambda$ 为波长；$n\sin\alpha$ 为透镜孔径值，分辨率大小正比于波长。一台良好的光学显微镜的分辨率约为 300 nm，相当于 1000 个原子的直径，很难实现一个纳米领域的研究。而 TEM 的分辨率远高于普通的光学显微镜，甚至达到了 0.2 nm，这对我们研究聚合物晶体的微观结构起到了很重要的帮助。衬度是样品两个相邻部分电子束的强度差。衬度又分为质厚衬度、衍射衬度和相位衬度。对于高分子晶体而言，电子束穿过样品后会形成透射光和散射光，而晶体对电子束的散射能力较强，通过晶体区域的透射光束会变暗，从而导致在明场图中晶区亮度较暗，而无定形区亮度较亮。虽然电子波长只有光波长的 1/100000，但是由于不能造出没有像差的电子透镜，因此电子显微镜分辨率相比较光学显微镜只能提高约 1000 倍。

### 5.3.3　TEM 的制样

用于 TEM 测试的样品要求既小又薄，观察的样品尺度要足够小确保样品可被电子束透过（对于高分子材料厚度小于 200 nm）。由于供 TEM 测试的样品一般放置在有很多网眼的铜网上且铜网的直径只有 2～3 mm，因此要求样品任何一个维度都不超过铜网的有效面积。对于颗粒结构且本身无法成膜的物质而言，在观察形态结构时便需要用到支撑膜，常用的支撑膜有硝化纤维素支撑膜、聚乙烯醇缩甲醛支撑膜等。

根据材料的形态，在使用 TEM 之前有不同的处理方式。对于微粒材料，可以采用悬浮法或者微量喷雾法将其分散到带有支撑膜的铜网上；对于块状材料，通常采用超薄切片的方式获得电子束能够穿透的薄片样品；对于能成膜的材料，便可以直接转移到铜网上。例如，玻璃基底上的样品可以通过浸泡在水中，利用水的浮力使膜脱离基底。若难以脱离，便可以用稀释的 HF 溶液刻蚀玻璃基底或者改用喷碳的云母片基底。

除此之外，在 TEM 中观察到的衬度是样品不同区域间电子密度的差异所导致的，但由于多数聚合物是由 C、H 等元素组成，电子密度差别低且样品薄，因此衬度低观察效果较差。可通过向特定结构中引入重原子提高衬度即染色，常用的染色剂有四氧化锇、四氧化钌等。其中四氧化锇可以染—C＝C—、—OH、—NH₂；四氧化钌克服了前者的局限，对于大部分的聚合物都能染色，但是对于 PVC、PMMA、PVDF 等不能染色，因此对于一些特殊的聚合物可以用特定的染色剂进行染色。

### 5.3.4　TEM 的应用实例分析

#### 1. 以聚偏氟乙烯为例的电活性材料研究

聚偏氟乙烯（PVDF）是一种常见的多晶型聚合物，具有良好的耐化学性和热稳定性，同时也是一种优异的电活性材料，具有铁电性、压电性和热释电性的特点，被广泛地用于能量收集、信息存储和传感器等领域。现在人们发现的是 α、β、γ、δ、ε 五种晶型的 PVDF，其中研究最为广泛的便是 α、β 和 γ 三种晶型，其分子链的结构如图 5.34 所示。α 相是 PVDF 非极性相，其链构象为 TGTG′，反式和旁氏交替出现。它通过简单的旋涂便可以得到，是最容易得到的也最常见的晶型，也是一种常用的工程塑料。β 相是 PVDF 极性最强的一种晶型，其链构象为 TTTT 全反式。由于其具有优异的电活性，可应用在铁电和压电等领域，因此得到人们的广泛关注。该晶型制备条件较为苛刻，通常可以通过机械拉伸、加压淬冷及静电纺丝等方式获取。γ 相 PVDF 的极性稍弱于 β 相，分子链构象为 TTTG，但是因其制备条件比 β 相容易得多，也受到了人们的广泛关注。常见制备 γ 相的方式有两种。一种是退火处理使 α 相通过固-固相转变形成 γ 相；另一种是通过添加剂诱导 γ 相的生成。

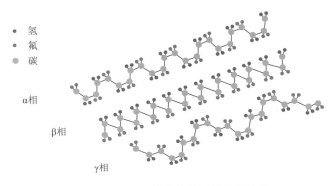

图 5.34　PVDF 的常见晶型的分子结构

　　由于 PVDF 是一种多晶型的聚合物，因此使用和制备过程中需要对其晶型进行判定，可以采用傅里叶变换红外光谱(FTIR)、X 射线衍射(XRD)等仪器从不同晶型的特征峰来进行分析。除此之外，就相对容易制得的 α 相和 γ 相而言，还可以通过偏光显微镜(POM)和原子力显微镜(AFM)等仪器从形貌进行分析，如图 5.35 所示。POM 下双折射较亮的球晶为 α 晶体，而双折射较弱的晶体为 γ 晶体。在 AFM 中，α 相呈现出侧立(edge on)片晶结构、γ 相呈现出卷曲状的结构。

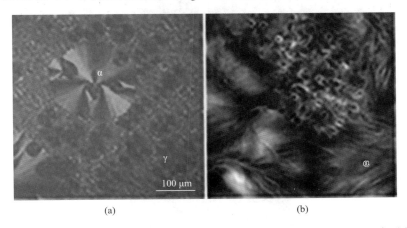

图 5.35　PVDF 在 150℃等温结晶后的 POM 照片(a)与 PVDF-b-PtBA 在 177℃退火后所得样品的原子力显微镜高度图(10 μm × 10 μm)(b)

　　上文所述 PVDF 中的 β 相制备条件严苛，但在聚(偏氟乙烯-三氟乙烯)[P(VDF-

TrFE)〕中只会获得铁电的 β 相。无论是从溶液中直接结晶还是熔融重结晶，其晶型不随外界条件的改变而变化，只会表现出 β 相。P(VDF-TrFE)的铁电性主要来自于其偶极子的取向，当偶极子的方向(PVDF 中的 *b* 轴)垂直于基底时便可以获得最佳的性能。在众多调控方式中，附生结晶是研究极为广泛的一种。通过将 P(VDF-TrFE)旋涂在熔体拉伸制得的取向 PVDF 基底上，我们便可以获得取向结构的 P(VDF-TrFE)并调控其中的分子链取向结构以提高其性能。如图 5.36(a)是 PVDF/P(VDF-TrFE)双层铁电聚合物薄膜热处理前的电子衍射图，(110)和(020)衍射点均对应 PVDF 的 α 相，说明了底部的 PVDF 薄膜中存在一定方向排列的取向晶体，同时分子链的 *a* 轴和 *b* 轴随机分布在垂直于分子链的平面中。(002)衍射点的出现表明结晶区内 PVDF 的分子链沿着取向薄膜制备过程时的转轴方向进行平行排布。图 5.36(b)是 PVDF/P(VDF-TrFE)双层铁电聚合物薄膜热处理后的电子衍射图。热处理后，新出现的(200/110)和(001)衍射点都是 P(VDF-TrFE)的衍射点，说明了 P(VDF-TrFE)在取向 PVDF 的作用下变得取向。

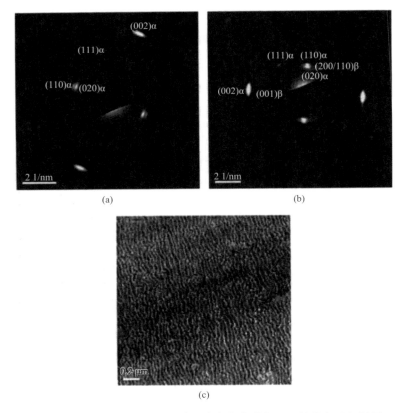

图 5.36　PVDF/P(VDF-TrFE)双层铁电聚合物薄膜热处理前的电子衍射图(a)；
PVDF/P(VDF-TrFE)双层铁电聚合物薄膜热处理后的电子衍射图(b)和明场图(c)[19]

**2. 以聚 3-己基噻吩为例的导电材料的研究**

聚 3-己基噻吩(P3HT)的分子链结构如图 5.37 所示,分子主链上含有大量的噻吩结构,侧链为烷基链。主链上的 π 电子具有良好的共平面作用,分子之间还存在 π-π 共轭作用,这使得材料具有良好的导电性能。而烷基侧链提高了材料的溶解性和溶液加工性。这样结构的材料在有机场效应晶体管(OFET)、有机太阳能电池(OPV)、电致发光(OLED)等领域有着广泛的应用。

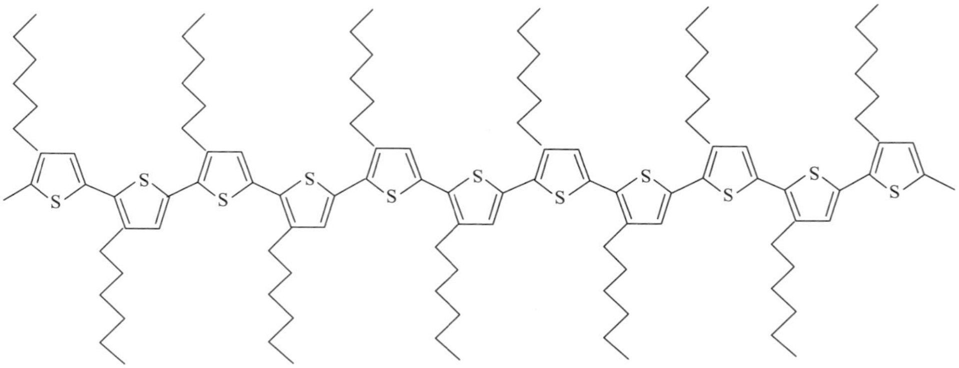

图 5.37　P3HT 的分子链结构

如前文所述结晶高分子片晶的取向方式分为平躺(flat on)和侧立(edge on)。但是对于共轭聚合物而言,又将 edge on 细分成两种:一种正面(face on),此时 *a* 轴(即烷基侧链方向)平行于基底,*b* 轴(即 π-π 堆积方向)垂直于基底;另一种是侧面(side on),此时 *a* 轴垂直于基底,*b* 轴平行于基底。其中 side on 是一种热力学上稳定的结构,其分子主链和 π-π 堆积方向都平行于基底,有利于制备平行于基底方向电荷传输的电活性材料,如 OFET 等;而 flat on 和 face on 两种结构更有利于垂直于基底方向电荷传输的电活性材料,如 OPV 等。就聚噻吩类的高分子而言,它本身就具有自组装的性能,在旋涂的过程中便会形成 side on 结构,但是其分子链本身还是会无序排列。所以,我们通过一些调控方法使得分子链在面内有序排列,可以进一步提高电荷载流子在薄膜内的传输。常用的方法有:机械摩擦法、取向基底附生结晶法、浸涂法、浮膜转移法、定向溶剂蒸发法,以及溶液剪切法等。

溶剂是影响聚合物自组装结构的重要因素,Liu 等通过定向溶剂蒸发的方法制备沿溶剂蒸发方向取向的 flat on 结构的 P3HT 纳米纤维薄膜[20]。Pandey 等运用浮膜转移的方法制备出高度取向的 side on 结构 P3HT 薄膜[21],相比于旋涂的薄膜,其在 OFET 中表现出良好的场效应迁移率及各向异性载流子传输性能。利用取向聚合物作为基底诱导 P3HT 的附生结晶也是一种有效的方法,Yan 等利用熔体拉伸法制备了取向的 PE 薄膜[22]，通过在其表面上旋涂 P3HT 的方式获得了取向的 P3HT。其分子链沿着 PE 薄膜分子链方向平行排列，获得了垂直于 PE 拉伸方向的取向晶体结构薄膜。附生结晶的方式相比于前两者更容易实现薄膜的均一性，使其粗糙度更小。

通过浸涂提拉与在取向 TCB 基底上附生结晶相结合的方法可以制备高度取向的薄膜，小分子 TCB 可以通过真空升华的方式轻易被去除，避免了取向基底对器件性能的影响。由于噻吩单元（0.385 nm）和 TCB 分子（0.39 nm）的重复距离之间的晶格匹配，发生了外延，因此在 P3HT 和 1, 3, 5-三氯苯（TCB）的丙酮溶液中，P3HT 的分子骨架会沿着 TCB 的 $c$ 轴快速结晶生长，如图 5.38(a)所示。掠入射 XRD 是一种研究薄膜晶体形态的有效方式，如图 5.38(b)所示。主要在面外出现了强(100)的信号，表明分子链的 side on 取向占主导地位，即 π-π 堆叠方向平行于基底平面。同时根据沿(100)衍射方位角的强度分布，得出取向因子 f = 0.88。

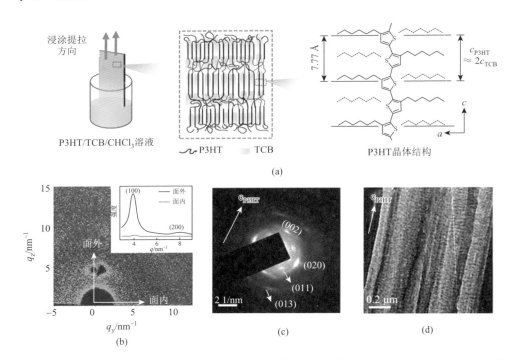

图 5.38　浸涂方法、取向结构及 P3HT 和 TCB 之间的外延关系的方案(a)；用垂直于浸涂方向的入射 X 射线束测量的浸涂 P3HT 膜的 2D-GIXRD 图案及其相应的 1D 衍射轮廓（插图）(b)；浸涂 P3HT 薄膜的电子衍射图(c)；相差 BF 电子显微照片(d)[23]

使用 TEM 表征可以进一步确认 side on 取向在膜内的排列情况，如图 5.38(c)、

(d)所示。在明场模式下，我们可以明显地观察到垂直于浸涂提拉方向的取向片晶结构，表明分子链以折叠链的方式排入晶格。在电子衍射模式下，沿浸涂提拉方向上，出现了尖锐的(002)短衍射弧，进一步验证了分子链沿浸涂提拉方向高度取向。(020)衍射点的出现表示 P3HT 晶体的 b 轴在面内取向且垂直于浸涂提拉方向，这也证实了薄膜中的 P3HT 以分子链平行于浸涂提拉方向的 side on 取向为主。

## 5.4　原子力显微镜法　　<<<

1981 年，IBM 苏黎世实验室的物理学家 Gerd Binnig 和 Heinrich Rohrer 基于量子隧道效应，制造出了放大倍数可达 3 亿倍、侧向和纵向分辨率分别可达 0.1 nm 和 0.01 nm 的新型表面分析仪器——扫描隧道显微镜(scanning tunneling microscope，STM)[24]。STM 的出现使人类首次能够真正实时地观测到单个原子在物质表面的排列状态，以及与表面电子行为有关的物理、化学性质，对表面科学、材料科学及半导体工业的发展有着重要意义[25]。然而，STM 的信号是由导电探针针尖与样品之间的隧道电流变化决定的，所以该技术只能用于研究导体和半导体样品。为了克服对样品导电性的限制，Binnig、Quate 和 Gerber 等在 STM 的基础上，于 1986 年发明了一种通过探测微小探针针尖与被测样品表面间微弱的相互作用力来获得物质表面形貌与性能的分析仪器，即原子力显微镜(atomic force microscope，AFM)[26]。由于 AFM 对样品的导电性没有限制，同时具有高空间分辨率(侧向 0.1 nm，纵向 0.01 nm)、灵活多样的操作模式和操作环境(包括大气、液体、真空)、可进行多参数多功能扫描成像等优势，因此其目前已成为研究聚合物微观结构与性能的常用工具，在一些领域甚至是不可或缺的表征技术[27]。

### 5.4.1　AFM 的结构与工作原理

AFM 仪器结构主要由探针扫描系统、力检测与反馈控制系统、显示系统及隔振降噪系统组成。图 5.39 为目前商业化 AFM 仪器结构示意图。扫描器具有极高的空间定位精度，从而使 AFM 不但具有极高的空间分辨率(侧向 0.1 nm，纵向 0.01 nm)，而且具有极高的操控和加工精度。将样品置于压电陶瓷扫描器上，当给压电陶瓷施加电压时，扫描器伸长，从而带动样品向探针逐渐接近(也可将探针微悬臂固定于压电陶瓷扫描器上，由扫描器带动探针向样品逐渐接近)。当探针针尖与样品表面间的距离减小到几纳米至几埃或两者发生相互接触时，相应的针尖与样品间会产生微弱的相互作用力(可以为吸引力，也可以为排斥力)。由于悬臂对微弱力的作用非常敏感，在扫描过程中可以通过反馈控制系统控制样品或探针的上下运动来维持二者间相互作用力保持恒定。控制不同的探针-样品间相互作用力(吸引力或排斥力)可以使 AFM 以不同操作模式(接触、非接触、轻敲模式等)进行成像。进一步通过连续记录扫描器运动到(x、y)时 z 轴位置的变化,从而获得样品的表面形貌信息[25-27]。

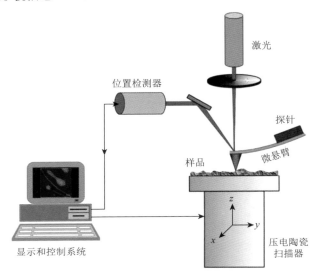

图 5.39    AFM 仪器结构示意图[27]

接触、非接触及轻敲模式是 AFM 常见的用于样品表面形貌的三种基础成像模式。三种成像模式中,轻敲模式因针尖与样品瞬时接触,二者间相互作用力很小,从而有利于维持探针的尖锐度和防止样品被针尖损坏,同时图像的分辨率也高。这些优势使其尤其适用于聚合物、生物大分子等软物质的成像研究。而且轻敲模式不仅可以得到样品表面的高度像,还可进行相位成像(phase imaging)[28-30]。当针尖周期性敲击样品表面时,微悬臂振幅的变化被用作反馈信号对样品表面形貌成像,同时针尖与样品间的相互作用力还会导致微悬臂的振荡相位与压电陶瓷驱动信号的振荡相位之间不同步[图 5.40(a)]。与压电陶瓷驱动器信号的相位相比,微悬臂振荡的相位相对滞后,并且其滞后的程度与材料的黏弹性紧密相关。将滞后的相位记录下来即为轻敲模式的相图。因其对材料的黏弹性非常敏感[28, 29],所以相图可用于定性表达材料的力学性能。

相位成像是 AFM 轻敲模式应用的一个重要突破。在该模式中启用相位成像时,既不会影响扫描速度也不会影响高度图的分辨率;同时还可提供样品表面的高分辨微观结构与性能信息,因此该技术在纳米尺度结构与性能的表征中应用极为广泛,甚至不可或缺。目前轻敲模式已成为 AFM 应用最为广泛的一种成像模式。图 5.40(b)与图 5.40(c)分别为利用轻敲模式所得热塑性弹性体(thermoplastic elastomer, TPE)的高度图(形貌图)与相图。在相图中清晰地呈现了 TPE 的相分离

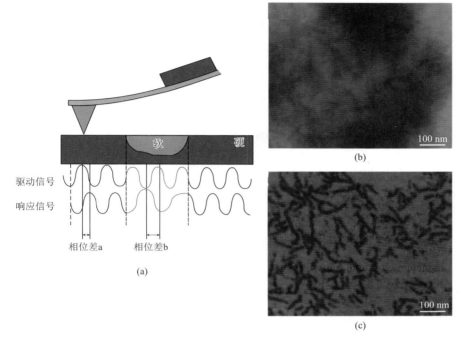

图 5.40　AFM 轻敲模式相位成像原理示意图(a)；热塑性弹性体的高度图(b)与相图(c)[27]

微观结构，而高度图所能提供的结构信息较少。高分辨相分离微观结构的来源正是由于 TPE 中不同组分黏弹性的差异，导致针尖与样品的相互作用力不同，从而产生不同的相位差。

通过微悬臂"感知"探针针尖与样品表面间的相互作用力，AFM 实现了对样品表面形貌及微观结构的高分辨成像，这也是 AFM 最基本的功能。除此之外，AFM 还可实现对样品微区性能(如力、电、热等)表征、化学成分分析及进行纳米级加工[27]。因该部分内容繁多，本节仅介绍 AFM 纳米力学基本原理及其在高性能橡胶研究领域的典型应用。

### 5.4.2　AFM 纳米力学图谱

正如"原子力显微镜"(AFM)的名称，该仪器的本质是一个力的检测器。因此，若能获得扫描过程中施加在样品上的力，同时又得到在该力的作用下样品发生的形变，即得到 AFM 力曲线，然后再借助接触力学模型，则可实现在纳米尺度范围内对样品力学性能的定量表征，进而得到以材料力学性能分布表示的形貌及微观结构，即 AFM 纳米力学图谱(AFM nanomechanical mapping, AFM-NM)。

AFM 扫描过程中力的大小可由微悬臂偏折量计算得到，发生形变的大小可由扫描管垂直运动的位移计算得到。图 5.41 所示即为 AFM 力-位移曲线示意图。AFM 力曲线分进针与退针两部分，分别对应探针加载与卸载过程。加载过程中，扫描管持续伸长，从而使探针逐渐与样品接近，其过程包括图 5.41中①～③。①代表探针从无穷远处逐渐接近样品，此过程中探针针尖与样品表面间距足够远，二者间相互作用力几乎为零或可以忽略，因此微悬臂不发生偏折，即未受力的作用[图 5.41(a)]。②代表随扫描管继续伸长，当针尖与样品表面的距离足够近时，针尖开始受到样品表面吸引力的作用，微悬臂发生偏折，开始受力的作用而逐渐向样品弯曲[图 5.41(b)]。当二者间相互作用力梯度超过微悬臂的弹簧系数时，此时针尖会发生突跳并开始接触样品表面(jump in)。在这一刻，针尖在吸引力的作用力下使样品发生形变。③代表随着扫描管继续伸长，施加在针尖上的作用力逐渐增大，当表面引力和弹性斥力相等后，开始进入斥力区，此时微悬臂向样品偏折的程度也增大[图 5.41(c)]。当微悬臂偏折量(即施加的载荷)达到指定值时，探针加载过程结束。探针卸载过程中，扫描管持续收缩，使探针逐渐与样品远离，其过程包括图 5.41 中④～⑥。④代表随扫描管收缩，微悬臂的偏折方向由向样品偏折转为其相反方向[图 5.41(d)]，针尖与样品表面间的相互作用也逐渐由斥力转变为引力。⑤代表当微悬臂偏折量达到某一值时，探针与样品表面发生突跳分离(jump out)。分离前微悬臂达到的最大偏折处的力称为最大黏附力或拉脱力(pull off)。⑥代表当针尖与样品分离后，随着扫描管持续收缩，探针回到初始位置[图 5.41(e)][27]。

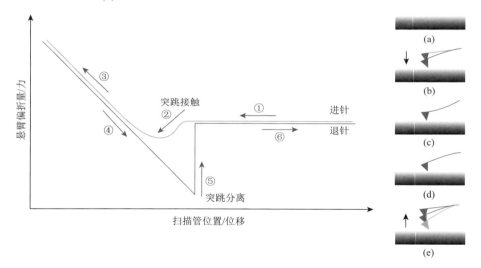

图 5.41　AFM 力-位移曲线

橙色与蓝色曲线分别对应探针加载与卸载过程[27]

得到 AFM 力曲线之后，还需对其进行拟合分析才能得到所需的力学性能信息，如模量、黏附力、耗散功等。这一过程与利用拉伸测试实验得到应力-应变曲线后，再对曲线初始线性部分进行分析得到材料的杨氏模量相似，只是对 AFM 力曲线的拟合分析需要借助力学接触模型，如非黏附 Hertzian 接触模型[31]、Bradley 刚性黏附接触模型[32]、Johnson-Kendall-Roberts（JKR）黏附接触模型[33]、Derjaguin-Muller-Toporov（DMT）黏附接触模型[34]、Maugis-Dugdale（MD）黏附接触模型等[35]。本节仅以应用 JKR 黏附接触模型分析异戊橡胶（IR）力曲线为例进行说明。

图 5.42(a)为 AFM-NM 表征 IR 时获得的典型力-位移曲线，从而给出了微悬臂偏折量($\Delta$)与扫描管（探针）位移($z - z_0$)之间的关系。IR 在施加给定载荷($F$)的情况下其形变量($\delta$)为扫描管位移减去微悬臂偏折量，即 $\delta = (z - z_0) - \Delta$。另外，$F$ 的大小可由胡克定律计算得到，即微悬臂弹性系数($k$)与其偏折量乘积($F = k\Delta$)。由此，可将力-位移曲线转换为图 5.42(b)力-形变曲线。接下来即是应用 JKR 模型对力-形变曲线进行拟合分析。JKR 模型可由以下两式表示：

$$a^3 = \frac{R}{K}\left(F + 3\pi wR + \sqrt{6\pi wRF + (3\pi wR)^2}\right) \tag{5.10}$$

$$\delta = \frac{a^2}{3R} + \frac{2F}{3aK} \tag{5.11}$$

式中，$a$ 为探针针尖与样品的接触半径；$R$ 为针尖的曲率半径；$w$ 为表面能；$K$ 为约化杨氏模量，与样品的杨氏模量 $E$ 有如下关系：

$$E = \frac{3(1 - \upsilon^2)}{4} K \tag{5.12}$$

式中，$\upsilon$ 为样品的泊松比。

由于 AFM 实验中很难精确找到针尖与样品的初始接触点，因此可将 JKR 接触模型与两点法[36]相结合，即利用穿过力-形变曲线上两点的方法对所得力曲线进行拟合，一个点是吸引力和斥力相等的点[图 5.42(b)中($\delta_0$, 0)]，另一个点是黏附力达到最大的点($\delta_1$, $F_1$)。利用两点法，JKR 方程可表示为

$$K = \frac{1.27F_1}{\sqrt{R(\delta_0 - \delta_1)^3}} \tag{5.13}$$

$$w = -\frac{2F_1}{3\pi R} \tag{5.14}$$

结合式(5.12)、式(5.13)及式(5.14)即可由力-形变曲线计算得到 $E$ 与 $w$。同时，由 5.13 可见，由于只使用了压入深度的差值 $\delta$，因此无需测定初始接触点的位置即可获得 IR 的杨氏模量。

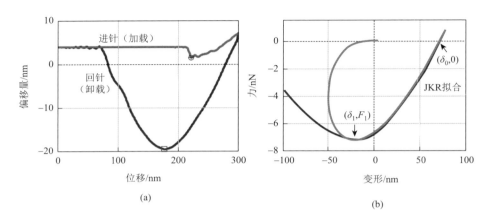

图 5.42　微悬臂偏折量-扫描管位移曲线(a)；由(a)转换得到的力-形变曲线(蓝色)及应用 JKR 模型对其拟合分析曲线(紫色)(b)[27]

利用接触力学模型对单个 AFM 力曲线进行拟合分析即可给出对应点的力学性能信息。依据针尖曲率半径的不同，可表征微区力学性能的最小空间尺度通常为几纳米至几十纳米。AFM 扫描时，若获得扫描区域内样品表面任意一点的力曲线，则可相应得到每一点的力学性能，如杨氏模量、表面能等。以这些力学性能的分布成像，如杨氏模量分布图、表面能分布图等，即为 AFM-NM。由于该方法可在纳米尺度实现对样品力学性能表征，尤其适用于具有多尺度复杂结构的高分子材料，因此，AFM-NM 已成为研究聚合物复合材料微观结构与性能的一种强有力表征方法。

### 5.4.3　AFM 的应用实例分析

#### 1. 异戊橡胶自增强机理可视化

橡胶(也称弹性体)是三大高分子材料之一，广泛应用于国民经济和国防军工建设。我国橡胶工业产值已超万亿元，居世界第一。当前国内橡胶产业存在的突出问题是明显的结构性过剩，各类高性能橡胶 [如制造航空轮胎所需的天然橡胶(NR)、制造高端橡胶密封件所需的氢化丁腈橡胶等] 仍严重依赖进口。橡胶材料得到广泛应用的重要因素即是其高弹性。因此，研究其在形变过程中微观结构与力学性能的演化对理解其结构-性能相互关系、指导高性能橡胶材料的设计及制备具有重要意义。以往对该领域的研究主要以倒易空间方法为主，如基于 X 射线，尤其是基于同步辐射的各种 X 射线技术，包括广角 X 射线衍射(WAXD)和小角 X 射线散射(SAXS)[37-42]。利用这些方法可获得形变过程中微观结构演化的统计平均值。而以实空间方法研究形变过程中微观结构及力学性能的演化一直是该领域的难点。利用 AFM-NM 实现了对橡胶复合材料中不同组分在形变过程中各自微观结构及力学性能演化的原位、实空间和定量表征。

天然橡胶具有十分优异的力学性能，包括超高的断裂伸长率、应变时模量急剧增加、低滞后、高强度，以及抗疲劳和撕裂能力。其优异的力学性能通常归因于天然橡胶在应变过程中由应变诱导结晶导致的自增强机理。利用 X 射线衍射已经得到应变诱导结晶所生成结晶的尺寸、取向、结晶分数及晶胞参数等结构信息。利用 AFM-NM，则实现了对其自增强机理的可视化。

图 5.43 是聚异戊二烯橡胶(IR)的拉伸应力-应变曲线及其在不同应变下 AFM 模量图[43]。由图 5.43 可见，未拉伸时，AFM 模量图为均一相结构；当应变增加到 300% 时，出现了一些高模量的线形和带状区域。由于橡胶的交联并非是均匀的，这些结构的出现可归因为局部形变导致的应变硬化现象。微观结构转变在应变增大到 500%时最明显，生成大量直径为几纳米至几十纳米不等且平行于应变方向的微纤。这些微纤正像利用纳米纤维增强聚合物一样，均匀分布于基体中。因此，大量微纤的形成解释了在 500%应变时其应力急剧增大的原因。进一步增加应变导致更多微纤的生成，覆盖了扫描区域 20%～32%的面积。并且大量微纤沿平行于应变方向聚集，形成直径为几纳米到一百纳米左右的纤维束，从而导致应力急剧增大。因此，利用 AFM-NM 直接可视化了 IR 在应变过程中微观结构的演变，并证明导致 IR 在大应变下应力急剧增加的原因是体系中多层次网络结构的形成。在大应变下，大量直径为几纳米至一百纳米的微纤由取向的无定形 IR 分子链相连并形成一网络。该网络浸于未取向的无定形分子链之中，形成多层次网络结构，从而导致了 IR 在大应变下应力急剧增大，实现自增强。鉴于天然橡胶(NR)与 IR 的分子结构相似，这种多层次网络结构很可能也是导致 NR 在大应变下应力迅速增大的根源。进一步结合 WAXD 和 AFM-NM 实验发现[44]，两种方法确认的应变诱导结晶的起始应变点具有一致性，即 WAXD 中出现结晶结构时，AFM-NM 结果中出现纳米微纤结构，高应变下应变诱导结晶发生得更快。IR 交联密度越大，应变诱导结晶导致的结晶度越高，AFM-NM 结果中纳米微纤量越大。因此，在该研究中，AFM-NM 确定了导致 IR 在大应变下具有优异力学性能的关键结构特征，为微观结构-力学性能间相互关系提供了新认识，这将有助于设计并制造具有更优异力学性能的橡胶制品。

#### 2. 具有高强度和低能量损耗橡胶共混物的补强机理

补强是橡胶科学研究和工程化应用中的一个重要问题。通常，对橡胶的补强可通过将橡胶与刚性粒子(如炭黑、白炭黑、纳米黏土、碳纳米管等)复合或使橡胶生成具有双重交联的网络结构实现。然而，这些方法都不可避免地在实现橡胶高强度的同时，牺牲了其独特的弹性。针对这一问题，Fang 等发展了一种以硬橡胶增强软橡胶的新策略，所制备的橡胶共混物同时具有高强度和低能量损耗的优异性能[45]。利用 AFM-NM 并结合有限元模拟(FEA)，提出了一种全新的橡胶增强机理，即软基体诱导的硬橡胶高延展性(soft matrix-induced large extensionability of hard rubber，SMILE-HR)增强机理[45]。

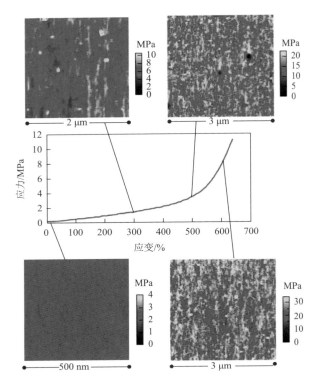

图 5.43    IR 拉伸应力-应变曲线及其在不同应变下 AFM 模量图[43]

图 5.44 为软橡胶（低交联度）/硬橡胶（高交联度）共混物在不同应变下 AFM-NM 模量图。未拉伸时［图 5.44(a)］，图中较亮的块状区域为硬橡胶分散相；当应变增加到 400%时，可以观察到硬橡胶组分沿应变方向高度取向［图 5.44(b)］，呈现为条带状结构，并且变形的硬橡胶组分显示出比周围基体高得多的模量。

AFM-NM 的一个优势是可以得到杨氏模量分布图，从而可以将共混物或复合材料中不同组分力学性能的大小进行分别统计。如图 5.44(c)所示，未拉伸时共混物显示明显的双峰分布：低模量区为软橡胶基体，高模量区为硬橡胶分散相。当应变增加到 400%时，软橡胶基体和硬橡胶分散相的模量均增加，但模量分布仍显示出相似的双峰分布［图 5.44(d)］。利用高斯函数对模量分布图中的两个峰分别进行拟合可以得到软橡胶基体和硬橡胶分散相的模量。随着应变增加，其变化趋势如图 5.44(e)所示。对于纯软橡胶（即未增强软橡胶），其模量在拉伸初期（应变＜400%）缓慢增加。当应变大于 400%时，模量迅速增大，这与图 5.43 中利用拉伸试验得到的应力-应变曲线趋势一致。对于共混物中软橡胶基体组分，其模量随应变增加的趋势与纯软橡胶相似，而硬橡胶分散相的模量则随应变增加急剧增大，极限模量与 700%应变下的纯橡胶几乎相当。共混物中基体与分散相的应力随应变

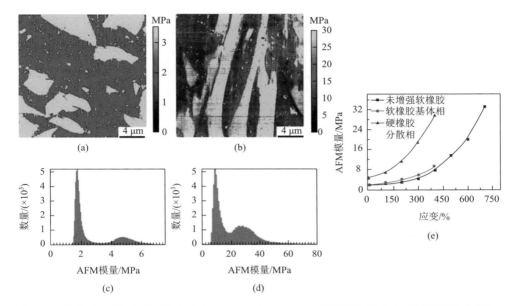

图 5.44　软橡胶/硬橡胶共混物在应变为 0%(a)和 400%(b)时模量图；相应应变下模量分布图(c)、(d)；随应变增加纯软橡胶(即未增强软橡胶)、橡胶共混物中软橡胶基体及硬橡胶分散相的应力变化(e)[45]

的变化趋势表明，随着应变增加，共混物中的软橡胶基体与纯软橡胶的应力变化相似，而高度取向的硬橡胶组分为共混物中贡献了大部分应力，极大地增加了共混物的模量。而且，图 5.44(b)表明即使共混物中的硬橡胶在远大于其宏观断裂形变的情况下，也未观察到硬橡胶组分的整体破裂。因此，硬橡胶分散相能在大应变下仍保持完整性，这使其中的分子链高度取向，成为实现增强的关键因素。

AFM-NM 结果表明硬橡胶增强软橡胶的关键在于硬橡胶分散相的应变强化。拉伸过程中，低交联度的软橡胶基体赋予共混物较大的形变，而高交联度的硬橡胶分散相在应变下取向。在 400%高应变下，硬橡胶分散相形成近似条带状形貌，此时分子链高度取向，共混物的模量迅速增大，从而实现对软橡胶的增强。FEA结果进一步证实了 AFM-NM 得出的结论。因此，利用 AFM-NM 可揭示聚合物共混物及复合材料中各组分对其增强增韧的作用机制[45, 46]。

## 5.5　差示扫描量热法　◀◀◀

19 世纪末，可以定性测量在同样加热条件下样品与参比温差的差热分析法（DTA）问世；在 20 世纪中期，人们在 DTA 的基础上相继研发了热流型的差示扫描量热仪（DSC）和功率补偿型 DSC；而近几十年来，温度调制 DSC（TM DSC）与闪速 DSC（Flash DSC）的出现大大拓宽了 DSC 的应用范围。DSC 可以定量测量各种材料的比热容、热转变温度、焓变和热转变动力学等众多热性质，是目前应用最广泛的一种热分析技术。

在统计热力学理论中，热是能量的一种形式，表示系统中的物质微观热运动的能量，温度这个状态函数则是其宏观体现。热力学第零定律指出，处于热平衡的系统之间具有相同的温度，这也是温度计及以其为基础的一切热分析设备的根本原理。

热力学第一定律指出，一个过程中系统的内能变化量由热量与功两部分组成，如式（5.15）所示。

$$\mathrm{d}U = \delta Q + \delta W \tag{5.15}$$

日常生活与工业生产中，等压过程非常常见，相比于内能，应用更广的是焓（$H$）这一状态函数。对于等压过程，当过程中没有非膨胀功时，热力学第一定律的表达式变为式（5.16），即等压过程的热效应与系统的焓变相等。

$$\mathrm{d}H = \delta Q_\mathrm{p} \tag{5.16}$$

通常用热容 $c$ 描述某一条件下物质发生温度变化时吸收或放出热量的能力，其数值表示此条件下物质温度升高 1 K 所需的热量，而比热容则表示该条件下单位质量的物质温度升高 1 K 所需的热量。故可得等压热容与系统焓的关系如式 5.17。

$$c_\mathrm{p} = \frac{\delta Q_\mathrm{p}}{\mathrm{d}T} = \frac{\mathrm{d}H}{\mathrm{d}T} = \left( \frac{\partial H}{\partial T} \right)_\mathrm{p} \tag{5.17}$$

### 5.5.1　DSC 的工作原理与类型

#### 1. DSC 的结构与工作原理

DSC 设备通常在恒定吹扫气流量的恒压条件下进行测试，可以以恒定的变温速率控制样品的温度。考虑样品时，某一时刻样品在一个时间微元内的焓变由两部分组成，一部分由温度变化引起，另一部分由化学反应或熔融结晶等物理过程引起，故可将仪器提供的热流 $\phi_\mathrm{s}$ 列为式（5.18），其中 $\Delta h_t$ 为化学反应或熔融结晶过程全部完成后的热效应，$\alpha$ 则表示化学反应或熔融结晶过程进行的程度，即转化率。

$$\phi_\mathrm{s}(t) = \frac{\delta Q_\mathrm{p}}{\mathrm{d}t} = \frac{\mathrm{d}H_\mathrm{s}}{\mathrm{d}t} = c_\mathrm{p,s} \frac{\mathrm{d}T}{\mathrm{d}t} + \Delta h_t \frac{\mathrm{d}\alpha}{\mathrm{d}t} \tag{5.18}$$

对于参比，其在 DSC 变温过程中不存在化学反应或者物理转变，故 DSC 测得的信号，即样品与参比的热流差可用式（5.19）表示。

$$\Delta\phi(t) = \Delta c_\mathrm{p} \frac{\mathrm{d}T}{\mathrm{d}t} + \Delta h_t \frac{\mathrm{d}\alpha}{\mathrm{d}t} \tag{5.19}$$

式中，$\Delta c_\mathrm{p}$ 为样品和参比的热容差值。故利用 DSC 设备测得一个特定温度程序下热流密度差随着时间(或温度)的变化，绘制热谱图，解析图像可以获得样品材料的热容，从而确定样品发生某一特定转变过程的温度或温度区间，并测量各种转变或化学反应的热效应。

目前，常见的 DSC 仪器根据其测量原理可以分为两种，热流型 DSC 和功率补偿型 DSC。热流型 DSC 的样品池结构如图 5.45(a)所示，其样品坩埚与参比坩埚均处在一个程序控温的均匀热块上，分别用温度传感器测量样品与参比的温度，利用热欧姆定律计算样品与参比的热流差，如式(5.20)所示，式中下标 s 为样品；小标 r 为参比；$\Delta T$ 为与热块的温差，考虑到炉腔对称性，可认为二者热阻一致；$R$ 为热块与样品坩埚和参比坩埚的热阻。

$$\Delta\phi(t) = \frac{\Delta T_s}{R_s} - \frac{\Delta T_r}{R_r} = \frac{T_s - T_r}{R} \tag{5.20}$$

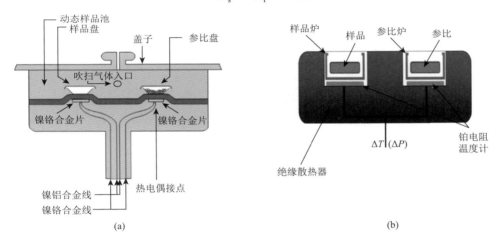

图 5.45　热流型 DSC 仪(a)与功率补偿型 DSC(b)的样品池结构

功率补偿型 DSC 的样品池如图 5.45(b)所示，其样品坩埚与参比坩埚分别具有独立的控温元件与传感器，在进行程序控温时，功率补偿系统通过补偿功率的方式抵消样品坩埚与参比坩埚由于热性质差异产生的温差，所得的补偿功率即为热流差。功率补偿型 DSC 的样品的温度响应比热流型 DSC 更快，因此可以达到更高的升降温速率，但其基线稳定性不如热流型 DSC。

无论是热流型 DSC 还是温度补偿型 DSC，在测试前均需要用标准物质，如铟、锡等校正仪器测量的热数据；在测试时，需要用恒定气流量的吹扫气体以稳定热流数据，通常使用氮气、氦气等气体，若有特殊需求也可使用氧气作为吹扫气体测定氧化反应的特征温度及热效应；如果需要测量热容数据，需要严格保证样品坩埚与参比坩埚规格一致、质量相等；为了保证测试的精度，样品的质量需要控制在合适的范围内，对于一般的高分子材料，通常取 2~5 mg 即可。

由式 (5.19) 可知，当某个温度范围内不存在化学变化或结晶熔融等相变过程时，DSC 仪器测得的热流差数据即为样品、参比的热容差及变温速率的乘积。通常，DSC 的温度程序由数段变温速率不同的温度程序组成，当样品和参比坩埚质量严格相同时，每段温度程序绘制的曲线基线反映样品的热容，测量标准物质，如蓝宝石等的热流差曲线，利用二者之比即样品热容与标准物质热容之比就可得到所测样品的热容。

除了测定材料的热容，DSC 还可以测定在变温过程中材料发生的各种热转变。以高分子材料为例，其在变温过程中，DSC 热谱图中可能出现的形状如图 5.46 所示。

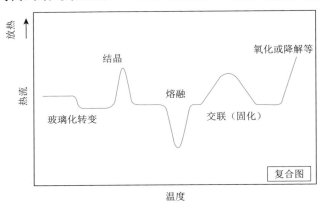

图 5.46    聚合物的 DSC 热谱图中的常见形状

当其处于玻璃化转变温度 $T_g$ 附近时，其从链段运动被冻结的玻璃态逐步转变至链段自由运动的橡胶态，体系的热容发生突变，体现在热谱图中出现一个台阶式的转折，通常取台阶拐点处的切线与台阶前后基线的两个交点的中点对应的温度作为其玻璃化转变温度，如图 5.47 所示。

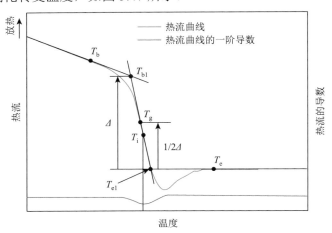

图 5.47    $T_g$ 的常见测定方法[47]

对于结晶聚合物，其存在晶相与非晶相的转变，升温过程中，在熔点 $T_m$ 附近，晶相向无定形相转变，热谱图中出现吸热峰。与小分子晶体不同，由于其片晶厚度分布较宽，因而具有较宽的熔程，一般取峰顶温度作为其熔融温度。降温过程中，在结晶温度 $T_c$ 附近，部分无定形相向晶相转变，热谱图中出现放热峰。高分子的结晶温度 $T_c$ 低于熔点 $T_m$，这是动力学的结果，即结晶过程（特别是成核）需要一定过冷度才能达到可以观察的速率。

部分材料在 DSC 测试中会发生诸如交联、固化等的化学反应，在热谱图中出现吸热峰或放热峰。高分子材料在分解温度 $T_d$ 以上时会发生解聚或降解，其热效应在 DSC 谱图中也会有所体现。

选取合适的基线，对某个特定的吸放热峰进行积分可以得到式(5.19)中的 $\Delta h, \alpha$，即得到此峰代表的总焓变，如结晶焓、熔融焓或反应焓等，与标准数据 $\Delta h_t$ 对比，可以得到材料的结晶度或化学反应的转化率。

由于 DSC 是动态测试，仪器测得的热转变温度数值还与变温速率相关，通常，变温速率越快，数据灵敏度越高；变温速率越慢，数据分辨率越高。不同变温速率下测试得到的结果可能差异比较大，如图 5.48 所示，随着升温速率增大，相同结晶条件 PBS 的熔融峰的形状趋于单峰，分辨率下降。故利用 DSC 给出材料热转变温度时，需要注明测试的变温速率，对于一般的 DSC 测试，变温速率一般为 10～20 K/min。

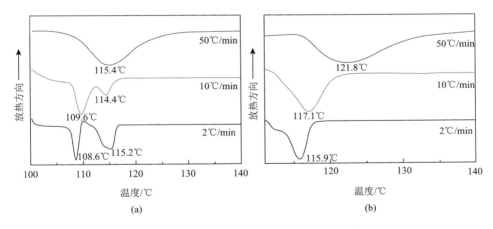

图 5.48　100℃下(a)与110℃下(b)等温结晶 4 h 的 PBS 在不同升温速率条件下的升温曲线[48]

## 2. TM DSC 与 Flash DSC

尽管 DSC 理论上能测得在大温度范围内的样品材料的各种热性质，但在实际应用的过程中，其仍存在不少问题需要解决。近几十年来兴起的温度调制 DSC 及闪速 DSC 能满足部分传统 DSC 不适用的应用场景下的需求, 拓宽了 DSC 的应用范围。

由式 (5.19) 可知, DSC 仪器测得的热流差由两部分组成, 一部分由温度变化引起, 可以归结为其热力学热流成分, 或称为显热流、可逆热流; 另一部分由化学反应或结晶熔融等动力学过程引起, 可以归结为其动力学成分, 或称为潜热流、不可逆热流。与显热流相比, 潜热流对温度变化的敏感性更差。

在部分场景下, 很难区分 DSC 测得的总热流中显热流和潜热流的成分。例如, 玻璃化转变时常伴随冷结晶或热焓松弛, 而在等温过程也无法测得体系的热容及其变化。此时就需要用到 TM DSC, 其原理如下。

在线性变温程序的基础上添加一个正弦振荡的温度调制 (也可以施加锯齿形的温度调制), 如式 (5.21) 由于显热流成分与潜热流成分对温度调制的响应有显著差别, 利用复杂的数学手段解析, 即可近似分离出总热流信号中的显热流信号与潜热流信号。

$$T(t) = T_0 + \beta t + A\sin\omega t \tag{5.21}$$

常规的 DSC 仪器的变温速率相对于实际加工过程中 $100 \sim 1000$ K/s 的变温速率来说非常小, 难以模拟实际加工过程中的变温过程。Flash DSC 测试所用的样品量非常少, 通常质量小于 100 ng, 如此少量的样品在变温过程中热阻较小、与控温元件的接触较为充分、热滞后效应小。虽然样品质量很小, 总吸放热量很小, 但是热流和升降温的速率几乎成正比, 导致热流的数值仍然较高, 这是其在高变温速率下进行 DSC 测试的前提。目前, Flash DSC 可以实现数千乃至数万开尔文每秒的变温速率, 将测试的时间尺度从秒量级缩短到毫秒量级[47]。

对于结晶速率较快的聚合物样品, 其在高过冷度下的等温结晶动力学的测试非常困难, 因为在降温至该温度的过程中, 相对高温下的结晶难以避免, 存在一个临界降温速率, 对于等规聚丙烯[49]样品, 其临界降温速率为 500 K/s, 即当降温速率大于 500 K/s 时, 降温过程中无法观察到结晶峰; 类似地, 由于熔融过程中存在熔融-再结晶等动力学行为的干扰, 因此聚合物的不可逆熔融动力学的测试也非常困难。而利用 Flash DSC, 在其测试的毫秒尺度中, 各种动力学干扰效应可以忽略不计, 可以精确地测定低温时的聚合物等温结晶动力学及在排除熔融-再结晶等现象干扰下的熔融动力学。例如, 对于聚丙烯腈等具有强极性基团的高分子, 在常规的热分析测试条件下, 其在熔融过程中往往伴随着氰基的环化、脱氢和氧化等化学反应, 熔融峰的信号与副反应峰的信号重叠, 如图 5.49(a) 所示。而在 Flash DSC 的测试条件下, 聚丙烯腈的环化等副反应受到抑制, 可以在熔点附近的温度范围测得单一的熔融峰, 如图 5.49(b) 所示[50]。

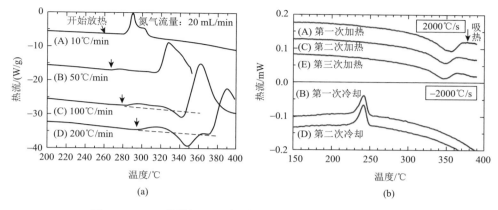

(a)　　　　　　　　　　　　　(b)

图 5.49　PAN 的常规 DSC 热谱图(a)与 Flash DSC 热谱图(b)[50]

### 5.5.2　经典 DSC 热谱图解析

**1. 二次升温热谱图**

对于聚合物，其各种热转变都发生在一定的温度范围内，这一范围与其分子量、分子量分布和热历史相关。为了消除热历史对其本征性质的影响，通常先将材料加热到熔点温度以上 30～40℃保持一段时间，此时第一次升温曲线即反映在当前热历史下材料的热性质，经降温后的第二次升温曲线即与其原始的热历史无关。

经典的二次升温的 DSC 热谱图如图 5.50 所示，测得的相应数据图中均已标注。

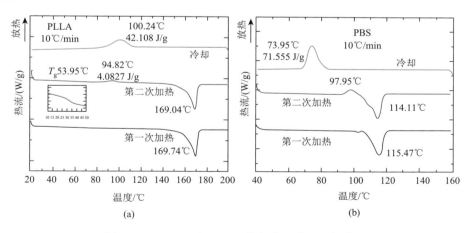

(a)　　　　　　　　　　　　　(b)

图 5.50　PLLA(a)与 PBS(b)的经典二次升温热谱图

在第一次升温过程中，样品中受热历史影响下的晶区融化，计算出的熔融焓反映样品在当前热历史条件下，即材料在使用条件下的结晶度，由于各类材料加工条件有所差异，热历史不同，此时测得的结晶度相对大小并不能反映其本征的结晶能力；消除热历史后，在相同的条件下降温结晶即降温曲线中测得的结晶温度 $T_c$、第二次升温测得的熔点 $T_m$ 与熔融焓 $\Delta h_t\alpha$ 可反映样品本征的结晶性质。

对于结晶速率比较慢的结晶聚合物，如 PLLA，或者当降温结晶曲线的降温速率非常快时，第二次升温曲线中在玻璃化转变温度之后可能会出现结晶峰，称为冷结晶，如图 5.50(a)所示。当降温速率很快或结晶速率很慢时，降温过程中部分链段形成的有序结构可能来不及排入晶区，体系已进入玻璃态，链段运动冻结，二次升温时，随着温度升高，链段解冻，这部分尚未排入晶区的有序链段排入晶区，体现为热谱图中在玻璃化转变对应的台阶后出现放热峰。

对于部分分子链运动能力比较强的聚合物，如 PBS、PEO 等，其熔融-再结晶现象非常显著。熔融-再结晶指在低过冷度下，在熔融过程中发生的结晶行为，如图 5.50(b)所示，PBS 的二次升温曲线中，在熔融峰位置前出现了显著的结晶放热峰，升温时 PBS 熔融峰中靠后的峰即为主要由熔融-再结晶产生的更为稳定的晶体贡献。

### 2. 等温热谱图

消除热历史后，设置等温程序可以研究样品的热转变动力学。

将消除热历史后的样品迅速降温至指定的等温结晶温度，以时间为横坐标，热流差数据为纵坐标绘图至基线走平，即可测量样品在该温度下的等温结晶动力学，如图 5.51 所示。

等温结晶过程的动力学可以由 Avrami 方程描述，如式(5.22)、式(5.23)所示。

$$1 - X_t = \exp(-kt^n) \tag{5.22}$$

$$\lg\left[-\ln(1-X_t)\right] = \lg k + n\lg t \tag{5.23}$$

式中，$X_t$ 为 $t$ 时刻的相对结晶度，与式(5.19)中的 $\alpha$ 关系可由式(5.24)描述；$k$ 为结晶过程的速率常数；$n$ 为 Avrami 指数，其与成核机制和晶体的生长维度相关。可定义半结晶时间 $t_{1/2}$ 描述结晶的快慢，其符合式(5.25)。

$$X_t = \frac{\alpha_t}{\alpha_{\max}} \tag{5.24}$$

$$t_{1/2} = \left(\frac{\ln 2}{k}\right)^{\frac{1}{n}} \tag{5.25}$$

将图 5.51 中的 DSC 数据整理，拟合得到的 $n$、$k$、$t_{1/2}$ 数据见表 5.3，可以直观地看出，成核剂浓度越高，PBS 结晶速率越快，在此温度范围内，过冷度越低，PBS 结晶速率越慢。

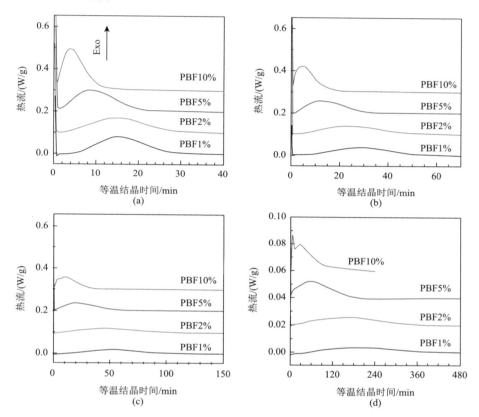

图 5.51　不同温度下及不同 PBF 成核剂浓度下 PBS 的等温结晶 DSC 曲线

$T_c = 102℃$ (a)、$T_c = 104℃$ (b)、$T_c = 106℃$ (c)、$T_c = 109℃$ (d) [50]

表 5.3　不同结晶温度，不同成核剂浓度下 PBS 结晶的 $n$、$k$、$t_{1/2}$ 数据[50]

| $T_c/℃$ | PBF 含量/% | $n/min^{1/n}$ | $k/min^{-n}$ | $t_{1/2}/min$ |
|---|---|---|---|---|
| 102 | 1 | 3.46 | $6.85 \times 10^{-5}$ | 14.3 |
|  | 2 | 2.69 | $4.97 \times 10^{-4}$ | 14.7 |
|  | 5 | 2.06 | $7.78 \times 10^{-3}$ | 8.9 |
|  | 10 | 1.70 | $6.31 \times 10^{-2}$ | 4.1 |
| 104 | 1 | 2.90 | $3.77 \times 10^{-5}$ | 29.5 |
|  | 2 | 2.50 | $2.06 \times 10^{-4}$ | 25.7 |
|  | 5 | 2.34 | $1.30 \times 10^{-3}$ | 14.7 |
|  | 10 | 1.47 | $5.23 \times 10^{-2}$ | 5.8 |

续表

| $T_c/℃$ | PBF 含量/% | $n/min^{1/n}$ | $k/min^{-n}$ | $t_{1/2}/min$ |
|---|---|---|---|---|
| | 1 | 2.90 | $6.47×10^{-6}$ | 54.5 |
| 106 | 2 | 2.32 | $8.25×10^{-5}$ | 49.1 |
| | 5 | 2.01 | $1.09×10^{-3}$ | 24.7 |
| | 10 | 1.56 | $1.40×10^{-2}$ | 12.3 |
| | 1 | 2.37 | $2.54×10^{-6}$ | 197.6 |
| 109 | 2 | 2.16 | $1.09×10^{-5}$ | 165.5 |
| | 5 | 1.54 | $9.74×10^{-4}$ | 70.5 |
| | 10 | — | — | — |

### 3. 多级变温热谱图

对于部分多组分分布或结构分布较宽的聚合物体系，如乙烯与其他 $\alpha$-烯烃共聚得到的支化聚乙烯，其支链分布不均导致其有较宽的亚甲基长度分布，不同亚甲基长度形成的片晶的厚度不同，对应不同的结晶温度及熔融温度，此时，采用简单的 DSC 温度程序难以得到其结构分布的信息，可以采用逐步结晶(SC)法或连续自成核退火(SSA)法等分级方法，其原理均为在不同的结晶温度段(或退火温度段)下进行分级结晶(或退火)，最终在升温过程中，不同结晶温度段(或退火温度段)下形成的不同厚度的片晶分别在不同的温度范围融化，其分布信息即体现样品中支链分布等结构信息。其具体温度程序与测试结果如图 5.52 所示。

由于每一段等温结晶需要的时间远长于降温结晶后升温退火的时间，SC 方法需要的时间长于 SSA，而二者精度相差不大。类似地，可以用阶梯熔融法研究熔融-再结晶过程，在此不再赘述。

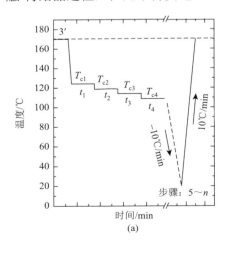

(a)

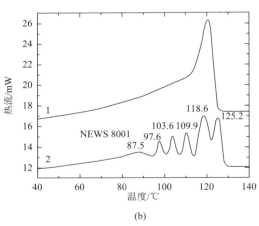

(b)

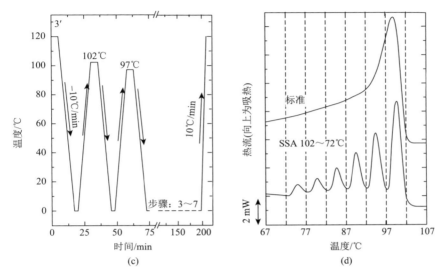

图 5.52 逐步结晶(SC)法的温度程序(a)与结果(b)(1 为标准程序结果，2 为 SC 结果)及连续自成核退火(SSA)法的温度程序(c)与结果(d)[51]

### 5.5.3 DSC 的应用实例分析

#### 1. PEN 成核剂的效率的评价

结晶性能是评价聚合物性能最重要的指标之一，晶区的存在可以给聚合物材料提供足够的力学强度和稳定性，满足其在大部分应用场景下的性能要求。虽然部分聚合物，如 PLLA、PEN 等具有形成晶区的客观条件，但主链的刚性限制了其链段的运动，导致其结晶速率较慢，不利于加工，通常在其中加入成核剂和成核促进剂等改善其结晶性能。成核剂可以降低临界核的成核位垒，改善结晶聚合物在低过冷度下的结晶能力；成核促进剂可以降低链段的扩散位垒，改善结晶聚合物在高过冷度下的结晶能力。

DSC 可以测定添加成核剂后聚合物的降温结晶温度 $T_c$ 与不同温度下等温结晶的半结晶时间 $t_{1/2}$，故可利用 DSC 测试综合评估成核剂的成核效率。

高峡等[52]测试了多种成核剂［AClyn®285、Surlyn®1601 与 SB(苯甲酸钠)］与成核促进剂［Ceraflour 991®、Ceraflour 993® 与 PBS(聚癸二酸丁二酯)］对 PEN(聚 2, 6-萘二甲酸乙二酯)结晶性能的影响，DSC 谱图如图 5.53 所示。

成核促进剂的加入可以显著提升 PEN 的结晶速度，故降温结晶时，其结晶温度 $T_{cc}$ 升高，第二次升温时的冷结晶温度 $T_{ch}$ 降低；同时成核促进剂的存在也提高了其在 DSC 测试过程中的结晶度，其结晶峰与冷结晶峰的面积显著增大；成核促进剂对最终形成的晶体熔点的影响不大。

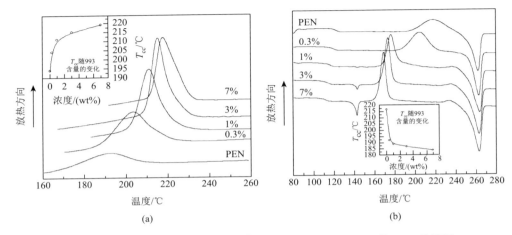

图 5.53　不同含量的 Ceraflour 993® 成核促进剂添加下 PEN 的 DSC 热谱图

(a)降温曲线；(b)第二次升温曲线；其他成核剂与成核促进剂变化规律完全类似，不再赘述

由于成核促进剂通常为柔性分子链，引入此柔性链后体系玻璃化转变温度降低。当成核促进剂浓度过高时，其与体系发生相分离，表现为在 145℃附近出现 Ceraflour 993® 的熔融峰。

在不同温度下进行等温结晶，测定其半结晶时间 $t_{1/2}$ 可以定量评估不同成核剂在不同温度下的成核效率，测试结果如图 5.54 所示。可以直观看出成核促进剂中 PBS 对 PEN 结晶速率的提升最大，且在高过冷度效果更为显著；在成核剂中，SB 对 PEN 结晶速率的提升最大，在低过冷度下效果也较为显著；部分成核剂与成核促进剂在高过冷度下可能具有协同作用。

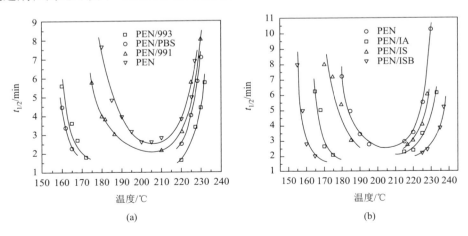

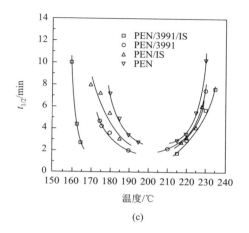

(c)

图 5.54　不同成核剂与成核促进剂添加条件，不同等温结晶温度下 PEN 的半结晶时间：不同成
核促进剂(a)、不同成核剂(b)、成核剂与成核促进剂复配(c)

## 2. 聚合物结晶熔融热力学的研究

小分子结晶时，其结晶单元可以通过密堆积的方式，堆积成三个维度尺寸都
足够大的完美晶体，结晶与熔融都接近平衡态。而对于聚合物这种一维长链，其
通常情况下很难通过密堆积的方式形成热力学最稳定的、三个维度尺寸都足够大
的伸直链晶体，而是通过链折叠的方式形成具有一定片晶厚度的折叠链片晶，此
结晶过程中表面能不可忽略，且远离平衡态。

对平衡态的研究是热力学研究中的一个重要问题，其对于相关热力学理论的
建立有着重要的意义，相应的平衡态数据也可以指导实际工业生产中的非平衡过
程。利用 DSC 仪可以测得在某个等温结晶温度下形成的聚合物片晶的熔点与熔融
热，并通过相关的理论外推得到平衡熔点；也可以直接测定特殊手段得到的伸直
链晶体的熔点与熔融热，其数据即近似为平衡熔点与平衡熔融焓。

(1)利用 Hoffman-Weeks 曲线能否外推获得平衡熔点 $T_m^0$？

当结晶聚合物在 $T_c$ 下结晶时，对于横向尺寸无限大的片晶，热力学稳定的最
小片晶厚度 $L_{c,min}$ 满足式(5.26)，如下所示。

$$L_{c,min} = \frac{2\sigma_f T_m^0}{\Delta h(T_m^0 - T_c)} \tag{5.26}$$

式中，$\sigma_f$ 为片晶上下表面的表面能；$\Delta h$ 为单位体积晶体融化的焓变；$T_m^0$ 为平衡
熔点；$T_m^0 - T_c$ 为过冷度。

该温度下实际的结晶过程速率为零，只有片晶厚度大于最小片晶厚度，结晶
过程才能持续进行，故得到的实际晶体的片晶厚度 $L_c$ 满足式(5.27)。

$$L_c = \gamma L_{c,min} \tag{5.27}$$

式中，$\gamma$ 为片晶增厚系数，其值大于 1。升温过程中，若片晶厚度不变，可以导出其熔点 $T_m$ 满足式(5.28)。

$$T_m = T_m^0 \left( 1 - \frac{2\sigma_f}{L_c \Delta h} \right) = \frac{1}{\gamma}(T_c - T_m^0) + T_m^0 \tag{5.28}$$

若假设不同过冷度下片晶增厚系数 $\gamma$ 不变，则可以得出聚合物的 $T_m$-$T_c$ 曲线为斜率为 $\dfrac{1}{\gamma}$ 的直线，其与 $T_m = T_c$ 直线的交点即为平衡熔点，此即利用 Hoffman-Weeks 方程线性外推平衡熔点的原理。

利用 DSC 设备测得不同过冷度下等温结晶的 PBS 样品升温过程中的熔点，作 $T_m$-$T_c$ 曲线理论上可以外推得到 PBS 的平衡熔点。整理相关数据得到 $T_m$-$T_c$ 曲线[53]如图 5.55 所示。

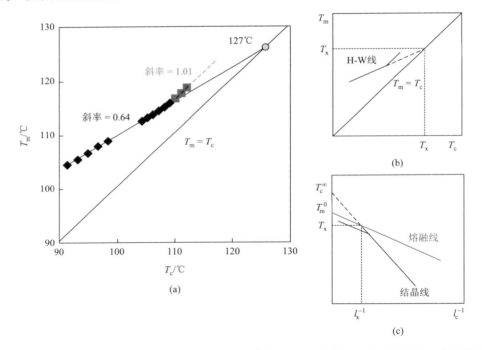

图 5.55　PBS 的 $T_m$-$T_c$ 曲线(a)；Hoffman-Weeks 线与 $T_m = T_c$ 直线(b)，高过冷度时二者外推相交；Gibbs-Thomson 线(熔融线)及结晶线(c)，高过冷度时二者也外推相交[48]

当过冷度较高时，$T_m$-$T_c$ 曲线斜率为 0.63，线性程度较好，但是外推获得的不是平衡熔点，而是结晶线($T_c$-$1/L_c$)和熔融线($T_m$-$1/L_c$)的交点，其数值要低于平衡熔点[48]。但当过冷度较低时，$T_m$-$T_c$ 曲线斜率接近于 1，与 $T_m = T_c$ 直线平行，无法外推得到 PBS 的平衡熔点。这说明 Hoffman-Weeks 方程的前提假设存在问题，不同过冷度下片晶增厚系数 $\gamma$ 实际上有较大的差异，一种可能的解释见图 5.56[48]。

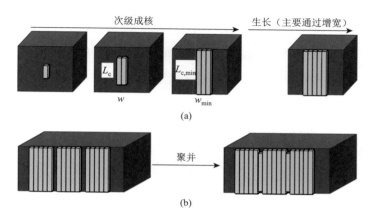

图 5.56　高过冷度时片晶前沿的次级成核(a)和片晶生长前沿的次级核聚并机制(b)导致片晶增厚系数 $\gamma$ 远大于 1[48]

当过冷度较高时，片晶生长前沿的成核密度非常高，片晶的横向铺展依赖于两个不同片晶核的聚并，聚并过程中片晶的横向尺寸发生突变，从而实现稳定化。但是聚并之前，由于有限的片晶宽度，得到稳定新核要求的最小片晶厚度比较大，因此片晶增厚系数较大；而当过冷度较低时，片晶生长前沿的成核密度很低，片晶的横向铺展主要来自次级核的横向生长，由于片晶横向尺寸较大，因此与之匹配的热力学稳定的片晶厚度接近于无限宽片晶的最小片晶厚度，即片晶增厚系数接近于 1。

(2)测定 PBSA 共聚物伸直链晶体的平衡熔点与熔融焓。

如前所述，利用 Hoffman-Weeks 方程等方法线性外推聚合物的平衡熔点可能受到测试过程中片晶厚度变化等复杂因素的影响，结果并不一定准确。而伸直链晶体作为热力学最稳定的聚合物晶体类型，其结构与三个维度均无限长的完美聚合物晶体非常接近，故可近似将其熔点视为平衡熔点。在传统的伸直链晶体制备方法中，缓慢的动力学效应会使无规共聚物中的共聚单元排出晶格，难以得到无规共聚物的伸直链晶体。而采用如图 5.57 所示的方法可以得到无规共聚物的伸直链晶体[54]，即将丁二酸丁二酯与己二酸丁二酯的无规共聚物(PBSA)和尿素在剪切下熔体混合，自组装成聚合物分子链伸直取向的尿素包合物，除去尿素框架后 PBSA 分子链聚并形成伸直链晶体，最后通过甲胺气相刻蚀除去无定形区。

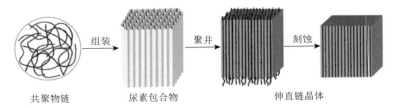

图 5.57　制备 PBSA 伸直链晶体示意图[54]

　　广角 X 射线衍射、扫描电镜与刻蚀后样品的核磁表征均表明得到了 PBSA 的伸直链晶体，其中 BA 片段作为共晶组分参与 BS 片段的结晶。对刻蚀后的 PBSA 伸直链晶体做 DSC 测试，得到的结果见图 5.58(a)，将测得的熔点与熔融焓数据整理后与非伸直链的 PBSA 晶体等比较，得到的结果见图 5.58(b)和(c)。

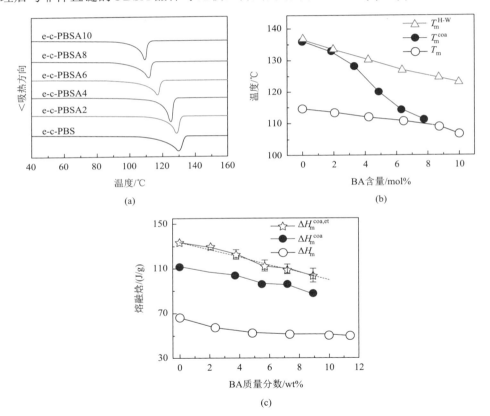

图 5.58　刻蚀后 PBSA 伸直链晶体的 DSC 升温曲线(a)；各类 PBSA 晶体熔点与 BA 组分摩尔分数的变化关系(b)；各类 PBSA 晶体的熔融焓与 BA 组分质量分数的变化关系(c)

其中 $T_m$ 为非伸直链 PBSA 晶体的熔点；$T_m^{coa}$ 为伸直链 PBSA 晶体的熔点；$T_m^{H-W}$ 为利用 Hoffman-Weeks 方程线性外推得到的熔点；$\Delta H_m$ 为非伸直链 PBSA 晶体的熔融焓；$\Delta H_m^{coa}$ 为刻蚀前伸直链 PBSA 晶体的熔融焓；$\Delta H_m^{coa,et}$ 为刻蚀后伸直链 PBSA 晶体的熔融焓[54]

即使 BA 可以与 BS 片段形成共晶，但在宏观上来看其仍然作为 PBS 晶格中的缺陷，当其含量增加时，PBSA 晶体的平衡熔点与熔融焓均下降。采用 Hoffman-Weeks 方程线性外推得到的平衡熔点数据的下降小于伸直链晶体熔点的下降，这是因为 Hoffman-Weeks 方程基于常规的折叠链片晶的结晶和熔融过程，BA 片段大部分都被排除出了晶格，故外推获得的平衡熔点下降偏小，这也表明用 Hoffman-Weeks 方程难以线性外推获得共聚物的平衡熔点。

虽然刻蚀后 PBSA 伸直链晶表面仍存在一些无定形的纤毛，但其结晶度接近 100%，可以将其熔融焓数据近似视为其标准熔融焓数据。由不同共聚含量下的 PBSA 熔融焓数据可以推算其缺陷吉布斯自由能，但其数据与一些理论模型推得的数据差异较大，仍需建立精确且完善的理论模型来描述无规脂肪族聚酯的共晶行为。

## 5.6　正电子湮没寿命谱法　◀◀◀

聚合物自由体积是高分子物理中非常重要的概念，最早由 Fox 和 Flory 提出[55]，广义上指聚合物中未被占据的无规分布的空间和由密度涨落、分子运动形成的空间，它也是链段运动所必需的空间。黏弹性、玻璃化转变、塑形屈服等聚合物的基础性质都与自由体积密切相关，因此，研究自由体积对了解高性能聚合物的结构-性能关系非常必要。目前，测量微结构的技术包括荧光探针、光敏分子标记、小角 X 射线散射、中子散射、正电子湮没寿命谱等。光敏分子标记和荧光探针的法需要引入探针分子，而引入探针分子必然会引起干扰，因此只能进行粗略估计。而光散射方法只能从电子密度涨落推导得到自由体积，基于散射粒子的波长，若空穴小于 1 nm 则无法测量。

正电子湮没寿命谱(positron annihilation lifetime spectrum, PALS)是一种极为有效的自由体积探测方法，与其他方法相比，其探针小、灵敏度高，可以表征自由体积尺寸、数量和分布。因此，PALS 成为目前直接探测聚合物微观结构，尤其是自由体积的一种最有效的手段。

多数高性能高分子材料因分子链刚性大而难以结晶，自由体积占比较高，因此表征高性能高分子材料自由体积意义重大。

### 5.6.1　PALS 方法原理

正电子最早由 Anderson 于 1932 年在宇宙射线中发现，是被发现的第一个反物质。在聚合物中，正电子可以自由和正电子-电子束缚态(Ps)两种形式存在。正电子进入聚合物后，受到带正电的原子核的排斥，通过与原子核、电子等的非弹性碰撞，动能转化为热能，这一过程称为正电子的热化阶段，这一过程通常在 1～3 ps 内完成。热化后的正电子在聚合物中进入扩散阶段，遇电子直接发生湮灭或者与电子结合形成 Ps，然后发生湮没。而 Ps 可以进一步分为正电子素(o-Ps)和仲正电子素(p-Ps)。o-Ps 中正电子和负电子平行同向旋转，和反旋电子相遇则湮没，其在真空中的寿命可达 142 ns，但在聚合物中仅有 1～5 ns。p-Ps 中则是平行反向旋转，平均寿命仅为 0.125 ns。自由正电子的平均寿命则为 0.4 ns。在聚合物中，o-Ps 会优先定域在低电子密度位置，其寿命和空穴大小相关。空穴大，o-Ps 湮没概率小，寿命延长[56]。因此，测定正电子在聚合物中的湮没寿命和强度，即可获得自由体积的大小、数量等信息。

当前，常用的势阱模型是聚合物中的 o-Ps 近似为一个半径 $R_0$ 的球形势阱中的粒子。势在 $r > R_0$ 时无限大，而 $r < R_0$ 时为常数。可以设在 $R$ 和 $R_0$ 之间存在一个电子层，其厚度为 $R \sim R_0$，则只有简单共价键而无正电子素猝灭基团的体系厚度约为 0.165 nm[57]。进一步假设 o-Ps 的湮没平均寿命为 0.5 ns，就可以得到空穴半径 $R$ 与 o-Ps 寿命 $\tau_3$ 的半经验公式(5.29)[58]

$$t_3 = \frac{1}{2}\left[1 - \frac{R}{R + \Delta R} + \left(\frac{1}{2\pi}\right)\sin\left(\frac{2\pi R}{R + \Delta R}\right)\right]^{-1} \tag{5.29}$$

基于上述原理，人们开发了相应的仪器来检测正电子寿命。电子谱学实验通常使用正电子源是 Na，伴随着正电子发射有一个起始信号，就是生成 Ne 核退激时发射的 1.28 MeV 的 g 光子。正电子在样品中湮没后发出的能量为 0.511 MeV 的 g 光子是终止信号。正电子的寿命即为起始信号和终止信号之间的时间间隔，可用时间谱仪来测量。

正电子寿命谱仪有两种，即快-慢符合谱仪和快-快符合谱仪。快-慢符合谱仪比较复杂，且谱仪计数率比较低。近年来人们都采用快-快符合谱仪，它具有调节方便、计数率高等优点。常用的快-快符合谱仪如图 5.59 所示，正电子源夹在两片相同的样品之间，并置于两探头中间。探头由 $BaF_2$ 晶体(或塑料闪烁体)、光电倍增管 XP2020Q 及分压线路组成。恒比定时甄别器具有两种功能，既可以对所探测的 g 光子进行能量选择，又可在探测到 g 光子时产生定时信号。调节恒比定时甄别器的能窗，使两探头分别记录同一个正电子所发出的起始和终止信号 −1.28 MeV 和 0.511 MeV 的光子。时间幅度转换器将这两个信号之间的时间间隔转换为一个高度与之成正比的脉冲信号，输入多道分析器所记录的即为正电子寿命谱。

## 5.6.2　PALS 数据分析

目前较为公认的 Ps 寿命与空穴关系主要为：①o-Ps 可探测的空穴有范围，为 0.185～2 nm[59]，同时对于分子振动频率高于 $10^9$Hz 所产生的自由体积无法探测。

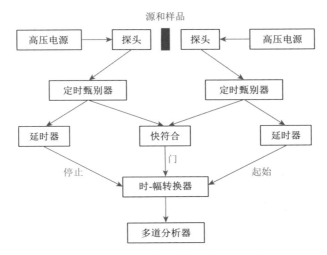

图 5.59　快-快符合谱仪结构示意图

但一般聚合物的频率不会到达这么高的范围，因此不会影响测试结果。②Ps 的寿命与空穴大小存在一一对应的关系，从而可以计算得到平均自由体积、空穴数量和分布。③Ps 主要定域在低电子密度区-空穴中，但对所有大小的空穴，定域概率相同[60]。

在常规的计算当中，可以首先利用式 (5.30) 对谱图数据进行分解：

$$y(t) = R(t)N_t \sum_{i=1}^{n} \alpha_i \lambda_i e^{-\lambda_i t} + B \tag{5.30}$$

式中，$\lambda_i$ 为第 $i$ 组分寿命的倒数；$\alpha_i \lambda_i$ 为该组分的强度 $I_i$；$R(t)$ 和 $N_t$ 分别为仪器解析函数和归一化计数；$B$ 为背景值。一般可以直接将数据分为 3 个组分，对应于 p-Ps，自由正电子和 o-Ps。o-Ps 寿命是最长的，易于确定，因此可以直接使用其寿命 $\tau_3$ 计算空穴大小，对应 o-Ps 的强度则与空穴数目相关。可以采用如下半经验公式 (5.30) 计算自由体积 $f_v$：

$$f_v = AV_f I_3 \tag{5.31}$$

式中，$V_f$ 为计算出的自由体积空穴的体积；$A$ 为实验参数，根据假设，有式 (5.32)：

$$V_f = \frac{4}{3}\pi R^3 \tag{5.32}$$

式中，$R$ 为根据 $\tau_3$ 计算的空穴半径；可以用 $T_g$ 以上或以下的特征膨胀系数校正[61]，一般而言 A 在 0.001～0.002 之间。需要注意的是，对于结晶性聚合物，可能会得到 4 个寿命组分，其中 $\tau_3$ 对应着 o-Ps 在晶区的湮没，$\tau_4$ 对应无定形区的湮没，而非晶性聚合物一般只得到 3 个寿命组分[62]。

由于 PALS 法对微结构的变化很敏感，且这种变化可以与宏观性能联系，因此其在聚合物凝聚态结构的研究中应用广泛。一方面，是研究聚合物内外部条件对于正电子素湮没寿命的影响，属于较为理论的范围，如温度变化过程中自由体积的变化。聚合物在特征温度时，如 $T_g$、$T_m$ 等，$\tau$ 和 $I$ 会突变，但 PALS 是原位探针，宏观性质大规模改变之前微观结构就会出现变化的信号，因此测定的 $T_g$ 会低于常规方法。实际上，分子量、结晶度、交联度、立构规整性、分子量分布、分子链极性等都会从 $\tau$ 和 $I$ 中体现。

另一方面是将 PALS 的结果作为聚合物性能变化的监测，研究聚合物结构-性能关系。例如，使用 PALS 测量自由体积变化来研究聚合物屈服行为、研究气体渗透率与自由体积分布的关系、揭示生色基周围自由体积与光学性能之间的联系等。

### 5.6.3　PALS 的应用实例分析

#### 1. 二醇中氧杂原子对 2, 5-呋喃羧酸基聚酯性能的影响[63]

生物基材料是目前广受关注的聚合物材料之一，其中 2, 5-呋喃二甲酸（FDCA）作为一种有潜力替代对苯二甲酸的单体受到重视。目前，基于 FDCA 的聚酯已经被开发出了许多种类，但通常具有较低的玻璃化转变温度和较差的气体阻隔性，这阻碍了其在包装材料中的应用。聚酯材料的聚合物骨架结构是决定其性质的关键因素，而在骨架结构中引入杂原子，如氧、氮等能够赋予材料更多的可调控性和设计性。研究者使用 FDCA 与 1, 5-戊二醇和二甘醇合成了两种呋喃基非结晶聚酯 PPEf 和 PDEF，具体结构如图 5.60 所示。

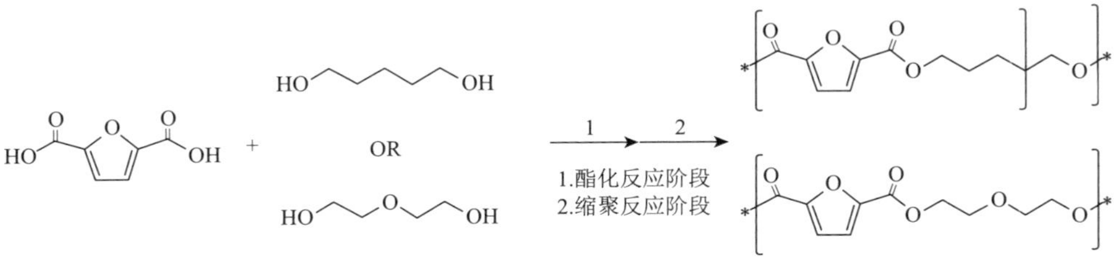

图 5.60　两种呋喃基聚酯 PPEf（聚 2, 5-呋喃二甲酸戊二酯）和 PDEF（聚 2, 5-呋喃二甲酸二甘酯）的合成路线

在实验中通过 DSC 测试得到 PDEF 的 $T_g$ 为 37.7℃，而 PPEf 的 $T_g$ 为 16.7℃。由于玻璃化转变温度和自由体积相关性很强，因此氧原子的引入极有可能影响了自由体积。表 5.4 给出了商用 PET 及合成的两种呋喃基聚酯的氧气阻隔性对比数据：

表 5.4　商用 PET、PPEf 和 PDEF 的氧气阻隔性对比数据[63]

| 材料 | 温度/℃ | 渗透系数 P/barrer | BIF | 扩散系数/($\times 10^{-9}$ cm²/s) |
|------|--------|------------------|-----|------------------------------------|
| PET | 23 | $2.9 \times 10^{-2}$ | 1 | 1.64 |
| PPEf | 23 | $5.0 \times 10^{-2}$ | 0.58 | 31.66 |
| PDEF | 23 | $3.2 \times 10^{-3}$ | 9.06 | 3.14 |
| PET | 5 | $1.0 \times 10^{-2}$ | 1 | 0.56 |
| PPEf | 5 | $1.4 \times 10^{-2}$ | 0.71 | 22.65 |
| PDEF | 5 | $1.9 \times 10^{-2}$ | 5.26 | 1.83 |

注：PET 为聚对苯二甲酸乙二酯；PPEf 为聚 2,5-呋喃二甲酸戊二酯；PDEF 为聚 2,5-呋喃二甲酸二甘酯。1barrer = $10^{-10} \cdot$cm³·cm·cm⁻²·s⁻¹·cmHg；BIF = $P_{PET}/P_{样品}$。

可以看出 PDEF 显示出优于商用 PET 的氧气阻隔性，而 PPEf 的氧气阻隔性较差。实际上，气体阻隔性与自由体积空穴密切相关，因此进一步使用 PALS 测试了两种呋喃基聚酯的自由体积分布，得到的结果如图 5.61 所示。

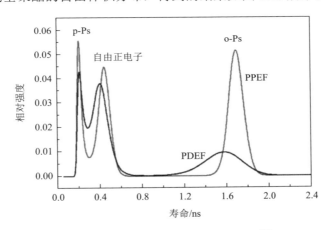

图 5.61　PPEF 和 PDEF 的 PALS 谱图[63]

由于 o-Ps 反映了自由体积的大小和分布，因此主要讨论此峰的数据。根据上述计算方法，读取 $\tau_3$ 和 $I_3$，很容易计算出 PPEf 的 $f_v = 0.0186$，空穴半径为 0.256 nm，而 PDEF 的 $f_v = 0.0079$，空穴半径为 0.237 nm。此外，由于氧原子的引入，PDEF 的 o-Ps 寿命分布变宽，自由体积分布较宽，更宽的自由体积分布在一定程度上也会阻碍气体透过。因此，与 PPEf 相比，PDEF 的自由体积分数和空穴尺寸较小，对应着其较高的玻璃化转变温度和氧气阻隔性。

### 2. PET 低温自由体积特性的研究[64]

聚合物的各转变温度强烈影响着材料的性能，通过正电子湮没寿命谱技术可以得到自由体积在不同温度下的信息，获取非常直观的温度-微观结构关系，从而导出其转变温度。PET 作为一种通用塑料，在这里被用作模型聚合物来进行研究。

通过在 15～300 K 的变温测试，得到了一系列的 o-Ps 寿命和强度，如图 5.62 所示。

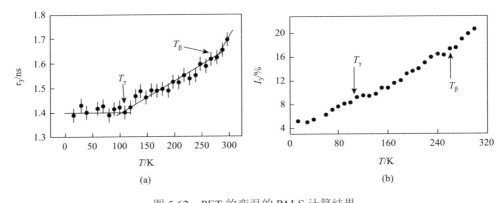

图 5.62　PET 的变温的 PALS 计算结果

(a)o-Ps 寿命随温度的变化；(b)o-Ps 强度随温度的变化[64]

在 15～110 K 的温度范围内，$\tau_3$ 基本不变；在 110～260 K，$\tau_3$ 随温度升高而增加；当温度高于 260 K 时，$\tau_3$ 增加得更快。整个曲线呈现出两个转变点，这两个次级转变归因于高聚物的侧链及主链上局部链段的运动。$I_3$ 随温度增加逐渐增大，即自由体积的浓度随温度的升高而增加。

在实际样品中，正电子寿命并不是离散，而是连续分布的。用通常的解谱程序获得的正电子寿命是平均值，并不能得到自由体积分布的信息，而采用积分法解谱则可以获取正电子寿命分布数据[65]，如图 5.63 所示。

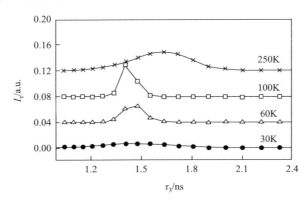

图 5.63　PET 的 $\tau_3$ 在不同温度下的分布[64]

在低温 30 K 下，$\tau_3$ 的分布很宽，强度非常小。这种现象可能是低温下高分子链的快速运动被冻结，这使得 o-Ps 可以在不同大小的孔洞中定域。随着温度的升高，$\tau_3$ 的分布变窄，强度增加。这是因为随着温度的升高，自由体积膨胀效应明显，给侧链和局部链段的运动提供了空间。这表明，即使高聚物处于玻璃态，主链段的分子运动被冻结，自由体积的大小、数量及分布也并非常量。

## 5.7　小角 X 射线散射法 <<<

20 世纪 30 年代，印度的 P. Krishnamurty、美国的 S. B. Hendricks 和 B. E. Warren、德国的 H. Mark 等发现了小角 X 射线散射(SAXS)现象[66]。SAXS 指的是散射角较小时(一般小于 5°)的 X 射线散射，来源于物质中纳米尺度的电子密度起伏[67]。理论上，任何含有纳米尺度电子密度起伏的物质都可以使用 SAXS 来分析，因此其应用范围非常广泛，包括高分子、无机物、本体和溶液等各种体系。SAXS 测试制样简单，属于无损测试，得到的是物质结构的统计信息。目前 SAXS 已经成为表征高分子材料的一种有力手段，可以得到微相分离、晶体尺寸、孔隙结构、有序微观结构、微区分布等许多重要信息。很多 SAXS 仪器可以加载各种附件，如拉伸仪、剪切仪、热台、注塑机等，从而实时观测材料在不同条件下的微观结构演变和行为。通过 SAXS 表征复杂的高性能高分子材料微观结构是非常关键和十分常用的表征手段。

### 5.7.1　SAXS 方法原理

当 X 射线通过物质时，其电磁波中的高频电场迫使物质中的电子发生同频振荡，产生次级波，这些次级波在空间中传播叠加。不同位置的电子发出的次级波到达空间特定位置时具有不同的相位，因此，最终在不同位置的散射光的振幅取决于样品中电子的空间分布[68]。上述各个位置振幅的叠加可以简化为式(5.33)所示积分

$$A(q) = \int_V \rho(r) \mathrm{e}^{-iqr} \mathrm{d}r \tag{5.33}$$

式中，$\rho(r)$ 为电子密度分布函数；$r$ 为电子坐标；$V$ 为 X 射线照射体积；$\boldsymbol{q}$ 为散射矢量，可以用式(5.34)表示：

$$\boldsymbol{q} = \frac{2\pi(\boldsymbol{S} - \boldsymbol{S}_0)}{\lambda} \tag{5.34}$$

式中，$\boldsymbol{S}_0$ 和 $\boldsymbol{S}$ 为入射光和散射光方向的单位矢量，因此 $\boldsymbol{q}$ 的大小如式(5.35)计算

$$\boldsymbol{q} = \frac{4\pi \sin\theta}{\lambda} \tag{5.35}$$

图 5.64 所示为 X 射线与电子相互作用示意图。其中 $2\theta$ 是入射光和散射光的夹角，即散射角。SAXS 实验获得的散射振幅在 $q$ 空间的分布只与电子密度分布函数相关，利用不同波长 X 射线获得的振幅分布具有不同的角度依赖性，但换算成 q 空间分布是唯一的。在实际测试过程中，我们只能得到强度信息，而不能得到相位信息，因为实验获得的是散射强度：$I(q) = |A(q)|^2$。

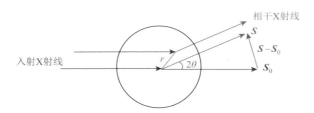

入射X射线

相干X射线

$S$

$S - S_0$

$S_0$

$r$    $2\theta$

图 5.64    X 射线与电子相互作用的示意图

尺度越大的结构将在小 $q$ 区域出现较大的散射强度，因此，根据通常使用的 X 射线的波长，几纳米至几百纳米的微观结构将在测试范围内产生散射信号。尽管通过 $I(q)$ 不能直接得到 $\rho(r)$，但是 $\rho(r)$ 的自相关函数 $\Gamma_\rho(r)$ 恰巧是散射强度的傅里叶逆变换。因此，代表微观结构的 $\rho(r)$、散射光振幅 $A(q)$、可测量的散射光强度 $I(q)$ 及 $\rho(r)$ 的自相关函数 $\Gamma_\rho(r)$ 之间就具有了如图 5.65 所示的关系。这一物理量间相互转化的关系是 SAXS 技术的基础[69]。

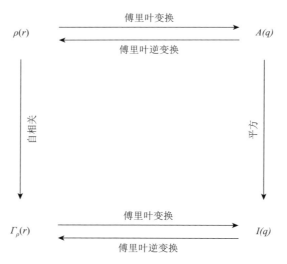

傅里叶变换

$\rho(r)$ ⟶ $A(q)$

傅里叶逆变换

自相关

平方

傅里叶变换

$\Gamma_\rho(r)$ ⟶ $I(q)$

傅里叶逆变换

图 5.65    $\rho(r)$、$A(q)$、$I(q)$ 及 $\Gamma_\rho(r)$ 之间的物理关系[63]

目前多数 SAXS 设备都可变换 X 射线波长、光斑尺寸、样品到探测器距离等参数。不同的波长具备不同的穿透能力，波长越长，穿透距离越大，可根据不同的材料选择合适的光源。光斑尺寸过大会对 SAXS 数据造成模糊效应，光斑尺寸过小则会造成统计平均不足的问题，当光斑尺寸接近待测微观结构尺寸时就会丧失应有的统计性及小 $q$ 区数据的可靠性。样品到探测器之间的距离可以实现对 $\Delta q$ 的合理选择，距离越大则两个相邻像素点对应的角度越小，$\Delta q$ 更小。

关于样品的宏观尺寸，通常要足够大，以使入射光全部照射在样品上而不触及样品边缘。这种问题在测试纤维样品时比较突出，可以使用与纤维密度相仿的液体浸润以消除纤维与空气的界面影响。除了尺寸之外，还需要考虑 X 射线被吸收的问题，因此确定样品厚度时就需要平衡吸收和散射。散射强度和厚度成正比，而厚度越大吸收越严重。通常实验室 SAXS 设备利用的 CuKα 线下，聚乙烯的最佳厚度为 2 mm 左右。对进一步地具体到特定条件下最优样品厚度的寻找需借助工具书或进行实测[70]。对于曝光时间的选择，原则上曝光时间越长，统计性越好，但要考虑探测器的动态范围和样品的辐照效应。一般以成像板探测器或 CCD 探测器上的最大强度值不超过 5 万计数为好。在统计性不够的情况下，可以采用多次曝光的方法。在 SAXS 强度变化太大的情况下，可分段曝光采谱。

SAXS 仪器一般得到的是二维的散射花样，需要通过数据处理软件得到一维的 SAXS 曲线。任何 SAXS 谱仪都会有背底散射，其来自光路中的窗口、空气及探测器电子学噪声。因此需要扣除背底散射。目前主流的 SAXS 设备都有标准的流程扣除背底散射。需要注意的是，扣除背底散射时要进行样品吸收校正。背底散射扣除后的数据已经可以得到一些微观结构参数信息，但其散射强度是相对值，需要进行进一步的数据处理才能获得绝对散射强度。

### 5.7.2　SAXS 数据分析

在 SAXS 实验中，测得的相对散射强度与样品体系、尺寸、仪器参数都相关，而绝对散射强度(微分散射截面)只与样品体系有关，若想得到与质量密度相关的物质参数，必须使用绝对强度，因此绝对强度标定具有重要意义。

微分散射截面的定义是单位时间单位立体角被散射的光强与入射光强的比值[71]。单位体积微分散射截面的单位是 $cm^{-1}$，其表达式(5.36)为

$$I(q) = \frac{I_0}{A_i} A_s dT_s \frac{d\Sigma}{d\Omega} \Delta\Omega t \tag{5.36}$$

式中，$I_0$ 为入射光强；$A_i$ 为入射光在样品处的照射面积；$A_s$ 为样品被光束照到的面积；$d$ 为样品的厚度；$T_s$ 为样品的透射率；$d\Sigma/d\Omega$ 为单位体积微分散射截面；$t$ 为曝光时间；$\Delta\Omega$ 为探测器上一个像素所夹的立体角[72]。立体角的表达式如下：

$$\Delta\Omega = \frac{p_1 p_2 L_0}{L_p^3} \tag{5.37}$$

式中，$p_1$ 为 $p_2$ 为一个探测器像素在水平和竖直方向的大小；$L_0$ 为样品距离探测器

的距离；$L_p$ 为样品到每个像素的距离。若样品选择合适，具有足够大的面积，则 $A_i = A_s$，样品的绝对散射强度如式(5.38)所示。

$$\frac{\mathrm{d}\Sigma}{\mathrm{d}\Omega} = \frac{I(q)}{I_0 dT_s t}\frac{L_p^3}{p_1 p_2 L_0} \tag{5.38}$$

需要注意的是，上式中的 $I(q)$ 是扣除背底后的散射强度。因此理论上，绝对强度标定的关键是测量入射光强。在一些实验室 SAXS 设备中，可以通过探测器直接获得入射光强，如法国 Xenocs SA 公司的 Xeuss 系统。但在同步辐射实验站中，入射光强太强，探测器难以测量，一般采用标准样品法进行标定。已知标准样品的绝对散射强度，在相同的测试条件下，可以获得式(5.38)：

$$\left(\frac{\mathrm{d}\Sigma}{\mathrm{d}\Omega}\right)_s = \frac{I_{0,\mathrm{st}} d_{\mathrm{st}} T_{\mathrm{st}} t I_s(q)}{I_{0,\mathrm{s}} d_s T_s t I_{\mathrm{st}}(q)}\left(\frac{\mathrm{d}\Sigma}{\mathrm{d}\Omega}\right)_{\mathrm{st}} \tag{5.39}$$

式中，下标 st 代表标准样品；下标 s 代表测试样品。一般在 SAXS 设备中，使用镶嵌在直流束流阻挡器中的光电二极管检测透射光强，其计数和透射光强成正比，用 $k$ 代表光电二极管计数，就可以得到实用的标准样品标定绝对强度的关系式：

$$\left(\frac{\mathrm{d}\Sigma}{\mathrm{d}\Omega}\right)_s = \frac{d_{\mathrm{st}} k_{\mathrm{st}} I_s(q)}{d_s k_s I_{\mathrm{st}}(q)}\left(\frac{\mathrm{d}\Sigma}{\mathrm{d}\Omega}\right)_{\mathrm{st}} \tag{5.40}$$

上述的两种方法都是绝对强度标定的常用方法，实验者可以根据仪器和样品的情况进行选择。

在聚合物材料中，SAXS 经常用于研究多相体系，如具有微相分离结构的共聚物。由于 SAXS 信号来源于电子密度差，因此 SAXS 实验非常适合于研究多相体系。但相关的理论和公式繁多且复杂，这里针对常用的理论公式做简要介绍。

SAXS 数据最直接能够表现的是散射体尺寸 $d$，由散射峰峰位置 $q$ 可算出[73]：

$$d = \frac{2\pi}{q} \tag{5.41}$$

但 $d$ 所对应的尺寸的具体物理含义还需要根据体系内部的结构来判定。除此之外，SAXS 还有很多近似定律，在各个散射近似定律中，Porod 定律具有很强的代表性和适用范围[74]。对于一个理想的两相体系，两相的电子密度不同，但各个相区内的电子密度均一，且两相之间的界面是明确的。此时，散射曲线的尾端(大 q 区)将趋于下述关系式：

$$\lim_{q \to \infty}\frac{\mathrm{d}\Sigma}{\mathrm{d}\Omega} q^4 = K_p \tag{5.42}$$

即 $\ln\left(\frac{\mathrm{d}\Sigma}{\mathrm{d}\Omega} q^4\right)$ 在大 q 区为常数。其中，$K_p$ 为 Porod 常数。Porod 定律主要揭示了散射强度随散射角度变化的渐近行为，可用于判断散射体系的理想与否、计算比表面积 $S_p$ 等结构参数。两相比表面积 $S_p$ 的计算方法如下式：

$$S_p = \pi \varphi_A \varphi_B \frac{K_p}{Q} \tag{5.43}$$

式中，$\varphi_A$ 和 $\varphi_B$ 分别为 A、B 两相的体积分数；$Q$ 为积分不变量。

$$Q = \int_0^\infty \frac{d\Sigma}{d\Omega} q^2 dq = 2\pi^2 I_e (\rho_A - \rho_B)^2 \varphi_A \varphi_B \tag{5.44}$$

式中，$\rho_A$ 和 $\rho_B$ 为两相的电子密度，可以通过密度和化学组分进行换算；$I_e$ 为一个电子的散射强度。

　　然而，上述方法仅适用于理想的两相体系。在实际测试中经常发现样品的测试数据与 Porod 定律不符的现象，此时应进行校正。如果两相界面模糊，存在过渡层，则 $\ln\left(\frac{d\Sigma}{d\Omega} q^4\right) \sim q^2$ 图像在大 q 区就会呈现斜率为负的直线，称为 Porod 负偏离，可以通过式 (5.45) 进行拟合。

$$\frac{d\Sigma}{d\Omega} = \frac{K_p}{q^4} e^{-\sigma^2 q^2} \tag{5.45}$$

　　此时求出的 $\sigma$ 为与界面层厚度有关的参数，一般认为界面层厚度近似等于 $\sqrt{2\pi}\sigma$。与上述负偏离相反的是，若任意相区内存在电子密度微起伏，则 $\ln\left(\frac{d\Sigma}{d\Omega} q^4\right) \sim q^2$ 图像在大 q 区就会呈现斜率为正的直线，称为 Porod 正偏离，拟合方式与上述相似。

　　因此，根据上述常用公式可以看出，针对不同的体系，常用的作图方法有 $I(q) \sim q$、$I(q)q^2 \sim q$、$\ln(I(q)q^4) \sim q^2$ 等。$I(q) \sim q$ 是最基础的图像，一般用于获取散射峰位置从而计算长周期尺寸 $d$。$I(q)q^2 \sim q$ 本质上是基础曲线的洛伦兹校正，除用于积分计算 $Q$ 外，还广泛应用于结晶高分子体系片晶-非晶区叠层结构长周期的研究中[75]，这里的洛伦兹校正是考虑到片层的特殊几何结构而进行的，具有其他几何形状的微观结构不能直接套用。$\ln\left[I(q)q^4\right] \sim q^2$ 则是探讨界面模糊与否的常用作图方法。

### 5.7.3　SAXS 的应用实例分析

　　1. 可调控层级纳米结构的 SAXS 实证[76]

　　具有独立定制的纳米尺度和中尺度特征的层次结构，可以为新一代高性能多功能材料提供重要支持，因此开发一种可预测的分子自组装策略，以制备具有各种相层次形态的纳米结构材料是十分重要的。有研究者开发了一种简洁精准的合成方法制备各向异性分子构建模块（CAMBB），CAMBB 进一步自组装形成有序的层级纳米结构(图 5.66)。CAMBB 是基于接枝嵌段共聚物,进一步合理设计侧链。首先,大分子单体均聚制备出混合接枝侧链的 Janus 聚合物(A-alt-B),A 相和 B 相以主链方向构成相界面,接着引入大分子单体 C 进行嵌段共聚,制备出具有设定侧链序列的两嵌段共聚物(A-alt-B)-b-C,并且组分 C 与组分 A、B 以垂直于主链方向形成相界面。

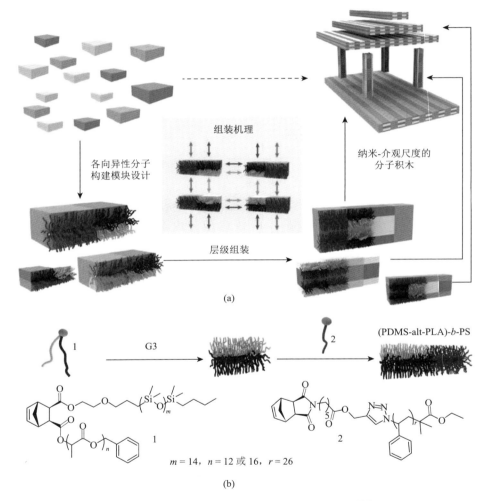

图 5.66    CAMBB 构建层级纳米结构的示意图[76]

周期性排列的微观结构会以特定比例形成较规整的散射峰,根据实验中测得峰位置的相对关系可以判断出体系内部相区的排列方式。表 5.5 中给出了常见结构所对应散射峰峰位置间的比值。

表 5.5　常见结构所对应散射峰峰位置间的比值[77]

| 结构 | 散射峰峰位置间比值 |
| --- | --- |
| 层状 | $1:2:3:4:5:6:7$ |
| 六方最密排列的圆柱体 | $1:\sqrt{3}:2:\sqrt{7}:3:\sqrt{12}:\sqrt{13}:4$ |
| 简单立方 | $1:\sqrt{2}:\sqrt{3}:2:\sqrt{5}:\sqrt{6}:\sqrt{8}:3$ |
| 体心立方 | $1:\sqrt{2}:\sqrt{3}:2:\sqrt{5}:\sqrt{6}:\sqrt{7}:\sqrt{8}:3$ |
| 面心立方 | $\sqrt{3}:2:\sqrt{8}:\sqrt{11}:\sqrt{12}:4:\sqrt{19}$ |
| 六方最密排列的球体 | $\sqrt{32}:6:\sqrt{41}:\sqrt{68}:\sqrt{96}:\sqrt{113}$ |
| 双菱形 | $\sqrt{2}:\sqrt{3}:2:\sqrt{6}:\sqrt{8}:3:\sqrt{10}:\sqrt{11}$ |
| $Ia\overline{3}d$空间群 | $\sqrt{3}:2:\sqrt{7}:\sqrt{8}:\sqrt{10}:\sqrt{11}:\sqrt{12}$ |
| $Pm\overline{3}n$空间群 | $\sqrt{2}:2:5:\sqrt{6}:\sqrt{8}:\sqrt{10}:\sqrt{12}$ |

在(A-alt-B)-b-C(图 5.67)中，A-alt-B 嵌段进行分子内的相分离形成亚相结构，A-alt-B 嵌段与 C 嵌段相分离进一步形成大相结构，(A-alt-B)-b-C 从而自组装形成"相在相中"的层级结构。调控主链和侧链链长可以灵活地调控层级相形貌中

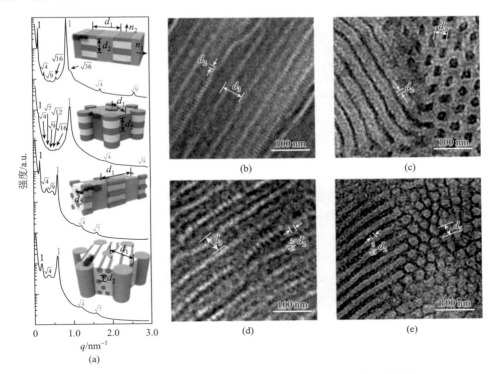

图 5.67　基于(A-alt-B)-b-C 类型聚合物构建的层级纳米结构[76]

的各级相结构。(A-alt-B)-*b*-C 可以自组装形成"层状相在层状相中"、"层状相在柱状相中"、"柱状相在层状相中"及"柱状相在柱状相中"等层级相形貌。

基于分子构筑模块的结构设计，进一步制备出的 (A-alt-B)-*b*-(C-alt-D) 和 (A-alt-C)-*b*-(B-alt-C) 类型的聚合物可以自组装形成具有杂化亚相结构的层级相结构 (图 5.68)。(A-alt-B)-*b*-(C-alt-D) 可以自组装形成"层状相和柱状相在层状相中"的层级相结构；(A-alt-C)-*b*-(B-alt-C) 可以形成"层状相和柱状相在层状相中""层状相和层状相在层状相中"的层级相结构。

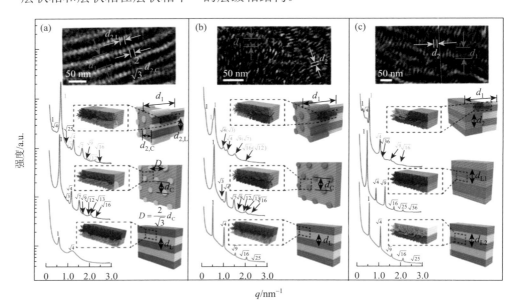

图 5.68　超越 (A-alt-B)-*b*-C 型聚合物的层级结构[76]

## 2. 聚脲的微相分离结构演化表征

聚脲由异氰酸酯和氨基之间的快速反应制备，其性能可以通过改变反应物组合来大范围调控。由于聚脲中的脲基部分和聚醚/聚酯部分存在热力学不相容性，因此常会出现微相分离的现象。在温度、形变量、化学组成等因素变化时，微相分离结构的改变就可以通过 SAXS 实验来定性或定量的表征。

随着制备过程、化学结构等差异，在升温时可能会发生微相分离的粗化或减少现象。有研究者对一种芳香族聚脲进行了原位变温的测试。这一聚脲是由聚醚胺 P1000 (对氨基苯甲酸酯封端的聚四氢呋喃 1000) 和碳化二亚胺改性的液化 MDI 直接反应得到的。如图 5.69 所示，在温度达到某个临界温度时，散射峰明显左移，计算得到的长周期尺寸明显增加。通过原子力显微镜照片辅助分析可知，这一过程对应着相结构的粗化[78]。

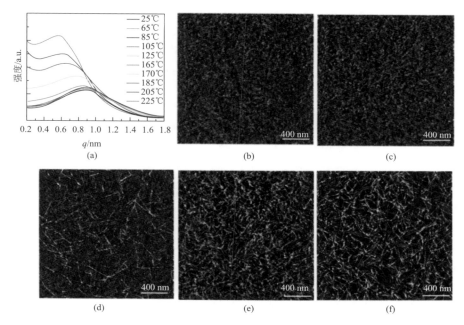

图 5.69　聚脲的变温 SAXS 一维曲线(a)及聚脲在室温(b)、120℃(c)、150℃(d)、170℃(e)和200℃(f)时的原子力显微镜照片[78]

　　因聚脲具有独特的氢键和微相分离结构，故其有优异的能量吸收性能。这一能量吸收过程很大程度上来源于其形变时的微相分离结构演化(图 5.70)。在分子动力学模拟中，已经发现了聚脲在拉伸过程中会经历硬段的破坏和取向[79]。因此，SAXS 在拉伸过程中原位监测聚脲中的相分离演化就显得尤为重要。

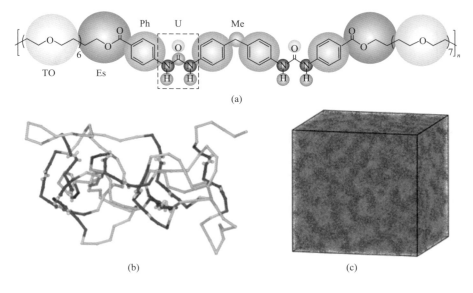

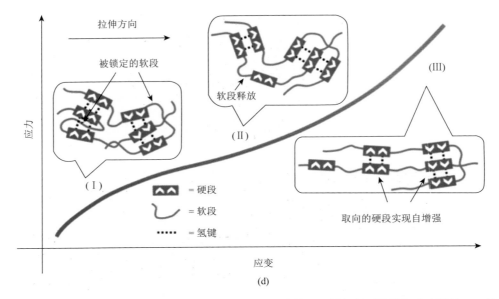

图 5.70    一种芳香族聚脲的化学结构(a)、聚脲分子链结构(b)、模拟得到的微相分离结构(c)、拉
伸过程中的软硬段行为(d)[79]

研究者使用 SAXS 和拉伸附件对同样由 P1000 和液化 MDI 反应制备的芳香族
聚脲进行了原位观察。由于其希望计算出实际的微相分离行为，包括模糊相界面
厚度参数、相分离比例、相混合比例等信息，因此进行了绝对强度校正。在拉伸
和释放中的 SAXS 曲线如图 5.71 所示[80]。

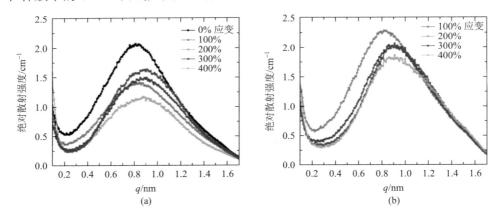

图 5.71    绝对散射强度与 $q$ 的关系曲线

(a)单轴拉伸过程；(b)拉伸后充分释放[80]

在聚脲中，含有脲基的硬段和聚醚软段会发生一定程度的相分离，但分离程

度有限，与温度、化学组分、形变量、嵌段序列等都相关。因此需要计算出实际的微相分离比例。在这里可以用积分不变量 $Q$ 导出的第一电子密度方差 $\overline{\Delta \eta^{2'}}$ 和通过基团贡献法计算出的理论电子密度方差 $\overline{\Delta \eta_c^2}$ 之比来计算相分离比例。其中，第一电子密度方差计算方法如下：

$$\overline{\Delta \eta^{2'}} = cQ = c\int_0^\infty \frac{\mathrm{d}\Sigma}{\mathrm{d}\Omega} q^2 \mathrm{d}q \tag{5.46}$$

式中，$c = \dfrac{1}{2\pi^2 i_e N_A^2} = 1.76 \times 10^{-24}\,\mathrm{mol}^2/\mathrm{cm}^2$；$i_e$ 为一个电子散射的 Thompson 常数 $(7.94 \times 10^{-26}\,\mathrm{cm}^2)$；$N_A$ 为阿伏伽德罗常数。理论电子密度方差的计算方法如下：

$$\overline{\Delta \eta_c^2} = \varphi_{hs} \varphi_{ss} (\eta_{hs} - \eta_{ss})^2 \tag{5.47}$$

式中，$\varphi_{hs}$、$\varphi_{ss}$ 分别为硬段和软段的体积分数；$\eta_{hs}$、$\eta_{ss}$ 分别为硬段和软段的特征电子密度。对于所研究的具有特定组成的聚脲，可以直接计算出 $\overline{\Delta \eta_c^2} = 5.57\,(\mathrm{mol}$ $\mathrm{e}^-/\mathrm{cm}^3)^2$。

两相之间的边界层可以利用 Porod 放大也可以从 SAXS 数据中确定，进行负偏离拟合后得到的界面层厚度相关参数 $\sigma$。在这里可以引入函数 $H(q)$，其是表征扩散边界形状和大小的平滑函数的傅里叶变换：$H(q) = \exp(-\sigma^2 q^2/2)$。因此就可以计算出第二电子密度方差 $\overline{\Delta \eta^{2''}}$，其消除了弥散相界面对散射的贡献。

$$\overline{\Delta \eta^{2''}} = c\int_0^\infty \frac{\dfrac{\mathrm{d}\Sigma}{\mathrm{d}\Omega} q^2}{H^2(q)} \mathrm{d}q \tag{5.48}$$

这样就可以计算出全部所需的相分离信息。$[\overline{\Delta \eta^{2''}}/\overline{\Delta \eta^{2'}} - 1]$ 是边界扩散度的度量系数，$[\overline{\Delta \eta_c^2}/\overline{\Delta \eta^{2''}} - 1]$ 提供了软硬段混合的度量参数。具体计算结果如表 5.6 所示。

表 5.6　聚脲在拉伸和释放后的相分离计算结果[80]

| 样品 | $d$/nm | 相分离程度/% | 界面扩散程度/% | 软硬段混合程度/% |
| --- | --- | --- | --- | --- |
| 未变形 | 7.4 | 38 | 36 | 26 |
| 100%拉伸 | 7.4 | 26 | 36 | 38 |
| 200%拉伸 | 7.0 | 28 | 38 | 34 |
| 300%拉伸 | 7.0 | 29 | 40 | 31 |
| 400%拉伸 | 7.2 | 20 | 31 | 49 |
| 100%拉伸后释放 | 7.7 | 41 | 46 | 12 |
| 200%拉伸后释放 | 6.9 | 39 | 48 | 14 |
| 300%拉伸后释放 | 6.9 | 39 | 50 | 12 |
| 400%拉伸后释放 | 6.9 | 37 | 50 | 14 |

随着拉伸形变的增加，微相分离明显减少，意味着拉伸过程中硬相结构被逐渐破坏，这也是聚脲材料能量耗散的机制之一。此外，拉伸至 400%应变时，界面扩散度下降，对应着硬段破坏取向后以较强的双重氢键连接，界面处的软段被释放，从而导致相界面弥散度下降。而在拉伸结束充分释放 24 h 后，相分离程度恢复到与未变形时接近的数值，意味着硬段进行了重新排列。此外，拉伸后释放导致弥散边界对散射的贡献增加，并使较低程度的软段与硬段混合，这对应着在硬段重排过程中将更多软段锁定在了相界面附近，同时经历拉伸被取向的硬段更难单纯地混合在软中。

## 5.8　广角 X 射线衍射法

1895 年德国物理学家伦琴(W. K. Röntgen)从事阴极射线的研究时，发现了 X 射线，并因此重要发现于 1901 年获得诺贝尔物理学奖。1912 年劳厄(M. Von Laue)发现 X 射线在晶体中的衍射现象，开创了 X 射线晶体结构分析新纪元，并且发现了 X 射线的本质是电磁波，劳厄也因此成就于 1914 年获得诺贝尔物理学奖。迄今基于 X 射线的研究成果而获得的诺贝尔奖高达 20 多项。X 射线作为一种电磁辐射，波长通常在埃的量级，它依赖物质的电子空间分布与之发生的相互作用。广角 X 射线衍射技术(wide angle X-ray diffraction, WAXD)聚焦于晶相结构解析，通常是在角度 5°～70°范围内进行的 X 射线衍射实验。结晶高分子材料因其结构复杂性，通常具有同质多晶及结晶不完善等特点，基于广角 X 射线衍射的静态表征可以解析高分子晶体结构、结晶度、晶粒尺寸、取向度，以及非晶结构等信息，还可结合温度、应力、电场及磁场等外场条件的变化跟踪结晶相转变过程中的结构演变。随着近年来同步辐射及计算机模拟等现代表征技术的快速进步，广角 X 射线衍射技术对于精确解析高分子内部结构及其动态演变过程是不可或缺的方法之一。

### 5.8.1　WAXD 方法原理

2/3 以上的高分子材料属于结晶性高分子，同一种高分子可能存在多种晶型与相转变等现象，所以掌握高分子材料的晶体结构特点不仅有利于建立材料微观结构与宏观性能之间的关系，还有利于通过调控高分子材料凝聚态结构实现高性能化。理解结晶高分子材料的结构特点，首先需要从晶胞尺度确定结晶高分子的晶体结构。对于 X 射线衍射技术所需要掌握的 Bragg 定理、晶体对称性、空间群、傅里叶变换等方面的基础知识不作为本部分内容的重点，读者可参阅相关经典教科书[81-86]。本节旨在概述如何利用广角 X 射线衍射法表征结晶高分子的结构特点，其中主要对高分子晶体结构解析的基本流程、结晶度、晶粒尺寸及取向度等常用方法的基本原理进行简明阐述。

对于非取向的样品，粉末样品中晶粒在空间内是完全无规分布的，所有的晶面在空间中会指向各个方向，在衍射图中会观测到清晰的圆环，即德拜-谢勒环，如图 5.72(a)所示，而无定形部分的衍射则以弥散环的形式呈现。对于单轴取向的样品，$c$ 轴通常代表分子链沿着取向方向，$a^*$ 和 $b^*$ 在倒易空间中绕 $c$ 轴平均取向，此时得到的二维 X 射线衍射图称为纤维图，如图 5.72(b)所示，通常定义 $hk0$ 为赤道线方向，依次类推为 $hk1$、$hk2$ 等。

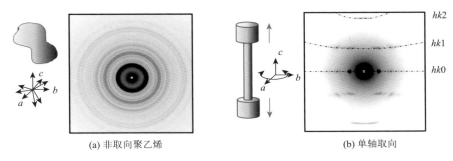

(a) 非取向聚乙烯　　　　　　　　　　(b) 单轴取向

图 5.72　非取向(a)和单轴取向(b)聚乙烯样品二维 X 射线衍射图

大多数情况下很难培养出理想的高分子单晶，非取向样品由于很多衍射峰重合而不利于区分不同的衍射晶面，因此利用单轴取向的二维广角 X 射线纤维图是解析高分子晶体结构最常用的方法[87-89]，其基本流程如图 5.73 所示。首先，在适当条件下制备单轴高取向高结晶度的样品，利用二维 X 射线探测器收集尽可能多的衍射点。读出每个衍射点 $(x, y)$ 在二维衍射图的坐标位置，将每一个衍射点 $(x, y)$ 坐标值转换为倒易晶格点的坐标 $(\xi, \zeta)$。通过 $\zeta$ 可以得出链轴方向的重复周期或纤维周期 $I$：

$$m/I = \zeta \tag{5.49}$$

式中，$m$ 为层线数。利用 $\xi$ 可以对每一层的衍射点进行指标化并且确定相应的倒易空间的晶胞参数（$a^*$、$b^*$、$c^*$、$\alpha^*$、$\beta^*$ 和 $\gamma^*$）。下一步需要对每一层衍射点强度进行逐层积分，衍射强度 $I_{hkl}$ 主要由结构因子 $|F_{obsd}(hkl)|$ 决定，通过确定原子位置建立初始的结构模型，找寻所有可能的空间群，计算候选模型结构因子 $|F_{hkl}|_{calc}$，然后与实验数据的每一层线积分的一维图进行对比，调整结构参数优化模型。最后，通过对比计算值 $|F_{calc}(hkl)|$ 和实验值 $|F_{obsd}(hkl)|$ 的一致性，求得结构的可信赖因子 $R$。

$$R = \frac{\Sigma \, ||F_{obsd}| - |F_{calc}||}{\Sigma \, |F_{obsd}|} \times 100\% \tag{5.50}$$

当计算和观测值完全一致时，$R$ 值为 0。对单晶结构来说，$R$ 值通常要 $< 5\%$，对聚合物而言，当 $R < 20\%$，其晶体结构被认为是可以接受的。

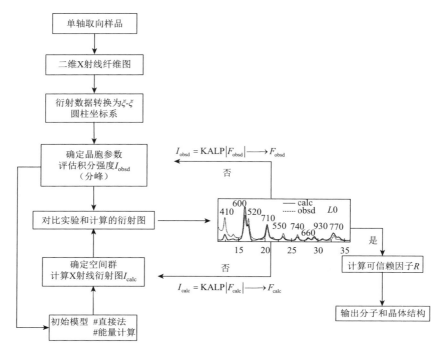

图 5.73    高分子晶体结构解析 X 射线衍射法基本流程

另外，通过三维取向样品也可辅助解析晶体结构，如单轴拉伸然后双辊挤压的 PE 样品。如图 5.74 所示，利用 X 射线从样品的不同方向入射后，可以区分样品 $c$ 轴的信息，且其对应的 $a^*$ 和 $b^*$ 也不是绕 $c$ 轴平均分布，从 end 方向就可以得到不同的 $a^*$ 和 $b^*$ 轴方向上的信息。

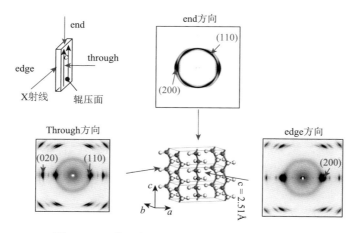

图 5.74    三维取向 PE 样品的二维 X 射线衍射图

X 射线分别从三个相互垂直的方向入射

## 5.8.2　WAXD 数据分析

### 1. 结晶度

高分子链的多分散性、链折叠及链活动性较差等因素导致高分子几乎很难完全结晶，所以结晶高分子又称为半晶高分子。结晶度表示聚合物结晶部分质量或体积占全部聚合物质量或体积的比例，是衡量材料最终性能的一个重要参数。同一种结晶性高分子材料在不同结晶条件也会存在结晶度的不同。对于结晶性高分子通常用两相模型来表示，即结晶区和无定形区。若 $X_c$ 定义为质量分数，则样品的密度表达式如下：

$$\frac{1}{\rho_b} = \frac{X_c}{\rho_c} + \frac{1 - X_c}{\rho_a} \tag{5.51}$$

式中，$\rho_b$、$\rho_c$ 和 $\rho_a$ 分别代表本体样品、结晶相和无定形相的密度。如果 $X_c$ 定义为体积分数，则样品的密度表达式为

$$\rho_b = X_c \rho_c + (1 - X_c) \rho_a \tag{5.52}$$

根据能量守恒定理，当入射 X 射线强度保持不变，一定质量散射体的相干散射与原子聚集体无关而只与参加散射的原子种类和总数目有关，对整个倒易空间散射的积分，即：

$$\int_0^\infty I(s) \mathrm{d}V = 4\pi \int_0^\infty s^2 I(s) \mathrm{d}s \tag{5.53}$$

式中，$s$ 为散射矢量，$s = 2\sin\theta/\lambda$。在广角 X 射线衍射实验中，总的衍射曲线可以分为结晶峰和无定形峰。结晶峰和无定形峰在一维 WAXD 强度积分曲线上分别呈现出尖锐和宽泛的峰形。对总的衍射曲线进行分峰拟合，可分别获得结晶部分和非晶部分的衍射峰面积，总的衍射峰强度 $I_{total}$ 等于无定形峰强度 $I_a$ 和结晶峰强度 $I_c$ 之和[81]。因结晶和非晶部分对总散射强度的贡献不同，故结晶度可用式(5.54)表示。

$$X_c = \frac{I_c}{I_{total}} = \frac{\int_0^\infty s^2 I_c \mathrm{d}s}{\int_0^\infty s^2 I_{total} \mathrm{d}s} \tag{5.54}$$

需要注意的是此处求得的结晶度是质量结晶度，测试样品须为各向同性的非取向样品。在实际测试过程中，$2\theta$ 的扫描范围是有限的，假设本体样品、结晶相及无定形质量分别为 $m_{total}$、$m_c$ 和 $m_a$，并引入 $k_c$ 和 $k_a$ 两个比例因子：

$$m_{total} = m_a + m_c \tag{5.55}$$

$$m_c = k_c \int_0^\infty I_c(s) \mathrm{d}s = k_c A_c \tag{5.56}$$

$$m_{a} = k_{a} \int_{0}^{\infty} I_{a}(s) \mathrm{d}s = k_{a} A_{a} \qquad (5.57)$$

上面三个式子连用可以得出

$$A_{c} = -\left(\frac{k_{a}}{k_{c}}\right) A_{a} + \frac{m_{total}}{k_{c}} \qquad (5.58)$$

利用不同等温时间得到不同结晶度的样品可以通过分峰拟合的方法分别得到结晶相和无定形相衍射峰的面积来求得 $A_{c}$ 和 $A_{a}$ 值。所以最终结晶度可以利用下式求出：

$$X_{c} = \frac{m_{c}}{m_{total}} = \frac{k_{c} A_{c}}{k_{c} A_{c} + k_{a} A_{a}} = \frac{A_{c}}{A_{c} + (k_{a} / k_{c}) A_{a}} \qquad (5.59)$$

### 2. 半高宽与晶粒尺寸

高分子材料的广角 X 射线结晶衍射峰通常不像小分子晶体衍射峰那样尖锐，这主要是因为高分子晶粒尺寸有限（通常在 10～100 nm 之间），从而使结晶衍射峰宽化。不考虑仪器和晶格畸变等其他因素的影响，可以利用谢乐公式（Scherrer's equation）来估算高分子的晶粒尺寸大小[90]。

如图 5.75 所示，假设晶粒在垂直于 $(hk1)$ 晶面上共有 $m$ 个晶面，晶面间距为 $d$，则此方向上的晶粒厚度为 $md$，入射 X 射线与晶面之间的衍射角为 $\theta$，当 X 射线偏离原入射角以 $\theta + \Delta\theta$ 入射时：

$$2d \sin(\theta + \Delta\theta) = 2d[\sin(\theta)\cos(\Delta\theta) + \cos(\theta)\sin(\Delta\theta)] = \lambda + \Delta\lambda \qquad (5.60)$$

假设 $\Delta\theta \ll 1$：

$$2d[\sin(\theta) + \cos(\theta)\Delta\theta] = \lambda + \Delta\lambda \qquad (5.61)$$

根据 $2d\sin\theta = \lambda$，上式可简化为

$$2d \cos(\theta)\Delta\theta = \Delta\lambda \qquad (5.62)$$

如果满足此衍射条件的晶面数量为 $m$，并且不发生在晶粒的末端：

$$2 md \cos(\theta)\Delta\theta = m\Delta\lambda = \lambda \qquad (5.63)$$

所以衍射峰的半高宽与某衍射点阵面法向尺寸可用下式表达：

$$md = \frac{\lambda}{2\cos(\theta)\Delta\theta} = \frac{\lambda}{\cos(\theta)\Delta(2\theta)} \qquad (5.64)$$

式中，$\Delta(2\theta)$ 为半高宽的数值，通常用 $\beta$ 来表示，单位为 rad，引入一个经验常数 $K$：

$$L_{hk1} = \frac{K\lambda}{\beta\cos\theta} \quad (K = 0.89 \sim 0.94) \tag{5.65}$$

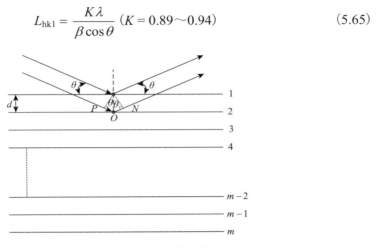

图 5.75 含有 $m$ 个晶面的 X 射线衍射示意图

### 3. 取向度

在高分子加工领域，单轴牵伸的纤维，双轴取向的薄膜，还有吹塑、挤出及注塑成型等过程中或多或少都会存在择优取向的分子链结构，使得材料性质在宏观上表现出各向异性。取向度不同的样品在二维广角 X 射线衍射图中会呈现出各向异性的衍射点或衍射弧的特点。可以通过对衍射弧长度进行方位角积分，根据公式计算出样品中晶粒的平均取向，即为取向度。利用经验公式 (5.66) 可以估算取向度。

$$\Pi = \frac{180° - \Delta\beta}{180°} \tag{5.66}$$

式中，$\Delta\beta$ 为衍射弧的强度分布曲线的半高宽。完全取向时，取向度为 1，无规取向时，取向度为 0。

对于单轴取向的样品，Hermans 等最早提出单轴取向函数的概念[91]，假设 $c$ 轴也就是分子链轴平均分布在拉伸方向 ($Z$)，如图 5.76 所示，取向函数可以定义为

$$f_c = \frac{3\langle\cos^2\varphi\rangle - 1}{2} \tag{5.67}$$

式中，$\varphi$ 为晶轴与纤维轴之间的夹角，$\langle\ \rangle$ 意味着对其取平均值。若样品的分子链 $c$ 轴与取向方向完全平行，则其 $f_c$ 值为 1。对于无规取向的样品，$\langle\cos^2\varphi\rangle = 1/3$，$f_c = 0$。

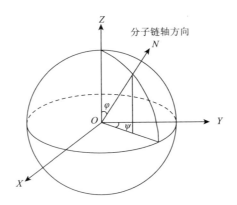

图 5.76    单轴取向球分子链轴与拉伸方向的几何关系图

对于平板探测器，根据球面三角关系，其单位反射球的几何关系为

$$\cos\varphi = \cos\theta_{001}\cos\phi \tag{5.68}$$

式中，$\phi$ 为以拉伸方向 $Z$ 轴为起点，沿晶面 001 方向的方位角，对其取平均值：

$$\langle\cos\phi\rangle^2 = \cos^2\theta_{001}\langle\cos^2\phi\rangle \tag{5.69}$$

单轴取向并且考虑衍射图对 $\phi$ 的对称性，取向参数可表示为

$$\langle\cos^2\phi\rangle = \frac{\int_0^{\pi/2} I_{001}(\phi)\cos^2\phi\sin\phi\mathrm{d}\phi}{\int_0^{\pi/2} I_{001}(\phi)\sin\phi\mathrm{d}\phi} \tag{5.70}$$

式中，$I_{001}(\phi)$ 为 001 晶面在德拜环上的衍射强度分布。若推广至三个晶轴，则有

$$f_{a,z} = \left(3\langle\cos^2\varphi_a\rangle - 1\right)/2 \tag{5.71}$$

$$f_{b,z} = \left(3\langle\cos^2\varphi_b\rangle - 1\right)/2 \tag{5.72}$$

$$f_{c,z} = \left(3\langle\cos^2\varphi_c\rangle - 1\right)/2 \tag{5.73}$$

对于正交晶系：

$$\langle\cos^2\varphi_a\rangle + \langle\cos^2\varphi_b\rangle + \langle\cos^2\varphi_c\rangle = 1 \tag{5.74}$$

及：

$$f_{c,z} + f_{a,z} + f_{b,z} = 0 \tag{5.75}$$

式中，$f_{a,z}$、$f_{b,z}$、$f_{c,z}$ 与 $\langle\cos^2\varphi_a\rangle$、$\langle\cos^2\varphi_b\rangle$、$\langle\cos^2\varphi_c\rangle$ 分别为 $a$、$b$ 及 $c$ 三个晶轴相对于取向方向 $Z$ 轴的取向因子与取向参数。

### 5.8.3    相关标准

X 射线衍射法测试结晶度的标准主要有行业标准：《塑料结晶度的测定 X 射线衍射法》（SH/T 1827—2019），关于晶粒尺寸的国家标准有：《热喷涂热障 $ZrO_2$ 涂层晶粒尺寸的测定 谢乐公式法》（GB/T 31568—2015）、《纳米材料晶粒尺寸及

微观应变的测定 X 射线衍射线宽化法》(GB/T 23413—2009)涉及运用谢乐公式表征计算。另外，《多晶体 X 射线衍射方法通则》(JY/T 0587—2020)对晶体学常用基本概念、结晶度和晶粒尺寸等都有相关的内容介绍，在此不再赘述。

### 5.8.4　实例分析

#### 1. 聚酮晶胞参数的确定

脂肪族聚酮(polyketone)树脂是一种高性能热塑性聚合物，是由一氧化碳和乙烯交替共聚得到的线型结晶型高分子聚合物。在共聚合成过程中加入丙烯，可以得到熔点较低、较易加工的三元共聚聚酮材料(POK-C$_2$/C$_3$)，其结构式如图 5.77 所示。

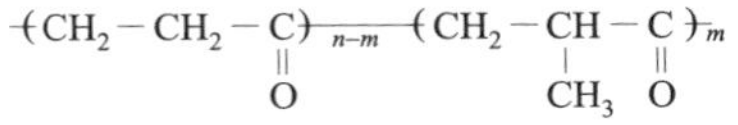

$$\{CH_2-CH_2-\underset{O}{\overset{\parallel}{C}}\}_{n-m}\{CH_2-\underset{CH_3}{\overset{}{CH}}-\underset{O}{\overset{\parallel}{C}}\}_m$$

图 5.77　POK-C$_2$/C$_3$ 结构式

POK 分子链规整，是一种结晶高分子材料。目前研究发现 POK 存在 α 和 β 两种晶体结构[92, 93]。随着 POK 合成过程中丙烯含量的增加，POK 结晶度和熔点降低，晶体更倾向于形成 β 晶型，当丙烯在 POK 中摩尔比大于 2.9 %时，POK 聚合物仅存在 β 相。下面以 POK-C$_2$/C$_3$，丙烯含量为 7.8 %的样品为例介绍如何确定结晶高分子的晶胞参数。首先是制样过程，将样品单轴拉伸 8 倍，在 150℃退火一小时，得到高结晶度 β 晶型。测试光源为铜靶($\lambda = 1.54189$ Å)，利用 Pilatus 300K 二维平板探测器，采用图像组合模式，每张图曝光时间为 50 min，像素点尺寸为 0.172 mm×0.172 mm，测试中相机距离 $R = 125$ mm。图 5.78(c)为单轴取向的二维广角 X 射线衍射图，对于高分子而言，衍射点数量应为几十个以上才适合用于结构解析，本文仅对已知的结构进行示例阐述。

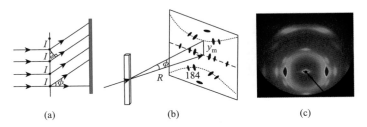

(a)　　　　　　　　(b)　　　　　　　　(c)

图 5.78　Polanyi 反射条件(a)；纤维周期计算几何示意图(b)；单轴取向 POK-C$_2$/C$_3$ 二维广角 X 射线衍射图(c)

首先根据二维衍射图层线的间距，可以确定链轴方向的重复周期 $I$，可以由图 5.78(a)及式(5.76)计算重复周期 $I$：

$$I\sin\Phi_m = m\lambda \tag{5.76}$$

式中，$\Phi_m$ 为第 $m$ 层线的仰角，由图 5.78(b)衍射关系可以确定仰角 $\Phi$：

$$\tan\Phi = \frac{y_m}{R} \tag{5.77}$$

式中，$y_m$ 为第 $m$ 层层线到赤道线的距离；$R$ 为样品到探测器的距离。根据平面探测器的特点，将第一层所有衍射点中心位置连成一条双曲线，读出双曲线最低点的坐标位置，计算到中心点的实际距离，确定第一层到中心点 $y_1$ 值。依此类推可以求得 $y_2$ 和 $y_3$ 的值。结合式(5.76)和式(5.77)，可以计算出聚酮样品的纤维周期 $I = 7.6369$ Å。

下一步是确定晶系和其余 5 个晶胞参数值，读出所有衍射点在探测器的坐标 $(x, y)$，然后将所有衍射点 $(x, y)$ 坐标值转换为倒易空间下的圆柱坐标系 $(\xi, \zeta)$，对于平面探测器其转换关系如下：

$$\xi = \sqrt{\frac{2}{\lambda^2} - \zeta^2 - \frac{2}{\lambda}\sqrt{\frac{1}{\lambda^2} - \zeta^2}\frac{R}{\sqrt{R^2 + x^2}}} \tag{5.78}$$

$$\zeta = \frac{1}{\lambda}\frac{y}{\sqrt{R^2 + x^2 + y^2}} \tag{5.79}$$

式中，$R$ 为样品到探测器的距离。

以 $L_0$ 层和 $L_1$ 层为例，从二维衍射图中可以观测到两层一共有 5 个衍射峰，每一个二维图的峰位置 $(x, y)$ 即对应一个 $\zeta$ 值，赤道线和第一层总共对应 5 个 $\zeta$ 值，根据式(5.78)和式(5.79)转换后如表(5.7)所示。

表 5.7  $L_0$ 层和 $L_1$ 层的 $\xi$ 值

| | $\xi_1$ | $\xi_2$ | $\xi_3$ |
|---|---|---|---|
| $L_0$ | 0.23952 | 0.31902 | 0.42235 |
| $L_1$ | 0.20819 | 0.24164 | |

图 5.79 所示为 $L_0$ 和 $L_1$ 层的指标化过程，首先在坐标系下以 $\zeta$ 为半径画圆。寻找合适的晶胞参数在倒易空间坐标系下进行标定，确保所有的倒易晶格都与以 $\zeta$ 为半径的圆有交点。一般从简单晶系，如正交或者四方晶系开始尝试，要保证每一层的所有倒易晶格都能落在圆周上，然后对不同衍射峰进行指标化。通过指标化可以确定聚酮 β 晶型为正交晶系，根据正交晶系的公式：

$$(1/d_{hkl})^2 = h^2/a^2 + k^2/b^2 + l^2/c^2 \tag{5.80}$$

将 110 和 200 晶面的晶面间距 $d$ 代入式(5.80)就可推得 $a$ 和 $b$。最后得到 POK-C$_2$/C$_3$ 的 β 晶型属于正交晶系，晶胞参数为 $a = 8.3218$ Å、$b = 4.8024$ Å、$c = 7.6369$ Å，$\alpha = \beta = \gamma = 90°$。

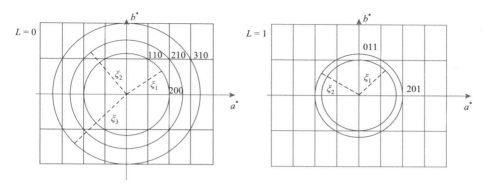

图 5.79　POK-$C_2$/$C_3$ 的 $L_0$ 和 $L_1$ 层指标化

　　后续需要用最小二乘法对晶胞参数进行精修。然后建立初始模型，找寻合适的空间群对比计算的衍射图和实验数据的衍射峰图，修正相关参数，确定最终的晶体结构。

　　另外，通过制备三维取向材料，也可以用于揭示 $a$ 轴和 $b$ 轴的信息及确定相应晶胞参数。以全同立构聚丁烯-1 为例，它是一种半结晶聚烯烃塑料，被誉为"塑料中的黄金"，具有突出的耐热蠕变性、耐环境应力开裂性和良好的韧性。聚丁烯-1 通过熔体降温首先得到热力学不稳定的晶型Ⅱ，在室温下可逐渐转变成晶型Ⅰ，该转变是不可逆的[94]。通过单轴拉伸然后用双辊挤出法得到三维取向的晶型Ⅰ样品，如图 5.80 所示，through、edge 和 end 分别为三个相互垂直方向入射的二

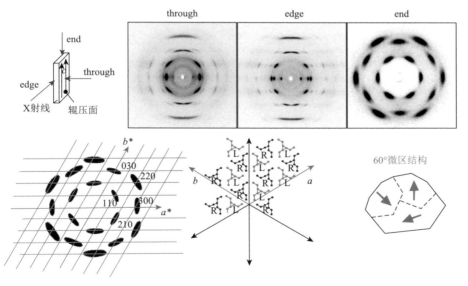

图 5.80　三维取向全同聚丁烯-1 样品 through、edge 和 end 方向的二维广角 X 射线衍射图与 end 方向的指标化及晶体结构关系

维 X 射线衍射图，其中我们可以利用 end 图对 $a*$ 和 $b*$ 轴的关系进行标定，计算出全同聚丁烯-1 晶型 I 的晶胞参数 $a = b = 17.53\text{Å}$，$\gamma = 120°$，属于六方晶系。利用三维取向材料 end 方向的二维衍射图还可以原位观测相转变过程 $a$ 轴和 $b$ 轴的空间关系，进而揭示转变过程中的结构演变机理。

### 2. 结晶度的计算

图 5.81(a)所示为 POK-$C_2$/$C_3$ 熔融后在 190℃ 等温时不同时间的广角 X 射线一维曲线，测试 $2\theta$ 范围为 5°～40°，通过分峰拟合可以分别求出无定形峰和结晶峰的面积[图 5.81(b)]。然后以 $A_c$ 对 $A_a$ 作图，通过线性拟合可以求出 $k_a/k_c$ 的斜率为 1.1545，代入公式(5.59)可以进一步求出不同时间的 POK-$C_2$/$C_3$ 等温结晶的结晶度（表 5.8）。

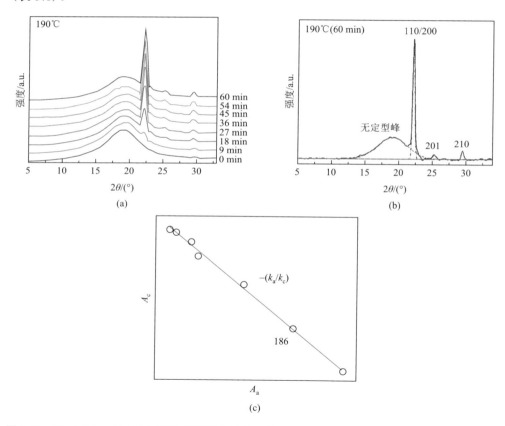

图 5.81    POK-$C_2$/$C_3$ 在 190℃ 等温时不同时间的一维 WAXD 曲线(a)；等温 60 min 后的分峰拟合曲线(b)；$A_a$ 和 $A_c$ 线性拟合曲线(c)

表 5.8　POK-C$_2$/C$_3$样品 190℃等温不同时间与结晶度关系表

| 等温时间/min | 0 | 9 | 18 | 27 | 36 | 45 | 54 | 60 |
|---|---|---|---|---|---|---|---|---|
| 结晶度 | 0 | 0.05 | 0.16 | 0.27 | 0.35 | 0.379 | 0.406 | 0.424 |

### 3. 晶粒尺寸和取向度计算

我们选取 002 晶面进行取向度计算演示，拉伸方向为垂直方向，通常积分起点应该是沿子午线方向开始。但示例中为了让两个 002 晶面方位角积分的图显示完整，我们以赤道线为起点开始积分，并且只保留了沿 002 晶面方位角积分的衍射图，如图 5.82(a)和 5.82(b)所示。根据图 5.81(b)所示积分范围应该为 90°～180°，002 晶面的 2θ 为 23.5°。利用式(5.70)、式(5.69)和式(5.67)可以求得 002 晶面取向参数 $\langle\cos^2\varphi_{002}\rangle = 0.9229$，取向因子 $f_{002} = 0.8843$。利用同样的方法求得 200 晶面的取向参数 $\langle\cos^2\varphi_{200}\rangle = 0.0090$，取向因子 $f_{200} = -0.4865$。由于 POK-C$_2$/C$_3$ 的 β 晶型属于正交晶系，根据式(5.74)和式(5.75)，可以推得 b 轴的取向参数 $\langle\cos^2\varphi_b\rangle = 0.0681$，取向因子 $f_b = -0.4158$。

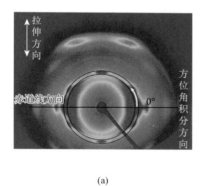

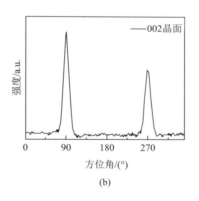

(a)　　　　　　　　　　　　　　　(b)

图 5.82　单轴取向 POK-C$_2$/C$_3$ 样品的方位角积分示意图(a)及一维方位角积分曲线(b)

晶粒尺寸的计算同样以 002 晶面为例，如图 5.83 所示，首先沿子午线方向积分，002 晶面一维衍射曲线通过分峰拟合曲线求得其半高宽 β 值，如果 K 取 0.89，根据 Scherrer 公式 $L_{002} = K\lambda/\beta\cos(\theta)$，我们可以估算出 002 晶面的晶粒尺寸 $L_{002} = 61.7$Å。利用同样的方法也可以估算其他晶面方向的晶粒尺寸大小。

### 4. 高性能纤维取向结构分析

高性能纤维这一概念现在多用来指在 20 世纪的后期出现的、以高强度和高模量为特征的一类纤维，相比于 20 世纪上半叶相继出现的人造丝、醋酸酯、尼龙、

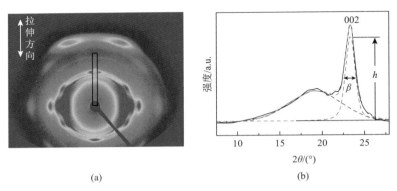

(a)　　　　　　　　　　　　　　(b)

图 5.83　单轴取向 POK-C$_2$/C$_3$ 样品的子午线积分示意图(a)及 002 晶面半高宽拟合曲线(b)

聚酯等人造和合成纤维，高性能纤维的强度和刚度发生了阶跃性的提升(图 5.84)，但同时牺牲了穿着舒适性等性能，所以目前主要应用于工程和特种(如防火和高速冲击防护)等领域。

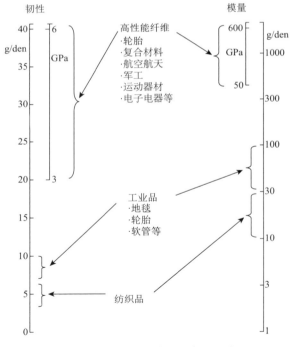

图 5.84　高性能纤维的强度和刚度

由杜邦公司开发的对芳酰胺纤维 Kevlar® (国内称为对位芳纶或者芳纶 II)被认为是第一种实现商业化的高性能纤维。现代的对位芳纶的基本组成多为聚对苯二甲酰对苯二胺(PPTA)，是由对苯二甲酰氯和对苯二胺经低温溶液缩聚得到的产物(图 5.85)。全刚性对称结构的大分子在大多数溶剂中都难以溶解，但是在特定的溶剂(如浓硫酸)中，可以通过分子间的相互作用，形成高分子溶致液晶(向列相)。对位芳纶就是以这种高分子液晶溶液为纺丝液，通过干喷湿纺工艺制备得到的。具有适当黏度的纺丝液通过喷丝板，原来无序分布的各个向列相液晶单元被强制沿纤维轴向拉伸方向取向，并被凝固浴所固定(图 5.86)。初生纤维往往会需要在张力下经过短暂的(秒级)的热处理，最后得到的纤维中分子取向角约为 9°。

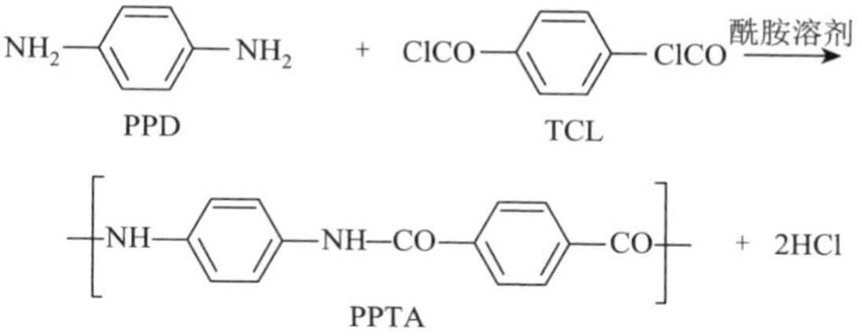

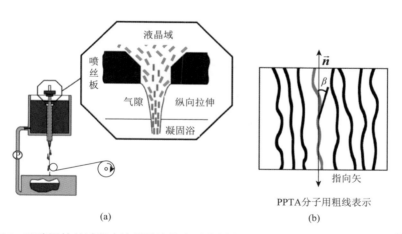

图 5.85　PPTA 的低温溶液缩聚[95]

对位芳纶在商业化上的巨大成功是液晶、聚合物、流变学及纤维加工科学与技术密切结合的结果，同时对对位芳纶结构和性能的深度解析结果在加工与应用方法方面也起到了重要的作用。由于对位芳纶不熔不溶，对其表征方法主要以 X 射线衍射和电镜为主。

图 5.86　干喷湿纺丝过程中液晶溶液挤出示意图(a)和液晶溶液中的分子取向(b)[95]

基于 X 射线衍射的结果，Northolt 和 Yabuki 等提出了 PPTA 的晶体的单斜交(伪斜交)单元细胞模型，其中 $a = 7.87\text{Å}$、$b = 5.18\text{Å}$、$c$(纤维轴) $= 12.9\text{Å}$，$\gamma = 90°$，具有 $Pn$ 或 $P2_1/n$ 空间群对称性[96, 97]。链的构象主要由共轭基团之间的分子内相互作用控制。为了稳定酰胺基团和苯基团共平面性的共振效应，同时抵消对苯二胺段的酰胺氢和邻氢之间及对苯二甲酸段的氧和邻氢之间的空间位阻，酰胺平面与对苯二胺段的亚苯基平面之间采取了 38° 的取向角，酰胺平面与对苯二甲酸段之间的取向角为−30°（图 5.87）。在各向异性的低浓度溶液形成的纤维中，分子表现出不同的堆积排列，相当于分子链链条沿着交替的 200 个面发生 b/2 的横向位移。在中间浓度溶液纺成的纤维中，两种晶体结构同时存在。另外没有发现小角度二或四点子午反射的证据，即 PPTA 晶体中不存在传统的聚酰胺和聚酯纤维类似的链折叠结构。由此进一步证明湿纺工艺得到的 PPTA 分子链应该是沿轴向方向伸展取向，形成如图 5.88 所示的单相准晶结构。上述晶体尺寸分布和伸展链模型已经通过高分辨率电子显微镜获得的晶格条纹图像得到证实。

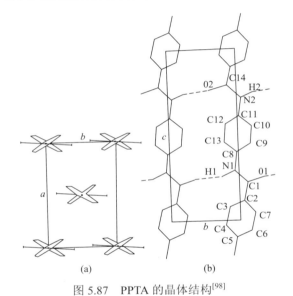

图 5.87　PPTA 的晶体结构[98]

(a)沿链轴的投影；(b)在氢键平面上的投影。氢键用虚线表示

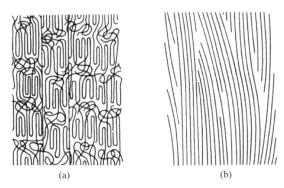

图 5.88　半结晶聚合物如 PET(a)、尼龙-6(a)和聚对苯对苯二甲酰胺(b)的微观结构示意图

纤维轴为垂直方向[98]

规则定位的酰胺键通过 100 平面上的强氢键在相邻链之间形成类似拉链的应力承载结构。这种氢键键合链形成的薄片通过范德瓦耳斯力及苯环间的 π-π 作用平行堆积成晶体。在这种情况下，氢键平面可以起到与密堆积金属晶格面类似的滑移面的效果。随着纺丝工艺的不同，氢键平面可能会在纤维中产生不同的径向、切向或随机方向取向。根据 Dobbs 等的"褶皱"模型(图 5.89)，在纤维中，氢键平面取向一致的晶体会进一步聚集形成片层结构，沿轴向方向按"褶皱"形式呈规律周期排布，即相邻片层中氢键平面相对于截面的取向采取的是大小相似但方向相反的角度；在片层间是窄的过渡区，只有在该区间分子才与截面平行排布，即分子并不是完美的轴向取向，也不是在截面平面上绕纤维轴的回转取向。

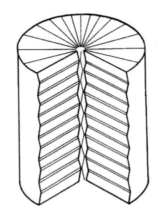

图 5.89  芳纶纤维"褶皱"模型

展示的是径向排列的褶片，相邻褶片间的角度约为 170°[99]

上述模型是根据电子衍射和电子显微镜暗场成像技术的研究结果所得出的，用于解释长轴截面方向上暗场选区反射图像中周期分别为 500 nm 和 200 nm 的两种主要轴向带。除此以外，将 Kevlar 49 样品在无约束条件下于 500℃的空气氛中处理 10 min 后，所得到的纵断面在暗场电子显微镜照片中(图 5.90)，还可以观察到"皮-芯"结构。其中外部的"皮"层已经氧化，显示为相对扩散的电子衍射模式，而核心区域衍射强烈，显示出来自每个分离的 200 晶面的互补暗场带。

刻蚀-复形电镜技术在对位芳纶纤维研究中的应用揭示了宏观纤维的原纤化结构。这些原纤维是由端到端排列的结晶链形成的，在纤维轴方向上的晶粒尺寸为 20～100 nm，垂直于这个方向，晶粒尺寸为 4～10 nm。单根原纤中含有高比例地穿过周期性缺陷层的延伸链。原纤的褶皱叠加在原纤化结构之上(图 5.91、图 5.92)，线性偏离度约为 5°。从整体上看，纤维可以被认为是完全结晶的、包含一小部分随机取向的晶体结构。高比例地穿过缺陷层的延伸链是对位芳纶与普通纤维在结构上的重大区别之一，其导致了相邻有序结构之间的晶体学定位（crystallographic register）。

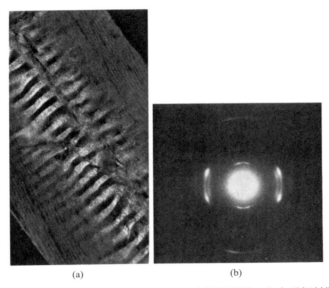

(a)　　　　　　　　　(b)

图 5.90　Kevlar 49 经 500℃热处理 10 min 暗场显微图(a)和电子衍射图样(b)

显微图(a)来自于(b)中所示的电子衍射 200 反射的两个独立极大值中的一个[99]

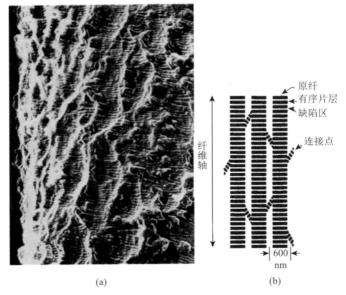

(a)　　　　　　　　　(b)

图 5.91　蚀刻纤维表面复制的透射电子显微图(a)和纤维示意图(b)

在(a)中，水平方向的周期尺寸为 35 nm，而垂直方向上的边界代表了原纤维的边界[100]

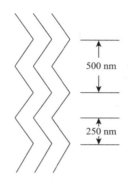

图 5.92　褶皱结构示意图[100]

当纤维的切面暴露在等离子体下经重度刻蚀后，"皮"和"芯"的差异性也表现得更加清楚（图 5.93）。在刻蚀下，"芯"层被降解，留下中空的皮层。由此得到的结构模型如图 5.94 所示，即"皮"层表面取向原纤排列更为规整致密，而"芯"层有序度相对更低，存在让刻蚀更容易发生的孔隙。在扫描电子显微镜（SEM）腔室内进行的聚焦电子束实验所取得的结果也支持了该模型（图 5.95）。

从结构和关系角度来说，对位芳纶的优越性能不仅与分子组成相关，还更多地依赖于制备过程中形成的取向、结晶、原纤化、褶皱和"皮""芯"等高次聚集，以及缺陷态结构，这些精确的定量关系和分子图像的构建是现代分子模拟及仪器分析研究的重要内容。

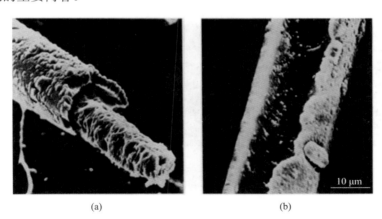

(a)　　　　　　　　　　　(b)

图 5.93　重度刻蚀的 PPTA 纤维的扫描电镜照片

(a)"皮"和"芯"结构的分化；(b)"芯"被优先刻蚀后留下的中空"皮"层[100]

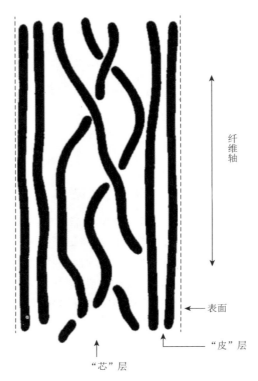

纤维轴

表面

"皮"层

"芯"层

图 5.94　"皮""芯"原纤取向示意图[100]

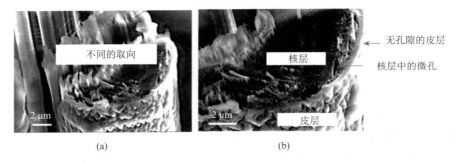

不同的取向

无孔隙的皮层

核层

核层中的微孔

皮层

2 μm　　2 μm

(a)　　　　　　　(b)

图 5.95　聚焦电子束实验中 Kevlar®29 fiber 断裂的横截面积的扫描电镜图像[101]

# 参 考 文 献

[1] 汪志琦, 郭宝华, 徐军. 偏振光学显微成像技术在高分子结晶结构表征中的应用[J]. 高分子学报, 2023, 54(1): 130-150.

[2] KELLER A. The morphology of crystalline polymers[J]. Makromolecular Chemistry and Physics, 1959, 34(1): 1-28.

[3] XU J, YE H M, ZHANG S J, et al. Organization of twisting lamellar crystals in birefringent banded polymer

spherulites: amini-review[J]. Crystals, 2017, 7(8): 241.

[4]　YE H M, XU J, GUO B H, et al. Left-or right-handed lamellar twists in poly[(*R*)-3-hydroxyvalerate banded] spherulite: dependence on growth axis[J]. Macromolecules, 2009, 42(3): 694-701.

[5]　MASTERS B. Imaging: a laboratory manual[J]. Journal of Biomedical Optics, 2011, 16(3): 039901.

[6]　ZHANG S J, HAN J R, GAO Y, et al. Determination of the critical size of secondary nuclei on the lateral growth front of lamellar polymer crystals[J]. Macromolecules, 2019, 52(19): 7439-7447.

[7]　REIMER L. Scanning Electron Microscopy: Physics of Image Formation and Microanalysis[M]. 2 ed. Heidelberg: Springer Berlin, 1998.

[8]　施明哲. 扫描电镜和能谱仪的原理与实用分析技术[M]. 北京: 电子工业出版社, 2015.

[9]　BLUNDELL D J, KELLER A, KOVACS A J. A new self-nucleation phenomenon and its application to the growing of polymer crystals from solution[J]. Journal of Polymer Science Part B: Polymer Letters, 1966, 4(7): 481-486.

[10]　PAN H Y, NA B, LV R H, et al. Polar phase formation in poly(vinylidene fluoride)induced by melt annealing[J]. Journal of Polymer Science Part B: Polymer Physics, 2012, 50(20): 1433-1437.

[11]　WAN R R, SUN X L, REN Z J, et al. Self-seeded crystallization and optical changes of polymorphism poly(vinylidene fluoride)films[J]. Polymer, 2022, 241: 124556.

[12]　GREGORIO R. Determination of the α, β, and γ crystalline phases of poly(vinylidene fluoride)films prepared at different conditions[J]. Journal of Applied Polymer Science, 2006, 100(4): 3272-3279.

[13]　LOTZ B, CHENG S Z D. A critical assessment of unbalanced surface stresses as the mechanical origin of twisting and scrolling of polymer crystals[J]. Polymer, 2005, 46(3): 577-610.

[14]　高军鹏, 何先成, 安学锋, 等. 含氟聚醚醚酮改性环氧树脂形状记忆性质的动态热力学机理研究[J]. 航空材料学报, 2011, 31(4): 69-73.

[15]　张栋, 钟培道, 陶春虎, 等. 失效分析[M]. 北京: 国防工业出版社, 2004.

[16]　邹文奇, 温变英, 张扬. 酯交换反应对 PBT/PC/Al₂O₃ 复合材料导热性能的影响[J]. 高分子学报, 2016, (5): 606-613.

[17]　王静. 芳纶纤维增强可溶性聚芳醚复合材料的制备技术、界面表征及性能研究[D]. 大连: 大连理工大学, 2009: 37-42.

[18]　黄士奇. 湿法抄纸制备对位芳纶/聚苯硫醚复合材料的研究[D]. 武汉: 武汉纺织大学, 2021: 43-46.

[19]　王梦宇. 聚偏氟乙烯及其共聚物的结晶行为及压电/铁电性能研究[D]. 北京: 北京化工大学, 2020.

[20]　LIU J G, SUN Y E, GAO X A, et al. Oriented poly(3-hexylthiophene)Nanofibril with the π-π stacking growth direction by solvent directional evaporation[J]. Langmuir, 2011, 27(7): 4212-4219.

[21]　PANDEY M, NAGAMATSU S, PANDEY S S, et al. Enhancement of carrier mobility along with anisotropic transport in non-regiocontrolled poly(3-hexylthiophene)films processed by floating film transfer method[J]. Organic Electronics, 2016, 38: 115-120.

[22]　ZHOU H X, JIANG S D, YAN S K. Epitaxial crystallization of poly(3-hexylthiophene)on a highly oriented polyethylene thin film from solution[J]. The Journal of Physical Chemistry B, 2011, 115(46): 13449-13454.

[23]　LI J L, LI H H, REN Z J, et al. Differentiation of electric response in highly oriented regioregular poly(3-hexylthiophene)under anisotropic strain[J]. ACS Applied Materials & interfaces, 2021, 13(2): 2944-2951.

[24]　BINNIG G, ROHRER H, GERBER C, et al. Surface studies by scanning tunneling microscopy[J]. Physical Review Letters, 1982, 49(1): 57-61.

[25]　彭昌盛, 宋少先, 谷庆宝. 扫描探针显微技术理论与应用[M]. 北京: 化学工业出版社, 2007.

[26] BINNIG G, QUATE C F, GERBER C. Atomic force microscope[J]. Physical Review Letters, 1986, 56(9): 930-933.

[27] 王东. 原子力显微镜及聚合物微观结构与性能[M]. 北京: 科学出版社, 2022.

[28] CLEVELAND J P, ANCZYKOWSKI B, SCHMID A E, et al. Energy dissipation in tapping-mode atomic force microscopy[J]. Applied Physics Letters, 1998, 72(20): 2613-2615.

[29] MAGONOV S N, ELINGS V, WHANGBO M H. Phase imaging and stiffness in tapping-mode atomic force microscopy[J]. Surface Science, 1997, 375(2/3): L385-L391.

[30] TAMAYO J, GARCIA R. Relationship between phase shift and energy dissipation in tapping-mode scanning force microscopy[J]. Applied Physics Letters, 1998, 73(20): 2926-2928.

[31] HERTZ H. Ueber die Berührung fester elastischer Körper[J]. Journal Für Die Reine und Angewandte Mathematik, 1882, 1882(92): 156-171.

[32] BRADLEY R S. LXXIX. The cohesive force between solid surfaces and the surface energy of solids[J]. The Lodon, Eclinburgh, and Dublin Philosophical Magazine and Journal of Science, 1932, 13(86): 853-862.

[33] JOHNSON K L, KENDALL K, ROBERTS A D. Surface energy and the contact of elastic solids[J]. Proceedings of the Royal Society of Lodon Series A, Mathematical and Physical Sciences, 1971, 324(1558): 301-313.

[34] DERJAGUIN B V, MULLER V M, TOPOROV Y P. Effect of contact deformations on the adhesion of particles[J]. Journal of Colloid and Interface Science, 1975, 53(2): 314-326.

[35] MAUGIS D. Adhesion of spheres: the JKR-DMT transition using a dugdale model[J]. Journal of Colloid and Interface Science, 1992, 150(1): 243-269.

[36] SUN Y J, AKHREMITCHEV B, WALKER G C. Using the adhesive interaction between atomic force microscopy tips and polymer surfaces to measure the elastic modulus of compliant samples[J]. Langmuir, 2004, 20(14): 5837-5845.

[37] CHEN L A, ZHOU W M, LU J E, et al. Unveiling reinforcement and toughening mechanism of filler network in natural rubber with synchrotron radiation X-ray nano-computed tomography[J]. Macromolecules, 2015, 48(21): 7923-7928.

[38] JIANG Z Y, TANG Y J, MEN Y F, et al. Structural evolution of tensile-deformed high-density polyethylene during annealing: Scanning synchrotron Small-angle X-ray scattering study[J]. Macromolecules, 2007, 40(20): 7263-7269.

[39] MEN Y F, RIEGER J, HOMEYER J. Synchrotron ultrasmall-angle X-ray scattering studies on tensile deformation of poly(1-butene)[J]. Macromolecules, 2004, 37(25): 9481-9488.

[40] SADLER D M, BARHAM P J. Structure of drawn fibers: 1. Neutronscattering studies of necking in melt-crystallized polyethylene[J]. Polymer, 1990, 31(1): 36-42.

[41] TOKI S, SICS I, RAN S F, et al. New insights into structural development in natural rubber during uniaxial deformation by in situ synchrotron X-ray diffraction[J]. Macromolecules, 2002, 35(17): 6578-6584.

[42] XIONG B J, LAME O, CHENAL J M, et al. Temperature-microstructure mapping of the initiation of the plastic deformation processes in polyethylene via in situ WAXS and SAXS[J]. Macromolecules, 2015, 48(15): 5267-5275.

[43] SUN S Q, WANG D, RUSSELL T P, et al. Nanomechanical mapping of a deformed elastomer: visualizing a self-reinforcement mechanism[J]. ACS Macro Letters, 2016, 5(7): 839-843.

[44] SUN S Q, HU F Y, RUSSELL T P, et al. Probing the structural evolution in deformed isoprene rubber by in situ synchrotron X-ray diffraction and atomic force microscopy[J]. Polymer, 2019, 185: 121926.

[45] FANG S F, LI F Z, LIU J, et al. Rubber-reinforced rubbers toward the combination of high reinforcement and low

energy loss[J]. Nano Energy, 2021, 83: 105822.

[46]　SHEN Y C, TIAN H C, PAN W L, et al. Unexpected improvement of both mechanical strength and elasticity of EPDM/PP thermoplastic vulcanizates by introducing β-nucleating agents[J]. Macromolecules, 2021, 54(6): 2835-2843.

[47]　陈咏萱, 周东山, 胡文兵. 示差扫描量热法进展及其在高分子表征中的应用[J]. 高分子学报, 2021, 52(4): 423-444.

[48]　XU J, HECK B, YE H M, et al. Stabilization of nuclei of lamellar polymer crystals: insights from a comparison of the hoffman-weeks line with the crystallization line[J]. Macromolecules, 2016, 49(6): 2206-2215.

[49]　KALAPAT D, TANG Q Y, ZHANG X H, et al. Comparing crystallization kinetics among two G-resin samples and iPP via Flash DSC measurement[J]. Journal of Thermal Analysis and Calorimetry, 2017, 128(3): 1859-1866.

[50]　谢智宁. 脂肪族聚酯在低过冷度下的结晶与熔融行为研究[D]. 北京: 清华大学, 2021.

[51]　MÜLLER A J, ARNAL M L. Thermal fractionation of polymers[J]. Progress in Polymer Science, 2005, 30(5): 559-603.

[52]　高峡, 金曼娜, 卜海山. 成核剂对聚 2,6-萘二甲酸乙二酯结晶行为的影响[J]. 高分子学报, 2002(6): 717-722.

[53]　XIE Z N, YE H M, CHEN T, et al. Melting and annealing peak temperatures of poly(butylene succinate)on the same hoffman-weeks plot parallel to $T_m = T_c$ line[J]. Chinese Journal of Polymer Science, 2021, 39(6): 745-755.

[54]　TIAN Y P, WU T Y, MENG X Y, et al. Thermodynamic features of extended-chain crystals of poly(butylene succinate)and its random copolymers with adipic acid[J]. Macromolecules, 2022, 55(13): 5669-5674.

[55]　FOX T G JR, FLORY P J. Further studies on the melt viscosity of polyisobutylene[J]. The Journal of Physical Chemistry, 1951, 55(2): 221-234.

[56]　KOBAYASHI Y, ZHENG W, MEYER E F, et al. Free volume and physical aging of poly(vinyl acetate)studied by positron annihilation[J]. Macromolecules, 1989, 22(5): 2302-2306.

[57]　JEAN Y C. Comments on the paper "Can positron annihilation lifetime spectroscopy measure the free-volume hole size distribution in amorphous polymers？"[J]. Macromolecules, 1996, 29(17): 5756-5757.

[58]　TAO S J. Positronium annihilation in molecular substances[J]. The Journal of Chemical Physics, 1972, 56(11): 5499-5510.

[59]　ROYAL J S, VICTOR J G, TORKELSON J M. Photochromic and fluorescent probe studies in glassy polymer matrices. 4. Effects of physical aging on poly(methyl methacrylate)as sensed by a size distribution of photochromic probes[J]. Macromolecules, 1992, 25(2): 729-734.

[60]　BOHLEN J, WOLFF J, KIRCHHEIM R. Determination of free-volume and hole number density in polycarbonates by positron lifetime spectroscopy[J]. Macromolecules, 1999, 32(11): 3766-3773.

[61]　WANG Y Y, NAKANISHI H, JEAN Y C, et al. Positron annihilation in amine-cured epoxy polymers—pressure dependence[J]. Journal of Polymer Science Part B: Polymer Physics, 1990, 28(9): 1431-1441.

[62]　廖霞, 张琼文, 何汀, 等. 正电子湮没寿命谱技术应用于聚合物微观结构研究的进展[J]. 高分子材料科学与工程, 2014, 30(2): 198-204.

[63]　TIAN S N, CAO X Z, LUO K Q, et al. Effects of nonhydroxyl oxygen heteroatoms in diethylene glycols on the properties of 2, 5-furandicarboxylic acid-based polyesters[J]. Biomacromolecules, 2021, 22(11): 4823-4832.

[64]　张明, 王波. PET 低温自由体积特性的正电子谱学研究[J]. 武汉大学学报(自然科学版), 2000, 46(5): 590-592.

[65]　SHUKLA A, PETER M, HOFFMANN L. Analysis of positron lifetime spectra using quantified maximum entropy and a general linear filter[J]. Nuclear Instruments and Methods in Physics Research Section A: Accelerators,

Spectrometers, Detectors and Associated Equipment, 1993, 335(1/2): 310-317.

[66] SHULL C G, ROESS L C. X-ray scattering at small angles by finely-divided solids. Ⅰ. General approximate theory and applications[J]. Journal of Applied Physics, 1947, 18(3): 295-307.

[67] ROE R J, CURRO J J. Small-angle X-ray scattering study of density fluctuation in polystyrene annealed below the glass transition temperature[J]. Macromolecules, 1983, 16(3): 428-434.

[68] KRATKY O, GLATTER O. Small Angle X-ray Scattering[M]. London: Academic, 1982.

[69] 卢影. 聚丙烯结晶和拉伸形变行为的分子量及分子链构型依赖性[D]. 北京: 中国科学院大学, 2015.

[70] 朱育平. 小角 X 射线散射: 理论、测试、计算及应用[M]. 北京: 化学工业出版社, 2008.

[71] RUSSELL T P, LIN J S, SPOONER S, et al. Intercalibration of small-angle X-ray and neutron scattering data[J]. Journal of Applied Crystallography, 1988, 21(6): 629-638.

[72] ENDRES A, LODE U, V KROSIGK G, et al. X-ray absolute intensity measurement at HASYLAB ultrasmall angle X-ray scattering beamline BW4[J]. Review of Scientific Instruments, 1997, 68(11): 4009-4013.

[73] XIANG M Y, LYU D, QIN Y N, et al. Microstructure of bottlebrush poly(n-alkyl methacrylate)s beyond side chain packing[J]. Polymer, 2020, 210: 123034.

[74] 陈冉, 门永锋. 小角 X 射线散射技术的绝对散射强度校正[J]. 应用化学, 2016, 33(7): 774-779.

[75] ZEMB T, LINDNER P. Neutrons, X-rays and light: Scattering Methods Applied to Soft Condensed Matter [M]. Amsterdam: Elsevier Publishing Company, 2002.

[76] LIANG R Q, XUE Y Z, FU X W, et al. Hierarchically engineered nanostructures from compositionally anisotropic molecular building blocks[J]. Nature Materials, 2022, 21: 1434-1440.

[77] HSIAO B S, CHU B, BURGER C. Synchrotron X-ray scattering of polymer nanocomposites[J]. Synchrotron Radiation News, 2002, 15(5): 20-34.

[78] LI T, ZHANG C, XIE Z N, et al. A multi-scale investigation on effects of hydrogen bonding on micro-structure and macro-properties in a polyurea[J]. Polymer, 2018, 145: 261-271.

[79] ZHENG T Z, LI T, SHI J Z, et al. Molecular insight into the toughness of polyureas: a hybrid all-atom/coarse-grained molecular dynamics study[J]. Macromolecules, 2022, 55(8): 3020-3029.

[80] CHOI T, FRAGIADAKIS D, ROLAND C M, et al. Microstructure and segmental dynamics of polyurea under uniaxial deformation[J]. Macromolecules, 2012, 45(8): 3581-3589.

[81] ALEXANDER L E. X-ray Diffraction Methods in Polymer Science [M]. New York: Wiley-Interscience, 1969.

[82] ROE R J. Methods of X-ray and Neutron Scattering in Polymer Science [M]. New York: Oxford University Press, 2000.

[83] KAKUDO M, KASAI N. X-ray Diffraction by Polymers[M]. New York: Elsevier Publishing Company, 1972.

[84] KASAI N, KAKUDO M. X-ray Diffraction by Macromolecules[M]. Tokyo: Kodansha Ltd, 2005.

[85] 胡家璁. 高分子 X 射线学[M]. 北京: 科学出版社, 2003.

[86] 莫志深, 张宏放, 张吉东. 晶态聚合物结构和 X 射线衍射[M]. 2 版. 北京: 科学出版社, 2010.

[87] TADOKORO H. Structure of Crystalline Polymers[M]. Florida: Robert E. Krieger Publishing Company, 1990.

[88] ROSA C D, AURIEMMA F. Crystals and Crystalline in Polymers [M]. Hoboken: John Wiley & Sons Inc, 2014.

[89] TASHIRO K. Structural Science of Crystalline Polymers [M]. Singapore: Springer Nature Singapore Pte Ltd, 2022.

[90] SCHERRER P, GÖTTINGER N. Nachr ges wiss goettingen[J]. Mathematisch-Physikalische Klasse, 1918, 2: 98-100.

[91] HERMANS J J, HERMANS P H, VERMAAS D, et al. Quantitative evaluation of orientation in cellulose fibres

from the X-ray fibre diagram[J]. Recueil Des Travaux Chimiques Des Pays-Bas, 1946, 65(6): 427-447.

[92] KLOP E A, LOMMERTS B J, VEURINK J, et al. Polymorphism in alternating polyketones studied by X-ray diffraction and calorimetry[J]. Journal of Polymer Science Part B: Polymer Physics, 1995, 33(2): 315-326.

[93] LAGARON J M, VICKERS M E, POWELL A K, et al. Crystalline structure in aliphatic polyketones[J]. Polymer, 2000, 41(8): 3011-3017.

[94] TASHIRO K, HU J A, WANG H, et al. Refinement of the crystal structures of forms I and II of isotactic polybutene-1 and a proposal of phase transition mechanism between them[J]. Macromolecules, 2016, 49(4): 1392-1404.

[95] HEARLE J W S. High-Performance Fibres [M]. BocaRaton: CRC Press, 2001.

[96] NORTHOLT M G. X-ray diffraction study of poly(p-phenylene terephthalamide)fibers[J]. European Polymer Journal, 1974, 10(9): 799-804.

[97] YABUKI K, ITO H, OTA T. Studies on the fine structure of poly(p-phenylene terephthalamide)fibers[J]. Sen'i Gakkaishi, 1975, 31(11): T524-T530.

[98] NORTHOLT M G. Aramids—Bridging the Gap Between Ductile and Brittle Reinforcing Fibres[M]//Chapoy L L. Recent Advances in Liquid Crystalline Polymers. Dordrecht: Springer, 1985: 299-310.

[99] DOBB M G, JOHNSON D J, SAVILLE B P. Supramolecular structure of a high-modulus polyaromatic fiber(Kevlar 49)[J]. Journal of Polymer Science: Polymer Physics Edition, 1977, 15(12): 2201-2211.

[100] PANAR M, AVAKIAN P, BLUME R C, et al. Morphology of poly(p-phenylene terephthalamide)fibers[J]. Journal of Polymer Science: Polymer Physics Edition, 1983, 21(10): 1955-1969.

[101] CHABI S, DIKIN D A, YIN J, et al. Structure-mechanical property relations of skin-core regions of poly(p-phenylene terephthalamide)single fiber[J]. Scientific Reports, 2019, 9: 740.

# 第6章

## 基本物理特性表征

高分子材料具有复杂的分子结构和丰富的物理特性，这些因素影响或决定其基本性能和特殊功能。以粒度、比表面积与孔径、密度、气体透过性等为代表的一系列关键物理特性，在高性能高分子材料性能表达和机制调控中扮演着重要角色。

粒度是描述材料固体颗粒大小的参数。高分子材料在溶液中的粒度信息可间接反映其分子量或在对应介质中的分散程度。材料微观结构的特性，如比表面积和孔径，对高性能高分子材料的物理性能和应用性能均会产生重大影响。比表面积反映了单位质量材料的表面积大小，这直接影响材料的吸附能力和催化活性。孔径是描述材料内部孔隙大小的关键参数，其大小和分布会直接影响材料的强度和韧性、透气性和透水性，以及吸附特性等。对于许多高性能高分子材料，比表面积和孔径甚至直接决定了材料的使用效果和应用领域。密度是描述材料内部原子或分子排列紧密程度的重要参数。对于高性能高分子材料，密度的变化会影响其物理和机械性能。例如，材料的密度变化会间接反映其强度、导热或结晶度等特性的变化，因此，研究材料的密度及其变化对于优化材料的性能具有重要意义。而气体透过性是描述材料对于气体的渗透性能的重要参数之一。对于高性能高分子材料，气体透过性的大小会直接影响其应用性能和使用效果。

综上所述，粒度、比表面积、孔径、密度和气体透过性等特性是反映材料特性的重要参数，它们对高分子材料的性能和制备过程具有深刻的影响。研究这些参数的变化及其对材料性能的影响可以为高性能高分子材料的研发和应用提供重要的指导。为准确表征高性能高分子材料的上述参数，人们研发出了一系列先进的表征手段，如动态光散射法（DLS）、气体吸附法、压汞法、骨架密度测试法等。这些方法通过不同的原理和技术手段对材料进行测试和分析，从而获取其各种特性的准确数据和信息。这些数据和信息不仅有助于人们更好地理解高性能高分子材料的性能和行为，还有助于材料科学家们研发出更加优异、更加可靠的高性能高分子材料，为推动现代工业的发展做出重要贡献。

## 6.1 动态光散射法粒度分析 ◀◀◀

纳米材料和胶体微粒在液体中悬浮时，会因分子的布朗运动而引起振动，这种振动会导致光的散射（即瑞利散射）强度出现波动。当外界光线穿过这些微粒时，微粒的散射作用使得在特定角度接收到的光信号是多个散射光子叠加的结果，其平均强度会发生波动。通过分析光强的波动信息与微粒的尺寸之间的关系，可以测定微粒的大小，这种方法被称为动态光散射（dynamic light scattering, DLS）法。DLS 直接测量的是微粒由于布朗运动而引起的散射光强度的随机波动，通过分析这些波动信号的函数，可以得到微粒运动的扩散信息，进而使用 Stokes-Einstein 方程计算微粒的尺寸和尺寸分布。

与静态光散射不同，动态光散射技术，也称为光子相关光谱（photon correlation spectroscopy, PCS）或准弹性光散射（QELS），是一种测量样品微粒大小和分布的技术。这种技术基于样品微粒由于不断的布朗运动引起的多普勒效应，从而导致散射光波长以入射光波长为中心。因此，它也称为准弹性散射。DLS 通过测量样品散射光强度的波动变化来得出微粒的大小信息。由于样品中的分子不断地进行布朗运动，散射光的强度也会随时间波动。通过分析这些波动，可以得出微粒的大小和分布情况。

### 6.1.1 DLS 的工作原理[1]

散射作为一种普遍存在于自然界和实验中的物理现象，具有广泛的应用。对于溶液中的微粒（如高分子聚合物团簇、颗粒等），当它们受到特定波长（或频率）的入射光照射时，它们并不吸收光的能量，而是由入射光的电磁波诱导成为振动的偶极子，并向各个方向辐射出与入射光频率相同的球面电磁波，这就是光的散射。与入射光频率相同（$\omega = \omega_0$）的散射称为弹性散射，也称瑞利散射[2]。

通常情况下，溶液中的散射微粒呈现布朗运动状态，并由于多普勒效应，散射微粒的布朗运动导致散射光频率相对于入射光发生变化，即产生多普勒频移（Doppler frequency shift）。这导致单个微粒所发出的散射光强度（$I$）在固定测量角度下会出现不规则的涨落［图 6.1(a)］。由于散射微粒的布朗运动受到周围溶剂分子的无规则碰撞影响，且尺寸较小的散射微粒在溶液中运动速度比尺寸较大者快，因此粒子的散射光信号波动速度实际上与粒子的尺寸直接相关［图 6.1(b)］。故散射光强度取决于微粒的大小，从中可获取关于微粒性质的信息。

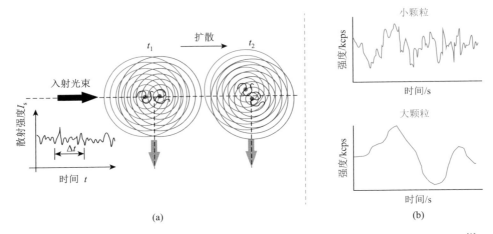

图 6.1　固定散射角下散射强度随时间的变化(a)及散射光信号的粒径依赖性(b)示意图[1]

引入自相关函数，可以定量描述散射微粒的波动速度。散射光强度具有时间依赖性，用 $I(t)$ 表示。光强 $I(t)$ 和 $I(t+\tau)$ 分别对应于时刻 $t$ 和 $t+\tau$，其中 $\tau$ 为延迟时间。其自相关函数 $\langle I(t)\cdot I(t+\tau)\rangle$ 其表达式如下所示：

$$\langle I(t)\cdot I(t+\tau)\rangle=\lim_{t\to\infty}\frac{1}{T}\int_0^t I(t)\cdot I(t+\tau)\mathrm{d}t \tag{6.1}$$

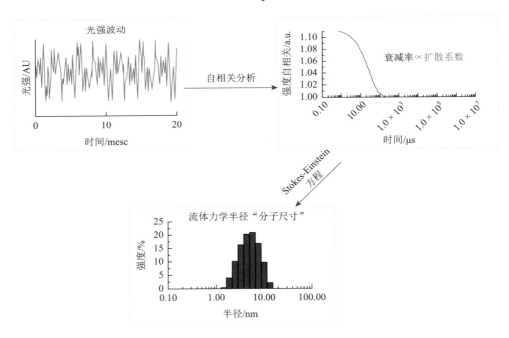

图 6.2　系相关函数对光散射信号的处理过程示意图

$\langle I(t) \cdot I(t+\tau) \rangle$ 是以 $\tau$ 为变量的光强-光强时间相关函数，即 $I(t)$ 和 $I(t+\tau)$ 乘积的统计平均随延迟时间 $\tau$ 的变化。当 $\tau = 0$ 时，$I(t) \cdot I(t+\tau)$ 有最大值 $\langle I_t^2 \rangle$；当 $\tau$ 趋近于无穷时，$\langle I(t) \cdot I(t+\tau) \rangle$ 有最小值 $\langle I_t \rangle^2$。

令：

$$g_2(\tau) = \frac{\langle I(t) \cdot I(t+\tau) \rangle}{\langle I_t \rangle^2} \tag{6.2}$$

式中，$g_2(\tau)$ 为归一化的光强-光强时间相关函数[1]。

通过处理自相关函数，可以提取波动光强信号的统计学特征，并将其转化为平滑衰减函数。在同一系统中，粒径较小的微粒具有更快的波动速度，导致其相关性随时间迅速衰减。通过分析衰减曲线中衰减最快的位置对应的时间 $\tau A$，可以获取该系统的特性。通常，衰减曲线和 $\tau A$ 的获取可以通过光散射仪直接进行测定。

要从 $g_2(\tau)$ 获得微粒扩散信息，需要经历以下信息转换步骤：

首先，需要求解电场-电场时间相关函数 $g_1(\tau)$。$g_2(\tau)$ 是光强的相关函数，但需要将其转换为电场的相关函数 $g_1(\tau)$，才能直接与扩散过程相关联。根据光的波动理论，光强与电场的平方相关。然而，$g_2(\tau)$ 和 $g_1(\tau)$ 之间的关系比简单的平方关系复杂，被称为西格特关系式（Siegert relation）。

$$g_2(\tau) = 1 + \beta |g_1(\tau)|^2 \tag{6.3}$$

式中，$\beta$ 为与测量设备光路相关的系数，当只测到单光斑时，$\beta = 1$。

为了求解粒子的自扩散系数 $D_s$，我们需要应用动态光散射理论。这里我们简要介绍一种基于 van Hove 自相关函数 $G_s(r, \tau)$ 的推导方法。假设粒子在时间 $t$ 时的位置为 0，则 $G_s(r, \tau)$ 表示在时间 $(t+\tau)$ 时在位置 $r$ 处探测到该粒子的概率。由于 $g_1(\tau)$ 随着散射矢量 $\boldsymbol{q}$ 的变化而变化，我们可以将其表示为 $g_1(\boldsymbol{q}, \tau)$。此外，$g_1(\boldsymbol{q}, \tau)$ 和 $G_s(r, \tau)$ 之间符合傅里叶变换的关系：

$$g_1(\boldsymbol{q}, \tau) = \int G_s(r, \tau) \exp(i\boldsymbol{q}r) \mathrm{d}r \tag{6.4}$$

式中，散射矢量 $\boldsymbol{q}$ 是与散射角度 $\theta$ 相关的量，定义为散射光波矢量与入射光波矢量的差，定义式为

$$\boldsymbol{q} = \frac{4\pi n}{\lambda} \sin\left(\frac{\theta}{2}\right) \tag{6.5}$$

针对单分散、各向同性粒子的扩散运动（布朗运动或无规行走），$G_s(r, \tau)$ 只与距离 $r$ 有关，且满足高斯方程：

$$G_s(r, \tau) = \left[ \frac{2\pi}{3} \langle \Delta R(\tau)^2 \rangle \right]^{\frac{3}{2}} \exp\left( -\frac{3r(\tau)^2}{2\langle \Delta R(\tau)^2 \rangle} \right) \tag{6.6}$$

从 $G_s(r, \tau)$ 的半峰宽可以解出散射粒子的均方位移 $\langle \Delta R(\tau)^2 \rangle$。在布朗运动中 $\langle \Delta R(\tau)^2 \rangle$ 与粒子的自扩散系数 $D_0$ 之间的关系为

$$\langle \Delta R(\tau)^2 \rangle = 6D_0\tau \tag{6.7}$$

求解式（6.4）可得

$$g_1(\tau) = \exp(-D_0 q^2 \tau) = \exp(-\Gamma\tau) \tag{6.8}$$

式中，线宽 $\Gamma = q^2 D_0$，基于式（6.8），将 $\ln[g_1(\tau)]$ 对 $\tau$ 作图，可根据直线的斜率求得 $D_0$。

最终，利用 Stokes-Einstein 方程：

$$R_h = \frac{kT}{6\pi\eta D_0} \tag{6.9}$$

通过求解，可以获得散射微粒的流体力学半径 $R_h$，式中，$k$ 为玻尔兹曼（Boltzmann）常数（$1.38 \times 10^{-23}$ J/K）；$T$ 为热力学温度；$\eta$ 为溶剂的黏度。从扩散系数可以直接得到流体力学半径。对光散射信号的完整处理流程图如图 6.2 所示。需要注意的是，对于具有一定分散度的样品，DLS 测量得到的流体力学半径和扩散系数都是平均值。

在处理动态光散射实验数据时，有多种方法可供选择，包括累积矩法、双指数法、直方图法、离散变换法、熵最大化法、非负最小二乘法、指数抽样法和CONTIN 法等。每种方法都有适用的条件。其中，CONTIN 法是一种广泛应用于多数多分散体系的算法。

### 6.1.2　DLS 的仪器结构及注意事项

图 6.3 展示了动态光散射仪的一般结构。该仪器的工作原理通常如下：激光器发出垂直偏振的相干光束，经透镜 1 聚焦到样品池的中心。样品池周围设有保温套，以保持恒定的温度。样品池内含有液体介质，待测颗粒分散在其中。入射光被颗粒散射，并在与入射光垂直（或其他方向）的距离处放置透镜 2。透镜将散射光聚焦

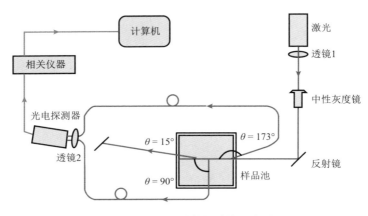

图 6.3　动态光散射仪结构示意图

到其背后的光电探测器的光敏面上。透镜之前设置了孔径光阑，用于调节进入光电探测器的光束尺寸。光电探测器前方有视场光阑，用于控制散射区域的大小。光电探测器将散射光信号转换为电信号，然后输入相关仪器进行相关运算。

为确保实验结果准确性，样品前处理至关重要。需要注意以下几点：首先，在清洗样品池时，建议使用去离子水或蒸馏水，并使用干净的玻璃容器，以确保没有残留其他颗粒或杂质。其次，样品池中的液体介质应干净透明，并与待测颗粒的分散浓度适合。选择液体介质时需考虑待测颗粒的性质和实验需求。同时，待测颗粒应保持干燥，避免吸湿或污染。对于易吸湿的颗粒，可使用干燥剂进行处理。此外，待测颗粒需在介质中分散，并确保稳定不凝聚。超声波等工具可用于促进颗粒的分散和稳定。最后，在实验过程中要注意避免样品污染或损坏，操作要仔细准确。操作时需佩戴手套等个人防护装备，并严格按照操作规程进行。

需要注意的是，由于散射光强与粒子尺寸的六次方成正比，微米级的灰尘粒子会严重影响高分子样品的散射实验。为避免样品溶液中掺杂灰尘粒子，需要进行除尘操作。除尘操作包括样品瓶除尘和溶液样品除尘。

样品瓶除尘通常采用类似索式提取的装置，利用丙酮的蒸发和冷凝，多次间歇性地冲刷倒置的样品瓶内部。除尘完毕的样品瓶需密封并倒置储存。

样品除尘可采用过滤法和离心法。过滤法操作较简便，在空气净化环境中，使用孔径大于样品尺寸且小于灰尘粒径的滤膜，使用注射器将待测样品过滤后注入除尘后的样品瓶中。商业化滤膜有多种选择，孔径范围在 200 nm～600 nm 之间。过滤时需缓慢进行，避免施加过大压力在滤膜上。若体系复杂无合适滤膜可用，则可考虑离心法。

### 6.1.3　DLS 相关标准

目前关于动态光散射法的标准有《粒度分析　动态光散射法（DLS）》（GB/T 29022—2021），其中规定了粒度分析的方法和具体流程，也包含了动态光散射法。此外，上述标准中还对动态光散射法的仪器性能指标做出了具体规定。

### 6.1.4　DLS 在高分子表征中的应用

#### 1. 分子链构象转变辅助分析[3]

结合动态和静态光散射技术，可以系统深入地研究溶液中的高分子。追踪高分子链从线团到球形结构的转变过程是该技术的典型应用之一。在不良溶剂中，高分子链会发生塌陷，并伴随着高分子链之间的聚集现象。为了观察单个高分子链在不良溶剂中的构象转变，需要使用高分子量、窄分子量分布的极稀溶液。这样做可以减少分子链之间的聚集，同时保证有足够的净剩余散射光强

（即观察时可用的有效光信号）。

聚 *N*-异丙基丙烯酰胺（PNIPAM）是一种可分散于水溶液中并对环境温度变化做出响应的高分子材料。PNIPAM 的大分子侧链同时具有亲水的酰胺基（—CONH—）和疏水的异丙基（—CH(CH$_3$)$_2$—）。这种化学结构赋予 PNIPAM 温度敏感性，也称为温敏性。通过加热或降温控制 PNIPAM 的形成和解离，可以精确调控其温度响应性。因此，PNIPAM 在药物控释、生物分离、化学传感器和材料科学等领域得到广泛应用。

通过制备具有极高分子量和窄分子量分布的水溶性聚 *N*-异丙基丙烯酰胺（PNIPAM）样品（分子量为 $1.3 \times 10^7$ g/mol，$\overline{M}_w/\overline{M}_n$ 小于 1.05），并制备 $10^{-7}$ g/mL 级别的极稀水溶液，我们可以利用光散射技术观察高分子单链的塌缩构象转变。PNIPAM 在水中的低临界溶解温度（LCST）约为 32℃。通过对比图 6.4 中所示的 $6.7 \times 10^{-7}$ g/mL PNIPAM 在相变前后的动态和静态光散射结果，我们可以观察到在 35.9℃ 时，水成为 PNIPAM 的不良溶剂，其回旋半径 $R_g$ 从 30.1℃ 的 127 nm 减小到 17.9 nm，流体力学半径 $R_h$ 也发生类似变化。$R_g/R_h$ 在两个温度下的值分别为 1.5 和 0.72，表明 PNIPAM 在 30.1℃ 时呈现线团构象，而升温至 35.9℃ 时则转变为致密球形构象。

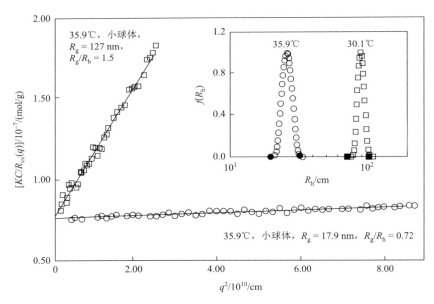

图 6.4　两个 PNIPAM 在不同温度的水中[$KC/R_{vv}(q)$]的典型角度依赖性插图显示了 PNIPAM 链分别在螺旋状和球状状态下的相应流体动力学半径分布 $f(R_h)$[3]

在连续的升温和随后的降温过程中，PNIPAM 的链构象及相应的链密度分布并不呈单调变化。如图 6.5(a)所示，在升温至 30.6℃ 之前，$R_g/R_h$ 基本保持在 1.5

左右，表明 PNIPAM 呈现无规线团构象。在 30.6～31.6℃温度区间，$R_g/R_h$ 迅速降低至 1.0，此时的链构象可归结为褶皱线团构象。继续升温至 32.4℃时，$R_g/R_h$ 急剧下降至 0.56，对应于熔融球构象，即表面密度低、内部密度高的球形结构。随后的升温过程中，$R_g/R_h$ 逐渐增加至 0.775，对应于常规球形构象。图 6.5(b)比较了不同温度下 PNIPAM 的链构象示意图及相应的链密度分布。在随后的降温过程中，$R_g/R_h$ 的变化出现明显的滞后，这可能是由于球形状态下形成了某种链内结构。

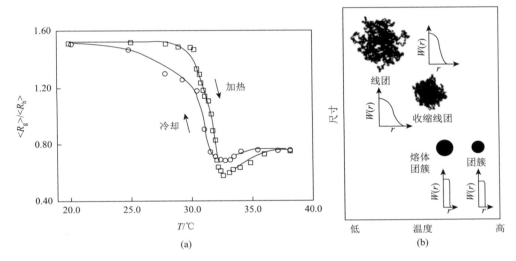

图 6.5　PNIPAM 链在热激活和冷激活的转变过程中，PNIPAM 链的 $\langle R_g \rangle / \langle R_h \rangle$ 的温度依赖性示意图(a)与螺旋到球状体转变期间沿半径的四种热力学稳定状态及其相应的链密度分布[$W(r)$]示意图(b)[3]

### 2. 填料颗粒的分散性分析

炭黑具有高表面积和多孔结构，在高分子材料中有广泛应用。它可以作为填充剂、补强剂、润滑剂、抗氧剂、发热剂和导电剂，发挥补强作用，并吸附高分子材料中的氧气分子，延缓氧化降解过程。为了增强炭黑在溶剂中的分散性和在高分子基质中的相容性，可以通过将高分子接枝到炭黑表面来改性其表面特性。这种改性能够提升炭黑在高分子基质、有机溶剂或水相溶剂等多种介质中的分散性。

图 6.6 展示了通过动态光散射技术测得的炭黑颗粒在水相中粒径大小及其分布随时间的变化关系。从图中可观察到，最初的沉降阶段，得到的粒径非常大（约30000 nm），这是由于炭黑颗粒在水相中发生严重的自凝聚现象。约 4 h 后，由于凝聚现象逐渐减弱，较大颗粒沉淀，而较小部分的颗粒仍能悬浮，因此此时得到的粒径相对较小（约 5 μm），表明炭黑颗粒仍存在凝聚现象。约 6 h 后，炭黑颗粒完全沉淀，无法获取关于粒径的任何信息。

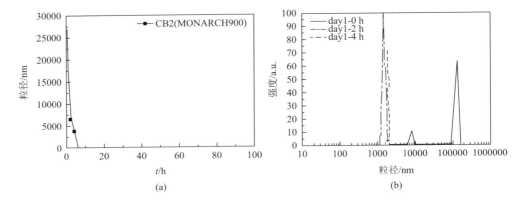

图 6.6    覆炭黑颗粒在水相中分散稳定性的动态光散射测量[4]

图 6.7 呈现了通过动态光散射技术测得的 4-羟基苯乙烯-苯乙烯共聚物接枝炭黑颗粒在水相中粒径大小及其分布随时间的变化关系。从图中可观察到，在沉降过程中，炭黑颗粒的粒径范围维持在 110～130 nm 之间，并且粒径大小及其分布变化非常稳定。这表明，利用苯乙烯基共聚物对炭黑颗粒进行改性，能够使炭黑在水相中具有良好的分散稳定性。接枝苯乙烯基共聚物后，炭黑表面的粒径从 15 nm 增加到约 120 nm。这是因为在炭黑表面包覆一层亲水性共聚物会导致粒径增加，因为亲水链段在水中会产生澎湃效应。然而，由于聚苯乙烯链段是疏水的，且聚 4-羟基苯乙烯链段的分子量较低（链长较短），这减少了不同炭黑表面接枝的共聚物之间因氢键相互吸引和纠缠的机会，因此得到了粒径较小且分布稳定的结果。

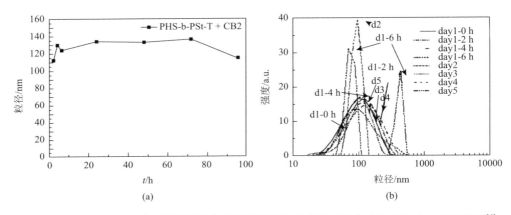

图 6.7    4-羟基苯乙烯-苯乙烯共聚物包覆炭黑颗粒在水相中分散稳定性的动态光散射测量[4]

(a)粒径随时间的变化；(b)粒径分布随时间的变化

## 6.2　比表面积及孔结构分析　◀◀◀

### 6.2.1　气体吸附法

　　吸附现象在自然界中广泛存在，很久之前就被人们发现并加以利用。闻名于世的长沙马王堆汉墓，考古人员发现棺木四周不仅使用白泥膏密封防腐，还使用了大量木炭。这些材料隔绝了空气和水，让我们在 2000 多年后仍能看到大量完好如初的珍贵文物。

　　C. W. Sheele（1773）第一个对木炭吸附气体的现象进行了科学观察[5]。进入 20 世纪，人们对气体吸附展开了各种各样的定量研究。吸附开始成为一个独立的科学体系，人们出版了许多关于吸附的著作。其中，对气体吸附数据的理论解释做出最重要贡献的是席格蒙迪（Zsigmondy）、波拉尼（Polanyi）和朗谬尔（Langmuir）。特别是朗谬尔提出并证明的"单分子层"概念，带来了表面科学新的振兴[6]。

　　布鲁尼尔（S. Brunauer）、埃密特（P. H. Emmett）和特勒（E. Teller）于 1938 年提出的 Brunauer-Emmett-Teller（BET）多分子层吸附理论[7]，开启了多层气体吸附的研究新阶段。

　　得益于吸附理论的发展，最近几十年，不仅传统的多孔材料，如活性炭、硅胶仍在大量生产使用，许多的新型多孔材料，如金属有机框架化合物（MOFs）、聚酰亚胺等也吸引了越来越多的关注。

#### 1. 基本原理

　　国际纯粹与应用化学联合会（IUPAC）将材料中的孔按尺寸分为微孔（micropore）：孔径 ≤ 2 nm；介孔或中孔（mesopore）：孔径 2～50 nm；大孔（macropore）：孔径 > 50 nm。气体分子在固体表面的吸附机理极为复杂，包含物理吸附和化学吸附。物理吸附主要用来表征材料比表面积和孔径特征，其孔径测量范围从 0.35 nm 到 100 nm 以上，涵盖了微孔和介孔。物理吸附的基本原理是：在一定温度和压力条件下，气体探针分子（吸附质）运动到固体材料（吸附剂）表面时，由于范德瓦耳斯力的存在，在固体表面发生的吸附现象。物理吸附是一个动态的平衡过程，在某相对压力条件下，气体探针分子在被吸附到固体材料表面的同时，已被吸附在固体表面的气体分子从固体材料表面解脱出来。当吸附上去的分子数量和解脱出来的分子数量相等时，即达到吸附平衡。

#### 2. 比表面积的计算

　　随着吸附理论的不断发展，Langmuir、BET、BJH、DR、NLDFT 等理论模型均可以计算比表面积。BET 理论是目前应用最广泛的比表面积计算方法，建立在 Brunauer、Emmett 和 Teller 从经典统计理论推导出的多分子层吸附公式基础上，得到单层吸附量 $n_m$，然后计算出比表面积，如式（6.10）所示。

$$\frac{p/p_0}{n_a(1-p/p_0)} = \frac{1}{n_m C} + \frac{C-1}{n_m C} \frac{p}{p_0} \qquad (6.10)$$

式中，$n_a$ 是平衡压力为 $p$ 时被吸附的气体的量；$n_m$ 是单分子层吸附量；$p$ 是吸附平衡压力；$p_0$ 是饱和蒸气压力；$p/p_0$ 是相对压力；$C$ 是 BET 常数。

在许多应用领域里，比表面积作为一个重要的参数不仅可应用于介孔、大孔材料中，同时也可以应用于微孔材料。然而由于多孔材料的复杂性，没有单一的实验技术可以评价"绝对"的表面积，因此从 1938 年起 BET 方法一直被用于测定多孔材料的比表面积。最初的 BET 工作是建立在氮气吸附 II 型等温线上的，各种无孔吸附剂可以在 $p/p_0$ 为 0.05～0.3 的范围内给出线性 BET 图，继而计算出比表面积值。一般而言，BET 方程适用于无孔、大孔和由宽孔径构成的介孔的比表面积分析，严格意义上不适用于微孔吸附材料。但由于实际吸附过程中，很难将单层-多层吸附过程与微孔填充区分开来，而微孔填充通常在相对压力 $p/p_0$ 低于 0.1 时就完成了。另外，BET 的计算结果与吸附质分子的体积和形状有关。例如，常用作吸附探针分子的氮气在微孔吸附过程中，分子截面积因四极矩作用会发生变化，这就破坏了 BET 方程的计算基础。

IUPAC 在 2015 年的报告中给出了用 BET 方法计算微孔材料比表面积的三条原则[8]：

（1）$C$ 必须为正值。

（2）取点范围必须在 $n_a(1-p/p_0)$ 随着相对压力 $p/p_0$ 连续增大的范围内。

（3）单层吸附达到饱和的吸附量 $n_m$ 对应的相对压力点要记入选点范围。

### 6.2.2　吸附等温线的分类和计算

如果一种多孔材料既有微孔也有介孔，那么该材料完整的吸附等温线应该包含以下几个阶段：

（1）极低相对压力下的微孔填充区（相对压力一般小于 0.1）。

（2）单层吸附区。

（3）多层吸附区。

（4）毛细管凝聚区（相对压力大于 0.4 时，持续的多层吸附将伴随毛细管凝聚过程）。

在每个设定的相对压力点，仪器将多次向样品管内填充吸附质，直至吸附剂在该相对压力点达到吸附饱和。随着相对压力的不断增加，吸附剂的孔道将被吸附质完全填充，即可得到吸附剂的等温吸附曲线。如果将吸附过程进行逆操作，从样品管中逐步减少吸附质的量，便可得到等温脱附曲线。

由于材料本身孔隙特征的多样性，吸附等温线也有各种各样的形状。这些形状非常重要，它们能够提供吸附剂孔结构的初步有用信息，甚至不需要任何精确的计算。1985 年，IUPAC 建议物理吸附等温线分为六种类型，经过 30 多年的发展，各种新的特征类型等温线已经出现，并证明了与其密切相关的特定孔结构。在 2015 年 IUPAC 更新了物理吸附等温线的分类。新规范的主要变化是 I 类、IV 类吸附等温线增加了亚分类，用孔宽代替了孔径。新的物理吸附等温线分类如图 6.8 所示。

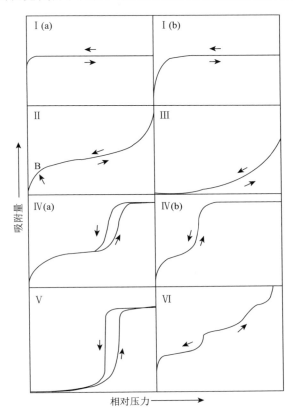

图 6.8　IUPAC 建议的吸附等温线分类

由于多孔材料的复杂性，不存在统一的孔径分布计算方法。无论是采用经典方法对微孔、介孔孔径分布计算，还是采用新兴的 DFT 方法对孔宽进行计算，孔模型的选择和公式中有关物理参数数值对孔径分布结果都有很大影响。因此使用时要根据吸附质和样品种类，合理选择孔模型和方程参数。

目前，ISO15901 和 IUPAC 推荐的常用孔径分布计算模型包括：

（1）介孔分布：BJH、DH。

（2）微孔分布：DA（DR 理论的扩展）、HK、SF。

（3）微孔/介孔分布：DFT、NLDFT、QSDFT。

### 6.2.3 相关标准

气体吸附法依据的测试标准主要有：《气体吸附 BET 法测定固态物质比表面积》（GB/T 19587—2017）、《压汞法和气体吸附法测定固体材料孔径分布和孔隙度 第 2 部分：气体吸附法分析介孔和大孔》（GB/T 21650.2—2008）和《压汞法和气体吸附法测定固体材料孔径分布和孔隙度 第 3 部分：气体吸附法分析微孔》（GB/T 21650.3—2011）。某些行业也制定有相应的检测标准，但基本原理与上述标准一致，本书不再赘述。

### 6.2.4 气体吸附法在高性能高分子材料表征中的应用

#### 1. 高分子气凝胶的结构分析

航天器和尖端武器等领域对热导率低且柔性可弯曲的高性能隔热材料需求迫切。典型的二氧化硅基、氧化铝基和碳基等无机质气凝胶隔热材料因力学性能差、脆性大且不可弯曲等缺点无法满足狭窄空间及弯曲型面的隔热需求。相比无机气凝胶，聚酰亚胺（PI）气凝胶具有良好的力学性能和柔韧性能，同时具有低热导率特性，使其在柔性隔热材料方面具有广阔的应用前景。

使二胺单体、二酐单体和多官能团交联剂反应得到高质量交联型的 PI 气凝胶前驱体-聚酰胺酸（PAA）溶液，然后采用化学亚胺化法和低温 $CO_2$ 超临界干燥技术制备低密度块状 PI 气凝胶，接着将 PI 气凝胶与薄型可弯曲的薄型纤维纸复合，就可制得薄型 PI 气凝胶复合材料。对不同固含量 PI 气凝胶进行氮气吸脱附实验，其比表面积和孔径分布如表 6.1 和图 6.9 所示。

表 6.1 PI 气凝胶的孔结构性质

| 参数 | | PI-3.0 | PI-5.0 | PI-7.0 |
|---|---|---|---|---|
| 比表面积/(m²/g) | BET | 421.89 | 420.81 | 421.29 |
| | Langmuir | 672.56 | 668.54 | 669.19 |
| | t-plot External | 466.50 | 450.12 | 448.59 |
| 孔体积/(cm³/g) | — | 1.80 | 1.16 | 0.87 |
| 平均孔径/nm | — | 17.14 | 11.02 | 8.2 |

该等温曲线属于 IUPAC 分类中的郁型，表明结构中存在大量的介孔结构，与 SEM 图显示的微观形貌特征吻合。气凝胶的孔径分布曲线如图 6.9 所示，孔径分布的峰值在 40～80 nm 内，进一步验证了结构中介孔的存在。表 6.1 显示，PI 气凝胶的比表面积较大，且随固含量变化没有明显差别，不同模型（BET、Langmuir

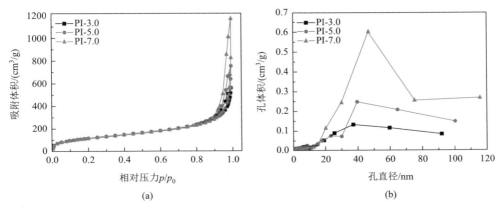

图 6.9　PI 气凝胶氮气吸脱附曲线(a)和孔径分布图(b)

和 t-plot External）分析得到的比表面积的变化规律均证实了这一点。此外，材料的孔体积随着固含量的增加而降低，从 1.80 cm³/g 下降到 0.87 cm³/g，其原因是固含量增加，孔隙率下降，总孔体积减小，同时，孔径变小，从 17.14 nm 减小到 8.2 nm，孔径越小其对孔体积的贡献越小[9]。

### 2. 超交联型高分子结构表征[10]

环交联型聚磷腈是通过侧基基团将六取代环三磷腈相互串联而成的具有高交联度三维网络结构的一类高性能高分子材料，其结构简式如图 6.10 所示。可以通

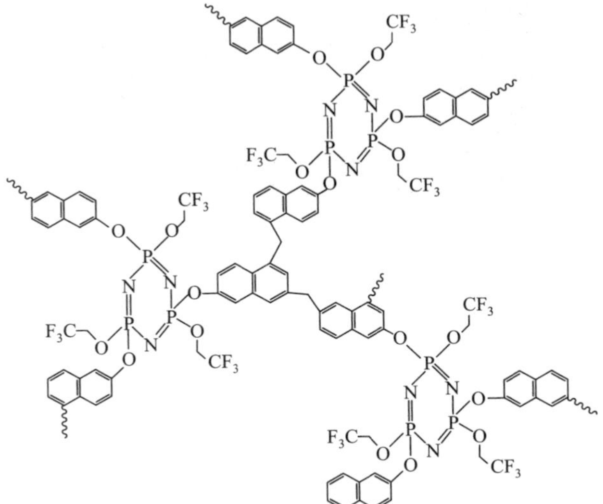

图 6.10　环交联型聚磷腈结构示意图

过其高交联结构预先形成具有一定比表面积及孔结构的大分子聚合物，因而作为多孔碳材料前驱体，环交联型聚磷腈拥有其独特的优势，可在碳化工艺前预先形成一定的多孔结构，以便于对碳材料的孔结构进行预先设计，在超级电容器等电极材料应用中展现出更好的性能。

通过控制交联剂的用量制备出不同微观孔结构及比表面积的多孔聚磷腈材料。图 6.11 中所示为环交联型聚磷腈的微观形貌，其中交联剂的用量逐渐增加。

图 6.11　不同交联剂含量的聚磷腈材料 SEM 微观形貌图

可见，在交联剂用量较少时，聚合物主要呈现颗粒状且堆砌较为松散，构成疏松多孔的结构；而随着交联剂用量的逐渐增加，聚合物的颗粒则显著增大，且相互粘连产生结块，整体形貌逐渐变得致密。

为进一步探究交联剂用量对聚磷腈的微孔结构的定量影响，进行了氮气吸/脱附分析，其结果如图 6.12(a)所示。交联程度较低样品的氮气吸/脱附等温线呈 IV 型等温线特征，表明了存在大量微孔，而在中高压区的回滞环则说明该类聚合物中存在大量的介孔结构；交联程度较高样品的等温线则呈现出 II 型，对应于非孔性或者大孔吸附剂上典型的物理吸附过程。该系列聚磷腈的孔径分布如

图 6.12(b)所示，可以看出高交联度样品主要为大孔结构，孔径分布主要集中于 100 nm 附近，在 2 nm 以下的微孔区域分布非常少；而低交联度样品则在 2 nm 以下和 20~100 nm 的区间内均有孔径分布，其中微孔占比相对较高。

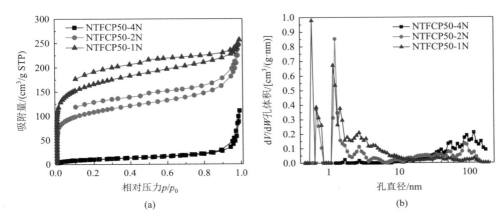

图 6.12　NTFCP50-1N、NTFCP50-2N 及 NTFCP50-4N 的氮气吸/脱附曲线(a)与孔径分布图(b)

表 6.2 显示，随交联剂用量增加，材料的比表面积大幅下降，平均孔径则有所上升。这是由于在交联过程中，逐渐形成微球结构沉积，聚集体的结构变得致密。

表 6.2　不同交联剂用量下所制得聚磷腈的比表面积与孔径分析

| 样品 | 比表面积/(m²/g) | 微孔比表面积/(m²/g) | 外比表面积/(m²/g) | 孔比体积/(cm³/g) | 平均孔径/nm |
|---|---|---|---|---|---|
| 低交联度 | 611 | 324 | 287 | 0.35 | 2.31 |
| 中交联度 | 396 | 191 | 205 | 0.28 | 2.85 |
| 高交联度 | 41 | 5 | 36 | 0.058 | 6.33 |

### 6.2.5　压汞法

压汞法（mercury intrusion porosimetry, MIP）又称为汞孔隙率法，是测定材料介孔和大孔孔径特征的传统技术，迄今已有 100 多年历史。E. W. Washburn（1921）首先提出了可以将非浸润的液体压入多孔固体的孔中，从而分析其结构特性的观点，并给出了著名的 Washburn 方程[11]。H. L. Ritter 和 L. C. Drake 测量了汞与多种材料的接触角，并开发了高压压汞仪，极大地促进了压汞法的发展[12]。

#### 1. 基本原理

非浸润液体只有在施加外力时才可以进入多孔体。在不断增压的情况下，且将进汞体积作为外压力的函数时，即可得到在外力作用下进入抽空样品中的汞体积，从而得到样品的孔径分布。测定方法可以采用连续增压方式，也可采用步进增压方式。不同于物理吸附实验通过探针分子的自由扩散达到吸附平衡，压汞法利用了汞对一般固体的不浸润性，即汞只有在压力的作用下才能进入材料的孔隙，外压越大，汞能进入的孔直径越小。测量不同外压下进入材料孔中汞的量即可计算相应孔的孔体积。

### 2. 孔径分布的计算

外压力与进汞孔的孔径成反比。对于圆柱形孔，Washburn 方程给出了压力与孔径的关系 [式（6.11）]：

$$d_p = \frac{-4\gamma\cos\theta}{p} \tag{6.11}$$

应用 Washburn 方程，根据施加压力 $p$，便可求出对应压力下的孔径尺寸 $d_p$，根据汞的压入量便可求出对应尺寸的孔体积，由此便可算出孔体积随孔径大小变化的曲线，从而得出多孔材料的孔径分布。而压汞仪可以通过连续操作得出一系列不同压力下压入多孔材料的汞的体积，进而求出其孔径分布和总孔隙体积。

### 3. 相关标准

压汞法依据的测试标准主要有：《压汞法和气体吸附法测定固体材料孔径分布和孔隙度 第 1 部分：压汞法》（GB/T 21650.1—2008）。

### 4. 压汞法测定高性能高分子材料孔径特征实例

多孔聚合物材料具有高比表面积和低密度，在许多应用领域具有重要意义，特别是作为酶和过渡金属的载体。

通过甲苯二异氰酸酯（TDI）在水中的界面聚合，制备了高度均匀和多孔的聚脲微球（PPM）。合成过程中利用由两条管线组成的简单微流动装置，其中一条管线中 TDI 流动并与流动的水相合并，从而在合并时产生 TDI 液滴。聚合反应在流入反应器的同时在管中开始，并在管中完成。此外，通过在 PPM 中掺入钯获得复合微球 Pd@PPM。

利用物理吸附仪和压汞仪对材料的多孔性进行表征。材料的孔径特征，即孔径分布和比表面积，可从气体吸附和高压压汞数据中获得（图 6.13、图 6.14）。通过气体吸附测试，检测到 0~250 nm 的连续孔径分布，集中分布范围约为 20 nm；而从高压压汞测试中，可以看到两种主要的孔径分布，一种集中于 400 nm 处，孔径分布从 50 nm 到 4 μm，另一个更宽的分布在 100 μm 左右。这些测试证实，不仅从 SEM 照片中可以看到大孔隙，而且通过气体吸附测试可以检测到尺寸小于 50 nm 的小孔[13]。

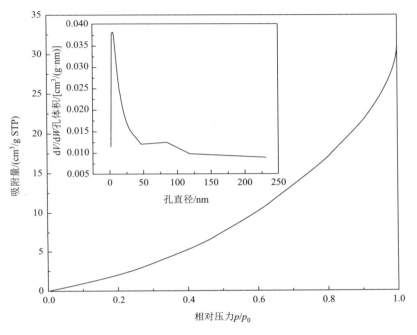

图 6.13　PPM 的孔体积和孔径分布图

气体吸附法，60℃，PVA（0.05 wt%）

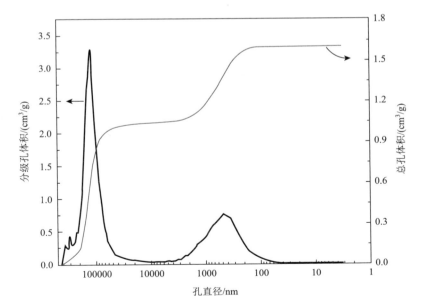

图 6.14　ppm 的孔体积和孔径分布图

压汞法，60℃，PVA（0.05 wt%）

## 6.3 密度测量 <<<

众所周知，密度是材料的基础物理性质。每种物质都有一定的密度，不同物质的密度一般不同。密度的用途很多，可用来鉴别物质，如阿基米德测量金质皇冠的密度。也可用于材料的质量控制，如评价颗粒流动性、可压（缩）性等。

通常，样品密度的计算逻辑是简单的质量除以体积，但绝大多数实际情况是相当复杂的。例如，多孔聚合物样品，其质量可以精确称量，但体积的测定却并不直观。由于聚合物是多孔的，在确定体积时，需要考虑聚合物内部的开孔和闭孔。

根据不同的应用场景，人们定义了不同的样品密度来满足应用要求，主要包括真密度（true density）、骨架密度（skeleton density）、堆积密度（bulk density）和表观密度（apparent density）。

### 6.3.1 表观密度

表观密度的定义是材料的质量与表观体积之比。其中，材料样品的质量 $m$ 可直接通过称重获得，而表观体系 $V$ 的测定则相对复杂。表观体积是由实体积和闭口孔隙体积组成的，其中，实体积是物质占据的空间，而闭口孔隙体积是物质中的孔隙所占据的空间。例如，一个中空球体，它的实体积是球壳所占据的空间，而闭口孔隙体积是球内部空洞部分的体积。

表观体积的测定方法因材料不同而异。对于形状规则的材料，可以直接测量体积；对于形状非规则的材料，可以先通过蜡封法封闭孔隙，再用排液法测量体积。

对于发泡样品而言，其表观密度又可分为表观总密度和表观芯密度。表观总密度为单位体积泡沫材料的质量，包括模制时形成的全部表皮；表观芯密度表示去除模制时形成的全部表皮后，单位体积泡沫材料的质量。可通过切割使试样的形状应便于体积计算，切割时应不改变其原始泡孔结构。

基于国家标准《泡沫塑料及橡胶 表观密度的测定》（GB/T 6343—2009），通过直接计算或排水法得到样品的表观体积 $V$ 后，可通过式（6.12）对样品的表观密度进行计算

$$\rho = \frac{m}{V} \times 10^6 \tag{6.12}$$

式中，$\rho$ 为表观密度，$kg/m^3$；$m$ 为试样的质量，$g$，$V$ 为试样的表观体积，$mm^3$。

对于部分密度小于 15 $kg/m^3$ 的材料低密度闭孔，空气浮力可能会对测量结果准确性造成影响，在这种情况下表观密度 $\rho$ 应用式（6.13）计算。

$$\rho = \frac{m + m_a}{V} \times 10^6 \tag{6.13}$$

式中，$m_a$ 为排出空气的质量，g。

### 6.3.2 堆积密度

堆积密度通常应用于粉末样品相关表征中，材料的堆积密度是指材料在规定条件下，单位体积中所堆积的样品质量。在实际操作中，堆积密度可以分为松装密度和振实密度。粉末的松装密度是指粉末试样自然地充填规定的容器时，单位容积粉末的质量。粉末的松装密度除取决于原料的密度外，很大程度上还与粉末颗粒的形状、粒度与粒度分布、粉末颗粒的表面状态等因素相关。通过振动、敲击等外力让粉末达到极限堆积密度称为振实密度。

#### 1. 松装密度的测定

由于松装密度为在规定条件下自然地充填规定的容器时，单位容积粉末的质量，因此规定条件的选取至关重要。国家标准《颗粒材料物理性能测试第 1 部分：松装密度的测量》（GB/T 31057.1—2014）规定了三种松装密度测定的方法，即漏斗法、斯科特容量计法及振动筛法，系相关设备结构如图 6.15 所示。

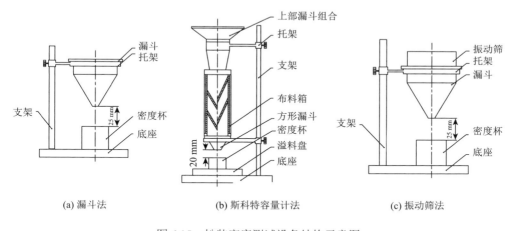

(a) 漏斗法　　　　(b) 斯科特容量计法　　　　(c) 振动筛法

图 6.15　松装密度测试设备结构示意图

上述结构中，通常要求漏斗由无磁性、耐腐蚀、表面光滑且有足够刚性与硬度的金属材料制成；密度杯通常为一个具有固定容积的金属圆环，其材质要求与漏斗部分相同。

测试时通常先选用漏斗法进行测试，若测试过程中样品无法顺利通过漏斗，则可改为振动筛法进行测试。对于部分金属粉末样品，可选用斯科特容量计法。

通过密度杯满溢后进行刮平处理可得到样品的松装体积 $V$（即密度杯的容积），后对杯中样品质量进行称量后得到样品质量 $m$，通过式（6.14）计算材料的松装密度 $\rho_a$。

$$\rho_a = \frac{m}{V} \tag{6.14}$$

### 2. 振实密度的测定

　　使用振实机将容器中规定量的粉末振实，直到粉末的体积不再减少为止，用粉末的质量除以体积，即可得到样品的振实密度。图6.16所示为《粉末产品振实密度测定通用方法》（GB/T 21354—2008）中规定的振实密度测定装置示意图。

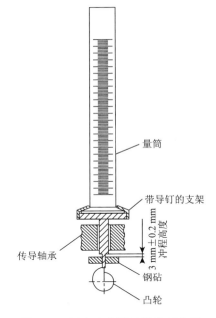

图6.16　振实密度测试设备示意图

　　该装置通过凸轮传动实现样品的纵向振实，要求振实仪器底部结实，可以承受量筒的振击。振实应在密封条件下进行，避免表面层出现松动。冲程应为3 mm，震动频率在100～300次/min之间。最终，通过量筒刻度识别样品的振实体积 $V$，对式样称重后获取样品质量 $m$，即可对样品的振实密度进行计算。

　　此外，相关国家标准《颗粒材料 物理性能测试 第2部分：振实密度的测量》（GB/T 31057.2—2018）也是重要的参考标准。

### 3. 相关标准

材料表观密度的测试方法可能会因材料特性的不同而产生误差。因此，针对不同种类的高分子材料，可选择适当的测试标准以减小测试方法所造成的误差。目前，对于高分子材料的表观密度测定，有《塑料 不能从规定漏斗流出的模塑材料表观密度的测定》（GB/T 39821—2021）、《泡沫塑料及橡胶 表观密度的测定》（GB/T 6343—2009）、《塑料 氯乙烯均聚和共聚树脂 振实表观密度的测定》（GB/T 23652—2009）、《塑料 能从规定漏斗流出的材料表观密度的测定》（GB/T 1636—2008）、《塑料 氯乙烯均聚和共聚树脂 表观密度的测定》（GB/T 20022—2005）等标准可供参照。

## 6.3.3 真密度

固体材料的真密度，也称为真实颗粒密度，定义为材料质量与该质量所占据体积的比值。在计算体积时，应减去材料的开孔、材料内部闭孔及颗粒间隙（如颗粒状或高度分散的样品）所占据的相应体积。

### 1. 测定方法及基本原理

对于晶体材料，可先利用 X 射线衍射得到比较准确的晶胞参数，然后直接计算材料密度，该方法优点是计算结果精确，缺点是对原子量的准确度要求比较高。对于非晶材料，若不含上述各种孔隙，则可利用排水法或气体体积置换法测量材料的体积，进而计算得出材料的真密度。

需要注意的是，利用排水法需确保实验液体不与待测材料发生浸润或反应，该方法的准确性取决于液体体积测量的准确性。气体体积置换法则是用气体替代液体测量材料的体积，适用性更强。

如果材料含有孔隙，特别是闭孔，通常是无法准确测量其体积的。可实现测量的方法是先将材料破碎至足够小，保证所有闭孔都已经被破坏，再利用排气法进行测量。

### 2. 骨架密度

骨架密度定义为材料质量和该质量所占体积的比值，其中体积包括可能存在的闭孔体积，但不包括开孔体积及块状样品中颗粒间隙的体积。

用气体密度仪法测得的密度通常称为材料的骨架密度，等同于不含闭孔的固体材料的真密度。

### 3. 测定方法及基本原理

骨架密度的测量是通过在气体密度仪中测定材料体积的方式实现的。该技术基于固体材料占据的空间被同体积的气体替代，通过测量在等温条件下气体从一个气室膨胀至另一个气室来实现。

该原理有多种实现方式，以图 6.17 结构为例，将固体材料干燥后称重并放入样品室，再将样品室充气加压到设定值；随后打开"阀门 2"，分析气体膨胀至参比室，仪器记录两个步骤的平衡压力。

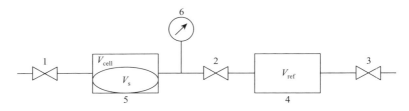

图 6.17　气体密度仪物理结构图

1. 阀门 1，气体进口；2. 阀门 2；3. 阀门 3，气体出口；4. 参比室；5. 样品室；6. 压力传感器

### 4. 骨架密度的计算

利用实验过程中记录的压力数据，固体材料的骨架体积 $V_{solid}$ 通过式（6.15）计算。

$$V_{solid} = V_{cell} - \frac{p_2}{p_1 - p_2} V_{ref} \tag{6.15}$$

骨架密度按式（6.16）计算。

$$\rho_s = \frac{m_{sample}}{V_{solid}} \tag{6.16}$$

### 5. 相关标准

骨架密度依据的测试标准主要有《骨架密度的测量　气体体积置换法》（GB/T 40401—2021）。

## 6.4 气体透过率性能测试 ◀◀◀

膜材料的发展使高分子材料被广泛应用于食品包装材料等领域。为了评价高分子薄膜的密封性能，气体透过性成为重要的参考指标。早在 1886 年，T. Graliam 就根据"吸附-溶解-扩散-解吸"的现象提出了薄膜气体透过性问题。随着合成化学的发展，大量的高分子材料被合成、生产、应用，高分子薄膜也得到了广泛关注。

近年，随着新材料的不断开发，高分子材料作为"功能性材料"的重要组成部分，针对其应用功能与场景需求开展的性能评价研究也越来越多。在高分子膜材料方面，主要集中在以分离膜为代表的"功能性膜"的评价研究，分离膜的透过性质的屏障性、分离性等得到了提高。屏障性的评价标准主要是气体透过率的定量，以这样的标准作为功能特性加以评价，对高分子膜材料进行研究。

### 6.4.1　气体透过率测试方法原理

现阶段，国内针对膜类材料的阻隔性能主要通过测试气体透过量与水蒸气透过率来进行评价。气体透过量的测试主要是考察薄膜、薄片对常见无机气体的阻隔性能，通常进行材料的透氧性检测。随着气调包装在包装材料领域的广泛使用，也逐渐开始对包装材料的二氧化碳、氮气等透过性能进行检测。水蒸气透过率测试，主要是考察薄膜、薄片对水蒸气的阻隔性能[14]。上述性能指标可通过压差法、电量分析法及红外检测器法来进行分析。

#### 1. 气体透过量压差法原理

压差法的原理是将待测样品其中一侧充入测定用气体（0.1 MPa），另一侧抽真空，由于存在一定的压力差，高压室的气体会通过测试样品渗透到低压室，通过测量低压侧气体体积或压力的变化可以计算出气体透过量。常用于测试单层或多层的塑料薄膜和薄片，压差法除可以测试氧气外，还可以测试氮气、二氧化碳等气体。通常需要一个高压室和一个低压室，高压室和低压室的测压装置及真空泵的灵敏度均应符合相关要求，通常用压力计作为传感器。该方法依靠压力随时间的变化来计算理论渗透率[15]，如图 6.18 所示。

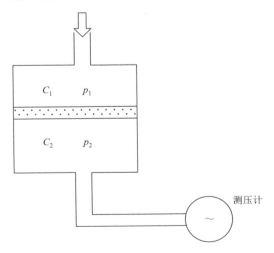

$C_1$　　$p_1$

$C_2$　　$p_2$

测压计

图 6.18　气体透过量差压法测试原理图

$C_1$、$C_2$ 为上、下腔气体体积分数；$p_1$、$p_2$ 为上、下腔气体压强；试验条件：$C_1 > C_2$，$p_1 - p_2 > 0$。

气体透过量 $Q_g$ 可以通过公式（6.17）进行计算：

$$Q_g = \frac{(\Delta p \times V \times T_0)}{\Delta t \times S \times p_0 T} \times \frac{24}{(p_1 - p_2)} \tag{6.17}$$

式中，$Q_g$ 为材料的气体透过量，$cm^3/(m^2 \cdot 24\ h \cdot 0.1\ MPa)$；$\Delta p / \Delta t$ 为在稳定透过时，单位时间内低压室气体变化的算术平均值，Pa/h；$V$ 为低压室体积，$cm^3$；$S$ 为试样的试验面积，$m^2$；$T$ 为试验温度，K；$p_1 - p_2$ 为试样两侧的压差，Pa；$T_0$、$p_0$ 分别为标准状态下的温度（273.15 K）和压力（$1.0133 \times 10^5\ Pa$）。

### 2. 气体透过量电量分析法原理

电量分析法原理是利用气体在样品两边的恒定浓度差作为渗透的推动力。样品两侧压力相等，一侧通入载气，另一侧通入试验气体，如图 6.19 所示。两侧试验气体浓度差异会引起渗透，载气将透过的试验气体送到传感器，由传感器将试验气体数量转换成电信号。电信号直接与试验气体通过样品的渗透率成正比[16]。

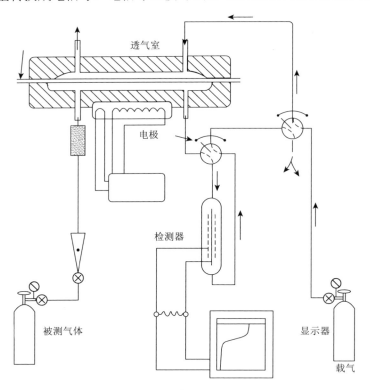

图 6.19　电量分析法气体透过量测定仪示意图

### 3. 水蒸气透过率红外检测器法原理

如图 6.20 所示，当样品置于测试腔时，样品将测试腔隔为两腔。样品一边为低湿腔，另一边为高湿腔，高湿腔内充满水蒸气且温度已知。由于存在一定的湿度差，水蒸气从高湿腔通过样品渗透到低湿腔，由载气传送到红外检测器产生一定量的电信号，当试验达到稳定状态后，通过输出的电信号计算出样品水蒸气透过率[17]。

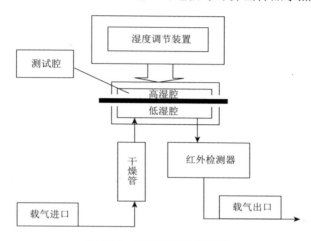

图 6.20　红外透湿仪示意图

水蒸气透过率红外检测器法的计算可通过式（6.18）计算：

$$\text{WVTR} = \frac{S \times (E_S - E_0)}{(E_R - E_0)} \times \frac{A_R}{A_S} \qquad (6.18)$$

式中，WVTR 为样品的水蒸气透过率，$g/(m^2 \cdot 24\ h)$；$S$ 为参考膜水蒸气透过率，$g/(m^2 \cdot 24\ h)$；$E_S$ 为样品测试稳定时电压，V；$E_0$ 为零点漂移值电压，V；$A_R$ 为参考膜测试面积，$m^2$；$E_R$ 为参考膜测试稳定时电压，V；$A_S$ 为样品测试面积，$m^2$。

### 4. 相关标准

常用标准有：《塑料薄膜和薄片水蒸气透过率的测定　红外检测器法》（GB/T 26253—2010）、《塑料制品薄膜和薄片气体透过性试验方法压差法：第一部分》（GB/T 1038—2002）、《包装材料　塑料薄膜和薄片氧气透过性试验　库仑计检测法》（GB/T 19789—2021），以及《气体透过量测定法》（YBB00082003—2015）。

## 6.4.2　实例分析

### 1. 角膜塑形镜透氧性能的测试

角膜塑形镜俗称 OK 镜，是一种高透氧的高分子聚合材料，现多为氟硅丙烯酸酯等带正电荷的高分子聚合物。它通过压平角膜的中央曲率，暂时降低佩戴者的屈光率、提高裸眼视力，需要具有一定的塑形力和维持力。因此用作 OK 镜的镜片材料都需要满足一定的硬度、弹性和湿润角。同时，不同镜片的厚度会产生不同的透氧性能，进而对眼球的正常生理机能产生一定的影响，也影响其佩戴舒适度。选取两款 OK 镜（型号分别为 BL308 和 BL904）进行测试，并对其氧气透过率数据进行比较（表 6.3）。

表 6.3    不同 OK 镜的氧气透过性能对比

| | 氧气透过率/[mL/(m²/d)] | |
| --- | --- | --- |
| | 0.024 cm | 0.025 cm |
| BL308 | 5872.195 | 5518.027 |
| BL904 | 7452.093 | 6065.185 |

由两种型号的 OK 镜的氧气透过率结果可以看出，同种材料的 OK 镜的氧气透过率随厚度的增大而减小。相同厚度下 BL904 的氧气透过率比 BL308 的更大，所以透气性更好。

由此我们在保证镜片塑形力和维持力的同时，可以通过透氧性能测试镜片的透气性，从而选择性能更好的材料。

### 2. 生物降解薄膜制品的透过率分析

在众多的可降解聚酯材料中，聚己二酸/对苯二甲酸丁二醇酯 ［Poly（butyleneadipate-co-terephthalate），PBAT］具有良好的力学性能、热稳定性和延展性能，与低密度聚乙烯相近，特别适合制备薄膜类产品，但是它的水蒸气阻隔性能和耐候性能较差，严重限制了它在农业和包装领域的应用，因此，提升 PBAT 薄膜的水蒸气阻隔性能和耐候性能是拓展其在生物降解薄膜材料方面应用的关键。

作为阻隔材料，聚碳酸亚丙酯（PPC）加入 PBAT 基体中可以改善共混物薄膜的水蒸气阻隔性能。图 6.21 比较了不同 PBAT/PPC 共混物薄膜的水蒸气透过系数。可以看出，纯 PBAT 薄膜的水蒸气透过系数最高，为 $9.9 \times 10^{-13}$ g·cm/(cm²·s·Pa)，而随着 PPC 含量的增加，共混物薄膜的水蒸气透过系数逐渐降低。当 PPC 含量为 20% 时，薄膜的水蒸气透过系数为 $4.5 \times 10^{-13}$ g·cm/(cm²·s·Pa)，与纯 PBAT 薄膜相比下降了 54.5%；当 PPC 含量为 60% 时，薄膜的水蒸气透过系数为 $3.8 \times 10^{-13}$ g·cm/(cm²·s·Pa)，与纯 PBAT 薄膜相比下降了 61.6%。

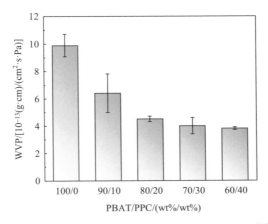

图 6.21　不同配比共混物薄膜的水蒸气透过系数[18]

当 PPC 含量超过 20%后，共混物薄膜的水蒸气透过系数下降趋势变缓。例如，PPC 含量为 30%时，其水蒸气透过系数为 $4.0 \times 10^{-13}$ g·cm/(cm²·s·Pa)，与 PBAT/PPC（80/20）相比下降了 11.1%；而 PPC 含量再增加 10%后，薄膜水蒸气透过系数与 PBAT/PPC（70/30）相比仅下降了 5%。这表明 PPC 添加量超过 20%后，再增加其含量对 PBAT 基薄膜的水蒸气阻隔性能提升不明显。当 PPC 含量较低时，它在薄膜基体中分布均匀，因此增加其含量会导致基体中的"阻隔片层"数目增加，从而显著延长或阻碍水分子渗透路径，提升薄膜的水蒸气阻隔性能。而当 PPC 含量超过 20%后，通过 SEM（图 6.22）观察发现 PPC 片层厚度增加，但"阻隔片层"数目提升较少，这就导致水蒸气渗透系数下降趋势减缓。

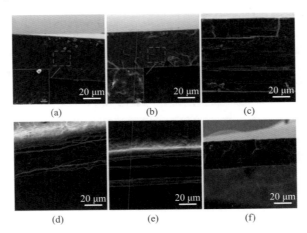

图 6.22　不同配比 PBAT/PPC 共混物薄膜 SEM 图

经过乙酸乙酯刻蚀(a)~(e)；未经过乙酸乙酯刻蚀(f)；100/0(a)；90/10(b)；80/20(c)；70/30(d)；60/40(e)；70/30(f)[18]

# 参 考 文 献

[1] 郑萃, 刘芷君, 梁德海. 光散射技术在高分子表征研究中的应用[J]. 高分子学报, 2022, 53(1): 90-106.

[2] 何曼君, 陈维孝, 董西侠. 高分子物理(修订版)[M]. 上海: 复旦大学出版社, 2000.

[3] WANG X, Qiu A X, Wu C. Comparison of the coil-to-globule and the golbule-to-coil transitions of a single poly(N-isopropylacrylamide) homopolymer chain in water[J]. Macromolecules, 1998, 31(9): 2972-2973.

[4] 娄本浊. 高分子改性碳黑水相分散稳定性的动态光散射分析[J]. 陕西理工学院学报(自然科学版), 2014, 30(4): 41-45.

[5] Brunauer S. The Adsorption of Gases and Vapours[M]. London: Oxford University Press, 1943.

[6] LANGMUIR I. The adsorption of gases on plane surfaces of glass. mica and platinum[J]. Journal of the American Chemical Society, 1918, 40(9): 1361-1403.

[7] BRUNAUER S, EMMETT P H, TELLER E. Adsorption of gases in multimolecular layers[J]. Journal of the American Chemical Society, 1938, 60(2): 309-319.

[8] THOMMES M, KANEKO K, Neimark A V, et al. Physisorption of gases, with special reference to the evaluation of surface area and pore size distribution(IUPAC Technical Report)[J]. Pure and Applied Chemistry. 2015, 87(9/10): 1051-1069.

[9] 雷尧飞, 沈宇新, 艾素芬, 等. 聚酰亚胺气凝胶及其薄型复合材料的制备和性能研究[J]. 材料导报, 2022, 36(22): 169-172.

[10] ZOU W Q, ZHANG S K, ALI Z, et al. Structure control of heteroatoms' self-doped porous carbon materials derived from cyclomatrix polyphosphazene for high-performance supercapacitor application[J]. Ionics, 2022, 28(8): 3985-3999.

[11] WASHBURN E W. Note on a method of determining the distribution of pore sizes in a porous material[J]. Proceedings of the National Academy of Sciences of the United States of America, 1921, 7(4): 115-116.

[12] RITTER H L, DRAKE L C. Pressure porosimeter and determination of complete macropore-size distributions[J]. Industrial & Engineering Chemistry Analytical Edition. 1945, 17(12): 782-786.

[13] BASHIR M S, JIANG X B, LI S S, et al. Highly uniform and porous polyurea microspheres: clean and easy preparation by interface polymerization, palladium incorporation, and high catalytic performance for dye degradation[J]. Frontiers in Chemistry. 2019, 7: 314.

[14] 贾至诚, 王克俭. 塑料包装阻隔性能的检测方法与标准及其测试设备[J]. 塑料包装, 2018, 28(2): 49-52.

[15] 周亚菊, 姜骏, 朱燕, 等. 药包材气体透过量测定方法标准现状及展望[J]. 中国药品标准, 2022, 23(1): 1-4.

[16] 国家食品药品监督管理总局. 气体透过量测定法: YBB00082003-2015[S]. 北京: 中国医药科技出版社, 2015.

[17] 国家质量监督检验检疫总局. 中国国家标准化管理委员会. 塑料薄膜和薄片水蒸气透过率的测定红外检测器法: GB/T 26253-2010[S]. 北京: 中国标准出版社, 2011.

[18] 施凯环. PBAT基可生物降解地膜的阻隔性及耐候性研究[D]. 北京: 清华大学, 2023.

# 第 7 章

热性能表征

热分析技术被用来表征物质的性质与温度（时间）之间的关系，是对各种物质在很宽的温度范围内进行定性、定量分析的有力工具。热分析是表征材料热性能的重要仪器分析技术，能在−260～2800℃温度范围内对各类物质的热物理性能进行定性、定量表征，也可对其他分析手段进行辅助，具有适用范围广、检测速度快、灵敏度高、准确性好、重现性好和试样用量少等特点。随着高分子材料合成工业的发展及高性能高分子材料应用领域的拓展，对高性能高分子材料的种类、性能提出了更新、更高、更多的要求，特别是汽车、信息、家电、建筑、国防、各种高尖端领域对高性能高分子的热性能表征需求量越来越大。要研制新型高分子材料及控制高分子材料的质量和性能，测定高分子材料的耐热性、热稳定性、导热性和热膨胀性等热性能是必不可少的。本章节主要介绍热重分析、导热系数测试、动态热机械分析、热膨胀系数表征、热防护烧蚀评价、数据分析、测试标准和应用实例分析。

## 7.1　热重分析法　◄◄◄

热重分析法（thermogravimetry, TG）是指在程序控制温度和一定气氛下连续测量待测样品的质量与温度（或时间）变化关系的一种热分析技术，主要用于研究物质的分解、化合、脱水、吸附、脱附、升华、蒸发等伴有质量增减的热变化过程。基于热重分析法，可对物质进行定性分析、组分分析、热参数测定和动力学参数测定等，常用于新材料研发和质量控制领域。热重分析法能够对高分子材料进行热分解过程分析和组分鉴定，评价高分子材料的热稳定性，还可以准确地分析高分子材料中填料的含量等[1]。

本节重点介绍热重分析仪的工作原理和结构、采用标准物质的居里点温度或分解温度进行仪器校正、变位法和零位法测量质量、热重曲线和微商热重曲线温度标注方式等内容。

### 7.1.1 热重分析仪测试方法原理

热重分析仪是在程序控制温度和一定气氛下，测量试样的质量随温度或时间连续变化关系的仪器。测量时，通常将装有试样的坩埚置于与质量测量装置相连的试样支持器中，在预先设定的程序控制温度和一定气氛下，进行实验测量与数据实时采集。

热重分析仪主要由仪器主机（主要包括程序温度控制系统、炉体、支持器组件、气氛控制系统、样品温度测量系统、质量测量系统等部分）、仪器辅助设备（主要包括自动进样器、压力控制装置、光照和冷却装置等）、仪器控制和数据采集及处理等部分组成。加热炉体有两种形式，分别为立式和卧式。立式炉体有两种质量称量方式，分别为下吊式和上皿式（图 7.1）：下吊式是天平单元在上方，由一根悬垂的吊丝吊住样品皿；上皿式是一个样品支架上端支撑样品皿，支架下端连接天平单元[2]。

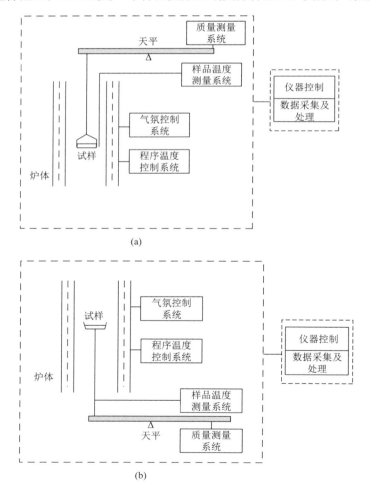

(a)

(b)

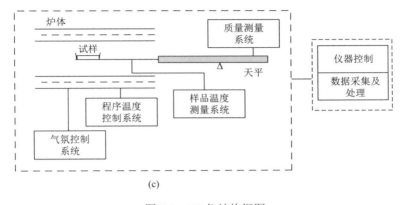

(c)

图 7.1　TG 仪结构框图

(a)下吊式；(b)上皿式；(c)卧式

　　热重分析仪的质量测量方法主要有两种：变位法和零位法。变位法是根据天平横梁倾斜的程度与质量变化成比例的关系，用差动变压器等检测该倾斜度，并自动记录所得到的质量变化信号。零位法是采用差动变压器法、光学法等技术测定天平梁的倾斜度，通过调整安装在天平系统和磁场中线圈的电流，使线圈转动抑制天平横梁的倾斜。由于线圈转动所施加的力与质量变化成比，该力与线圈中的电流成比，因此通过测量电流的变化，即可得到质量变化曲线[3]。

　　热重分析仪的两个主要测量参数分别是质量和温度，计量单位分别为毫克（mg）和摄氏度（℃）。热重分析仪应定期进行校准，按照国家标准《热重分析仪检定规程》（JJG 1135—2017）中规定使用的标准物质分别对仪器的温度和质量进行校正。

　　一般使用标准物质的居里点温度或分解温度进行校正。将仪器测得标准物质的特征分解温度或居里点温度与标准值进行比较和校正。通常采用两点或多点温度校正法，应做到工作温度在已校正的温度区间内。放入在仪器治疗剂量范围内的标准砝码（或分析化学用的砝码），读取所测质量值并进行校正。也可采用标准物质的特征分解量与标准值进行校正。

　　热重分析仪内置天平的量程决定了测试样品称量范围，因厂家不同天平分辨率各有差异。目前，天平分辨率可达 0.1 μg。对高分子材料而言，样品颗粒度和称样量会影响分解温度，样品颗粒度大或称样量大，热分解温度可能会滞后，因此，在测试时应使样品颗粒度和称样量尽量保持一致。

　　高分子材料一般可在真空、惰性、还原性、氧化性气氛下获得热重曲线，升降温速率因厂家不同也有差异，但基本都能满足高分子材料的测试需求。

### 7.1.2    热重曲线关键温度表示法

　　热重曲线是由热重分析仪测得的以质量（质量分数）随温度或时间变化的曲线，如图 7.2(a)所示。曲线的纵坐标为质量 $m$（通常以质量分数表示），向上表示质量增加，向下表示质量减小；横坐标为温度 $T$ 或时间 $t$，自左向右表示温度升高或时间增加。热重曲线可以确定变化过程的特征温度和质量变化等信息。微商热重曲线（DTG 曲线）是测得的热重（TG）曲线，即质量变化速率与温度（温度扫描型）或时间（恒温型）的关系曲线，如图 7.2(b)所示。当试样质量增加时，DTG 曲线峰向上；质量减少时，峰应向下。DTG 曲线表征样品质量随温度或时间的变化

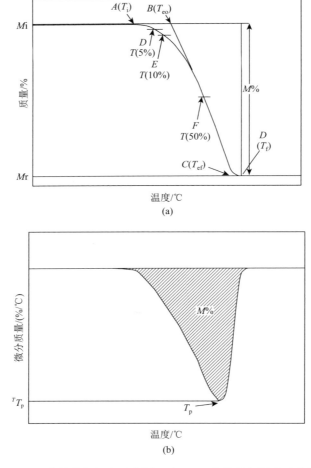

(a)

(b)

图 7.2　TG 曲线特征温度示意图(a)和 DTG 曲线特征温度示意图(b)

速率，其峰值即为样品质量减小的最大速率（$T_p$）。与 TG 曲线相比，DTG 曲线给出的样品质量随温度的变化速度信息，更直接反映了样品失重特性。为进一步分析样品质量变化的加速或减速特性，类似地，可对 DTG 曲线进行再次微商处理，得到二阶微商热重曲线，即 DDTG 曲线[1]。

　　热重曲线上的温度数据常用来比较材料的热稳定性，大家一致认同的说法如下：TG 曲线开始偏离基线点的温度称为起始分解温度［图 7.2(a)中 A 点，$T_i$］；TG 曲线下降段切线与基线延长线的交点的温度称为外推起始点温度［图 7.2(a)中 B 点，$T_{eo}$］；TG 曲线下降段切线与最大失重线的交点的温度称为外推终止点温度［图 7.2(a)中 C 点，$T_{ef}$］；TG 曲线到达最大失重时的温度称为终止温度［图 7.2(a)中 D 点，$T_f$］。图 7.2(a)中 E 点、F 点、G 点分别为失重率为 5%、10%、50%时的温度，失重率为 50%的温度，又称半寿温度。其中 B 点温度重复性最好，所以多采用此点温度表示材料的稳定性。

　　TG 在高性能高分子材料的热性能表征中应用广泛，可用于高分子材料的热稳定性评价、组成剖析、降解反应动力学研究、添加剂的影响研究等。图 7.3 给出了几种高分子材料典型的热重曲线，包括聚氯乙烯（PVC）、聚甲基丙烯酸甲酯（PMMA）、聚乙烯（PE）、聚四氟乙烯（PTFE）和聚酰亚胺（PI）。由图可知，PMMA、PE、PTFE 都可以完全热降解，且三者的热稳定性依次增加。PMMA 分解温度低是分子链中叔碳和季碳原子的键易断裂所致；PTFE 存在 C—F 键，而 C—F 键键能极大地提高了其热稳定性。PVC 稳定性较差，第一次失重阶段发生在 200～300℃，发生消除反应脱 HCl，之后分子内形成共轭双键，热稳定性提高，直至温度约 420℃时大分子链断裂，形成第二次失重。PI 由于含有大量芳杂环结构，热分解温度在 500℃以上，且 850℃时的残碳率高于 50%，属于耐高温型聚合物基体材料。

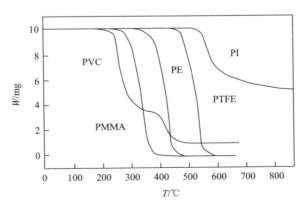

图 7.3　几种高分子材料的典型热重曲线

### 7.1.3 热重联用技术

热重分析技术主要针对样品在受热过程中质量减少的特征，输出的关键数据也是在不同温度区间或不同受热时刻样品的质量变化。然而，TG 本身不具备识别技术，其单一数据不能确定样品在测试温度区间的物理/化学反应机理。因此，可通过将热重与其他技术联用，以综合分析材料的热响应行为，探究高性能高分子材料热解过程分子结构上的本质变化[4]。

热重-质谱联用技术（TG-MS）是一种常用的热分析联用技术，它是在程序控制温度和一定气氛下，通过质谱仪在线监测由热重分析仪中试样逸出的气体信息[4,5]。样品在热重设备中逸出的气体分子首先在电子碰撞离子源中被高能电子束（通常约为 70 eV）轰击，形成正电荷分子离子和碎片离子，之后进入质谱测得离子的准确质量，从而获得逸出气体的分子量、化学结构等信息，结合热重分析数据可推断高分子材料在受热过程中断链规律，进而分析热解机理。

TG-MS 主要包括一台热重仪、一台质谱仪及将两者联合的接口。热重仪对样品的测试需要一定的气氛，而质谱仪的检测环境则要求在 10～6 mbar 的真空条件状态下，因此热重仪和质谱仪之间的联用通常需要通过特殊设计的可加热陶瓷（惰性）毛细管或内衬涂层的金属管将由逸出气的约 1%带入至质谱仪，以获得逸出气体分析的最佳结果（图 7.4）。有关质谱的详细介绍见章节 3.4。

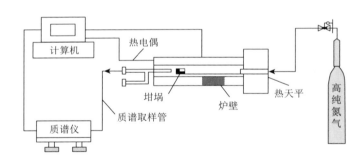

图 7.4    TG-MS 联用仪装置示意图[5]

热重-红外联用技术（TG-FTIR）是利用吹扫气（通常为氮气或空气）将热失重过程中产生的挥发分或分解产物，通过恒定高温（通常为 200～250℃）金属管道及玻璃气体池，引入红外光谱仪的光路中，并通过红外检测、分析判断逸出气组分结构的一种技术[4]（图 7.5）。TG-FTIR 技术可获得样品详细的热分解历程和确切的热分解产物，有助于材料热分解过程基元反应的确定及热解机理的研究，因而在高性能高分子材料的热稳定性和热分解机理方面应用广泛。

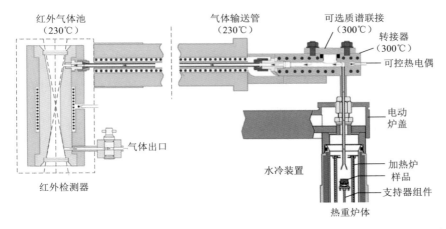

图 7.5　TG-FTIR 联用仪装置示意图

图片来自德国 NETZSCH TG(STA)-FTIR 设备文件

　　TG-FTIR 联用仪的主要组成包括热重分析部分、气体输送管、气体池、红外光谱部分和数据处理系统。热重分析部分，即热重分析仪，接有气体输送管的接口，以使热解过程中产生的气体输送到红外检测系统。气体输送管是连接两台设备的核心部件，一般为不透明金属管道，负责将逸出气体在高温下引入到玻璃气体池中。通过设置 FTIR 仪光源的扫描频率，可以得到不同时间的谱图。有关 FTIR 的详细介绍见章节 3.1。

　　尽管 TG-FTIR 联用有快速、直观、可定性等许多特点，但测试参数也存在一定影响因素[4]。首先，TG-FTIR 联用技术中样品逸出气经载气稀释，由于气体池本身增加了反射光程，因此逸出气的质量应保持在 5～10 mg。其次，TG 载气的流速、升温速率与谱图扫描次数、分辨率的合理匹配，也是影响信号强弱及红外谱图质量的重要因素等。此外，FTIR 光谱仪对水蒸气非常敏感，且随着温度升高，水的吸收强度逐渐增大。正确区分水蒸气的来源，对合理解析 TG-FTIR 谱图至关重要，必要时应采用惰性气体吹扫光学台及样品仓。TG-FTIR 不适用于检测分子量较大的逸出物及无红外活性的双原子分子，如 $O_2$、$N_2$、$H_2$ 等。可见，测试条件对 TG-FTIR 联用技术结果影响很大，因此应注意优化测试条件，以避免导致错误的判断。

　　热重-红外-质谱联用系统（TG-FTIR/MS）能够同步分析材料热分解过程中释放的小分子气体的红外光谱和质谱，它综合了 TG-FTIR 对化学官能团的鉴定能力和 TG-MS 能对复杂产物进行定性解析及其灵敏度高等优点，两种手段互为辅助和佐证，提高了热重-红外-质谱联用系统对逸出气体的检测能力，从而使其在对材料的化学成分分析方面具有更广泛的应用[6]。热重仪中逸出的气体约 1% 通过石英毛细管传送到质谱仪的离子源，剩余气体经过一条加热管输送到 FTIR 光谱仪气体池中进行光谱扫描。质谱仪可分析碎片离子的质量及强度分布得到逸出气体的组成信息；FTIR 光谱仪通过连续扫描可以得到实时的红外谱图，从而可对不同时刻点逸出气体的官能团及红外指纹信息进行判断，或与红外光谱库中的谱图进行检索对比得出逸出气体的具体组成和结构信息。

### 7.1.4    相关标准

材料的热重测试标准见表 7.1。

表 7.1    材料的热重测试标准

| 标准类型 | 标准编号 | 标准名称 | |
| --- | --- | --- | --- |
| 设备检定 | JJG 1135—2017 | 热重分析仪检定规程 | |
| 设备 | JB/T 7405—2017 | 热重分析仪 | |
| 通则 | JY/T 0589.4—2020 | 热分析方法通则 第 4 部分：热重法 | |
| 试验方法 | GB/T 27761—2011 | 热重分析仪失重和剩余量的试验方法 | |
| 化学品热稳定性 | SN/T 3078.2—2015 | 化学品热稳定性测定 第 2 部分：热重分析仪 | |
| 添加剂含量测定 | DB35/T 1558—2016 | 热重分析法（TGA）测定聚烯烃产品中炭黑含量 | |

## 7.2    导热系数测试    ◀◀◀

导热系数，又称热导率，是表征材料导热性能优劣的热物性参数，单位为 W/(m·K)。导热系数与材料本身及温度等因素有关。材料导热系数检测方法主要分为两大类，稳态法和非稳态法（又称瞬态法）。

### 7.2.1    稳态法导热系数测试

稳态法测定导热系数的基础是傅里叶导热定律，即热传导定律。该定律指出，在导热过程中，单位时间内通过给定截面的导热量，正比于垂直于该截面方向上的温度变化率和截面面积，而热量传递的方向则与温度升高的方向相反[7]。其数学表达式为

$$\Phi = -\lambda A \frac{\partial t}{\partial x} \tag{7.1}$$

傅里叶定律用热流密度 $q$ 表示为 $q = -\lambda \frac{\partial t}{\partial x}$。式中，热流密度 $q$ 为沿 $x$ 方向传递的热流密度分量，即一维稳态导热基本定律。

热流计是稳态法测量导热系数最常用的仪器，其设计原理遵循理想一维稳态导热原理，是利用穿过试件和热流计的热流所产生的温度差来测量通过试件的热流密度的装置[8]。

接触热阻是稳态法测试导热系数需要特别关注的参数。两个名义上相互接触的固体表面，实际上接触仅发生在一些离散的面积单元上。在未接触的界面之间的间隙中充满了空气，导热过程中热量穿过空气层，这种情况与两固体表面真正完全接触相比，增加了附加的传热阻力，称为接触热阻。接触热阻等于两个交界表面温度之差除以热流量，单位为$(m^2 \cdot K)/W$[9]。

接触热阻的存在会对工程系统热管理的有效性产生不利影响，为了降低接触热阻的影响，通常将膏状导热材料涂覆在待测固体试样表面充当热界面材料[10]，以尽可能降低接触热阻的影响。

热流计的测量方法是将被测试样放置在设置好温度差的冷板、热板两块加热板之间，经过足够长时间后使其形成稳定温度场。然后测量通过被测试样的热流和温差，从而计算被测材料的导热系数[10]。

根据仪器结构、测试温区、材料导热系数的范围，热流计大致分为三种类型：平板热流计、防护热流计、保护热板热流计。

平板热流计由均质芯板、表面温差传感器和表面温度传感器组成。温差传感器和测量区域都位于芯板。其测量原理是，当热板和冷板在恒定温度和恒定温差的稳定状态下时，热流计装置在热流计中心测量区域和试件中心区域，并且建立一个单向稳定的热流密度，该热流穿过一个（或两个）热流计的测量区域和一个（或两个接近相同）的试件的中间区域。若测量区域具有稳定的热流密度，且有稳定的温差 $\Delta T$ 与平均温度 $T_m$。用标准试件测得的热流量为 $\varPhi_s$、被测试件测得的热流量为 $\varPhi_u$，则标准试件热阻 $R_s$ 和被测试件热阻 $R_u$ 的比值为

$$\frac{R_u}{R_s} = \frac{\varPhi_s}{\varPhi_u}$$

以上可计算得到被测试件的热阻 $R_u$。若试件厚度 $d$ 已知，则可计算出试件的导热系数[8]。平板热流计的测试温度区间为 5～80℃，导热系数测试区间为 0～2 W/(m·K)。平板热流计是一种间接测量材料导热系数的仪器。由于侧向热损失或热吸收无法自动控制，为确保对于不同热阻的材料能够准确测量，需采用与待测试样类似传热性质的材料来标定仪器。因此，一般在测试前 24 h 内，会采用 NIST 有证标准物质对仪器进行标定。

平板热流计测试导热系数，主要参照的标准为《绝热材料稳态热阻及有关特性的测定　热流计法》（GB/T 10295—2008），该标准为 ISO 8301:1991(E)的等同采用。本标准采用的是温度梯度型热流计。对于执行该标准的测试，应保证试件的

热阻大于 0.1 (m²·K)/W，且厚度需要大于该测试要求的试件最小厚度。最小厚度主要由该试件的接触热阻决定，因此应首先预估待测试件的热阻，确定最小厚度。为了限制边缘热损失的影响，试件的几何尺寸应尽可能大于温度测量区域，且应尽量满足热流计测量区域的边长与试件最大厚度的比值在 4 左右，热流计外边长与试件最大厚度之比为 8。

防护热流计和防护热板热流计都是直接、绝对地测试材料导热系数的仪器，不需要标准物质来标定仪器。这是因为，在测量区域周边增加了保护加热器，可以加热到样品的平均温度，通过降低样品与周边环境之间的温差，减少横向热损耗，提高测量精度。防护型热流计是绝热材料研究与测试的理想工具。它的测试温度区间为–40~300℃，导热系数测试区间为 0~40 W/(m·K)。防护热板型热流计的测试温度区间为–100~600℃，导热系数测试区间为 0~2 W/(m·K)。

### 7.2.2 非稳态法导热系数测试

非稳态法又称为瞬态法，其测试过程是材料受热升温的非稳态导热过程。热扩散系数是瞬态法测试中最重要的一个物理参数，又称为热扩散率，用 $\alpha$ 表示。

热扩散系数定义为被测试样导热系数与其体密度和比热容乘积的比值。从温度的角度可理解为，热扩散系数越大，材料中温度传播得越快，即热扩散系数是材料传播温度变化能力大小的指标，也可称为导温系数[9]。在瞬态法导热测试中，热扩散系数具有十分重要的意义。

材料热扩散系数的测试方法主要是闪光法，使用的仪器为闪射法导热仪。仪器主要由光源、炉体、样品台和红外检测器组成，其中光源也是热源。根据测试温度区间的不同，仪器的光源、炉体、样品支架及测温热电偶会有差异，但是仪器构造基本一致。

闪光法是在样品的下方发射瞬时光脉冲，产生的热量通过样品传递至其上表面，利用红外检测器监测样品上表面的温度并得到温升曲线，再根据相应的拟合模型以获得最终的热扩散系数。

闪光法是对一维热扩散现象的测试方法，可根据样品厚度、固定温度下的热扩散时间即温度升至最大值百分比所需的时间计算得到热扩散系数（$\alpha$）。要获得材料的导热系数（$\lambda$），还需要进一步得到样品的比热容（$C_p$）和体密度（$\rho$）[11]。导热系数计算公式为

$$\lambda = \alpha \times C_p \times \rho \qquad (7.2)$$

闪光法导热系数测试是目前最常用、技术最成熟的非稳态测量方法之一，是热物性参数测量研究的主要方法[12]。

### 7.2.3　相关标准

材料的导热测试标准见表 7.2。

**表 7.2　材料的导热测试标准**

| 材料类型 | 标准编号 | 标准名称 |
|---|---|---|
| 绝热材料 | GB/T 10295—2008<br>（ISO 8301:1991(E)等同采用） | 绝热材料稳态热阻及有关特性的测定　热流计法 |
| | GB/T 10294—2008<br>（ISO 8302:1991 等同采用） | 绝热材料稳态热阻及有关特性的测定　防护热板法 |
| 导热材料 | GB/T 22588—2008 | 闪光法测量热扩散系数或导热系数 |
| 建筑材料 | DIN EN 12667-2001 | 建筑材料和产品热性能　用保温板和热流计测定耐热性<br>高耐热性和中等耐热性产品 |
| 塑料 | GB 3399—1982 | 塑料导热系数试验方法　护热平板法 |
| 硅胶、膜材料 | ASTM E 1530 | 用保护热流计技术评定材料的耐传热性能的测试标准 |

## 7.3　动态热机械分析　◀◀◀

世界第一台动态热机械分析仪问世于 1976 年，之后因人们在材料研究领域对该仪器的需要，推动动态热机械分析（DMA）迅速发展。DMA 是在程序控制温度下，测量物质在振荡负荷下的动态模量或力学损耗随时间、温度或振荡频率变化的一种技术，是研究材料黏弹性的重要手段。橡胶、树脂、纤维及其复合材料等高性能高分子材料是典型的黏弹性材料，采用 DMA 研究高分子材料的黏弹性是一种非常有效的方法，其测试结果能为高分子材料的结构、分子链段运动及其转变等的研究提供依据，是研究高分子结构-分子运动-性能三者间关系简便而有效的重要技术。

本节旨在介绍 DMA 基本测试原理，并以热塑性弹性体典型的单频 DMA 测试结果为例，展示所得各基本参数的意义及相关测试项目的数据分析，具体包括玻璃化转变温度、次级转变温度与低温性能、高分子的储能模量与损耗模量，以及频率外推。

### 7.3.1　DMA 测试方法原理

DMA 是测定材料在一定温度范围内，在振动条件下，即在交变应力（交变应变）作用下做出的力学响应，即力学性能（模量、内耗）与温度、频率关系的动态力学行为[13]。

DMA 测试时，对试样施加一正弦载荷（应力或应变），同时记录相应的响应（应变或应力）（图 7.6）。当施加正弦应力时，可采用如下方程表达。

$$\sigma = \sigma_0 \sin \omega t \tag{7.3}$$

式中 $\sigma$ 为 $t$ 时刻的应力；$\sigma_0$ 为应力振幅；$\omega$ 为角频率。由此产生正弦应变。

$$\gamma = \gamma_0 \sin(\omega t + \delta) \tag{7.4}$$

式中 $\gamma$ 为 $t$ 时刻的应变；$\gamma_0$ 为应变振幅；$\delta$ 为应力信号与应变信号的相位差。

对于符合胡克定律的理想弹性体，相位差 $\delta$ 为 0；由牛顿定律可知，完美黏性固体的相位差为 $90°$；对于黏弹性材料，$0° < \delta < 90°$。相应地，复数模量的定义就包含弹性部分（$E'$）和黏性部分（$E''$）。

$$E^* = E' + iE'' \tag{7.5}$$

$$E' = E^* \cos \delta \tag{7.6}$$

$$E'' = E^* \sin \delta \tag{7.7}$$

式中，$E'$ 为弹性（储能）模量，指材料在形变过程中由于弹性形变而储存的能量，反映材料黏弹性中的弹性部分，表征材料的刚度；$E''$ 为黏性（损耗）模量，指材料在形变过程中因黏性形变而以热的形式损耗的能量，反映材料中的黏性成分，表征材料的阻尼（损耗因子）。阻尼定义为黏性模量与弹性模量之比。

$$\tan \delta = \frac{E''}{E'} \tag{7.8}$$

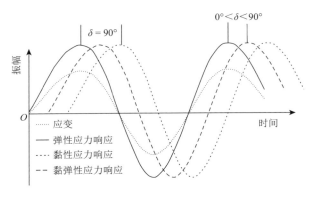

图 7.6　弹性、黏性和黏弹性材料在正弦应变作用下的应力响应[13]

损耗因子 $\tan\delta$ 反映了高分子材料内部链段运动中应变相对于应力的滞后现象。滞后现象生成的原因是，受到外力时，由于内摩擦力作用，高分子链段通过热运动达到新平衡需要时间，引起应变落后于应力，产生相位差。

DMA 测试采用强迫非共振法，一般包括五个环节（图 7.7）：

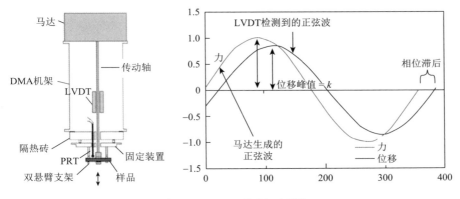

图 7.7　DMA 工作原理图[14]

（1）测试样品分别与驱动器、应变位移传感器相连接，设定温度程序（线性升温、降温、恒温或其组合）。

（2）驱动器将一定频率的正弦交变作用施加到测试样品上，样品将产生相应的周期波动形变。

（3）应变位移传感器检测应变的正弦信号。

（4）通过应力振幅与应变振幅的位置比较，得到应力与应变的相位差。

（5）通过仪器自动处理，得到储能模量 $E'$、损耗模量 $E''$ 和损耗因子 $\tan\delta$。

DMA 的测量模式可分为拉伸、压缩、剪切、弯曲（包括单/双悬臂梁和三点弯曲）等，有些仪器中还有杆、棒的扭转模式。具体可根据测试样品性质、尺寸和实际工况等选择相应的夹具。各测量模式的适用范围如下：

拉伸模式：适用于薄膜、纤维、橡胶条等柔软的样品，模量范围为 $0\sim10^4\,\mathrm{MPa}$；压缩模式：适用于弹性体、泡沫、凝胶等软样品，模量范围为 $10^{-1}\sim10^4\,\mathrm{MPa}$（针入模式还适用于涂层）；剪切模式：适用于软质高阻尼材料，如弹性体、黏合剂等，模量范围为 $10^{-1}\sim10^3\,\mathrm{MPa}$；单/双悬臂模式：适用于中高模量材料，如树脂、弹性体等，模量范围为 $10^{-1}\sim10^5\,\mathrm{MPa}$；三点弯模式：适用于高模量材料，如树脂、纤维/树脂复合材料等，模量范围为 $10^1\sim10^5\,\mathrm{MPa}$。

DMA 是一种多功能技术，可用于同时表征各种类型样品的黏弹性特性，只需要很小的样品即可在很宽的温度或频率范围测定材料的动态力学性能，非常适合在动态载荷下工作的产品结构及配方设计。尤其是现代样品夹具种类的发展，可实现许多复杂形态和尺寸样品的快速黏弹特性表征。

## 7.3.2　DMA 数据分析

通常，DMA 所能提供的有关高分子体系的基本参数有：储能模量 $E'$、损耗模量 $E''$、损耗因子 $\tan\delta$、玻璃化转变温度 $T_{\mathrm{g}}$、次级转变温度 $\gamma$ 和 $\beta$ 等、树脂/固化体系的软化温度/凝胶温度、特征频率、特征松弛时间等。由这些测试结果，可表征高分子材料的耐寒性能、耐热性能、阻尼性能、老化性能、相容性能、树脂固化过程、复合材料界面特性等，对材料检验、模具设计、加工与使用条件等具有重要的指导意义。

### 1. 玻璃化转变温度

玻璃化转变温度是高分子材料链段运动的特征温度，也称为 $\alpha$ 转变，它直接影响到材料的使用性能和工艺性能。玻璃态与橡胶态之间的转变为玻璃化转变，对应的温度为玻璃化转变温度 $T_g$。由于玻璃化转变强烈依赖于测试频率和升温速率，因此相对于差示扫描量热法（DSC），DMA 测量 $T_g$ 的灵敏度更高。

在动态热机械分析谱图中，可以标出三种玻璃化转变温度，即储能模量曲线的 ONSET 温度、损耗模量峰值温度和损耗因子峰值温度，此三个温度值依次增高：

（1）在储能模量和温度的曲线上，对曲线变化前和显著下降时各做一条切线，将两条切线的交点对应的温度，称为 $T_{onset}$。当温度小于该温度时，材料模量没有明显的变化，样品尺寸和形状稳定。通常用于表征材料的最高使用温度。

（2）在损耗模量和温度的曲线上，将峰值对应的温度称为 $T_{loss}$。ISO 标准中，建议将此温度作为材料的 $T_g$，并用此温度表征材料的耐寒性能和耐热性能。

（3）在损耗因子和温度的曲线上，将峰值对应的温度称为 $T_{tan\delta}$。该温度表征阻尼材料的阻尼性能，以及橡胶等材料的最低使用温度。

习惯上，在表征结构材料的最高使用温度时，选择储能模量曲线的 ONSET 温度，这样能够保证结构材料在使用温度范围内模量不会发生急剧变化，保证结构件的尺寸与形状的稳定性；对于阻尼材料，常以损耗因子的峰值温度作为玻璃化转变温度，$T_g$ 峰较高，说明分子链段需要更大的能量才能实现松弛转变，$T_g$ 峰宽，说明高分子的链段运动分散性大和链段松弛过程长。

对于非晶热塑性高分子，玻璃化转变温度是它的最高使用温度和加工中模具温度的上限值；黏流温度是它以流动态加工成型时熔体温度的下限，而各次级转变温度则接近它的脆化温度。对于部分结晶高分子而言，熔点（$T_m$）则是其最高使用温度，而次级转变温度和熔点之间的温度区间则是纤维冷拉和塑料冲压成型温度范围。$T_g$ 的高低决定了材料在使用条件下的刚性和韧性。若材料的 $T_g$ 低于室温，则其在常温下既有一定刚性，又有良好的韧性，如聚乙烯、聚四氟乙烯；而若 $T_g$ 高于室温，则其在常温下具有良好的刚性，如聚酰胺和聚对苯二甲酸丁二醇酯。

### 2. 次级转变温度

高分子的次级转变发生在玻璃化转变温度以下，可归为高分子链的小链段或侧基的运动，主要是 $\gamma$ 和 $\beta$ 次级松弛。高分子在低温区域下，主链段运动处于被

"冻结"的状态，但某些小运动单元仍具有运动能力，可以发生从冻结到运动或从运动到冻结的变化过程，该过程称为次级转变或次级松弛过程。

次级转变可反映在 DMA 损耗因子-温度图谱上，与高分子材料的低温韧性有关：在低温测试区域内，低温损耗因子峰值越低，峰越高，耐寒性及低温抗冲击性就越好。DMA 是唯一能测出高分子次级转变的方法。

频率变化三个数量级相当于温度位移 20～30℃，因此，采用 DMA 的频率扫描模式可更细微地测量材料次级转变的温度和范围。首先在温度谱中大致确定次级转变的温度范围，在此范围内选择固定的温度，再在恒温下考察材料的动态模量和损耗因子与频率的关系，从而得到高分子的次级转变。

此外，根据 DMA 频率谱还可以获得各级转变的特征频率，而将各特征频率取倒数，即可得到各转变的特征松弛时间。

### 3. 高分子的储能模量与损耗模量

与其他的力学测试方法相比，DMA 具有两个明显的特征：其一是传统的拉伸测试只关注弹性组分而忽略了非弹性或黏性的组分，而这部分研究对材料的性能是很重要的（如抗冲击性能）；其二是传统的拉伸测试不关注线性黏弹区，而 DMA 主要在此区域内进行测试。因此，DMA 对材料的结构测定更加敏感。尤其是大力值 DMA 测试设备的出现，更加扩大了其应用领域。DMA 通过测试不同温度下材料的力学性能，连续地监测材料的储能模量与损耗模量和损耗因子随温度的变化。

对于橡胶材料而言，由相关曲线可分析得到材料的玻璃化转变温度和橡胶平台模量数据，进而得到体系分子结构信息。高分子的交联网络密度影响材料黏弹性。DMA 温度扫描测试结果结合橡胶理论和式（7.9）可计算材料交联密度。

$$\nu = \frac{E'}{2(1+\upsilon)RT} \tag{7.9}$$

式中，$E'$ 为橡胶平台的储能（弹性）模量；$\upsilon$ 为泊松比（橡胶为 0.5）；$R$ 为气体常数；$T$ 为测量模量时的热力学温度。

此外，依据 DMA 测试结果也可通过如下方程计算得到交联点间的分子量。

$$M_c = \frac{3\rho RT}{E'} \tag{7.10}$$

式中，$E'$ 为橡胶平台的储能（弹性）模量；$\rho$ 为密度；$R$ 为气体常数；$T$ 为测量模量时的热力学温度。

材料的损耗模量可用来评价阻尼性能，也称为 LA 法，该方法是计算损耗模量 $E''$ 与温度曲线下面积表征材料的阻尼性能。$E''$-$T$ 下的面积计算值与体系自身分子结构相关联。另一评价材料阻尼特性的方法为 TA 法，即计算 $\tan\delta$-$T$ 曲线下面积的方法，面积数值与高分子链段间的滑移相关，此方法相对 LA 法适用性更广。通过 tan$\delta$-$T$ 谱图中阻尼峰的大小与有效阻尼温域的宽窄，可评价阻尼性能。好的阻尼材料需要尽可能高的阻尼峰峰值及较宽的有效阻尼温域。

### 4. 频率外推

根据时间-温度等效原理和 WLF 方程，将实测的 DMA 动态升/降温频率扫描曲线组合成跨越几个甚至十几个数量级的频率主曲线（即频率外推曲线），大大扩展了实验仪器所达不到的频率范围，从而用于评价高分子材料超瞬间或超长时间的使用性能[15]。由于橡胶材料在实际使用中（如轮胎高速转动）的频率远大于 DMA 仪测试频率，因此该方法为轮胎和高频下使用的橡胶制品的实际应用提供了理论依据。WLF 方程如下。

$$\lg\alpha = \frac{-C_1 T_0 (T-T_0)}{C_2 T_0 + T - T_0} \tag{7.11}$$

式中，$\alpha$ 为水平位移因子；$\lg\alpha$ 为外推时在横坐标 $\lg f$ 上等温线的平移幅度；$C_1$ 和 $C_2$ 为常数，数值通过外推计算；$T$ 为任意一条外推等温线的温度；$T_0$ 为参考温度。

WLF 方程以温度在 $T_g$ 以上的自由体积理论为基础，当温度低于 $T_g$ 时，橡胶材料中的自由体积基本不变，该方程不适用。WLF 方程适用的温度范围为 $T_g$～($T_g + 100℃$)。在高温下，WLF 方程将归一化为阿伦尼乌斯方程。

$$\alpha = k e^{E_a/RT} \tag{7.12}$$

式中，$k$ 为温度 $T$ 时的反应速度常数；$E_a$ 为活化能，J/mol；$R$ 为摩尔气体常数，数值为 8.314 J/mol/K；$T$ 为热力学温度，K。根据时间-温度叠加原理，得到主曲线，主曲线频率范围非常大，当材料在数百万赫兹的高频下实际使用时，通过主曲线可以找到该频率下对应的模量和 tan$\delta$ 值，这对预测材料在高频下的实际应用性能具有指导性意义。同时，通过阿伦尼乌斯方程得到的频率-$T_g$ 曲线，通过直线斜率可以得到主转变的 $E_a$，同时可推测出不同频率对应的 $T_g$。

### 7.3.3　相关标准

高分子材料的 DMA 测试标准见表 7.3。

表 7.3　高分子材料的 DMA 测试标准

| 材料类型 | 标准编号 | 标准名称 |
| --- | --- | --- |
| 塑料 | ASTM D 5023-15 | 塑料的标准试验方法：动态机械性能：弯曲（三点弯曲） |
| | ASTM D 5418-15 | 塑料标准试验方法：动态机械性能：弯曲（双悬臂梁） |
| | GB/T 33061.5—2023 | 塑料 动态力学性能的测定 第 5 部分：非共振弯曲振动法 |

续表

| 材料类型 | 标准编号 | 标准名称 |
|---|---|---|
| 聚合物基复合材料 | ASTM D 7028-07（2015） | 用动态机械分析（DMA）法测定聚合物基复合材料玻璃化转变温度（DMA $T_g$）的标准试验方法 |
| | GB/T 40396—2021 | 聚合物基复合材料玻璃化转变温度试验方法 动态力学分析法（DMA） |
| 电气绝缘材料 | GB/T 22567—2008 | 电气绝缘材料 测定玻璃化转变温度的试验方法 |

## 7.4　热膨胀系数表征　◀◀◀

　　热膨胀系数（CTE）是材料的基本热物理参数之一，是表征材料性质的重要特征量，控制材料的热膨胀对于实现材料之间热膨胀系数匹配、确保材料在工作温度范围内稳定的尺寸与体积十分必要。高性能高分子材料应用广泛，对于其热膨胀系数的测试不仅是做好材料应用的基本条件，更是把握材料性能规律、拓展其应用范围、研究发展新型材料的必然要求。

　　通过热膨胀测试（DIL）可以得到在程序控温和一定气氛下，材料尺寸随温度或时间的变化，即热膨胀系数。热膨胀系数的测试方法包括顶杆法、瞬态法等；测试仪器及装置包括激光干涉膨胀仪、顶杆膨胀仪、衍射膨胀装置、显微膨胀装置等[16]。顶杆法是测试材料在加热或冷却过程中其尺寸（长度）或体积与温度变化关系的一种经典方法。该方法简单可靠、易于操作，测试范围相对较广，同时涵盖了低温、中温和高温[17]，是目前应用最广泛的方法之一。

　　本部分内容旨在对热膨胀测试原理及数据处理做一个简短的总结，包括热膨胀的基本原理、顶杆法测试原理、数据处理、实验条件的选取，以及相关的测试标准等。

### 7.4.1　热膨胀原理

　　正常材料之所以表现出热胀冷缩现象，主要是因为原子的非简谐振动[18]。如图 7.8 所示，通过双原子势能曲线可以对材料热膨胀性能进行简单的机理解释。在理想状态下，晶格中的原子在平衡位置两侧做简谐热振动，原子势能曲线在平衡位置两侧是对称的。原子振幅会随着温度升高而变大，但是原子所处的平衡位置是不变的，即原子间的平均距离不会发生改变，因而宏观上并不表现出热胀冷缩现象。但在非理想状态下，晶格中原子是做非简谐热振动的，即原子势能曲线在平衡位置两侧是不对称的，并且温度越高不对称性将会越强。原子的平衡位置偏移量会随着温度升高而增大，原子间距也就越大，最终导致材料宏观上表现出热膨胀现象。

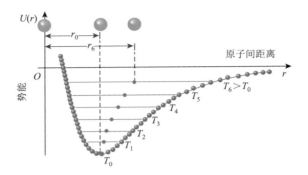

图 7.8 双原子相互作用势能与原子间相对距离的关系[19]

材料的热膨胀性质由热膨胀系数$\alpha$表示。CTE 的大小体现了当温度波动时材料二维或三维方向上长度变化的程度。根据材料热膨胀性质不同的维度，$\alpha$可以分为体膨胀系数 $\alpha_V$ 和线膨胀系数 $\alpha_l$，分别用来表示材料体积和某个方向的长度随温度变化的程度。

体膨胀系数（$\alpha_V$）计算公式为

$$\alpha_V = \frac{\Delta V}{V_0 \Delta T} \tag{7.13}$$

式中，$V_0$、$\Delta V$ 分别为原始体积和体积变化量；$\Delta T$ 为温度变化量，表示温度改变 $\Delta T$ 时，物体相对体积的改变。

线膨胀系数（$\alpha_l$）计算公式为

$$\alpha_l = \frac{\Delta l}{l_0 \Delta T} \tag{7.14}$$

式中，$l_0$、$\Delta l$ 分别为原始长度和长度变化量；$\Delta T$ 为温度变化量，表示温度改变 $\Delta T$ 时，物体在一定方向上发生相对长度的改变。实际工作中测量的膨胀系数一般特指线膨胀系数。

根据热膨胀系数的大小，可以将材料简单分为三类[20]：①高热膨胀：$\alpha_l > 8 \times 10^{-6} \ \text{K}^{-1}$；②中等热膨胀：$2 \times 10^{-6} \ \text{K}^{-1} < \alpha_l < 8 \times 10^{-6} \ \text{K}^{-1}$；③低热膨胀：$0 < \alpha_l < 2 \times 10^{-6} \ \text{K}^{-1}$。材料中原子（分子）随温度变化的振动或移动与组分相互作用有关，温度升高将导致原子在其平衡位置的振幅增加，这种振动及振幅的大小直接影响材料的线膨胀系数。对于分子晶体，其分子或原子是与弱的范德瓦耳斯力相关联的，因此热膨胀系数很大，约为 $10^{-4} \ \text{K}^{-1}$，而由共价键相结合的材料，如金刚石等，相互作用力极强，因此热膨胀系数很小，约为 $10^{-6} \ \text{K}^{-1}$[21]。与金属和无机材料相比，聚合物的热膨胀较大。对聚合物而言，长链分子中的原子沿链方向是共价键相连的，而在垂直于链的方向上邻近分子间的相互作用是弱的范德

瓦耳斯力，因此结晶聚合物和取向聚合物的热膨胀有很大的各向异性。在各向同性聚合物中，分子链是杂乱取向的，其热膨胀在很大程度上取决于微弱的链间相互作用[22]。

### 7.4.2　经典顶杆法测试热膨胀系数

DIL 是在一定的实验气氛、温度程序和负载力接近于零的情况下，测量试样的尺寸变化随温度或时间的函数关系的一种热分析技术。如图 7.9 所示，以 NETZSCH DIL 402SE 设备结构为例将试样在加热炉中加热膨胀，通过顶杆将位移变化信息实时传递到检测系统，根据测得的试样长度变化就可以算出热膨胀系数。在热膨胀试验之后，即可获得如图 7.10 所示类型的图谱。

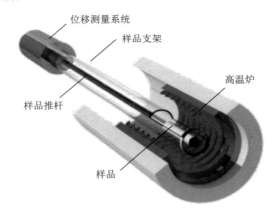

图 7.9　顶杆法测试原理示意图

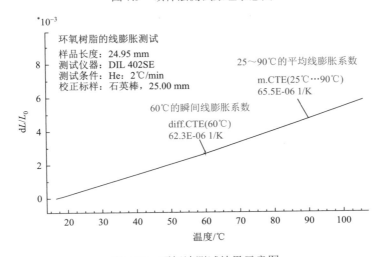

图 7.10　顶杆法测试结果示意图

图 7.10 中，所示 $dL/L_0$ 曲线即样品长度的相对变化率曲线，反映了材料在升温过程中的线性膨胀过程，曲线上的点表征该温度下样品总的长度变化值与室温下初始长度的比值，即 $(L_t - L_0)/L_0$。通过计算，可得到样品的平均线膨胀系数（$\alpha_m$）与瞬间线膨胀系数（$\alpha_t$）。在温度 $t_1$ 和 $t_2$ 间，与温度变化 1℃相应的试样长度的相对变化，以 $\alpha_m$ 表示：$\alpha_m = (L_2 - L_1)/[L_0(t_2 - t_1)] = (\Delta L/L_0)/\Delta t (t_1 < t_2)$。在温度 $t$ 下，与温度变化 1℃相应的线性热膨胀值，以 $\alpha_t$ 表示：$\alpha_t = \dfrac{1}{L_i} \lim\limits_{t_2 \to t_1} \left( \dfrac{L_2 - L_1}{t_2 - t_1} \right) = (dL/dt)/L_i (t_1 < t_i < t_2)$。$\alpha_m$ 与 $\alpha_t$ 的量纲一般均为 $10^{-6}℃^{-1}$，是最常用的热膨胀特征参数。

热膨胀测试的实验对象主要是块状试样，取样应有代表性，且应保证试样表面平整，形状尽可能规则。通常进行测试的材料会被制成要求的规格，当实际条件不能满足时，需要根据材料本身性质采取不同的方式方法。例如，对于柔性片状试样［如薄膜（0.01~1 mm）］，不便通过顶杆法测试时则可以换用拉伸支架进行测试（图 7.11）。

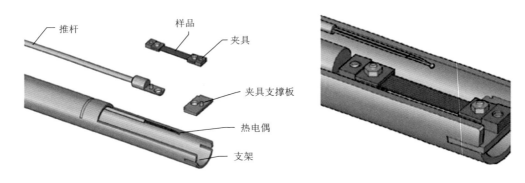

图 7.11　薄膜试样的测试示意图

为得到相对准确的测试数据，试样的长度要尽可能保证与标准样品的长度一致。实验所采取的气氛一般为惰性气氛，如 He、Ar，若有需要可采用压缩空气，气氛和流速应根据实际需要灵活选取。温度程序一般可分为静态和动态两种，同样根据实际情况进行选择，通常采用速率不大于 5℃/min 的恒温加速或冷却的测量程序，在高精度的测试中，这个速率的上限值应为 3℃/min。因试样的可压缩性与温度范围的不同，施加在试样上的力一般应在 0.1~1 N 之间。

### 7.4.3　相关标准

高分子材料的热膨胀测试标准见表 7.4。

表 7.4　高分子材料的热膨胀测试标准

| 材料类型 | 标准编号 | 标准名称 |
| --- | --- | --- |
| 塑料 | GB/T 36800.2—2018 | 塑料 热机械分析法（TMA）第 2 部分：线性热膨胀系数和玻璃化转变温度的测定 |
| 复合材料 | GB/T 2572—2005 | 纤维增强塑料平均线膨胀系数试验方法 |
| 电气绝缘材料 | GB/T 22567—2008 | 电气绝缘材料 测定玻璃化转变温度的试验方法 |
| 刚性高分子材料 | GB/T 4339—2008 | 金属材料热膨胀特征参数的测定 |

## 7.5　热防护烧蚀评价

　　高性能高分子材料通过热分解和玻璃化转变温度等常规热性能评价，可分析得到材料的常规使用温度范围；但在航空航天飞行器等热防护的极端热条件应用工况，高性能高分子材料通常作为烧蚀材料进行应用，利用材料在高温下的烧蚀行为和烧蚀后形成耐高温材料从而起到热防护作用。通常，这些耐烧蚀材料会在高温下进行成炭成瓷反应，形成陶瓷化或完整炭层充当热防护层。因此，随着航空航天技术的发展，高性能高分子材料的烧蚀性能评价也成为热防护技术中对材料评价的一个关键分析检测项目。

　　热防护材料烧蚀过程极其复杂，影响因素众多，包含烧蚀环境参数和绝热材料自身的组成成分。烧蚀环境参数主要指燃气的温度、流速、压力、粒子浓度、粒子速度，以及燃气成分，根据不同燃气参数作用，可将绝热材料烧蚀方式划分为三种模式：热化学烧蚀、燃气流机械剥蚀和粒子流机械侵蚀。本章节主要介绍可模拟热化学烧蚀和气流冲刷工况的氧-乙炔烧蚀。

### 7.5.1　氧-乙炔烧蚀试验方法原理

　　高分子耐烧蚀材料通常被用来制备热防护层以保护飞行器避免其在空气中进行超音速飞行所产生的高温带来的损坏，也被用来为固体火箭发动机提供绝热层以保护燃烧室避免在燃烧时产生的极高温度对其造成破坏[23]。这类烧蚀材料的烧蚀性能主要以热化学烧蚀行为影响为主，主要表现为炭化绝热材料在高温作用下热分解、表面退移而残留多孔的炭化层的现象。热化学烧蚀试验目的在于验证绝热材料抗高温能力、了解其高温热分解特性，测试热分解及氧化反应的动力学参数。

　　氧-乙炔烧蚀是以氧-乙炔火焰对材料进行烧蚀的试验方法，适用于放热、绝热、包覆材料和一般陶瓷材料的烧蚀试验，是筛选烧蚀材料是否耐高温的方法[24]。以稳定的氧-乙炔火焰为热源，将焰流（温度在 3000℃左右）以 90°角冲烧到圆形试样上，对材料进行烧蚀或烧穿，同时记录试样烧蚀过程中的背面温度和烧蚀时间，测量试验前后试样的厚度和质量变化，从而计算出试样的线烧蚀率、质量烧蚀率和绝热指数。

氧-乙炔烧蚀试验装置由氧-乙炔烧蚀主机、控制系统、测算系统、供气系统和水冷系统等组成，见图 7.12。氧-乙炔烧蚀枪喷嘴直径为 2 mm，且附水冷套以避免试验过程中试样表面反射火焰加热喷嘴，引起不稳定燃烧。试样尺寸为直径 30（−0.2，−0.4）mm，厚度（10 ± 0.1）mm；试样表面光滑平整，上下表明平行度不大于 0.1 mm。

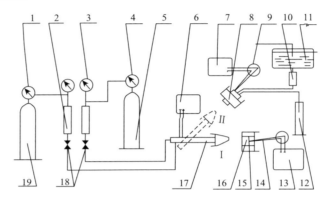

图 7.12　氧-乙炔烧蚀试验装置示意图[24]

Ⅰ. 烧蚀位置；Ⅱ. 测量热流位置；1. 氧气减压阀；2. 流量计；3. 压力表；4. 乙炔减压阀；5. 乙炔瓶；6. 单片机；7. 电位差计；8. 水冷量热器；9. 冷端补偿器；10. 流量计；11. 高位水箱；12. 量筒；13. 电位差计；14. 热电偶；15. 水冷试样盒；16. 试样；17. 烧蚀枪；18. 调节阀；19. 氧气瓶

所需氧气纯度按《工业氧》（GB/T 3863—2008）的规定执行，含量不小于 99.2%；乙炔纯度按《溶解乙炔》（GB/T 6819—2004）的规定执行，含量不小于 98%。

氧-乙炔烧蚀试验的一般步骤包括：

（1）测量试样原始厚度 $d_1$（精确到 0.01 mm）和原始质量 $m_1$（精确到 0.1 mg），将试样装在水冷试样盒内，并在试样背面安装热电偶，接通测量系统，再将试样初始表面到火焰喷嘴距离调为（10 ± 0.2）mm。

（2）接通试验机水冷系统，调节氧气瓶减压阀压力为 0.4 MPa，乙炔减压阀压力为 0.095 MPa。

（3）调节烧蚀时间至规定值，接通控制系统、测量系统和排烟除尘系统。

（4）烧蚀枪点火，按动烧蚀电钮，自动对准试验进行烧蚀，记录背面温度从室温升高到 353 K 或 373 K 所用的时间。

（5）烧蚀达到规定时间，烧蚀枪自动脱离试样，记录实际烧蚀时间 $t$，每组有效试样数量不少于 5 个。

（6）待试样冷却到室温后测量试样的剩余质量 $m_2$ 和剩余厚度 $d_2$［对烧蚀后的

试样用 $R = 3.5$ mm 的半圆头 XY-1 型赵氏橡胶硬度计进行加压处理，施加等量负荷（$10.04 \pm 0.1$）N 后，测量最低点剩余厚度]。

### 7.5.2　氧-乙炔烧蚀试验数据分析

试样的质量烧蚀率按如下公式计算。

$$R_m = \frac{m_1 - m_2}{t}$$

式中，$R_m$ 为试样质量烧蚀率，g/s；$m_1$ 为试样原始质量，g；$m_2$ 为烧蚀后剩余质量，g；$t$ 为烧蚀时间，s。

试样的线烧蚀率按如下公式计算。

$$R_L = \frac{d_1 - d_2}{t}$$

式中，$R_L$ 为试样线烧蚀率，g/s；$d_1$ 为试样原始厚度，mm；$d_2$ 为烧蚀后剩余厚度，mm；$t$ 为烧蚀时间，s。

试样的绝热指数按如下公式计算。

$$I_T = \frac{t_T}{d_1}$$

式中，$I_T$ 为试样绝热指数，s/mm；$t_T$ 为试样背面温度从室温升高到 $T$（353 K 或 373 K）时所用时间，s。

试验结果以每组试样的平均值表示，可根据需要计算烧蚀率的标准偏差和离散系数。

### 7.5.3　相关标准

氧-乙炔烧蚀试验标准见表 7.5。

表 7.5　氧-乙炔烧蚀试验标准

| 材料类型 | 标准编号 | 标准名称 |
|---|---|---|
| 塑料 | ASTM E 458-08（2020） | 烧蚀的热试验方法 |
| 复合材料 | ASTM E 285-08（2020） | 绝热材料的氧-乙炔烧蚀试验的标准试验方法 |
| 电气绝缘材料 | GJB 323B—2018 | 烧蚀材料烧蚀试验方法 |

### 7.5.4　其他模拟发动机烧蚀试验

除热化学烧蚀分析外，由于火箭及导弹飞行中的状态是极其复杂的，如火箭飞行加速、导弹的急转弯等将造成发动机中局部气流速度过高，引起气流对绝热层的剥蚀作用，又由于固体火箭发动机广泛使用铝含量高的推进剂，燃气中含有大量的凝相粒子，而粒子会对绝热产生材料侵蚀作用。因此，气流剥蚀及粒子侵蚀效应试验和飞行加速下烧蚀试验结合的模拟发动机试验成为研究者常开展的烧蚀评价技术[23]。以上绝热材料烧蚀试验所得到的结果都是在烧蚀后进行测量所得，获得的绝热材料烧蚀率为平均烧蚀率，平均烧蚀率缺少绝热材料烧蚀过程中的信息，无法表达绝热材料烧蚀过程中的烧蚀率与发动机工作时间的关系；因此，为了更清楚地认识绝热材料烧蚀过程，理解其烧蚀机理，国内外学者开展了绝热材料烧蚀实时测量研究。绝热材料动态烧蚀实验方法主要有超声波测量法、烧蚀电位计法、温差热电偶法和 X 射线实时成像法。

## 7.6　热性能表征方法应用实例 ◄◄◄

### 1. 聚酰亚胺薄膜的热稳定性和热膨胀性能表征

聚酰亚胺（PI）是一种具有芳香杂环结构的高性能工程塑料，由均苯四甲酸二酐（PMDA）、二氨基二苯醚（ODA）等在强极性溶剂中经缩聚并流延成膜再经亚胺化而成，具有优异的热稳定性、绝缘性能和良好的力学性能。

PI 薄膜的热稳定性能可通过热失重来评价。其测试条件为：称取 4～15 mg 样品，利用热重分析仪在氮气环境下，氮气流速为 50 mL/min，以 10℃/min 的升温速度升温，研究 30℃到 800℃样品的热稳定性。结果如图 7.13 所示。

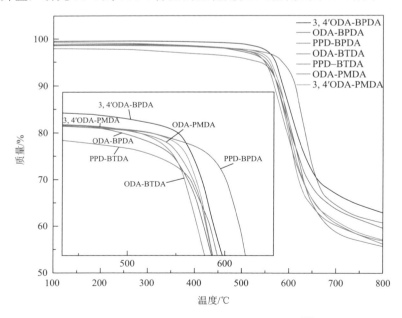

图 7.13　不同酐胺组分的 PI 热失重曲线[25]

　　失重 5%时温度和失重 10%时温度越高表明薄膜的热稳定性越好，单体的结构与聚合物薄膜的热稳定性相关。从表 7.6 数据中可以得到：在 100～500℃的温度范围内，PI 薄膜还没有出现明显的热失重现象，其链结构还未发生变化，这归因于 PI 薄膜本身具有良好的热性能：在 550～650℃之间，PI 膜开始分解，质量急剧下降，内部的分子链开始重新排列，700℃后失重趋于缓和，质量损失为 37%～45%。其中 PPD-BPDA 的 $T_{d5}$ 和 $T_{d10}$ 达到所有酐胺组分中的最大值，这是因为热稳定性随着聚合物柔性的增加而降低，PPD 这一单体的刚性直链和高结晶度导致聚合物的刚性强。在相同的二酐条件下，没有醚键的 PI 薄膜（PPD 基）比有醚键（ODA 基）的 PI 薄膜具有更好的热稳定性，如 PPD-BPDA 在 $T_{d5}$ 和 $T_{d10}$ 分别比 ODA-BPDA 高出 40℃和 37℃。800℃时残留量均超过 50%，含有 BPDA 组分的聚合物残留量较高，这是因为它们具有联苯结构。

表 7.6　不同酐胺组分 PI 薄膜的热失重数据[25]

| 薄膜样品 | 失重 5%时温度/℃ | 失重 10%时温度/℃ | 800℃残留量/% |
|---|---|---|---|
| ODA-PMDA | 556.8 | 578.2 | 56.3 |
| ODA-BPDA | 548.7 | 575.2 | 59.7 |
| ODA-BTDA | 549.3 | 568.5 | 56.9 |
| 3, 4'ODA-PMDA | 562.3 | 579.5 | 57.1 |
| 3, 4'ODA-BPDA | 569.2 | 585.3 | 62.8 |
| PPD-BTDA | 536.7 | 580.5 | 55.7 |
| PPD-BPDA | 588.2 | 612.3 | 60.7 |

　　牵引电机匝间绝缘指的是线圈每匝铜导线之间的绝缘，将 PI 膜绕包在铜导线上，然后进行烧结形成电磁线，每匝电磁线之间相互绝缘。由于电机绕组承受高频脉冲冲击，电场强度高，温度瞬间升高，薄膜材料因受到热应力而与铜导线发生剥离卷曲变形。因此，PI 薄膜的尺寸稳定性直接影响电机的使用寿命，PI 薄膜的热膨胀系数越低，薄膜与铜导线之间应力越小。PI 薄膜的热膨胀系数采用热机械分析仪（TMA450，TA 公司）进行测试，通过 TMA 来研究单体结构对薄膜高温尺寸稳定性的影响。其测试条件为：$N_2$ 氛围，100～450℃的测试温度区间，10℃/min 的升温速度，薄膜制样尺寸为 16 mm×5 mm。使用模具将薄膜两端夹紧后放入测试机器中进行测试，数据从计算机程序中得出。取 150～250℃温度段作为线性热膨胀系数分析。

　　表 7.7 列出了 PI 薄膜的热膨胀系数，图 7.14 为不同酐胺组分的 PI 尺寸随温度变化曲线。从表中数据看出，分子链的结构与热膨胀系数相关。直链结构且刚性强的 PPD 基 PI 薄膜显示出低热膨胀系数。例如，PPD-BTDA 基 PI 薄膜和 PPD-BPDA

基 PI 薄膜的热膨胀系数分别为 38.8 ppm/K 和 22.6 ppm/K，PPD-BTDA 比热膨胀系数最高的 3, 4'ODA-BPDA 低 46%。研究人员发现，分子链的线性结构对热膨胀系数有很大的影响，链的结构越直，刚性越强，热膨胀系数越低。虽然 BPDA 是柔性的结构，但是 BPDA 基的 PI 薄膜并没有显示出很高的热膨胀系数，这是因为高温热亚胺化使 BPDA 顺式构象围绕其中心键旋转变为反式的构象结构，这种构象呈现出较直的链结构从而降低 BPDA 基薄膜的热膨胀系数。

表 7.7    不同酐胺组分 PI 薄膜的热膨胀系数[25]

| 薄膜样品 | 热膨胀系数/(ppm/K) |
|---|---|
| ODA-PMDA | 70.3 |
| ODA-BPDA | 58.5 |
| ODA-BTDA | 60.8 |
| 3, 4'ODA-PMDA | 62.4 |
| 3, 4'ODA-BPDA | 72.1 |
| PPD-BTDA | 38.8 |
| PPD-BPDA | 22.6 |

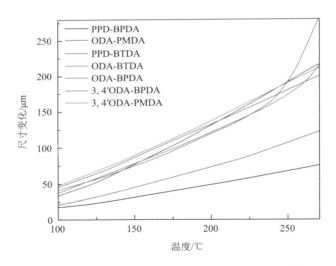

图 7.14    不同酐胺组分的 PI 尺寸随温度变化曲线[25]

## 2. 高分子材料的热解机制分析

由于部分高性能高分子材料出色的性能特点，它们通常被应用于高温等极端环境下。因此，对这些材料的热行为与降解机制的研究一直是研究者关注的焦点。

为了深入研究这些问题，研究者采用了多种分析技术。其中，红外光谱、质谱等波谱学分析结合热失重分析的方法，可对聚合物的热解产物进行追踪，对于聚合物的热解机制研究具有重要意义。

聚醚醚酮（PEEK）是一类高性能热塑性聚合物，因其独特的力学、电气和热性能而受到关注。它们具有高热氧化稳定性、良好的电绝缘特性、韧性、刚度、阻燃性、化学稳定性，以及在高温下的良好物理性能，因此被广泛应用于电子、汽车、航空航天、膜材料和生物医学领域。

图 7.15 所示为 4 种不同化学结构的 PEEK，其化学结构对其热解机制的影响可通过 TG-MS 及 TG-FTIR 的表征方式进行分析[26]。在分解机制方面，发现 PEEK-3 聚合物存在显著差异，该聚合物的热稳定性是最低的，无论工作气氛如何。在空气中，$m/z = 18$（$H_2O^+$）离子片段在约 300℃的温度下发现了离子电流强度增加，第一个峰值在 361℃，另一个在 527℃ ［图 7.16(a)］。在氮气中，$m/z = 44$（$CO_2^+$）离子片段在 300℃开始出现离子电流强度增加，峰值分别为 430℃、495℃、577℃ ［图 7.16(b)］。$m/z = 78$（$C_6H_6^+$）离子片段在空气中的 470～560℃ 温度范围内表现出离子电流变化，峰值为 508℃。在氮气中进行降解时，同一片段在 500～600℃ 之间变化。这些结果表明，PEEK 聚合物在不同工作气氛下的热分解过程和产物有所差异，这可能与气氛中存在氧气及聚合物降解过程中产生的不同物种的相互作用有关。

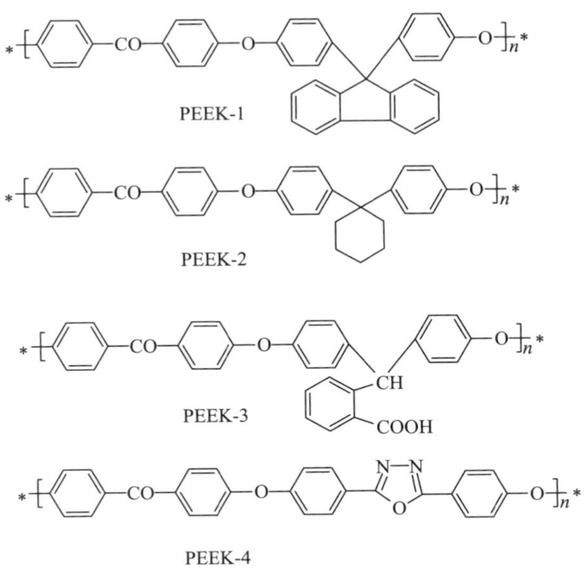

图 7.15　不同化学结构的聚醚醚酮（PEEK）化学结构示意图[26]

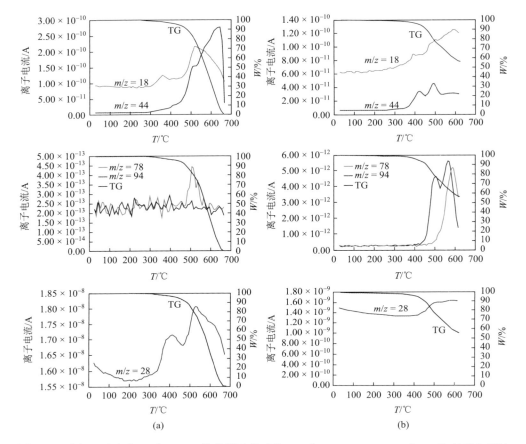

图 7.16    空气(a)和氦气(b)中 PEEK 的热解碎片碎片 $m/z$ 为 18、44、78、94 和 28 的离子电流随温度的变化[26]

通过 TG/MS/FTIR 技术，可以更深入地了解 PEEK 聚合物的热分解机制和稳定性，为其在各种实际应用中提供有价值的信息。在氦气中，$m/z = 94$（$C_6H_5OH^+$）离子片段的离子电流变化从 430℃开始，分别在 508℃和 567℃出现两个峰值。在空气中，$m/z = 28$（$CO^+$）样品的离子电流变化从 240℃开始，并分别在 409℃和 527℃出现两个峰值。在氦气中进行降解时，相同样品的离子电流变化起始温度要高得多，约为 420℃。这些有关不同离子样品的离子电流变化的发现表明，热分解起始和降解机制取决于工作气氛。

可以推测，在空气中热分解首先从酮基团的 $CO^+$ 样品移除开始［图 7.17(a)，α 键断裂］，然后继续通过 $CO_2^+$、$H_2O^+$ 和 $C_6H_6^+$ 片段的移除（β、γ 和 δ 键断裂）。在氦气中，热分解被认为是从酚酞基团的 $CO_2^+$ ［图 7.17(b)，α 键断裂］片段开始，并通过 $H_2O^+$、$C_6H_6^+$ 和 $C_6H_5OH^+$ 片段的移除继续进行（β 与 γ 键断裂）。

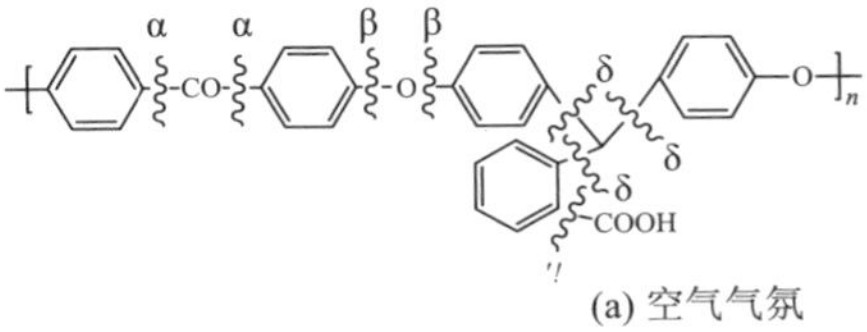

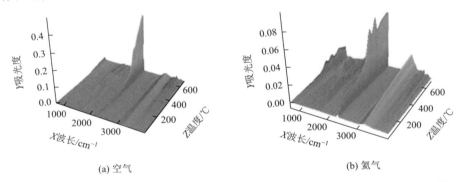

图 7.17　在空气及氦气气氛下 PEEK 的热解产物片段及热解机制推测[26]

为了收集有关两种工作气氛下降解机制的更多信息，还分析了不同温度下气相（图 7.18）的 FTIR 光谱。在空气中进行分解时，可以清楚地看到 $2200 \sim 2000 \text{ cm}^{-1}$ 范围内 CO 基团和 $2400 \sim 2200 \text{ cm}^{-1}$ 范围内 $CO_2$ 基团的特征带。在氦气中分解时，气相 FTIR 光谱显示出 $3500 \sim 3000 \text{ cm}^{-1}$ 范围内 OH 基团的特征带，其中在 490℃ 处有一个峰值。此温度下，还显示出 $1650 \sim 1530 \text{ cm}^{-1}$ 和 $1550 \sim 1400 \text{ cm}^{-1}$ 芳香结构的特征带，以及 $746 \text{ cm}^{-1}$ 峰值，证实了在此温度下，PEEK-3 分解产生的气体中存在酚类结构，这印证了质谱分析结果的有效性。

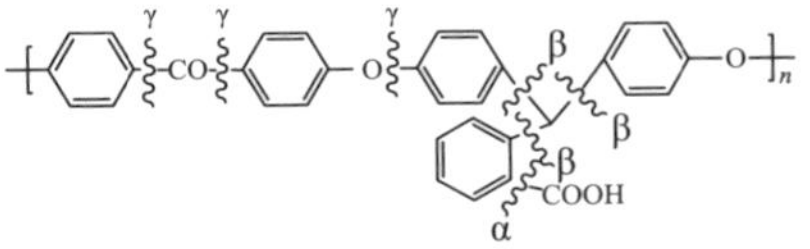

图 7.18　PEEK-3 在不同气氛下热分解过程中产生的挥发性产物的 3D-FTIR 谱图[26]

通过质谱法和红外光谱法分析了分解过程中产生的气体光谱特征，证实了热分解起始温度受工作气氛的影响。且在空气和氦气中，分解机制不同，分别开始于酮基团和酚酞基团，进而产生不同的分解产物。这些研究结果有助于更好地了解 PEEK 聚合物在不同条件下的降解行为，为其在实际应用中提供有价值的信息。

### 3. 酚醛树脂基热防护材料导热系数测试——稳态法

由于酚醛树脂在高温下具有高残碳率，炭化层结构致密且稳定[27]，因此在热防护材料中应用广泛。目前，已大量应用于飞船返回舱和火星探测器的迎风面热防护材料主要由酚醛浸渍碳纤维烧蚀体（phenolic impregnated carbon ablator, PICA），其密度约为 0.27 g/cm$^3$，此类型热防护材料具有典型的纤维增强酚醛气凝胶复合结构特征，能够耐受较高的热流极限（> 1000 W/cm$^2$，> 50 kPa）[28]。近年来，酚醛树脂作为热防护材料，研究较为集中的是纤维针刺预制体增强酚醛气凝胶复合材料（NF/PA）。此类气凝胶复合材料密度低，结构复杂，导热系数低至 0.1 W/(m·K)以下，通常需要具有代表性的试件来表征材料的导热系数。因此，对于此类绝热材料导热系数测试，首选稳态法。综合考虑试件制备能力及测试条件，可选用平板热流法。

采用热流导热仪（HFM436）对 NF/PA 进行热导率测试，测试样品尺寸为 150 mm×150 mm×10 mm，测试环境为室温、空气。表 7.8 中列出了碳纤维预制体（NCF/PA）、石英纤维预制体（NQF/PA）及玻璃纤维预制体（NGF/PA）作为增强体时的酚醛气凝胶复合材料的导热系数数据。由于在酚醛树脂溶液的灌注过程中，模具内部纤维预制体的孔隙率大致相同，所以，NGF/PA、NQF/PA、NCF/PA 密度均为 0.45 g/cm$^3$。受纤维本体热导率的影响，NGF/PA 和 NQF/PA 具有较低的室温热导率，分别为 0.045 W/(m·K)和 0.046 W/(m·K)；NCF/PA 热导率稍高，为 0.067 W/(m·K)。

表 7.8    不同种类纤维预制体 NF/PA 导热系数

| 材料类型 | 测试温度/℃ | 密度/(g/cm$^3$) | 导热系数/[W/(m·K)] |
| --- | --- | --- | --- |
| NCF/PA | 25 | 0.45 | 0.067 |
| NQF/PA | 25 | 0.45 | 0.046 |
| NGF/PA | 25 | 0.45 | 0.045 |

**4. 聚酰亚胺薄膜材料热扩散系数测试——闪光法**

闪光法导热分析技术是目前最常用于测试聚合物薄膜材料导热性能的方法[11]。针对以聚酰亚胺为代表的聚合物绝薄膜材料，国内外学者围绕其导热性能的改善开展了大量研究工作，特别是基于高性能高分子基体和无机导热填料的导热复合薄膜得到了前所未有的发展。针对薄膜材料导热性能的分析技术及测试方法的研究也尤为重要。

轻质、柔性 PI 是成熟的电子绝缘材料。将高导热填料掺入 PI 基体中是提高其导热率的常用方法。在各种导热填料中，氮化硼（BN）具有高导热性及电绝缘性和低热膨胀系数的最佳组合性能，因此被广泛用于制备导热复合材料[29]。

PI-BN 导电复合材料的导热系数如图 7.19(a)所示。当 BN 含量为 20 wt%时，球磨制备的 PI-BN-B 复合材料的面内导热系数急剧增加，随着 BN 含量的进一步增加，其面内导热系数略有提高。作为对照，原位聚合制备的 PI-BN-S 复合材料的面内导热系数也表现出类似的变化趋势。但与相同 BN 加载量的 PI-BN-B 复合材料相比，增幅较低。添加 20 wt%BN 的 PI-BN-B 复合材料的导热系数为 14.7 W/(m·K)。当 BN 含量增加到 30 wt%时，PI-BN-B 复合材料的导热系数提高到 16.1 W/(m·K)。然而，当 BN 含量增加到 40 wt%时，导热系数仅略有提高，达到 16.7 W/(m·K)。对于面外热导率，如图 7.19(b)所示，两者系列复合材料表现出先缓慢后快速的增长趋势。当 BN 含量超过 20 wt%时，PI-BN-S 的通面导热系数急剧增加，而当 BN 含量达到 30 wt%时，PI-BN-B 复合材料的面外导热系数急剧增加。当 BN 负载超过 20 wt%时，PI-BN-S 的面外导热系数高于 PI-BN-B 复合材料的面外导热系数。这些结果归因于 PI-BN-S 复合材料中 BN 的面内取向较差，而相对较多的向外取向。

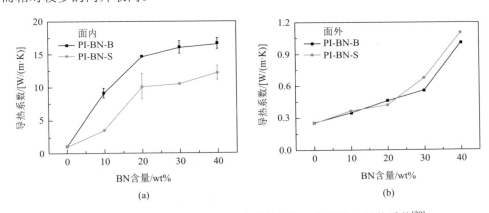

图 7.19　PI-BN-B 和 PI-BN-S 复合膜的面内(a)和面外(b)导热系数[29]

在柔性电子应用中，PI 基复合材料的热性能，尤其是热尺寸稳定性至关重要。采用热力学分析（TMA）研究了两种系列 PI 复合材料的热尺寸稳定性如图 7.20(a) 所示。两种复合材料的 CTE 均随 BN 加载量的增加而逐渐降低。当填料含量超过 10 wt%时，PI-BN-B 复合材料的 CTE 始终低于 PI-BN-S 复合材料。这些结果归因于 BN 固有的超低 CTE 和良好的面内填充-填充网络，特别是在 PI-BN-B 中。PI-BN-20%-B 和 PI-BN-30%-B 的 CTE 分别从纯 PI 的 33.5 ppm/K 下降到 21.6 ppm/K 和 15.8 ppm/K，这与 PI-BN-30%-B 的面内导热率趋势一致。

PI-BN-B 和 PI-BNS 复合材料的 5%的热分解温度（$T_{d5}$）分别如图 7.20(b)所示。随着 BN 载荷的增加，由于 BN 具有超高的热稳定性，两系复合材料的 $T_{d5}$ 逐渐增大。在相同 BN 含量下，PIBN-B 复合材料的 $T_{d5}$ 高于 PI-BN-S 复合材料，这是由于 PI-BN-B 具有更好的导热性和更强的界面相互作用。

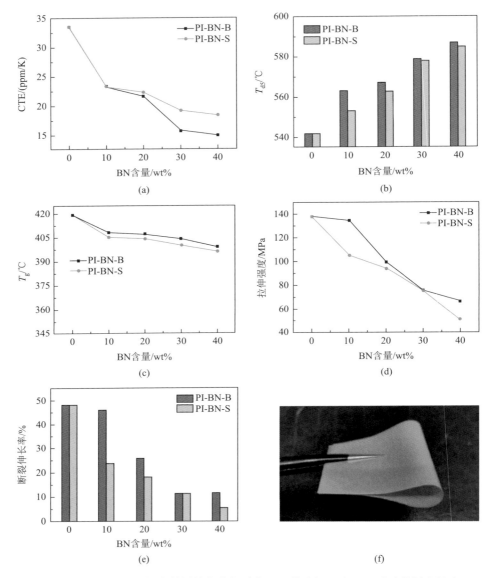

图 7.20 两个系列 PI-BN 复合材料的热膨胀系数(a)；热分解温度(b)；玻璃化转变温度(c)；拉伸强度(d)；断裂伸长率(e)；PI-BN-40%-B 的光学照片(f)[29]

采用 DMA 的 tan$\delta$ 曲线分析 $T_g$，如图 7.20(c)所示。随着 BN 含量的增加，复合材料的 $T_g$ 逐渐降低，说明 BN 薄片的加入限制了聚合物链的紧密堆积，特别是在 PI-BN-S 中 BN-聚合物界面处出现了一些缺陷。与 PIBN-S 复合材料相比，PI-BN-B 具有良好的 BN 在 PI 基体中的分散性和较强的界面亲和力，因此具有较高的 $T_g$。虽然复合材料的 $T_g$ 略有下降，但 PI-BN-B 仍具有 400℃以上的超高耐热性。

PI-BN-B 和 PI-BN-S 复合材料的抗拉强度和断裂伸长率分别如图 7.20(d)和图 7.20(e)所示。根据有机-无机化合物的一般规律，PI-BN 复合材料的抗拉强度和断裂伸长率随 BN 负荷的增加而降低。意料之中的是，与 PI-BN-S 相比，PI-BN-B 的下降幅度较小，这是由于 BN 在基质中的良好分散及 PI 链与 BN 之间的强相互作用。添加 20 wt%BN 的 PI-BN-B 复合材料的抗拉强度和断裂伸长率分别为 100 MPa 和 25.9%，高于大多数报道的导热复合材料。当 BN 含量高达 40 wt%时，PI-BN-B 仍具有良好的抗拉强度（67 MPa）和断裂伸长率（11.8%）。此外，如图 7.20(f)所示，PI-BN-40%-B 仍然可以弯曲，表明其具有优异的灵活性，足以用于大多数柔性应用。

### 5. DMA 用于材料的老化性能研究

老化是影响高分子基复合材料使用可靠性的主要因素。高分子材料老化，性能下降原因在于结构变化，这种结构变化往往是大分子发生了交联，或致密化，或分子断链成新的化合物。材料体系中各种分子运动活动受到抑制或加速，在动态力学图谱中都可以加以体现。例如，材料的交联或致密，使大分子链柔性或某运动单元的活性降低，使 $T_g$ 移向高温；断链使单元活性增加，使 $T_g$ 移向低温，次级转变峰高上升。DMA 通过对材料动态模量和玻璃化转变温度等的测定，可以更好地了解老化的本质，评价材料老化及相关储存性能，进行快速择优选材。

环氧树脂（EP）、玄武岩纤维/环氧树脂（BF/EP）及高岭土纳米管（HNT）增强的 EP/BF 在恒定频率下储能模量 $E'$ 随温度的变化如图 7.21(a)和图 7.21(c)所示[30]。随着时效时间的延长，可观察到大量环氧树脂样品（不含纤维）的 $E'$ 呈指数下降，而 BF/EP 样品的曲线明显形成了两个不同的区域，即玻璃区（高于 $T_g$）和橡胶区（低于 $T_g$）。在玻璃区，因各组分高度固定和密堆积，样品显示高储能模量，然而随着温度的升高，各组分变得可移动，由于失去紧密的包装排列，刚度和储能模量降低。很明显，HNT 在界面处提供了更好的纤维-基质相互作用，导致分子链的分子流动性下降，因此多尺度复合材料样品具有更高的储能模量，同样，可将老化后储能模量值的降低与纤维-基体界面作用减弱而导致的链流动性增加联系起来。而研究材料的损耗因子 tanδ 变化也是定量表征材料老化损伤的合适策略。若纤维-基质界面结合充分，则聚合物链流动性降低，tanδ 降低。从图 7.21(b)和(d)中可以看出，随着老化时间的延长，tanδ 值的增加与纤维-基体界面的劣化有关。此外，tanδ 曲线峰值的温度可用来表征 $T_g$。由此可知，纯环氧树脂和 HNT 改性环氧树脂体样品（不含纤维）的 $T_g$ 值分别为 98.9℃和 103.5℃。在海水中老化 6 个月后，纯环氧树脂和 HNT 改性环氧树脂体样品（不含纤维）的 $T_g$ 值分别为 81.6℃和 88.15℃，分别降低了 17.45%和 14.9%。BF/EP 和多尺度复合材料样品的 $T_g$ 值分别为 99.3℃和 104.2℃。在海水中老化 6 个月后，分别降低为 83.1℃和 89.4℃，分别降低了 16.31%和 14.20%。

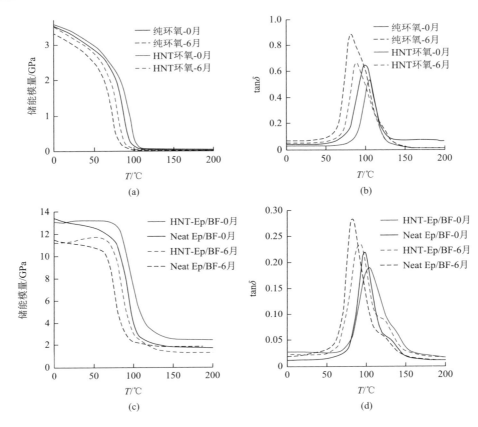

图 7.21    储能模量和 tanδ 随温度的变化曲线[30]

利用扫描电镜（SEM）观察裂纹尖端附近的断口［图 7.22(a)～(f)］，进一步观察环氧改性和海水老化对层间断裂机制的影响。图 7.22［(a)～(c)］为纯 BF/EP 复合样品，图 7.22(d)～(f)为多尺度复合样品。从 SEM 可以看出，由于添加了 HNT，表面粗糙度有所增加［图 7.22(a)～(d)］。未老化复合材料的分层断口在纤维基体区域之间普遍表现出较多的碎片，这是高交联环氧树脂的脆性断裂特征。然而，由于水分子渗透到基体中，纤维-基体界面结合减弱，海水老化后复合材料的断裂表面呈现出相对光滑的纹理，这时的纤维很容易从被削弱的纤维-基质界面中拉出。另外，当用 HNT 改性环氧树脂时，由于 HNT 的有效屏障作用，水分子向环氧树脂基体的扩散受到限制。因此，与纯复合材料试样相比，多尺度复合材料试样的断口表面粗糙度减小，主要受纤维拉出机制的影响。因此，多尺度复合材料的力学性能的增强不仅依赖于附加的纳米尺度韧性机制，还依赖于吸水率的受限扩散机制。

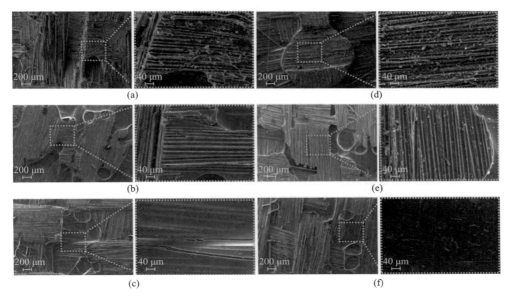

图 7.22 缺口弯曲试样断裂表面的 SEM 图

(a)未老化 BF/EP 复合材料；(b)老化 3 个月的 BF/EP 复合材料；(c)老化 6 个月的 BF/EP 复合材料；
(d)未老化多尺度复合材料；(e)老化 3 个月的多尺度复合材料；(f)老化 6 个月的多尺度复合材料[30]

### 6. DMA 用于材料阻尼性能评价

聚脲是为适应环保需求而研制开发的一种新型无溶剂、无污染的绿色高分子材料，具有优异的力学性能、耐磨性和耐溶剂性等优点。目前聚脲广泛应用于高铁、桥梁等大型工程。利用聚二甲基硅氧烷和环氧树脂对聚脲涂层进行改性，以提高聚脲涂层的耐热性能和阻尼性能。由于高分子材料的高黏滞性及 DMA 能模拟各种振动条件，DMA 广泛应用于高分子材料的阻尼性能研究。

采用耐驰 DMA 242E 得到的有机硅和环氧树脂混合改性的聚脲 HPU1 与 HPU2 分别在 1 Hz 和 5 Hz 下的储能模量 $E'$ 和损耗因子 $\tan\delta$ 随温度的关系曲线如图 7.23 所示[31]。由图中可以看出，–50℃左右时，聚脲 HPU1 呈玻璃态，分子链几乎不能运动，材料表现出较高的模量 1400 MPa。在–50～60℃，材料由玻璃化转变为高弹态，其储能模量由 1400 MPa 快速下降到 1.3 MPa。HPU2 的储能模量 $E'$ 的变化趋势与 HPU1 基本一致，HPU2 的储能模量由 2000 MPa 迅速降为 8 MPa。数据说明有机硅和环氧树脂的加入能有效改善聚脲的热稳定性，这一方面得益于聚二甲基硅氧烷形成 Si—O—Si 的网络结构，另一方面环氧树脂的加入使得高聚物分子链中耐热基团含量和交联密度增加。此外，随着频率的升高，储能模量 $E'$ 和损耗因子 $\tan\delta$ 向高温方向移动。

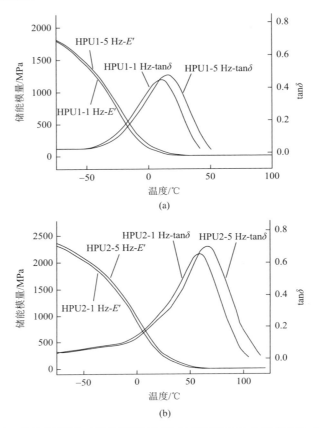

图 7.23    有机硅和环氧树脂混合改性的聚脲 HPU1(a)和 HPU2(b)分别在 1 Hz 和 5 Hz 下的储能模量和随温度的关系曲线[31]

　　良好的阻尼材料需要在使用温度和频率范围内具有较高的力学损耗，利用 DMA 温度谱图上的 tanδ 曲线，表征出不同配方的阻尼性能。一般来说，tanδ ≥ 0.3 时，材料表现出阻尼性能。由数据可以看出（表 7.9），HPU1 的 tanδ ≥ 0.3 的温度域为−5～25℃，峰值为 0.45；HPU2 的 tanδ ≥ 0.3 的温度域为 25～82℃，峰值为 0.68。可见，有机硅树脂和环氧树脂的引入使得侧链数量的增加，分子间物理交联点从而增加，分子运动时链段之间的摩擦力及分子链构型转化时的运动阻力增加，所以经过改性后的材料在交变力场作用下损耗增加、损耗温度域变宽、tanδ 峰值增加，故改性后聚脲的阻尼性能得到提升。

表 7.9    HPU1 和 HPU2 的阻尼温度范围、tanδ 和 $T_g$

| 样品 | 阻尼温度范围/℃ | tanδ 峰值 | 峰值对应的温度/℃ |
| --- | --- | --- | --- |
| HPU1 | −5～25 | 0.45 | 10 |
| HPU2 | 25～82 | 0.68 | 58 |

图 7.24 为通过 DMA 曲线以 40℃为参考温度拟合得到 HPU1 和 HPU2 的损耗因子 tanδ 随频率变化的曲线。由图可以发现，两种材料的走势基本相同，都是随着频率的增加损耗因子先增加后降低。在 $10^{-5} \sim 10^2$ Hz 频率范围内 HPU2 样品阻尼性能优于 HPU1；在 $10^2 \sim 10^{10}$ Hz 频率范围内 HPU1 阻尼性能优于 HPU2。从图中还可以得到，HPU2 在频率为 $10^{-2}$ Hz 时损耗因子达到峰值 0.63，阻尼性能较好；HPU1 在频率为 $10^3$ Hz 时损耗因子达到峰值 0.53，阻尼性能较好。

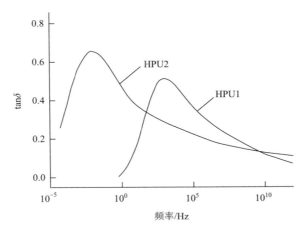

图 7.24　通过 DMA 曲线拟合得到 HPU1 和 HPU2 的损耗因子随频率变化的曲线[31]

### 7. 可控热膨胀材料的热性能评价

嵌入式电容器不仅可以减小印刷电路板的体积，还可以减弱电气系统的寄生信号，提高电气性能。导电聚合物复合材料因在渗流阈值具备高介电常数，是一种理想的嵌入式电容器候选材料。环氧树脂易于加工、热稳定性好、强度高、耐湿性好、导热系数低，是高分子导体复合材料的主要基体材料。热膨胀系数 CTE 是电气设备性能的关键指标。在实际应用中，作为嵌入式电容器的环氧基导体复合材料将直接与金属或硅等衬底材料接触，要求其 CTE 较低，不匹配的 CTE 会导致两组分之间的热应力发展。因此，寻找合适的导电填料来构建具有高介电常数和可调谐 CTE 的环氧树脂-导体复合材料具有重要意义。通过添加负热膨胀（NTE）材料作为热膨胀抑制剂被广泛应用于制作定制 CTE 复合材料。反钙钛矿型氮化锰（GaNMn$_3$），若通过化学掺杂或减小其尺寸来减弱巨磁体积效应，则其会表现出可调节的优异的负热膨胀行为[32]。同时，由于其导电性高、导热性良好及刚度高，因此 GaNMn$_3$ 负热膨胀材料是可构建具有高介电常数的环氧树脂-导体复合材料的导电填料。

图 7.25(a)为 GaNMn$_3$-0.7 μm/环氧树脂复合材料的线性热膨胀$\Delta L/L$（350 K）。

在测量温度范围内,纯环氧树脂的 CTE 为正,在室温附近的 CTE 约为 40.3 ppm/K。随着 GaNMn$_3$-0.7 μm 体积分数的增加,环氧树脂复合材料的 CTE 逐渐降低,当负载量为 26 vol%和 41 vol%时,复合材料的 CTE 分别为 23.5 ppm/K(249~315 K)和 10.9 ppm/K(260~310 K);当负载水平增加到 51 vol%时,复合材料的 CTE 接近于零(约–0.4 ppm/K);在 277~307 K 之间当进一步增加 GaNMn$_3$-0.7 μm 的负载量,环氧树脂的热膨胀被完全补偿;当负载量为 62 vol%和 78 vol%时,室温附

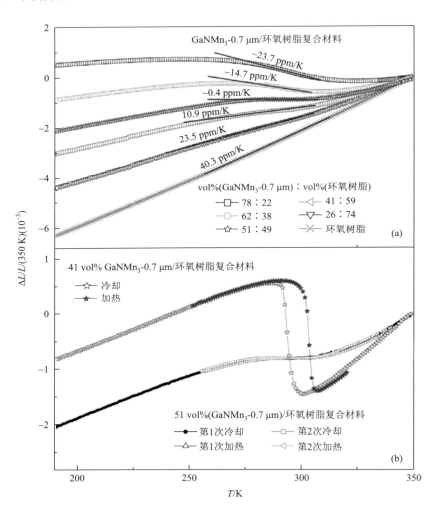

图 7.25    GaNMn$_3$-0.7 μm/环氧树脂复合材料的线性热膨胀曲线温度相关线性热膨胀 $\Delta L/L$(参考温度为 350 K)(a);51 vol%和 41 vol%GaNMn$_3$-0.7 μm/环氧树脂复合材料在热循环下的热膨胀行为(b)[32]

近的 CTE 分别为–14.7 ppm/K 和–3.7 ppm/K。之后测定了 CTE 值约为零的 51 vol% GaNMn$_3$-0.7 μm/环氧树脂复合材料的热稳定性。如图 7.25(b)所示，在重复的热循环过程中，热滞后非常弱，热膨胀表现出良好的可逆性。相比之下，41 vol% GaNMn$_3$-0.7 μm/环氧树脂复合材料，在冷却和升温曲线之间表现出明显的体积变化和较大的热滞后。

　　图 7.26(a)展示了 GaNMn$_3$-0.7 μm/环氧复合材料介电常数和介电损耗等介电性能的频率依赖性。随着 GaNMn$_3$-0.7 μm 的加入量的增加，材料介电常数逐渐增大。当体积分数从 0 vol%增加到 26 vol%、41 vol%、51 vol%和 62 vol%时，100 Hz 时介电常数分别从 13 增加到 21、34、45 和 303。当添加量进一步增加到 78 vol%时，介电常数急剧增加到 3551，比纯环氧高出约 2 个数量级。大介电常数的实现验证了 GaNMn$_3$-0.7 μm 粉体在环氧基体中分散良好。然而，对于嵌入式电容器技术或普通电容器来说，实现大介电常数并不是唯一的目标。介质损耗是降低介质损耗的前提条件，介质损耗直接影响到电气设备的稳定性和能量损耗。图 7.26(b) 为介质损耗随 GaNMn$_3$-0.7 μm 添加量的变化规律。添加量小于 51 vol%时，复合材料的介电损耗随频率的增加而减小，且介电损耗的数量级与纯环氧相比保持不变。介质损耗在低频阶段小于 0.05，在高频阶段小于 0.03，与纯环氧树脂相当。随着添加量的不断提高，在 100 Hz 时，62 vol%的复合材料介电常数为 0.38，78 vol%的复合材料介电常数为 229。

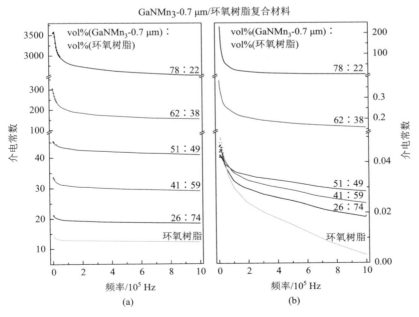

图 7.26　环氧树脂和 GaNMn$_3$-0.7 μm/环氧树脂复合材料的介电常数和介电损耗随频率的变化[32]

热导率和维氏硬度对电气设备的功能和结构稳定性也存在显著影响。如图 7.27(a)所示，当 GaNMn$_3$-0.7 μm 的加入量从 26 vol%增加到 62 vol%时，维氏硬度从 29 升高到 88。此外，添加 62 vol%的 GaNMn$_3$-2.3 μm 可使复合材料的维氏硬度达到 110。图 7.27(b)比较了环氧树脂基体与 51 vol% GaNMn$_3$-2.3 μm/环氧复合材料的导热系数，在 300 K 时，复合样品的环氧树脂导热系数约为 2.3 W/(m·K)，比纯环氧树脂[0.6 W/(m·K)]大 3 倍。通过添加 GaNMn$_3$，环氧树脂复合材料的导热性、硬度、介电性能和 CTE 均得到改善。当添加量在适当范围内时，介质损耗很低，但介电常数提高到很高的范围。其良好的介电性能可满足嵌入式电容领域，且可控的 CTE 将确保此复合材料与不同基板材料之间具有良好的热匹配性。

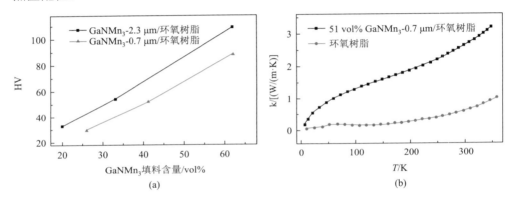

图 7.27    GaNMn$_3$-0.7 μm/环氧树脂复合材料的维氏硬度随粒子含量的变化(a)；51 vol% GaNMn$_3$-0.7 μm/环氧树脂复合材料的导热系数随温度变化(b)[32]

### 8. 热膨胀在高性能高分子复合材料设计中的应用

现代应用要求功能材料不仅具有良好的物理性能，还要具有可控的热膨胀性能。可控的热膨胀性能无疑会提高材料结构的尺寸稳定性[33]，延长其使用寿命。但许多高性能高分子材料因固有的热膨胀系数较高等性质，限制了其在低热膨胀领域中的广泛应用。因此，改善其热膨胀性能不仅是提升材料性能的基础，也是生产与实际应用的需要。因此，热膨胀系数测试在膨胀匹配性、产品质量检验等复合材料设计的过程中扮演重要的角色。

#### 1）环氧树脂

环氧树脂作为一种优良的复合材料基体，广泛应用于胶黏剂、涂料、包装材料、电子元器件、精密仪器、军工航天等领域[34]。然而由于其较高的热膨胀系数，在温度波动较大的环境下使用环氧树脂基体的复合材料更容易造成材料开裂和分层等问题[35]。通过在双酚 A 型环氧树脂体系中引入八元碳环结构（EMCC-聚酰胺），可使环氧材料的热膨胀系数由正（$154.5 \times 10^{-6}\,K^{-1}$）变为负（$492.6 \times 10^{-6}\,K^{-1}$）[36]。通过控制 EMCC 酰胺的配比，可以很好地调节负热膨胀性能，而进一步与纳米 $TiO_2$ 复合，使制备的负热膨胀环氧材料的热稳定性和力学性能得到了改善（图 7.28）。

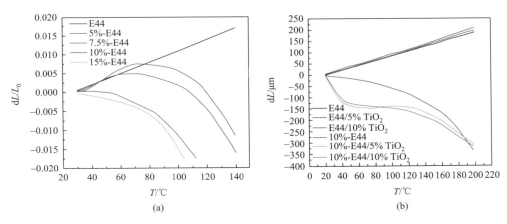

图 7.28　不同 EMCC-聚酰胺比例环氧树脂材料薄膜的 NTE 性能(a)；不同 $TiO_2$ 比例合成的环氧树脂体样的 NTE 性能(b)[36]

2）聚酰亚胺

与金属、陶瓷等无机材料相比，PI 的热膨胀系数要大很多[37]，由于 PI 薄膜通常会与其他材料进行复合使用，因此高的热膨胀系数会影响其应用。将碳纳米管（CNT）分散到聚酰胺酸（PAA）树脂中，再采用热亚胺化的方法可制备 PI 同质复合膜材料[38]。热膨胀测试结果表明：CNT 对降低复合膜的热膨胀系数有着显著影响（图 7.29），当 CNT 含量为 0.1%时，复合膜的热膨胀系数最低。

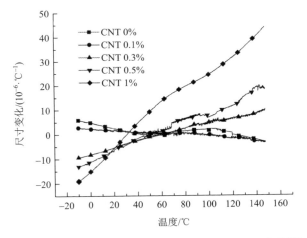

图 7.29　不同 CNT 含量的 PI/CNT 复合膜热膨胀曲线[38]

3）氰酸酯

为改善氰酸酯的加工性能，制备出适用于热熔法预浸料的氰酸酯树脂，采用聚醚砜（PES）对氰酸酯树脂改性，制备出 PM915 树脂。图 7.30 为树脂固化物 PM915-C 的热膨胀系数 $\alpha$ 随温度的变化曲线[39]。可以看出，PM915-C 的热膨胀系数在 80～226℃的温度范围内基本保持不变，约为 $4.4\times10^{-5}$/K。一般热固性材料的使用温度上限的 $T_{\mathrm{g}}$ 为−50℃，而 PM915-C 的 $T_{\mathrm{g}}$ 约为 276℃，所得树脂固化物 PM915-C 在使用温度范围内有良好的尺寸稳定性。

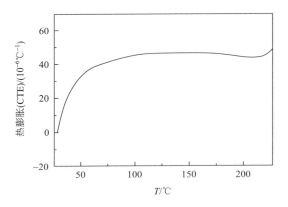

图 7.30　PM915-C 的热膨胀曲线[39]

4）超高分子量聚乙烯

多壁碳纳米管（MWCNT）的添加量对改性的超高分子量聚乙烯（UHMWPE）复合材料的热膨胀性能存在影响[40]。在 30～80℃范围内，纯 UHMWPE 和不同质量分数 MWCNT 改性的复合材料的线膨胀率均随温度的增加而增大，添加 MWCNT 后，复合材料线膨胀率均小于纯 UHMWPE，且随着 MWCNT 质量分数的增加，线膨胀率呈现下降的趋势（图 7.31～图 7.32）。

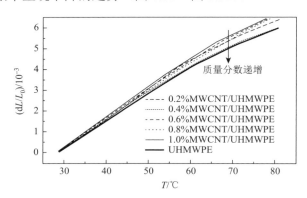

图 7.31　不同质量分数 MWCNT 改性复合材料线膨胀率[40]

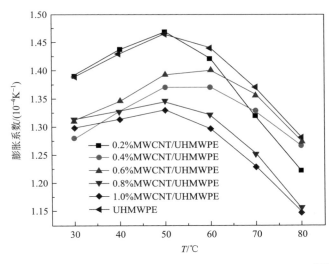

图 7.32 不同质量分数 MWCNT 改性复合材料线膨胀系数[40]

在 30~80℃范围内，复合材料的线膨胀系数随温度先上升再下降，可见 MWCNT 的加入对 UHMWPE 的热膨胀性能有较为明显的提升，且随着填料含量的增加，热膨胀系数有变小的趋势。复合材料热膨胀系数的降低是由于 MWCNT 比表面积大、热稳定性高，能与高分子链之间形成较强的作用力，阻碍分子链的运动；另外，碳纳米管本身在 0~800 K 会出现热收缩现象，即热膨胀系数为负值的性能，也是可能的因素。此外，采用经硅烷偶联剂 KH570 改性处理后的玻璃纤维（GF）对 UHMWPE 改性制备 GF/UHMWPE 复合材料，热膨胀测试结果表明了类似的规律：经过 KH570 改性处理后的 GF 形成了稳定的 Si—O—Si 结构，改善了与 UHMWPE 基体的黏结性，同时 GF 本身热膨胀系数较低，且能与高分子链形成较强的作用力，故而有效地改善了 UHMWPE 的热膨胀性能[41]。

**9. 热膨胀在玻璃化转变温度测定中的应用**

测量 $T_g$ 的方法多种多样且各有优劣，如通过测定体积变化的热膨胀法、测定热学性质的差示扫描量热法、测定模量的动态热机械法等[42-44]。热膨胀法是根据在玻璃化转变前后高聚物的热膨胀系数发生的变化来确定其 $T_g$ 的大小，当发生玻璃化转变时形变曲线会发生比较明显的变化，表现为一个转折。如图 7.33 所示，可以从 TMA 谱图上看出高聚物在玻璃化转变时热膨胀系数增大，导致热膨胀曲线斜率明显增大，在热膨胀曲线斜率增大前的温度 $T_a$ 处作第一条切线，在曲线斜率增大后温度 $T_b$ 处作第二条切线，两条切线的交点对应的温度即为 $T_g$。

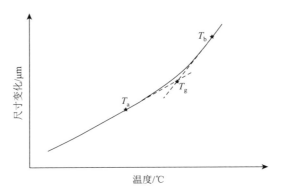

图 7.33　高聚物 TMA 结果示意图

　　材料的 $T_g$ 随测试方法、测试条件的不同而变化，采用不同的测试方法所得的 $T_g$ 结果之间不具有可比性，因此在说明某种材料的 $T_g$ 时，应当注明所采用的测试方法及具体测试条件[45]。图 7.34 为通过 TMA 测定聚甲基丙烯酸甲酯（PMMA）$T_g$ 的曲线，升温速率和负荷对 PMMA 板材 $T_g$ 影响较大[46]。升温速率越大，所测得的 $T_g$ 越高；而样品所受负荷的不同会对所测的 $T_g$ 有影响，但影响没有规律性；当升温速率为 15℃/min 时，测试不受负荷影响。

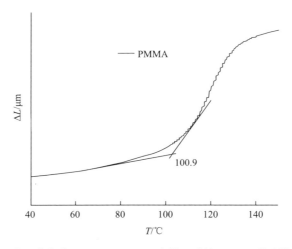

图 7.34　升温速率为 15℃/min（10 g 砝码）时的 PMMA 热膨胀曲线[46]

### 10. 烧蚀用于三元乙丙绝热材料的增强纤维优选

　　高分子耐烧蚀材料因其低导热系数、高比热和良好的成炭能力等而备受人们青睐。三元乙丙橡胶以其优异的耐老化性、低温柔性和化学稳定性成为最常见的固体火箭发动机绝热层材料。但是，由于三元乙丙橡胶本身的性质特点决定材料在固体火箭发动机工作时会形成疏松的炭层，从而无法承受烧蚀破坏。因此，通常将短切纤维和浆粕加入其中以提高炭层强度并增加成炭率。新的高性能有机纤维包括 Kynol、聚酰亚胺纤维和芳纶纤维，现已经被用于填充三元乙丙橡胶制备绝热层。以下研究都是采用氧乙炔烧蚀对不同纤维增强的三元乙丙绝热层的烧蚀性能进行分析评价。

通过氧乙炔烧蚀后，首先对材料的形貌进分析（图 7.35），可直观看出有的样品烧蚀后炭层不完整，能够清晰地看到底层材料；有样品形成了较为完整的炭层表面，炭层表面有些许裂纹；也可以看到三元乙丙烧蚀的过程中发生的是类似层状剥离的现象；作为对比的无纤维添加的三元乙丙绝热材料，烧蚀后无碳层，可以清楚地看到基体材料。炭层越完整致密，越有利于阻隔火焰和热量，所以拥有完整炭层且致密坚硬的材料耐烧蚀性能也就越好，表 7.10 的数据可以验证上述结论，无纤维填充和碳纤维填充的三元乙丙绝热材料线不具有完整炭层，烧蚀速率为 0.211 mm/s 和 0.127 mm/s，烧蚀后无碳层，因此无法测定质量烧蚀率；填充预氧化碳纤维、聚酰亚胺纤维和聚丙烯腈纤维的绝热材料具有完整的炭层，线烧蚀速率依次为 0.132 mm/s、0.121 mm/s 和 0.128 mm/s，质量烧蚀速率依次可以达到 0.0169 g/s、0.0503 g/s 和 0.0216 g/s，比无纤维填充和碳纤维填充的绝热材料耐烧蚀性能得到了极大的提升。

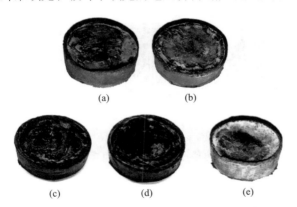

图 7.35　纤维增强的三元乙丙绝热材料烧蚀后形貌图

(a)碳纤维；(b)预氧化碳纤维；(c)聚丙烯腈纤维；(d)聚酰亚胺纤维；(e)无纤维

表 7.10　不同纤维对三元乙丙绝热耐烧蚀材料的烧蚀性能影响

| 纤维类别 | 无纤维 | 碳纤维 | 预氧化碳纤维 | 聚酰亚胺纤维 | 聚丙烯腈纤维 |
| --- | --- | --- | --- | --- | --- |
| 炭层形貌 | 无炭层 | 无完整炭层 | 炭层完整 | 坚硬完整<br>不易脱落 | 坚硬完整<br>不易脱落 |
| 线烧蚀速率/(mm/s) | 0.211 | 0.127 | 0.132 | 0.121 | 0.128 |
| 质量烧蚀速率/(g/s) | — | — | 0.0169 | 0.0503 | 0.0216 |

结合烧蚀宏观评价，对烧蚀后的炭层进行扫描电镜分析，观察烧蚀后炭层的断面（图 7.36）。从电镜图中可以看到烧蚀后的炭层断面的疏松或致密情况，还可从断面中看到纤维的分布与连接情况，这样便于分析纤维在耐烧蚀性能的提高中的作用。图 7.36(b)是填充预氧化碳纤维三元乙丙炭层，从图中可以看到炭层多孔疏松，在烧蚀后的炭层中很少被发现，同样不能起到很好保护底层材料的作用；图 7.36(c)是填充聚丙烯腈纤维的三元乙丙炭层，从图中可以看到烧蚀后整个炭层致密性相比于前两种炭层有了很大的提升，而且孔洞减少，能够看到纤维在炭层中缠结，在炭层中起到很好的连接和支撑作用。图 7.36(d)是填充聚酰亚胺纤维的三元乙丙炭层，在图中我们能够明显清晰地看到炭层致密坚硬，可以看到纤维在炭层中穿插，极大地增加了材料的耐烧蚀性能。

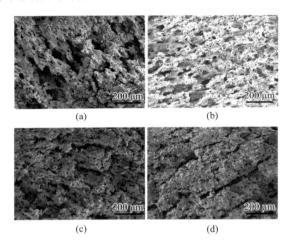

图 7.36    填充不同纤维的绝热材料烧蚀后宏观形貌碳层图
(a)碳纤维；(b)预氧化碳纤维；(c)聚丙烯腈纤维；(d)聚酰亚胺纤维

如图 7.37 所示，对烧蚀炭层进一步放大观察，分析纤维在烧蚀炭层中与基体作用的界面形貌，可以看到，碳纤维在加工过程中被破坏得较为明显，纤维只有 10 μm 左右，不能够使层致密坚硬，不能有效的固结炭层，所以烧蚀后炭层极易被剥离掉；图 7.37(c)是聚丙烯腈纤维，其在炭层中仍保持完整的纤维状结构，可以有效地固结碳层，使碳层完整坚硬不容易被冲刷从而被剥离掉，能够保护基体材料提高烧蚀性能。

进一步对烧蚀炭层的结构进行分析可以深入了解纤维增强界面的热化学行为，对烧蚀后的纤维表面进行能谱观察分析（图 7.38），其表面碳含量为 88.63%，硅含量为 0.39%，氧含量为 10.98%，说明烧蚀过程中聚丙烯腈纤维已经变成了碳化纤维。通过对氧乙炔烧蚀分析及衍生评价，可以找到热防护材料制备中增强纤维优选的平衡点，这样既能克服加工问题，又能有效提高耐烧蚀的性能。

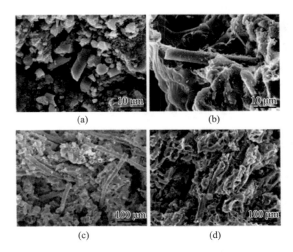

图 7.37 填充不同纤维的绝热材料烧蚀后碳层的微观形貌图

(a)碳纤维；(b)预氧化碳纤维；(c)聚丙烯腈纤维；(d)聚酰亚胺纤维

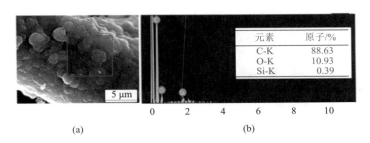

图 7.38 聚丙烯腈纤维增强绝热层中的碳化纤维及纤维表面能谱的结果

## 11. 烧蚀用于耐烧蚀聚磷腈基体的结构优选

柔性热防护材料主要以性能优异的橡胶为基体，并添加一些耐烧蚀填料和一些其他阻燃剂填料所组成。目前国内外常用的柔性热防护材料基体主要是丁腈橡胶、硅橡胶、三元乙丙橡胶等橡胶基体。研究人员已经着手开发备选的高性能高分子耐烧蚀材料的聚合物基体，旨在增强烧蚀热，提高残炭留量及降低碳化层的氧化速率。聚磷腈可能成为一种非常有潜力的绝热层基体材料，因为聚磷腈的化学结构是以磷原子和氮原子单双键交替结构为主链，每个磷原子上连接两个有机基团的混合有机无机高性能高分子。得益于这样的主链结构，大部分的聚磷腈弹性体与其他已知的合成橡胶相比是很好的耐高温橡胶，因为其有很好的柔性而且是优异的阻燃基体。

在基体耐烧蚀性能的评价中直接评价的主要测试手段是氧-乙炔烧蚀，但是其与材料的本身热性能、阻燃性能及力学性能也存在相互作用关系。例如，为了研究交联烯烃侧基对芳氧基聚磷腈弹性体热稳定性的影响,对几组聚磷腈进行了 $N_2$ 气氛下的热失重分析,得到的结果如表 7.11 所示。随着烯烃侧基引入量的增加,芳氧基聚磷腈弹性体良好的热稳定性保持不变,而残炭率随着烯烃侧基的增加而增加,主要原因是烯烃侧基上的双键在高温下断开形成稠环结构,利于成炭。

表 7.11    芳氧基聚磷腈的热稳定性参数

| 聚磷腈 | $T_{onset}^{a}$/℃ | $T_{max}^{b}$/℃ | 残炭率/% |
|---|---|---|---|
| 1% e-PDAP | 413.10 | 466.14 | 21.48 |
| 2% e-PDAP | 425.55 | 472.83 | 23.21 |
| 3% e-PDAP | 423.82 | 464.97 | 34.61 |
| 5% e-PDAP | 407.64 | 466.99 | 35.01 |

a. 初始分解温度;b. 最大分解温度。

从表 7.12 可知,综合性能较好的为 2%e-PDAP,它的拉伸强度达到了 9.7 MPa,断裂伸长率达到了 216%,而烯烃侧基的含量对力学性能有明显的影响,随着烯烃侧基的增加,交联密度随之增大,一般来说在一定的交联密度范围内交联密度越大拉伸强度越大,断裂伸长率越低。

表 7.12    芳氧基聚磷腈的力学性能

| 聚磷腈 | 拉伸强度/MPa | 断裂伸长率/% | 邵氏硬度/HA |
|---|---|---|---|
| 1% e-PDAP | 5.8 | 223 | 59 |
| 2% e-PDAP | 9.7 | 216 | 61 |
| 3% e-PDAP | 9.0 | 156 | 62 |
| 5% e-PDAP | 8.3 | 103 | 64 |

UL-94 垂直燃烧测试和氧乙炔烧蚀测试评价了芳氧基聚磷腈弹性体的阻燃性能和烧蚀性能,结果如表 7.13 所示。

表 7.13    芳氧基聚磷腈弹性体的阻燃性能和烧蚀性能

| 聚磷腈 | UL-94 垂直燃烧 | | 氧乙炔烧蚀 | |
|---|---|---|---|---|
| | 阻燃等级 | 滴落情况 [a] | 线烧蚀速率/(mm/s) | 炭层 |
| 1% e-PDAP | V-0 | 无/无 | 0.194 | 完整, 坚硬 |
| 2% e-PDAP | V-0 | 无/无 | 0.180 | 完整, 坚硬 |
| 3% e-PDAP | V-0 | 无/无 | 0.148 | 完整, 坚硬 |
| 5% e-PDAP | V-0 | 无/无 | 0.159 | 完整, 坚硬 |

a. 第一次燃烧/第二次燃烧。

由表 7.13 可以看出,几种芳氧基聚磷腈弹性体都具有优异的阻燃性能,UL-94 垂直燃烧测试都能够达到 V-0 级别,且在两次的燃烧过程中都没有产生滴落。由磷系、氮系阻燃元素构成协同阻燃，同时，芳氧基团中含有大量苯环进一步提高了聚磷腈的耐热性能，在高温火焰作用下，一定程度上抑制了聚磷腈在燃烧过程中的分解，进一步促进了材料的成炭。烯烃侧基含量的不同对烧蚀性能有一定的影响，线烧蚀速率有明显的差别，最小可达 0.148 mm/s。这主要和芳氧基聚磷腈弹性体的交联密度有关，交联密度越大，烧蚀性能越好。交联密度的增大能够使芳氧基聚磷腈弹性体在高温火焰及高速气流的冲刷下不易裂解，因而高交联密度的芳氧基聚磷腈弹性体有较好的烧蚀性能，但过高的交联密度可能会导致局部交联密度过大，造成应力集中，对烧蚀性能的提高具有负作用。同时根据烧蚀后的炭层宏观形貌如图 7.39 所示，我们可以看到几组芳氧基聚磷腈弹性体烧蚀后的都具有完整的碳层，前两组芳氧基聚磷腈弹性体烧蚀后的碳层坚硬但裂缝较多，不够致密；而后两组，特别是 3% e-PDAP 不仅拥有完整的碳层而且碳层相对致密，说明其烧蚀性能较好。

1% e-PDAP 　　 2% e-PDAP 　　 3% e-PDAP 　　 5% e-PDAP

图 7.39　芳氧基聚磷腈弹性体烧蚀后炭层的宏观形貌图

　　由图 7.40 烧蚀炭层平面的扫描电镜结果可以看出，芳氧基聚磷腈弹性体烧蚀后的炭层表面有较多的孔洞，特别是低烯烃侧基含量的芳氧基聚磷腈弹性体炭层表面有较多的片状结构，炭层较为疏松，交联密度大的炭层相对致密。

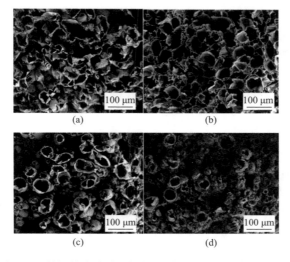

(a)　　　　　　　　　　　(b)

(c)　　　　　　　　　　　(d)

图 7.40　芳氧基聚磷腈弹性体烧蚀炭层平面的微观形貌图

(a)1% e-PDAP；(b)2% e-PDAP；(c)3% e-PDAP；(d)5% e-PDAP

由图 7.41 烧蚀炭层断面的扫描电镜结果可以看出，芳氧基聚磷腈弹性体烧蚀后的炭层内部有较为光滑的致密结构，炭层断面相对致密，主要的原因是在一定范围内交联密度越大，芳氧基聚磷腈弹性体在烧蚀的过程中越容易形成稠环芳烃，即成炭能力越强，且明显优于传统有机橡胶。

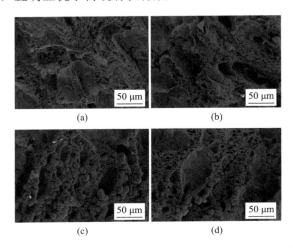

图 7.41    芳氧基聚磷腈弹性体烧蚀炭层断面的微观形貌图

(a)1% e-PDAP；(b)2% e-PDAP；(c)3% e-PDAP；(d)5% e-PDAP

## 参 考 文 献

[1] 谢启源, 陈丹丹, 丁延伟. 热重分析技术及其在高分子表征中的应用[J]. 高分子学报, 2022, 53(2): 193-210.

[2] 国家质量监督检验检疫总局. 热重分析仪检定规程: JJG 1135-2017[S]. 北京: 中国质检出版社, 2017.

[3] 中华人民共和国教育部. 热分析方法通则 第 4 部分: 热重法: JY/T 0589.4-2020[S]. 北京: 中国标准出版社, 2020.

[4] 杨锐, 陈蕾, 唐国平, 等. 热分析联用技术在高分子材料热性能研究中的应用[J]. 高分子通报, 2012(12): 16-21.

[5] 徐吉, 朱家龙, 胡浩权, 等. 在线热解-质谱联用技术在煤转化中的应用[J]. 洁净煤技术, 2021, 27(4): 1-10.

[6] 李琴梅, 胡光辉, 陈新启, 等. 热分析-红外-质谱联用系统用于石墨烯材料成分分析[J]. 分析仪器, 2018(2): 65-68.

[7] ZHANG S, ZHAO D. Aeronautical and Aerospace Materials Handbook [M]. New York: CRC Press, 2013.

[8] 国家质量监督检验检疫总局, 中国国家标准化管理委员会. 绝热材料稳态热阻及有关特性的测定-热流计法: GB/T 10295-2008[S]. 北京: 中国标准出版社, 2009.

[9] 杨世铭, 陶文铨. 传热学第三版[M]. 北京: 高等教育出版社, 1998.

[10] 李根, 王忠诚, 李世博, 等. 用于稳态法测量膏状材料导热性能的样品支架及测量方法: CN110044955A[P]. 2019-07-23.

[11] 赵瑾, 高梦岩, 崔芃, 等. 闪光法测试聚合物薄膜材料导热性能的研究[J]. 绝缘材料, 2023, 56(2): 19-25.

[12] 张嘉芮, 张圣梓, 刘晓萌, 等. 激光闪光法测量固体材料热扩散率的研究进展[J]. 计量学报, 2023, 44(2): 203-210.

[13] CRISTEA M, IONITA D, IFTIME M M. Dynamic mechanical analysis investigations of PLA-based renewable materials: how are they useful？[J]. Materials, 2020, 13(22): 5302.

[14] 陈云, 王旭升, 李艳霞, 等. 动态热机械分析仪(DMA)在铁电压电材料研究中的应用[J]. 无机材料学报, 2020, 35(8): 857-866.

[15] 王博, 邹涛, 苍飞飞, 等. 用动态力学热分析仪研究胶料的动态力学性能[J]. 橡胶科技, 2017, 15(1): 12-16.

[16] 张红菊, 肖新蕊, 王煜, 等. 顶杆法热膨胀系数测试在材料性能研究中的应用[J]. 理化检验(物理分册), 2020, 56(5): 31-35.

[17] 杨新圆, 孙建平, 张金涛. 材料线热膨胀系数测量的近代发展与方法比对介绍[J]. 计量技术, 2008(7): 33-36.

[18] 华瑛. 材料的热膨胀性能及其影响因素[J]. 上海钢研, 2005(2): 60-63.

[19] CHEN J, HU L, DENG J X, et al. Negative thermal expansion in functional materials: controllable thermal expansion by chemical modifications[J]. Chemical Society Reviews, 2015, 44(11): 3522-3567.

[20] 杨梦婕. 负热膨胀材料对介电陶瓷 $SrTiO_3$、$BaTi_4O_9$ 热膨胀和介电性能的调控[D]. 郑州: 郑州大学, 2020.

[21] 江磊, 沈烈, 郑强. 聚合物的热膨胀[J]. 功能材料, 2004, 35(2): 142-144.

[22] 孙洁, 陈忠涛, 赵秀丽. 调控环氧树脂热膨胀的研究进展[J]. 应用化工, 2022, 51(10): 3012-3017.

[23] 徐本恩, 徐义华. 固体火箭发动机内绝热层烧蚀试验研究综述[J]. 南昌航空大学学报(自然科学版), 2013, 27(3): 1-12.

[24] 中央军委装备发展部. 烧蚀材料烧蚀试验方法: GJB 323B-2018[S]. 北京: 国防工业出版社, 2018.

[25] 李清玲. 功能性聚酰亚胺/纳米粒子复合薄膜的制备及其性能研究[D]. 广州: 广东工业大学, 2023.

[26] HAMCIUC C, LISA G, HAMCIUC E, et al. Thermal behavior study and degradation mechanism by TG/MS/FTIR technique of some poly(aryl ether ether ketone)s[J]. Journal of Analytical and Applied Pyrolysis, 2020, 150: 104877.

[27] 朱召贤, 董金鑫, 贾献峰, 等. 酚醛气凝胶/炭纤维复合材料的结构与烧蚀性能[J]. 新型炭材料, 2018, 33(4): 370-376.

[28] 张鸿宇, 钱震, 牛波, 等. 低密度纤维增强酚醛气凝胶复合材料的力学特性及断裂机制[J]. 复合材料学报, 2022, 39(8): 3663-3673.

[29] OU X H, CHEN S S, LU X M, et al. Enhancement of thermal conductivity and dimensional stability of polyimide/boron nitride films through mechanochemistry[J]. Composites Communications, 2021, 23: 100549.

[30] ULUS H, KAYBAL H B, ESKIZEYBEK V, et al. Significantly improved shear, dynamic-mechanical, and mode II fracture performance of seawater aged basalt/epoxy composites: The impact of halloysite nanotube reinforcement[J]. Engineering Science and Technology, An International Journal, 2021, 24: 1005-1014.

[31] 王镠旸, 叶梦醒, 王姗, 等. 有机硅和环氧树脂改性聚脲的热性能及 DMA 分析[J]. 热固性树脂, 2018, 33(3): 39-42.

[32] LIN J C, TONG P, ZHANG K, et al. The $GaNMn_3$-Epoxy composites with tunable coefficient of thermal expansion and good dielectric performance[J]. Composites Science and Technology, 2017, 146: 177-182.

[33] 鞠录岩, 宁银磊, 申易, 等. $Cf$-$ZrW_2O_8$/9621 复合材料制备及碳纤维和 $ZrW_2O_8$ 含量对其热膨胀的影响[J]. 材料科学与工艺, 2022, 30(4): 25-32.

[34] LIM S H, ZENG K Y, HE C B. Morphology, tensile and fracture characteristics of epoxy-alumina nanocomposites[J]. Materials Science and Engineering: A, 2010, 527(21-22): 5670-5676.

[35] 刘刚, 张代军, 张晖, 等. 纳米粒子改性环氧树脂及其复合材料力学性能研究[J]. 材料工程, 2010, 38(1): 47-53.

[36] ZHANG D H, LI Y, KAMARA G, et al. Preparation of high-performance epoxy materials with remarkable negative thermal expansivity[J]. Applied Materials Today, 2023, 31: 101780.

[37] 王畅鸥, 翟磊, 高梦岩, 等. 聚酰亚胺薄膜材料的热膨胀行为研究进展[J]. 中国科学: 化学, 2022, 52(3): 437-451.

[38] 王克杰, 陆诚, 邵慧奇, 等. 碳纳米管对聚酰亚胺同质复合膜热膨胀系数的影响[J]. 复合材料科学与工程, 2022(2): 62-67.

[39] 霍肖蒙, 王帆, 姚卓君, 等. 热熔法预浸料用氰酸酯树脂的性能[J]. 复合材料学报, 2020, 37(12): 3071-3078.

[40] 曹翔禹, 贾丹, 詹胜鹏, 等. 多壁碳纳米管改性 UHMWPE 的热膨胀和摩擦学性能研究[J]. 润滑与密封, 2022, 47(4): 76-83.

[41] 曹翔禹, 贾丹, 詹胜鹏, 等. 玻璃纤维改性超高分子量聚乙烯的热膨胀和摩擦学性能[J]. 高分子材料科学与工程, 2022, 38(7): 60-68.

[42] 李健丰, 徐亚娟. 测试方法对聚合物玻璃化温度的影响[J]. 塑料科技, 2009, 37(2): 65-67.

[43] 卓蓉晖, 胡言, 陈文怡. 用不同方法测定材料的玻璃化转变温度[J]. 现代仪器, 2004, 10(4): 24-26.

[44] 思代春, 李佳, 王海峰, 等. 高聚物玻璃化转变温度的测量技术[J]. 计量技术, 2019(7): 76-79.

[45] 张霞, 王从科, 郑素萍, 等. 玻璃化转变温度测试方法对测试结果的影响[J]. 工程塑料应用, 2012, 40(7): 68-70.

[46] 付蕾, 陈立贵, 王忠, 等. 热机械分析仪测定 PMMA 玻璃化温度测定条件的研究[J]. 塑料科技, 2012, 40(3): 89-91.

# 第8章

## 力学性能表征

很多时候，力学性能是决定高分子材料应用领域的主导因素，高性能新型高分子材料也不例外。高分子材料的宏观表现形式差异大，有玻璃态的硬质塑料，有黏弹性的高弹性橡胶，还有多孔泡沫、水凝胶等多种不同类型，其力学性能差别极大。此外，高分子材料常作为基体与其他材料复合，这类复合材料的力学性能随着高分子材料基体的性能变化而变化。高性能高分子材料及其复合材料的力学性能既需要采用常规的宏观力学性能测试方法进行表征，也需要关注微纳尺度下的力学性能，如高分子涂层、电子电气用高分子材料和增强增韧改性高分子材料。

本章概述了高性能高分子材料所涉及的力学性能表征测试方法，在每种测试方法后附上了相应的测试国家标准列表。由于纤维增强复合材料的力学性能表征较为特殊，文中不仅列出了复合材料测试的国家标准，还特别列出了相关的美国材料与试验协会国际标准（ASTM 标准）。文中还展示了高性能高分子材料的宏观力学性能和微纳尺度力学性能表征的研究案例。

## 8.1 高性能高分子材料及其复合材料力学性能的表征方法 ◀◀◀

高分子材料因其链构象的"千变万化"，在所有已知材料中具有最宽的力学性能可变性范围。不同类型的高分子材料对机械应力的反应相差极大。例如，尼龙相比于聚苯乙烯展现出了更强的韧性与可延展性；拉伸轻度交联的橡胶可使其伸长好几倍，力卸载后基本恢复原状；而胶泥变形后，却完全保持新的形状。

高分子材料的短时准静态力学性能（如强度、模量及断裂），通常采用不同载荷作用方式进行测试，有拉伸、压缩、弯曲、剪切、剥离、扭转、撕裂、断裂韧性等类型。强度是表示工程材料抵抗断裂和过度变形的力学性能之一，常用的强度性能指标有拉伸强度和屈服强度。高分子材料的强度大小取决于主价键和次价键的强度。研究人员发现，高分子材料的实际强度比理论强度小得多，因为高分子材料强度的理论值是一个理想状态的最大值，而高分子材料中的分子堆积和取向并不完全相同，有显著的不对称性，导致了其形态结构上常常有明显缺陷。材料断裂是根据不同分子间作用力（如氢键、范德瓦耳斯力）由弱到强的程度逐渐发生破坏，直到最后应力可能集中于少数化学键上，从而产生裂缝并扩展，才使材料发生断裂。从微观层面和宏观层面都能看出局部应力集中对材料强度的影响，当存在有局部的应力集中时，在材料的这一小体积范围内，作用的应力远大于材料上的平均应力，即在材料内部平均应力尚未达到其理论强度前，在有应力集中的小体积内的应力已达到其断裂强度值，所以材料从这一点开始破坏，引起宏观的断裂。高分子材料有两种断裂形式，即脆性断裂和韧性断裂。脆性断裂是由所加应力的张应力分量引起的，韧性断裂是由切应力分量引起的，而高分子材料的断裂形式还取决于实际所加的应力体系和试样的几何形状，因为这些将影响试样中拉伸分量和剪切分量的相对值。一般情况下脆性断裂和塑性屈服是各自独立的过程，在环境条件的影响下两者是可以相互转变的；当温度高于样品的脆韧转变点时，样品总是韧性的，这样就可以使材料总是处于韧性状态下工作，从而避免脆性断裂。弹性模量是指材料在弹性变形范围内（即在比例极限内），作用于材料上的纵向应力与纵向应变的比例常数。材料受到拉伸、压缩、弯曲及扭转时，相应的模量称为拉伸弹性模量、压缩弹性模量、弯曲弹性模量、扭转弹性模量。宏观角度，弹性模量是材料刚度的度量，是物体变形难易程度的表征。

高分子材料的长效力学性能，有疲劳、蠕变、松弛等类型。此外，衡量材料软硬程度的硬度测试及抵抗冲击载荷能力的冲击测试也是高分子力学性能表征的常用测试类型。对于一些特殊用途的高性能高分子材料，还需要表征微纳尺度的力学性能，才能更深入地理解其结构-性能关系。

### 8.1.1　拉伸试验方法

材料的拉伸性能是描述材料在拉伸载荷作用下的力学行为。拉伸试验是材料最基本的一种力学性能试验方法，可以得到材料的各种拉伸性能，包括拉伸强度、弹性模量、泊松比、断裂伸长率、应力-应变曲线等。

材料的拉伸试验过程是指在规定的试验温度、湿度、速度条件下，对标准试样沿纵轴方向施加静态拉伸负荷，直到试样被拉断为止，并根据测试结果评估材料在受力下的表现。高分子材料根据拉伸性能不同可分为：脆性材料、有屈服点的韧性材料和无屈服点的韧性材料。典型拉伸应力-应变曲线如图 8.1 所示，其中曲线 $a$ 代表脆性材料；曲线 $b$ 和 $c$ 代表有屈服点的韧性材料；曲线 $d$ 代表无屈服点的韧性材料，即类似橡胶的柔软材料。

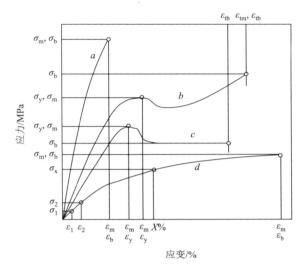

图 8.1 高分子材料典型拉伸应力-应变曲线

　　高分子复合材料是高分子材料和其他材料复合而形成的多相材料，当测定一个方向的弹性模量和泊松比时，测试方法同一般材料。与一般材料不同，由于复合材料大多是各向异性材料，各个方向的性能差异很大，仅测试一个方向的试样不能全面反映这种材料的性能。对于单层复合材料这类的正交各向异性材料，需要加工成 0° 方向和 90° 方向的两种试样，分别进行拉伸试验来测定其拉伸性能。

　　拉伸试验一般根据高分子材料的状态类型选择不同的夹具和试样尺寸，但是拉伸强度、断裂伸长率等指标的计算方法基本一致。硬质塑料和橡胶拉伸试样多采用哑铃形试样，复合材料可采用哑铃形或长条形试样，一般强度较高时需要采用长条形试样，同时需要贴加强片。具体差异参考表 8.1 给出的相应测试标准。

表 8.1 高分子材料及其复合材料拉伸性能测试标准表

| 材料类型 | 标准编号 | 标准名称 |
|---|---|---|
| 塑料 | GB/T 1040.1—2018 | 塑料拉伸性能的测定 第 1 部分：总则 |
| | GB/T 1040.2—2022 | 塑料拉伸性能的测定 第 2 部分：模塑和挤塑塑料的试验条件 |
| | GB/T 1040.3—2006 | 塑料拉伸性能的测定 第 3 部分：薄膜和薄片的试验条件 |
| | GB/T 25255—2010 | 光学功能薄膜 聚对苯二甲酸乙二醇酯（PET）薄膜 拉伸性能测定方法 |
| | GB/T 36805.1—2018 | 塑料 高应变速率下的拉伸性能测定 第 1 部分：方程拟合法 |
| | GB/T 8804.1—2003 | 热塑性塑料管 材拉伸性能测定 第 1 部分：试验方法总则 |
| | GB/T 8804.2—2003 | 热塑性塑料管材 拉伸性能测定 第 2 部分：硬聚氯乙烯（PVC-U）、氯化聚氯乙烯（PVC-C）和高抗冲聚氯乙烯（PVC-HI）管材 |

续表

| 材料类型 | 标准编号 | 标准名称 | |
|---|---|---|---|
| 塑料 | GB/T 8804.3—2003 | 热塑性塑料管材 拉伸性能测定 第 3 部分：聚烯烃管材 | |
| | GB/T 9641—1988 | 硬质泡沫塑料拉伸性能试验方法 | |
| | GB/T 10654—2001 | 高分子材料多孔弹性材料 拉伸强度和拉断伸长率的测定 | |
| | GB/T 19810—2005 | 聚乙烯（PE）管材和管件热熔对接接头拉伸强度和破坏形式的测定 | |
| | GB/T 12683—2009 | 片基与胶片拉伸性能的测定方法 | |
| | GB/T 6344—2008 | 软质泡沫聚合材料 拉伸强度和断裂伸长率的测定 | |
| | GB/T 2567—2021 | 树脂浇铸体性能试验方法 | |
| 橡胶 | GB/T 528—2009 | 硫化橡胶或热塑性橡胶 拉伸应力应变性能的测定 | |
| | GB/T 7762—2014 | 硫化橡胶或热塑性橡胶 耐臭氧龟裂 静态拉伸试验 | |
| | HG/T 2580—2022 | 橡胶或塑料涂覆织物拉伸强度和拉断伸长率的测定 | |
| | HG/T 3849—2008 | 硬质橡胶 拉伸强度和拉断伸长率的测定 | |
| | HG/T 3867—2008 | 硫化橡胶 拉伸耐寒系数的测定 | |
| | HG/T 3868—2008 | 硫化橡胶 高温拉伸强度和拉断伸长率的测定 | |
| | GB/T 13642—2015 | 硫化橡胶或热塑性橡胶 耐臭氧龟裂动态拉伸试验 | |
| 纤维 | FZ/T 50006—2013 | 氨纶丝拉伸性能试验方法 | |
| | GB/T 14337—2022 | 化学纤维 短纤维拉伸性能试验方法 | |
| | GB/T 14344—2022 | 化学纤维 长丝拉伸性能试验方法 | |
| | GB/T 19975—2005 | 高强化纤长丝拉伸性能试验方法 | |
| | GB/T 26749—2022 | 碳纤维 浸胶纱拉伸性能的测定 | |
| | GB/T 31290—2022 | 碳纤维 单丝拉伸性能的测定 | |
| | GB/T 3362—2017 | 碳纤维复丝拉伸性能试验方法 | |
| | GB/T 34520.4—2017 | 连续碳化硅纤维测试方法 第 4 部分：束丝拉伸性能 | |
| | GB/T 34520.5—2017 | 连续碳化硅纤维测试方法 第 5 部分：单纤维拉伸性能 | |
| | GB/T 6006.2—2013 | 玻璃纤维毡试验方法 第 2 部分：拉伸断裂强力的测定 | |
| 复合材料 | DB44/T 1720—2015 | 碳纤维增强塑料拉伸性能试验方法 | |
| | GB/T 1040.4—2006 | 塑料 拉伸性能的测定 第 4 部分：各向同性和正交各向异性纤维增强复合材料的试验条件 | |
| | GB/T 1040.5—2008 | 塑料 拉伸性能的测定 第 5 部分：单向纤维增强复合材料的试验条件 | |
| | FZ/T 60041—2014 | 树脂基三维编织复合材料 拉伸性能试验方法 | |
| | GB/T 1447—2005 | 纤维增强塑料拉伸性能试验方法 | |
| | GB/T 20310—2006 | 玻璃纤维无捻粗纱 浸胶纱试样的制作和拉伸强度的测定 | |
| | GB/T 30968.2—2014 | 聚合物基复合材料层合板开孔/受载孔性能试验方法 第 2 部分：充填孔拉伸和压缩试验方法 | |

续表

| 材料类型 | 标准编号 | 标准名称 |
|---|---|---|
| 复合材料 | GB/T 30968.3—2014 | 聚合物基复合材料层合板开孔/受载孔性能试验方法 第 3 部分：开孔拉伸强度试验方法 |
| | GB/T 32788.4—2016 | 预浸料性能试验方法 第 4 部分：拉伸强度的测定 |
| | GB/T 3354—2014 | 定向纤维增强聚合物基复合材料拉伸性能试验方法 |
| | GB/T 33613—2017 | 三维编织物及其树脂基复合材料拉伸性能试验方法 |
| | GB/T 36264—2018 | 超高温氧化环境下纤维复合材料拉伸强度试验方法 |
| | GB/T 4944—2005 | 玻璃纤维增强塑料层合板层间拉伸强度试验方法 |
| | GB/T 5349—2005 | 纤维增强热固性塑料管轴向拉伸性能试验方法 |
| | GB/T 7689.5—2013 | 增强材料 机织物试验方法 第 5 部分：玻璃纤维拉伸断裂强力和断裂伸长的测定 |
| | GB/T 13096—2008 | 拉挤玻璃纤维增强塑料杆力学性能试验方法 |
| | ASTM D3039/D3039M-17 | 聚合物基复合材料拉伸性能标准试验方法 |
| | ASTM D5766/D5766M-11（2018） | 聚合物基质复合层压板开孔拉伸强度的标准试验方法 |
| | ASTM D6742/D6742M-17 | 聚合物基复合材料层压板填充孔拉伸和压缩试验的标准实施规程 |
| 胶黏带 | GB/T 30776—2014 | 胶粘带拉伸强度与断裂伸长率的试验方法 |
| | GB/T 6329—1996 | 胶粘剂对接接头拉伸强度的测定 |
| 泡沫 | GB/T 10654—2001 | 高分子材料多孔弹性材料 拉伸强度和拉断伸长率的测定 |
| | GB/T 6344—2008 | 软质泡沫聚合材料 拉伸强度和断裂伸长率的测定 |
| | GB/T 9641—1988 | 硬质泡沫塑料拉伸性能试验方法 |
| 纤维膜 | HY/T 213—2016 | 中空纤维超/微滤膜断裂拉伸强度测定方法 |
| 垫片材料 | GB/T 20671.7—2006 | 非金属垫片材料分类体系及试验方法 第 7 部分：非金属垫片材料拉伸强度试验方法 |
| 涂层织物 | FZ/T 75004—2014 | 涂层织物 拉伸伸长和永久变形试验方法 |

（1）拉伸强度 $\sigma_t$ 按式（8.1）进行计算。

$$\sigma_t = \frac{P}{bd} \tag{8.1}$$

式中 $\sigma_t$ 为抗拉伸强度，MPa；$P$ 为最大负荷或断裂负荷或屈服负荷或偏离屈服负荷，N；$b$ 为试样宽度，mm；$d$ 为试样厚度，mm。

（2）拉伸弹性模量通常由拉伸初始阶段的应力与应变比例计算。

$$E = \frac{\Delta P / bd}{\Delta L / L_0} \quad (8.2)$$

式中，$\Delta P$ 为拉伸初始阶段的负荷变化值，N；$\Delta L$ 为拉伸初始阶段的变形变化值，N；$L_0$ 为试样的初始标距，mm。

有的测试标准中会直接指定计算模量的应变取值范围。

（3）断裂伸长率 $\varepsilon_t$ 按式（8.3）计算。

$$\varepsilon_t = \frac{G - G_0}{G_0} \times 100\% \quad (8.3)$$

式中，$\varepsilon_t$ 为断裂伸长率，%；$G_0$ 为试样原始标距，mm；$G$ 为试样断裂时标线间距，mm。

### 8.1.2 压缩试验方法

压缩性能是描述材料以均匀加载速率在压缩负载作用下的力学行为，包括弹性模量、屈服强度、屈服点以外的形变压缩强度等，以及一些压缩特有的性能，如压缩率、回弹率和压缩永久变形等。

测定材料受压时的力学性能是十分重要的，其可便于合理应用高分子材料，以及满足材料成型工艺的需要。常用的塑性材料受压与受拉时所表现出的强度、刚度和塑性等力学性能是大致相同的。但对于某些材料，其抗压强度很高，抗拉强度却很低。图 8.2 给出了塑料典型的压缩时的应力-应变曲线，其中曲线 $a$ 是有屈服点的韧性材料，曲线 $b$ 是无屈服点的韧性材料。对于高分子材料，温度和试验速率会大大影响其力学性能，温度由低到高，材料由脆变韧，超过玻璃化转变

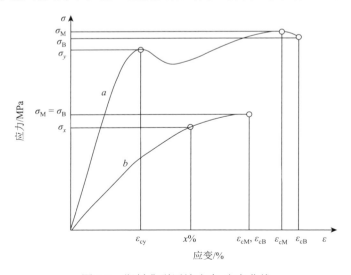

图 8.2　塑料典型压缩应力-应变曲线

温度就会出现类似橡胶的高弹现象。不同材料推荐的试验速率也不同，具体差异参考表 8.2 相应的测试标准。

　　压缩强度指在压缩试验过程中对应的最大压缩应力或规定应变对应的压缩应力，是试样的单位原始横截面上所承受的压缩负荷。

$$\sigma_t = \frac{P}{F} \tag{8.4}$$

式中，$\sigma_t$ 为压缩强度，MPa；$P$ 为压缩负荷，N；$F$ 为试样原始横截面积，$mm^2$

　　压缩屈服强度指应力-应变曲线上第一次出现应变增加而应力不增加的转折点（屈服点）对应的应力，以 MPa 表示。

　　压缩模量指在应力-应变曲线的线性范围内，压缩应力与压缩应变的比值，以 MPa 表示，取应力-应变直线上两点的应力差与对应的应变之比，按式（8.5）计算：

$$E = (\sigma_2 - \sigma_1) / (\varepsilon_2 - \varepsilon_1) \tag{8.5}$$

式中，$E$ 为试样的压缩模量，MPa；$\sigma_1$ 和 $\sigma_2$ 分别为应变为 $\varepsilon_1$ 和 $\varepsilon_2$ 时对应的压缩应力，MPa。

　　压缩率和回弹率分别按式（8.6）、式（8.7）计算。

$$压缩率 = \frac{T_1 - T_2}{T_2} \times 100 \tag{8.6}$$

$$回弹率 = \frac{T_3 - T_2}{T_1 - T_2} \times 100 \tag{8.7}$$

式中，$T_1$ 为试样在初载荷下的厚度，mm；$T_2$ 为试样在终载荷下的厚度，mm；$T_3$ 为试样在返回至初载荷下的厚度，mm。

　　压缩永久变形率 CS（%）是指试样在规定温度下按规定压缩后，再经过规定时间恢复后，厚度的差值与初始厚度之比，按照式（8.8）计算。

$$CS = \frac{d_0 - d_r}{d_r} \times 100 \tag{8.8}$$

式中，$CS$ 为压缩永久变形，%；$d_0$ 为试样初始厚度，mm；$d_r$ 为试样最终厚度，mm。

表 8.2　高分子材料及其复合材料压缩性能测试标准列表

| 材料类型 | 标准编号 | 标准名称 |
|---|---|---|
| 塑料 | GB/T 1041—2008 | 塑料 压缩性能的测定 |
| 泡沫 | GB/T 8813—2020 | 硬质泡沫塑料 压缩性能的测定 |
| | GB/T 6669—2008 | 软质泡沫聚合材料 压缩永久变形的测定 |
| | GB/T 10653—2001 | 高分子材料多孔弹性材料 压缩永久变形的测定 |
| | GB/T 18942.1—2003 | 高分子材料多孔弹性材料 压缩应力应变特性的测定<br>第 1 部分：低密度材料 |

续表

| 材料类型 | 标准编号 | 标准名称 | |
|---|---|---|---|
| 泡沫 | GB/T 18942.2—2003 | 高分子材料多孔弹性材料 压缩应力应变特性的测定<br>第 2 部分：高密度材料 | |
| | GB/T 20467—2006 | 软质泡沫聚合材料 模压和挤出海绵胶制品<br>成品的压缩性能试验 | |
| 树脂 | GB/T 2567—2021 | 树脂浇铸体性能试验方法 | |
| 橡胶 | GB/T 1683—2018 | 硫化橡胶 恒定形变压缩永久变形的测定方法 | |
| | GB/T 7759.1—2015 | 硫化橡胶或热塑性橡胶 压缩永久变形的测定<br>第 1 部分：在常温及高温条件下 | |
| | GB/T 7759.2—2014 | 硫化橡胶或热塑性橡胶 压缩永久变形的测定<br>第 2 部分：在低温条件下 | |
| | GB/T 7757—2009 | 硫化橡胶或热塑性橡胶 压缩应力应变性能的测定 | |
| | HG/T 3843—2008 | 硫化橡胶 短时间静压缩试验方法 | |
| 垫片材料 | GB/T 12622—2008 | 管法兰用垫片压缩率及回弹率试验方法 | |
| | GB/T 20671.2—2006 | 非金属垫片材料分类体系及试验方法 第 2 部分：<br>垫片材料压缩率回弹率试验方法 | |
| | GB/T 30709—2014 | 层压复合垫片材料压缩率和回弹率试验方法 | |
| 复合材料 | GB/T 1448—2005 | 纤维增强塑料压缩性能试验方法 | |
| | GB/T 5258—2008 | 纤维增强塑料面内压缩性能试验方法 | |
| | GB/T 5350—2005 | 纤维增强热固性塑料管轴向压缩性能试验方法 | |
| | GB/T 14208.3—2009 | 纺织玻璃纤维增强塑料 无捻粗纱增强树脂棒机械性能的测定<br>第 3 部分：压缩强度的测定 | |
| | GB/T 21239—2022 | 纤维增强塑料层合板冲击后压缩性能试验方法 | |
| | GB/T 30968.2—2014 | 聚合物基复合材料层合板开孔/受载孔性能试验方法<br>第 2 部分：充填孔拉伸和压缩试验方法 | |
| | ASTM D3410/D3410M-16e1 | Standard Test Method for Compressive Properties of Polymer Matrix Composite Materials with Unsupported Gage Section by Shear Loading | |
| | ASTM D7137/D7137M-17 | Standard Test Method for Compressive Residual Strength Properties of Damaged Polymer Matrix Composite Plates | |
| | ASTM D6641/D6641M-16e2 | Standard Test Method for Compressive Properties of Polymer Matrix Composite Materials Using a Combined Loading Compression (CLC) Test Fixture | |
| | ASTM D6484/D6484M-20 | Standard Test Method for Open-Hole Compressive Strength of Polymer Matrix Composite Laminates | |
| | ASTM D6742/D6742M-17 | Standard Practice for Filled-Hole Tension and Compression Testing of Polymer Matrix Composite Laminates | |
| | GB/T 30968.4—2014 | 聚合物基复合材料层合板开孔/受载孔性能试验方法<br>第 4 部分：开孔压缩强度试验方法 | |
| | GB/T 33614—2017 | 三维编织物及其树脂基复合材料压缩性能试验方法 | |
| | FZ/T 60043—2014 | 树脂基三维编织复合材料 压缩性能试验方法 | |

### 8.1.3　弯曲试验方法

材料的弯曲性能是指材料在受到弯曲载荷作用时所表现出来的力学行为。当被测物承受垂直于其轴线的外力时，被测物的轴线将由直线变为曲线。在材料的弯曲过程中，不同位置上的应力可能不同，最大的应力一般出现在跨度中心处截面上的最外层处，因此，最大弯曲应力也称为最大正弯曲应力（弯曲应力 $\sigma_f$）。弯曲应力是指在材料受到弯曲载荷作用下，垂直于材料截面且通过受力点的力在该截面上产生的单位面积内部力的大小，MPa。材料在受到弯曲载荷作用下，受力点到跨度中心处截面的垂直距离称为挠度。如图 8.3 所示，其中曲线 $a$ 为试样在屈服前断裂；曲线 $b$ 为试样在规定挠度前显示最大值后断裂；曲线 $c$ 为试样在规定挠度前既不屈服也不断裂。

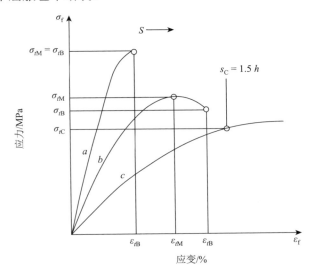

图 8.3　高分子材料典型弯曲应力-应变曲线

测定试样在弯曲变形过程中的特征量还包括当挠度等于规定值时的弯曲应力（定挠度时弯曲应力）、在定挠度前或之时破断瞬间所达到的弯曲应力（弯曲破坏应力）、在定挠度前或之时，负荷达到最大值时的弯曲应力（弯曲强度，即最大负荷时的弯曲应力）、超过定挠度时，负荷达到最大值时的弯曲应力（表观弯曲强度）。

常用的弯曲测试方法可以分为三大类型：三点弯及四点弯测试方法，柔性、挺性测试方法，弯曲变形测试方法，其中三点弯及四点弯测试方法最为常用，测试标准列表参见表 8.3。

以三点弯曲为例，弯曲应力 $\sigma_f$ 用式（8.9）计算。

$$\sigma_{\mathrm{f}} = \frac{3FL}{2bh^2} \tag{8.9}$$

式中，$\sigma_{\mathrm{f}}$ 为弯曲应力，MPa；$F$ 为施加的力，N；$L$ 为跨度，mm；$b$ 为试样宽度，mm；$h$ 为试样厚度，mm。

弯曲应变 $\varepsilon_{\mathrm{f}}$ 按照式（8.10）计算。

$$\varepsilon_{\mathrm{f}} = \frac{6sh}{L^2} \tag{8.10}$$

式中，$\varepsilon_{\mathrm{f}}$ 为弯曲应变，用无量纲的比或百分数表示；$s$ 为挠度，mm；$h$ 为试样厚度，mm；$L$ 为跨度，mm。

表 8.3　高分子材料及其复合材料弯曲性能测试标准列表

| 材料类型 | 标准编号 | 标准名称 |
|---|---|---|
| 塑料 | GB/T 9341—2008 | 塑料 弯曲性能的测定 |
| | HG/T 3840—2006 | 塑料弯曲性能小试样试验方法 |
| | HG/T 4283—2011 | 塑料焊接试样 弯曲检测方法 |
| | GB/T 2567—2021 | 树脂浇铸体性能试验方法 |
| 橡胶 | HG/T 3844—2008 | 硬质橡胶 弯曲强度的测定 |
| | GB/T 5565.1—2017 | 橡胶和塑料软管及非增强软管 柔性及挺性的测量 第 1 部分：室温弯曲试验 |
| | GB/T 5565.2—2017 | 橡胶和塑料软管及非增强软管 柔性及挺性的测量 第 2 部分：低于室温弯曲试验 |
| | GB/T 5565.3—2017 | 橡胶和塑料软管及非增强软管 柔性及挺性的测量 第 3 部分：高温和低温弯曲试验 |
| 夹层结构 | GB/T 1456—2021 | 夹层结构弯曲性能试验方法 |
| 泡沫 | GB/T 8812.1—2007 | 硬质泡沫塑料 弯曲性能的测定 第 1 部分：基本弯曲试验 |
| | GB/T 8812.2—2007 | 硬质泡沫塑料 弯曲性能的测定 第 2 部分：弯曲强度和表观弯曲弹性模量的测定 |
| 复合材料 | GB/T 1449—2005 | 纤维增强塑料弯曲性能试验方法 |
| | GB/T 3356—2014 | 定向纤维增强聚合物基复合材料弯曲性能试验方法 |
| | GB/T 33621—2017 | 三维编织物及其树脂基复合材料弯曲性能试验方法 |
| | FZ/T 60042—2014 | 树脂基三维编织复合材料 弯曲性能试验方法 |
| | GB/T 7689.4—2013 | 增强材料 机织物试验方法 第 4 部分：弯曲硬挺度的测定 |
| | GB/T 13096—2008 | 拉挤玻璃纤维增强塑料杆力学性能试验方法 |
| | GB/T 32378—2015 | 玻璃纤维增强热固性塑料（GRP）管湿态环境下长期极限弯曲应变和长期极限相对环变形的测定 |
| | GB/T 14208.2—2009 | 纺织玻璃纤维增强塑料 无捻粗纱增强树脂棒机械性能的测定 第 2 部分：弯曲强度的测定 |
| | ASTM D7264/D7264M-21 | Standard Test Method for Flexural Properties of Polymer Matrix Composite Materials |

### 8.1.4 剪切试验方法

材料的剪切性能是材料在承受剪切作用时的力学行为。材料受到与截面平行、大小相等、方向相反，但不在一条直线上的两个外力作用，称为剪切作用。用剪切强度来表征高分子材料抵抗剪切载荷而不破裂的能力，定义为在剪切应力作用下，使试样移动部分与静止部分呈完全脱离状态所需的最大负荷，由最大剪切载荷与试样承剪面积之比求得。

常见的高分子材料及其复合材料剪切性能测试标准列于表8.4，有橡胶的四板剪切测试方法、夹层结构及芯子的剪切强度和剪切弹性模量测试方法、胶黏剂胶黏带的拉伸剪切强度测试方法、复合材料剪切性能测定和胶黏剂拉伸剪切等类型。

表 8.4　高分子材料及其复合材料剪切性能测试标准列表

| 材料类型 | 标准编号 | 标准名称 |
|---|---|---|
| 塑料 | HG/T3839—2006 | 塑料剪切强度试验方法 穿孔法 |
| 橡胶 | HG/T3848—2008 | 硬质橡胶 抗剪切强度的测定 |
| | GB/T 33098—2016 | 橡胶或塑料涂覆织物 接缝耐静载剪切性能测试方法 |
| | GB/T 13936—2014 | 硫化橡胶与金属粘接拉伸剪切强度测定方法 |
| | GB/T 12830—2008 | 硫化橡胶或热塑性橡胶与刚性板剪切模量和粘合强度的测定 四板剪切法 |
| 泡沫 | GB/T 10007—2008 | 硬质泡沫塑料 剪切强度试验方法 |
| | GB/T 1455—2022 | 夹层结构或芯子剪切性能试验方法 |
| 胶黏带 | GB/T 33332—2016 | 胶粘带动态剪切强度的试验方法 |
| 胶黏剂 | GB/T 7124—2008 | 胶黏剂 拉伸剪切强度的测定（刚性材料对刚性材料） |
| | GB/T 33334—2016 | 胶黏剂单搭接拉伸剪切强度试验方法（复合材料对复合材料） |
| | GB/T 18747.2—2002 | 厌氧胶粘剂剪切强度的测定（轴和套环试验法） |
| 复合材料 | GB/T 30969—2014 | 聚合物基复合材料短梁剪切强度试验方法 |
| | JC/T 773—2010 | 纤维增强塑料 短梁法测定层间剪切强度 |
| | GB/T 1458—2008 | 纤维缠绕增强塑料环形试样力学性能试验方法 |
| | GB/T 14208.4—2009 | 纺织玻璃纤维增强塑料 无捻粗纱增强树脂棒机械性能的测定 第4部分：表观层间剪切强度的测定 |
| | GB/T 30970—2014 | 聚合物基复合材料剪切性能 V 型缺口梁试验方法 |
| | GB/T 28889—2012 | 复合材料面内剪切性能试验方法 |
| | GB/T 1450.1—2005 | 纤维增强塑料层间剪切强度试验方法 |
| | GB/T 1450.2—2005 | 纤维增强塑料冲压式剪切强度试验方法 |
| | GB/T 13096—2008 | 拉挤玻璃纤维增强塑料杆力学性能试验方法 |
| | GB/T 3355—2014 | 聚合物基复合材料纵横剪切试验方法 |

续表

| 材料类型 | 标准编号 | 标准名称 |
|---|---|---|
| 复合材料 | GB/T 32377—2015 | 纤维增强复合材料动态冲击剪切性能试验方法 |
| | ASTM D2344/D2344M-22 | Standard Test Method for Short-Beam Strength of Polymer Matrix Composite Materials and Their Laminates |
| | ASTM D3518/D3518M-18 | Standard Test Method for In-Plane Shear Response of Polymer Matrix Composite Materials by Tensile Test of a ±45° Laminate |
| | ASTM D4255/D4255M-20e1 | Standard Test Method for In-Plane Shear Properties of Polymer Matrix Composite Materials by the Rail Shear Method |
| | ASTM D5379/D5379M-19e1 | Standard Test Method for Shear Properties of Composite Materials by the V-Notched Beam Method |
| | ASTM D7078/D7078M-20e1 | Standard Test Method for Shear Properties of Composite Materials by V-Notched Rail Shear Method |

橡胶-金属黏结四板剪切法：试样由四块橡胶片对称分布并黏合到四块平行板上组成。作用力平行于黏合面，而且通常不破坏试样，即作用力的最大值略低于黏合强度；黏合强度的测定是测定使试样破坏所需要的作用力。

夹层结构或芯子剪切：通过对与试样胶接的金属加载块施加拉伸或压缩载荷，沿夹层结构面板方向对芯子产生平面剪切，从而测得芯子的剪切强度，当安装变形计，测出两面板或两加载钢板的相对位移后，便可测出芯子的剪切弹性模量。

复合材料的剪切试验，与一般情况的高分子材料不同，复合材料的剪切性能具有高度的方向性。对于复合材料来说，设计一种在测量区域内提供纯剪切应力状态的测试方法可能很困难。复合材料的常见剪切测试方法有短梁层间剪切、面内剪切、纵横剪切等类型。

拉伸剪切是测试胶黏剂常用的方法，基本原理是将制样粘接在两个平行片间形成搭接结构，在试样的黏结面方向施加拉伸剪切力，测定试样破坏的最大拉伸剪切力。拉伸剪切强度 $\tau$ 由式（8.11）进行计算。

$$\tau = F_{\mathrm{m}} / (B \times L) \tag{8.11}$$

式中，$\tau$ 为拉伸剪切强度，MPa；$F_{\mathrm{m}}$ 为试验的最大力，N；$B$ 为粘接区域宽度，mm；$L$ 为粘接区域长度，mm。注意，根据黏结方式不同，需按照实际黏合区域计算黏合面积。

## 8.1.5　剥离试验方法

剥离性能是从基材（如金属或布）上分离另外一种材料的过程中的力学行为。剥离是从界面的边缘开始的。根据剥离时拉力和黏合面之间的夹角及拉力和剥离方向不同，可以分为 180°剥离、90°剥离和 T 形剥离，测试标准列表参见表 8.5，其中软质材料剥离，属于挠性对挠性，通常进行 T 形剥离，分别夹住预剥离分开的两侧软质塑料，以一定速度均匀拉开，两侧软质塑料的界面逐渐分开，因两侧软质塑料和中间未剥离部分组成一个 T 字，故称为 T 形剥离。橡胶和胶黏剂与金属之间的剥离强度，属于挠性对刚性，通常采用 180°剥离和 90°剥离测试方法，夹住金属板，拉力和黏合面之间的夹角是 180°，故称为 180°剥离，夹角是 90°的称为 90°剥离。对于夹层结构而言，因其结构特殊性，需要借助特殊工装进行夹芯剥离。

如图 8.4 所示，剥离强度分为平均剥离强度、最大剥离强度和最小剥离强度，可从载荷-剥离距离曲线上，找出最大、最小剥离载荷，并用求积仪或作图法求得平均剥离载荷。若测试方法为滚筒剥离强度测试，则需将滚筒所产生的抗力影响去除。剥离强度按式（8.12）计算。

$$\delta = F / B \tag{8.12}$$

式中，$\delta$ 为剥离强度，kN/m；$F$ 为剥离力，N；$B$ 为试样宽度，mm。

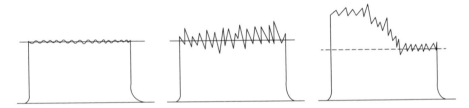

图 8.4　平均剥离力典型曲线的取值

表 8.5　高分子材料及其复合材料剥离性能测试标准列表

| 材料类型 | 标准编号 | 标准名称 |
|---|---|---|
| 软质复合塑料材料 | GB 8808—1988 | 软质复合塑料材料剥离试验方法 |
| 橡胶 | GB/T 15254—2014 | 硫化橡胶与金属粘接 180°剥离试验 |
| | GB/T 7760—2003 | 硫化橡胶或热塑性橡胶与硬质板材粘合强度的测定　90°剥离法 |
| 胶黏剂 | GB/T 2790—1995 | 胶粘剂 180 度剥离强度试验方法　挠性材料对刚性材料 |
| | GB/T 2791—1995 | 胶粘剂 T 剥离强度试验方法　挠性材料对挠性材料 |
| 胶黏带 | GB/T 25256—2010 | 光学功能薄膜　离型膜 180°剥离力和残余粘着率测试方法 |
| | GB/T 2792—2014 | 胶粘带剥离强度的试验方法 |
| 密封材料 | GB/T 13477.18—2002 | 建筑密封材料试验方法　第 18 部分：剥离粘结性的测定 |
| 夹层结构 | GB/T 1457—2005 | 夹层结构滚筒剥离试验方法 |

### 8.1.6 撕裂试验方法

撕裂是高分子材料等弹性体材料中的裂纹由于受力而导致裂纹扩大的现象。撕裂强度用于体现材料抵抗撕裂的能力，是指试样撕裂时单位厚度上所承受的负荷。撕裂试验方法很多，分为无割口和有割口两类，所用试样形状也各不相同，有裤形、直角形和新月形等，相应则有裤形撕裂强度、无割口直角撕裂强度、有割口直角撕裂强度和有割口新月形撕裂强度等，常用测试标准列表见表 8.6。撕裂强度受试样形状、厚度、压延方向（纹理方向）、割口深度、测定温度，以及撕裂速度的影响。

撕裂强度可按照式（8.13）计算。

$$T = F / d \tag{8.13}$$

式中，$T$ 为撕裂强度，kN/m；$F$ 为试样撕裂时所需的力（当采用直角形和新月形试样时，取力值 $F$ 的最大值，当采用裤形试样时，应按相关标准规定计算力值，一般为平均力值，或峰值的平均力值），N；$d$ 为试样厚度，mm。

**表 8.6    高分子材料及其复合材料撕裂性能测试标准列表**

| 材料类型 | 标准编号 | 标准名称 | |
| --- | --- | --- | --- |
| 塑料 | GB/T 16578.1—2008 | 塑料 薄膜和薄片 耐撕裂性能的测定 第 1 部分：裤形撕裂法 | |
| | GB/T 16578.2—2009 | 塑料 薄膜和薄片 耐撕裂性能的测定 第 2 部分：埃莱门多夫（Elmendor）法 | |
| | QB/T 1130—1991 | 塑料直角撕裂性能试验方法 | |
| 橡胶 | GB/T 529—2008 | 硫化橡胶或热塑性橡胶撕裂强度的测定（裤形、直角形和新月形试样） | |
| | GB/T 12829—2006 | 硫化橡胶或热塑性橡胶小试样（德尔夫特试样）撕裂强度的测定 | |
| | GB/T 12833—2006 | 橡胶和塑料 撕裂强度和粘合强度测定中的多峰曲线分析 | |
| | HG/T 2581.1—2022 | 橡胶或塑料涂覆织物耐撕裂性能的测定 第 1 部分：恒速撕裂法 | |
| 泡沫 | GB/T 10808—2006 | 高分子材料多孔弹性材料 撕裂强度的测定 | |

### 8.1.7 扭转测试方法

扭转性能是指材料在受到扭转载荷作用下所表现出来的力学性能和变形特征。扭转测试是测量材料抵抗变形和断裂的能力的一种常用方式，以被测物横截面绕轴向作相对旋转为主要特征的变形形式称为扭转。

扭转试验方法是在试样工作段内安装扭角变形仪，测定一扭角（或载荷）时的剪切强度、剪切弹性模量、剪切比例极限和剪切应力-应变曲线的测试标准列表见表 8.7。

表 8.7　高分子材料及其复合材料扭转性能测试标准列表

| 类型 | 标准编号 | 标准名称 |
|---|---|---|
| 塑料 | GB/T 15047—1994 | 塑料扭转刚性试验方法 |
| 树脂 | GB/T 2567—2021 | 树脂浇铸体性能试验方法 |
| 胶黏剂 | GB/T 18747.1—2002 | 厌氧胶粘剂扭矩强度的测定（螺纹紧固件） |

常用结果可按照下列公式计算：

（1）表观剪切应力 $\tau_e$。

$$\tau_e = \frac{16M}{\pi \cdot D^3} \tag{8.14}$$

式中，$\tau_e$ 为表观剪切应力，MPa；$M$ 为扭矩，N·mm；$D$ 为试样直径，mm。

（2）剪切应变 $\gamma$。

$$\gamma = \frac{\varphi \cdot \pi \cdot D}{360L} \tag{8.15}$$

式中，$\gamma$ 为剪切应变；$\varphi$ 为试样上标距两端截面的相对转角，(°)；$L$ 为标距，mm。

（3）剪切应力 $\tau$。

$$\tau = \tau_e - \frac{1}{4}\left(\tau_e - \gamma\frac{d_{\tau_e}}{d_\gamma}\right) \tag{8.16}$$

式中，$\tau$ 为剪切应力，MPa；$\frac{d_{\tau_e}}{d_\gamma}$ 为表观剪切应力-应变曲线上某点切线的斜率。

（4）剪切模量 $G$。

$$G = \frac{\Delta\tau}{\Delta\gamma} \tag{8.17}$$

式中，$G$ 为剪切弹性模量，MPa；$\Delta\tau$ 为剪切应力-应变曲线直线段上的应力增量，MPa；$\Delta\gamma$ 为相对应的应变增量。

（5）根据绘制的表观剪切应力-应变曲线，其直线段的最大应力即为剪切比例极限；剪切强度为剪切应力-应变曲线上的最大应力。

扭矩强度测定方法用于螺纹紧固件的厌氧胶黏剂扭矩强度测定，是通过测定拧开螺母和螺栓粘接组装件所需的扭矩，并以一定尺寸的扭矩代表扭矩强度的方法，其中，破坏扭矩是在拆卸无底垫的螺纹组合件时，螺母和螺栓发生相对位移所测得的起始扭矩；松动扭矩是在有负载的装配件中减少或消除轴向负载所需的起始扭矩；牵出扭矩是在最初胶接破坏后的螺母转到一个指定角度测得的扭矩。

## 8.1.8　断裂韧性试验方法

高分子材料及其复合材料不可避免地存在裂纹、孔隙等缺陷，断裂韧性是材料有初始缺陷情形下发生以其为起点的不稳定断裂时的阻抗值。

其中，线弹性断裂力学（LEFM）法是高分子材料断裂韧性测试的常用的方法，主要测定应力强度因子 $K$ 和能力释放率 $G$。$K$ 参量利用应力-应变分析法研究裂纹尖端附近的应力-应变场，而 $G$ 是利用能量分析法研究裂纹扩展时能量的变化，使用裂纹起裂时的临界应力强度因子 $K_{IC}$ 和临界能量释放率 $G_{IC}$ 作为材料抵抗裂纹扩展能力的表征参量。线弹性断裂力学方法包括三点弯曲试验（SENB）法和紧凑拉伸试验（CT）法。两种方式的初始裂纹均位于试样中部，这种方法通常用于各向同性高分子材料及其复合材料。三点弯曲试验（SENB）的试样为含裂纹的长条形弯曲试样，加载方式为三点弯，紧凑拉伸试验（CT）方法的试样为含两个加载孔和裂纹的长方形试样，加载方式为销钉拉伸。两种方法试样类型和加载形式都不同，但是裂纹尖端的受力情况基本相同。对于各向异性的复合材料而言，层间断裂韧性是一种常用的断裂韧性类型，这种层间断裂韧性主要考察复合材料层合板对于分层损伤的抵抗能力。初始裂纹预置于复合材料中间位置的两层之间，断裂韧性测试可以分为Ⅰ型断裂韧性、Ⅱ型断裂韧性、混合型断裂韧性等类型。Ⅰ型断裂韧性常用于表征含有层间的初始缺陷的复合材料对于拉开作用的抵抗能力，Ⅱ型断裂韧性常用于表征含有层间的初始缺陷的复合材料对于撕开作用的抵抗能力。

断裂韧性的计算方法和数据处理方法参考表 8.8 的标准。

表 8.8　高分子材料及其复合材料断裂韧性测试标准列表

| 材料类型 | 标准编号 | 标准名称 |
| --- | --- | --- |
| 塑料 | GB/T 41932—2022 | 塑料 断裂韧性（$G_{IC}$ 和 $K_{IC}$）的测定线弹性断裂力学（LEFM）法 |
| 复合材料 | GB/T 28891—2012 | 纤维增强塑料复合材料 单向增强材料Ⅰ型层间断裂韧性 $G_{IC}$ 的测定 |
| | GB/T 39484—2020 | 纤维增强塑料复合材料 用校准端载荷分裂试验（C-ELS）和有效裂纹长度法测定单向增强材料的Ⅱ型断裂韧性 |
| | ASTM D5528/D5528M-21 | Standard Test Method for Mode Ⅰ Interlaminar Fracture Toughness of Unidirectional Fiber-Reinforced Polymer Matrix Composites |
| | ASTM D6671/D6671M-22 | Standard Test Method for Mixed Mode Ⅰ-Mode Ⅱ Interlaminar Fracture Toughness of Unidirectional Fiber Reinforced Polymer Matrix Composites |
| | ASTM D7905/D7905M-19e1 | Standard Test Method for Determination of the Mode Ⅱ Interlaminar Fracture Toughness of Unidirectional Fiber-Reinforced Polymer Matrix Composites |

## 8.1.9　硬度试验方法

材料的硬度是表征材料抵抗局部塑性变形、压痕或划痕的能力。硬度试验是在规定的条件下将规定形状的压针压入被测材料而形成压入深度，再将压入深度转换为硬度值，可分为邵氏硬度、洛氏硬度、维氏硬度、巴氏硬度。

1）邵氏硬度

邵氏硬度（邵尔硬度）可分为邵氏 A、C、D 几种型号，邵氏硬度计的刻度为 0～100（无量纲）。邵氏 A 型硬度适用于软质橡胶，邵氏 C 型硬度适用于半硬质橡胶，邵氏 D 型硬度适用于硬质橡胶和塑料。试验时需用外力将硬度计钝针压在试样的表面上，硬度是通过测量压针尖端面相对压足平面的伸出长度，按式（8.18）、式（8.19）、式（8.20）计算。

$$HA = 100 - L/0.025 \qquad (8.18)$$

$$HD = 100 - L/0.025 \qquad (8.19)$$

$$HC = 100 - L/0.025 \qquad (8.20)$$

式中，HA 为邵氏 A 硬度；HD 为邵氏 D 硬度；HC 为邵氏 C 硬度；$L$ 为压针尖端面相对压足平面的伸出长度；0.025 为硬度计指针每度压针缩短长度，mm。

2）维氏硬度

维氏硬度试验适用于测量各种材料及金属零件从软到硬的表面硬度，通常用于测试较大的工件和较深表面层，具有连续一致的硬度标度。维氏硬度值根据压痕单位表面积的试验力来确定。计算公式为

$$HV = 0.102 \times \frac{F}{S} = 0.102 \times \frac{2F\sin\dfrac{\alpha}{2}}{d^2} \qquad (8.21)$$

式中，$S$ 为压痕表面积，$mm^2$；$\alpha$ 为压头相对面夹角，136°；$d$ 为平均压痕对角线长度，mm。

塑料制件的小负荷维氏硬度是将一种负荷施加于金刚石角锥压头上，根据压头压入塑料制件内留下的压痕面积的大小来确定，施加的负荷除以压痕面积即为硬度值。若塑料制件的形状不规则，则从塑料制件上切取试样，确保样品表面平整、无气泡、分层、裂纹、明显损伤和杂质等缺陷。根据塑料制件的材料、试验部位的薄厚和结构选择负荷。一般热塑性材料选 9.8～49 N 负荷，热固性材料选 49～98 N 负荷。

3）洛氏硬度

洛氏硬度可分为三种类型：HRA（是采用 60 kg 载荷和钻石锥压入器求得的硬度，用于硬度极高的材料，如硬质合金等）、HRB（是采用 100 kg 载荷和直径 1.58 mm 淬硬的钢球求得的硬度，用于硬度较低的材料，如退火钢、铸铁等）、HRC（是采用 150 kg 载荷和钻石锥压入器求得的硬度，用于硬度很高的材料，如淬火钢等）。这三种类型按照不同的总试验力区分。洛氏硬度试验的原理是硬度由塑性变形深度决定。塑料洛氏硬度试验法是用一定直径的钢球压头，先后施加初试验力和主试验力，在其作用下压入试样表面，在总试验力（初试验力与主试验力之和）保持一定时间后卸除主试验力，保留初试验力，测量其压入深度，计算该压入深度和在初试验力作用下压入深度之差，在洛氏硬度标尺上每 0.002 mm 压入深

度差值代表一个洛氏硬度刻度。

利用洛氏硬度计算公式 $HR = (K - H)/C$ 便可以计算出洛氏硬度。洛氏硬度值显示在硬度计的表盘上，可以直接读取。

上述公式中，$K$ 为常数，金刚石压头时 $K = 0.2$ mm，淬火钢球压头时 $K = 0.26$ mm；$H$ 为主载荷解除后试件的压痕深度；$C$ 也为常数，一般情况下 $C = 0.002$ mm。由此可以看出，压痕越浅，HR 值越大，材料硬度越高。

4）巴氏硬度

巴氏硬度是一种与洛氏等硬度相似的"压痕硬度"，是以特定的圆锥压头的压入深度表示硬度，即一个 0.0076 mm 的压入深度为一个巴氏硬度单位。巴氏硬度的试验负荷在试验时自动变荷，当被测试样的硬度不同时，试验负荷会随之自动改变。硬度越高试验负荷越大，反之，硬度越低试验负荷越小。当快速加载时，可以视为动力测定硬度，当缓慢加载时，可以视为静力测定硬度。因此，可以将巴氏硬度测定法认为是介于静力和动力之间的一种新硬度测定方法。巴氏硬度共有三种，其数值分别由三种不同型号的硬度计测得，分别为 GYZJ934-1 型巴氏硬度计、HBA-1 型巴氏硬度计、934-1 型巴氏硬度计。实际上，这三种硬度计由两种不同规格的压头和两种不同规格的负荷弹簧组成。

超低橡胶硬度（VLRH）标尺用于测定超软硫化橡胶或热塑性橡胶定的硬度。球形压头压入的深度与 VLRH 标尺呈线性关系。

详细方法参考表 8.9 相应标准。

表 8.9　高分子材料及其复合材料硬度测试标准列表

| 材料类型 | 标准编号 | 标准名称 | |
|---|---|---|---|
| 橡胶 | GB/T 6031—2017 | 硫化橡胶或热塑性橡胶 硬度的测定<br>（10 IRHD～100 IRHD） | |
| | GB/T 531.1—2008 | 硫化橡胶或热塑性橡胶 压入硬度试验方法<br>第 1 部分：邵氏硬度计法（邵尔硬度） | |
| | GB/T 531.2—2009 | 硫化橡胶或热塑性橡胶 压入硬度试验方法<br>第 2 部分：便携式橡胶国际硬度计法 | |
| | HG/T 3846—2008 | 硬质橡胶 硬度的测定 | |
| | GB/T 2411—2008 | 塑料和硬橡胶 使用硬度计测定压痕硬度（邵氏硬度） | |
| | GB/T 39693.3—2021 | 硫化橡胶或热塑性橡胶 硬度的测定 第 3 部分：用超低橡胶硬度<br>（VLRH）标尺测定试验力硬度 | |
| 塑料 | GB/T 3398.1—2008 | 塑料 硬度测定 第 1 部分：球压痕法 | |
| | GB/T 3398.2—2008 | 塑料 硬度测定 第 2 部分：洛氏硬度 | |
| | GB/T 2411—2008 | 塑料和硬橡胶 使用硬度计测定压痕硬度（邵氏硬度） | |
| 复合材料 | GB/T 3854—2017 | 增强塑料巴柯尔硬度试验方法 | |
| 泡沫 | GB/T 10807—2006 | 软质泡沫聚合材料 硬度的测定（压陷法） | |
| | GB/T 12825—2003 | 高分子材料多孔弹性材料 凹入度法硬度测定 | |

### 8.1.10　冲击试验方法

　　材料的冲击性能是指在特定条件下，材料在受到冲击载荷作用下所表现出来的能量吸收和抵抗破坏的能力。高性能高分子材料的冲击测试可以确定材料的韧性、冲击强度、抗断裂性、抗冲击性，分为摆锤冲击和落锤冲击，其原理是摆锤升至固定高度，以恒定的速度单次冲击支撑成水平梁的试样，冲击线位于两支座间的中点，缺口试样侧向冲击时，冲击线正对单缺口。

　　摆锤冲击又可分为悬臂梁摆锤冲击和简支梁摆锤冲击。简支梁冲击试验是用标准方法规定的试验机对硬质塑料试样施加一次冲击弯曲载荷并使之破坏，用试样破坏时单位面积所吸收的能量来表征其冲击韧度。悬臂梁摆锤冲击是将样条一端固定在悬臂梁试样夹具上，然后释放具有一定能量的摆锤对试样施加冲击负荷，之后记录其吸收的能量并依据公式计算得出该材料的冲击强度。

　　简支梁和悬臂梁无缺口冲击强度计算公式为

$$a_{cU} = \frac{E_c}{h \cdot b} \times 10^3 \tag{8.22}$$

式中，$E_c$ 为已修正的试样断裂吸收能量，J；$h$ 为试样厚度，mm；$b$ 为试样宽度，mm。

　　简支梁和悬臂梁缺口冲击强度计算公式为

$$a_{cN} = \frac{E_c}{h \cdot b_N} \times 10^3 \tag{8.23}$$

式中，$E_c$ 为已修正的试样断裂吸收能量，J；$h$ 为试样厚度，mm；$b_N$ 为试样剩余宽度，mm。

　　落锤冲击是一定质量的锤从某一高度自由降落到试验试样表面，用试样的耐断裂程度来评价试样的耐冲击性能。锤的降落高度及其质量可以变更，引起断裂的落下高度与质量乘积的最小值则为材料的冲击强度。采用式（8.24）计算冲击能量水平。

$$E = C_E h \tag{8.24}$$

式中，$E$ 为下落前冲击头的势能，J；$C_E$ 为规定的冲击能量与试件厚度之比，6.7 J/mm；$h$ 为试件名义厚度，mm。

　　冲击破坏能的测定方法有两种：改变落锤质量的方式（落下高度不变）；改变落下高度的方式（落锤质量不变）。在试验过程中，落锤落下时所用的支柱必须与安置试样的水平面垂直。冲击试验中所用的试样支座必须用混凝土底座或铁制底座等坚硬材料构成，且具有充分的刚性。

　　悬臂梁冲击适用于硬质塑料；摆锤冲击适用于塑料管材，管件和硬质塑料板材的耐冲击试验，测定材料的抗外力冲击性能。详细方法参考表 8.10 相应标准。

表 8.10　高分子材料及其复合材料冲击性能测试标准列表

| 材料类型 | 标准编号 | 标准名称 |
|---|---|---|
| 塑料 | GB/T 1043.1—2008 | 塑料 简支梁冲击性能的测定 第 1 部分：非仪器化冲击试验 |
| | GB/T 1043.2—2018 | 塑料 简支梁冲击性能的测定 第 2 部分：仪器化冲击试验 |
| | GB/T 8809—2015 | 塑料薄膜抗摆锤冲击试验方法 |
| | GB/T 9639.1—2008 | 塑料薄膜和薄片 抗冲击性能试验方法自由落镖法 第 1 部分：梯级法 |
| | GB/T 1843—2008 | 塑料 悬臂梁冲击强度的测定 |
| | HG/T 3841—2006 | 塑料冲击性能小试样试验方法 |
| | GB/T 14153—1993 | 硬质塑料落锤冲击试验方法 通则 |
| | GB/T 13525—1992 | 塑料拉伸冲击性能试验方法 |
| | GB/T 11548—1989 | 硬质塑料板材耐冲击性能试验方法（落锤法） |
| 树脂 | GB/T 2567—2021 | 树脂浇铸体性能试验方法 |
| 橡胶 | GB/T 12584—2008 | 橡胶或塑料涂覆织物 低温冲击试验 |
| | HG/T 3845—2008 | 硬质橡胶 冲击强度的测定 |
| 复合材料 | GB/T 1451—2005 | 纤维增强塑料简支梁式冲击韧性试验方法 |
| | ASTM D7136/D7136 M-20 | 测量纤维增强聚合物基复合材料对落锤冲击事件的损伤阻抗的标准试验方法 |
| 胶黏剂 | GB/T 6328—2021 | 胶粘剂剪切冲击强度试验方法 |
| 漆膜 | GB/T 1732—2020 | 漆膜耐冲击测定法 |

### 8.1.11　疲劳试验方法

材料的疲劳性能是材料在受到周期性或交变载荷作用下的抵抗疲劳破坏的能力和特性。材料疲劳试验通常是采用恒定形变或恒定负荷的循环加载方式在低于材料屈服极限的工况使材料经受多周期交变的应力或形变。材料在多周期交变的应力或形变情况下，发生的性能变化的现象，即为材料疲劳失效。在远低于材料强度极限甚至屈服极限的交变应力作用下，材料发生破坏的现象即为材料的疲劳破坏，它是一个缓慢发展的过程。

在较静态极限载荷小的载荷作用下，经过一定时间周期的疲劳试验后，首先在材料中产生很小的疲劳裂纹，然后在裂纹或材料的缺陷（如杂质、填料、气泡、裂隙、表面擦伤、刻痕等）处产生应力集中，使此处的应力比其他地方高数倍、数十倍或数百倍，就会使裂纹迅速扩展，而导致材料的力学性能减弱或破坏。银纹化和剪切流变是聚合物疲劳过程中最普遍的分子链变形方式。

根据载荷形式来分类，疲劳试验包括弯曲疲劳、拉压疲劳、扭转疲劳、振动疲劳、剪切疲劳；根据加载频率来分类，疲劳试验包括高频疲劳试验和低频疲劳试验。材料的疲劳寿命预测是材料疲劳试验的终极目标，在研究初期，高分子材料的疲劳行为采用疲劳寿命曲线（*S-N* 曲线，如图 8.5 所示）来研究。*S-N* 曲线是最早被提出的一种测试疲劳性能的方法，其对试样施加动态载荷或应变直至试样断裂，通过绘制应力/应变(*S*)关于橡胶样品疲劳破坏所需的循环次数(*N*)的曲线来评价橡胶的疲劳行为。一般而言，材料的强度极限越高，外加的应力或应变水平越低，其疲劳寿命就越长。

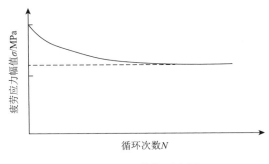

图 8.5　*S-N* 曲线示意图

　　疲劳作用下，裂纹失稳扩展或瞬时断裂的发生很迅速，对材料的疲劳寿命的影响可忽略不计，疲劳寿命主要体现在裂纹萌生（裂纹起始寿命）和裂纹稳定扩展（裂纹扩展寿命）两个阶段。疲劳裂纹扩展速率指交变应力每循环一次裂纹长度的增加量。通常用 da/dN 表示，式中，$a$ 为裂纹长度；$N$ 为应力循环次数。da/dN 对于估算裂纹体疲劳寿命有重要作用。定义疲劳裂纹扩展速率 da/dN，是在疲劳载荷作用下，裂纹长度 $a$ 随循环周次 $N$ 的变化率，反映裂纹扩展的快慢。疲劳裂纹扩展速率测试的试样方法有三点弯曲试验（SENB）法和紧凑拉伸试验（CT）法。这两种方法与准静态断裂韧性测试所用的试样完全相同，加载方式也基本一致，差别在于疲劳裂纹扩展采用疲劳循环加载方式，测量的指标为疲劳裂纹扩展速率。

　　材料疲劳性能测试标准方法参考表 8.11 相应标准。

表 8.11　高分子材料及其复合材料疲劳性能测试标准列表

| 材料类型 | 标准编号 | 标准名称 |
| --- | --- | --- |
| 塑料 | GB/T 41933—2022 | 塑料 拉-拉疲劳裂纹扩展的测定 线弹性断裂力学（LEFM）法 |
| 橡胶 | GB/T 1688—2008 | 硫化橡胶 伸张疲劳的测定 |
| | GB/T 1687.1—2016 | 硫化橡胶 在屈挠试验中温升和耐疲劳性能的测定<br>第 1 部分：基本原理 |
| | GB/T 1687.3—2016 | 硫化橡胶 在屈挠试验中温升和耐疲劳性能的测定<br>第 3 部分：压缩屈挠试验（恒应变型） |
| | GB/T 1687.4—2021 | 硫化橡胶 在屈挠试验中温升和耐疲劳性能的测定<br>第 4 部分：恒应力屈挠试验 |

| 材料类型 | 标准编号 | 标准名称 |
|---|---|---|
| 橡胶 | GB/T 37220—2018 | 大型橡胶软管组合件 加速疲劳试验 |
| | GB/T 41941—2022 | 硫化橡胶 疲劳裂纹扩展速率的测定 |
| 多孔泡沫材料 | GB/T 18941—2003 | 高分子材料多孔弹性材料 定负荷冲击疲劳的测定 |
| | QB/T 2819—2006 | 软质泡沫材料长期疲劳性能的测定 |
| 胶黏剂 | GB/T 27595—2011 | 胶粘剂 结构胶粘剂拉伸剪切疲劳性能的试验方法 |
| 复合材料 | GB/T 35465.1—2017 | 聚合物基复合材料疲劳性能测试方法 第1部分：通则 |
| | GB/T 35465.2—2017 | 聚合物基复合材料疲劳性能测试方法 第2部分：线性或线性化应力寿命（S-N）和应变寿命（ε-N）疲劳数据的统计分析 |
| | GB/T 35465.3—2017 | 聚合物基复合材料疲劳性能测试方法 第3部分：拉-拉疲劳 |
| | GB/T 35465.4—2020 | 聚合物基复合材料疲劳性能测试方法 第4部分：拉-压和压-压疲劳 |
| | GB/T 35465.5—2020 | 聚合物基复合材料疲劳性能测试方法 第5部分：弯曲疲劳 |
| | GB/T 35465.6—2020 | 聚合物基复合材料疲劳性能测试方法 第6部分：胶粘剂拉伸剪切疲劳 |
| | GB/T 33837—2017 | 玻璃纤维涂覆制品 拉-拉疲劳性能的测定 |
| | ASTM D3479/D3479M-19（2023） | Standard Test Method for Tension-Tension Fatigue of Polymer Matrix Composite Materials |
| 浸胶帘线 | GB/T 33100—2016 | 浸胶帘线带式曲挠疲劳试验方法 |

## 8.1.12　蠕变松弛试验方法

蠕变是指在一定的温度和恒定应力（远小于破坏应力）下，材料形变随时间延长而增加的现象。松弛指材料保持在一定形变状态下，所需的力不是恒定不变的，而是随时间的增加而降低。

为保证高分子材料及其复合材料在设计使用年限内的安全可靠性，对其蠕变性能松弛效应的测定就尤为重要。高分子材料的大分子链结构和热运动特征，决定了它具有与其他材料不同的力学行为。在外力和能量作用下，高分子材料比金属材料更为强烈地受到温度和时间等因素的影响，其力学性能变化幅度较大。除瞬间的普弹性变形外，高分子材料还有慢性的黏性流变，通常称为黏弹性。高分子材料的黏弹性又可分为静态黏弹性和动态黏弹性两类。静态黏弹性指蠕变和松弛现象。与大多数金属材料不同，高分子材料在室温下已有明显的蠕变和松弛现象。由于高分子材料的黏弹性特点，在长期服役过程中其蠕变和松弛的影响不可忽略，蠕变和松弛会导致材料的强度和模量下降，这将对其安全可靠性产生重大影响。

不同材料及产品的蠕变/松弛加载方式不同，包括拉伸蠕变/松弛、压缩蠕变/松弛、弯曲蠕变/松弛、剪切蠕变/松弛、拉伸剪切蠕变/松弛等类型。通过指定初始应力/初始应变，在一定的环境中，经过一段时间的持续作用，测量蠕变变形或者松弛后的应力，测定材料的蠕变性能或者松弛特性，详细方法参考表 8.12 相应测试标准。

表 8.12　高分子材料及其复合材料蠕变松弛性能测试标准列表

| 材料类型 | 标准编号 | 标准名称 |
|---|---|---|
| 塑料 | GB/T 11546.1—2008 | 塑料蠕变性能的测定　第 1 部分：拉伸蠕变 |
| | GB/T 11546.2—2022 | 塑料蠕变性能的测定　第 2 部分：三点弯曲蠕变 |
| | GB/T 18042—2000 | 热塑性塑料管材蠕变比率的试验方法 |
| | GB/T 32682—2016 | 塑料聚乙烯环境应力开裂（ESC）的测定全缺口蠕变试验（FNCT） |
| 橡胶 | GB/T 19242—2003 | 硫化橡胶在压缩或剪切状态下蠕变的测定 |
| | GB/T 9871—2008 | 硫化橡胶或热塑性橡胶老化性能的测定<br>拉伸应力松弛试验 |
| | GB/T 42279—2022 | 硫化橡胶或热塑性橡胶　在恒定伸长率下测定拉伸永久变形及在恒定拉伸载荷下测定拉伸永久变形、伸长率和蠕变 |
| | GB/T 1685—2008 | 硫化橡胶或热塑性橡胶　在常温和高温下压缩应力松弛的测定 |
| | GB/T 1685.2—2019 | 硫化橡胶或热塑性橡胶　压缩应力松弛的测定<br>第 2 部分：循环温度下试验 |
| | GB/T 9871—2008 | 硫化橡胶或热塑性橡胶老化性能的测定　拉伸应力松弛试验 |
| 复合材料 | GB/T 32378—2015 | 玻璃纤维增强热固性塑料（GRP）管湿态环境下长期极限弯曲应变和长期极限相对环变形的测定 |
| | JC/T 778—2010 | 玻璃纤维增强塑料板材和蜂窝夹层结构<br>弯曲蠕变试验方法 |
| | GB/T 41061—2021 | 纤维增强塑料蠕变性能试验方法 |
| 硬质泡沫材料 | GB/T 15048—1994 | 硬质泡沫塑料压缩蠕变试验方法 |
| | GB/T 20672—2006 | 硬质泡沫塑料　在规定负荷和温度条件下压缩蠕变的测定 |
| 胶黏剂 | GB 7750—1987 | 胶粘剂拉伸剪切蠕变性能试验方法（金属对金属） |
| 涂层织物 | FZ/T 60037—2013 | 膜结构用涂层织物　拉伸蠕变性能试验方法 |

### 8.1.13　纳米压痕测试方法

高性能高分子材料特殊的分子链构筑和微观结构设计，使其同时具有优异强度、模量和韧性，突破了传统高分子材料在力学性能上的局限性。因此，研究高性能高分子材料各微区特征和微观力学性能，对材料力学性能的深入研究具有重要意义。

纳米压痕技术提供了一种测试高性能高分子材料微/纳米尺度的原位表征技术，可以测量材料的载荷-位移曲线、弹性模量、硬度、断裂韧性、应变硬化效应、黏弹性或蠕变行为等力学性质，具有可视化、分辨率高等优势，为深入探究材料的微观力学性能提供了有效方法。纳米压痕测试过程类似传统的硬度测试，即使用特定形状的压头垂直压入试样，根据卸载后的压痕尺寸计算出压痕面积。不同的是，纳米压痕测试具有纳米级分辨率，压入深度最小可达 0.1 nm 压深，为薄膜、涂层等高分子材料的力学性能测试提供了有效手段。

现行的纳米压痕仪器标准化测试方法如表 8.13 所示。

表 8.13　高分子材料及其复合材料微纳尺度力学性能测试标准列表

| 标准编号 | 标准名称 |
| --- | --- |
| GB/T 25898—2010 | 仪器化纳米压入试验方法 薄膜的压入硬度和弹性模量 |
| JB/T 12721—2016 | 固体材料原位纳米压痕/划痕测试仪 技术规范 |
| DIN CEN/TS 17629—2021 | Nanotechnologies. Nano- and Micro- Scale Scratch Testing |

纳米压痕设备的简易示意图如图 8.6 所示，金刚石压头压在材料的表面上，随载荷的增加产生压入深度增加，获得载荷-位移曲线，如图 8.7 所示。通过计算机控制载荷，获得连续变化的加载-卸载曲线，进而对数据进行分析，获得所需要的纳米压痕数据。纳米压痕技术通常用于测试薄膜或涂层材料的硬度、弹性模量、蠕变性能、界面作用力等。

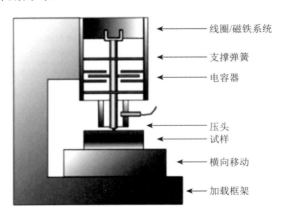

图 8.6　纳米压痕设备简易示意图

1）硬度和弹性模量

图 8.7 给出一个加载-卸载循环过程的载荷-位移曲线。其中，$P_{max}$ 为最大载荷；$h_{max}$ 为最大位移；$h_r$ 为完全卸载后的剩余位移；$S$ 为卸载曲线顶部的斜率，也被称为弹性接触韧度。根据这些参量及下述三个基本关系式，我们可以推算出材料的硬度和弹性模量。

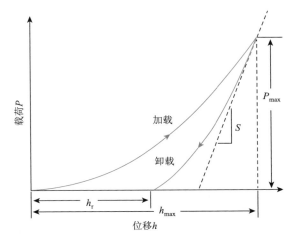

图 8.7　纳米测试曲线图

$$H = \frac{P_{\max}}{A} \qquad (8.25)$$

$$E_{\mathrm{r}} = \frac{\sqrt{\pi}}{2\beta} \frac{S}{\sqrt{A}} \qquad (8.26)$$

$$\frac{1}{E_{\mathrm{r}}} = \frac{1 - \upsilon^2}{E} + \frac{1 - \upsilon_1^2}{E_1} \qquad (8.27)$$

式中，$A$ 为接触面积；$\upsilon$ 为被测材料的泊松比；$E_{\mathrm{r}}$ 为当量弹性模量；$E$ 为被测材料的弹性模量；$\upsilon_1$ 为压头材料的泊松比量；$E_1$ 为压头材料的弹性模量；$H$ 为压入硬度；$\beta$ 由实验所采用压头的几何形状决定。

　　若要计算出硬度和弹性模量，则需要知道弹性接触韧度和接触面积。目前广泛被用来确定接触面积方法被称为 Oliver-Pharr 法，即通过将卸载曲线顶部的载荷与位移的关系拟合为指数关系。

　　纳米压入过程中采用的拟合幂函数形式为

$$P = B(h - h_{\mathrm{f}})^m \qquad (8.28)$$

　　接触刚度的获得方法为

$$S = Bm(h_{\max} - h_{\mathrm{f}})^{m-1} \qquad (8.29)$$

式中，$B$、$m$ 为拟合参数，取决于压头形状，拟合方法为最小二乘法，拟合范围通常为卸载曲线起始阶段 1/4～1/2 的数据；$h_{\mathrm{f}}$ 为完全卸载后的位移，即残余压痕深度；$h_{\max}$ 为整个过程中最大位移，即最大压入深度；$P$ 为压头所承受的载荷；$S$ 为接触刚度；$h$ 为压头所承受载荷 $P$ 条件下对应的实际位移。

　　在获得接触刚度之后，接触深度 $h_{\mathrm{c}}$ 可以由式（8.30）给出：

$$h_{c} = h_{\max} - \varepsilon \frac{P_{\max}}{S} \qquad (8.30)$$

式中，$\varepsilon$ 为与压头形状有关的常数，当压头为具有对称结构的圆锥形时，$\varepsilon = 0.72$；$P_{\max}$ 为压头压入试样过程中施加在压头上的最大压入载荷；$h_{\max}$ 为整个过程中最大位移，即最大压入深度；$S$ 为接触刚度。根据经验公式 $A = f(h_{c})$ 可计算得出面积，进而由公式计算获得硬度和弹性模量。

2）蠕变性能

采用压痕试验来研究高性能高分子材料的蠕变性能是非常有意义的。对于高分子材料这类本身相对较软的材料，可以通过压痕蠕变来获得其局部的蠕变性能参数。压痕蠕变测试方法为通过载荷控制模式用恒定加载速率加载到最大载荷，保载一段时间后，以加载速率相同的速率卸载到零。通过压入蠕变 $\varepsilon$ 应变获得蠕变指数 $n$。其公式为

$$\varepsilon = \alpha_{i} H^{n} \exp\left(-\frac{Q_{c}}{RT}\right) \qquad (8.31)$$

式中，$n$ 为蠕变应力指数；$\alpha_{i}$ 为材料常数；$Q_{c}$ 为活化能；$R$ 为气体普适常数；$T$ 为温度。

3）界面性能

复合材料内部不同材料之间受力过程中的微观界面行为变化为此类材料力学性能的一个重要指标，通过剪切强度和断裂韧性测试可为材料强度预测、失效分析及材料的设计优化提供关键数据支撑。

纳米压痕试验测试断裂韧性最常用的方法是采用立方角压头在样品中产生径向裂纹，再用 Berkovich 压头测试材料的硬度和弹性模量，根据断裂韧性和压痕裂纹长度之间的数学关系获得断裂韧性。

$$K_{c} = \alpha \left(\frac{P_{m}}{c^{\frac{3}{2}}}\right)\left(\frac{E}{H}\right)^{\frac{1}{2}} \qquad (8.32)$$

式中，$P_{m}$ 为施加的最大载荷；$c$ 为径向裂纹长度；$\alpha$ 为与压头形状相关的经验系数，Berkovich 压头的 $\alpha = 0.016$、立方角压头 $\alpha = 0.032$；$K_{c}$ 为断裂韧性；$E$ 为试样的弹性模量；$H$ 为试样的硬度。

对于纤维增强复合材料的剪切强度，假设纤维增强复合材料界面的剪切力均匀分布，剪切强度（$\tau$）可通过式（8.33）进行计算获得

$$\tau = \frac{F}{\pi dL} \qquad (8.33)$$

式中，$F$ 为最大剪切载荷，由纤维推出实验获得；$d$ 为纤维直径，一般通过扫描电子显微镜（SEM）获得；$L$ 为纤维长度，一般通过测量推出位置试样厚度获得。

### 8.1.14　纳米划痕测试方法

纳米划痕测试是纳米尺度下另外一种力学性能测试方法，在小曲率的硬质划针上施加一定的法向力，使探针沿样品表面刻划，通过样品表面的划痕评价其力学性能。纳米划痕测试常用加载方式分为两种，一种是斜坡加载方式，用于研究临界载荷；另一种是恒定载荷加载方式，用于测试摩擦系数。摩擦系数通过切向力和法向力的比值获得。在相同的划痕位置，若法向载荷相同，则可通过比较摩擦系数获得切向力的大小。纳米划痕技术通常用于测试薄膜与基底的硬度、摩擦力、材料变形能力等。

1）硬度与摩擦性能

纳米划痕测试最开始是用于测试界面结合强度和摩擦系数，一般用于评估涂层与基体结合能力或润滑效果。测试过程为以一定的加载荷载和恒定划痕速率对样品进行测试，试验机可直接获得硬度/摩擦系数与划痕长度关系的曲线。具体试验过程和设定参数可参考表 8.13 中的相关标准。在加载过程中，通过观测压头与涂层间的摩擦力变化确定临界载荷，从而间接评估出涂层的硬度和摩擦性能。此外，随着纳米材料在高分子材料中的广泛应用，纳米划痕测试还可用于描述纳米材料与高分子材料的界面结合强度。

2）蠕变性能

在纳米划痕测试中，样品塑性形变主要集中在压头周围。通常采用恒定载荷加载方式，观测滑移带周围材料变形后的恢复速率、形貌和微观结构变化，了解材料的塑性变形过程。检测过程通常分为四个阶段：①以一定的法向载荷沿设定的划痕路径进行预扫描，得到测试样品在划痕方向上的表面初始轮廓；②以一定的速度及与①相同的路径进行划痕试验；③试验后使用①中的法向载荷，沿划痕路径测量划痕的残余深度；④在划痕中点位置使用扫描电子显微镜测量划痕的深度和长度。具体试验过程和设定参数可参考表 8.13 中的相关标准。

**8.2　力学性能表征在高性能高分子材料中的应用 ◂◂◂**

#### 1. PVA 纤维增强复合材料的力学性能测试及影响因素

随着建筑行业的不断发展，对建筑的质量要求不断提高，高韧性纤维增强水泥基复合材料得到广泛应用。超高韧性纤维增强水泥基复合材料是以水泥为基础，加入细骨料或填料，使用纤维作为增强材料的新型复合材料。由于超高韧性聚乙烯纤维价格昂贵，采用聚乙烯醇（PVA）纤维可以降低成本，且有良好的应用效果。

PVA 纤维对复合材料力学性能影响显著。不同的 PVA 纤维的伸长率、直径、拉伸强度、弹性模量存在显著差别，PVA 纤维掺量不同也会影响到超高韧性纤维水泥基复合材料的性能。3 种不同 PVA 纤维的力学性能见表 8.14，6 种试样的 PVA 纤维使用情况见表 8.15。

表 8.14　3 种不同 PVA 纤维的力学性能

| 项目 | 直径/μm | 弹性模量/GPa | 拉伸强度/MPa | 伸长率/% |
|---|---|---|---|---|
| I | 30 | 35.7 | 1118 | 7.1 |
| II | 30 | 30.9 | 1140 | 7.4 |
| III | 33 | 43.5 | 1613 | 6.1 |

表 8.15　6 种试样的 PVA 纤维使用情况

| 试样编号 | PVA 纤维类型 | PVA 纤维掺入量/(kg·m³) |
|---|---|---|
| A | I | 5 |
| B | II | 5 |
| C | III | 5 |
| D | III | 4 |
| E | III | 6 |
| F | III | 0 |

由图 8.8 中可知，不含纤维的试样，曲线变化趋势急剧下降，在达到抗拉强度之后，试件的承载力快速消失，出现了单裂纹破坏；但当加入不同量的 PVA 纤维后，试样的最大拉应变、最大拉应力大幅增加。加入 PVA 纤维，使得裂纹旁边有很多羟基，能增加材料间的化学胶结作用，进而产生桥连应力，有效防止裂缝。

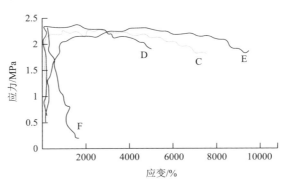

图 8.8　不同添加量的 PVA 纤维应力-应变曲线

由图 8.9 可知，初裂强度因加入不同量的 PVA 纤维而表现出不同的数值。PVA

纤维的直径不同，虽然加入的纤维质量一定，但是不同表面积的 PVA 纤维处理方法不同，会使孔隙率不一样。试样 C 的最大拉伸强度高于另外两种试样。对试样 A 和试样 B 进行比较，后者的单轴拉伸性能相对较好。可以说明，虽然试样 C 有更好的使用性能，但是试样 B 也完全满足材料性能使用要求。

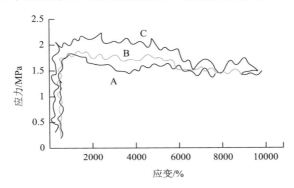

图 8.9　三种不同类型的 PVA 纤维应力-应变曲线

由表 8.16 可知，添加不同类型和不同量的 PVA 纤维对材料抗压性能影响不显著，表明添加不同量和不同类型的纤维均有桥联作用。相比抗拉强度，纤维的添加量和类型对复合材料的抗压强度影响较小。

表 8.16　试样的抗压强度

| 试样名称 | 抗压强度/MPa |
| --- | --- |
| A | 50.22 |
| B | 50.18 |
| C | 50.30 |
| D | 50.06 |
| E | 50.25 |

由表 8.17 可得，加入 PVA 纤维的材料比没加入的具有更高的抗弯强度。当纤维添加量为 6 kg/m$^3$ 时，比纤维添加量为 5 kg/m$^3$ 时的抗弯强度低，由此说明，在材料中加入的 PVA 纤维并不是越多越好。

表 8.17　试样的抗弯强度

| 试样名称 | 抗弯强度/MPa |
| --- | --- |
| A | 6.72 |
| B | 6.51 |
| C | 6.89 |
| D | 6.35 |

续表

| 试样名称 | 抗弯强度/MPa | |
|---|---|---|
| E | 6.12 | |
| F | 5.01 | |

综上可知，当加入不同量和不同类型的 PVA 纤维时，超高韧性纤维水泥基复合材料的伸长率、直径、拉伸强度等性能会有所差异，其对抗压强度影响不大，但对弯曲强度和抗拉强度影响比较大。为了使超高韧性纤维水泥基复合材料的一些性能更佳，需添加适宜量的 PVA 纤维，试样 C 的 PVA 纤维的拉伸强度高于试样 A 和试样 B 的拉伸强度[1]。

**2. 聚脲防爆材料的力学性能测试及影响因素分析**

聚脲是一种新型的聚合物材料，具有造价低廉、耐磨、耐冲击、质量轻、喷涂方便、快速固化的特点及特性，且聚脲对包括金属和非金属在内的基材有很强的黏附力，在防爆领域得到广泛应用。与常规材料相比，聚脲防爆材料的机理更加复杂，组成聚脲材料分子主链的硬段提供刚性和强度、软段提供韧性和弹性。聚脲材料的微观结构如图 8.10 所示。

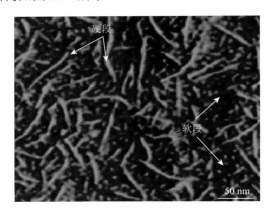

图 8.10　聚脲材料微观结构

合成聚脲防爆材料的配方如表 8.18、表 8.19 所示，其拉伸强度、断裂伸长率、撕裂强度、邵氏硬度等性能如表 8.20 所示。

**表 8.18　聚脲防爆材料 A 组分配方组成**

| 名称 | 质量份/份 | |
|---|---|---|
| 二苯基甲烷二异氰酸酯（MDI-50） | 600 | |
| 多元醇（分子量为 1000） | 400 | |

表 8.19 聚脲防爆材料 B 组分配方组成

| 名称 | 质量份/份 |
|---|---|
| 二乙基甲苯二胺 | 180.00 |
| 4,4′-双仲丁氨基二苯基甲烷 | 120.00 |
| 多元醇（分子量为 1000） | 597.00 |
| 催化剂 | 3.00 |
| 除水剂 3 Å | 50.00 |
| 包浆（含水率≤0.1%） | 20.00 |

表 8.20 不同类型软段聚脲防爆材料力学性能

| 性能 | 软段种类 | | | | |
|---|---|---|---|---|---|
| | 聚丙二醇醚（PPG） | 四氢呋喃均聚醚（PTMEG） | 己二酸酯类（PEA） | 聚己内酯（PCL） | 聚碳酸酯（PCDL） |
| 拉伸强度/MPa | 24 | 30 | 39 | 37 | 39 |
| 断裂伸长率/% | 400 | 230 | 220 | 240 | 210 |
| 撕裂强度/(N/mm) | 76 | 82 | 138 | 129 | 140 |
| 100%定伸应力/MPa | 6.8 | 10.3 | 14.5 | 13.6 | 15.3 |
| 永久变形率/% | 14 | 17 | 29 | 18 | 30 |
| 回弹率/% | 72 | 62 | 42 | 58 | 45 |
| 邵氏硬度 | 34 | 45 | 60 | 61 | 65 |

PTMEG 型聚脲防爆材料的拉伸强度、撕裂强度及硬度均高于 PPG 型；聚酯型防爆材料的性能优于聚醚型，PEA、PCL、PCDL 的拉伸强度、撕裂性能及硬度均优于 PTMEG 体系，但断裂伸长率、回弹率和拉伸永久变形较差。综合来看，PCL 作为软段的防爆材料更加平衡，可以表现出聚脲防爆材料的优良综合性能和应力-应变行为，拥有突出的永久变形和回弹性能。虽然 PLC 耐水性一般，但是其黏度低，便于施工。

在确定硬段含量为 45%和异氰酸酯指数为 1.05 的前提下，研究 PCL 软段的分子量对材料性能的影响，结果如表 8.21 所示。

表 8.21 不同分子量 PCL 型聚脲防爆材料的力学性能

| 项目 | PCL 多元醇分子量 | | | |
|---|---|---|---|---|
| | 650 | 1000 | 2000 | 3000 |
| 拉伸强度/MPa | 38 | 35 | 31 | 26 |
| 断裂伸长率/% | 112 | 182 | 270 | 360 |
| 撕裂强度/(N/mm) | 131 | 123 | 110 | 105 |

续表

| 项目 | PCL 多元醇分子量 | | | |
|------|------|------|------|------|
| | 650 | 1000 | 2000 | 3000 |
| 100%定伸应力/MPa | 31.6 | 28.3 | 25.5 | 20.4 |
| 永久变形率/% | 14 | 17 | 29 | 18 |
| 回弹率/% | 40 | 52 | 60 | 63 |
| 邵氏硬度 | 55 | 50 | 47 | 42 |

当 PCL 多元醇分子质量增加时，以 PCL 为软段的材料拉伸性能强度、硬度、撕裂强度和定伸应力下降，断裂伸长率增加。

在以 PCL 多元醇为材料软段、分子量为 1000、异氰酸酯指数为 1.05 的前提下，研究不同硬段含量对聚脲防爆材料的断裂伸长率、拉伸强度性能的影响，结果如图 8.11、图 8.12、图 8.13 所示。

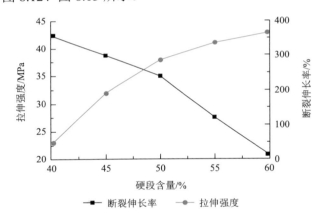

图 8.11　硬段含量对聚脲防爆材料拉伸强度和断裂伸长率的影响

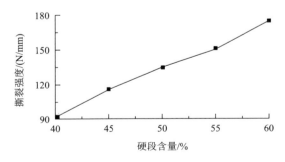

图 8.12　硬段含量对聚脲防爆材料撕裂强度的影响

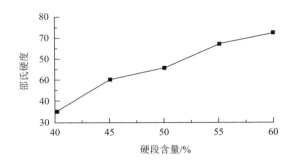

图 8.13 硬段含量对聚脲防爆材料硬度的影响

当硬段含量提高，聚脲防爆材料的拉伸强度、撕裂强度及硬度也随之提高，在硬段含量较低时，拉伸强度增长较快，当硬段超过一定含量后，拉伸强度的增加趋于稳定。在实际的工程应用中，硬段含量超过 53%时，刚喷涂完的聚脲防爆材料会很脆，需要适当的养护后才能投入使用，且养护时间随着硬段含量的提高而增加。

在以 PCL 多元醇为材料软段、分子量为 1000、硬段含量为 45%的前提下，调整配方中异氰酸酯指数，制备了一系列不同的聚脲防爆材料，不同指数下材料的拉伸强度、断裂伸长率、撕裂强度、邵氏硬度指数如表 8.22 所示。

表 8.22 不同异氰酸酯指数对聚脲防爆材料力学性能的影响

| 项目 | 异氰酸酯指数 $R$ | | | | |
| --- | --- | --- | --- | --- | --- |
| | 0.9 | 1 | 1.05 | 1.1 | 1.2 |
| 拉伸强度/MPa | 27 | 32 | 35 | 37 | 33 |
| 断裂伸长率/% | 286 | 223 | 182 | 179 | 120 |
| 撕裂强度/(N/mm) | 102 | 111 | 123 | 124 | 114 |
| 邵氏硬度 | 49 | 49 | 50 | 51 | 50 |

异氰酸酯指数增大时，材料的拉伸强度和撕裂强度先增大后减小，且当最大值在 $R$ 为 1.05～1.1 时，随着异氰酸酯指数增加，断裂伸长率减小，硬度变化不大。

综上可知，当软段分子量的加时，聚脲防爆材料的硬度、拉伸强度及撕裂强度下降，伸长率和回弹性增加，材料表现出了更多的橡胶弹性。当硬段含量超过 55%时，材料表现为脆性塑料[2]。

**3. 热膨胀微球增强剪切增稠胶/聚氨酯泡沫复合材料的力学性能测试及影响因素**

剪切增稠胶是新型防护材料，当其外部施加的剪切应力超过了临界剪切速率时，黏度会急剧增加，当外部力消失，黏度会恢复到原始状态。将其引入聚氨酯泡沫中，可提高泡沫的能量吸收能力和应变敏感性，但在发泡体系中加入，会破坏体系平衡，增大最终复合泡沫的密度，将热膨胀微球加入体系中可以增加黏度，减小泡沫密度。

由图 8.14 可知，当体系中不加热膨胀微球时，泡沫的泡孔较大，此时一个大的泡孔中存在着多个小的泡孔，泡孔壁较光滑。添加热膨胀微球后，其分布在泡孔壁上，使泡孔壁凹凸不平，但是泡孔壁随着热膨胀微球含量的增加而逐渐变小，提高了泡沫的性能。

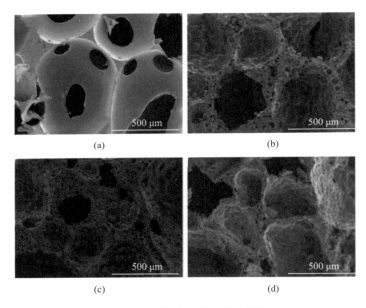

图 8.14    吸能泡沫的扫描电镜图

由图 8.15 可知，泡沫的密度随着热膨胀微球用量的增加，先呈大幅度下降，然后下降趋势变缓。添加热膨胀微球会使单位体积内泡孔的数量增加，质量减轻，密度下降。泡沫的密度在热膨胀微球质量分数为 20% 时出现增大的现象，这是因为添加的热膨胀微球和剪切增稠胶改变了物料的黏度及体系的表面张力，从而对发泡效果产生影响。体系的黏度在热膨胀微球质量分数为 20% 时刚好为发泡效果的黏度。

图 8.16 为泡沫压缩期间观察到的三个阶段，第一阶段压力随着应变线性增加，为弹性阶段。第二阶段是材料主要的吸收能量阶段，在相对恒定的应力下持续变形，称为稳定阶段。第三阶段，进一步变形需固体泡沫材料的压缩，最终阶段是致密化。

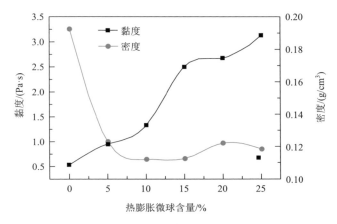

图 8.15　热膨胀微球含量对泡沫密度和发泡体系 A 料黏度的影响趋势曲线

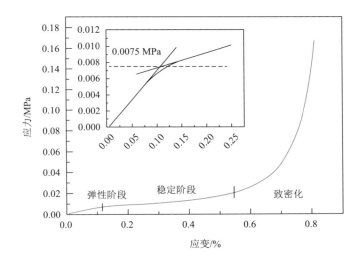

图 8.16　吸能泡沫的应力-应变曲线

　　图 8.17 为当泡沫在应变为 0.7 时，不同热膨胀微球含量的聚合物的压缩强度和吸能量曲线。压缩强度和吸能量在热膨胀微球质量分数为 20%时达到最高，此时聚合物泡沫的性能呈最优。此外，添加了热膨胀微球的聚合物泡沫吸能量是不添加的 7 倍，添加热膨胀微球大大提高了泡沫的性能。

　　综上可知，体系的黏度会因添加热膨胀微球而发生变化。最佳黏度值是当发泡反应和凝胶反应达到平衡状态时，此时制备的泡沫性能为最佳。添加热膨胀微球会减小泡沫的密度，增加压缩强度与静态吸能量，既可以减轻材料的质量，又可以增强性能，是一种制备轻质性能泡沫的有效方法[3]。

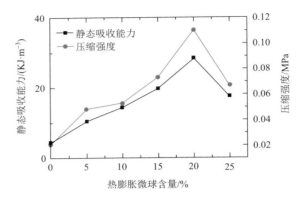

图 8.17    不同热膨胀微球含量泡沫的静态吸能量曲线

### 4. 复合材料层板低速冲击及冲击后压缩性能研究

纤维增强环氧树脂复合材料层压结构是一种航空领域常用的以高分子材料为基体的结构形式，这种结构形式质量轻、强度高，因面内收到不同方向的纤维增强，故承载能力极高不易破坏，但面外极易受到外来物冲击损伤，如冰雹、落石、工具等撞击。这种结构受到面外落锤冲击后，可产生基体开裂、层间分层，严重的会导致纤维断裂，严重降低结构的承载能力，威胁整个航空器的安全。复合材料层板材料为 CCF300 碳纤维和 5428 环氧树脂，层板共有 16 层，纤维方向与长度夹角每层不同，具体铺叠方式为[45/0/−45/90]$_{2s}$。

低速冲击试验根据试验标准 ASTM D7136 "测量纤维增强聚合物基复合材料对落锤冲击事件的损伤阻抗的标准试验方法"进行，试验装置采用的是自由落锤式低速冲击试验系统。冲击损伤的检测方法主要有超声 C 扫描、X 射线衍射、热揭层技术等，本部分采用超声 C 扫描方法，检查冲击后层板损伤的总体形貌和范围。

冲击后压缩试验按照 ASTM D7137 "含损伤聚合物基复合材料板压缩剩余强度性能的标准试验方法"对冲击后的复合材料层板进行冲击后压缩试验。

不同能量下的冲击过程结束后会在层板表面形成不同深度的永久凹坑，在低速冲击过程中层板与冲头间冲击接触力的响应可以在一定程度上反映复合材料层板内部的损伤情况，由冲击接触力的变化历程可以得到冲击过程的持续时间及层板的分层起始载荷、峰值载荷等，由测速装置的测量结果可以得到层板所耗散的能量，这些结果可以从不同的角度反映复合材料层板的抗冲击损伤性能。

1）永久凹坑试验结果

低速冲击下永久凹坑深度随冲击能量的变化关系通常是实际过程中复合材料层板抗冲击损伤性能所关注的首要问题，图 8.18 给出了层板低速冲击后凹坑深度随冲击能量的变化关系。由图 8.18 可以看到，层板的凹坑深度随着冲击能量的增大而增大，并且在某一冲击能量之前，凹坑深度随冲击能量的增大缓慢增大，而在冲击能量达到一定程度之后，凹坑深度随着冲击能量的增大而急剧增大。由于动态的冲击过程的复杂性、材料和试件制造加工的差异性，以及试件安装过程中的误差造成的边界条件不一致等，因此凹坑深度的试验结果存在一定的分散性，尤其是在冲击能量较大的情况下。

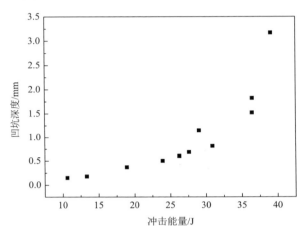

图 8.18  层板凹坑深度随冲击能量的变化（$[45/0/-45/90/-45/90/45/0]_{2s}$）

上述复合材料层板凹坑深度-冲击能量关系中的拐点现象实际上与在冲击能量不断增大的情况下，复合材料层板的主要损伤模式发生了转变有关。复合材料层板低速冲击下存在拐点现象（图 8.19），即复合材料层板凹坑深度-冲击能量变化关系存在一个较为明显的拐点，拐点将凹坑深度-冲击能量变化关系分为前后不同的两个阶段。层板的试验结果与拐点现象是相符的。拐点现象与层板在不同冲击能量下的内部损伤情况有着紧密的联系，拐点现象表明层板对冲击事件的抵抗能力发生了突变。在拐点之前，复合材料由树脂和纤维共同对冲击事件进行抵抗，冲击的后果只是基体开裂和层间分层。拐点的出现对应于层板内较多纤维断裂的发生，此时层板抵抗冲击的能力大幅度减小，其后新增损伤主要为由前后表面层向中间层扩展的纤维断裂，因纤维断裂的大量发生，层板的凹坑深度便随着冲击能量的增加而急剧增大。

2）冲击接触力与分层起始载荷

在低速冲击过程中冲头与复合材料层板之间的冲击接触力历程能在一定程度上反映层板内部的损伤情况，这一点由图 8.20 给出的层板在不同冲击能量下的冲击接触力历程可以看到，并且由冲击接触力历程曲线还可对层板的损伤过程进行分析。层板的损伤通常会使得冲击接触力曲线发生较严重的波动，另外层板损伤还会导致材料的刚度降低，因此更长的冲击接触力持续时间意味着层板内部更加严重的损伤。随着冲击速度的提高和冲击能量的增大，层板内损伤更严重，并且开始出现损伤的时刻也不断提前。

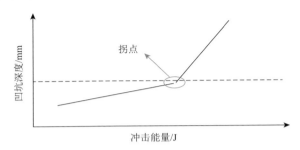

图 8.19　复合材料层板拐点现象示意图

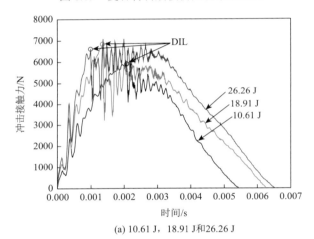

(a) 10.61 J，18.91 J和26.26 J

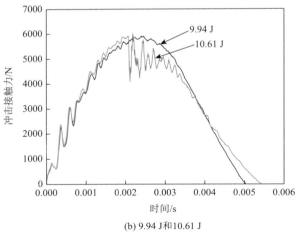

(b) 9.94 J和10.61 J

图 8.20　层板在不同冲击能量下的冲击接触力历程

由冲击试验中得到的初始速度 $v_0$ 结合冲击接触力历程还可以得到冲击过程中速度和位移的变化，这需要通过对冲击接触力历程作积分并利用式（8.34）、式（8.35）得到。

$$v(t) = v_0 + gt - \int_0^t \frac{F(t)}{m_i} \mathrm{d}t \tag{8.34}$$

$$w(t) = v_0 t + \frac{gt^2}{2} - \int_0^t \left( \int_0^t \frac{F(t)}{m_i} \mathrm{d}t \right) \mathrm{d}t \tag{8.35}$$

由所得到的位移的变化历程还可以得到冲击过程中冲击接触力与冲头位移的变化关系。图 8.20 中各层板所对应的冲击接触力-冲头位移曲线如图 8.21 所示。

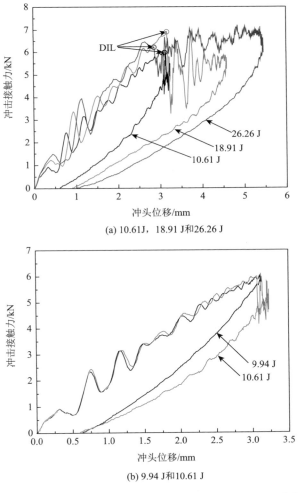

(a) 10.61J，18.91 J和26.26 J

(b) 9.94 J和10.61 J

图 8.21　层板在不同冲击能量下冲击接触力-冲头位移曲线

内部不可见的分层损伤会降低结构的承载能力，影响结构安全，是低速冲击对复合材料结构的一大威胁。在冲击接触力达到某个值时，层板内部便会发生分层，通常此时表面仅有很小的凹坑而使得内部分层不易被察觉，此时对应的冲击接触力称为层板的分层起始载荷（delamination initiation load，DIL）。如图 8.21(b)所示，冲击能量为 9.94 J 时，冲击接触力为一条近似正弦的曲线，当冲击能量增大至 10.61 J 时，冲击接触力曲线出现了载荷的突降和明显的波动。研究表明，此类载荷的突降和其后接触力曲线明显的波动意味着层板内起始分层的发生及由其导致的层板刚度的明显降低，并且在载荷开始发生时的突降点所对应的载荷即为分层起始载荷，而在此之前仅有基体开裂和极少分层的发生时层板的刚度几乎不受影响。分层起始对应的这种冲击接触力曲线现象的发生与冲击能量无关，在图 8.20(a)给出的更大冲击能量下的冲击接触力曲线也可以看到这种现象，各冲击能量下的分层起始载荷也在图中标出，由图 8.20(a)可以看到，不同能量下的分层起始载荷略有不同，大量试验结果表明分层起始载荷的试验结果存在分散性，但分散性不大，本文的试验结果中层板分层起始载荷基本均在 6000～7000 N 之间。以分层起始载荷为界，复合材料层板冲击加载的过程可以分为未损伤和损伤扩展两个阶段，在达到最大位移后，层板进入卸载阶段，这三个阶段在冲击接触力历程及冲击接触力-冲头位移曲线上可以比较明显地看到，尤其是在冲击接触力-冲头位移曲线上较为明显。

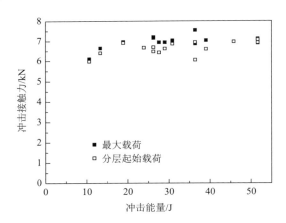

图 8.22    层板最大冲击接触力和分层起始载荷随冲击能量的变化

图 8.22 给出了层板最大冲击接触力和分层起始载荷随冲击能量的变化，与上述结论一致，图 8.22 给出的各冲击能量所对应的分层起始载荷相差不大，而最大冲击接触力在冲击能量达到一定程度后趋于某一定值，这实际上也反映了层板最大的抗冲击能力，图 8.22 中的结果表明层板的最大冲击接触力仅略高于分层起始载荷。

3）能量耗散结果

得到的冲击过程中速度和位移的变化历程利用式（8.36）可以得到层板在各时刻所吸收的能量。

$$E_{\mathrm{a}}(t) = \frac{m_{\mathrm{i}} \left[ v_0^2 - v^2(t) \right]}{2} + m_{\mathrm{i}} g w_{\mathrm{i}}(t) \qquad （8.36）$$

可以看到所吸收的能量主要由冲头动能和重力势能的变化量两部分组成。图 8.23 给出了层板在不同冲击能量下吸收能量的变化曲线，其中各曲线的顶点所对应的是层板在到达冲击过程中的最低点时所吸收的能量，在卸载的过程中层板所吸收的部分能量会因弹性的作用而恢复，最终在冲头脱离接触时所吸收的能量即为层板在整个冲击过程中所耗散的能量。

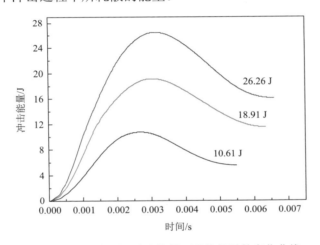

图 8.23　层板在不同冲击能量下吸收能量的变化曲线

层板所耗散的能量通常能在一定程度上反映层板内部的损伤情况，由图 8.23 可以看到，冲击能量越大、层板内部损伤越严重时，层板所耗散的能量越大。在对试验结果进行分析时，通常还会绘制耗散能量与冲击能量之间的关系图，即能量剖面图（energy profile diagram，EPD）来进行分析。图 8.24 中所示实线为复合材料层板在低速冲击试验下的典型能量剖面图，虚线为等能量线，在等能量线上层板的耗散能量 $E_{\mathrm{d}}$ 等于冲击能量 $E_{\mathrm{i}}$，可以看到反映复合材料层板耗散能量随冲击能量变化历程的能量剖面图可以较明显地分为三个阶段：第一阶段为反弹（rebound）区间，对应于图 8.24 中实线的 O～Pn 段，在这一阶段曲线位于等能量线下方，层板所耗散的能量 $E_{\mathrm{d}}$ 小于冲击能量 $E_{\mathrm{i}}$，剩余部分的能量 $E_{\mathrm{e}}$ 会在冲击过程中由于弹性作用储存在层板中，并且在冲击过程结束时恢复至冲头，在此阶段中层板开始主要以基体开裂和分层为主，不过随着冲击能量的增大纤维断裂也开始由少到多逐渐在层板内发生，事实上，标志着较多纤维断裂开始发生的拐点以及 BVID 所对应的试验点一般都在反弹区间内；第二阶段为击穿（penetration）区间，也可以称为穿透起始（onset of perforation）区间，对应于图 8.24 中实线的 Pn～Pr 段，在此阶段内曲线与等能量线重合，即冲击能量会全部被层板所耗散掉（$E_d = E_i$），标志着此阶段开始的试验点 Pn 对应着冲击能量的击穿门槛值，对应于此阶段的层板都伴随着大量纤维断裂的发生；第三阶段为穿透（perforation）区间，对应于图 8.24 中实线的 Pr～Q 段，在此阶段内曲线位于等能量线下方并且平行于横轴，也即此时层板的耗散能量不会随着冲击能量的增大而增大，在击穿区间内，耗散能量等于冲击能量并且随着冲击能量的增大及所产生的越来越严重的损伤耗散能量也不断增大，当达到冲击能量的穿透门槛值所对应的 Pr 点时，层板内的损伤及所耗散的能量会达到一个极限，进入此阶段后层板会被冲头完全穿透。穿透区间的试验点实际上已经接近高速冲击的情况，完全穿透的损伤也不是本文所关注的重点，在本文针对各组层板进行冲击试验时，各试验点基本上均位于反弹区间和击穿区间内。

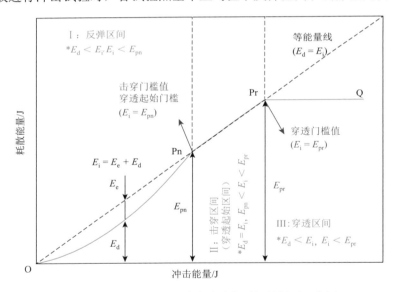

图 8.24    复合材料层板冲击试验典型能量剖面示意图

图 8.25 给出了层板的能量剖面图，如图 8.25 所示，层板的试验结果中，多数试验点均位于等能量线之下的反弹区间内，而对应于 Pn 点在冲击能量达到约 46 J 之后，可认为试验点位于等能量线上，此时对应的层板开始进入击穿区间，可以看到图 8.25 中由各试验点拟合得到的曲线与图 8.24 中所示的一般复合材料层板的典型能量剖面图前两个阶段，即反弹区间和击穿区间的形式相同。在 Pn 点之前，层板的损伤程度与冲击能量相关，损伤面积随着冲击能量的增大而增大，此时曲线与等能量

线之间的差值即为冲头的反弹能量。由图 8.25 还可以看到由原点至 Pn 点之间反弹区间的曲线为耗散能量随冲击能量增长的速率不断增大而导致反弹能量先增大后减小的凹曲线，反映了此阶段中随着冲击能量的增大层板内主要损伤模式由基体开裂、分层到纤维断裂的逐渐转化。需要指出的是，图 8.24 中反弹区间对应曲线形式只是示意图，并不一定是所有复合材料层板在反弹区间内的曲线形式的反映，不过对于大多数复合材料层板，其反弹区间曲线形式基本都是与层板相同类型的凹曲线。

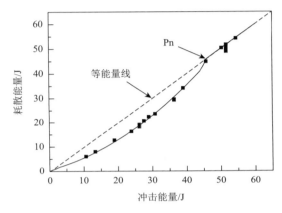

图 8.25　层板能量剖面图

4）无损检测结果

对冲击后的层板进行超声 C 扫描可以得到其内部的损伤情况，其反映的主要是内部的分层情况。对应于图 8.23 中的三块试样的超声 C 扫描图如图 8.26 所示，正如耗散能量所揭示的一样，随着冲击能量的增大，层板内部的损伤面积越大，损伤程度越严重。

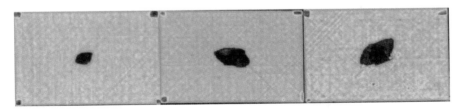

图 8.26　层板不同冲击能量下层板超声 C 扫描图

图 8.27(a)给出了层板超声 C 扫描损伤面积随着冲击能量的变化关系，由图 8.27(a)可以看到，与凹坑深度的试验结果类似，损伤面积的试验结果也存在一定的分散性，而实际上通过比较可以看到损伤面积相对于凹坑深度的分散性更大，这种现象在本文多组层板的试验结果中都可以看到这一点。在分层面积随冲击能量增大的过程中，图 8.27(a)中对试验点的拟合结果表明分层面积增大的速率在不断减

小。实际上，随着冲击能量的增大，更多纤维断裂的发生导致凹坑深度急剧增大而使层板不断接近穿透，分层面积的增加有限，会不断趋于一个定值。图 8.27(b)所示的 A3 组层板损伤面积随凹坑深度的变化反映了层板外部可见损伤与内部损伤之间的联系，其中损伤面积增大速率在不断减小的趋势更加明显。

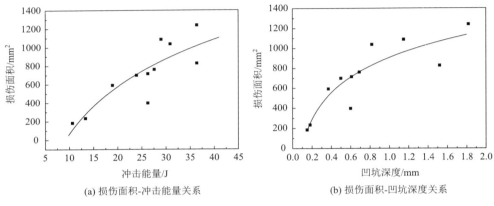

(a) 损伤面积-冲击能量关系　　(b) 损伤面积-凹坑深度关系

图 8.27　层板损伤面积随冲击能量和凹坑深度的变化关系

5）冲击后压缩试验结果

超声 C 扫描所得到的内部损伤实际上是各层界面的分层在层板平面内的投影，并不能完全反映层板内部的损伤，可进一步利用冲击后压缩（CAI）试验结果来对层板的抗冲击损伤性能进行评估。图 8.28 所示为层板冲击后压缩试验结果随冲击能量和凹坑深度的变化关系，可以看到 CAI 强度和破坏应变均随着冲击能量或凹坑深度的增大而减小，并且在一定程度之后，其减小的趋势逐渐趋于平缓，并且逐渐接近某一定值。

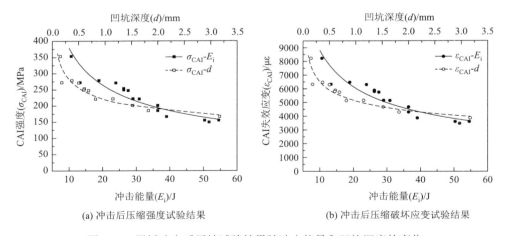

(a) 冲击后压缩强度试验结果　　(b) 冲击后压缩破坏应变试验结果

图 8.28　层板冲击后压缩试验结果随冲击能量和凹坑深度的变化

综上所述，通过冲击力响应、冲击后永久凹坑深度测定、冲击后层板无损检测、冲击后压缩强度测定等多种方法相结合的方式对纤维增强聚合物基复合材料受到冲击后的结构变化和性能衰退多方位多角度表征，分析获得冲击能量和冲击后材料损伤程度的关系，表征材料的抗冲击性能，为设计提供数据支撑。

**5. 3D 打印可拉伸、自愈合型水凝胶的力学性能测试及影响因素**

3D 打印技术通过将材料逐层叠加快速成型，从而广泛应用在建筑、食品工业、航空航天等领域。以含巯基的 2-甲基-1-[4-(甲基硫代)苯基]-2-(4-吗啉基)-1-丙酮（MP）为光引发剂、丙烯酰胺（AM）为单体，合成了以链末端含巯基的线型聚合物为结构单元的水凝胶。协同金属配位作用，引入导电功能性填料银纳米线（Ag NW），成功制备可 DIW 打印的 Ag NW/PAM 水凝胶。

Ag NW/PAM 水凝胶设计原理如图 8.29 所示。

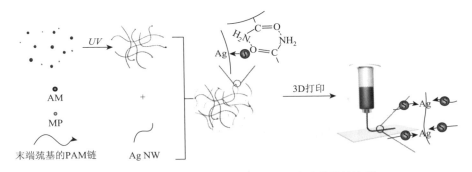

图 8.29　DIW 打印 Ag NW/PAM 凝胶油墨的设计流程

利用多元醇法合成的银纳米线的形貌表征图如图 8.30 所示。

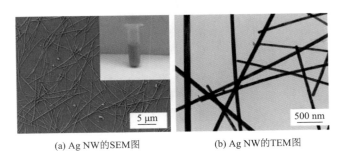

(a) Ag NW的SEM图　　　　(b) Ag NW的TEM图

图 8.30　Ag NW 的形貌表征图

合成的银纳米线长度为 6~14 μm，直径为 50~80 μm。银纳米线的表面光滑、粗细均匀，在水中的分散性良好。

Ag NW/PAM 水凝胶结构表征图如图 8.31 所示。

(a) Ag NW/PAM (20 μm)　　　　　(b) Ag NW/PAM (5 μm)

图 8.31　Ag NW/PAM 水凝胶的结构表征图

Ag NW/PAM 水凝胶体系是均匀的银灰色，在重力作用下不会发生明显的流动变形，为固体状态。将凝胶冻干处理，获得的不含水凝胶聚合物内部网络致密、结构均匀。

用 DIW 对水凝胶进行 3D 打印实验，通过调控各项打印参数，实现稳定连续打印，结果如图 8.32。

 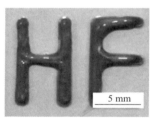

(a) DIW打印示意图　　　　　(b) 字母"H""F"照片

(c) 多层网格支架照片

图 8.32　DIW 3D 打印多种构件的光学照片

对 3D 打印 Ag NW/PAM 骨头状样条进行拉伸性能测试，结果如图 8.33 所示。样条断裂应变为 474%，断裂强度 0.96 MPa。与未打印的凝胶拉伸性能比较，断裂强度提升 80 倍。

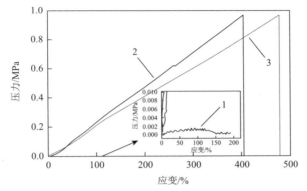

1. 未打印的 Ag NW/PAM-10 凝胶；2. Ag NW/PAM-10 骨头状样条；
3. Ag NW/PAM-25 骨头状样条

(a) Ag NW/PAM-10 未打印凝胶和骨头状样条拉伸的应力-应变

1. 断裂应变；2. 断裂强度

(b) Ag NW/PAM-10 未打印凝胶和骨头状样条拉伸的
断裂应变、断裂强度

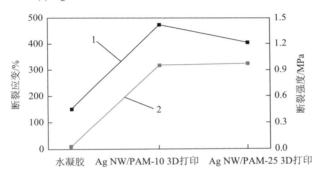

(c) Ag NW/PAM-10 骨头状样条拉伸过程

图 8.33　3D 打印骨头状样条拉伸性能的表征

　　综上可知，将末端含巯基的线型 PAM 与一维无机 Ag NW 结合制备具有良好打印性能的 Ag NW/PAM 水凝胶。由于聚合物中含有大量动态氢键，因此其能在不接受外界任何刺激的情况下实现自修复，自修复的效率为 74.8%。通过各向异性打印路径的设计，证明了 Ag NW/PAM 水凝胶的导电性能[4]。

### 6. 柔性高分子半导体的力学性能测试及影响因素

柔性高分子半导体拥有厚度超薄、成本低、大面积制备可使电子设备柔性化等方面的显著优势。柔性高分子半导体常用三种测试方法表征薄膜的拉伸性能：直接拉伸法、水上膜拉伸法、弹性体上膜拉伸法（图 8.34）。

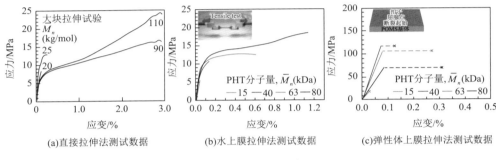

(a)直接拉伸法测试数据    (b)水上膜拉伸法测试数据    (c)弹性体上膜拉伸法测试数据

图 8.34    拉伸法测试数据

直接拉伸法的特点是需要耗费大量的材料来制备样条，通常以通用聚合物和共轭聚合物的共聚物为材料，优点是可以使材料的产量大幅提高，不足之处是会影响光电性能。通过直接拉伸法测试，可以得到材料的弹性模量、断裂伸长率等相关物理属性。

水上膜拉伸法是利用事先制备的纺锤形聚合物薄膜，通过模板转换、迁移操作，使薄膜转移到水面上，借助水面浮力将其置于水表面，然后进行拉伸测试。此法材料用量少，且从结果上看更符合共轭聚合物的性质。该方法的缺点是水面的张力会对测试有所影响，需事先制备合适的模具，使薄膜与模具分离，制备过程复杂。

弹性体上膜拉伸法通常先制备一个弹性体的纺锤形厚基底，再在弹性体上制备薄膜进行拉伸测试。样品的测试数据曲线非常平整。该方法的缺点是由于加入了大量弹性体，结果与聚合物的本征性质相差较大，不能直观反映薄膜的力学性质[5]。

### 7. 聚醚型硅氧烷改性丙烯酸聚合物的弹性模量和硬度表征

采用聚醚型改性硅氧烷对聚丙烯酸（PAA）进行改性，可获得一种聚醚型硅氧烷改性丙烯酸聚合物（PSA），能够解决 PAA 材料本身拉伸性能和撕裂性能较差的缺陷，同时增强电极涂层的黏附性，用于黏结电极片，标记为 PSA@Si/C[6]。

PSA 的合成机理图如 8.35 所示。

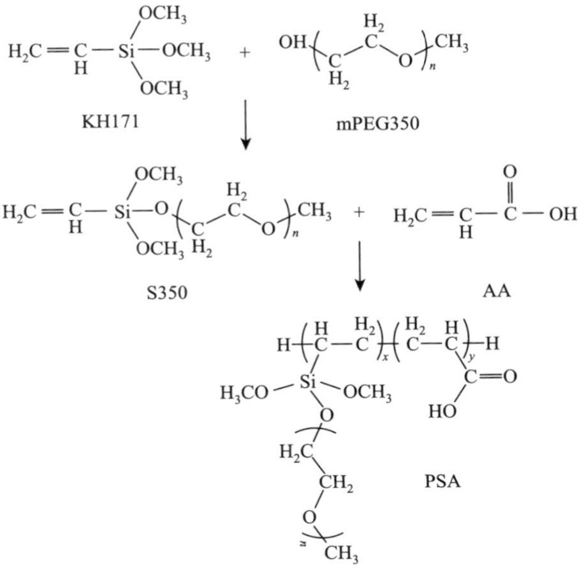

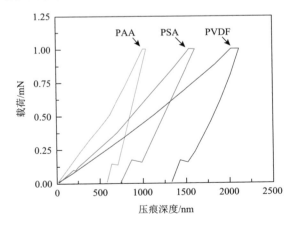

图 8.35 聚醚型硅氧烷改性丙烯酸聚合物（PSA）合成机理图

通过纳米压痕测试比较不同电极（Si/C 电极）在受负载后的机械性能情况，以评估电极在充放电循环中的可靠性。图 8.36 为改性前的 PAA@Si/C、改性后的 PSA@Si/C 和 PVDF@Si/C 电极片的纳米压痕测试表征结果。在相同载荷下，PAA@Si/C 压痕深度小，质地脆。而修饰后的 PSA@Si/C 压痕深度介于 PAA@Si/C 和 PVDF@Si/C 之间，且最大回弹率为 53.36%，具有一定的柔韧性和回弹性能，能够有效改善硅电极的机械性能。

图 8.36 电极纳米压痕载荷-压痕深度曲线

### 8. 非晶硅橡胶复合薄膜的蠕变行为

非晶态铁磁/橡胶基复合材料具有强度高、硬度高、延展性好、软磁性能优异等金属材料难以达到的优点，通常用作磁性传感器力敏材料。研究橡胶材料的蠕变失效机制对传感器的设计具有重要意义。由于该材料的厚度在微米级，很难通过常见的力学性能测试方法获得这类材料的基本力学性能参数，如弹性模量等。使用纳米压痕的测试方法能够进行厚度在微米级的橡胶类材料的力学性能研究测试。

图 8.37 为保载时间 30 s、加载速率 100 μN/s、厚度 150 μm 的非晶硅橡胶复合薄膜在峰值载荷为 2 mN、4 mN、10 mN 下获得的载荷-位移曲线。从曲线上看，在加载初期，压入深度增加较快。且随着压入深度的增加，样品和针尖的接触面积增大，加载曲线的斜率逐渐增大，压入深度随载荷的增加量减小，且峰值载荷越大，上述现象越明显。在保载阶段，随压入位移增大，曲线顶端出现应力平台，表明硅试样发生了压痕蠕变[7]。

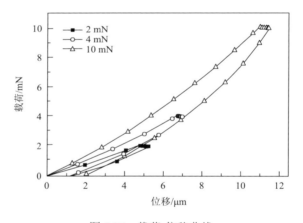

图 8.37　载荷-位移曲线

在不同峰值载荷下对非晶硅橡胶复合薄膜的弹性模量和硬度进行测试，当载荷峰值从 2 mN 增加到 10 mN，材料的弹性模量和硬度均减小，接触刚度逐渐增加，参见表 8.23。

表 8.23　不同峰值载荷下非晶硅橡胶复合薄膜的硬度和弹性模量测试结果

| $P_m$ | 弹性模量/MPa | 硬度/MPa | 接触刚度/(N/m) |
|---|---|---|---|
| 2 mN | 45.11（0.22） | 12.33（0.27） | 724.67（0.09） |
| 4 mN | 42.56（0.04） | 11.89（0.08） | 955.65（0.10） |
| 10 mN | 38.36（0.11） | 9.36（0.10） | 1618.46（0.07） |

图 8.38 为峰值载荷分别为 2 mN、4 mN、10 mN 条件下对时间为 10 s、30 s、300 s 时的蠕变曲线。随保载时间的增加，位移和压入深度均逐渐增加。当保载时间为 300 s 时，位移的变化速度为先增加后减小的趋势，符合幂定律蠕变方程。即在 10～30 s 为瞬态蠕变，30 s 后逐渐变为稳态蠕变。

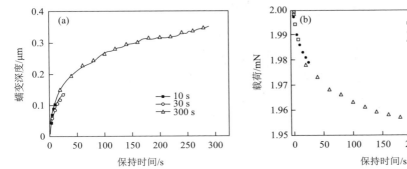

图 8.38　不同保载时间下硅橡胶复合材料压痕蠕变行为曲线

设置不同峰值载荷对硬度和弹性模量的测试结果有一定影响，而保载时间对测试结果无明显影响。在传统单轴拉伸蠕变实验过程中，材料受到的是简单的单轴应力，整个蠕变过程应力是均一不变的，而在纳米压痕测试过程中，载荷是不稳定的，压痕蠕变测试使用针尖压材料，试样受力状态较为复杂，且蠕变过程随材料的弹塑性变化而随时变化，因此，采用纳米压痕测试能够更直观地表征出此类柔性薄膜类材料的蠕变行为。

### 9. 玻璃纤维/尼龙 6 复合材料的断裂韧性

玻璃纤维（GF）/尼龙 6（PA6）复合材料（GF/PA6）具有轻质高强、耐腐蚀、易加工、抗振等优点，广泛应用于航空航天等领域。此类材料的微观界面剪切强度性能研究对于材料的强度预测、失效分析及材料的设计优化具有重要意义。采用纳米压痕技术进行纤维推出实验，获得纤维推出过程的载荷-位移曲线，能够对微观界面剪切强度进行定量表征。

GF/PA6 复合材料测试前采用抛磨机将该材料打磨为厚度约 100 μm 的样品。然后使用氧化铝抛光液对材料表面进行抛光。并使用扫描电子显微镜（SEM）观察表面形貌，选取周边无微裂纹且无脱黏的纤维进行纤维推出实验。图 8.39 为测试样品表面的 SEM 照片，箭头标记处即为可用于实验的纤维[8]。

将样品固定在带有直径为 240 μm 圆孔的不锈钢底座上，并选用直径为 10 μm 的圆压头对样品进行纤维推出测试（图 8.40）。

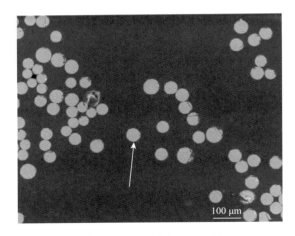

图 8.39　纳米压痕测试样品

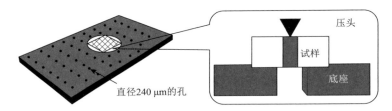

图 8.40　纳米压痕测试示意图

图 8.41(a)为 GF/PA6 复合材料纤维推出典型载荷-位移曲线。加载过程可分为 4 个阶段，分别记为 $A\sim B$、$B\sim C$、$C\sim D$、$D\sim E$，如图 8.41(b)~(e)所示。$A\sim B$ 段为样品和底座预接触阶段样品与底座预接触阶段，随着压头下降，试样与底座慢慢完全贴合，该阶段载荷-位移曲线斜率较低。$B\sim C$ 段为尼龙基体变形及界面局部脱黏阶段，此时样品与底座已完全贴合，主要发生尼龙基体的形变。由图 8.41(a)可知，与 $A\sim B$ 段相比，$B\sim C$ 段载荷-位移曲线斜率增大，且在前期呈现线性关系。在 $B\sim C$ 阶段后期，载荷-位移表现出非线性趋势，且载荷位移曲线斜率相对 $B\sim C$ 阶段前期降低，表明该过程玻璃纤维与尼龙界面开始发生局部脱黏，界面裂纹开始产生并逐步开始扩展。$C\sim D$ 段为玻璃纤维与树脂完全脱黏阶段［图 8.41(a)和图 8.41(d)］。由图 8.41(a)可知，$C$ 点后载荷-位移斜率显著降低，表明在 $C$ 点时，玻璃纤维与尼龙基体界面裂纹已整体贯穿，界面完全被破坏，位移发生明显的突进并形成一个斜率较低的平台区。$D\sim E$ 段为压头接触玻璃纤维周边区域阶段［图 8.41(a)和图 8.41(e)］。在该阶段中压头与玻璃纤维周边材料发生接触，导致载荷-位移斜率再次发生变化，并最终达到预设最大载荷。综合上述分析，玻璃纤维与 PA6 树脂界面在 $C$ 点发生完全脱黏，该点对应载荷即为复合材料界面所能承受的最大剪切载荷。

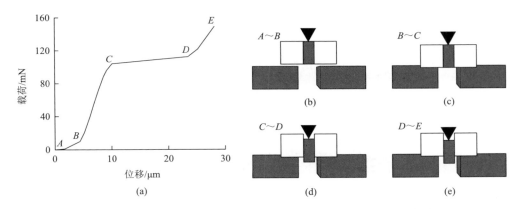

图 8.41　纤维推出过程典型载荷-位移曲线及不同推出阶段示意图

#### 10. 高性能高分子材料表面纳米涂层的硬度和耐磨性能

在树脂基复合材料上涂覆纳米涂层可以大大提高材料的表面力学性能。不同的涂覆方式获得的涂层材料的硬度和耐磨性能有所不同。例如，三氧化二铝（$Al_2O_3$）短纤维增强环氧树脂基体复合材料采用的涂覆方式通常有两种，一种是在环氧树脂固化时进行涂层，称为同时涂层；另一种是在环氧树脂固化后再涂层，称为后期涂层。图 8.42 和图 8.43 为无 $Al_2O_3$ 涂层、同时涂层和后期涂层的 $Al_2O_3$ 短纤维增强环氧树脂基体复合材料[9]。

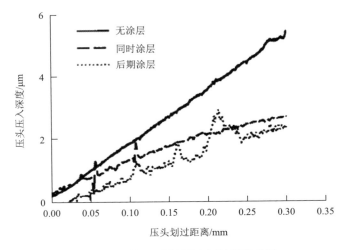

图 8.42　压入深度随压头划过距离曲线

采用纳米划痕方法可测试 $Al_2O_3$ 短纤维增强环氧树脂基体复合材料表面纳米涂层的硬度和耐磨性能。图 8.42 为压入深度随压头划过距离变化的曲线。其中压

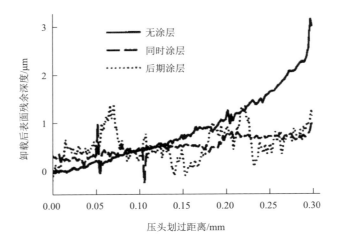

图 8.43    残余深度随压头划过距离曲线

入深度越浅表明材料硬度越高。对比图中的 3 条曲线可以看出，无论是同时涂层样品还是后期涂层样品，与表面无涂层样品相比，相应的压头压入深度都大大减小，即涂层后样品表面硬度得到了提高。实验结果表明在试件表面进行纳米涂层涂覆能够显著提升材料的硬度和弹性模量。此外，涂覆方式对材料的力学性能影响不大。

图 8.43 为卸载后表面残余深度随压头划过距离变化的曲线。其中压入深度越浅表明材料表面耐磨性越好。对比图中的 3 条曲线，无涂层样品残余深度随着压头划过距离的增加而增加，而同时涂层样品残余深度增加相对较少。当压头划过距离为 0.3 mm 时，同时与无涂层样品相比，涂层样品和后期涂层样品的残余深度均大大降低。说明涂层后的样品具有更好的耐磨性能。

### 11. 光伏电池封装材料的表面纳米划痕变形

聚甲基丙烯酸甲酯（PMMA）有很好的聚光作用，一般可用作光伏电池面板。PMMA 是一种典型的黏弹性高分子材料，是一类变形与时间相关的材料，其蠕变恢复变形性能是一类重要的评价参数，该参数可通过纳米划痕测试方法进行评价。

图 8.44 为不同温度下，PMMA 划痕深度随恢复时间的变化。由图可以看出，在不同的划痕工况下，随着恢复时间的增加，划痕深度逐渐恢复，温度越高，划痕恢复速度越快。当温度越接近 PMMA 的玻璃化转变温度（$T_g = 105$℃）时，分子链段运动能力越强，划痕变形恢复速度越快[10]。

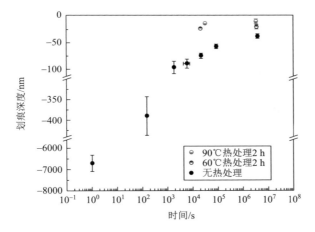

图 8.44　划痕深度随恢复时间和热处理温度的变化

## 参 考 文 献

[1] 曹巍巍, 刘源东, 雷涛, 等. PVA 纤维对超高韧性纤维水泥基改性复合材料力学性能试验[J]. 粘接, 2022, 49(12): 59-62.

[2] 林进义, 安翔, 白鲁冰, 等. 柔性高分子半导体: 力学性能和设计策略[J]. 材料导报, 2020, 34(1): 1001-1008.

[3] 王伟, 温喜梅, 李灿刚, 等. 聚脲防爆材料的制备及力学性能影响因素的研究[J]. 涂料工业, 2020, 50(5): 25-29.

[4] 刘小可, 江洋, 刘景艳, 等. 热膨胀微球增强剪切增稠胶/聚氨酯泡沫复合材料的力学性能[J]. 材料科学与工程学报, 2021, 39(6): 948-952, 988.

[5] 郭秋艳, 刘牛, 张凡, 等. 3D 打印可拉伸、自愈合型水凝胶的制备及应用研究[J]. 现代化工, 2023, 43(3): 177-182.

[6] 鲁琴, 杨纪元, 吴宇, 等. 聚醚型硅氧烷改性丙烯酸聚合物制备与性能研究[J]. 胶体与聚合物, 2022, 40(2): 83-87.

[7] 韦利明, 万强, 胡文军, 等. 硅橡胶压磁复合材料力学性能纳米压痕实验研究[J]. 复合材料学报, 2013, 30(2): 183-188.

[8] 黄增斌, 罗伟权, 丛杰, 等. 玻璃纤维/尼龙 6 复合材料吸湿特性及其界面性能[J]. 塑料工业, 2022, 50(10): 106-112.

[9] 许荔, 江晓禹, 钱林茂. 树脂基纳米涂层复合材料力学性能试验研究[J]. 西南交通大学学报, 2005, 40(3): 347-350.

[10] 王丽, 朱忠猛, 蒋晗. 聚甲基丙烯酸甲酯材料(PMMA)纳米压/划痕变形热恢复的实验研究[J]. 实验力学, 2022, 37(2): 161-174.

# 第 9 章

耐环境性能表征

高性能高分子材料性能优异，应用领域广泛，但在使用过程中受光、湿度和温度等环境因素及生物因素等的作用，会使其性能降低，从而部分或完全丧失其使用价值，甚至可能引起重大安全生产事故。高分子材料在使用过程中，抵抗各种自然或人为因素对材料本身造成破坏或影响的能力称为耐环境性能。耐环境性能是高分子材料使用寿命的重要指标，包括耐老化、耐化学腐蚀、耐疲劳、耐高低温、耐辐射等。材料老化测试是分析早期故障趋势、寿命预测的最佳方法。通过耐老化性能测试，可以有效评估材料或产品的耐老化性能，根据相关标准评定其质量好坏，提高材料可靠性与预估产品寿命周期，有利于保障生产安全。同时，为了有目的地对高分子材料进行防老化改性，提高其使用寿命、改善其抗老化性能，必须充分认识其老化机理和老化进程，尤其是在苛刻环境条件下，老化降解尤为严重，降解产物还可能对环境造成污染。高分子材料的老化研究是高分子科学的重要研究领域之一[1]，对高性能高分子材料进行耐环境老化性能表征极其重要。

本章将简述高性能高分子材料老化及其特征、类型、影响因素和机理，重点介绍高性能高分子材料耐环境老化试验方法、生物降解性能评价技术和全生命周期评价关键技术中老化降解产物的收集与分析技术。此外，本章还介绍了材料的老化试验与性能评价需依据特定的测试标准，以及老化领域的国内外测试标准，并结合应用实例分析了高性能高分子材料耐环境研究前沿科学与表征技术发展方向。

## 9.1　材料老化性能评价技术

### 9.1.1　高分子材料的老化现象

高分子材料在加工、储存和使用过程中，由于受到内外因素的影响，其物理、化学性质及物理力学性能发生不可逆的变坏现象称为老化[2, 3]。高分子材料的老化是一个复杂的物理、化学变化过程，其实质是发生了大分子的降解和交联反应。

降解是指聚合物在化学因素(如氧或其他化学试剂)或物理因素(如光、热、机械力、辐射等)作用下发生聚合度降低的过程。降解的结果可能是大分子链的无规断裂,变成分子量较低的物质;也可能是解聚(聚合的逆过程),连接从末端逐步脱除。交联反应是指若干个线型高分子链通过链间化学键的建立而形成网状结构(体型结构)大分子的反应。降解和交联在老化过程中往往同时出现,均会导致材料的性能下降[4]。研究高分子材料的老化试验方法,对于评价高分子材料的老化性能、寿命预测及其生态环境安全评价具有重要的意义。

### 1. 材料老化的特征

由于聚合物品种不同、使用条件各异,因而有不同的老化现象和特征。例如农用塑料薄膜经过日晒雨淋后发生变色、变脆、透明度下降的现象;航空有机玻璃用久后出现银纹、透明度下降;橡胶制品长久使用后弹性下降、变硬、开裂或者变软、发黏;涂料长久使用后发生失光、粉化、气泡、剥落等。老化现象归纳起来有下列变化[5]。

(1)外观的变化:表面出现银纹、裂缝、粉化、光学畸变、失光、变色、变硬、起泡、脱层、龟裂、长霉、污渍、斑点、发黏、翘曲、鱼眼、起皱、收缩、焦烧,以及光学颜色的变化等现象[4, 6-9]。

(2)化学成分变化:分子量的变化、反应生成物等。

(3)物理性能变化:质量、密度、溶解度、溶胀率、流变性能、凝胶量、耐热性、耐寒性、耐介质性、透水、透气等基础物理性能等变化,以及热、力学性能等变化[10, 11]。

老化后的试样通过各种分析测试手段,在对高分子材料的表观状况、理化性能进行检测的基础上,再进行分子水平级的微观结构分析,综合研究其老化历程,探讨老化机理,从而为延缓老化提供有效的参考意见。

### 2. 材料老化的类型

老化是聚合物材料的性能由好变坏的一个过程。随着时间的推移,在材料中持续发生着各种可逆或不可逆的物理化学变化,造成了材料老化。老化有物理老化和化学老化两种类型,物理老化是可逆性的变化,化学老化是不可逆的变化。

物理老化不涉及聚合物分子结构的变化,仅是由于物理作用而发生的变化。物理老化(physical aging)仅指由于物理作用而发生的可逆性的次价键变化,如环境应力龟裂、增塑、低分子添加剂迁移等[12],不涉及分子结构的改变。

化学老化是指聚合物(包括塑料、橡胶、纤维、涂料、黏合剂等)在加工、储存、运输和使用过程中,经受各种外界环境因素(如热、光照、氧、臭氧、湿气等)

的影响，使聚合物的分子结构发生改变，物理性能下降，以至于最终丧失使用价值的现象。化学老化主要发生主键的断裂，有时次价键的破坏也属化学老化，如溶胀与溶解、环境应力开裂、渗透破坏等。通常我们说的老化指的是化学老化，主要包括[13]热氧老化[14-16]、光氧老化[17-19]、湿热老化[11]、臭氧老化、盐雾腐蚀和二氧化硫腐蚀等。

### 3. 材料老化的影响因素

高分子材料老化的本质是其物理结构或化学结构的改变[20, 21]，在使用过程中暴露于太阳光和含氧大气中，由于受到热、氧、水、光、微生物、化学介质等环境因素的综合作用，高分子材料的化学组成和结构会发生一系列变化，分子链发生物理和化学变化，导致链断裂或交联，且伴随着生成含氧基团，如酮、羧酸、过氧化物和醇，导致材料性能劣化[22]。

影响高分子材料发生老化的因素通常有两种：内在因素与外在因素。

内在因素主要包括聚合物的化学结构、物理形态、立体规整性、分子量及其分布、微量金属杂质和其他杂质含量等[20, 21, 23]。

外在因素主要包括大气环境因素(温度、湿度、氧气、光、臭氧)、化学介质、生物、机械应力等[5, 20]。

(1) 温度的影响：温度升高，高分子链的运动加剧，一旦超过化学键的解离能，就会引起高分子链的热降解或基团脱落[24, 25]；温度降低，往往会影响材料的力学性能及力学性能密切相关的临界温度点，包括玻璃化转变温度 $T_g$、黏流温度 $T_f$ 和熔点 $T_m$，材料的物理状态可划分为玻璃态、高弹态、黏流态，在临界温度两侧高分子材料的聚集态结构或高分子长链会产生明显的变化，从而使材料的物理性能发生显著的改变[26]。

(2) 湿度的影响：湿度对高分子材料的影响可归结于水分对材料的溶胀及溶解作用，使维持高分子材料聚集态结构的分子间作用力改变，从而破坏材料的聚集状态，尤其对于非交联的无定形聚合物，湿度的影响极其明显，会使高分子材料发生溶胀甚至聚集态解体，从而使材料的性能受到损坏；对于结晶形态的塑料或纤维，由于存在水分渗透限制，湿度的影响不是很明显。

(3) 氧气的影响：氧气是引起高分子材料老化的主要原因，由于氧气的渗透性，结晶型聚合物较无定型聚合物耐氧化。氧气首先进攻高分子主键上的薄弱环节，如双键、羟基、叔碳原子上的氢等基团或原子，形成高分子过氧自由基或过氧化物，然后在此部位引起主键的断裂，严重时，聚合物分子量显著下降，玻璃化转变温度降低，使聚合物变黏，在某些易分解为自由基的引发剂或过渡金属元素存在下，有加剧氧化反应的趋势。

(4) 光的影响：聚合物受光的照射，是否引起分子链的断裂，取决于光能与解离能的相对大小及高分子化学结构对光波的敏感性。由于地球表面存在臭氧层及大气层，能够到达地面的太阳光线波长范围为 290～4300 nm，光波能量大于化学键解离能的只有紫外区域的光波，会引起高分子化学键的断裂。紫外波长为 300～400 nm 时能被含有羰基及双键的聚合物吸收，从而使大分子链断裂，化学结构改变，使材料性能变差[27]。

(5) 化学介质的影响：化学介质包括油、试剂、化学药品等。化学介质只有渗透到高分子材料的内部，才能发挥作用，这些作用包括对共价键的作用与次价键的作用两类。共价键的作用表现为高分子链的断链、交联、加成或这些作用的综合，这是一个不可逆的化学过程；虽然化学介质对次价键的破坏没有引起化学结构的改变，但是材料的聚集态结构会改变，将会使其物理性能发生相应改变。

(6) 生物的影响：聚合物材料长期处于某种环境中，由于微生物具有极强的遗传变异性，因此会逐步进化出能够分解利用这些高聚物的酶类，从而能够以其为碳源或能源生长，尽管降解速率极低，但这种潜在危害是确实存在的，而对于生物降解高分子材料制品，使用后却希望其能够迅速被生物降解[28]。在全球塑料污染治理的大环境推动下，目前生物降解塑料发展迅速，对生物降解性能的表征需求旺盛。

老化往往是内外因素综合作用的极为复杂的过程[22]，成型加工条件、变价金属离子、高能辐射和电等也是影响高分子材料老化的重要因素。

### 4. 材料老化的机理

老化即为高分子材料逐渐失去自身使用性能的过程。近十几年来，已有大量研究工作对高分子材料老化机理进行了研究[1, 29-32]。

1) 物理老化机理

对于物理老化的认识，最初从材料宏观上的变脆、变黄等变化上来判断。随着人们的不断探索，对物理老化的机理也逐渐深入。由于在高分子材料生产(通常为热加工过程)中，材料温度逐渐降到玻璃化转变温度以下，分子链的运动能力受限，材料处于一个热力学非平衡态，此时，材料具有更高的势能，从这种非平衡态的玻璃态出发，分子链倾向于经过缓慢的重排达到平衡态，而该重排过程即为材料物理老化的过程。在物理老化过程中可能伴随着材料结晶度的提升以及局部缠结点的产生。Struik[33]在 1978 年，将物理老化定义为聚合物在玻璃化转变温度以下老化材料性能的改变。

对物理老化过程的研究可通过检测低于 $T_g$ 的给定温度下，老化过程中热动力学性能的非线性恢复(如体积和熵)检测来实现[34]。其中体积相对平衡态的偏离量可由式(9.1)表示。

$$\delta(t) = \frac{V_t - V_\infty}{V_\infty} \tag{9.1}$$

式中，$V_t$ 为瞬时体积；$V_\infty$ 为平衡体积。另外，熵相对平衡态的偏移量 $\delta_H$ 可由式(9.2)表示。

$$\delta_H = H_t - H_\infty \tag{9.2}$$

式中，$H_t$ 为 $t$ 时刻下的焓；$H_\infty$ 为平衡态的焓。

多种模型被提出用来解释物理老化，常见的有分别从自由体积和构型熵的角度给出方程和理论解释。自由体积概念的提出源于对液体黏度 $\eta$ 随 $T_g$ 变化的描述。考虑在高于 $T_g$ 的温度下形成玻璃态聚合物的动力学，可以观察到随着温度降低，弛豫时间显著减慢，这种情况可以用 Vogel-Tammann-Fulcher(VTF)方程[35]来描述。

$$\ln\eta = \frac{A}{T - T_0} \tag{9.3}$$

式中，$A$ 为常数，$T_0$ 为 $T_g$ 以下的某个温度，称为 Vogel 温度。Doolittle 提出了一个可替代的经验方程，即用自由体积分数(fraction free volume，FFV)$f$ 来描述黏度：

$$\ln\eta = a + \frac{b}{f} \tag{9.4}$$

式中，$a$ 和 $b$ 为常数，自由体积分数 $f$ 可由式(9.5)定义。

$$f = \frac{V - V_0}{V} = \frac{V_f}{V} \tag{9.5}$$

式中，$V$ 为实际体积；$V_0$ 为占有体积(occupied volume)；$V_f$ 为占有体积与实际体积之差，即自由体积。

自由体积的理论因其可适用于许多聚合物中而广受欢迎。但有人对聚乳酸纤维进行的一些研究表明，拉伸屈服应力和拉伸强度会随着老化时间的增加而增加，并随着时间的延长而出现最大值和减小的趋势。增加量是根据自由体积理论得出的，但是自由体积理论并不能对给出最大量和随后减少量的合理解释。

如今人们普遍认同物理老化是在玻璃化转变温度和次级转化温度区，聚合物分子链通过微布朗运动，从热力学非平衡态逐渐向平衡态转变的过程(图 9.1)。无论是非结晶还是半结晶聚合物在使用、运输、储存的过程都在逐渐向平衡态转变，可以说是聚合物分子链固有的运动特性。

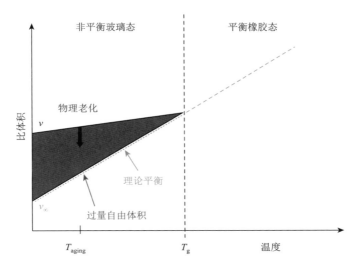

图 9.1　无定形聚合物的比容与温度的关系[36]

2）化学老化机理

高分子的化学老化通常是一种不可逆的化学反应的累积过程，是高分子材料分子结构发生变化，材料一旦化学老化就不能恢复原状。高分子材料的化学老化主要有以下几种类型：①热氧化老化；②光氧化降解或交联，紫外线引起材料老化，如含有羰基的材料；③高能辐射降解和交联。根据高分子化学结构及所处环境/介质的不同，引发材料化学老化的机理不尽相同。

高分子材料在光/热氧老化过程中，紫外光、氧和温度的影响是最为显著的，老化过程也通常被认为是光氧化降解过程，而热效应则对此过程起到了加速作用。在该过程中，高分子材料在辐照或高温和氧气的共同作用下，高分子材料中的氧化反应被催化，导致材料的降解。碳链高分子中的氧化反应通常是按自由基反应机理进行的，反应产物主要为氢过氧化物（ROOH），然后在适当的条件下分解为自由基，引发高分子链的连锁反应，最后导致降解或交联反应，其反应过程示意如图 9.2 所示。

链引发：

$$\left.\begin{array}{l} ROOH \\ \mathord{>}C=O \\ 残留催化剂 \end{array}\right\} \xrightarrow[金属离子]{\triangle, h\nu} 自由基(R\cdot、RO\cdot、HO\cdot、HOO\cdots)$$

链增长：

$$R\cdot + O_2 \longrightarrow ROO\cdot$$

$$ROO\cdot + RH \longrightarrow ROOH + R\cdot$$

链支化：

$$ROOH \longrightarrow RO\cdot + HO\cdot$$

$$ROOH + RH \longrightarrow RO\cdot + R\cdot + H_2O$$

$$2ROOH \longrightarrow RO\cdot + ROO\cdot + H_2O$$

$$RO\cdot + RH \longrightarrow ROH + R\cdot$$

$$HO\cdot + RH \longrightarrow H_2O + R\cdot$$

链终止：

$$R\cdot + R\cdot \longrightarrow R{-}R$$

$$R\cdot + ROO\cdot \longrightarrow ROOR$$

$$2ROO\cdot \longrightarrow ROOR + O_2$$

$$2ROO\cdot \longrightarrow 非自由基产物 + O_2$$

图 9.2　高分子材料老化过程中的自由基连锁反应机制示意图[37]

在该过程中，氢过氧化物的分解可产生酸、醇及酮等氧化产物和烯烃类结构，酮又可通过 NorrishⅠ和 NorrishⅡ反应最终导致分子链的断裂。以聚丙烯为例，其光氧化降解过程及产物如图 9.3 所示。

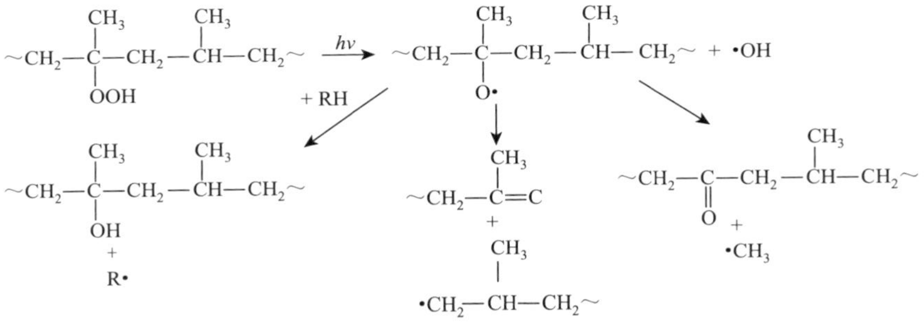

图 9.3　聚丙烯的光氧化机制示意图[37]

除自由基机制的氧化降解外，非自由基机制的解聚过程还常见于高分子材料的老化/降解过程中。例如，聚酯或尼龙等通过缩聚反应获得的高分子材料，在发生上述老化机制的同时，也可利用环境中的游离水实现水解，从而导致分子量的快速下降。

此外，高分子材料作为一类固体材料，其老化过程通常表现出明显的不均一性。老化的不均一性有两种典型的表现形式，即扩散控制氧化(diffusion limited oxidation, DLO)与不均匀引发。虽然二者产生的原因不同，但是都会导致老化从局部向整体扩散(图 9.4)。DLO 现象产生的原因是氧气在固体样品中的扩散和消耗不平衡。由于氧气在向材料内部扩散时存在浓度差，即表层氧气浓度高于内部，因此当老化消耗氧气的速率大于氧气的扩散速率时，会导致表层的氧化速率高于内部。不均匀引发现象则与高分子本身的不均一性直接相关，导致氧化分布表现出随机性。

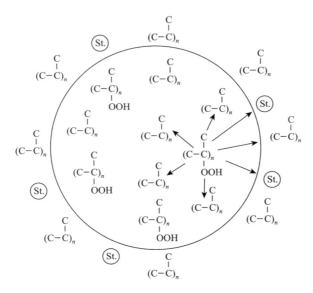

图 9.4 聚丙烯老化传播模型示意图[38]

综上所述,每种老化类型都各具特点,其老化动力学特点及机理也不尽相同[39-43],因此探讨高分子材料的老化规律、微观机理及环境因素对材料老化的影响,对于发展新的实验技术和测试方法、改善材料的生产技术、研制特种材料、设计新材料等具有非常重要的意义。

### 9.1.2 高分子材料老化试验的主要方法

高分子材料的老化试验大体上可分成两大类[44,45]:一类是自然老化试验,这类试验的特点是利用自然环境条件或自然介质进行的试验,试验周期较长。另一类是人工老化试验,这类方法的特点是利用人工的方法,在室内或设备内模拟近似于大气环境条件的某种特定的环境条件,并强化某些因素,以期在较短的时间内获得试验结果。这类方法,通常都有加速材料老化的作用,所以又称为人工加速老化试验,也称为人工模拟试验或人工模拟环境试验。

#### 1. 自然老化试验

自然环境老化试验是利用自然环境条件或自然介质进行的试验,主要包括大气老化试验、自然储存老化试验、海水暴露试验、埋地试验、水下埋藏试验等。自然环境老化试验结果更符合实际、所需费用较低而且操作简单方便,是国内外广泛采用的方法。其中对高分子材料而言,应用最多的是自然气候暴露试验(又称户外气候试验)。

### 2. 大气老化试验

自然大气老化试验是研究塑料受自然气候条件作用的老化试验方法，它是将试样暴露于户外气候环境中受各种气候因素综合作用的老化试验方法，通过测试暴露前后材料性能的变化来评定材料的耐老化性能。

目前，我国关于直接自然气候暴露的试验方法主要有《光解性塑料户外暴露试验方法》（GB/T 17603—2017）、《涂层自然气候曝露试验方法》（GB/T 9276—1996）、《硫化橡胶或热塑性橡胶 耐候性》（GB/T 3511—2018）、《塑料 太阳辐射暴露试验方法 第 1 部分：总则》（GB/T 3681.1—2021）和《塑料太阳辐射暴露试验方法 第 2 部分：直接自然气候老化和暴露在窗玻璃后气候老化》（GB/T 3681.2—2021）等。它们分别规定了各种材料自然气候暴露试验方法的要求及步骤，包括暴露场地、暴露架、试验样板及试验步骤，用于评价高分子材料在室外自然条件或经玻璃过滤后的日光暴露下的耐候性。

### 3. 自然储存老化

自然储存老化是在储存室或仓库内，经自然气候、介质或模拟实际条件作用下进行的老化试验方法，通过测试暴露前后性能的变化来评定材料的耐老化性能。

### 4. 海水暴露试验

海水暴露试验就是将试样暴露于不同的海洋环境区带中，通过测试暴露前后性能的变化来评定材料的耐老化性能。

自然气候暴露试验是评价高分子材料老化特性最真实的方法，但材料在大气中受日照、雨淋、冻融等环境条件变化引起的外观、物理与化学性能的变化十分缓慢，因此，进行自然老化，不但旷日持久，而且因为环境条件变化与影响因素复杂，对试验结果很难准确评价。

由于大气暴露与储存试验周期长，为了获得自然条件的老化数据，同时相对加快自然老化的进程，人们又研制了户外自然加速暴露试验方法。户外自然加速暴露试验方法是在大气暴露试验方法的基础上，人为强化并控制某些环境因素，来加速材料或构件的腐蚀和老化，以提高试验和评价的效率和水平。目前常见的方法有 7 种，分别是橡胶动态暴露试验、追光式跟踪太阳暴露试验、聚光式跟踪太阳暴露试验、加速凝露暴露试验、喷淋加速暴露试验、黑框暴露试验、玻璃框下暴露试验[46]。

### 5. 人工加速老化试验

人工加速老化试验是用人工的方法，在室内或设备内模拟近似于大气环境条件或某种特定的环境条件并强化某些因素，以期在短期内获得实验结果。其目的是提供相对快速的测量材料在长期使用中发生的特性改变程度的方法。因此，各国标准大都采用这种方法来评价材料的抗老化性能。人工加速老化试验方法主要包括耐候性实验、热老化实验(绝氧、热空气、热氧化、吸氧等实验)、湿热老化实验、臭氧老化实验、盐雾腐蚀实验、耐寒性实验、抗霉实验，以及二氧化硫腐蚀试验等[31]。具体采用哪种实验方法取决于要测试的材料、材料的最终应用场合和材料遭破坏的模式等方面。

### 6. 人工加速耐候性试验

1) 实验原理

耐候性就是高分子材料暴露于日光、冷热、风雨等气候条件下的耐久性，即表征材料的抗环境气候各种因素的侵蚀作用的能力。在自然环境下，材料的正常使用寿命统称为耐候性，即将高分子材料或制品暴露于户外自然气候环境中，使其受各种气候因素的综合作用，通过各暴露阶段的外观、颜色及某些性能的检测，用以了解和比较材料或制品的老化速度和特征。通常耐候性试验采用气候老化试验箱，该装置采用碳弧灯、氙灯或紫外荧光灯照射模拟日光的紫外线照射，周期性地向试样喷洒盐溶液来模拟降雨及盐粒子的作用，多重环境因子的交替作用构成试验过程。

2) 试验测试标准

人工加速耐候性试验是一种在实验室模拟户外气候条件进行的加速老化试验，人工试验条件的选择主要包括光源选择和光照条件的确定、试验温度、相对湿度、降雨周期等。

橡胶实验室光源暴露试验方法参照国家标准《硫化橡胶或热塑性橡胶 耐候性》(GB/T 3511—2018)和《硫化橡胶人工气候老化(荧光紫外灯)试验方法》(GB/T 16585—1996)。塑料等高分子材料实验室光源暴露试验方法参照国家标准《塑料 实验室光源暴露试验方法 第 1 部分：总则》(GB/T 16422.1—2019)、《塑料 实验室光源暴露试验方法 第 2 部分：氙弧灯》(GB/T 16422.2—2022)、《塑料 实验室光源暴露试验方法 第 3 部分：荧光紫外灯》(GB/T 16422.3—2022)、《塑料 实验室光源暴露试验方法 第 4 部分：开放式碳弧灯》(GB/T 16422.4—2022)进行，包括氙弧灯、荧光紫外灯、开放式碳弧灯三种光源暴露试验方法。其中，氙灯模拟太阳光谱较好，而荧光灯气候箱是模拟太阳光紫外光谱较接近的设备，碳弧灯的试验方式逐渐被淘汰[47]。这里主要介绍氙弧灯和荧光紫外灯光源暴露试验方法。

3) 人工气候箱的类型和基本结构

人工加速耐候性试验主要使用氙灯、荧光灯、碳弧灯三种类型的气候箱，它们都是从光能、温度、降雨或凝露、湿度这几种主要气候因素进行模拟和强化的试验。荧光灯和氙灯气候箱可以很方便地模拟白天光照夜间凝露或降雨的反复交变试验条件，即暴露循环或紫外光-凝露试验方法。

氙灯加速老化实验箱是模拟气候腐蚀效果的实验室设备，用来测试材料的耐候性能。它可以模拟阳光的破坏效果，用喷淋功能来模拟雨和露。暴晒、黑暗、喷淋的次序是被自动控制的，能在几天或数周内，产生户外几个月甚至几年的老化效果。试验机包括以下结构：氙灯系统、喷淋系统、温度控制系统、湿度控制系统、控制器等。氙灯加速老化实验箱能满足以下国际标准需求：《在人工老化设备中对密封剂进行试验的标准实施规程》（ASTM C1442-06）、《电线和电缆的聚乙烯塑料挤出材料的标准规范》（ASTM D1248）、《户外使用塑料的氙弧曝晒试验标准》（ASTM D2565）、《印刷材料的耐光性能》（ASTM D3424）、《涂层粉末试验》（ASTM D3451）、《卷材涂层试验》（ASTM D3794）、《聚丙烯注射和挤出材料试验》（ASTM D4101）、《颜料耐光性试验标准》（ASTM D4303）、《户内使用塑料的氙弧曝晒试验标准》（ASTM D4459）、《沥青材料的氙弧曝晒试验标准》（ASTM D4798）、《印刷油墨和相关材料的试验标准》（ASTM D5010）、《光降解塑料的氙弧曝晒试验标准》（ASTM D5071）、《非金属材料曝晒通用指标》（ASTM G151）、《非金属材料氙弧曝晒试验标准》（ASTM G155）、《颜料的氙灯试验标准》（ISO 11341）、《实验室光源进行的老化试验方法-第二部分：氙弧灯》（ISO 4892-2）、《塑料和人造橡胶人工气候老化》（DIN EN ISO 4892-2）等。

荧光紫外加速老化实验箱（图9.5）是一台模拟气候老化的实验室仪器，它用于预测材料暴露在室外环境下相应的耐久性。创新的冷凝系统和喷淋系统可以分别模拟露水和雨水，荧光紫外灯则模拟日光的老化现象。当在做光照和潮湿的实验循环时，其温度是自动控制的。在几天或几个星期内，荧光紫外加速老化实验箱可以再现几个月或几年在室外才可能发生的老化效果。实验箱（图9.5）包括以下结构：控制箱、紫外灯管、湿气系统、温度控制系统、水盘盖、镁电极、活动门、温度传感器、测试面板、进气口、出气口和水加热系统等。荧光紫外加速老化实验箱能满足以下国际标准需求：《非金属材料的光/水曝露标准》（ASTM G-154）、《涂料的曝露标准》（ASTM D-4587）、《塑料的曝露标准》（ASTM D-4329）、《沥青屋顶材料的曝露标准》（ASTM D-4799）、《塑料测试方法——光学和颜色特性 耐候性——在玻璃下日光照射、自然风化或实验室光源作用后，颜色变化和性能变异的测定》（BS 2782-5）、《实验室光源下的塑料的曝晒标准》（ISO 4892）、《汽车外饰材料的加速曝晒标准》（SAE J2020）等。

4）灯管类型

氙灯发出的光谱波长范围270 nm以下的短波紫外区，经可见区直到红外区。作为暴露试验，氙灯辐射要经过过滤，以减少紫外短波辐射，并尽可能除去红外辐射，使氙灯光能谱分布与太阳光能谱分布相接近。由于缸灯和滤光器在使用过

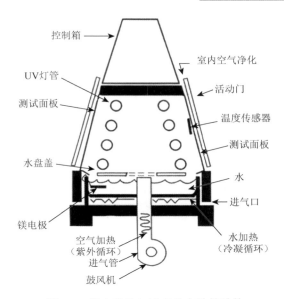

图 9.5　荧光紫外加速老化实验箱结构

程中老化，因此使用一定时间后应该更换。而脏物积聚也会影响其性能，故应定期清洗。照射到试样表面上的波长为 300～890 nm 光的辐照度在正常情况下应为 $(1000 \pm 200) \text{W/m}^2$。波长低于 300 nm 光的辐照度应不超过 1 $\text{W/m}^2$。在整个试样表面辐照度的变化不应超过 $\pm 10\%$。

　　荧光紫外灯是借助于某种荧光物质将来自一种低压汞弧的 254 mm 辐射转化成较长波长紫外光的一种灯，能再现太阳光的老化作用。有四种类型可以选择，UVA-340、UVA-351、UVB-313 EL 和 QFS-40。所有类型灯管都发出紫外光而不是可见光和红外光。除此之外，普通的冷白光灯管可以用于 QUV/cw。它主要发生的是可见光而不是紫外光。由于这些灯管发出的总能量和波谱分布不同，所以得到的测量结果是很不一样的。具体的应用条件取决于使用哪种灯管。

　　长波紫外线灯(UVA 灯)：长波紫外线灯对不同类型聚合物的比较尤其有用。因为 UVA 灯在 295 nm 的普通太阳光波长截止点以下没有任何的紫外线输出，它们通常不像短波紫外线破坏材料那样快，但它们比较接近真实的户外老化。UVA-340：UVA-340 能发出从 365 nm 到 295 nm 间的最接近太阳光的波长。它的辐射峰值是在 340 nm。UVA-340 灯对不同试验方法的对照测试尤其有用。UVA-351：UVA-351 模拟日光被窗户玻璃过滤后的紫外线部分。它适用于户内环境应用，用于测试室内环境的材料，如油墨和那些靠近窗边的聚合物的老化性能。

　　短波紫外线灯(UVB 灯)：短波紫外线灯辐射波长是低于 295 nm 的非自然短波紫外线，使材料的腐蚀较快，一般用于 QC 测试和测试比较耐久的材料。由于它们辐射的是非自然短波紫外线，因此相比于真实户外老化，产生的结果不规则。

UVB 有两种类型,它们有相同的光谱分布,但发出的紫外线总量不同。QFS-40:已经被使用许多年,且仍然用于一些汽车测试,特别是涂层。UVB-313 EL:与QFS-40 灯相比,UVBV-313 EL 产生比较高的紫外线,因此加快了测试过程。

冷白光灯:日光灯普遍被用于商业广告、零售和办公室环境,通常被设置在非常高的强度下来测试材料耐光性。

5)过滤片的选择

氙灯加速老化实验箱配有 6 种不同的 UV 过滤片:DAYLIGHT-Q、DAYLIGHT-B/B、WINDOW-Q、WINDOW-B/SL、WINDOW-IR 和 Extended UV-Q/B。这些过滤片的目的是得到特定的光谱能量分布(SPD),每一种都是一片扁平的玻璃。DAYLIGHT-Q 过滤片产生的 SPD 相当于夏季中午的阳光,可用来检测放于室外的材料。DAYLIGHT-B/B 是一种特殊的日光过滤片,它产生的 SPD 波长比标准的日光过滤片的还短,它的光谱与装有内外均是硼硅酸盐的过滤片的旋转鼓形设备的相匹配。WINDOW-Q 过滤片产生的 SPD 相当于透过窗玻璃的夏季中午的阳光,可用来检测放于室内的材料。WINDOW-B/SL 是一种特殊的窗玻璃过滤片,它产生的 SPD 波长比标准的窗玻璃过滤片的还短,这种过滤片符合对窗玻璃过滤片有要求的 AATCC 标准。WINDOW-IR 过滤片产生的 SPD,它的短波截止点与WINDOW-Q 过滤片产生的几乎相同,然而,因为它的镜片吸收特殊的红外光,所以光线中的可见光和红外光的量减少了。这种过滤片的优点是当要求温度降低时,减少了最低的黑板温度,WINDOW-IR 过滤片也必须符合对热量减少过滤片有要求的一些标准,如 ISO 105-B02。Extended UV-Q/B 过滤片可得到波长比日光短的光线,可用来加速测试材料的老化,此过滤片也必须符合一些对汽车材料有要求的标准,如 SAE J2412 和 SAE J2527。

6)辐照设置

氙灯加速老化实验箱辐照度可分为低辐照度条件($0.25 \sim 0.45 \ W/m^2$)和高辐照度条件($0.45 \sim 0.72 \ W/m^2$),可不间断地检测和控制灯光的输出量,但通常在材料最为敏感的光谱区域进行辐照度控制。340 nm 控制点广泛应用于加速老化测试中,对于户外耐久性产品的老化测试而言,短波紫外线区域最具危险性。通常,这对于涂料、塑料、屋面材料等最常见的辐照度控制点是 $0.35 \ W/m^2@340 \ nm$ 或 $0.55 \ W/m^2@340 \ nm$。420 nm 控制点一般与窗玻璃过滤器配套用于材料的室内光稳定性测试,通常用于那些主要由长波紫外线和可见光造成损坏的材料,如针织品中的染料和色素、纸张和油墨最常见的辐照度设置点是 $1.10 \ W/m^2@420 \ nm$。

荧光紫外灯的光强可以设置在很高到很低的范围内,除非是较为特殊的测试,一般按以下建议设定。UVA-340 灯的辐照度:$0.68 \ W/m^2@340 \ nm$ 相当于夏季正午的日光,得到快速效果;$1.38 \ W/m^2@340 \ nm$ 是太阳最大值的 2 倍,得到快速效果;$0.35 \ W/m^2@340 \ nm$ 相当于三月/九月的日光,适合普通测试或较低 UV 光强的测试。UVB-313 灯的辐照度：0.67 W/m$^2$@310 nm 与 1.23 W/m$^2$@310 nm 是非常快速的测试，应用于质量控制或耐久性好的材料测试；0.48 W/m$^2$@310 nm 是 UVB-313 灯管执行 SAE J2020 标准时的长时间光照。

7）样品

每种待检材料暴露至少三个平行试样以便对结果进行统计评估。

氙灯加速老化实验箱配有面板固定器，使用版面面板固定器时，最适宜的样品尺寸为 2 in×4 in（1 in = 2.54 cm）、3 in×6 in、4 in×6 in 和 4 in×8 in。

荧光紫外加速老化实验箱可以测试各种形状大小的材料。在面板固定器中使用的最方便的样品尺寸是 3 in×6 in、厚度为 1/4 in 的平板。

8）试验方法

塑料等高分子材料氙灯加速老化试验，采用氙灯加速老化试验箱，参照国家标准《塑料　实验室光源暴露试验方法　第 1 部分：总则》（GB/T 16422.1—2019）和《塑料　实验室光源暴露试验方法　第 2 部分：氙弧灯》（GB/T 16422.2—2022）进行。标准中规定了辐照度、温度、试验箱内空气相对湿度、喷淋循环、有暗周期的循环和暴露条件等试验条件的设置，并明确规定了试样的安装、暴露、辐照量的测量、暴露后性能变化的测定等实验步骤及试验报告内容。

荧光紫外灯加速老化试验，采用荧光紫外灯加速老化试验箱，参照国家标准《塑料　实验室光源暴露试验方法　第 1 部分：总则》（GB/T 16422.1—2019）和《塑料　实验室光源暴露试验方法　第 3 部分：荧光紫外灯》（GB/T 16422.3—2022）进行。标准中规定了辐照度、温度、凝露和喷淋循环、有暗周期的循环和暴露条件等试验条件的设置，并明确规定了试样的安装、暴露、辐照量的测量、暴露后性能变化的测定等实验步骤及试验报告内容。

9）人工气候试验与大气老化试验之间的换算关系

随着高分子材料应用范围的不断扩大，研究其耐老化性能和可靠地预测其实际使用寿命已变得越来越重要。目前比较热门的是通过较短时间的人工加速老化试验来寻求与大气老化实验结果之间的相关性，从而实现准确预测高分子材料在实际应用场合中的寿命[48, 49]。根据材料应用环境的不同，材料的老化与防老研究应该同步于材料的生产、加工，但目前对于材料的生产、加工方法研究得比较透彻，由于环境因素的复杂性，因此老化与防老化研究相对有些滞后，加强这方面的基础研究与应用研究，研究成果指导材料的生产、加工，将会使高分子材料的应用获得更大的发展。虽然国内外已经开发了各种实验方法和预测技术，但是其可靠性却不能很好地保证。若能利用电子计算机的模拟功能，通过设计程序来模拟老化试验，将有助于实现快速、准确、方便地预测高分子材料寿命的目的，这也是今后的主要研究方向之一。

### 7. 热老化试验

热是促进高聚物发生老化反应的主要因素之一，热可使高聚物分子发生链断裂从而产生自由基，形成自由基链式反应，导致聚合物降解、交联和性能劣化。热老化测试是评定材料对高温的适应性的一种简便的人工模拟试验方法，是将材料放在高于相对使用温度的环境中，使其受热作用，通过测试暴露前后性能的变化来评定材料的耐热性能。热老化试验通过加速材料在氧、热作用下的老化进程，反映材料耐热氧老化性能[50]。根据材料的使用要求和试验目的确定试验温度。温度上限可根据有关技术规范确定，一般对于热塑性材料应低于其维卡软化点，对于热固性材料应低于其热变形温度，或者通过探索试验，选取不造成试样分解或明显变形的温度。烘箱法老化试验是耐热性试验的常用方法，并按照《塑料热老化试验方法》（GB/T 7141—2008）标准进行，将试样置于选定条件的热烘箱内，周期性地检查和测试试样外观和性能的变化，从而评价试样的耐热性。标准规定了塑料仅在不同温度的热空气中暴露较长时间时的暴露条件、热暴露的方法，而未对试验方法或试样进行规定。热对塑料任何性能的影响都可以通过选择合适的试验方法和试样来测定。标准给出了比较材料热老化性能的导则，这些性能通过某相关性能的变化来测定。试验结果受所用热老化试验箱类型的影响，使用者可以选择两种方法中的一种进行热老化试验箱暴露：方法 1 选用重力对流式热老化试验箱，此方法推荐用于标称厚度不大于 0.25 mm 的薄型试样；方法 2 选用强制通风式热老化试验箱，此方法推荐用于标称厚度大于 0.25 mm 的试样。标准介绍了在单一温度下比较材料热老化性能的方法，还描述了材料在一系列温度下测定热老化性能的方法，以此来估计在某更低温度下材料发生规定特性变化所需的时间，没有预计应力、环境、温度和控时失效等因素相互作用时的热老化性能。

### 8. 湿热老化试验

在大气环境下，温度（热）和湿度（水分）是客观存在的因素[51]。湿热条件下的暴露老化试验是将材料放在规定的潮湿的热空气环境中，受湿热作用，通过测试暴露前后的性能或外观变化来评价材料的耐湿热性能。湿热老化试验是用于鉴定高分子材料在高温、高湿环境下耐老化性能的试验方法。高温下的水汽对高分子材料具有一定的渗透能力，尤其是在热的作用下，这种渗透能力更强，能够渗透到材料体系内部并积累起来形成水泡，从而降低了分子间的相互作用，导致材料的性能劣化。有些高分子材料是在高温高湿的环境中储存、运输或使用。因此湿热老化试验是具有一定的实际意义和经济价值的工作。

湿热老化试验一般使用湿热试验箱，它能提供标准无污染的大气环境（试验气

体由 $N_2$、$O_2$、$CO_2$ 和水蒸气组成），温度为 40～60℃，相对湿度为 90%RH 以上。提高试验温度有利于加速老化，但试验温度过高，破坏速度太快，不利于区别材料的优劣，而且脱离实际的试验意义不大。此外，相对湿度也不能达到 100%RH，因为当相对湿度达到 100%RH 时，试样表面将出现大量的凝露水珠，这种情况近似于热水试验的环境，与湿热老化的环境不符。

湿热老化试验相关的国家标准有《硫化橡胶湿热老化试验方法》（GB/T 15905—1995），标准规定了硫化橡胶在潮湿的热空气环境下进行的老化试验方法，适用于评价橡胶等高分子材料耐湿热老化的性能。将橡胶试样暴露于潮湿的热空气环境中，经受热空气和水汽的作用，按预定时间检测试样性能的变化，从而评价橡胶耐湿热老化性能。标准中对试验装置、试样、试验条件、性能检测与评价、试验步骤和实验结果的计算等给出了明确的规定。

### 9. 臭氧老化试验

臭氧在大气中的含量很少，却是导致橡胶龟裂的主要因素，臭氧老化试验是通过模拟和强化大气中的臭氧条件，研究臭氧对橡胶的作用规律，快速鉴定和评价橡胶抗臭氧老化性能与抗臭氧剂防护效能，进而采取有效的防老化措施，以提高橡胶制品的使用寿命。橡胶防水材料、高分子聚合物防水材料须进行此项实验。

臭氧老化试验相关的国家标准有《硫化橡胶或热塑性橡胶耐臭氧龟裂 静态拉伸试验》（GB/T 7762—2014）、《硫化橡胶或热塑性橡胶耐臭氧龟裂 动态拉伸试验》（GB/T 13642—2015）、《橡胶和塑料软管 静态条件下耐臭氧性能的评价》（GB/T 24134—2009）和《橡胶和塑料软管动态条件下耐臭氧性能的评定》（GB/T 18949—2003）等。GB/T 7762—2014 规定了硫化橡胶或热塑性橡胶在静态拉伸应变下，暴露于含一定浓度臭氧的空气中和在规定温度且无光线直接影响下的环境中进行的耐臭氧龟裂的试验方法，适用于硫化橡胶或热塑性橡胶。GB/T 13642—2015 规定了硫化橡胶或热塑性橡胶在动态拉伸应变下，暴露于含一定浓度臭氧的空气中和在规定温度且无光线直接影响下的环境中进行的耐臭氧龟裂的试验方法，适用于硫化橡胶或热塑性橡胶。GB/T 24134—2009 规定了 5 种测定软管外覆层耐臭氧性能的方法：方法 1 适用于内径为 25 mm 及以下的软管，用软管进行试验；方法 2 适用于内径大于 25 mm 的软管，用从软管壁上切取的试样进行试验；方法 3 适用于内径大于 25 mm 的软管，用软管外覆层上切取的试样进行试验；方法 4 适用于所有规格的软管，用软管进行试验；方法 5 适用于所有规格的软管，试验实施于可扩张软管，如有织物增强层的软管。GB/T 18949—2003 规定了动态条件下软管耐大气臭氧的有毒影响的评定方法。它适用于内径不超过 25 mm（包括 25 mm）的软管。

### 10. 盐雾腐蚀试验

当盐雾的微粒沉降附着在材料的表面上，便迅速吸潮溶解成氯化物的水溶液，在一定的温度、湿度条件下，溶液中的氯离子通过材料的微孔逐步渗透到内部，引起材料的老化或金属的腐蚀。对于光记录介质盐蚀尤为严重。盐雾试验用来鉴定材料的防电化学腐蚀的性能。通常试验温度为 35℃，pH 为 6.5～7.2，湿度不小于 90%RH。

盐雾腐蚀试验在国家标准《塑料 暴露于湿热、水喷雾和盐雾中影响的测定》(GB/T 12000—2017)中有相关规定，标准规定了塑料暴露于湿热、水喷雾和盐雾的条件，以及在给定的暴露周期后一些重要性能变化的评价方法，一般适用于所有塑料标准试样、制品或部件。并给出以下测定方法：质量变化法、尺寸和外观变化法、其他物理性能变化法。

### 11. 耐寒性试验

聚合物的耐寒性是指它抵抗低温引起性能变化的能力，当环境温度达到某一低温区域，聚合物会脆化。低温储存试验可以鉴定材料的低温储存特性。耐寒性与聚合物的链运动、大分子间的作用力和链的柔顺性有关，饱和聚合物的主链全部由单键组成，由于分子链上没有极性基或位阻大的取代基，柔顺性好，耐寒性也好。反之，如果侧基为位阻大的刚性取代基，或者重度交联的聚合物耐寒性就较差。

### 12. 抗霉试验

霉菌是一种微生物，霉菌新陈代谢的排泄物(有机酸)会导致材料失效。天然有机材料(包括植物纤维、动植物基胶黏剂、油脂、皮革等)是最容易受霉菌破坏的材料；合成材料(塑料、聚氨酯、油漆等)在加工的过程中添加有脂肪酸增塑剂或卵磷脂分散剂等容易生霉的有机质，在潮湿环境中也容易生霉；信息记录介质材料含有供霉菌生存的有机质，在潮湿环境容易生霉，导致数据丢失。为了评价材料的长霉程度，通常采用人工抗霉试验。霉菌试验常用的菌种有黑曲霉、黄曲霉、杂色曲霉、青霉、球毛壳霉等。由于不同材料遭受到侵蚀破坏的霉菌种类有所不同，因此对不同的高分子材料应选用不同的试验菌种。人工抗霉试验的周期一般为 28 天。目前常采用霉菌老化试验箱，该试验箱是在一定的温度、湿度条件下通过培养真菌进行试验，评价高分子材料产品的抗菌老化能力。

国家标准《塑料 塑料防霉剂的防霉效果评估》(GB/T 24128—2018)规定了

一种确定塑料配方中用于保护防霉剂(如增塑剂、稳定剂等易受霉菌影响的成分)的防霉效果的试验方法。本方法可通过目视检查评价防霉效果,验证某种塑料制品是否能有效防止霉菌的侵蚀。适用于由塑料制成的不超过 10 mm 厚的薄膜或片材。此外,如泡沫塑料之类的多孔材料也可以在制成上述形态时采用本方法进行测试。

### 9.1.3　相关标准

1) 塑料老化的国内外标准对比

我国国家标准基本等效于相应的国际标准化组织标准发布的 ISO 标准,与美国试验与材料协会的相应标准有一定差别。表 9.1 归纳总结了塑料老化的国内外标准对比情况[52]。

表 9.1　塑料老化的国内外标准对比

| 试验 | 国家标准 | 国际标准化组织标准 | 美国试验与材料协会标准 |
|---|---|---|---|
| 自然气候暴露试验 | GB/T 3681.1—2021 塑料 太阳辐射暴露试验方法 第 1 部分:总则 | ISO 877-1: 2009 塑料 太阳辐射暴露试验方法 第 1 部分:总则 | ASTM D 1435-20-2020 塑料户外耐候标准实践 |
| 耐光性试验 | GB/T 3681.2—2021 塑料 太阳辐射暴露试验方法 第 2 部分:直接自然气候老化和暴露在窗玻璃后气候老化 | ISO 877-2: 2009 塑料 太阳辐射暴露试验方法 第 2 部分:直接自然气候老化和暴露在窗玻璃后气候老化 | ASTM G24-21 通过玻璃过滤日光照射的标准做法 |
| 耐热试验 | GB/T 7141—2008 塑料 热老化试验方法 | —— | ASTM D 5510-1994 可氧化降解塑料热老化标准规范(作废) |
| | GB/T 7142—2002 塑料 长期热暴露后时间-温度极限的测定 | ISO 2578-1993 塑料长时间热暴露后测定时间-温度极限 | —— |
| 耐人工气候老化试验 | GB/T 16422.1—2019 塑料 实验室光源暴露试验方法 第 1 部分:通则标准 | ISO 4892-1—2016 塑料 实验室光源暴露试验方法 第 1 部分:通则 | —— |
| | GB/T 16422.2—2022 塑料 实验室光源暴露试验方法 第 2 部分:氙弧灯 | ISO 4892-2—2016 塑料 实验室光源暴露试验方法 第 2 部分:氙弧灯 | ASTM D 2565-2016 用于室外应用的塑料氙弧暴露标准实践 |
| | GB/T 16422.3—2022 塑料 实验室光源暴露试验方法 第 3 部分:荧光紫外灯 | ISO 4892-3—2016 塑料 实验室光源暴露试验方法 第 3 部分:荧光紫外灯 | ASTM D 4329-2021 荧光紫外线(UV)灯具设备暴露的标准实践 |
| | GB/T 16422.4—2022 塑料 实验室光源暴露试验方法 第 4 部分:开放式碳弧灯 | ISO 4892-4—2013 塑料 实验室光源暴晒方法 第 4 部分开放式碳弧灯 | ASTM D 1499-2013 过滤的开放式火焰碳弧暴露的标准实践 |

2）不同材料的老化方法标准对比

我国的高性能高分子材料加速老化及储存寿命评估技术研究起步较晚，在加速老化试验标准方面有相当一部分标准是参考国外或国际标准制定的。针对不同的高性能高分子材料所采用的加速老化的国家标准，在参考国外标准的同时根据具体情况和产品要求做出了适当调整，其相关性如表 9.2 所示[53]。

表 9.2　不同的高性能高分子材料老化的国内外标准

| 适用高分子材料 | 现行国家标准 | 国外标准相关性 |
| --- | --- | --- |
| 硫化橡胶或热塑性橡胶 | GB/T 20028—2005 硫化橡胶或热塑性橡胶 应用阿累尼乌斯图推算寿命和最高使用温度 | ISO 11346-2014 橡胶硫化或热塑性-使用寿命和最高使用温度的估算 |
| | GB/T 3512—2014 硫化橡胶或热塑性橡胶 热空气加速老化和耐热试验 | ISO 188-2011 橡胶硫化或热塑性-加速老化和耐热性试验 |
| | | DIN 53508 橡胶测试-加速老化 |
| 硫化橡胶 | GB/T 15905—1995 硫化橡胶湿热老化试验方法 | ISO 4611-2010 塑料-测定暴露于潮湿喷水和盐雾的影响 |
| 橡胶或塑料涂覆织物 | GB/T 24135—2022 橡胶或塑料涂覆织物 加速老化试验 | ISO 1419-2019 橡胶或塑料涂覆织物-加速老化试验 |
| 塑料、涂料、橡胶 | GB/T 14522—2008 机械工业产品用塑料、涂料、橡胶材料人工气候老化试验方法 荧光紫外灯 | ISO 4892-2016 塑料暴露于实验室光源的方法 |
| 软质合硬质泡沫聚合材料 | GB/T 9640—2008 软质和硬质泡沫聚合材料 加速老化试验方法 | ISO 2440-2019 柔性和刚性的多孔聚合材料-加速老化试验 |
| 高聚物多孔弹性材料 | GB/T 14274—2003 高聚物多孔弹性材料 加速老化试验 | |
| 电气绝缘材料 | GB/T 11026.1—2016 电气绝缘材料 耐热性 第 1 部分：老化程序和试验结果的评定 | IEC 60216-1-2013 电气绝缘材料 耐热性能 第 1 部分：老化规程和试验结果的评估 |
| 胶黏剂 | GB/T 7123.2—2002 胶粘剂适用期和贮存期的测定 | 等效采用 ASTM D1337-10 (2016) 用稠度和粘结强度的标准操作规程胶粘剂贮藏寿命 |
| 绝缘和护套材料 | GB/T 2951.12—2008 电缆和光缆绝缘和护套材料通用试验方法 第 12 部分：通用试验方法——热老化试验方法 | DIN EN 60811-1-2 电缆绝缘和护套材料通用测试方法 第 1 部分：一般应用 第 2 节：热老化方法 |

目前国内外有关橡胶、塑料及涂层的试验标准较多，且覆盖的范围也较全面；而胶黏剂与复合材料的试验标准较少，尤其是最近开发出的复合材料，基本上没有与之对应的加速老化试验标准。同时对于一些极端的应用环境，如整机加速老化、空间环境等，也缺乏相应的较为成熟的加速老化试验标准。日益增多的材料

种类及越来越复杂的应用环境都对高性能高分子材料的储存寿命评估及加速其老化技术提出了更高的要求。

### 9.1.4　高分子材料老化性能评价实例分析

高分子材料的老化模拟研究使老化研究从定性研究深入到定量研究，因此对预测高分子材料的储存老化性能、了解高分子材料的老化机理具有重要意义[22]。

本实例运用热空气加速老化试验方法对塑钢窗密封条所用的三元乙丙橡胶进行了不同温度下的老化，并对其使用寿命进行了预测[54]。首先建立了基于 Arrhenius 原理的老化寿命预测模型，然后对该数学模型进行了验证和统计分析。不同老化温度下老化程度实验值与预测值对比如图 9.6 所示。

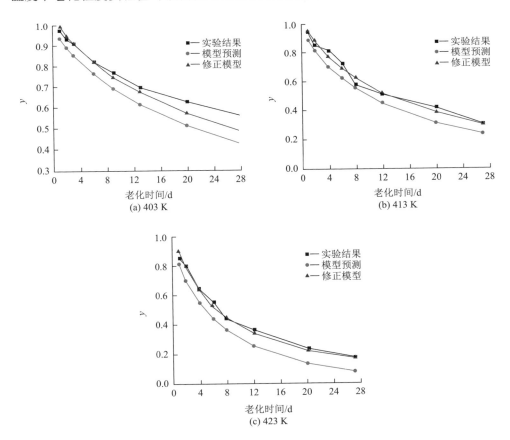

图 9.6　不同老化温度下老化程度实验值与预测值对比

预测值曲线的老化程度 $y$ 随老化时间的变化趋势与试验值各监测点的变化趋

势一致，但是预测值和试验值存在一定偏差，计算出偏差 $\Delta y$。将预测曲线分别向上移动 $\Delta y$，预测值经过修正后的结果如图 9.6 所示，图中经过修正的预测值拟合曲线与试验值各监测点所构成的曲线吻合很好，预测曲线得以修正。将不同老化温度下的预测值经过修正之后，与试验值进行对比，结果如图 9.7 所示。

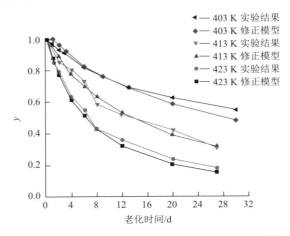

图 9.7    模型修正后预测老化程度与老化时间的关系曲线

结果表明，模型预测结果与实验值吻合很好，相关系数大于 0.99。根据预测值与试验值的偏差对预测模型进行了进一步修正，根据修正后的模型预测得到 30℃下、拉断伸长率保持率在 70%时，密封条的使用寿命为 68.73 年。

## 9.2    生物降解性能评价技术    ◂◂◂

材料(分解通常涵盖)热分解、氧化分解、光分解、生物降解、水解分解(及)辐射分解等多种形式。本节主要聚焦于生物降解进行阐释。生物降解塑料是指能在自然环境下，如土壤、沙土，或者在特定条件，如堆肥、厌氧消化或水性培养环境中，通过自然存在的微生物实现分解，并最终彻底分解为二氧化碳($CO_2$)或/和甲烷($CH_4$)、水($H_2O$)及所含元素转化成的矿化无机盐和新的生物质。

生物降解材料的分解过程通常可以划分为三个阶段：①材料性能衰减阶段，此阶段材料在微生物或其他因素影响下，其力学性能逐渐下降；②碎裂阶段，此阶段聚合物在微生物或其他因素作用下被分解成较小的低聚物和单体；③微生物吸收阶段，此阶段低聚物或单体被微生物利用，最终分解为 $CO_2$、$H_2O$ 和生物质等。

近年来，生物分解塑料及其产品的需求呈现出爆发式的增长。但是，目前生物分解材料的生产能力还远远不能满足市场需求。相较于传统塑料，生物分解塑料的成本仍然较高。这种情况导致市场上的分解塑料材料质量参差不齐，伪分解塑料制品层出不穷，难以辨别真假。因此，生物分解性能成为评估生物分解材料的重要指标之一，对于塑料制品的生物分解性检测在市场监管中显得尤为重要[56-58]。目前存在众多的生物分解性能检测方法标准，大致可以分为好氧微生物分解、厌氧微生物分解和其他检测方法。

### 9.2.1　生物降解高分子材料

生物降解高分子按照来源分类，可以分为天然生物降解高分子和合成生物降解高分子。列举主要几种。

聚乳酸(PLA)作为当前备受学术界和工业界瞩目的生物降解材料，因其无毒、无刺激性、高强度、出色的生物相容性和易加工性，正逐渐成为聚苯乙烯(PS)和聚丙烯(PP)在包装领域的潜在替代者。

聚己二酸-对苯二甲酸丁二酯(PBAT)，是己二酸丁二醇酯与对苯二甲酸丁二醇酯的聚合物，展现出了优秀的延展性、耐热性、抗冲击性和断裂伸长率等特点[55]。PBAT 由 BA(脂肪族单元)和 BT(芳香族单元)链段共同构成的半晶状共聚酯。研究显示，相较于芳香族域(BT 单元)和结晶区域，脂肪族域(BA 单元)及无定形区更易进行水解和生物降解。

聚丁二酸丁二酯(PBS)由丁二酸和丁二醇聚合而成，作为一种典型的生物降解材料，其应用范围极为广泛，涵盖包装、餐具、化妆品及药品瓶、一次性医疗产品、农用薄膜、农药与化肥缓释材料，以及生物医学高分子材料等多个领域。

聚己内酯(PCL)则是通过 $\varepsilon$-己内酯单体开环聚合而得到的。其分子量可以通过调整聚合条件来精确控制，且因其出色的生物相容性和生物降解性，在药物载体、可降解塑料及纳米纤维材料等多个领域均有广泛应用。

此外，聚羟基脂肪酸酯(PHA)作为一种由多种微生物合成的天然生物降解高分子，其卓越的生物相容性、生物降解性和热加工性能，使其在生物医学和可降解包装材料领域具有广阔的应用前景。

常见的生物降解高分子材料见表 9.3。

**表 9.3　常见生物降解高分子材料**

| 序号 | 材料类型 | 特点 | 应用 |
|---|---|---|---|
| 1 | 天然多糖类 | 淀粉(Si)、纤维素(Cellulose)、壳聚糖(Chitason)等，来源广泛易、价格低廉 | 广泛用于柔性薄膜包装领域，主要用作可降解塑料制品基底材料 |
| 2 | 聚乳酸(PLA) | 无毒无刺激、生物相容性良好、强度高、可加工性好、可生物降解等，但不耐温、耐油等 | 有望替代聚苯乙烯(PS)和聚丙烯(PP)应用于包装领域 |

续表

| 序号 | 材料类型 | 特点 | 应用 |
|---|---|---|---|
| 3 | 聚羟基脂肪酸酯(PHAs) | 由很多微生物合成的一种细胞内聚酯。具有良好的生物相容性、生物可降解性和塑料的热加工性能,但生产成本较高 | 可作为生物医用材料和生物可降解包装材料 |
| 4 | 聚己二酸-对苯二甲酸丁二酯(PBAT) | 具有优良的延展性、耐热性、抗冲击性和断裂伸长率等 | 加工性能与 LDPE 非常相似,可用于包装、纺织、一次性用品等领域 |
| 5 | 聚丁二酸丁二醇酯(PBS) | 典型的脂肪族聚酯,力学性能优异、耐热性能好、综合性能优异、性价比合理 | 可用于包装、餐具、化妆品瓶及药品瓶、一次性医疗用品、农用薄膜等领域 |
| 6 | 聚己内酯(PCL) | 具有热塑性,生物可降解性、生物相容性、形状温控记忆性等特点 | 主要应用为可控释药物载体、手术缝合线等医用材料 |
| 7 | 聚酯酰胺(PEA) | 高分子主链上含有酯链和酰胺键树脂,有线型聚酯酰胺和交联聚酯酰胺之分 | 主要用作仿真丝的衣料和装饰品 |
| 8 | 聚乙交酯(PGA) | 可生物降解的脂肪族聚合物,降解速度快 | 主要用于手术缝合线等领域 |
| 9 | 聚碳酸亚丙酯(PPC) | 又称聚碳酸亚丙酯,是以二氧化碳和环氧丙烷为原料合成的一种完全可降解的环保型塑料。该树脂玻璃化转变温度较低 | 可以应用在肉制品(−80℃)保鲜膜、可降解泡沫材料、板材、一次性餐具、一次性医用、食品包装材料等领域 |

## 9.2.2 生物降解塑料的降解机理

生物降解塑料的核心降解机制涉及聚合物中化学键的断裂。为了促进聚合物的降解,可以通过在分子链中引入易于断裂的弱性化学键或反应性化学键。这些化学键的断裂主要通过四种方式发生:分子链解聚型、无规断裂型、弱键分离型及侧链或小分子脱出型。其中,聚合物的水解解聚过程,特别是微生物水解,被认为是生物可降解塑料降解过程中的限速步骤。在此过程中,细菌、真菌和藻类等天然微生物利用自己的酶促使聚合物链发生断裂,最终生成低聚物和单体。然而,对于某些聚合物,如 PLA 等,非生物水解也发挥着至关重要的作用。水解过程可通过两种主要机制进行:表面侵蚀和整体侵蚀。在整体侵蚀过程中,聚合物内部和表面均匀发生水解,这一过程从聚合物的无定形区域通过水的扩散开始,低聚物随后缓慢扩散至表面并逐渐溢出。相比之下,表面侵蚀从聚合物表面开始,并以更快的速率进行体积减小,当水解速度超过水分子扩散至聚合物主体的速度,或当催化剂(如酶)不能穿透聚合物主体时,便会发生。这种侵蚀方式是疏水性和半结晶聚合物及那些水解速率较快的聚合物的主要降解机制。当水的扩散速度超过水解反应的速度时，则会发生整体侵蚀(图9.8)。这些机制可共同作用推动生物可降解塑料的降解过程。

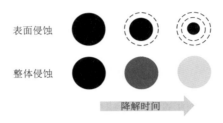

图9.8　生物降解塑料的表面侵蚀和整体侵蚀

生物可降解塑料的降解性能主要受其化学组成和分子结构的影响。天然聚合物，如淀粉基和纤维素基材料，以及由微生物代谢合成的聚羟基脂肪酸酯(PHA)，因其结构与天然高分子类似，易于被自然环境中的微生物所降解。线型的脂肪族聚酯由于其结构简单，相较于含有复杂苯环结构的芳香族聚酯，更容易被微生物分解。聚合物的无定形区域由于分子排列较为松散，相对于紧密的结晶区域，更易于酶的侵蚀[59]。此外，聚合物链的柔韧性对其生物降解性也有显著影响，那些具有较低熔点和玻璃化转变温度的聚合物，由于链条的高柔性，更易被微生物酶降解。

含糖苷键的生物可降解塑料，如淀粉基和纤维素基材料，在生物降解过程中，主要通过糖苷键断裂解聚为低聚物和单体，进而被微生物吸收利用。以淀粉基塑料(TPS)为例，其强吸湿性促使水分子渗透，加速了水解反应。在此过程中，淀粉的—OH 基团和 C—O—C 键是水解反应的关键部位。微生物的酶类，如糊精酶、麦芽糖苷酶和葡萄糖苷酶，在好氧条件下协同作用，将淀粉逐步转化为糊精、麦芽糖和葡萄糖，而在厌氧条件下，淀粉先后被转化为麦芽糖和葡萄糖，进而被细胞吸收和转化[60]。

含酯键的生物可降解塑料，如脂肪族聚酯(包括 PHA、PLA、PBS、PBSA 及 PCL)和脂肪族-芳香族共聚酯(主要为 PBAT)，因其分子结构中存在的不稳定酯键，易于通过酶催化的水解反应被降解。这些酯键的水解不仅促进聚合物的解聚，生成可由微生物利用的低聚物和单体，而且这些单体能够进一步经过 β-氧化，在有氧条件下转化为 $CO_2$ 和 $H_2O$，在厌氧条件下生成 $CH_4$，从而完成降解过程[61]。解聚机制具体示于图9.9和图9.10。

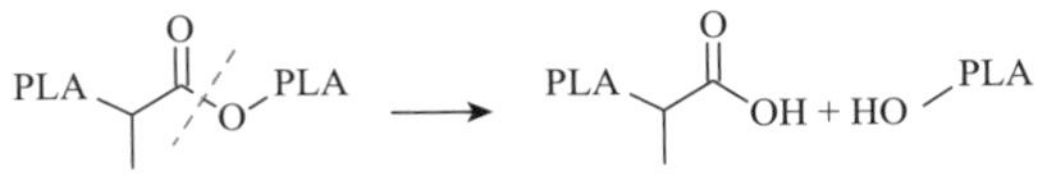

$$\text{PLA} \overset{O}{\underset{}{\diagup\!\!\!\diagdown}} \text{PLA} \longrightarrow \text{PLA} \overset{O}{\underset{}{\diagup\!\!\!\diagdown}} \text{OH} + \text{HO}\diagdown\text{PLA}$$

图9.9　脂肪族聚酯的解聚机制

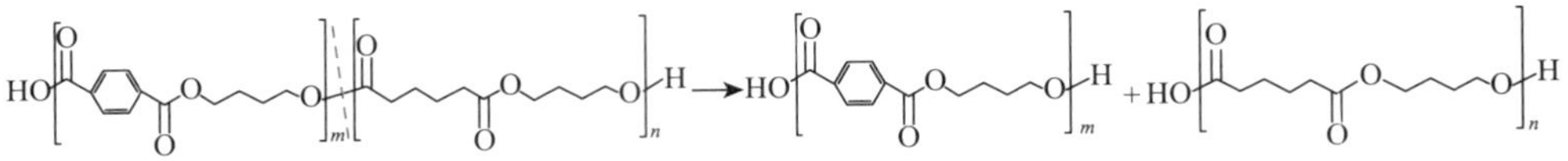

图 9.10　脂肪族-芳香族共聚酯的解聚机制

酯键的水解主要由一系列特异性酶，包括脂肪酶、酯酶、蛋白酶、角质酶及 PHA 解聚酶等，通过对聚合物活性位点的吸附和随后的酶催化水解断裂来实现，释放不同大小的低聚物至周围环境中[62]。这些酶根据其底物偏好和界面活性的不同，对含酯键的聚合物表现出不同的降解效率。例如，脂肪酶主要作用于长链及油水界面的底物，而对于具有较多亚甲基的聚酯，如 PCL、PBS、PBSA 及 PES 表现出较高的水解活性，但对于具有高熔点和旋光性的聚合物如 PHB 和 PHV 的降解能力较弱[63]。

特别地，PHA 解聚酶在 PHA 的水解过程中扮演着关键角色，不同的 PHA 水解产物取决于 PHA 的具体类型，如 PHB 的水解产物为 3-羟基丁酸，而 PHBV 的水解则同时产生 3-羟基丁酸和 3-羟基戊酸[64]。对于 PLA，其水解过程通过酯键的随机断裂发生，优先在非结晶区域进行，且受温度和 pH 的影响[65-67]。

PBS 和 PBSA 的水解主要在脂肪酶、酯酶和角质酶的作用下进行，其中 PBSA 的水解速率受到其组分单体的不同降解速度的影响，己二酸单元的降解速度快于 1,4-丁二醇单元，而丁二酸单元则更难降解[68]。PBAT 的降解过程中，酯酶和角质酶催化水解产生的单体和低聚物种类繁多，BA 链段首先发生降解，而 BT 链段较难降解[69, 70]。在酶解过程中，含 3 个以上酯键的低聚物与酶的亲和力强，降解速度快，因此水解产物主要为含 1～3 个酯键的单体和低聚物[71]。

PCL 的水解则由脂肪酶、酯酶、蛋白酶等催化，产生 6-羟基己酸的单体及其聚合物，其水解难度受到 PCL 较高结晶度和疏水性的影响[72, 73]。整体而言，含酯键的生物可降解塑料通过特定酶的作用，经过水解裂解及解聚，最终转化为微生物可利用的形式，实现环境友好的降解过程。

聚碳酸酯类型的生物可降解塑料，如以 PPC 为代表，其降解主要通过碳酸酯键的断裂进行(图 9.11)。与聚酯相比，聚碳酸酯在酸性条件下更为稳定，而倾向于在碱性环境中发生水解，尽管如此，其在碱性条件下的降解速率通常低于聚酯。这一差异可能源于聚合物中碳原子与氧原子间电负性差异导致的羰基碳原子亲电性的不同。碱性环境下，聚碳酸酯中的羰基碳原子更易受到氢氧根离子攻击，进而催化裂解为羟基并释放 $CO_2$。

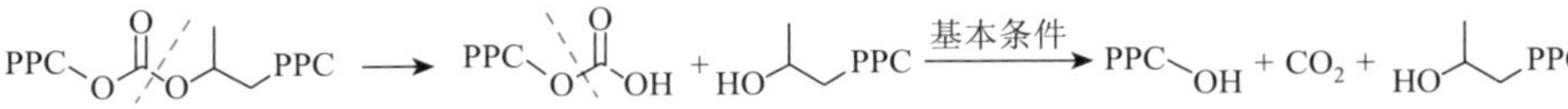

图 9.11　脂肪族聚碳酸酯的解聚机制

在聚碳酸酯的解聚研究中，环氧化合物与 $CO_2$ 合成的聚碳酸酯，例如聚碳酸亚乙酯(PEC)和聚碳酸亚乙酯-丙酯共聚酯(PEPC)，已被证明在某些脂肪酶的作用下能够发生降解，生成简单的二元醇[74]。此外，Suyama 等[74]的研究显示，用于水解聚酯的酶也能对 PTC 展示出水解活性，包括由某些特定微生物(如 *Candida cylindracea* 和 *Pseudomonas* sp.)合成的酶，这些酶能够有效地催化聚碳酸酯的水解，产生羧基后进一步裂解为羟基并释放 $CO_2$[75]。

生物降解过程也可在含多羟基的高分子链结构中进行。如 PVA 链结构中，微生物降解发生在 PVA 相邻的 2 个羟基处，其降解途径主要有两种[76]，一种是通过次生醇氧化酶(secondary alcohol oxidases，SAO)氧化 PVA，使 PVA 的 2 个相邻羟基形成 $\beta$-二酮结构，然后在 $\beta$-二酮水解酶($\beta$-diketone hydrolase，BDH)的水解作用下，$\beta$-二酮的不稳定 C—C 键发生断裂。当 $\beta$-二酮两侧的碳链长度不同时，水解裂解发生在碳链长度较短的一侧，从而在较长段和较短段分别生成甲基酮和羧酸，水解产生的低聚物和单体进入细胞通过 $\beta$-氧化三羧酸循环进行代谢。图 9.12 总结了由 SAO 和 BDH 两种酶参与的 PVA 代谢。另一种途径是通过氧化 PVA 的 1 个羟基，形成 $\beta$-羟基酮后，通过醛缩酶反应在 $\beta$-羟基酮处断裂 C—C 键，生成甲基酮和醛。目前，多数生物可降解塑料属于聚酯，其生物降解主要通过酯键的水解断裂发生，影响酯键断裂的因素众多，需要对生物可降解塑料降解机理进行系统研究，完全掌握生物可降解塑料的降解规律及特点，为实现生物可降解塑料的快速完全降解奠定基础。

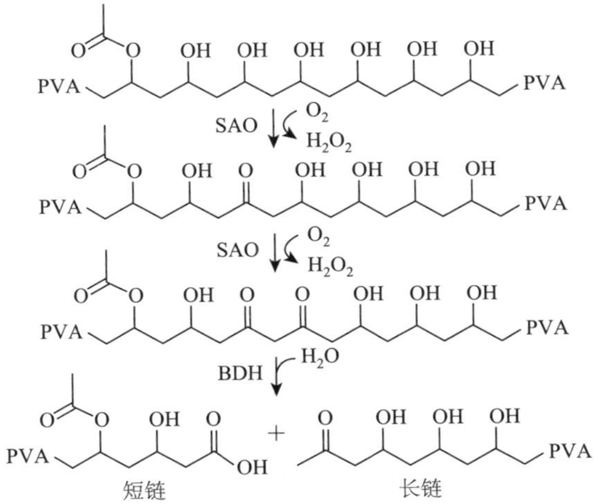

图 9.12　聚乙烯醇的解聚机制

对于如聚乙烯醇(PVA)等含多羟基的聚合物材料，其多羟基链结构为微生物降解提供了关键位点，特别是在 PVA 相邻的两个羟基上进行。目前，PVA 的微生物降解途径主要分为两种[76]。其一是次生醇氧化酶(SAO)作用于 PVA，通过氧化作用在两个相邻的羟基上形成 $\beta$-二酮结构。随后，$\beta$-二酮水解酶(BDH)催化 $\beta$-二酮结构中不稳定的 C—C 键断裂，这一过程中，若 $\beta$-二酮两侧的碳链长度不同，水解断裂倾向于发生在较短的碳链侧，产生甲基酮和羧酸。这些水解产物随后被细胞吸收，并通过 $\beta$-氧化以及三羧酸循环进行进一步代谢。此过程在图 9.12 中有所总结，展示了 SAO 和 BDH 两种酶参与的 PVA 代谢途径。第二种途径则涉及 PVA 的一个羟基被氧化形成 $\beta$-羟基酮，紧接着通过醛缩酶催化的反应在 $\beta$-羟基酮处断裂 C—C 键，最终生成甲基酮和醛。

## 9.2.3　生物降解性能评价方法

目前我国生物降解测试方法标准已覆盖了堆肥化、淡水环境、海洋环境、土壤环境、污泥厌氧消化等降解环境条件，在《生物降解塑料购物袋》(GB/T 38082—2019) 和《一次性可降解餐饮具通用技术要求》(GB/T 18006.3—2020) 等多个国家标准中规定。当多个标准方法同时使用时，采用《受控堆肥条件下材料最终需氧生物分解能力的测定采用测定释放的二氧化碳的方法 第 1 部分：通用方法》(GB/T 19277.1—2011) 作为仲裁方法。

### 1. 好氧微生物降解检测方法

好氧微生物降解是指微生物以样品中的有机物作为碳源，在有氧的条件下进行好氧代谢，经过一系列生化反应转化为二氧化碳、水和生物质的过程。依据降解环境不同，好氧微生物降解检测方法可分为土壤有氧环境、淡水有氧环境、海水有氧环境和堆肥环境。

1) 土壤有氧环境降解

检测方法是将薄膜状或其他形状的样品埋置于土壤中，在一定温度、湿度条件下，样品受热、氧、水和微生物等因素作用而发生降解，通过定期测试样品的力学性能变化、分子量变化及质量损失等来评估其生物降解性能的测试方法。土壤有氧环境下的检测标准有 ISO 11266、ISO 17556(即 GB/T 22047) 和 ASTM 5988 等。ISO 11266 主要测定各种有机组分，ISO17556(即 GB/T 22047) 主要测定材料的生物分解能力。土壤有氧环境是模拟自然界土埋法而开展的生物降解性能检测方法，具有很高的实际应用价值。然而，材料的降解效果与土壤性能指标(如土壤组分、微生物种类等)密切相关。受气候、植被等因素的影响，各个地区很难采用统一的试验土壤，导致土壤有氧环境的降解结果重现性较差。而且，在降解过程中，很难完全收集塑料制品裂解产生的小碎片，因此，通过质量损失评估材料生物降解性存在缺陷。

2) 淡水有氧环境降解

检测方法是将实验材料作为好氧微生物的唯一碳源，通过测定好氧微生物在水性系统中生长繁殖所消耗的氧气量或释放的二氧化碳量来评估材料的生物降解性能。淡水有氧环境下的检测标准有 ISO 14851（即 GB/T 19276.1）、ISO 14852（即 GB/T 19276.2）、ASTM D5209、JIS K6951、ISO 9439、ISO 14593、OECD 301 A 与 OECD 301 F 和 EN 14047 等。由于降解反应在水介质中进行，微生物与试样接触均匀，所以此方法的重复性较好，可反映自然界淡水系统中材料的生物降解情况。适用于单一聚合物、水溶性聚合物、共聚物和含有添加剂的塑料材料等；但是，仅通过测定材料生物分解过程中的气体释放量来评估材料的生物降解率，而无法观察试样本身的形态变化，其评估结果通常不够正确，水介质与试样的吸附作用、试样的形状、试样组分中含有的低分子物质或添加剂等都会对降解结果产生影响。

3) 海水有氧环境降解

检测方法是在实验室条件下，模拟海洋中不同海水沉沙区域栖息环境（如在海洋科学中被称为亚滨海区的阳光可照射到的底栖带），可通过测量塑料材料在接触海洋沉积物时的 $CO_2$ 逸出量，来评价塑料材料的生物降解性能。海水有氧环境下的检测标准有 ISO 18830、ISO 19679 和 ISO 22404。禁、限塑令的实施起源于海水中塑料微珠的发现，因此，从根本上来看，在海水环境下评估塑料材料的生物降解性更具有实际意义。但是，海水本身的高盐度使得其微生物浓度及丰富度较低，存在检测周期长（一般为两年）的问题，不适合作为市场监管的检测方法。

4) 堆肥环境降解检测

堆肥环境下的检测标准有 ISO 14855（即 GB/T 19277）、ASTM D5338、EN 14046、JIS K6953、ISO 14855 和 AS 5810 等。ISO 14855 是评价塑料制品生物降解性的最常用的堆肥方法。ISO 14855 描述了一种标准的堆肥试验，该试验基于在好氧条件下通过测量 $CO_2$ 释放量来评价材料的生物降解性能。目前，评估生物降解材料的检测方法标准很多，最常用的是《受控堆肥条件下材料最终需氧生物分解能力的测定采用测定释放的二氧化碳的方法　第 1 部分：通用方法》（GB/T 19277.1—2011）。

## 2. 厌氧微生物降解检测方法

厌氧微生物降解是指微生物在厌氧条件下，对样品中的有机物进行厌氧消化代谢，转化为甲烷、二氧化碳和生物质的过程。依据降解环境不同，厌氧微生物降解检测方法可分为水性培养液厌氧环境、活性污泥厌氧环境和高固态厌氧环境。

1) 水性培养液厌氧环境降解检测法

该检测方法是在水性培养液中以洗涤并稀释后的消化污泥（含极少量无机碳且总干固体浓度在 1～3 g/L）为厌氧菌源，通过测定样品在密闭条件下厌氧消化降解为二氧化碳和甲烷的产生量来评估样品生物降解性能的方法。水性培养液厌氧环境下的检测标准有 ISO 14853（即 GB/T 32106）。与淡水有氧环境一样，由于降解反应在水介质中进行，微生物与试样接触均匀，因此此方法重复性较好。相比于有氧环境，厌氧环境具有检测周期短、能耗低等优点，但厌氧菌在降解前需要进行孵化，并且对温度和有害物质更加敏感，一旦失活，恢复周期较长。

2) 活性污泥法厌氧环境降解检测法

该检测方法是一种以活性污泥为接种物的生物处理技术，活性污泥法的降解效率与污泥数量和质量息息相关。活性污泥厌氧环境下的检测标准有 ISO 13975（GB/T 38737）、ASTM D5210、ISO 11734 和 OCED 311 等。需要注意的是，污泥是一种难以管理的废弃物，含有高浓度的有机物和病原微生物。而且厌氧消化降解过程中会产生易燃和有毒气体，如甲烷、硫化氢和氨气等。目前，关于活性污泥法的研究主要集中在可生物降解材料（如 PHA、PHB 等）的生产方面。

3) 高固态厌氧消化降解检测法

该检测方法是一种在固体含量很高的条件下进行厌氧发酵并产生沼气的有机固体废物处理方法。高固态厌氧环境下的检测标准有 ISO 15985（即 GB/T 33797）和 ASTM D5511 等。高固态厌氧消化降解具有效率高、出料量少和废弃物资源化等优点。但是，因其体系均一度和传质效果较差，物料在降解过程中的代谢产物易局部累积而对厌氧消化活性产生抑制作用，且影响固态厌氧消化过程的因素很多。

### 3. 其他检测方法

1) 特定微生物侵蚀法

是以微生物对塑料的侵蚀程度作为评价塑料可生物降解性能的参考依据。该方法通过将试样置于接种有特定微生物且无有机碳的固体琼脂培养基中，在一定温度湿度条件下培养 4 周以后，观察试样表面微生物生长状况、试样质量损失等性能变化来定性评价试样的生物降解性能。与之相关的标准有《塑料-微生物作用的评价》（EN ISO 846—2019）。此方法操作简单，重复性高，常用于快速评价材料的生物降解可能性，但无法给出材料的最终生物降解率。

2) 环境微生物试验法

是利用环境（如土壤、河水等）中的常见微生物，在实验室条件下，将高分子材料试样浸没在含有环境微生物培养基中，通过测定材料质量损失、利用气体吸收装置收集材料在降解过程中释放的各类气体(如 $CO_2$、$CH_4$ 等)、目测或用显微镜观察菌落生长情况等分析方法，来评估材料的生物降解性能。此方法的数据重现性较好，但是降解周期与培养基的成分、培养条件等密切相关。

3)酶催化降解实验法

是实验室条件下常用的一种快速评价高分子材料生物降解性的方法。与非生物催化剂相比，酶具有一些显著特点，即高效性、专一性、温和性和可调控性。

### 9.2.4　降解过程研究方法

#### 1. 降解程度分析方法

通过测量材料的质量损失来评定降解程度往往具有一定的局限性，如在土壤中填埋一段时间后取样，样品表面可能已经渗入土壤成分难以清洗，或者材料降解为小颗粒无法取样，这对计算材料的降解率具有很影响。目前，国际上评定材料生物降解率的标准方法是通过在密闭呼吸计中测量释放的 $CO_2$ 量来进行，这种方法用于评估塑料在土壤中的最终需氧生物分解能力，即通过监测材料分解过程中消耗的 $O_2$ 或产生的 $CO_2$ 量，来确定其生物降解速率。

试验材料的 $CO_2$ 理论释放量为

$$ThCO_2 = M_{TOT} \times C_{TOT} \times 44 \div 12 \tag{9.6}$$

式中，$ThCO_2$ 为 $CO_2$ 理论释放量，g；$M_{TOT}$ 为总干固体，g；$C_{TOT}$ 由元素分析计算而得，%；44 和 12 分别为 $CO_2$ 的分子质量和 C 的原子质量。

用同样的方法计算参比材料及试验瓶中试验材料与参比材料混合物的 $CO_2$ 理论释放量。

计算生物分解百分率

$$D_t(\%) = [\sum(CO_2)_T - \sum(CO_2)_B] / ThCO_2 \times 100 \tag{9.7}$$

式中，$D_t$ 为生物分解百分率，%；$\sum(CO_2)_T$ 为试验材料累积放出的二氧化碳量，g；$\sum(CO_2)_B$ 为空白容器累积放出的二氧化碳量，g；$ThCO_2$ 为 $CO_2$ 理论释放量，g。

用同样的方法计算土壤活检瓶 Fc 中参比材料的生物分解百分率。将每个烧瓶各个测定周期的 BOD 值和生物分解百分率编辑成表。对每个烧瓶，以时间为横坐标对 BOD 或 $CO_2$ 释放量和生物分解百分率作曲线图，由生物分解曲线平稳阶段的平均值或最高值求得生物分解了的最大值来表征试验材料生物分解程度。

### 2. 分子量分析方法

高聚物的分子量是高分子材料最基本的结构参数之一。通过测定材料降解过程中的分子量变化，可以帮助了解分子链的断链情况，对分析材料的降解机理具有重要的指导意义。

### 3. 表观形貌分析方法

在分析材料降解过程的方法中，观察材料表观形貌变化是最重要的环节之一，材料表面的侵蚀痕迹、裂解程度等都是材料降解行为的反映，对于分析材料降解机理具有重要意义。

### 4. 结构分析方法

材料降解过程中往往会伴随结构的变化，通过分析降解过程中分子链断裂情况、结构中基团的变化、结晶变化及生成的组分等，可以帮助阐述材料的降解机理。

### 5. 力学性能分析方法

材料的力学性能测试是最常见的性能测试，力学性能的变化是材料分子链段、结晶度及分子量等变化的重要反映，通过分析材料降解过程中力学性能的变化规律、变化速率等，一方面可直观得到材料降解过程的变化，另一方面结合结构表征的相关内容，可以帮助分析材料的降解机理。

## 9.2.5　相关标准

目前，国内外对于高分子材料制品的生物降解性能测试大致可分为需氧及厌氧体系，它们在不同环境中的降解测试标准如表 9.4 所示。

表 9.4　高分子材料生物降解性能测试标准

| 我国生物降解塑料标准现状 | | |
|---|---|---|
| 需氧生物降解 | | |
| 受控堆肥条件需氧生物降解 | GB/T 19277.1—2011 受控堆肥条件下材料最终需氧生物分解能力的测定 采用测定释放的二氧化碳的方法 第 1 部分：通用方法 | |
| | GB/T 19277.2—2013 受控堆肥条件下材料最终需氧生物分解能力的测定 采用测定释放的二氧化碳的方法 第 2 部分：用重量分析法测定实验室条件下二氧化碳的释放量 | |
| | GB/T 19811—2005 在定义堆肥化中试条件下塑料材料崩解程度的测定 | |
| | GB/T 28206—2011 可堆肥塑料技术要求 | |

续表

| 我国生物降解塑料标准现状 | |
|---|---|
| 需氧生物降解 | |
| 水性培养液条件需氧生物降解 | GB/T 19276.1—2003 水性培养液中材料最终需氧生物分解能力的测定 采用测定密闭呼吸计中需氧量的方法 |
| | GB/T 19276.2—2003 水性培养液中材料最终需氧生物分解能力的测定 采用测定释放的二氧化碳的方法 |
| | GB/T 32106—2015 塑料 在水性培养液中最终厌氧生物分解能力的测定 通过测量生物气体产物的方法 |
| 海洋环境需氧生物降解 | GB/T 40611—2021 塑料 海水沙质沉积物界面非漂浮塑料材料最终需氧生物分解能力的测定 通过测定密闭呼吸计内耗氧量的方法 |
| | GB/T 40612—2021 塑料 海水沙质沉积物界面非漂浮塑料材料最终需氧生物分解能力的测定 通过测定释放二氧化碳的方法 |
| | GB/T 40367—2021 塑料 暴露于海洋沉积物中非漂浮材料最终需氧生物分解能力的测定 通过分析释放的二氧化碳的方法 |
| 厌氧生物降解 | |
| 厌氧生物降解 | GB/T 33797—2017 塑料 在高固体分堆肥条件下最终厌氧生物分解能力的测定 采用分析测定释放生物气体的方法 |
| | GB/T 38737—2020 塑料 受控污泥消化系统中材料最终厌氧生物分解率测定 采用测量释放生物气体的方法 |
| | GB/T 32106—2015 塑料 在水性培养液中最终厌氧生物分解能力的测定 通过测量生物气体产物的方法 |

| 国际标准化组织(ISO)生物降解塑料标准现状 |
|---|
| EN ISO 846：2019 塑料微生物作用的评价 Plastics—Evaluation of the action of microorganisms |
| ISO 14851：2019/Cor 1：2005 水性培养液中塑料材料最终需氧生物分解能力的测定采用测定密闭呼吸计中需氧量的方法 Determination of the Ultimate Aerobic Biodegradability of Plastic Materials in an Aqueous Medium—Method by Measuring the Oxygen Demand in a Closed Respirometer |
| ISO 14852：2021/Cor 1：2005 水性培养液中塑料材料最终需氧生物分解能力的测定采用测定释放的二氧化碳的方法 Determination of the Ultimate Aerobic Biodegradability of Plastic Materials in an Aqueous Medium—Method by Analysis of Evolved Carbon Dioxide |
| ISO 14853：2016 塑料水性培养液中塑料材料最终厌氧生物降解能力的测定采用测定释放的生物气体的方法 Plastics—Determination of the Ultimate Anaerobic Biodegradation of Plastic Materials in an Aqueous System—Method by Measurement of Biogas Production |
| ISO 14855-2：2018 受控堆肥条件下塑料材料最终需氧生物降解能力的测定采用测定释放的二氧化碳的方法 第 2 部分：实验室规模下测定释放二氧化碳的重量的方法 Determination of the Ultimate Aerobic Biodegradability of Plastic Materials under Controlled Composting Conditions—Method by Analysis of Evolved Carbon Dioxide—Part 2: Gravimetric Measurement of Carbon Dioxide Evolved in a Laboratory-Scale Test |
| ISO 10210：2012 塑料 塑料生物降解能力测定的试样制备方法 Plastics—Methods for the Preparation of Samples for Biodegradation Testing of Plastic Materials |
| ISO 17088：2021 可堆肥塑料技术规范 Specifications for Compostable Plastics |
| ISO 17556：2019 塑料 土壤中塑料材料最终需氧生物降解能力的测定采用测定密闭呼吸计中需氧量的方法或测定释放的二氧化碳的方法 Plastic—Determination of the Ultimate Aerobic Biodegradability of Plastic Materials in Soil by Measuring the Oxygen Demand in a Respirometer or the Amount of Carbon Dioxide Evolved |

| 国际标准化组织(ISO)生物降解塑料标准现状 |
|---|

ISO 14855-1：2012 受控堆肥条件下塑料材料最终需氧生物降解能力的测定采用测定释放的二氧化碳的方法 第一部分：通用方法 Determination of the Ultimate Aerobic Biodegradability of Plastic Materials Under Controlled Composting Conditions—Method by Analysis of Evolved Carbon Dioxide--Part 1： General method

ISO 13975：2019 塑料 受控污泥消化系统中塑料材料的最终厌氧生物降解能力的测定—采用测定产生的生物气体的方法 Plastics—Determination of the Ultimate Anaerobic Biodegradation of Plastic Materials in Controlled Slurry Digestion Systems—Method by Measurement of Biogas Production

ISO 16929：2021 塑料 在定义堆肥化中试条件下塑料材料崩解程度的测定 Plastics—Determination of the Degree of Disintegration of Plastic Materials under Defined Composting Conditions in a Pilot-Scale Test

ISO 15985：2014 塑料 高固态厌氧消化条件下最终厌氧生物分解能力的测定采用测定释放的生物气体的方法 Plastics—Determination of the Ultimate Anaerobic Biodegradation Under High Solids Anaerobic Digestion Conditions—Methods by Analysis of Released Biogas

ISO 20200：2023 塑料 在实验室规模试验下模拟堆肥条件下塑料材料的崩解能力的测定 Plastics—Determination of the Degree of Disintegration of Plastic Materials Under Simulated Composting Conditions in a Laboratory-Scale Test

| 欧洲标准化委员会(CEN)生物降解塑料标准现状 |
|---|

EN ISO 14852：2021 水性培养液中塑料材料最终需氧生物分解能力的测定采用测定释放的二氧化碳的方法 Determination of the Ultimate Aerobic Biodegradability of Plastic Materials in an Aqueous Medium—Method by Analysis of Evolved Carbon Dioxide

EN ISO 20200：2023 塑料 在实验室规模试验下模拟堆肥条件下塑料材料的崩解能力的测定 Plastics—Determination of the Degree of Disintegration of Plastic Materials under Simulated Composting Conditions in a Laboratory-Scale Test

EN ISO 14855-2：2018 受控堆肥条件下塑料材料最终需氧生物降解能力的测定采用测定释放的二氧化碳的方法 第2部分：实验室规模下测定释放二氧化碳的重量的方法 Determination of the Ultimate Aerobic Biodegradability of Plastic Materials under Controlled Composting Conditions-Method by Analysis of Evolved Carbon Dioxide—Part 2： Gravimetric Measurement of Carbon Dioxide Evolved in a Laboratory-Scale Test

EN ISO 17556：2019 塑料 土壤中塑料材料最终需氧生物降解能力的测定采用测定密闭呼吸计中需氧量的方法或测定释放的二氧化碳的方法 Plastics—Determination of the Ultimate Aerobic Biodegradability of Plastic Materials in Soil by Measuring the Oxygen Demand in a Respirometer or The Amount of Carbon Dioxide Evolved

EN 14048：2002 包装 水性培养液中包装材料最终需氧生物分解能力的测定采用测定密闭呼吸计中需氧量的方法 Packaging—Determination of the Ultimate Aerobic Biodegradability of Packaging Materials in an Aqueous Medium—Method by Measuring the Oxygen Demand in a Closed Respirometer

EN 14047：2002 包装 水性培养液中包装材料最终需氧生物降解能力的评价采用释放的二氧化碳的方法 Packaging—Determination of the Ultimate Aerobic Biodegradability of Packaging Materials in an Aqueous Medium—Method by Analysis of Evolved Carbon Dioxide

EN 14046：2003 包装 受控堆肥条件下包装材料最终需氧生物降解能力的评价采用释放的二氧化碳的方法 Packaging—Evaluation of the Ultimate Aerobic Biodegradability of Packaging Materials under Controlled Composting Conditions—Method by Analysis of Released Carbon Dioxide

EN 14045：2003 包装 定义堆肥条件下包装材料在实际定向试验中的降解能力的评价 Packaging—Evaluation of the Disintegration of Packaging Materials in Practical Oriented Tests under Defined Composting Conditions

EN 13432：2000/AC：2005 包装 通过堆肥化和生物降解评价包装可回收性的要求试验计划和包装最终验收的评定标准 Packaging—Requirements for Packaging Recoverable through Composting and Biodegradation—Test Scheme and Evaluation Criteria for the Final Acceptance of Packaging

续表

| 美国材料协会(ASTM)生物降解塑料标准现状 |
| --- |
| ASTM D 5929-18 在城市固废堆肥条件下测定材料生物分解能力的标准试验方法 Standard Test Method for Determining Biodegradability of Materials Exposed to Municipal Solid Waste Composting Conditions by Compost Respirometry |
| ASTM D 6691-17 利用规定的微生物菌群或天然海水培养液测定塑料材料在海洋环境中需氧生物分解能力的标准试验方法 Standard Test Method for Determining Aerobic Biodegradation of Plastic Materials in the Marine Environment by a Defined Microbial Consortium or Natural Sea Water Inoculum |
| ASTM D 7475-20 加速生物反应器垃圾填埋场条件下测定塑料材料需氧和厌氧生物分解能力的标准试验方法 Standard Test Method for Determining the Aerobic Degradation and Anaerobic Biodegradation of Plastic Materials under Accelerated Bioreactor Landfill Conditions |
| ASTM D 216868-11 在城市或工业设施中需氧堆肥条件下测定用作纸张或其他物质涂层或添加剂的聚合物材料的生物降解能力的标准规范 Standard Specification for Labeling of End Items that Incorporate Plastics and Polymers as Coatings or Additives with Paper and Other Substrates Designed to be Aerobically Composted in Municipal or Industrial Facilities |
| ASTM D 5526-18 加速垃圾填埋场条件下测定塑料材料厌氧生物降解能力的标准试验方法 Standard Test Method for Determining Anaerobic Biodegradation of Plastic Materials Under Accelerated Landfill Conditions |
| ASTM D 5511-18 在高固厌氧消化条件下测定塑料材料厌氧生物分解能力的标准试验方法 Standard Test Method for Determining Anaerobic Biodegradation of Plastic Materials Under High-Solids Anaerobic-Digestion Conditions |
| ASTM D 5988-18 测定塑料在土壤中需氧生物降解的标准试验方法 Standard Test Method for Determining Aerobic Biodegradation of Plastic Materials in Soil |
| ASTM D 6400-23 在城市或工业设施中需氧堆肥条件下测定塑料标生物降解能力的标准规范 Standard Specification for Labeling of Plastics Designed to be Aerobically Composted in Municipal or Industrial Facilities |
| ASTM D 7473-21 通过敞开式系统养鱼池孵化法在海洋环境中对塑料材料重量消耗的标准试验方法 Standard Test Method for weight Attrition of Plastic Materials in the Marine Environment by Open System Aquarium Incubations |
| ASTM D 6954-24 氧化降解和生物降解组合的环境中暴露和测试塑料降解的标准指南 Standard Guide for Exposing and Testing Plastics that Degrade in the Environment by a Combination of Oxidation and Biodegradation |
| ASTM D 5338-15 受控堆肥条件下测定塑料材料需氧生物降解的标准试验方法 Standard Test Method for Determining Aerobic Biodegradation of Plastic Materials Under Controlled Composting Conditions，Incorporating Thermophilic Temperatures |
| ASTM G 21-15 合成高分子材料抗真菌的标准试验方法 Standard Practice for Determining Resistance of Synthetic Polymeric Materials to Fungi |
| ASTM D 7991-22 受控实验室条件下测定塑料填入海洋沉积物中需氧生物降解的标准试验方法 Standard Test Method for Determining Aerobic Biodegradation of Plastics Buried in Sandy Marine Sediment under Controlled Laboratory Conditions |
| 日本生物分解塑料(Greenpla)监管现状 |
| JIS K 6950：2000 活性污泥需氧生物降解性塑料试验方法 |
| JIS K6950：2000 水生介质中塑料材料最大需氧生物降解性的测定采取对封闭呼吸器中需氧量进行测定的方法 |

### 9.2.6　实例分析

#### 1. 样品尺寸对生物降解速率的影响

在 ASTM D 5388 和 GB/T 19277.2—2013 等堆肥降解性评价标准中，未对试

验材料的几何形状给出详细规定。以 GB/T 19277.2—2013 为例，对试验材料几何形状的要求为"试验材料最好为粉末状，但是也可以使用小片薄膜或成型制品的碎片"。然而，生物降解过程主要发生在材料的表面，而试验材料的几何形状决定了其表面积，对 PEST 颗粒样品的堆肥降解研究已经表明，堆肥降解初期试验材料的 $CO_2$ 生成速率与其表面积的关系符合双倒数曲线关系(米氏方程)。本示例以不同几何形状和尺寸的 PBAT 试验材料为例，考察了样品几何形状和尺寸因素对 PBAT 生物降解率的影响。

从图 9.13 中可以看出，样品的几何形状和尺寸对试验样品生物降解率有显著影响。各样品的生物降解率在降解初段(前 40 天)均表现出线性上升的趋势，但初段降解速率随着初始表面积的增加而明显增大。PBAT 降解初段(前 40 天)各样品初段降解速率与样品初始表面积符合 $y = 5.12×10^{-5}x + 9.74×10^{-3}$ 的线性关系，皮尔逊相关系数为 0.95，二者线性相关。可见样品的几何尺寸对降解评价结果的影响不容忽视，在评价和对比不同材料的生物降解性时，需保持样品的形状和尺寸一致，为了缩短实验周期，应尽可能提高样品的初始表面积。

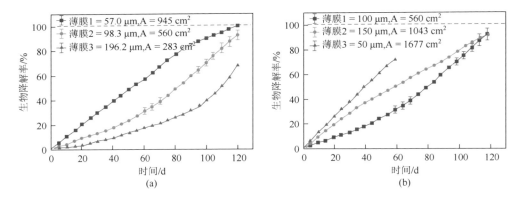

图 9.13　PEST 和 PBAT 在堆肥条件下不同尺寸样品的生物降解率

## 2. 堆肥含水量对生物降解速率的影响

微生物有氧呼吸产生的 $CO_2$ 量可衡量堆肥中微生物的活性。图 9.14 是不同含水量条件下的空白对照组堆肥 $CO_2$ 的累积释放量，可以看出 10%、20%含水量组堆肥的 $CO_2$ 生成速率显著高于 30%含水量组，可见含水量过高不利于微生物有氧呼吸，因此 30%含水量条件下 PBAT 降解不明显。

可见，堆肥含水量对堆肥降解评价试验具有很大的影响，当含水量在适当浓度下，可以增加降解速率。

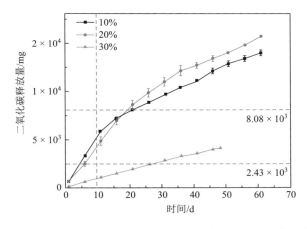

图 9.14　不同含水量条件下的空白对照组堆肥的 $CO_2$ 累积释放量

### 3. 分子链结构对材料降解性能的影响探究

PBS 及其共聚物的化学结构、聚集态结构及环境因素均会对其生物降解特性产生影响。PBS 在与脂肪族单体共聚时，生物降解速率增加；在与芳香族单体共聚时，生物降解速率下降。图 9.15(a)显示了脂肪族无规共聚物聚(丁二酸丁二酯-*co*-己二酸丁二酯)(PBSA)在活性淤泥中的降解曲线。在 PBSA 中，随己二酸含量的增加，聚合物结晶度逐渐下降。与晶区相比，非晶区结构更为松散，更易被生物酶进攻。共聚芳香族单体的 PBS 的降解速率与脂肪族的 PBS 共聚物有所不同。图 9.15(b)给出了 PBST 在活性淤泥中的生物降解曲线。由图可知，当对苯二甲酸共聚单体占比达到 10 %时，材料在 6 周后的降解速率在一定程度上得到了抑制，

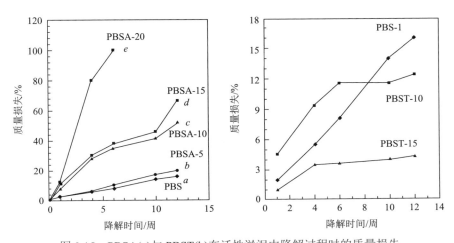

图 9.15　PBSA(a)与 PBST(b)在活性淤泥中降解过程时的质量损失

但其共聚对聚合物结晶的抑制作用反而导致了在实验初期材料降解速率的增加；而当其占比达到 15 ％后，在全周期内材料的降解速率显著下降。

## 9.3　热裂解分析技术　<<<

　　热裂解(pyrolysis，Py)是在热能作用下高性能高分子材料发生化学降解的过程。与热分解及热降解的概念有相似之处，它们都是指由热能引起的化学解离过程(通常指在惰性气氛下进行)，但三者含义不完全相同。热裂解通常在较高温度下(如对大部分聚合物和有机化合物为 400～900℃)瞬间进行，产物分子量较低而挥发性较高；热分解则在温度稍低一些的情况下进行；而热降解一般在更低温度和较长时间作用下进行，产物分子量相对较高。热裂解有分析裂解(analytical pyrolysis)和应用裂解(applied pyrolysis)两层含义，前者指用仪器方法分析裂解产物来表征高性能高分子材料组成、结构及其化学过程；后者指用裂解技术制备化学材料(如石油裂解制备燃油和合成化学原料)。本书中的热裂解为分析热裂解。微量高分子样品在惰性气氛下被快速加热生成许多裂解产物，直接将它们导入气相色谱系统分离，从所得裂解产物的色谱图来分析该高分子的化学组成和结构。在一定裂解条件下，高分子材料遵循一定的裂解规律，即特定的样品能够产生特定的裂解产物和产物分布，可据此对原样品进行鉴别或表征。

　　1954 年 Davison 等将聚烯烃类高分子置于氮气中，在 650℃下进行热裂解，取其低沸点馏分注入气相色谱系统，得到了一系列具有特征意义的裂解产物色谱图，并以此鉴定高分子品种，但这仍不是今天意义上的裂解气相色谱方法。1959 年 Lehrle 等首先将裂解装置与气相色谱联用，由此产生了裂解气相色谱技术。20 世纪 60 年代由于毛细色谱柱的应用，大大提高了气相色谱的分离效率；Simon 开发了居里点快速裂解技术，使热裂解得到了精确地控制；裂解-毛细色谱-质谱联用为裂解产物的结构鉴定提供了强有力的手段，此后裂解色谱进入了快速发展时期。裂解色谱技术的高性能化之后又提出了"高分辨裂解气相色谱(high resolution PyGC，HRPyGC)"的概念。热裂解气相色谱、质谱联用技术是将裂解技术与气质联用技术相结合，实现联机分析，具有设备简单、分析操作方便、灵敏度和分离效率高、分析速度快、信息量大的特点[77]。为高性能高分子材料表征、鉴别、定量等提供依据。现在热裂解气相色谱-质谱联用技术(Py/GC-MS)已经成为高分子聚合物表征的重要手段。

　　本节旨在对热裂解分析技术的原理进行介绍，并对高性能高分子材料表征方面的应用进行了举例。

### 9.3.1　热裂解分析技术原理

不同的高分子的热裂解机理是不相同的。相对于聚合反应,热裂解反应的机理是自由基反应。在高温下,高分子材料中的化学键发生断裂,形成自由基。自由基是一种高度反应性的分子,它可以与其他分子发生反应,形成新的分子。热裂解反应一般不是随机的,而是有选择性的特征反应,典型机理包括:解聚反应得到单体、支链取代即简单分子的消除并伴随有分子链的改造;环化至较低分子量化合物;氢转换并伴随含不饱和基团的开链碎片的生成等。

裂解碎片的组成和相对含量与待测高分子的结构密切相关,每种高分子的裂解色谱图都有其特征,故裂解色谱图又称热裂解指纹色谱图。例如,聚烯烃(HDPE/PP)热裂解时[78],首先发生长链断裂形成链式自由基:

$$\sim CH_2-CH_2-CH_2-CH_2-CH_2-CH_2\sim \longrightarrow$$
$$\sim CH_2-CH_2-CH_2 \cdot + \cdot CH_2-CH_2-CH_2\sim$$

自由基之间发生链转移形成链烷烃或者其相应的自由基:

$$\sim CH_2-CH_2-CH_2 \cdot + \sim CH_2-CH_2-CH_2-CH_2-CH_2-CH_2\sim \longrightarrow$$
$$\sim CH_2-CH_2-CH_2 + \sim CH_2-CH_2-CH_2 \cdot$$

在不同的裂解条件下,高分子材料表现出不同的裂解特征。例如,聚醚砜(PES)在 500℃裂解的主要产物为苯酚和二苯醚,如图 9.16 所示,当裂解温度为 550℃时,形成的产物种类明显增多,并且产生了 $SO_2$,当裂解温度为 600℃时,$SO_2$取代苯酚成为相对含量最高的裂解产物,裂解温度逐步升高到 700℃,苯酚的相对含量逐渐下降,$SO_2$ 的相对含量逐渐上升,并且出现了分子量较小的裂解产物苯,该过程如图 9.17 所示。高温下产生的裂解产物还会发生异构化反应或重排反应,形成了二苯并呋喃、联苯对苯醚和对二苯氧基苯等产物[79]。

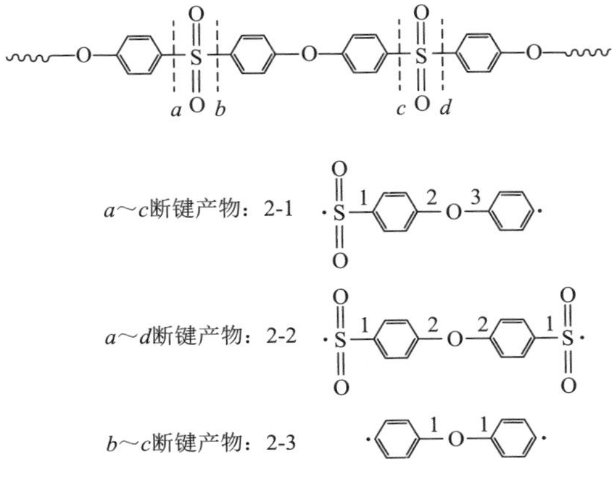

图 9.16　PES 主链分子裂解机理

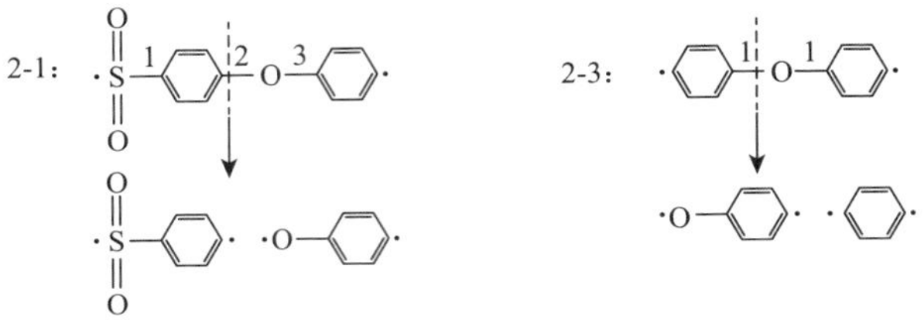

图 9.17    PES 双自由基片段裂解机理

### 9.3.2    热裂解分析仪器类型

将高分子材料样品置于裂解器中，使之迅速高温热裂解，生成可挥发的小分子产物。热裂解分析所涉及的主要仪器为热裂解器和气相色谱-质谱(或气相色谱)联用仪，样品裂解产物直接从热裂解器尾部导入气相色谱进样口，实现与气相色谱或气相色谱-质谱仪的联用。其中气相色谱-质谱工作原理已在第三章中进行介绍，此节将重点对热裂解器进行介绍。目前用于分析的裂解器主要有三种类型：管炉型、热丝型、居里点型。

**1. 管炉裂解器**

管炉裂解器通常由一个可控温的炉腔和放置样品的石英管组成，采用炉腔中的电热丝加热，裂解温度在 300～1000℃ 之间精准控制。当炉温达到设定温度时，将样品置于金属小舟内，再将铂金小舟送入裂解炉中指定位置，样品不与管壁接触。

管炉裂解器结构简单，可定量进样，操作方便，裂解温度连续可调。但升温速率不可调，死体积大，容易产生二次反应。

**2. 热丝裂解器**

热丝裂解器通常由直径为 0.2～0.5 mm、长为 50 mm 左右的铂丝或镍铬丝绕成螺旋状而成，样品涂在金属热丝上，热丝用稳定电压加热到所需温度，可使样品裂解。

热丝裂解器结构简单，加热时间短，二次反应少。但不易定量进样，一般只用于定性分析。

**3. 居里点裂解器**

居里点裂解器是一种高频感应加热裂解器，采用铁磁性材料作为加热元件。将它置于高频电场中，会吸收射频能量而迅速升温，当达到居里点温度时，铁磁质变为顺磁质，不再吸收射频能量，温度稳定在居里点温度。当切断高频电源后温度下降，铁磁性又恢复。将样品附着在加热元件上，样品可在居里点温度裂解。

不同铁磁质的居里点温度不同，如纯铁的居里点温度是 770℃、镍的居里点温度是 358℃。选择不同的合金材料居里点温度不同，居里点温度在 160～1040℃ 范围内，通过调节铁磁质合金的组成可获得所需温度的加热元件。

将裂解产物导入气相色谱仪中进行分离分析，有机挥发性成分可采用通用型火焰离子化检测器(FID)检测，将未知样品谱图与标准物质的特征谱图对照，即可对未知样品进行定性、定量分析。我国最早发布的《裂解气相色谱法鉴定聚合物国家标准》（GB/T 7131—1986）就是采用的气相色谱定性分析，采用标准物质进行比较，依靠特征产物进行定性。结合质谱的强大鉴别能力，采用气相色谱-质谱联用仪对裂解产物进行检测，并结合标准化质谱图库(如 NIST 谱库)，可在标准物质缺失的情况下直接进行定性鉴别分析，进一步发挥出热裂解气相色谱-质谱联用技术的快速、灵敏度高、分离效能高的优点。在最新制定的《橡胶聚合物的鉴定裂解气相色谱-质谱法》（GB/T 39699—2020）等相关国家标准中均采用了更为便捷的热裂解器与气相色谱-质谱联用的方法。该方法既可对高分子材料进行表征、研究高分子材料的组成、结构和物化性质的关系，又可以研究固废裂解产物，以得到最佳的裂解回收效果，并进行聚合物的鉴别。热裂解气相色谱-质谱联用技术解决了气相色谱-质谱联用技术只能测定气化且分子量较小的化合物，对分子量较大的化合物却无能为力的问题[78-80]。

### 9.3.3 热裂解分析方法

热裂解分析通常是在设定的热裂解条件下，将样品置于热裂解器中，通过热裂解器加热的方式将高分子聚合物加热裂解。产生的可挥发的低分子产物在载气的作用下，进入气相色谱柱进行分离后进质谱进行分析。通过在线工作站得到一种不挥发样品的可重现特征指纹。结合气相色谱-质谱联用仪自身配置的质谱图谱库进行特征指纹的单峰检索定性或聚合物种类分析。

#### 1. 裂解温度的选择与释放气体分析

选择适合的裂解温度是最为关键的实验参数。高分子材料往往在一定温度范围内发生裂解，在较低裂解温度时，裂解反应慢，裂解碎片较大，副反应多。

常见高分子材料在较高裂解温度时，裂解反应过快，裂解碎片以低碳数小分子为主，特征性碎片少。在做热裂解分析时，应选择适合的裂解温度以保证充分裂解并获得丰富的特征碎片信息。通过对高分子材料不同裂解温度下的碎片进行分析，也可以获得其裂解机理相关信息，后续将通过实例分析详细说明。

在做高分子材料的鉴别时，通常选择实验重复性好的裂解温度，以 500～650℃ 为宜，如聚甲基丙烯酸甲酯裂解温度选择 500℃、尼龙 66 裂解温度选择

620℃。对于共混、共聚物或其他未知高分子材料的鉴别分析，一般可在600℃条件下做裂解分析。

　　裂解时间也是影响裂解产物分布的重要因素，裂解时间越长，发生的次级反应越多。裂解产生的自由基碎片有相当大的化学活性，相互碰撞反应生成新的产物，容易导致产物谱图更为复杂或特征产物减少，不利于鉴别分析，实验重现性差。高分子材料的裂解速率很快，一般为毫秒级，如550℃聚苯乙烯裂解一般仅需 $10^{-4}$ s[80]。

　　为了尽可能减少次级反应，一般选择较少的样品质量(0.2 mg 左右)、较高的裂解温度和更快速的样品升温方式，以保证样品在尽可能短的时间内裂解完全。全部样品均匀的瞬间(0.1 秒至数秒以内)进行裂解是至关重要的。

　　对于管炉裂解器，可利用其精准控制炉腔温度的优势，分析高分子材料的裂解温度范围及其在裂解前释放的气体成分。

　　释放的气体成分分析(EGA)是样品在裂解器中以一定的升温程序从低温升至高温过程中，样品裂解前因受热所释放的挥发性成分，在载气的作用下进入气相色谱-质谱联用仪进行分析。

　　在进行裂解温度范围分析与释放气体分析时，通常将气相色谱系统中的分离柱以失活的双通连接管取代，将可程序升温的裂解器与检测器进样接口直接相连。样品在程序升温下得到的特征谱图能提供原始样品组成和化学结构，以及热分解机理和相应动力学有价值的信息[81]。例如，针对生物降解材料聚乳酸(PLA)进行 EGA 分析，以挥发性成分的量为纵坐标，以温度为横坐标作图，谱图如图 9.18 所示。

　　结果显示聚乳酸仅发生一次热分解反应，分解从 300℃时开始，到 420℃分解完成。温度低于 300℃时，色谱图基本趋于平直，聚乳酸不发生明显的热分解反应，热稳定性良好。在 300～420℃之间，色谱图出现明显的色谱峰，聚乳酸发生剧烈的热分解反应，420℃时热分解反应完成。温度高于 420℃时，色谱图基本趋

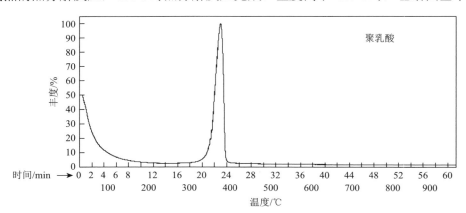

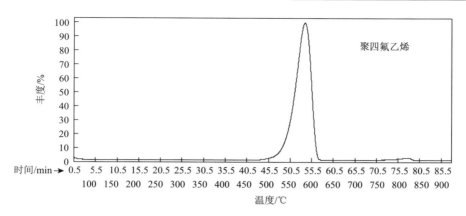

图 9.18　聚乳酸和聚四氟乙烯的 EGA 模式色谱图

于平直后没有出现第二次热分解。EGA 分析为样品裂解温度选择提供了有力依据。根据聚乳酸的 EGA 分析谱图，聚乳酸的热裂解温度优先选择 450℃。聚四氟乙烯(PTFE)主要的热分解反应发生在 500~620℃，热裂解温度优先选择 650℃。

### 2. 热裂解方式选择

根据热裂解保护气体可分为有氧热裂解(如在空气气氛中裂解)和无氧热裂解(如在氢气气氛中裂解)。样品可以进行单阶式裂解、二阶式裂解等。有氧热裂解可用于模拟空气暴露环境条件下高分子材料的热裂解行为研究。无氧热裂解更适合进行材料分子鉴别和裂解行为研究。单阶式裂解即热裂解装置在设定的裂解温度状态下，将样品进行热裂解。二阶式裂解即样品首先在室温约 320℃进行释放气体成分分析，然后再升至裂解温度进行热裂解。

使用热裂解气相色谱-质谱联用技术表征高性能高分子材料时，可以根据分析目标的不同对色谱图进行相应处理。可以研究高分子材料的热裂解产物，确定材料裂解后产物的组分、作用及毒性；根据热裂解产物推理裂解机理；关注材料裂解产物中是否含有某些目标组分等。通过标准物质谱图比对或 NIST 谱图库等标准谱图的检索可实现对裂解产物定性鉴别。通过对裂解产物总离子流图的分析，借助面对以上情况，通常先对色谱图进行积分，利用 NIST 谱库进行检索，再根据其他信息，对产物进行分析获得结果。此外，使用热裂解气相色谱-质谱联用技术表征高性能高分子材料时，可以利用聚合物标准物质谱图比对或聚合物裂解谱图库(如 F-Search)的检索实现对聚合物的拟合分析，确定高分子聚合物的种类。

### 9.3.4　相关标准

热裂解气相色谱质谱联用技术测试标准有：《裂解气相色谱法鉴定聚合物》

（GB 7131—1986）、《废轮胎、废橡胶热裂解技术规范》（GB/T 40009—2021）、《一次性塑料制品中不可生物降解成分的检测　红外光谱法和热裂解-气相色谱/质谱联用法》（DB46/T 557—2021）、《橡胶聚合物的鉴定　裂解气相色谱-质谱法》（GB/T 39699—2020）。

### 9.3.5　热裂解分析技术应用实例

#### 1. Py/GC-MS 在表征材料热裂解产物和热裂解机理方面的应用

利用 Py/GC-MS 技术对高性能高分子材料进行表征，可以研究其热裂解产物，明确材料在受热条件下的产物是否有毒有害；可以研究材料的热裂解机理，为材料的回收再利用提供依据。例如，利用 Py/GC-MS 技术对高性能高分子材料聚乳酸（PLA）进行表征，研究 PLA 的热裂解产物和热裂解机理。

聚乳酸（PLA）是一种性能优良的高分子聚酯材料，具有良好的生物相容性和生物降解性，是聚酯和聚苯乙烯等石油基聚合物的潜在替代品，可广泛应用于工业、包装业和医药业等领域[82]。受全球"限塑、禁塑"的影响，可降解塑料已经被世界各个国家视为实现环境可持续发展的重要途径之一。随着聚乳酸生产技术的不断发展，聚乳酸的生产与消费增长迅速，导致废旧聚乳酸越来越多，对废旧聚乳酸回收利用技术也日益受到人们的关注[83]。利用 Py/GC-MS 对 PLA 进行表征，可以研究 PLA 热裂解产物和热裂解机理，既为 PLA 的回收提供依据，又为 Py/GC-MS 在高性能高分子材料表征方面开拓新的应用领域。

利用 Py/GC-MS 的 EGA 模式对生物降解材料聚乳酸（PLA）进行表征，确定最佳热裂解温度点为 450℃。在该温度点下进行单阶式裂解，结合文献定性分析 PLA 的热解产物[84, 85]，结果如图 9.19 和表 9.5 所示。

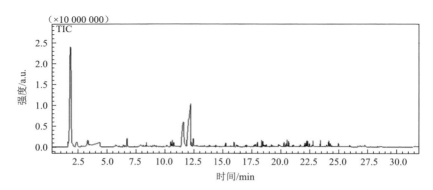

图 9.19　聚乳酸（450℃）热裂解色谱图

表 9.5　聚乳酸(450℃)热裂解产物鉴别

| 保留时间/min | 峰面积/a.u. | 峰面积百分比/% | 相似度/% | 化合物CAS 号 | 化合物名称 |
|---|---|---|---|---|---|
| 1.612 | 2724618 | 0.54 | 98 | 124-38-9 | 二氧化碳 |
| 1.816 | 210509241 | 42.05 | 98 | 75-07-0 | 乙醛 |
| 2.359 | 10325505 | 2.06 | 93 | 64-19-7 | 乙酸 |
| 3.343 | 7145321 | 1.43 | 94 | 600-14-6 | 2, 3-戊二酮 |
| 3.514 | 1021418 | 0.20 | 95 | 513-86-0 | 乙偶姻 |
| 4.324 | 17711357 | 3.54 | 86 | 79-10-7 | 丙烯酸 |
| 6.397 | 1801166 | 0.36 | 83 | 3266-23-7 | 2, 3-环氧丁烷 |
| 6.719 | 6384883 | 1.28 | 91 | 565-69-5 | 2-甲基-3-戊酮 |
| 7.903 | 1819760 | 0.36 | 95 | 97-64-3 | 乳酸乙酯 |
| 8.391 | 1883823 | 0.38 | 89 | 3658-77-3 | 4-羟基-2, 5-二甲基1-3(2H)-呋喃酮 |
| 10.508 | 2874522 | 0.57 | 83 | 109-92-2 | 乙烯基乙醚 |
| 10.642 | 3131617 | 0.63 | 84 | 95-96-5 | 丙交酯 |
| 10.755 | 2292966 | 0.46 | 86 | 57-57-8 | $\beta$-丙内酯 |
| 11.592 | 69582114 | 13.90 | 95 | 95-96-5 | 内消旋丙交酯 |
| 12.209 | 128691524 | 25.70 | 96 | 4511-42-6 | $D, L$-丙交酯 |
| 12.244 | 1213672 | 0.24 | 97 | 1191-95-3 | 环丁酮 |
| 15.249 | 1318003 | 0.26 | 70 | 138-22-7 | 乳酸丁酯 |
| 15.972～16.271 | 3076818 | 0.61 | — | — | 三聚体 |
| 17.800～19.180 | 7575129 | 1.51 | — | — | 四聚体 |
| 20.280～20.688 | 6976498 | 1.39 | — | — | 五聚体 |
| 22.066～22.803 | 7793406 | 1.56 | — | — | 六聚体 |
| 24.265～24.976 | 3240016 | 0.65 | — | — | 七聚体 |
| 26.693～27.277 | 1560562 | 0.31 | — | — | 八聚体 |

　　利用 Py/GC-MS 对生物降解材料聚乳酸(PLA)进行表征研究时发现，在不同的热裂解温度下，PLA 裂解产物差异较大。结果如图 9.20～图 9.22 所示。在 300℃以下，聚乳酸生成的产物只有内消旋丙交酯和 $D, L$-丙交酯。在 350～450℃之间，产物种类增多，包括乙醛、内消旋丙交酯、$D, L$-丙交酯和环状低聚物及其同分异构体的峰簇。在 450℃下，聚乳酸的热裂解产物数量多达 40 种，并且峰型和分离度良好，特征裂解产物内消旋丙交酯和 $D, L$-丙交酯响应明显(具体分析见表 9.5)。在 450～550℃之间，随着温度的增加，保留时间较长的环状低聚物及其同分异构体峰簇的数量和强度逐渐减小，温度高于 600℃后，环状低聚物及其同分异构体

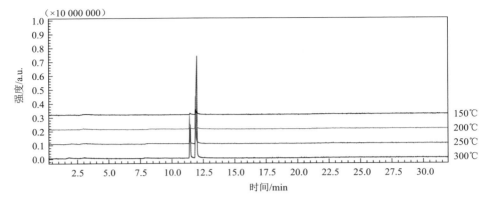

图 9.20 聚乳酸(150～300℃)热裂解色谱图对比图

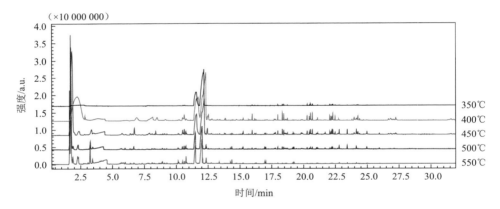

图 9.21 聚乳酸(350～550℃)热裂解色谱图对比图

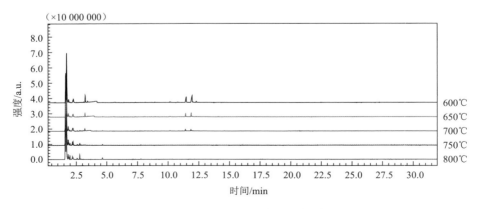

图 9.22 聚乳酸(600～800℃)热裂解色谱图对比图

的峰簇消失。在 600～700℃之间，随着温度升高，保留时间短的小分子化合物
响应值增加，而内消旋丙交酯和 $D, L$-丙交酯响应值减小，到 750℃时，内消旋
丙交酯和 $D, L$-丙交酯消失。750℃和 800℃时，聚乳酸的热裂解产物只有保留时
间短的小分子化合物，而作为聚乳酸的特征裂解产物内消旋丙交酯和 $D, L$-丙交
酯消失。

　　通过对聚乳酸材料的热裂解表征发现，PLA 在较低温度下的热裂解机理是分
子内的酯交换反应，该反应发生在主链上生成丙交酯、环状低聚物和线型低聚物。
高温的裂解产物中已观察不到丙交酯和环状低聚物，而二氧化碳、乙醛的丰度很
高，说明丙交酯和低聚物最终裂解为二氧化碳、乙醛等小分子化合物。综上所述，
推断 PLA 的热裂解机理主要是随机断裂和分子内的酯交换，生成丙交酯、环状低
聚物和线型低聚物，具体裂解机理见图 9.23[84, 85]。

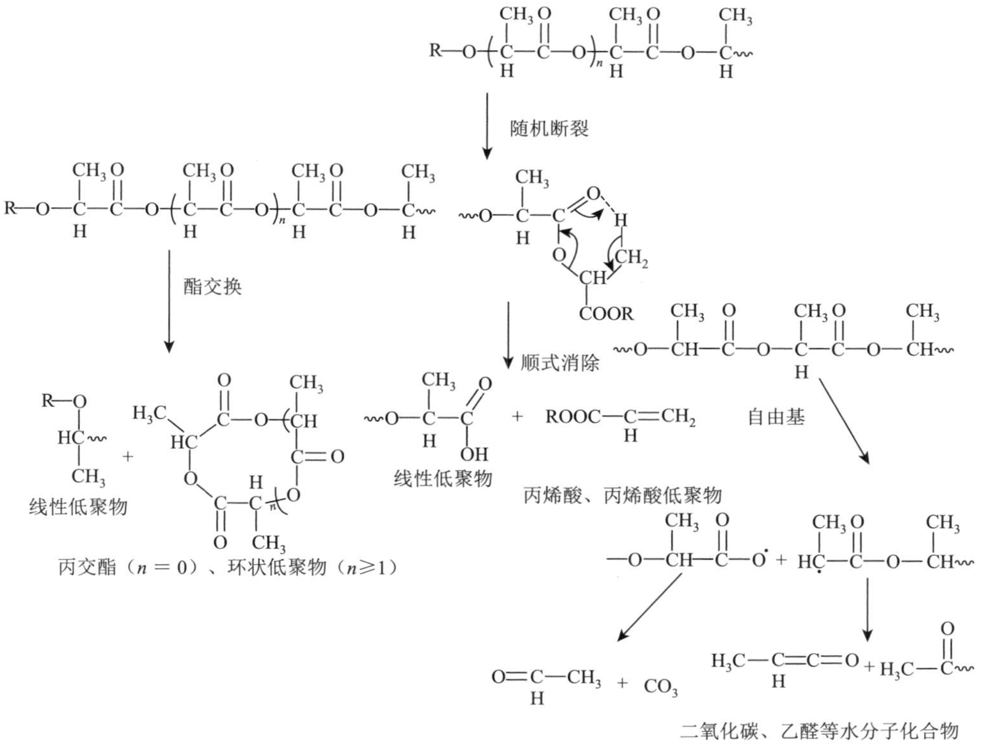

图 9.23　聚乳酸热裂解机理[84]

　　生物降解材料聚乳酸(PLA)的热裂解产物特征峰明显且独特，甚至可以尝试
用内消旋丙交酯或 $D, L$-丙交酯对 PLA 进行定量分析。

### 2. Py/GC-MS 在高分子材料成分鉴别方面的应用

利用 Py/GC-MS 技术对高性能高分子材料进行表征，可以对材料主成分进行鉴别。例如，利用 Py/GC-MS 技术，在 600℃的热裂解温度下对高性能高分子材料聚四氟乙烯(PTFE)进行热裂解鉴别。色谱图如图 9.24 所示。根据对应的质谱图检索为四氟乙烯，相似度为 91%，结果如图 9.25 所示。因此推断材料的主成分为聚四氟乙烯。

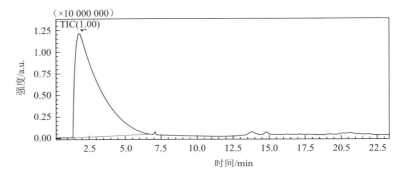

图 9.24　聚四氟乙烯(PTFE)热裂解色谱图

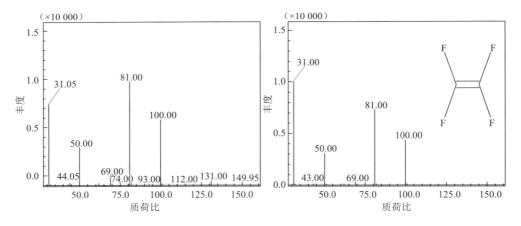

图 9.25　质谱图检索比对

Py/GC-MS 技术不仅擅长对热裂解产物简单、独特的高性能高分子材料进行表征鉴别，对产物复杂的高分子聚合物也可以进行鉴别，如鉴别聚苯醚(PPO)材料。如图 9.26 所示，聚苯醚在 600℃时热裂解产物种类繁多，如果对每种裂解产物进行比对分析，工作量巨大。此时可以根据聚合物裂解谱图库(如 F-Search)对聚合物进行拟合。将聚苯醚(PPO)热裂解的质谱图进行叠加，形成平均化质谱图

（如图 9.27 所示），与聚合物裂解谱图库中的标准质谱图进行比对，给出可能的聚合物品种，完成鉴别。比对结果如表 9.6、图 9.28 所示。

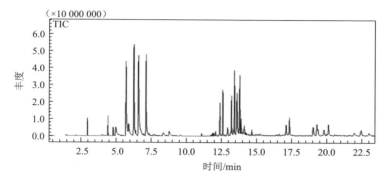

图 9.26　聚苯醚(PPO)热裂解色谱图

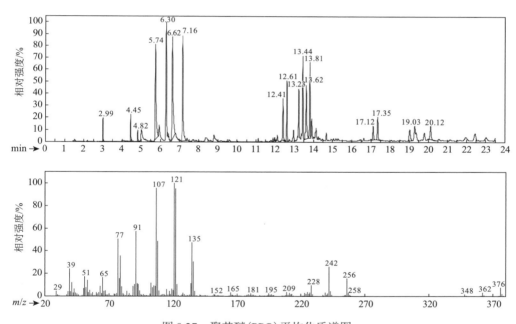

图 9.27　聚苯醚(PPO)平均化质谱图

表 9.6　**F-Search 软件拟合结果**

| 名称 | 相似度/% |
|---|---|
| Poly(phenylene oxide)；PPO<br>(C1～C40) | 98 |

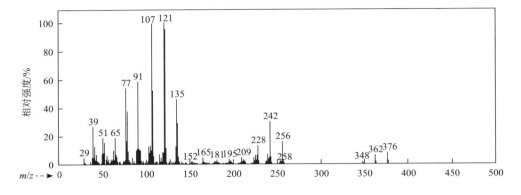

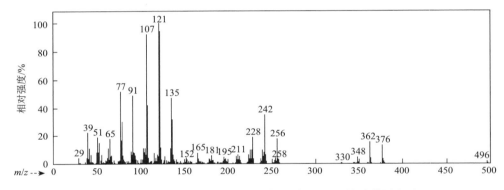

图 9.28    聚苯醚(PPO)平均化质谱图与标准平均化质谱图比对

## 9.4    全生命周期评价技术    ◀◀◀

### 9.4.1    高分子材料全生命周期评价技术介绍

塑料生命周期评价(life cycle assessment, LCA)起源于 1969 年美国可口可乐公司对其饮料容器从原材料开采到废弃物最终处理的整个过程进行了跟踪与定量分析[86]。LCA 已经纳入 ISO14000 环境管理系列标准成为国际上环境管理和产品设计的一个重要支持工具。根据 ISO14040：1999 的定义，LCA 是指"对一个产品系统的生命周期中输入、输出及其潜在环境影响的汇编和评价，具体包括互相联系、不断重复进行的四个步骤：目的与范围的确定、清单分析、影响评价和结果解释；生命周期评价是一种用于评估产品在其整个生命周期中，即从原材料的获取、产品的生产直至产品使用后的处置，对环境影响的技术和方法"[87-89]。作为新的环境管理工具和预防性的环境保护手段，生命周期评价主要应用在通过确定和定量化研究能量和物质利用及废弃物的环境排放来评估一种产品、工序和生产活动造成的环境负载；评价能源材料利用和废弃物排放的影响及环境改善的方法[90]。评价过程首先辨识和量化整个生命周期阶段中能量和物质的消耗及环境释放，然后评价这些消耗和释放对环境的影响，最后辨识和评价减少这些影响的机会[91]。生命周期评价注重研究系统在生态健康、人类健康和资源消耗领域内的环境影响。随着工业化的发展，进入自然生态环境的废物和污染物越来越多，超出了自然界自身的消化吸收能力，对环境和人类健康造成极大影响。同时工业化也将使自然资源的消耗超出其恢复能力，进而破坏全球生态环境的平衡。因此，人们越来越希望有一种方法对其所从事各类活动的资源消耗和环境影响有一个彻底、全面、综合的了解，以便寻求机会采取对策减轻人类对环境的影响。目前生命周期评价是一种用于评价产品或服务相关的环境因素及其整个生命周期环境影响的工具，是国际上普遍认同的为达到上述目的的方法[92]。2022 年第五届联合国环境大会最新通过的《终止塑料污染决议(草案)》，强调对塑料进行全生命周期管理，在设计阶段就将塑料产品的重复使用和回收利用纳入考量，并且着眼于多样化治理塑料污染。通过对塑料产品设计、生产、回收和处理等环节严格管理塑料制品的全生命周期过程，有望大幅减少甚至终结塑料污染。

生命周期评价用于评估与产品生命周期的所有阶段相关的环境影响，包括从原材料获取、生产、使用、回收到产品最终处置的全过程(即"从摇篮到坟墓")的生态环境和健康安全评价[93-95]，可以帮助个人、企业、组织或政府进行内部决策，为广泛的政策制定提供依据[96]。塑料全生命周期评价阶段包括：①原料提取，石油开采、生物基原料等；②生产，聚合、成型及加工等；③使用，消费品、包装、建筑材料等；④废弃处理，回收、填埋、焚烧及降解等。塑料全生命周期评价指标有：①环境影响，温室气体排放、水资源消耗及湿地利用等；②能源消耗，非可再生和可再生能源使用；③生态毒性，对水生生物、土壤生物和人类健康的影响；④社会经济因素，就业机会、生产成本及经济效益等。

国家标准《环境管理　生命周期评价　原则与框架》(GB/T 24040—2008)(等同采用 ISO 14040：2006)和《环境管理　生命周期评价　要求与指南》(GB/T 24044—2008)(等同采用 ISO 14044：2006)涵盖了生命周期评价(LCA)研究和生命周期清单(LCI)的研究，但未详述 LCA 的技术，也不对 LCA 各阶段的方法学进行规定。国家标准《塑料　生物基塑料的碳足迹和环境足迹　第 1 部分：通则》(GB/T 41638.1—2022)(等同采用 ISO 22526)系列标准对生命周期评价的技术和方法学起到了补充作用，拟由五部分构成：第一部分：通则，目的在于为生物基制品生命周期评价和应用提供信息和指导；第二部分：根据试验结果确定生物碳含量，用其来计算生物碳代替石油碳(材料碳足迹)所能实现的二氧化碳减排量；第三部分：过程碳足迹量化要求与准则，规定了量化和报告生物基塑料过程碳足迹的要求；第四部分：环境（总）足迹（生命周期评价），用生命周期评价方法，计算在给料转化为最终产品过程中产生的过程碳足迹，从而实现以可持续、对环境负责的方式管理碳（碳基材料）；第五部分：报告与评估，报告生物基塑料的碳足迹和环境足迹评估结果的要求。碳足迹的计算是系列标准中的关键分析测试技术，具体包括：①碳足迹和环境足迹，生物基塑料产品的生命周期评价，考虑生物基材料和产品与化石基塑料产品相比，从空气中去除二氧化碳的具体情况；②材料碳足迹，从空气中减少的结合成为 1 kg 聚合物分子的 CO 的质量；③过程碳足迹，在起始原料/资源转化为出厂产品的过程中，产生的碳足迹。此标准系列中规定了生物基碳含量的测定方法、计算方法、从空气中去除且被 1 kg 聚合物固定的 $CO_2$ 质量的计算方法、产品碳足迹的量化方法、生物基产品的生命周期评价方法、生命周期评价清单、生命周期影响评估等内容。

　　塑料等高分子材料的生命周期是物质和能量循环及资源管理的重要组成部分，包括来源、获得、利用、回收和处理等[97]。其广泛的应用可大大改善人们的工作和生活，但其制品在生产和加工过程中，为提升产品性能往往需要加入各种添加剂、填料和加工助剂等，如表面活性剂、防紫外剂和重金属等，这些物质在制品使用过程中会逐渐释放出来，对环境和生态健康带来负面影响，甚至影响人类的健康。塑料等高分子材料的回收利用可减少对环境的负面影响，降低能源消耗，提高资源利用率；生物降解材料的替代使用也是解决当前塑料影响生态环境健康的有效方案之一[98-100]。

　　人工加速老化试验是评价高分子材料塑料生命周期过程中使用阶段和废弃处理阶段影响的有效手段，对于评价高分子材料的老化程度、寿命的预测及其生态环境安全评价方面具有重要的意义。高分子材料实际使用和废弃阶段，在大气中受日照、雨淋、冻融等环境条件变化引起的外观、物理与化学性能的变化十分缓慢，自然老化过程，时间漫长，且环境条件变化与影响因素复杂，对老化结果很难准确评价。人工加速老化试验是用人工的方法，在室内或设备内模拟近似于大气环境条件或某种特定的环境条件，可以实现老化条件的精准调控和重复对比，甚至可以根据特定的需求强化某些因素，能在几天或数周内，产生户外几个月甚至几年的老化效果，可以相对快速的提供样品在长期使用中发生的特性改变程度的信息，以实现生命周期更为精准的评价，为我国材料领域的低碳发展提供科学依据[98, 101]、为可持续发展决策提供理论参考。

　　传统人工加速老化试验，多聚焦于高分子材料老化前后材料本身的外观、化学成分、物理力学等性能变化的相关研究，试验所需的加速老化试验箱等仪器设备也非常成熟，市面上就能购买到性能较好的加速老化实验设备。但是，高分子材料在自然环境中老化降解产物的相关研究较少，且没有商品化的老化产物收集与检测设备。因此，为了探索塑料等高分子材料及其制品在生态环境中崩解，形成微塑料直至完全降解的路径和老化降解机理，高峡[102, 103]课题组设计制造了高分子材料力学加速老化及老化产物捕获装置，对高分子材料进行人工加速老化试验，并收集老化过程中产生的气体小分子产物、水溶性小分子产物和微塑料等老化产物，进行测试分析。

### 9.4.2 高分子材料力学加速老化及老化产物捕获装置介绍

高分子材料老化降解捕集仪是一种力学加速老化及捕获老化降解过程中产物的装置，能够针对高分子相关有机污染物的鉴定及溯源需求，模拟机械磨损、光照、湿、热、氧气等自然条件下高分子材料及粉体的加速老化过程，能够收集老化后的样品及老化过程中产生的微塑料、气体、水溶性产物，是研究塑料老化降解机制的得力工具。高分子材料老化降解捕集仪由密闭微型环境舱、微纳塑料颗粒制备单元、挥发性老化过程中产物收集单元、老化颗粒与水溶性老化过程中产物收集单元、信息采集与控制单元等五部分组成，如图 9.29所示。

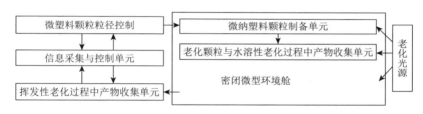

图 9.29　高分子材料老化降解捕集仪工作原理示意图

高分子材料老化降解捕集仪是集成的多功能一体化设备，可实现：模拟自然环境加速高分子材料老化降解，捕获与收集老化降解过程中的产物，包括微纳塑料、挥发性气体和水溶性化合物。具体技术指标包括：①模拟塑料在自然界中由物理作用力下破碎，以及塑料与微纳塑料在光、氧化和水等降解作用下而碎化产生微塑料；②目前可收集微纳塑料粒径范围为 200 nm～50 μm，80%的粒径小于 10 μm。

设备的核心功能是微塑料制备、老化降解过程中产物的捕获与收集。密闭微型环境舱内部集成微纳塑料颗粒制备核心元件，用以模拟大型塑料在环境中分裂或分解形成塑料微粒或碎片的过程。老化降解捕集仪原理样机如图 9.30 所示，工作方式如图 9.31 所示。

实验过程中，微塑料通过不锈钢膜过滤水样得到，采用傅里叶变换显微红外光谱、显微拉曼光谱及超景深显微镜对其进行测定；滤出的水样使用超高效液相色谱-飞行时间质谱(UHPLC-QTOF/MS)对其老化后水溶性产物进行分析；气体产物通过 Tenax 管收集后，采用气相色谱串联四极杆质谱对其成分进行分析。

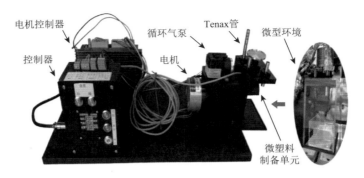

图 9.30 老化降解捕集仪原理样机

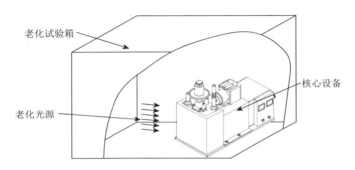

图 9.31 老化降解捕集仪工作方式

由北京市科学技术研究院分析测试研究所开发的高分子材料加速老化及老化产物捕获装置在分析塑料等高分子材料老化过程中产生的微塑料、气体、水溶性产物方面具有独特的优势。塑料等高分子材料及其制品在老化过程产生微塑料、气体、水溶性物质等产物可以被捕获并进行深入解析。

此外，国内外学者也相继开发了一些老化降解仪器设备和技术，下面列举三种具有代表性的仪器设备和技术。

清华大学的杨睿课题组建立了一种高灵敏度、多环境因素耦合的新型老化评价系统，由原位反应池、辐照单元、温控单元、检测单元和吹扫单元组成，如图 9.32 所示。可以实现在光照、热、氧气、湿等多种环境因素条件的耦合下，对高分子材料快速、灵敏、实时、无损的老化评价。该系统被用于高分子及复合材料的稳定性和老化状态的评价及老化动力学的研究。文献表明，该系统测定的 $CO_2$ 生成速率与材料自然老化下的氧化程度具有良好的对应性，同时能够精确反映复合材料的自然老化状态——不同自然老化时间的复合材料，其 $CO_2$ 生成速率与羰基指数的对数呈线性关系。此外，该系统还可以快速、准确地测定老化过程的活化能[104]。

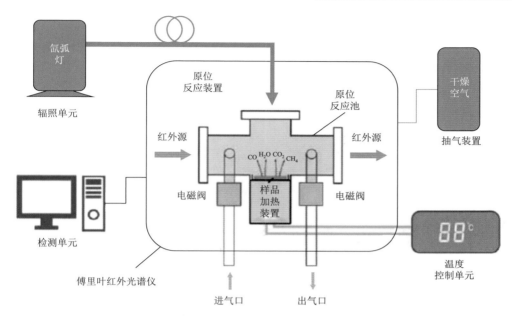

图 9.32　一种检测高分子材料老化的装置原理示意图

美国新墨西哥州阿尔伯克基桑迪亚国家实验室研究有机材料的 G. Von White、R. L. Clough 与研究材料可靠性的 J. M. Hochrein 建立了一种高分子材料在热加速老化作用下，收集和分析挥发性有机降解产物的方法。在尼龙 66 大分子主链的特定位置用 $^{13}C$ 或者 $^{15}N$ 同位素标记，如图 9.33 所示。所有尼龙 66 和尼龙单体(不添加稳定剂或润滑剂)在 138℃±2℃下进行加速老化实验，老化时间为 1～243 d。为了加速老化，将样品放置在不锈钢小瓶(5 cm³)中并密封，以确保获得所有气体氧化产物，以供后续分析。在所有加速老化实验中，不锈钢小瓶的密封均采用镀金铜垫圈，以确保在加速老化过程中有机物或金属垫圈在一定温度下不会形成氧化产物，样品质量在 25～40 mg 之间。在 $^{18}O$ 同位素富集的 $O_2$ 环境(17.3 kPa，美国新墨西哥州阿尔伯克基地区的氧气压力)中进行了专门的实验，旨在确定关键热氧化降解产物中分子氧的来源。每次通过 GC-MS 测量挥发性老化产物后，在将老化容器放回高温环境之前，将 $^{18}O_2$ 重新填充至相同的 17.3 kPa 压力。取样时间为第 1 天、第 34 天、第 63 天和第 153 天。在对比实验中，未标记的尼龙 66 在 $^{18}O_2$ 的气氛下经受相同的老化条件。通过冷冻聚焦气相色谱质谱(cryo-GC/MS)分析挥发性有机降解产物来找到同位素标记。标记结果，结合自由基反应化学的基本原理，为降解产物来源于相关的大分子结构提供了依据。根据①各种老化产物中同位素标记存在(或不存在)的情况；②老化产物分子中同位素的位置；③气相色谱图中峰强度的巨大差异所表明的老化产物的相对丰度，得出了许多关于化学机制的推论，如图 9.34。总的降解结果可以根据自由基的形成途径来分析，自由基的形成是源于尼龙链上三个不同位置的初始反应，包括在氮原子相邻的(—CH$_2$—)基团、与羰基相邻的(—CH$_2$—)基团和对羰基直接的去氢反应。掌握尼龙 66 降解的机理最终是为了解老化降解发生的变化，并提供新的见解，可以利用这些老化降解机理来检测和减少早期老化，并最大限度地减少由材料降解带来的问题[105]。

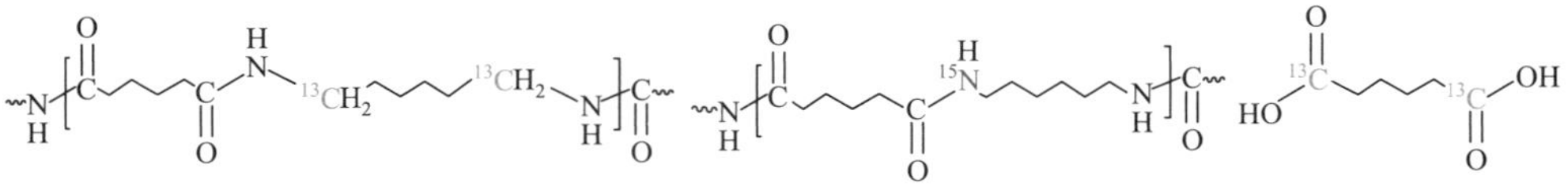

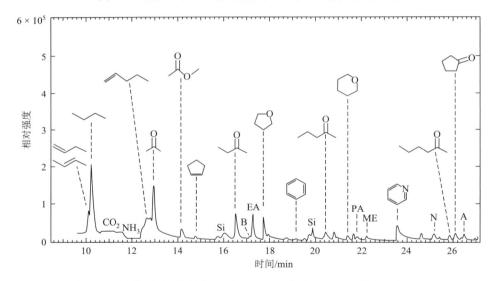

图 9.33　用 $^{13}$C 和 $^{15}$N 标记的尼龙 66 和己二酸的分子结构

图 9.34　用 $^{13}$C 标记的尼龙 66 在 138℃下老化 243 天的总离子色谱图

注：为了完整起见，本图还显示了未标记的尼龙在富含$^{18}$O的气氛下进行老化研究所识别的分子(以未标记的形式)。标记为 Si、B、EA、A、PA、ME 和 N 的峰不是降解产物，它们是来自柱渗出的硅氧烷物质、2-丁酮、乙酸乙酯、乙酸正丙酯、甲酯丁酸和腈。

　　伊朗马什哈德费尔多西大学科学院化学系的 M. Kaykhaii、A. Sarafraz-Yazdi、M. Chamsaz 与加拿大安大略省滑铁卢大学化学系的 J. Pawliszyn 优化了一种样品制备技术，即吸附剂接口膜萃取(MESI)技术，是一种膜串联吸附捕集阱作为高分子材料热氧化降解产物的连续取样技术。用于连续监测不同温度下高分子材料顶空(固相微萃取)实验中，使用平板形状的聚二甲基硅氧烷和聚碳酸酯(PDMS-PC)膜组合，以及 Tenax 吸附捕集阱富集的热降解产物，然后进行气相色谱联用质谱分析(GC-MS)，如图 9.35 所示。该系统能够收集、富集和连续监测不同温度下高分子材料释放的主要挥发性化合物，实现对挥发性和半挥发性气体降解产物的鉴定。设备使用的聚二甲基硅氧烷（PDMS）膜对含氧衍生物的渗透性较低、对挥发性芳烃和非芳烃及氯化烃的渗透性较高，因此色谱图能够被显著简化。以固定的时间间隔加热捕集阱，可以在检测过程中获得连续的气相色谱图。仪器操作简便，该方法的灵敏度取决于捕获时间和膜的渗透性能这两个参数[106]。

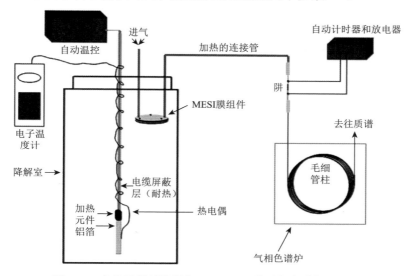

图 9.35　高分子材料降解与 MESI-GC 联用实验系统示意图

### 9.4.3　微塑料老化产物的检测

　　环境中的微塑料很大比例来源于高分子材料的老化降解。日常生活或工业生产中使用的橡胶轮胎或塑料等高分子材料，经历开裂、碎裂、氧化、链断裂等过程后，分裂成尺寸小于 5 mm 的微塑料进入大气、水体、土壤等环境中传输[105]。

　　显微红外光谱、显微拉曼光谱是目前识别和分析微塑料的关键技术，易于标准化推广。近几年微塑料受到越来越多研究学者的关注，研究报道越来越多，相关标准的制定工作也在推进中。

　　现行的微塑料检测相关的国家标准有：《化妆品中塑料微珠的测定》（GB/T 40146—2021）；地方标准有：《海水中微塑料的测定　傅立叶变换显微红外光谱法》（DB21/T 2751—2017）、《海水增养殖区环境微塑料监测技术规范》（DB37/T 4323—2021）；行业标准有：《农田地膜源微塑料残留量的测定》（GH/T 1378—2022）；团体标准有：《景观环境用水中微塑料的测定　傅里叶变换显微红外光谱法》（T/CSTM 00563—2022），《污水中微塑料的测定显微拉曼光谱法》（T/CSUS 32—2021）。还有一些标准已立项，正在推进，如 CSTM 团体标准《土壤中微塑料的测定　傅里叶变换显微红外光谱法》《地下水中微塑料的测定　傅里叶变换显微红外光谱法》

《污水中微塑料的测定 傅里叶变换显微红外光谱法》《双壳类海产品中微塑料的测定 傅里叶变换显微红外光谱法》《饮用水中微塑料的测定 傅里叶变换显微红外光谱法》等。系列标准分别规定了傅里叶变换显微红外光谱法测定污水、地下水、土壤等样品中微塑料的术语和定义、方法原理、仪器设备与试剂、测试样品制备、测定步骤、结果分析与计算等。样品经分离、净化后，水中的颗粒物被抽滤至滤膜上。首先使用显微镜观察滤膜上颗粒物，观察颗粒物的颜色、大小及形状并进行记录。随后采用傅里叶变换显微红外光谱仪对滤膜上的颗粒物进行测试分析。根据不同分子结构的聚合物吸收不同的能量而产生相应的红外吸收光谱的原理，将颗粒物的红外光谱图与标准谱图对比，结合颗粒物特征谱带的特征吸收峰位置、数目、相对强度和形状(峰宽)等参数，推断颗粒物中存在的基团和官能团，确定其分子结构，从而确定颗粒物聚合物种类。最后统计微塑料的数量，计算丰度。

### 9.4.4　橡胶轮胎老化加速试验及老化降解产物收集与分析实例

高分子材料力学加速老化及老化产物捕获装置可以模拟高分子材料在机械磨损、光照、湿、热、氧气等自然条件下，分解形成微塑料颗粒、挥发性气体、水溶性化学物质的过程，能够用于研究塑料及其制品在生态环境中崩解、形成微塑料直至完全降解的路径和老化降解机理。

为了探索高分子材料在生态环境中崩解，形成微塑料直至完全降解的路径和老化降解机理，利用自制高分子材料力学加速老化及老化产物捕获装置和氙灯老化试验箱，对橡胶轮胎进行人工加速老化试验，并收集气体小分子产物、水溶性小分子产物和微塑料产物，分别使用 GC-MS、显微-傅里叶变换红外光谱仪进行分析，探索橡胶轮胎老化机制。

首先使用三维超景深显微镜初步观察滤膜上目标物的颜色、大小及形状，经过老化装置磨削，得到如图 9.36 所示的橡胶样品。磨削后，产生卷曲条状有弹性

图 9.36　磨削后的橡胶样品

的橡胶样品，最小可产生尺寸为 80 μm 的橡胶微粒，也有 1000 μm 以上的微粒，最长可达几毫米。表面均呈现凹凸不平的状态，暴露面积面增大，粗糙度增加，与环境中各老化因子相互作用面积增大。

橡胶轮胎加速老化气体产物检测结果如图 9.37 所示。经过分析，在收集的气体产中检测到 1,4-二氯苯、苯甲酸、十七烷等物质。

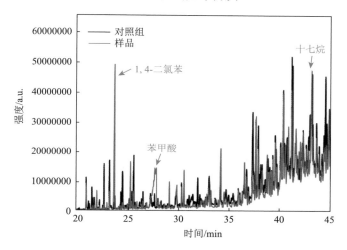

图 9.37 橡胶轮胎加速老化气体产物

## 参 考 文 献

[1] 刘景军, 李效玉. 高分子材料的环境行为与老化机理研究进展[J]. 高分子通报, 2005(3): 62-69.

[2] 冯新德, 张中岳, 施良和. 高分子辞典[M]. 北京: 中国石化出版社, 1998.

[3] 韩冬冰, 王慧敏. 高分子材料概论[M]. 北京: 中国石化出版社, 2003.

[4] 王小军, 文庆珍, 朱金华, 等. 高分子材料的老化表征方法[J]. 弹性体, 2010, 20(3): 58-61.

[5] 王立久, 姚少臣. 建筑病理学: 建筑物常见病害诊断与对策[M]. 北京: 中国电力出版社, 2002.

[6] 化工部合成材料研究院, 金海化工有限公司. 聚合物防老化实用手册[M]. 北京: 化学工业出版社, 1999.

[7] ROTTLER J, ROBBINS M O. Jamming under tension in polymer crazes[J]. Physical Review Letters, 2002, 89(19): 195501.

[8] 汪斌华, 黄婉霞, 李彦峰, 等. 纳米 $TiO_2$ 和 ZnO 的抗老化性应用研究[J]. 四川大学学报 (工程科学版), 2003, 35(4): 103-105.

[9] 朱福海. 高分子材料变黄程度的测定[J]. 合成材料老化与应用, 1999, 28(3): 34-36.

[10] 邱振宇. 偶联剂改性高性能环氧高分子材料的制备及应用[J]. 中国胶粘剂, 2020, 29(11): 36-41, 47.

[11] 王晓洁, 梁国正, 张炜, 等. 湿热老化对高性能复合材料性能的影响[J]. 固体火箭技术, 2006, 29(4): 301-304.

[12] HAMZA S S, ABDEL-HAMID M. The effect of thermal ageing and type of stabilizer on creep characteristics of poly(vinyl chloride)[J]. Polymer Degradation and Stability, 1998, 62(1): 171-174.

[13] TROEV K, TSEKOVA A, TSEVI R. Chemical degradation of polyurethanes2. Degradation of flexible polyether foam by dimethyl phosphonate[J]. Polymer Degradation and Stability, 2000, 67(3): 391-405.

[14]    SUZUKI M, WILKIE C A. The thermal degradation of acrylonitrile-butadiene-styrene terpolymei as studied by TGA/FTIR[J]. Polymer Degradation and Stability, 1995, 47(2): 217-221.

[15]    ZHANG T Y, OYAMA T, AOSHIMA A, et al. Photooxidative *N*-demethylation of methylene blue in aqueous $TiO_2$ dispersions under UV irradiation[J]. Journal of Photochemistry and Photobiology A: Chemistry, 2001, 140(2): 163-172.

[16]    DAY M, MACKINNON M, COONEY J D. Degradation of contaminated plastics: a kinetic study[J]. Polymer Degradation and Stability, 1995, 48(3): 341-349.

[17]    CARLSSON D J, WILES D M. The photooxidative degradation of polypropylene. Part Ⅱ. photostabilization mechanisms[J]. Journal of Macromolecular Science Part C, 1976, 14(2): 155-192.

[18]    CHIANTORE O, TROSSARELLI L, LAZZARI M. Photooxidative degradation of acrylic and methacrylic polymers[J]. Polymer, 2000, 41(5): 1657-1668.

[19]    KIKKAWA K. New developments in polymer photostabilization[J]. Polymer Degradation and Stability, 1995, 49(1): 135-143.

[20]    史继诚. 高分子材料的老化及防老化研究[J]. 合成材料老化与应用, 2006, 35(1): 27-30.

[21]    周勇. 高分子材料的老化研究[J]. 国外塑料, 2012, 3(1): 35-41.

[22]    高炜斌, 张枝苗. 高分子材料老化与防老化的研究[J]. 国外塑料, 2009, 27(11): 40-43.

[23]    张德庆, 张东兴, 刘立柱. 高分子材料科学导论[M]. 哈尔滨: 哈尔滨工业大学出版社, 1999: 17-20, 29-34.

[24]    OMASTOVA M, PODHRADSKA S, PROKES J, et al. Thermal ageing of conducting polymeric composites[J]. Polymer Degradation and Stability, 2003, 82(2): 251-256.

[25]    PICCIRELLI N, SHANAHAN M E R. Thermal ageing of a supported epoxy-imide adhesive[J]. Ploymer, 2000, 41(11): 4077-4087.

[26]    潘祖仁. 高分子化学[M]. 2 版. 北京: 化学工业出版社, 1995.

[27]    朱福海. 高分子材料光降解和光稳定[J]. 合成材料老化与应用, 1999, 28(1): 24-26.

[28]    刘春林, 姚汝奇. 镁盐晶须/聚丙烯复合材料的研究[J]. 塑料工业, 2003, 31(8): 19-21.

[29]    BUBECK R A, KRAMER E J. Effect of water content on stress aging of nylon 6-10[J]. Journal of Applied Physics, 1971, 42(12): 4631-4636.

[30]    HOLLANDE S, LAURENT J L. Degradation process of an industrial thermoplastic elastomer polyurethane-coated fabric in artificial weathering conditions[J]. Journal of Applied Polymer Science, 1999, 73(12): 2525-2534.

[31]    谭晓倩, 史鸣军. 高分子材料的老化性能研究[J]. 山西建筑, 2006, 32(1): 179-180.

[32]    XUE T J, WILKIE C A. Thermal degradation of poly(styrene-g-acrylonitrile)[J]. Polymer Degradation and Stability, 1997, 56(1): 109-113.

[33]    STRUIK L C E. Physical aging in amorphous polymers and other materials [J]. Annals of the New York Academy of Sciences, 1977, 279(1): 78-85.

[34]    张茉莉.聚合物膜在高压气体氛围下的物理老化行为研究[D]. 北京: 北京化工大学, 2019.

[35]    CANGIALOSI D, BOUCHER V M, ALEGRÍA A, et al. Physical aging in polymers and polymer nanocomposites: recent results and open questions[J]. Soft Matter, 2013, 9(36): 8619-8630.

[36]    MERRICK M M, SUJANANI R, FREEMAN B D. Glassy polymers: historical findings, membrane applications, and unresolved questions regarding physical aging[J]. Polymer, 2020, 211(1): 123176.

[37]    杨睿, 刘颖, 于建.聚烯烃复合材料的老化行为及机理研究[J].高分子通报, 2011(4): 68-81.

[38]    CELINA M, GEORGE G A. A heterogeneous model for the thermal oxidation of solid polypropylene from chemiluminescence analysis[J]. Polymer Degradation and Stability, 1993, 40(3): 323-335.

[39] SEGUCHI T, TAMURA N. Mechanism of decay of alkyl radicals in irradiated polyethylene on exposure to air as studied by electron spin resonance[J]. The Journal of Physical Chemistry, 1973, 77(1): 40-44.

[40] TROEV K, ATANASSOV V, TZEVI R. Chemical degradation of polyurethanes. Ⅱ. Degradation of microporous polyurethane elastomer by phosphoric acid esters[J]. Journal of Applied Polymer Science, 2000, 76(6): 886-893.

[41] BARRER R M. Some properties of diffusion coefficients in polymers[J]. The Journal of Physical Chemistry, 1957, 61(2): 178-189.

[42] IRUSTA L, FERNANDEZ-BERRIDI M J. Photooxidative behaviour of segmented aliphatic polyurethanes[J]. Polymer Degradation and Stability, 1999, 63(1): 113-119.

[43] CHINAGLIA D L, HESSEL R, OLIVEIRA O N J R. Using shifts in the electronic emission curve to evaluate polymer surface degradation[J]. Polymer Degradation and Stability, 2001, 74(1): 97-101.

[44] 施纳贝尔. 聚合物降解原理及应用[M]. 陈用烈译. 北京：化学工业出版社, 1988.

[45] 罗振华, 蔡键平, 张晓云, 等. 耐候性有机涂层加速老化试验研究进展[J]. 合成材料老化与应用, 2003, 32(3): 31-35.

[46] 汪学华. 自然环境试验技术[M]. 北京：航空工业出版社, 2003.

[47] 黄文捷, 黄雨林. 高分子材料老化试验方法简介[J]. 汽车零部件, 2009(9): 71-74, 80.

[48] 肖敏, 朱蕾. 包装箱用高性能工程塑料老化性能研究[J]. 包装工程, 2003, 24(6): 47-49.

[49] 刘晓丹, 谢俊杰, 冯志新, 等. 橡胶材料加速老化试验与寿命预测方法研究进展[J]. 合成材料老化与应用, 2014, 43(1): 69-73.

[50] 杨纯儿, 罗远芳, 贾德民, 等. 高性能减震橡胶耐热氧老化性能的研究[J]. 合成材料老化与应用, 2004, 33(2): 10-13.

[51] HU H W, SUN C T. The characterization of physical aging in polymeric composites[J]. Composites Science and Technology, 2000, 60(14): 2693-2698.

[52] 谢建玲. 国内外塑料耐候老化标准对比分析[J]. 化工标准化与质量监督, 1999, 19(7): 13-15.

[53] 梁晓凡, 梁洪涛, 张新兰, 等. 国内外非金属材料加速老化试验标准发展现状分析[J]. 宇航材料工艺, 2017, 47(3): 6-9.

[54] 王安迎, 王林林, 王伟. 三元乙丙橡胶热氧老化试验与密封条寿命预测[J]. 弹性体, 2021, 31(1): 5-9.

[55] 孟亚彬, 孙万意, 迟晓光, 等. PBAT、PLA 和 PLA/PBAT 共混塑料包装袋的碳足迹分析[J]. 当代化工研究, 2023(3): 46-48.

[56] 陈红, 郝维昌, 石凤, 等. 几种典型高分子材料的生命周期评价[J]. 环境科学学报, 2004, 24(3): 545-549.

[57] 刁晓倩, 翁云宣, 付烨, 等. 生物降解塑料应用及性能评价方法综述[J]. 中国塑料, 2021, 35(8): 152-161.

[58] KARAMANLIOGLU M, PREZIOSI R, ROBSON G D. Abiotic and biotic environmental degradation of the bioplastic polymer poly(lactic acid): a review[J]. Polymer Degradation and Stability, 2017, 137: 122-130.

[59] DÍAZ A, KATSARAVA R, PUIGGALÍ J. Synthesis, properties and applications of biodegradable polymers derived from diols and dicarboxylic acids: from polyesters to poly(ester amide)s[J]. International Journal of Molecular Sciences, 2014, 15(5): 7064-7123.

[60] ALI SHAH A, HASAN F, HAMEED A, et al. Biological degradation of plastics: a comprehensive review[J]. Biotechnology Advance, 2008, 26(3): 246-265.

[61] AL-ITRY R, LAMNAWAR K, MAAZOUZ A. Improvement of thermal stability, rheological and mechanical properties of PLA, PBAT and their blends by reactive extrusion with functionalized epoxy[J]. Polymer Degradation And Stability, 2012, 97(10): 1898-1914.

[62] NUMATA K, ABE H, DOI Y. Enzymatic processes for biodegradation of poly(hydroxyalkanoate)s crystals[J]. Canadian Journal of Chemistry, 2008, 86(6): 471-483.

[63]    TOKIWA Y, CALABIA B P. Review degradation of microbial polyesters[J]. Biotechnology Letters, 2004, 26(15): 1181-1189.

[64]    HAIDER T P, VÖLKER C, KRAMM J, et al. Plastics of the future？ The impact of biodegradable polymers on the environment and on society[J]. Angewandte Chemie(International Ed in English), 2019, 58(1): 50-62.

[65]    KUMAR A, GROSS R A, JENDROSSEK D. Poly(3.hydroxybutyrate)-depolymerase from *Pseudomonas lemoignei*: catalysis of esterifications in organic media[J]. The Journal of Organic Chemistry, 2000, 65(23): 7800-7806.

[66]    ELSAWY M A, KIM K H, PARK J W, et al. Hydrolytic degradation of polylactic acid(PLA)and its composites[J]. Renewable and Sustainable Energy Reviews, 2017, 79: 1346-1352.

[67]    HAMAD K, KASEEM M, YANG H W, et al. Properties and medical applications of polylactic acid: a review[J]. Express Polymer Letters, 2015, 9(5): 435-455.

[68]    HAYASE N, YANO H, KUDOH E, et al. Isolation and characterization of poly(butylene succinate-*co*-butylene adipate)-degrading microorganism[J]. Journal of Bioscience and Bioengineering, 2004, 97(2): 131-133.

[69]    ALI SHAH A, EGUCHI T, MAYUMI D, et al. Purification and properties of novel aliphatic-aromatic co-polyesters degrading enzymes from newly isolated *Roseateles depolymerans* strain TB-87[J]. Polymer Degradation And Stability, 2013, 98(2): 609-618.

[70]    ARTHAM T, DOBLE M. Biodegradation of aliphatic and aromatic polycarbonates[J]. Macromolecular Bioscience, 2008, 8(1): 14-24.

[71]    SRIDEWI N, BHUBALAN K, SUDESH K. Degradation of commercially important polyhydroxyalkanoates in tropical mangrove ecosystem[J]. Polymer Degradation and Stability, 2006, 91(12): 2931-2940.

[72]    MURPHY C A, CAMERON J A, HUANG S J, et al. *Fusarium* polycaprolactone depolymerase is cutinase[J]. Applied and Environmental Microbiology, 1996, 62(2): 456-460.

[73]    KHAN I, RAY DUTTA J, GANESAN R. *Lactobacillus* sps. lipase mediated poly($\varepsilon$-caprolactone)degradation[J]. International Journal of Biological Macromolecules, 2017, 95: 126-131.

[74]    ZHOU M, TAKAYANAGI M, YOSHIDA Y, et al. Enzyme-catalyzed degradation of aliphatic polycarbonates prepared from epoxides and carbon dioxide[J]. Polymer Bulletin, 1999, 42(4): 419-424.

[75]    SUYAMA T, TOKIWA Y. Enzymatic degradation of an aliphatic polycarbonate, poly(tetramethylene carbonate)[J]. Enzyme And Microbial Technology, 1997, 20(2): 122-126.

[76]    KAWAI F, HU X P. Biochemistry of microbial polyvinyl alcohol degradation[J]. Applied Microbiology and Biotechnology, 2009, 84(2): 227-237.

[77]    金熹高, 黄俐研, 史燚. 裂解气相色谱方法及应用[M]. 北京: 化学工业出版社, 2009.

[78]    闫国荀, 景晓东, 韩清珍, 等. HDPE/PP 共混热裂解特性[J].高校化学工程学报, 2015, 29(3): 571-577.

[79]    林丹丽, 朱旭, 查刘生.裂解气相色谱-质谱法研究聚醚砜的热裂解机理[J].东华大学学报(自然科学版), 2017, 43(3): 377-381.

[80]    李林林, 孙胜敏, 李元月, 等. 生物降解塑料降解性能快速检测技术及前景展望[J].绿色包装, 2022(8): 15-18.

[81]    SHIN T, HAJIME O, CHUICHI W. Pyrolysis-GC/MS Data Book of Synthetic Polymers Pyrograms, Thermograms and MS of Pyrolyzates[M]. 北京: 化学工业出版社, 2015.

[82]    朱晓旭, 刘福胜, 宋修艳.聚乳酸材料的化学解聚研究进展[J]. 高分子材料科学与工程, 2022, 38(9): 176-181.

[83]    MAJGAONKAR P, HANICH R, MALZ F, et al. Chemical recycling of post-consumer PLA waste for sustainable production of ethyl lactate[J]. Chemical Engineering Journal, 2021, 423: 129952.

[84]    姚若兰, 李晓莲, 杨海亮, 等.聚乳酸热解行为及其机理分析[J]. 浙江理工大学学报(自然科学版), 2022, 47(6):

799-805.

[85] 施点望，朱峰，王彩云，等. 聚乳酸热解行为及其机理分析[J]. 浙江理工大学学报，2012，2: 10-14.

[86] 黄春林，张建强，沈淞涛. 生命周期评价综论[J]. 环境技术，2004，22(1): 29-32.

[87] 罗紫倩. 基于生命周期评价法的外卖食品包装能耗研究[J]. 改革与战略，2021，37(1): 111-124.

[88] 陆钟武.工业生态学基础[M]. 北京: 科学出版社，2010.

[89] Environmental management-Life cycle assessment-Principles and framework: ISO 14040: 2006 [S]. International Organization for Standardization, 2006.

[90] 王艳丽，李玉坤，支朝晖，等. 淀粉基食品包装材料的生命周期评价[J]. 中国食品学报，2021，21(12): 277-282.

[91] 赵梦磊，杨增，赵静楠，等. 生物可降解聚乳酸塑料包装产品的生命周期评价: 以中国天津为例[J]. 资源与生态学报(英文版)，2022，13(3): 428-441.

[92] 聂祚仁，高峰，陈文娟，等. 材料生命周期的评价研究[J]. 材料导报，2009，23(13): 1-6.

[93] BOHLMANN G M. Biodegradable packaging life-cycle assessment[J]. Environmental Progress, 2004, 23(4): 342-346.

[94] 王鑫婷，方芳，朱仁高，等.包装产品的全生命周期评价[J].绿色包装，2019(8): 51-54.

[95] ZHAO M, YANG Z, ZHAO J, et al. Life cycle assessment of biodegradable polylactic acid(PLA)plastic packaging products—taking Tianjin, China as a case study[J]. Journal of Resources and Ecology, 2022, 13(3): 428-441.

[96] 郑秀君，胡彬. 我国生命周期评价(LCA)文献综述及国外最新研究进展[J].科技进步与对策，2013，30(6): 155-160.

[97] 申宸昊，邓义祥，张嘉戌，等. 我国塑料污染生命周期管理分析与建议[J]. 环境科学研究，2021，34(8): 2026-2034.

[98] 李德祥，李玉坤，叶蕾，等. 源于淀粉和纤维素替代材料的 4 类绿色环保餐具评价[J]. 中国食品学报，2022，22(1): 357-363.

[99] 李德祥，叶蕾，支朝晖，等. 三类典型一次性外卖餐盒的全生命周期评价[J]. 现代食品科技，2022，38(1): 233-237, 28.

[100] 陈红，郝维昌，石凤，等. 几种典型高分子材料的生命周期评价[J]. 环境科学学报，2004，24(3): 545-549.

[101] 安振华，叶焱，许治平，等.聚烯烃老化的时空谱: 多因素耦合老化动力学研究[J].高分子学报，2021，52(11): 1514-1522.

[102] 张裕祥，高峡. 一种高分子材料老化试验粉体制备装置及老化试验箱: ZL 202020146750.0[P]. 2020-01-23.

[103] 张裕祥，高峡. 能够集成收集高分子材料产物的老化试验箱: ZL 202020146761.9[P]. 2020-01-23.

[104] VON WHITE G, CLOUGH R L, HOCHREIN J M, et al. Application of isotopic labeling, and gas chromatography mass spectrometry, to understanding degradation products and pathways in the thermal-oxidative aging of Nylon 6.6[J]. Polymer Degradation and Stability, 2013, 98(12): 2452-2465.

[105] KAYKHAII M, SARAFRAZ-YAZDI A, CHAMSAZ M, et al. Membrane extraction with sorbent interface-gas chromatography as an effective and fast means for continuous monitoring of thermal degradation products of polyacrylonitrile[J]. The Analyst, 2002, 127(7): 912-916.

[106] LUO Z X, ZHOU X Y, SU Y, et al. Environmental occurrence, fate, impact, and potential solution of tire microplastics: similarities and differences with tire wear particles[J]. Science of the Total Environment, 2021, 795: 148902.

# 第10章

## 光、电性能及其他表征

基于前述章节中的各类表征内容可知，高性能高分子材料其功能和性能表现非常多样，这些材料被广泛应用于航空航天、电子信息、新能源、生物医学等诸多重要领域，为人类社会的发展和进步做出了重要贡献。然而，由于高分子材料领域的研究和应用范围极其广泛，本书很难全面概括所有相关的性能和表征技术，因此，在本章内容中，我们将精选一些比较典型且具有代表性的性能，如光学性能、电磁性能技术来进行深入介绍。

我们将通过对这些典型性能及其对应的表征技术的分析，为读者揭示高分子材料的基本特点、性能优势以及应用领域的发展趋势。此外，本章还将突出介绍一些新型的、在高性能高分子材料研究中具有重要意义的前沿表征技术，如红外光谱-原子力显微镜(IR-AFM)技术、基于大科学装置的表征技术等。这些技术的应用将有助于读者更深入地了解高分子材料的微观结构、组成及其与性能之间的关系，帮助读者更好地理解高性能高分子材料的特点、优势及其在各领域应用的潜力，从而为后续的研究和实践提供有力的理论支撑和实验依据，并为高性能高分子材料的研究和开发提供有益的参考。

## 10.1　光学性能表征　　◀◀◀

聚合物的光学性能对于许多应用领域至关重要，如光学镜片、光纤通信、显示器等。这里我们详细讨论一下聚合物光学性能中的几个关键概念[1]：折射率、色散、双折射和透光率。

折射率(refractive index)是光在真空中传播速度与光在介质中传播速度之比。当光从一个介质传播到另一个介质时，光线会发生折射。折射率用符号 $n$ 表示，计算公式为

$$n = c/v \qquad (10.1)$$

式中，$c$ 为光在真空中的速度；$v$ 为光在某个特定介质中的速度。折射率反映了光在某种物质中传播时的速度变化，通常大于 1。聚合物的折射率通常在 1.3～1.7 之间。

　　色散(dispersion)是指光线在通过某种介质时，不同波长的光线折射率不同的现象。折射率与光的波长有关，不同波长的光在同一介质中传播速度不同，导致折射角度不同。这种现象在光通过棱镜时尤为明显。色散可以通过阿贝数(Abbe number)进行量化。

　　双折射(birefringence)是指在某些各向异性介质(如晶体、取向聚合物)中，光的折射率与光的传播方向和振动方向有关。当光通过这种介质时，光线会分裂成两束，每束光具有不同的折射率和传播速度。双折射是一种光学各向异性现象，可以用折射率之差($\Delta n$)表示。在聚合物领域，双折射常与聚合物的取向和应力有关。

　　透光率(transmittance)是指光通过某个特定厚度的介质时，光的强度衰减程度。透光率通常用 $T$ 表示，计算公式为

$$T = I_t/I_0 \tag{10.2}$$

式中，$I_t$ 为光通过介质后的光强；$I_0$ 为入射光的光强。透光率反映了介质对光的吸收和散射程度。在聚合物领域，透光率是一个重要的参数，因为它直接关系到材料在光学应用中的性能。透光率取决于材料对光的吸收系数、散射系数及材料厚度。通常，透光率的值在 0～1 之间，1 表示 100%的光通过了介质，而 0 表示没有光通过。实际上，没有材料能够实现 100%的透光率，透明度较好的聚合物材料其 $T$ 值通常在 90%左右。

　　聚合物的透光率受到以下因素影响：

　　(1)吸收：聚合物中的某些基团(如芳香基团、共轭系统等)可以吸收特定波长的光，导致透光率降低。为了提高聚合物的透光率，需要选择不易吸收光的单体或添加剂。

　　(2)散射：聚合物内部存在的不规则结构(如颗粒、气泡、晶界等)会导致光的散射，降低透光率。通过改进聚合物的制备工艺和选择合适的材料，可以减少散射现象。

　　(3)厚度：材料的厚度也会影响透光率，一般来说，厚度越大，透光率越低。设计聚合物光学元件时，需要权衡厚度和透光率之间的关系。

　　除上述传统光学性能外，高分子材料自身的发光能力也备受人们关注。发光性能是指聚合物在吸收光或电子激发后，能够释放出光子(即发光)的性能。聚合物发光材料在许多领域具有广泛的应用，如有机发光二极管(OLED)等。聚合物发光性能的原理如下[2]：

### 1. 激发态的形成

　　聚合物分子在吸收光子或电子激发后，会从基态(ground state)跃迁至激发态

(excited state)。激发态分子的能级高于基态分子，通常处于短暂的不稳定状态。

### 2. 能量耗散

处于激发态的聚合物分子可以通过以下途径将能量耗散：

(1)非辐射跃迁(non-radiative transition)：激发态分子通过与周围分子的碰撞、振动或热运动等过程将能量耗散，从而回到基态。

(2)辐射跃迁(radiative transition)：激发态分子通过发射光子的形式将能量耗散，实现从激发态回到基态。这个过程就是聚合物发光现象。

而根据激发态分子的性质，聚合物发光可以分为以下两种类型：

a. 荧光(fluorescence)：指一种光致发光的冷发光现象。当某种常温物质经某种波长的入射光(通常是紫外线)照射，吸收光能后进入激发态，并且立即退激发并发出比入射光的波长长的出射光(通常波长在可见光波段)；而且一旦停止入射光，发光现象也随之立即消失。具有这种性质的出射光称为荧光。

b. 磷光(phosphorescence)：磷光同样是指分子从激发态跃迁到基态时以辐射形式释放出能量的现象，但与荧光不同的是，磷光过程具有较长的寿命(微秒至秒量级)。磷光通常发生在分子的三重激发态(triplet excited state)。

聚合物发光材料的设计和性能优化主要依赖于分子结构、能级调控、稳定性等方面的研究。通过合成设计、添加剂掺杂等方法，可以实现对聚合物发光性能的调控，从而满足不同应用场景的需求。

随着光学检测技术的发展，许多光学表征手段和设备应运而生。这些设备包括分光光度计、阿贝折射仪、色差仪及荧光光谱仪等。这些光学表征手段为高分子材料的结构和性能分析提供了强大的支持。通过光学表征手段，我们可以对高分子材料的各类光学特性及发光性能等进行详细的分析，不仅可以揭示材料的内在性能，还可以为高分子材料的设计、制备和应用提供关键的指导。

## 10.1.1 分光光度计法

分光光度计(spectrophotometer)是一种常用的光学表征设备，它可以测量材料对于不同波长的光的透射、反射和吸收。分光光度计广泛应用于高分子材料的光学性能测试，如透明度、折射率、发光性和吸光性等[3]。

分光光度计的基本原理是通过将入射光分解成不同波长的光谱，然后通过检测器测量材料对各波长光的透射、反射和吸收强度。通过分析这些光谱数据，可以获得材料的光学性能信息。分光光度计通常由光源、单色器、样品舱、检测器和数据处理系统组成(图 10.1)。

以下是对分光光度计基本原理的介绍：

(1)光源：分光光度计使用不同类型的光源，如钨灯、氘灯或 LED 等，以提供宽波长范围的连续光谱。光源的选择依据所需测量的波长范围和光谱分辨率而定。

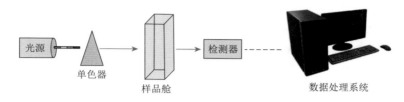

图 10.1　紫外-可见分光光度计结构示意图

（2）单色器：单色器是一种光学元件，用于将宽波长范围的光源光谱分离成狭窄波长范围的单色光。常见的单色器类型包括光栅单色器、棱镜单色器和干涉滤波器等。单色器的选择依据所需测量的波长范围、光谱分辨率和光谱纯度等因素而定。

（3）样品舱：样品舱用于容纳待测样品，通常包括用于固定样品的样品夹具和用于调整光路的光学元件。样品舱的设计要考虑到样品类型（如固体、液体或气体）及测试方法（如透射、反射或吸收）等因素。

（4）检测器及数据处理系统：检测器用于测量经过样品后的光强；数据处理系统负责接收检测器输出的信号，并将其转换成光谱数据。

在分光光度计的工作过程中，光源发出宽波长范围的光谱，经过单色器分离成狭窄波长范围的单色光，然后通过样品舱照射到待测样品上。样品对光的透射、反射和吸收会导致光强的变化，这些变化会被检测器捕捉并转换成电信号。最后，数据处理系统将电信号转换成光谱数据，这些数据可用于分析材料的光学性能。

透射光谱是指光通过样品后的光强与未经样品的光强之比，用于评估材料的透明度和颜色。透射光谱的测量通常涉及将样品置于光路中，然后比较有无样品时的光强。

反射光谱是指光在样品表面发生反射后的光强与未经样品的光强之比，用于评估材料的反射率、抗反射性等表面光学性能。反射光谱的测量通常需要将光路调整为入射光垂直或斜向照射到样品表面，然后比较有无样品时的光强。

吸收光谱是指光通过样品后被吸收的光强与未经样品的光强之比，用于评估材料的吸光能力和吸光范围。吸收光谱的测量可以通过透射光谱和反射光谱的差值得到，或者通过特定的吸收模式进行测量。

通过分光光度计测量的光谱数据，可以提供关于高分子材料光学性能的丰富信息[4-6]。例如，透射光谱和反射光谱可用于评估材料的透明度、颜色、反射率等性能；发光光谱和吸收光谱可用于评估发光材料的发光效率、色坐标等性能，以及吸光材料的吸光能力和吸光范围等。

在使用分光光度计测定高分子材料的吸光度和透明度等光学性能时，制备样品的过程非常重要，因为样品制备的质量直接影响测量结果的准确性。以下是测定吸光度和透明度时，高分子材料制样流程的一般步骤。

1）选择合适的溶剂与配制高分子溶液

首先，选择一个适当的溶剂，使高分子材料能够在其中充分溶解。溶剂的选择应根据高分子材料的化学性质和相容性。将所选溶剂和高分子材料混合，制备相应浓度的样品溶液。确保溶液浓度适中，避免过高或过低的浓度对测量结果造成影响。通常，浓度在 0.01～10 mg/mL 之间较为合适，具体取决于高分子材料的吸光度和实验要求。为了获得更准确的测量结果，需要去除样品溶液中的杂质和颗粒。可以使用过滤膜、过滤器或离心机等设备将溶液中的杂质和颗粒去除。确保溶液清澈透明，不含悬浮颗粒。将处理过的样品溶液倒入透明石英比色皿或其他适用于分光光度计的光学样品容器。确保比色皿或容器的内壁干净、无划痕、无杂质。

2）校准分光光度计

在测量样品之前，使用纯溶剂对分光光度计进行校准。将纯溶剂装入与样品相同的光学容器中，进行基线校准。确保仪器在测量样品前处于准确且稳定的状态。

3）分析数据

根据实验结果，对吸光度和透明度的数据进行分析。可以通过吸光度-浓度关系（比尔定律）来确定高分子材料的浓度，分析不同浓度下材料的光学性能。为了确保实验结果的可靠性和准确性，建议对同一样品或不同浓度的样品进行多次测量。

通过以上制样流程，可以有效地为分光光度计测定高分子材料的吸光度、透明度、吸收光谱等光学性能提供高质量的样品。正确的样品制备和处理方法可以帮助研究人员更准确地评估高分子材料的光学性能，为进一步的研究和应用奠定基础。

### 10.1.2　阿贝折射仪法

阿贝数是一种描述材料色散特性（即折射率随光波长变化的程度）的参数，通常用符号 $v$ 表示。阿贝数是由德国光学家恩斯特·阿贝（Ernst Abbe）首次提出的，用于量化光学材料的色散性能[7]。

阿贝数的计算公式为

$$v = (n_D - 1)/(n_F - n_C) \tag{10.3}$$

式中，$n_D$、$n_F$ 和 $n_C$ 分别为材料在黄光（D 线，波长约 589 nm）、蓝光（F 线，波长约 486 nm)和红光(C 线，波长约 656 nm)下的折射率。

阿贝数越大，表示材料的色散性能越低，即折射率随光波长变化的程度较小。在光学应用中，低色散性能有助于减少色差和提高成像质量。聚合物材料的阿贝数通常在 30～70 之间，具体取决于材料的分子结构和组成。

了解聚合物的折射率和阿贝数有助于评估和优化材料在光学应用中的性能表现，从而为聚合物材料的设计和开发提供依据。

阿贝折射仪(Abbe refractometer)(图 10.2)是一种常用的光学实验设备，主要用于测量材料的折射率及阿贝数等，其基本原理是通过测量光在材料中的偏折角来计算折射率。当光从一个介质传入另一个介质时，由于两种介质的折射率不同，光线会发生偏折。当光束进入样品时，由于样品和空气的折射率不同，光在样品和空气界面上会发生折射和反射，其中一部分光束由反射镜反射回来，经过棱镜进入望远镜系统，最终到达目镜。目镜是一个放大系统，可以将微弱的信号放大，同时也可以使操作者看到刻度系统。刻度系统与样品成一定角度，使得光线在刻度系统上形成明暗对比，从而使刻度系统上的读数更加清晰准确。

图 10.2　阿贝折射仪

阿贝折射仪的主要部件包括光源、主透镜、样品台、测量透镜和目镜。在实验过程中，将待测样品置于样品台上，光源发出的光线经过主透镜和样品后，发生偏折。测量透镜将偏折后的光线聚焦到目镜上，形成一个清晰的边界。通过目镜可以观察到这个边界，旋转测量透镜，使边界与标尺对齐。此时，记录标尺的读数，可以根据已知的标准折射率表或经验公式计算出材料的折射率。

阿贝折射仪在高分子材料的光学性能表征中具有广泛应用[8-10]，如可以用来测量聚合物薄膜、液体或溶液的折射率，评估材料的光学性能。此外，阿贝折射仪还可用于测定溶液浓度、纯度等。

### 10.1.3　荧光光谱仪法

荧光光谱仪是一种光谱分析仪器，主要用于测量和分析荧光材料在受激发光源照射下发射的光谱。荧光光谱仪广泛应用于高分子材料、生物分子、量子点等荧光材料的光学性能表征，如荧光效率、荧光寿命、荧光光谱形状等[2]。

荧光光谱的工作原理是基于研究荧光物质在激发光照射下所发射的光谱检测。荧光过程涉及分子在能量层之间的跃迁。荧光物质吸收激发光，使其内部分子从基态跃迁到激发态。在激发态的分子发生辐射跃迁时，经历内部转换会产生荧光或磷光。荧光光谱测量的是这些发射光的强度和波长分布。

荧光光谱仪的主要组件包括如下结构(图 10.3)：

(1)激发光源：激发光源用于产生特定波长范围的激发光，常见类型有氙灯、氘灯、LED 等。激发光源的选择依据所需测量的波长范围和光强需求而定。

(2)激发单色器：激发单色器用于将激发光源的宽波长范围光谱分离成狭窄波长范围的单色光，用于照射待测样品。常见的激发单色器类型有光栅单色器、棱镜单色器等。

(3)样品池：样品池用于容纳待测样品，并将其置于激发光源和发射光探测器之间。

(4)发射单色器：发射单色器用于接收样品发射的荧光，并将其分离成狭窄波长范围的单色光。发射单色器的选择依据所需测量的波长范围、光谱分辨率和光谱纯度等因素而定。

(5)检测器及数据处理系统：检测器用于测量经过发射单色器后的荧光光强；数据处理系统负责接收检测器输出的信号，并将其转换成荧光光谱数据。

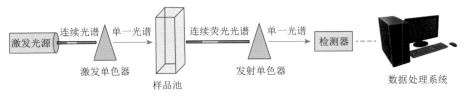

图 10.3　荧光光谱仪结构示意图

不同于红外、紫外等光谱分析，荧光光谱测量的是激发光照射下荧光物质所发射的光谱，而紫外/红外光谱测量的是物质的吸收光谱。荧光光谱涉及分子从基态到激发态的跃迁，以及从激发态返回基态时所释放的能量；紫外/红外光谱则对应分子内部电子、振动和转动能级的跃迁。

荧光光谱仪主要用于测量和分析荧光发射光谱，可以获取关于荧光物质的多种性能信息。以下是一些常见的可测定的性能参数：

(1)荧光光强度：荧光光谱仪可以测量荧光信号的光强度，即发射光谱的峰值强度。荧光光强度与荧光分子的浓度、激发光强度及分子间相互作用等因素有关。荧光光强度可以用于定量分析和荧光探针敏感度的评估。荧光光谱仪可记录荧光发射光谱中各个波长下的光强度。通过比较不同条件下荧光信号的峰值强度，从而了解荧光分子的浓度、激发光强度及环境因素对荧光信号的影响。

(2) 荧光效率：荧光效率（或量子效率）是指单位时间内发射的光子数量与吸收的光子数量之比，反映了荧光物质发光能力的强弱。荧光效率的测量需要结合荧光光谱仪和分光光度计。首先，使用分光光度计测量荧光分子的吸收光谱，计算吸收光子的数量。然后，使用荧光光谱仪测量发射光谱，计算发射光子的数量。荧光效率等于发射光子数量与吸收光子数量之比。

(3) 发射光谱与激发光谱：荧光光谱仪可以测量荧光发射光谱，即荧光信号随波长的分布。发射光谱的形状和峰值波长可以揭示荧光分子的发光特性和发光颜色。荧光光谱仪还可以测量激发光谱，即荧光信号随激发波长的变化关系。激发光谱可以帮助确定荧光分子的最佳激发波长，并了解分子的吸收特性。荧光光谱仪通过扫描发射波长，记录荧光信号随波长的分布，从而获取发射光谱；若要获得激发光谱，则可以固定发射波长，并扫描激发波长，记录荧光信号随激发波长的变化。

(4) 荧光寿命：尽管荧光光谱仪通常不直接测量荧光寿命，但通过使用时间分辨荧光光谱仪可以实现这一功能。荧光寿命是指荧光信号从最大值衰减到 1/e 所需的时间，可以反映荧光分子能量耗散过程的速率。荧光光谱仪通常不直接测量荧光寿命，但通过使用时间分辨荧光光谱仪可以实现这一功能。时间分辨荧光光谱仪采用短脉冲激发光源和快速响应探测器，可以测量荧光信号随时间的衰减过程。通过拟合荧光衰减曲线，可以获得荧光寿命。

通过荧光光谱仪对上述性能参数的测量，研究人员可以深入了解荧光物质的光学特性、动力学过程及环境敏感性等方面的信息。这些信息对于荧光物质的设计、优化和应用具有重要意义。此外，荧光光谱仪在生物医学、材料科学、环境科学等领域中发挥着关键作用，为实验和研究提供了重要的数据支持。

### 10.1.4　高性能高分子材料光学性能表征实例

#### 1. 环境敏感性高分子的结构分析[11]

环境敏感聚合物是指在特定外部条件下（如温度、pH、溶液成分、光、电场等）发生可逆性或不可逆性的物理和/或化学变化的聚合物。这些聚合物具有响应外部环境变化的能力，常被用于传感器、智能材料、药物传递等领域。

将叶绿素类光敏剂 PS（pheophorbide-a，PPb-a）共价结合到生物相容的羟丙基纤维素（HPC）的温度响应性高分子骨架上，可制备温度可切换的聚合物光敏剂（T-PPS）。T-PPS 中的自熄灭的 PS 分子可通过 π-π 堆积结构紧密地连接在一起，当高分子骨架发生温度诱导的相变时，PS 分子很容易地从自熄灭状态转变为活性单体状态。通过紫外-可见分光光度计可实现对 T-PPS 中 PS 分子的温度响应的分子间相互作用变化进行有效分析。

图 10.4 展示了 T-PPS 在不同溶剂中的 UV-vis 吸收光谱。在分子光谱学中，$Q_y$ 带指的是一个分子的吸收谱中的一条带，通常与分子中的共轭结构相关。$Q_y$ 带的出现通常与电子的 $\pi$-$\pi^*$ 跃迁有关，这种跃迁发生在分子中共轭结构的电子轨道中。

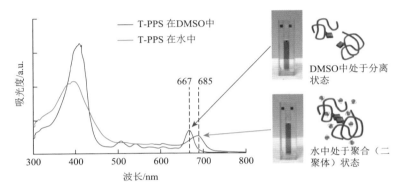

图 10.4　T-PPS（10 mg/mL）在水和 DMSO 中的室温下的吸收光谱；插图为不同溶剂介质下 T-PPS 的分子间结构变化的示意图

在水中，T-PPS 的谱图显示出宽泛的 $Q_y$ 带，位于 685 nm，这是 PPb-a 二聚体的特征。然而，在有机溶剂（DMSO）中观察到了单体特征 $Q_y$ 带，在图 10.5(a)中，当 T-PPS 在水中的温度升高时，观察到 $Q_y$ 带的明显蓝移（685 nm→667 nm），而在有机溶剂中没有变化［图 10.5(b)］。且温度在 45℃ 以上时，T-PPS 的 $Q_y$ 带强度显著增加。这些结果表明，温度在 45℃ 以下时，T-PPS 上的 PPb-a 分子因亲水性强而聚集在一起，从而导致其处于非活性状态。但是，在 45℃ 以上时，HPC 和水之间的氢键开始断裂，多糖链被脱水并形成纤维结构，如图 10.6 所示。

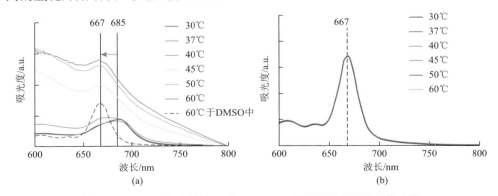

图 10.5　T-PPS 在水溶液(a)及 DMSO(b)中不同温度下的吸收光谱

上述结果表明，由于非极性和脱水的刚性聚合物链的分子分离，因此 PS 分子可以发生分子间的重新排列，变成单体状态。PS 单体化对于激活/增强光活性至关重要，因为通过分子间的 π-相互作用，聚集的 PS 会通过非辐射途径释放能量，从而显著地抑制光活性。

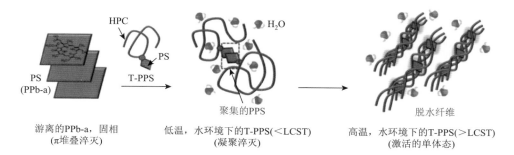

图 10.6　T-PPS 在不同温度条件下的结构转变示意图

综上所述，通过将光敏剂与生物相容性聚合物共价连接可以实现光活性的温度调控，该技术有望在生物医药领域得到应用，开发的 T-PPS 具有潜在的临床应用价值，可作为一种新型光疗药物，同时也可用于基于温度响应的生物传感器和药物输送平台。而其中，UV-vis 光谱分析发挥了证实 T-PPS 分子在不同溶剂中的光学性质、研究温度对光敏剂光活性的影响等重要作用。

### 2. 变色高分子的结构及性能分析[12]

变色高分子材料是一种可以在受到外部刺激(如温度、光线、电场、化学物质等)时发生颜色变化的高分子材料。这种材料的颜色变化可以是可逆的或不可逆的，并且可以应用于许多领域，如可穿戴技术、智能玻璃、传感器等。

其中，电致变色高分子材料是指在外加电场作用下，能够发生可逆的颜色变化的高分子材料。这种变化通常是由高分子材料中某些特殊的化学基团在电场作用下发生氧化还原反应所引起的。该类材料因其响应速度快、色彩变化范围广、可重复使用等特点而被广泛应用于智能光学器件、显示技术、光电存储材料、传感器等领域。芳香族聚酰胺作为高热稳定聚合物，具有优秀的热性能和电性能。但由于其强分子间氢键作用和刚性骨架，其在大多数有机溶剂中溶解度有限且熔点较高，难以加工，应用也受到限制。为克服这些困难，三芳胺类结构可被引入到聚酰胺中。由于其独特的自由基特性，三苯胺(TPA)和基于 TPA 的衍生物具有高的空穴迁移率和优异的电化学性质。因此，它们广泛用作光电材料、空穴传输材料、光电导体、存储器件、多孔材料等的制备及改性。因此，可基于 TPA 类结构设计新型高性能芳香族电致变色聚酰胺材料。

图 10.7 所示为 6 种具不同化学结构的 TPA 基聚酰胺高分子(BCT-1～BCT-6,BCT 为嵌段三苯胺)合成结构示意图。其化学结构可通过 $^1$H-NMR 等表征手段进行确认,在本章节不进行展开讨论。

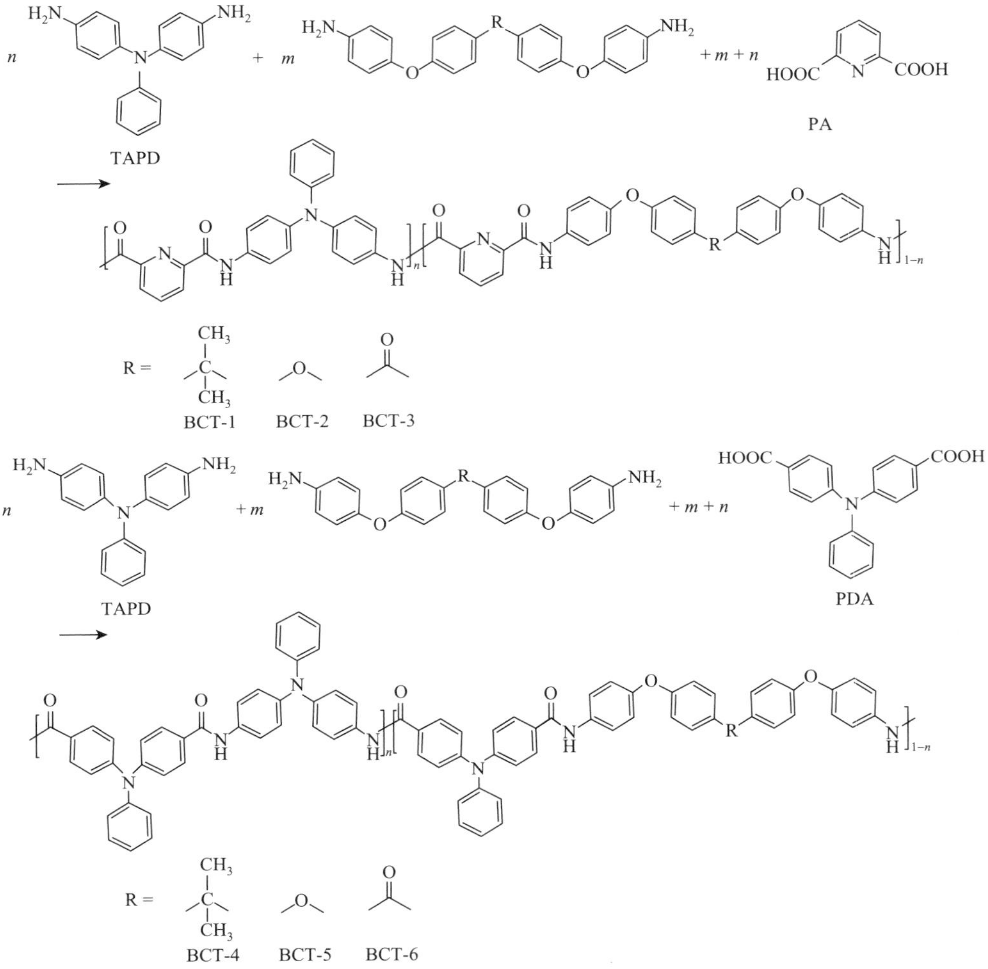

图 10.7    TPA 基高性能芳香族电致变色聚酰胺材料的结构设计与合成流程示意图

在室温下,可通过紫外-可见分光光度计对该系列材料的吸收光谱进行测试以表征 BCT 的光学性质。图 10.8 所示为 BCT 在 DMF 中及涂覆于 ITO 玻璃基板上 BCT 薄膜的 UV-vis 吸收光谱。最大吸收峰归属于芳环和三苯胺基团中的氮原子之间发生的 π-π$^*$跃迁。实验数据表明,在 DMF 溶液中,BCT 的最大吸收峰位于 294～359 nm 的范围内,而 BCT 薄膜的吸收峰位于 317～352 nm 的范围内。与 BCT 溶

液相比，BCT-4、BCT-5、BCT-6、BCT-PA 和 BCT-PDA 薄膜的 UV 最大吸收波长
$(\lambda_{max})$ 蓝移 4～34 nm，而 BCT-1、BCT-2 和 BCT-3 薄膜的 UV $\lambda_{max}$ 则红移了 23～
38 nm。低能跃迁(BCT-4、BCT-5、BCT-6、BCT-PA 和 BCT-PDA)的蓝移可能是
骨架形态的更加无序所致。薄膜中高能跃迁(BCT-1、BCT-2 和 BCT-3)的红移可能
是在薄膜状态下聚合物骨架的更紧密堆积和强烈的分子间相互作用所致。

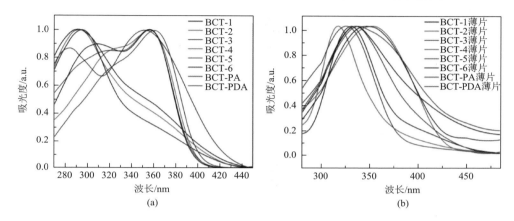

图 10.8　BCT 在 DMF 中的紫外可见吸收光谱(a)和在 ITO-玻璃基板上的 BCT 薄膜的
紫外-可见吸收光谱(b)

利用施加电势下吸收光谱的变化，可对 BCT 系列薄膜的电-光学性质进行探究。
将 BCT 覆膜置于 0.2 mol/L TBAP-CH$_3$CN 电解质溶液中，以 BCT-3 和 BCT-4 的光
谱电化学图作为代表，在中性状态下，BCT-1 薄膜在 333 nm 处表现出强烈的吸收，
这是由 TPA 基团的 π-π$^*$跃迁引起的。当施加电位从 0 V 逐渐升高至 1.6 V 时，BCT-1
薄膜出现了新的吸收峰，位于 778 nm 时，这是由 TPA 基团的氧化引起的。由于电
致变色现象，聚合物膜的颜色由淡黄色变为绿色。在 0 V 时，BCT-4 薄膜在 352 nm
处表现出强烈的吸收，在可见光区域没有显著的吸收。随着 BCT-4 薄膜的氧化(施
加电位从 0 V 逐渐升高至 1.6 V)，新的宽带在 606 nm 和 840 nm 处逐渐增加，并伴
随着颜色的变化(从淡黄色变为绿色)，表现出了良好的电致变色特性。

### 3. 高分子液晶光学性能表征[13]

聚合物分散液晶(PDLC)膜是由微米级液晶滴状物分散在固态聚合物基质中
构成的一种材料技术。PDLC 膜的电光特性使它们在不同领域的许多应用中表现
出良好的性能，如柔性显示器和其他显示设备等。当电场施加到 PDLC 膜上时，
液晶向列相在电场方向上重排，从而垂直于膜的平面。若液晶的普通折射率($n_o$)
与聚合物的折射率($n_p$)相匹配，则正入射的光不会遇到折射率的变化，可以通过

膜而不被散射。这样的 PDLC 膜在自然状态下是不透明的，但可能在施加电压时变得透明。另外，去除电场时，液晶与聚合物微滴壁之间的锚定力会使液晶分子恢复到原来的方向，从而使材料再次变成散射的状态。

BCT-1、BCT-4、BCT-PA 和 BCT-PDA 薄膜在 ITO 玻璃上随着施加电势的增加而产生的光谱和颜色变化如图 10.9 所示。

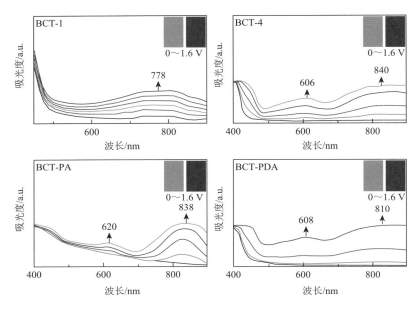

图 10.9    BCT-1、BCT-4、BCT-PA 和 BCT-PDA 薄膜在 ITO 玻璃上随着施加电势的增加而产生的光谱和颜色变化

基于热固化技术的聚合物诱导相分离(PIPS)法作为 PDLC 薄膜制备的方法之一有较高可靠性，能够提供更加均匀的聚合物网络形态，使材料对温度变化不敏感。在各种热固性树脂家族中，环氧树脂因其卓越的性能、易于使用的方法和有限的成本而得到广泛应用。通过与具有适当折射率的聚胺固化剂混合，环氧树脂可成为具有优越光学性能的基体材料。

表 10.1 中给出了几种不同液晶特性环氧树脂的单体结构及配比，其中 SLSC1717 为相列型液晶结构单体。通过分光光度计与阿贝折射仪可有效对该系列材料的折射率与透光率进行表征。该系列材料所制薄膜的表面 SEM 表征如图 10.10 所示。随单体中刚性较大的 DGEBA 分子占比提升，液晶滴明显减小。通常，含可固化单体的刚性链段的黏度比柔性链段可固化单体的黏度更大，由于其类似的刚性分子结构，因此刚性环氧可固化单体与液晶分子具有更强的相互作用，从而促进了较小的液晶领域的形成。

表 10.1　不同液晶特性环氧树脂（A1～A5）的单体结构及用料配比[13]

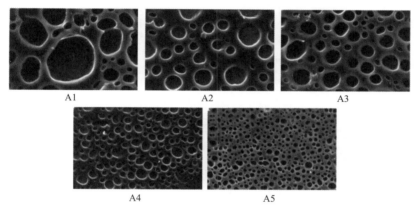

PEGDE $\bar{n} = 10.00$
EGDE $\bar{n} = 3.45$

DGEBA

TMPTGE

EDBEA

| 样品 | 单体总量 (60 wt%) | | SLSC1717 | 硬化温度 |
|---|---|---|---|---|
| | MM1[a] | MM2[b] | (wt%) | (K) |
| A1 | 10.0 | 50.0 | 40.0 | 363.15 |
| A2 | 20.0 | 40.0 | 40.0 | 363.15 |
| A3 | 30.0 | 30.0 | 40.0 | 363.15 |
| A4 | 40.0 | 20.0 | 40.0 | 363.15 |
| A5 | 50.0 | 10.0 | 40.0 | 363.15 |

注：单体混合物 a(MM1)TMPTGE/DGEBA/EDBEA = 4/2/1(摩尔比)；单体混合物 b(MM2)PEGDE/EGDE/EDBEA = 2/3/3(摩尔比)。

A1　　A2　　A3

A4　　A5

图 10.10　不同液晶特性环氧树脂(A1～A5)薄膜的微观形貌[13]

表 10.2　不同环氧树脂基体的折射率[13]

| 样品 | 混合物[a] | 折射 $n_p$[b] | 指数 $n_o$[c] | $n_p - n_o$ |
|---|---|---|---|---|
| A1 | 1.4622 | 1.4831 | 1.5190 | −0.0359 |
| A2 | 1.4715 | 1.4977 | 1.5190 | −0.0213 |
| A3 | 1.4907 | 1.5344 | 1.5190 | 0.0154 |
| A4 | 1.5161 | 1.5596 | 1.5190 | 0.0406 |
| A5 | 1.5340 | 1.5674 | 1.5190 | 0.0484 |

注：a 固化前混合物的折射率；b 不含溶解液晶材料的聚合物基体的折射率；c 所用 SLC-1717 常规折射率。

　　表 10.2 显示了该系列高分子基体的折射率($n_p$)。在比较固化前后环氧基体材料的折射率时，环氧单体的组成比例的变化导致了聚合物基体的折射率相应的变化。如表 10.2 所示，环氧基体的折射率随着组成的变化而依次增加。值得注意的

是，固化前后样品折射率的差值随着样品 A1～A5 的顺序先减小后增加。

图 10.11 显示了样品 A1～A5 的透射率-电压曲线。将图 10.11 与图 10.10 进行比较，可以发现 PDLC 薄膜中材料表面的微观形貌对 PDLC 薄膜的光-电性能有重要影响。对于固定液晶含量的特定系统，透射率随着液晶液滴尺寸的增加而增加，而更大的液晶液滴尺寸减小了液滴界面面积，从而弱化了界面层对透射光的散射作用。因此，所有样品的透射率随着液晶液滴尺寸的减小而降低。

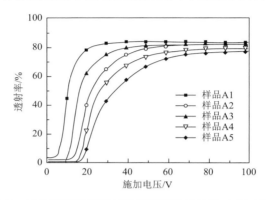

图 10.11    不同液晶特性环氧树脂薄膜的透光率-电压响应曲线

综上，分光光度计与折射仪等光学表征设备可在高性能高分子材料表征相关领域，通过对材料的光学特性表征实现对材料分子链所处化学环境、结构特性及响应性等方面进行辅助判断，从而建立材料光学性能与结构之间的构效关系。

### 4. 荧光特性高分子的发光性能表征[14]

荧光高分子材料是一类具有特殊荧光性质的聚合物。这些材料通常含有荧光基团，如有机小分子、金属络合物或共轭染料，它们能够吸收紫外或可见光，并在不同波长范围内发射荧光。荧光高分子材料可以是主链、侧链或末端链上的荧光单元，这些单元通过化学键连接并均匀分布。荧光高分子材料在各个领域具有广泛的应用，如生物成像、化学和生物化学分析、高分辨率显示等。它们的优点包括高荧光量子产率、可调谐的发射波长、良好的溶解性和加工性。此外，许多荧光高分子材料具有良好的生物相容性、环保和可降解性，使其在与人类健康相关的领域中具有广泛的应用潜力。

由于聚磷腈的主链对光、热、辐射等具有良好的稳定性，同时侧基种类和比例的可调控性强，因此在聚磷腈链中引入适当比例和种类的光学侧基后得到的聚磷腈材料非常适合作为光学/荧光高分子材料使用。

图 10.12 所示为一类线型聚萘氧基磷腈的制备工艺示意图。通过控制萘氧基的投入量，可制备具有不同萘氧基(侧基)取代率的聚磷腈材料。

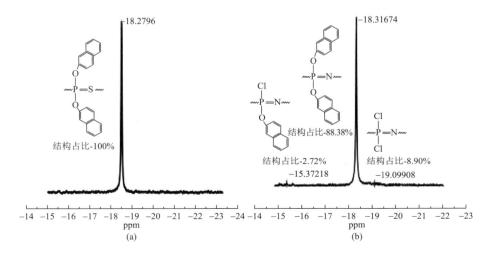

图 10.12　线型聚萘氧基磷腈的合成工艺示意图

图 10.13 所示为八种不同萘氧基取代率的聚萘氧基磷腈的 $^{31}$P-NMR 谱图，随分子链结果中侧基萘环含量的减少，依次将它们命名为 P1～P8。

图 10.14 所示为八种同一浓度下的聚磷腈-四氢呋喃溶液在紫外光照射时的荧光现象，从图中可以看出，所合成的产物具有荧光性质，并且其荧光强度与聚合物中 $\beta$-萘氧基的取代率有关。

通过荧光光谱仪，可从浓度效应、溶剂效应、离子响应、固体荧光等几个方面对聚萘氧基磷腈的荧光性质进行分析。

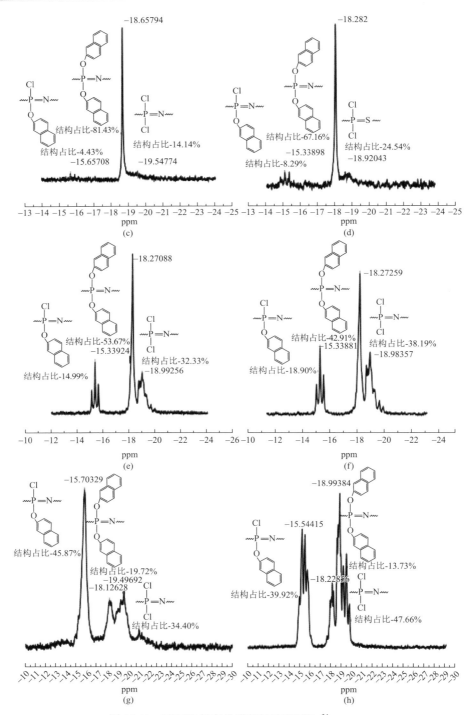

图 10.13　不同取代率的聚萘氧基磷腈的 $^{31}$P-NMR

图 10.14　不同萘氧基取代率聚磷腈-四氢呋喃溶液的荧光现象

图 10.15(a)为不同浓度聚磷腈 P1 的四氢呋喃溶液在发射波长 $\lambda_{em}$ = 380 nm 时的激发光谱，随着聚合物溶液浓度的增大，从激发光谱可以看出其激发峰先逐渐增强后由 300 nm 红移至 355 nm，这可能是由于在分子内的相互作用影响下，萘环与萘环、萘环与磷腈链之间形成了较理想的共轭结构。从图 10.15(b)的发射光谱中可以看出，聚磷腈溶液的荧光强度先随着溶液浓度的增大而增强，当浓度超过 $2.17 \times 10^{-4}$ g/mL 时，聚磷腈溶液的荧光强度随着溶液浓度的增大而减弱，通常在荧光物质溶液浓度较低时，其荧光强度与溶液浓度成正比，而当溶液浓度较高

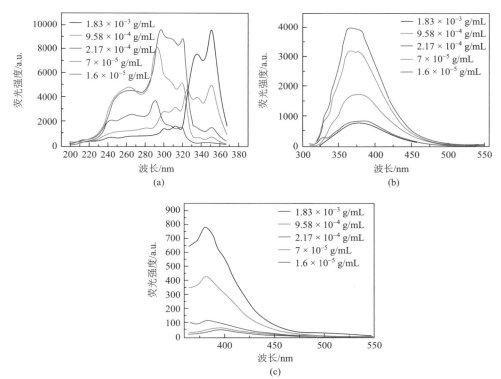

图 10.15　不同浓度聚磷腈 P1 溶液在 $\lambda_{em}$ = 380 nm 时的激发光谱(a)；在 $\lambda_{ex}$ = 300 nm 时的发射光谱(b)；在 $\lambda_{ex}$ = 355 nm 时的发射光谱(c)

时，由于荧光分子间的聚集引起的非辐射跃迁和内滤效应反而会使溶液的荧光强度减弱，也因此当激发波长 $\lambda_{ex} = 355$ nm 时，以聚集的荧光基团为发光中心的聚磷腈溶液荧光强度总体弱于激发波长 $\lambda_{ex} = 300$ nm 时的荧光强度。

图 10.16(a)为当发射波长 $\lambda_{em} = 382$ nm 时同一浓度的 P2 在不同溶剂中的荧光激发光谱，从图中可以看出，在 $300 \sim 330$ nm 的激发波长范围内，激发光谱中出现一组较强的宽带激发峰，因此我们将激发波长定为 $\lambda_{ex} = 300$ nm，得到图 10.16(b) 所示的荧光发射光谱，从发射光谱中可以看出，除二甲苯外，同一浓度不同溶剂中的聚萘氧基磷腈溶液的荧光强度随着溶剂极性的增大而增大(二甲苯、$CHCl_3$、THF、DMF、DMSO 的介电常数分别为 2.57、4.81、7.52、38.25、47)，聚磷腈在二甲苯溶液中的荧光强度反而强于三氯甲烷等溶剂中的荧光强度，这是由于二甲苯溶剂自身具有一定的荧光效果，且聚磷腈分子与二甲苯之间会产生协同效应。图 10.16(c)是二甲苯溶剂在激发波长 $\lambda_{ex} = 300$ nm 时的发射光谱，从中可以明显看出二甲苯溶剂自身也具有一定的荧光强度，这就使得聚萘氧基磷腈在二甲苯溶液中的荧光强度可能强于其他溶剂极性更大的聚磷腈溶液的荧光强度。

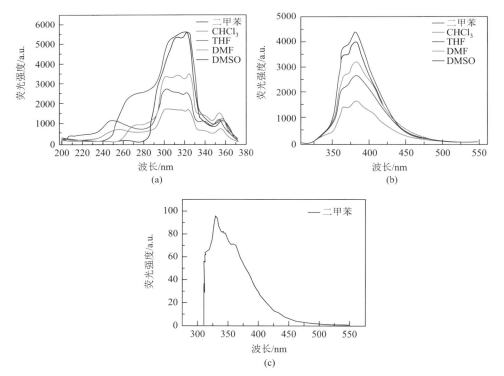

图 10.16　同一浓度聚磷腈 P2 在不同溶剂中的激发光谱($\lambda_{em} = 382$ nm)(a)；在 $\lambda_{ex} = 300$ nm 时的发射光谱(b)；二甲苯在 $\lambda_{ex} = 300$ nm 时的发射光谱(c)

同一浓度的聚萘氧基磷腈溶液的荧光强度随着溶剂极性的增大而增强是由于负溶致动力学效应，较高极性的溶剂由于溶剂化作用能够显著降低 π-π* 能级，而对 n-π* 能级不会产生影响，因此，当逐渐增强溶剂的极性，π-π* 能级和 n-π* 能级之间的距离将逐渐变宽，这就极大地弱化了这两个能级之间的邻近效应，使得因这两个能级间的重叠和相互作用导致的能量损失变小，而呈现出上述的荧光变化规律。

图 10.17(a)和(b)分别为固态聚萘氧基磷腈在 $\lambda_{em} = 380$ nm 时的激发光谱及光电倍增管电压为 300 V、$\lambda_{ex} = 300$ nm 时的发射光谱，从激发光谱可以看出，不同取代率的固态聚萘氧基磷腈均有较宽的激发峰。

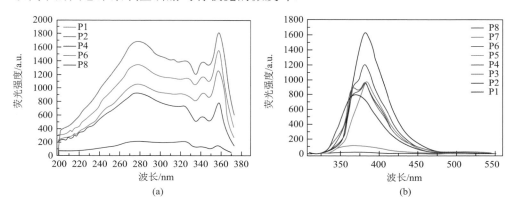

图 10.17 固态聚萘氧基磷腈在 $\lambda_{em} = 380$ nm 时的激发光谱(a);固态聚萘氧基磷腈在 $\lambda_{ex} = 300$ nm 时的发射光谱(光电倍增管电压为 300 V)(b)

将图 10.17(b)中发射光谱中的荧光强度峰值绘成图 10.18 所示的折线图，同时将聚合物 P1～P8 在四氢呋喃溶液中的发射光谱中荧光强度峰值绘在同一图中 (P1～P8 的四氢呋喃溶液浓度均为 $2 \times 10^{-4}$ g/mL)，从该折线图中可以看出，随着

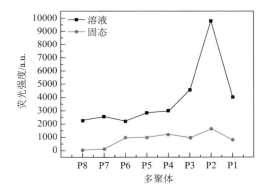

图 10.18 P1～P8 聚磷腈在固态和溶液中发射光谱中的荧光强度峰值折线图

萘氧基取代率的增加，聚萘氧基磷腈在固态和溶液中荧光强度变化趋势基本是一致的，且当萘氧基的取代率为 90% 时，即 P2 在固态和溶液中其荧光强度均为最强。固态聚磷腈荧光发射光谱测量时的光电倍增管电压为 300 V，若同样与测溶液荧光时的光电倍增管电压相同，即同为 500 V，则固态荧光强度将超过测量量程，这从侧面反映了聚磷腈产物的固态荧光强于溶液荧光。

量子产率的值反映了荧光材料荧光发射与非辐射跃迁的竞争过程，量子产率值越高表明其荧光强度越强。表 10.3 为 P1～P8 聚磷腈与其他类型荧光聚合物在固态和溶液中绝对量子产率及荧光寿命，从表中可以看出，八种聚磷腈产物中 P2 在固态和溶液中的绝对量子产率均为最高，且聚磷腈在固态下的绝对量子产率高于溶液中的绝对量子产率。

表 10.3    P1～P8 聚磷腈与其他类型荧光高分子绝对量子产率及荧光寿命

| 产物 | 绝对量子产率 QY/% | | 荧光寿命 $\tau$/ns | |
|---|---|---|---|---|
| | 固态 | 溶液 | 固态 | 溶液 |
| P1 | 30.37 | 28.54 | 14.08 | 22.11 |
| P2 | 42.9 | 43.96 | 5.75 | 9.17 |
| P3 | 35.42 | 24.99 | 5.02 | 6.05 |
| P4 | 38.46 | 24.34 | 9.04 | 11.65 |
| P5 | 31.57 | 27.29 | 7.53 | 10.68 |
| P6 | 30.67 | 22.16 | 14.43 | 8.87 |
| P7 | 15.51 | 11.74 | 6.57 | 12.18 |
| P8 | 5.58 | 13.08 | 8.47 | 11.35 |
| 星型卟啉 | — | 0.16～0.22 | — | — |
| 聚噻吩 | — | < 20 | — | — |
| 烷氧基类 PPV | — | 20～30 | — | — |
| 聚咔唑 | — | 9 | — | — |

综上，基于荧光光谱仪的上述应用方式，可实现从浓度效应、溶剂效应、离子响应、固体荧光、量子产率及荧光寿命等多个角度对聚合物的发光性能进行分析，最终实现材料的性能与结构优化。

## 10.2  电磁性能表征 ◂◂◂

高分子材料在现代科技和工业领域中发挥着越来越重要的作用，尤其是在电子、通信和能源领域。其中，高分子材料的电导率、电磁屏蔽及介电性能等电磁相关性能对于实现其在各种应用中的优异性能至关重要。随着电子化和信息化的快速发展，人们对于材料的电磁性能要求也越来越高，因此深入研究和表征这些性能对于推动高分子材料在电子器件、通信和能源等领域的应用具有重大意义[15]。

电导率是高分子材料在电场作用下传导电流的能力，对于导电高分子材料在传感器、超级电容器和有机太阳能电池等领域的应用至关重要。通过优化电导率，可以提高高分子材料的能量转换效率和性能稳定性；电磁屏蔽性能则是高分子材料在阻挡或吸收电磁波方面的表现。随着电子设备越来越普及，电磁干扰问题越来越突出，因此高分子材料的电磁屏蔽性能在保护电子设备正常运行、确保通信信号传输质量及人体健康等方面具有重要作用；介电性能，包括介电常数和介电损耗等，描述了高分子材料在电场作用下的电荷响应和能量损耗特性。这些性能对于高分子材料在电子器件、电磁屏蔽和能源存储等领域的应用至关重要。通过优化介电性能，可以提高高分子材料的能量存储密度、减小能量损耗及提高设备稳定性。

综上，本节将对用于表征高分子材料电导率、电磁屏蔽及介电性能的相关设备，包括对四探针电阻测试仪与矢量网络分析仪进行介绍。这些设备在确保高分子材料性能优异、满足实际应用需求方面发挥着至关重要的作用。

### 10.2.1　四探针法

四探针法是一种常用的电导率表征手段，通过测量电流和电压之间的关系来计算材料的电导率。四探针法需要使用四探针电阻测试仪，该仪器具有四个探针，分别用于施加电压和测量电流。通过这种方法，可以准确测量高分子材料的电导率，为优化其在电子器件等领域的应用提供关键数据支持[16]。

四探针电阻测试仪的四个探针通常平行排列，等距离地接触待测样品表面。这四个探针中，两个外侧探针用于施加电流，而两个内侧探针用于测量样品上的电压。其组成结构主要包括以下部分：

(1)四探针头：四探针头是四探针电阻测试仪的核心部分，由四个金属探针组成。这些探针通常平行排列并等距离地接触待测样品表面。其中，两个外侧探针用于施加电流，两个内侧探针用于测量电压。探针头的材料通常为不易氧化的金属，如金、铂或镍等，以确保与待测样品的良好接触和减小接触电阻对测量结果的影响。

(2)电源：电源是四探针电阻测试仪的电源部分，用于向外侧探针施加已知的恒定电流。电源可以是恒流源，也可以是可调电源，以适应不同电阻范围的材料测试需求。

(3)电压测量单元：电压测量单元负责测量内侧探针间的电压。电压测量单元通常采用高精度、高灵敏度的电压表，以获得准确的电压测量值。

(4)支撑架和调整装置：支撑架和调整装置用于固定和调整四探针头的位置，以确保探针与待测样品的稳定接触。调整装置可以为手动或电动调节，以实现精确控制探针与样品的接触压力和位置。

(5)数据处理与显示系统：数据处理与显示系统负责记录测量数据、计算电阻率或电导率并展示测量结果。这部分通常由计算机或微处理器控制，可以将测量数据实时传输至计算机进行处理和存储。

最常用的四探针法是将四根金属探针的针尖排在同一直线上的直线型四探针法，如图 10.19 所示，该结构被广泛应用于对薄膜类高分子材料表面电阻率的测定。直线四探针法中的四个探针呈线性排列，等距离地接触待测样品表面。在测试过程中，外侧探针对样品施加已知的电流 $I$，内侧探针测量样品表面的电压 $V$。根据欧姆定律，电阻 $R = V/I$。为了得到电阻率 $\rho$，需要考虑直线四探针法的探针系数 $C$。探针系数是一个无量纲的系数，用于将测得的电阻值转换为电阻率。对于直线四探针法，其探针系数 $C$ 通常取值为 $\pi/\ln2$。电阻率 $\rho$ 可以通过式(10.4)计算：

$$\rho = R \cdot C \cdot L \tag{10.4}$$

式中，$L$ 为探针间距。电导率 $\sigma$ 可通过求电阻率的倒数得到：$\sigma = 1/\rho$。直线四探针法适用于测量薄膜或片状材料的电阻率和电导率。

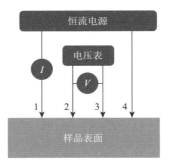

图 10.19　四探针电阻测试仪探针结构示意图

测量过程中，需要记录施加的电流和测量到的电压。在已知样品的几何形状和探针间距的情况下，可以计算出样品的电阻和电阻率。再进一步求倒数，便可得到电导率。通过对不同位置的样品进行多次测量，可以获得材料的平均电导率及电导率的分布。

方块电阻(sheet resistance)是一个描述薄膜电阻的概念，它表示单位面积的电阻值，该物理量在高性能电磁性能高分子材料的研究领域也备受关注，一般用于表征薄膜或二维材料的电阻性能。直线四探针法可以间接地测量方块电阻，但需要进行一定的计算。通过直线四探针法测量得到的电阻值，结合探针系数 $C$ 和探针间距 $L$，

可以计算出电阻率 $\rho$。然后，可以利用薄膜的厚度 $t$ 计算方块电阻 $R$s。

$$R\text{s} = \rho/t \qquad (10.5)$$

式中，$R$s 为方块电阻，$\Omega/\square$；$\rho$ 为电阻率，$\Omega\cdot m$；$t$ 为薄膜的厚度，m。

所以，尽管直线四探针法不能直接测量方块电阻，但它可以通过计算得到方块电阻的值。

综上所述，四探针法是一种广泛应用于电导率和电阻率测试的方法，具有较高的精度和可靠性。然而，对于表面不平整、弯曲或不规则形状的材料，可能需要采用其他方法或对四探针法进行适当的修正。总的来说，四探针法在材料科学和工程领域中具有重要的应用价值，为研究和优化高分子材料的电磁性能提供了有效手段。

### 10.2.2　矢量网络分析法

电磁波是一种能量传播形式，由交变的电场和磁场按照特定的相位关系在空间中以光速传播。电磁波的波长和频率决定了它的能量，根据波长或频率的不同，电磁波被划分为不同的类型，如无线电波、微波、红外、可见光、紫外、X 射线和 $\gamma$ 射线等[17]。

当电磁波在不同的介质之间传播时，会发生反射、折射、透射和吸收等现象。这些现象取决于介质的电磁特性，如电导率、介电常数和磁导率等。最终，剩余部分电磁波穿过屏蔽体继续向前传输，在这个过程中屏蔽材料对电磁波的衰减包括反射损耗、吸收损耗、内部多重反射损耗。

为了量化这些现象，人们引入了散射参数（$S$ 参数）的概念。$S$ 参数是描述电磁波在材料中传播和反射特性的参数，它们包括反射系数和透射系数。

反射系数表示电磁波在材料表面反射时的能量比例，反映了材料对入射电磁波的反射程度。具体来说，反射系数是入射电磁波振幅与反射电磁波振幅之比。当反射系数接近 1 时，表示几乎所有的入射电磁波能量都被反射，而当反射系数接近 0 时，表示几乎没有能量被反射。透射系数表示电磁波穿过材料后保持的能量比例，反映了电磁波穿过材料的能力。具体来说，透射系数是入射电磁波振幅与透射电磁波振幅之比。当透射系数接近 1 时，表示几乎所有的入射电磁波能量都能穿过材料，而当透射系数接近 0 时，表示几乎没有能量能穿过材料。对屏蔽材料的屏蔽效果评价通常是用电磁屏蔽效能（EMI SE，单位：dB）来表示。

矢量网络分析仪（vector network analyzer，VNA）是一种用于测量和分析电磁屏蔽材料的高频电磁性能的仪器，主要用于测试高频电子器件和系统的性能，包括天线、滤波器、放大器、混频器等。它通过测量材料的 $S$ 参数来评估材料对电磁波的影响，为电磁性能的评估和优化提供全面信息（图 10.20）。

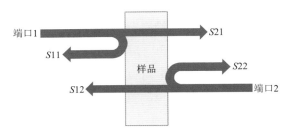

图 10.20 矢量网络分析仪散射参数测试原理示意图

通常情况下，网络分析仪由信号源、测试单元、接收器和控制单元组成。信号源产生一定频率范围内的射频信号，测试单元向待测样品发送信号并接收反射和透射信号，接收器对信号进行检测和处理，控制单元用于设定测试参数和显示测量结果。在测量反射系数时，网络分析仪会向待测材料发射已知振幅和相位的电磁波信号。当电磁波遇到材料表面时，部分能量会被反射回来。网络分析仪接收到反射回来的信号后，通过比较入射信号和反射信号的振幅和相位，计算出反射系数 $S11$；在测量透射系数时，网络分析仪同样向待测材料发射已知振幅和相位的电磁波信号。信号穿过材料后，网络分析仪接收到透射信号。通过比较入射信号和透射信号的振幅和相位，计算出透射系数 $S21$。

通过测量和分析 $S$ 参数，可由此计算出材料的电磁屏蔽效能[18]，计算方式如下：

$$R = |S11|^2 \tag{10.6}$$

$$T = |S21|^2 \tag{10.7}$$

$$1 = A + R + T \tag{10.8}$$

$$SE_{Total} = -10\lg T \tag{10.9}$$

$$SE_R = -10\lg(1-R) \tag{10.10}$$

$$SE_A = -10\lg\left(\frac{T}{1-R}\right) = SE_{Total} - SE_R - SE_M \tag{10.11}$$

式中，$S11$ 为端口 1 的反射系数；$S21$ 为端口 1 到端口 2 正向传输系数；$R$ 为反射率；$T$ 为透过率；$A$ 为吸收率；$SE_{Total}$ 为总电磁屏蔽效能；$SE_R$ 为反射损耗效能；$SE_A$ 为吸收损耗效能；$SE_M$ 为多重反射损耗效能。

此外，网络分析仪可通过测量 $S11$ 和 $S21$ 间接地计算材料的介电常数。根据电磁波在材料中的传播规律和边界条件，可以建立介电常数与散射参数之间的关系。利用这种关系，网络分析仪可以根据已测得的反射系数和透射系数计算出材料的介电常数。

目前，实验室内通过 VNA 进行电磁屏蔽材料屏蔽性能的测试大多是通过同轴法和波导法，相比屏蔽室测试法，这两种方法不需要建立庞大的屏蔽室系统，降低了成本，操作简单可靠。

对于同轴法测试，样品通常为同心圆环状，单次测试频率范围较宽，一般多用于测试吸波类纳米粒子的电磁参数。将其与石蜡按比例进行共混，进行同心圆环样品的制备，通过配套软件进行 $S$ 参数的计算即可得到样品的电磁参数及屏蔽性能。但是由于其样品尺寸要求比较严格，对于块体材料实用性较弱。因此，出现了改进的法兰同轴法，其对于高导电薄膜样品，能够减少样品与同轴接触阻抗对测试结果的影响，同时测试样品为片状，拓宽了适用性。

对于波导法测试，同样是采用同轴线缆，将连接夹具更换为波导测试夹具。通常，波导测试夹具为矩形样品仓，根据频率范围划分可分为不同尺寸的波导测试夹具。相比于同轴法测试，波导法测试中同一尺寸的夹具所测试的频率范围较窄，需要多个不同尺寸的波导测试夹具才能够覆盖宽频测试范围。网络分析仪的工作原理基于电磁波在材料中的传播和反射特性。当电磁波穿过或在材料表面反射时，其幅度和相位会发生变化。通过测量电磁波在不同频率下的传输和反射参数，可以推算出材料的电磁性能。这些性能包括介电常数、介电损耗、电磁屏蔽效果等。

通过对高分子材料的电磁屏蔽性能进行测试和分析，可以为材料的设计、优化和应用提供关键信息。网络分析仪是实现这一目标的重要工具。

### 10.2.3　高性能高分子材料电磁性能表征实例[19]

聚苯胺(polyaniline, PANI)是一种导电聚合物，因其独特的化学性质、良好的电导率、环境稳定性和相对低成本而受到广泛关注。聚苯胺由苯胺单体通过化学或电化学聚合生成，其结构中含有苯环和氮原子，形成共轭 π-电子体系。聚苯胺存在多种氧化还原状态，这使其具有可调节的电导率和多种可能的应用，如电磁屏蔽材料等。根据不同的掺杂方式，可实现对 PANI 结构与性能的调控，从而实现对其电磁性能的调控。

通过四探针测试仪及矢量网络分析仪可实现对改性 PANI 电磁性能的全面分析。

图 10.21 所示为经盐酸(HCl)、硫酸($H_2SO_4$)、磷酸($H_3PO_4$)及樟脑磺酸(CSA)掺杂的 PANI 样品(分别记为 PANI-HCl、PANI-$H_2SO_4$、PANI-$H_3PO_4$ 和 PANI-CSA)的电导率。可见，PANI-$H_3PO_4$ 的电导率最低，为 $(84\pm10)\,S/m$、PANI-$H_2SO_4$ 的电导率为 $(101\pm7)\,S/m$、PANI-HCl 和 PANI-CSA 的电导率分别为 $(122\pm16)\,S/m$ 和 $(128\pm17)\,S/m$。PANI-CSA 中的羟基产生电子排斥作用，增强了 PANI 主链的共轭效应，对电导率有一定的提升作用。

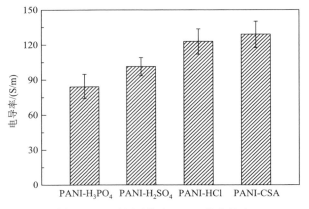

图 10.21　不同酸掺杂 PANI 的电导率

电磁屏蔽效能 (shielding effectiveness, SE) 定义为由屏蔽材料引起的电磁波损耗之和，为电磁波被屏蔽层反射、吸收及内部反射之和，可表示为 $SE = SE_R + SE_A + SE_M$。其可以定义如下：

$$SE = -10\lg(P_I / P_T) \tag{10.12}$$

$$P_I = P_R + P_T + P_A \tag{10.13}$$

式中，$P_T$ 为透过波的功率；$P_I$ 为入射波功率 (1 mW)。

SE 值和材料的电导率有关：

$$SE = 20\lg(1 + \sigma d Z_0 / 2) \tag{10.14}$$

式中，$\sigma$ 为样品的电导率 (S/m)；$d$ 为样品的厚度；$Z_0$ 为特性阻抗 (377Ω)。该式表明 SE 与材料的电导率成正比。

不同酸掺杂 PANI 在 X 波段的 SE 和如图 10.22 所示。从图中可以看出，PANI-HCl 和 PANI-CSA 的 SE 值约为 19.8 dB 和 21.7 dB、PANI-H₂SO₄ 的 SE 值约为 18.1 dB、PANI-H₃PO₄ 的 SE 值约为 17.0 dB。此结果与屏蔽效能和电导率成正比的一般规律一致。

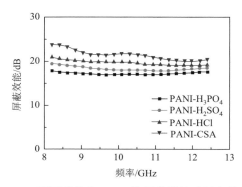

图 10.22　不同酸掺杂 PANI 的屏蔽效能随频率的变化

为了阐明其屏蔽机理，使用功率数据计算出反射损耗($\text{SE}_\text{R}$)和吸收损耗($\text{SE}_\text{A}$)。下列公式为其计算公式：

$$\text{SE}_\text{R} = 10\lg(P_\text{I}/(1-P_\text{R})) \tag{10.15}$$

$$\text{SE}_\text{A} = 10\lg((1-P_\text{R})/P_\text{T}) \tag{10.16}$$

除此之外，可使用理论分析评估材料的屏蔽能力，式(10.17)和式(10.18)可用来量化反射和吸收作用对整体屏蔽效能的贡献：

$$\text{SE}_\text{R} = 39.5 + 10\lg(\sigma/2\pi f\mu) \tag{10.17}$$

$$\text{SE}_\text{A} = 8.7d\sqrt{\pi f\mu\sigma} \tag{10.18}$$

式中，$\mu$ 为材料的磁导率($\mu = \mu_0\mu_\text{r}$)；$\mu_0 = 4\pi\times10^{-7}\text{H/m}$；$\mu_\text{r}$ 为材料的相对磁导率。

表 10.4 为掺杂 PANI 的 EMI SE 值实验数据与理论预测的对比(10 GHz)。从表中可以看出，无论是实验结果还是理论预测结果，$\text{SE}_\text{A}$ 值均大于 $\text{SE}_\text{R}$，因此所得的 PANI 呈现以吸收损耗为主的屏蔽机理。此外，实验所得所有样品的 SE、$\text{SE}_\text{A}$ 和 $\text{SE}_\text{R}$ 值均远大于所有样品的理论预测值。这是由于在理论模型中忽略了材料内部的多重反射效应，而对于具有不同纳米结构的 PANI，其独特的纳米结构会影响电磁波在其内部的多重反射作用，因此在实验和理论预测值两种结果之间存在着差异。

表 10.4　掺杂 PANI 的 EMI SE 实验数据与理论预测对比(10 GHz)

| 样品 | 电导率/(S/m) | SE/dB | | $\text{SE}_\text{R}$/dB | | $\text{SE}_\text{A}$/dB | |
| --- | --- | --- | --- | --- | --- | --- | --- |
| | | 实验值 | 理论值 | 实验值 | 理论值 | 实验值 | 理论值 |
| PANI-H$_3$PO$_4$ | 84±10 | 17.05 | 6.91 | 4.73 | 1.35 | 12.31 | 5.56 |
| PANI-H$_2$SO$_4$ | 101±7 | 18.05 | 8.20 | 7.96 | 2.12 | 9.09 | 6.08 |
| PANI-HCl | 122±16 | 19.83 | 9.67 | 4.94 | 2.97 | 14.89 | 6.70 |
| PANI-CSA | 128±17 | 20.71 | 10.04 | 5.97 | 3.18 | 14.74 | 6.86 |

除电导率外，介电常数和磁导率也是影响电磁特性的重要因素。复介电常数可以分为实部($\varepsilon'$)和虚部($\varepsilon''$)。$\varepsilon'$ 为介电常数或相对介电常数，而 $\varepsilon''$ 为损耗因子或介电损耗。掺杂 PANI 的复介电常数 $\varepsilon_\text{r}$($\varepsilon_\text{r} = \varepsilon' - j\varepsilon''$)如图 10.23(a)、(b)所示。$\varepsilon'$ 与电导率规律相同。由于电子云的极化增加，因此高介电常数反映了复合材料中的高电流。在本研究中，电导率最高的 PANI-CSA 具有最高的介电常数，此结果与以前的研究结果规律相似。

图 10.23(c)、(d)分别为样品的磁导率的实部($\mu'$)和虚部($\mu''$)。$\mu'$ 和 $\mu''$ 的值分别代表磁储存和损耗的能力。在本研究中，与 $\varepsilon'$ 和 $\varepsilon''$ 相比，所有样品的 $\mu'$ 和 $\mu''$ 都显示相对较低的值。所有样品的 $\mu'$ 和 $\mu''$ 分别为 1 和 0 左右。这表明所有得到的 PANI 都是非磁性材料。因此，电磁损耗的主要贡献应来自介电损耗。

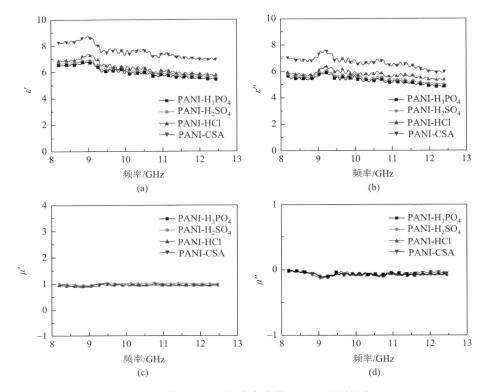

图 10.23　不同酸掺杂 PANI 的介电常数(a)、(b)和磁导率(c)、(d)

# 10.3　原子力-红外联用技术[20]

原子力-红外显微镜(AFM-IR)是一种光学和力学相结合的纳米分辨率显微技术。它将原子力显微镜(AFM)与红外光谱(IR)结合,实现了纳米尺度的化学成像。

AFM 常用于对多种样品的表面形貌成像,而 IR 分析是化学分析领域最常用的技术之一。20 世纪 90 年代,IR 分析还与显微镜和阵列检测器相结合,实现了空间分辨的红外光谱显微术。然而,AFM 和红外光谱显微术各自具有技术局限性。

传统的基于傅里叶变换红外光谱仪(FTIR)的显微镜广泛应用于空间分辨的化学分析,但由于热红外光源的低辉度和光学衍射带来的空间分辨率限制而受到局限,导致传统红外光谱显微术的空间分辨率一般在 2.5～75 μm 范围内;原子力显微镜可以实现纳米级别的空间分辨率,但 AFM 本身不能根据化学组成来区分材料。

为了将红外光谱分析的化学分析能力与 AFM 的空间分辨率结合在一起,研究人员开发了 AFM-IR 技术。AFM-IR 通过利用原子力显微镜的探针局部检测样品因吸收红外辐射而引起的热膨胀来实现这一目标。AFM 探针本身就充当红外探测器。由于 AFM 探针可以接近探针尖端半径的空间分辨率来检测热膨胀，所以 AFM-IR 技术可以克服传统红外光谱显微术的空间分辨率限制。

2005 年，法国巴黎-苏德大学的奥尔赛红外激光中心(CLIO)实验室首次进行了 AFM-IR 实验，成功在单个细菌内成像并获得了约 100 nm 分辨率的红外指纹光谱。AFM-IR 的思路是利用 AFM 系统对垂直高度变化(数十皮米)和横向分辨率(10~20 nm)的高灵敏度来检测热膨胀效应，而不是检测诱导出的光热效应。2010 年初，光学参量振荡器(OPO)激光器成为现实，覆盖了大部分中红外光谱范围。美国 Anasys Instruments 公司推出了首个商业化 AFM-IR 系统。尽管具有一定吸引力，但这些系统的性能受到激光技术的限制。随后，量子级联激光器(QCL)的快速发展推动了 AFM-IR 技术的进一步演进。QCL 激光器具有 0.1 cm$^{-1}$ 的光谱分辨率、1000 cm$^{-1}$ 光谱范围内的快速采集模式和可调节的激光重复频率。2014 年，研究人员成功检测到自组装单分子层，并实现了小于 25 nm 的横向分辨率的化学成像。然而，这些实验仍基于接触模式 AFM，只能测量硬且非黏附性样品。2018 年，首次在软样品上进行敲击模式 AFM-IR 实验，展示了光热技术的巨大潜力[20, 21]。

### 10.3.1　AFM-IR 的工作原理

AFM-IR 技术的基本原理如图 10.24 所示，它由一个可调谐的红外激光器组成，激光器聚焦在原子力显微镜探针附近的样品区域。

图 10.24(a)所示为 AFM-IR 的工作原理示意图。脉冲可调谐激光源聚焦于原子力显微镜探针尖附近的样品。当激光调谐到样品的吸收带时，吸收的光导致样品吸收区域的光热膨胀。AFM 探针被用作红外吸收的局部检测器。样品的光热膨胀诱导了一个与红外吸收成正比的瞬态悬臂振荡 [图 10.24(b)]。测量 AFM 悬臂振荡幅度作为波长(或波数)的函数，即可得到具有纳米空间分辨率的局部吸收光谱 [图 10.24(c)]。

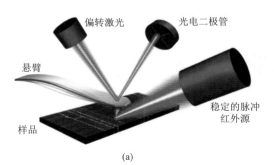

(a)

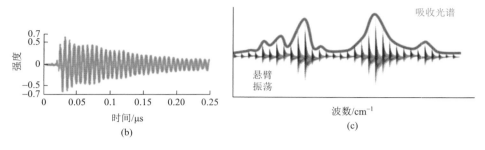

(b)

(c)

图 10.24 AFM-IR 工作原理示意图[20]

如果将可调谐的红外激光器设置为与样品吸收波长相对应的波长，则原子力显微镜探针可以用来检测被吸收的辐射。检测红外吸收最常用的技术是通过直接测量由光吸收引起的热膨胀来实现的。红外吸收会在悬臂梁的探针上引起一个力冲击，诱发原子力显微镜探针的振荡。可以通过测量由吸收的红外辐射引起的样品温度升高作为一种替代方法来测量悬臂梁的运动。通过测量作为波长函数的AFM 探针对红外吸收的响应，可以轻松地创建样品纳米级区域的红外吸收光谱。此外，还可以将激光器调节到固定的波长并测量样品上不同位置的吸收，以创建显示样品中化学成分分布的化学图像[21]。

AFM-IR 技术能够同时提供样品的纳米级空间分辨率下的机械性质测量和互补的红外光谱信息。如前所述，当因吸收红外辐射而产生样品热膨胀时，悬臂就会被激发并在接触共振频率下振荡。这些接触共振的峰值频率会随着样品的刚度变化而发生变化。

如图 10.25(a)所示，探针与样品的接触区域就像一个弹簧阻尼系统，影响 AFM探针的接触共振频率。当样品吸收红外辐射时，产生的热膨胀会导致 AFM 探针振荡 [图 10.25(b)]。通过对探针振荡信号进行快速傅里叶变换（FFT）分析，可以提取出探针的接触共振频率 [图 10.25(c)]，而不同模量的样品对此类共振频率产生不同的影响。将接触共振频率作为位置函数进行映射，可以绘制样品刚度的分布图，如图 10.25(e)所示。因此，接触共振/刚度测量可以与 AFM-IR 测量同时进行，从而实现机械性质和化学成分的相关测量。

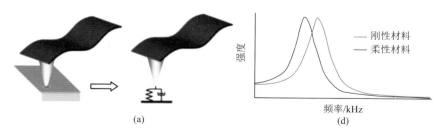

(a)

(d)

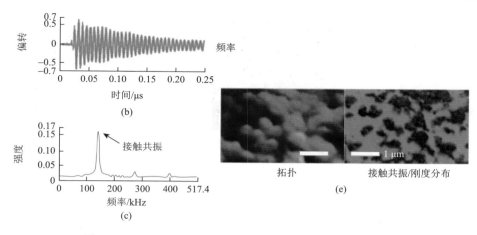

图 10.25　AFM-IR 对样品表面机械性质的表征机制示意图[20]

## 10.3.2　AFM-IR 在高性能高分子材料表征中的应用

AFM-IR 在高性能高分子材料研究及工业化领域已得到广泛应用。特定的应用领域包括生物降解聚合物、聚合物混合物与复合材料、多层薄膜、聚合物纳米结构、薄膜/涂层、纤维、燃料电池膜、生物医学材料和制药等。在这些领域中，高分子性能需求推动了微观和纳米尺度特征尺寸的配方和结构的发展。传统的红外显微光谱无法提供所需的空间分辨率，无法满足这些材料的分析和表征需求。AFM-IR 提供了一种方法，能够测量聚合物纳米级区域的化学成分、识别和表征层压聚合物多层薄膜中的极薄层、映射和分析薄膜，可以达到单层覆盖，还能追踪生物医学材料的降解过程。

图 10.26 所示为 AFM-IR 对高抗冲聚丙烯 (HIPP) 聚合物共混物的表征示例，展示了在纳米尺度内定量化学成分的能力。其中，图 10.26(a) 为 HIPS 材料的示意结构。图 10.26(b) 为基体中的中间层区域的 AFM 图像。图 10.26(c) 为在 1378 cm$^{-1}$ 处获得的 AFM-IR 图像。图 10.26(d) 为在与基体、中间层和核心相对应的样品不同区域获得的 AFM-IR 光谱。图 10.26(e) 为基于整体傅里叶变换红外光谱的校准曲线，将材料中 PE 的浓度与 1456 cm$^{-1}$ 和 1378 cm$^{-1}$ 吸收带的峰强度之比联系起来。图 10.26(f) 为在不同 PE 分相区域的 PE 浓度百分比的估计。

通过 AFM-IR 也可对多层共挤薄膜的不同层进行定性直观分析。如图 10.27 所示，通过 AFM-IR 研究了一种原本未知成分的多层膜，并通过将 AFM-IR 光谱与 FT-IR 参考光谱进行比较，确定了每层的成分。从 AFM-IR 光谱可以明显看出，第 1 层和第 2 层含有聚对苯二甲酸乙二醇酯 (PET)，而第 3 层是聚氨酯。第 4 层的包含物清晰可见，AFM-IR 光谱在多个位置显示出约在 3330 cm$^{-1}$ 和 1640 cm$^{-1}$ 处的宽吸收。此外，反对称和对称—CH$_2$—伸缩带特征峰清晰可见；2952 cm$^{-1}$ 处还观

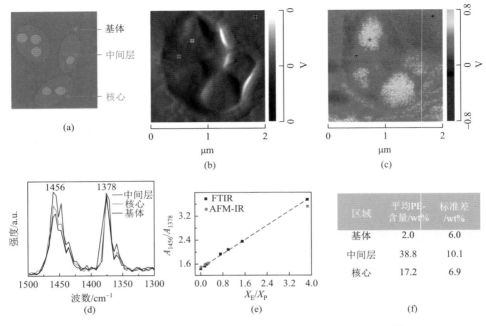

图 10.26　AFM-IR 对高抗冲聚丙烯(HIPP)结构分析示意图[22]

表内容：

| 区域 | 平均PE-含量/wt% | 标准差/wt% |
| --- | --- | --- |
| 基体 | 2.0 | 6.0 |
| 中间层 | 38.8 | 10.1 |
| 核心 | 17.2 | 6.9 |

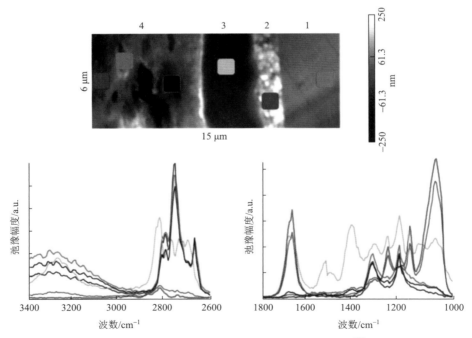

图 10.27　AFM-IR 对多层薄膜结构分析示意图[23]

察到甲基中的 C—H 键的伸缩振动。然而，1.2 μm 包含物的红外吸收光谱缺乏这些强带（未显示）。这些数据表明，第 4 层的核心成分是聚乙烯，包含物是含有羟基的材料，如淀粉或纤维素。

此外，AFM-IR 还被用于研究各种导电聚合物材料。一维导电聚合物尤其具有吸引力，因为它们的表面积与体积比非常高，使它们成为光电子学和纳米器件应用的理想材料。图 10.28 所示为光合成聚二苯基丁二烯（PDPB）纳米结构的 AFM-IR 光谱和吸收图像。在 2146 cm$^{-1}$ 处没有任何吸收，该处对应于未聚合的 1, 4-二苯基丁二炔（DFB）单体，证实光聚合反应的完成。此外，AFM-IR 技术的空间和光谱灵敏度能够揭示与光聚合过程相关的细微吸收带。在这项研究中，AFM-IR 的优势还在于能够精确监测亚微米尺度上的聚合过程，并将聚合物的形态与其化学成分联系起来。

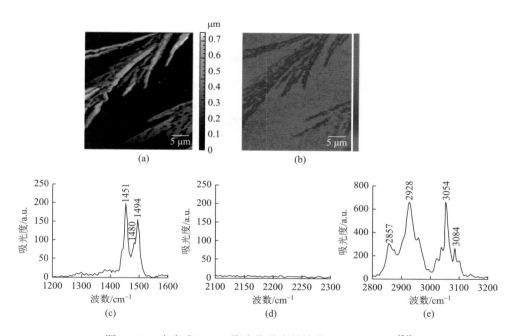

图 10.28  光合成 PDPB 聚合物纳米结构的 AFM-IR 表征[24]

## 10.4  国内大科学装置发展及在高性能高分子材料中的应用

大科学装置（scientific apparatus）起源于第二次世界大战时期的美国，代表着科学与国家安全的紧密联合。在 20 世纪中期，随着科技的不断发展，大科学装置成为现代科学技术众多领域取得突破的必要条件和重大原始创新的重要载体，是世界科技强国争先布局建设的重点，也是各国开展前沿科学研究、提升科技创新能力的重要手段。

本节将对目前我国大科学装置的发展做简要介绍，并着重对中子散射技术及同步辐射散射技术在高性能高分子材料中的应用进行介绍。

### 10.4.1 我国大科学装置的发展

目前，我国已在北京怀柔、上海张江、安徽合肥和粤港澳大湾区建设了综合性国家科学中心。

北京怀柔综合性国家科学中心目前拥有 5 个大科学装置，包括：综合极端条件实验装置、地球系统数值模拟装置、高能同步辐射光源、多模态跨尺度生物医学成像设施等。

上海张江综合性国家科学中心已经建成大科学装置包括：上海同步辐射光源、硬 X 射线自由电子激光装置、超强超短激光装置等。此外，上海张江综合性国家科学中心还在建设其他大科学装置，包括活细胞结构与功能成像等。这些装置将为我国科学家提供更好的研究条件和环境，推动科技进步和经济发展。

在合肥综合性国家科学中心，包括同步辐射、全超导托卡马克、稳态强磁场等大科学装置已经投入运行。还布局了量子信息国家实验室、聚变工程实验堆、先进 X 射线自由电子激光装置、大气环境综合探测与实验模拟设施、超导质子医学加速器等更多的大科学装置建设。

粤港澳大湾区综合性国家科学中心已经建成或正在建设的大科学装置，包括散裂中子源、中微子实验、强流重离子加速器、冷泉生态系统研究装置、智能化动态宽域高超声速风洞、极端海洋动态过程多尺度自主观测科考设施、人类细胞谱系研究设施、航空轮胎动力学试验装置、慧眼研究设施等。

### 10.4.2 中子散射法

中子散射方法历史悠久。1931 年，英国物理学家 J. Chadwick 发现中子，并因此获得 1935 年诺贝尔物理学奖。随后，美国物理学家 E. Fermi 在 20 世纪 40 年代主持建造了世界上第一台可控的原子核反应堆，这使利用中子作为光源进行物质的结构研究成为可能。1946 年与 1950 年，美国物理学家 C. G. Shull 与加拿大物理学家 B. N. Brockhouse 分别开始进行弹性与非弹性中子散射的研究，开创了中子散射的方法学[25]。相较于 X 射线，中子通量往往很小，所以中子散射装置很难小型化，必须建造诸如反应堆与加速器之类的大型科学装置才能提供足够的中子通量，满足实验需求[26]。从 20 世纪 70 年代开始至今，随着法国劳厄-朗之万研究所 (Institute Laue-Langevin，ILL)[27]、美国国家标准与技术研究院中子散射研

究中心 (Nation Institute of Standard and Technology Center for Neutron Research，NCNR)[28]等反应堆中子源，以及英国散裂中子源 (ISIS Neutron and Muon Source，ISIS)[29]、日本散裂中子源 (Japan Proton Accelerator Research Complex，J-Parc)[30]、美国散裂中子源 (Spallation Neutron Source，SNS)[31]等散裂中子源的陆续建成开放，中子散射实验方法才得到了长足的发展。时至今日，多种不同类型的中子散射方法在高分子微观结构与动力学行为的研究中发挥着不可替代的作用。高分子物理教科书中的许多重要概念，如不同形态高分子链在本体、溶液及结晶中的构象 (conformation) 测量、旋节线 (spinodal decomposition) 相图的测定、链段在 Rouse 或者 Zimm 模型下弛豫时间的标定等，都是通过中子散射方法实现的。

中子独特的性能使其在高分子结构与动力学的研究中发挥着重要作用[32]。作为一种探针，中子的优势有：不带电，因此穿透性很强，对样品制备的要求较低；中子与物质发生作用时无热效应，不会对物质造成损伤，可以进行长时间的原位测量；中子对轻元素，如氢、锂等十分敏感，在某些需要特别标定轻元素位置的研究中，具有无可取代的作用；同位素对中子的散射能力不同，最典型的，如氢与氘的散射长度 (scattering length) 有显著区别，使我们可以通过衬度匹配 (contrast match) 的方法选择性观察复杂体系内部结构；中子具有磁矩，可以用来表征磁结构。除此之外，不同的中子散射方法相互结合可以在宽广的空间与时间尺度上对样品多尺度的结构与动力学行为进行表征，十分适用于研究高分子的结构-动力学-功能之间的关系。

根据散射方法的不同中子谱仪类型繁多，以中国散裂中子源 (China Spallation Neutron Source，CSNS) 为例，其谱仪规划如图 10.29 所示[33]。一般来说，根据研究目标的不同，中子谱仪大致可以分为三类：测量空间结构、测量时间结构与特殊用途谱仪。空间结构测量的谱仪包括衍射、散射与成像谱仪；时间结构测量的谱仪包括准弹 (quasi-elastic neutron scattering，QENS) 与非弹 (inelastic neutron scattering) 中子散射谱仪；特殊用途谱仪主要包括中子物理研究及辐照谱仪。由于高分子研究涉及多相多尺度的结构与动力学，所以包含多种中子散射谱仪及实验方法的联用，包括测定空间结构的衍射 (neutron diffraction)、反射 (neutron reflection)、小角散射 (small angle neutron scattering，SANS)、成像 (neutron imaging)[34-36]，以及测定时间结构的准弹性中子散射如背散射 (neutron back scattering，NBS) 和中子自旋回波 (neutron spin-echo, NSE)[37, 38]。不同中子谱仪观察的对象与时间、空间尺度不同，概念庞大，内容繁多，本节仅介绍中子散射的基本原理与几个中子散射在高分子研究中的典型应用，以期让读者对中子散射方法有基本的认知。

中子反射
02 多功能反射仪
03 液体中子反射仪

小角中子散射
01 小角中子散射仪
14 微小角中子散射仪

准弹散射
10 中子背散射谱仪

非弹散射
04 冷中子直接几何非弹谱仪
05 高能直接几何非弹谱仪
06 逆几何分子振动谱仪
20 直接几何极化非弹谱仪

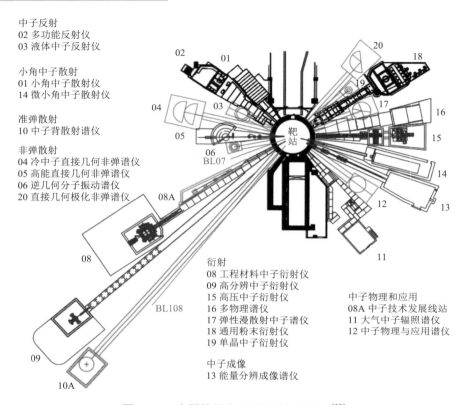

衍射
08 工程材料中子衍射仪
09 高分辨中子衍射仪
15 高压中子衍射仪
16 多物理谱仪
17 弹性漫散射中子谱仪
18 通用粉末衍射仪
19 单晶中子衍射仪

中子成像
13 能量分辨成像谱仪

中子物理和应用
08A 中子技术发展线站
11 大气中子辐照谱仪
12 中子物理与应用谱仪

图 10.29 中国散裂中子源的谱仪规划图[33]

## 1. 中子散射基本原理

总的来说，中子散射是体系中散射基本单元(简称散射基元)对中子散射能力的时空位置分布的傅里叶变换，根据散射方法观测的空间尺度不同，该散射基元可以是原子、基团或者单体[39]。在实际实验中，散射基元对中子的散射能力通过散射截面(crosssection)展现，即将中子散射向某个角度 $\theta$ 处立体角范围 $\Delta\Omega$ 内的概率；同时考虑中子与散射体发生作用时有可能发生能量交换，则可进一步考察该立体角内中子发生能量变化 $\Delta\hbar\omega$ 的概率，从而得到双重微分散射截面 $\dfrac{\mathrm{d}^2\sigma}{\mathrm{d}\Omega\mathrm{d}\hbar\omega}$；对于大多数体系，还需要考虑散射基元的数密度 $N/V$，数密度与微分散射截面相乘即可得到宏观散射截面 $\dfrac{\mathrm{d}^2\Sigma}{\mathrm{d}\Omega\mathrm{d}\hbar\omega}$。

如图 10.30 所示[40]，简单地说，中子散射的结果可以分为两部分：体现散射基元间的相对位置关系的相干散射与体现散射基元的位置自相关关系的非相干散射。简单表示为

$$\frac{\mathrm{d}^2\sigma}{\mathrm{d}\Omega\mathrm{d}\hbar\omega} = \frac{1}{4\pi\hbar}\frac{\boldsymbol{k}_s}{\boldsymbol{k}_i}\left(\sum_{\alpha,\beta}b_{\alpha,\mathrm{coh}}b_{\beta,\mathrm{coh}}S_{\alpha,\beta}^{\mathrm{coh}}(\boldsymbol{q},\omega) + \sum_{\alpha}b_{\alpha,\mathrm{incoh}}S_{\alpha}^{\mathrm{incoh}}(\boldsymbol{q},\omega)\right) \quad (10.19)$$

式中，$\boldsymbol{k}_i$ 与 $\boldsymbol{k}_s$ 为入射中子与散射中子的波矢(散射波矢 $\boldsymbol{k}$ 与散射矢量 $\boldsymbol{Q}$ 的关系如图 10.30 所示，有些研究组也使用 $\boldsymbol{q}$ 来代表散射矢量，下文中二者含义相同)；$b$ 为散射长度，代表原子对中子的散射能力；相干散射结构因子 $S^{\mathrm{coh}}$ 代表粒子间的相互作用关系；非相干散射结构因子 $S^{\mathrm{incoh}}$ 体现粒子自身位置的相关性。在弹性散射的情况下，我们认为中子在散射过程中并无能量交换，此时散射截面为

$$\frac{\mathrm{d}\sigma}{\mathrm{d}\Omega} = \int\frac{\mathrm{d}^2\sigma}{\mathrm{d}\Omega\mathrm{d}\hbar\omega}\mathrm{d}\hbar\omega \quad (10.20)$$

此时 $S^{\mathrm{coh}}$ 仅包含静态下体系中散射基元间的相对位置关系：

$$G_{\alpha,\beta}(\boldsymbol{r}) = \left[\frac{1}{N}\sum_{i\in\alpha, j\in\beta}\delta[\boldsymbol{r} - (\boldsymbol{r}_\alpha - \boldsymbol{r}_\beta)]\right] \quad (10.21)$$

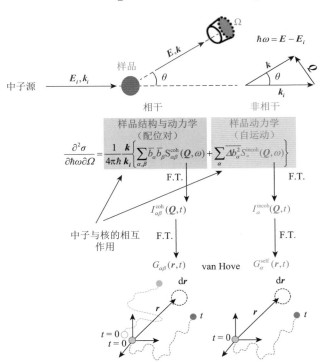

图 10.30  散射过程及散射截面与样品结构及动力学对应关系的简单示意图[40]

其中 $E_i$、$k_i$ 代表入射中子的能量与波矢；$E$、$k$ 代表散射中子的能量与波矢；$\theta$ 代表散射角；$Q$ 代表散射矢量(也可用 $q$ 表示)；$\dfrac{\partial^2\sigma}{\partial\Omega\partial\hbar\omega}$ 代表微分散射截面；$b$ 代表散射长度；$\alpha$、$\beta$ 代表不同类型的散射基元；$S^{\mathrm{coh}}$ 与 $S^{\mathrm{incoh}}$ 分别代表相干与非相干对应的散射结构因子；$I$ 与 $G$ 代表 $S$ 对应的实空间相关函数；F.T. 代表傅里叶变换（Fourier Transform）

$S^{\text{incoh}}$ 在弹性散射曲线中是水平背景，没有散射矢量 $\boldsymbol{Q}$ 依赖性。

$S^{\text{incoh}}$ 主要由非相干散射截面很强的氢原子贡献，通过背散射或 NSE 的实验方法，可以得到体系中氢原子在不同时刻的位置相关性，即：

$$G_{\alpha}^{\text{self}}(\boldsymbol{r},t) = \left[ \frac{1}{N} \sum_{i \in \alpha} \delta[\boldsymbol{r} - [\boldsymbol{r}_i(0) - \boldsymbol{r}_i(t)]] \right] \tag{10.22}$$

综上所述，通过弹性散射类型的中子实验方法，如中子衍射、中子反射与小角中子散射，可以得到体系中不同尺度的静态结构信息及长时间的动态结构变化；通过背散射与 NSE，可以得到体系中氢原子、富氢基团或者链段的自相关函数，进而分析其所在位置的动力学行为。以下我们将分别介绍中子衍射、中子反射、SANS 及 NSE 在高分子表征中的典型应用。

### 2. 中子散射法应用实例

#### 1) 中子衍射观察长程有序多孔碳的结构

与 X 射线衍射（X-ray diffraction，XRD）的基本原理相同，中子衍射观察样品在原子尺度的结构。通过对样品环境进行优化，中子衍射谱仪可分为通用粉末衍射仪（图 10.29 中 18 号线）、高压中子衍射仪（图 10.29 中 15 号线）和工程材料衍射中子衍射仪（图 10.29 中 8 号线）；通过对束线准直长度进行优化，提高仪器实空间分辨率（$\Delta d/d$），可以实现高分辨中子衍射仪（图 10.29 中 9 号线）；通过对探测器进行优化，使其覆盖样品周围的三维空间，可以得到单晶中子衍射仪（图 10.29 中 19 号线）；将探测器覆盖得更紧密，同时尽可能地增加短波中子通量，使谱仪覆盖更宽的 $\boldsymbol{Q}$ 范围，可以得到中子衍射的对分布函数（pair distribution function, PDF）（图 10.29 中 16 号线），通过 PDF 方法可以得到体系中 30 Å 以内范围的原子间相对位置关系。以下以长程有序多孔碳（long-range ordered porous carbon, LOPC）的结构研究为例，对中子衍射的实验方法进行介绍。

LOPC 是近年来的一种新兴材料，其硬度高，具有多孔结构，根据制备条件可以调控其导电特性[41, 42]。然而，目前对 LOPC 本身结构的研究还很少，导致人们对 LOPC 结构的认识不清楚，从而限制了对其进一步开发。最近，中国科学技术大学的潘飞等利用中子衍射研究了 LOPC 的结构特点[43]。

通过向 $C_{60}$ 中添加适量的 $\alpha$-LiN，在高温高压（high pressure and high temperature，HPHT）条件下反应一段时间，即可制备得到 LOPC［图 10.31(a)］。LOPC 中 $C_{60}$ 单体间通过共价键的方式相结合，从而形成一种长程有序的结构。如图 10.31(b)、(c) 的 XRD 结果所示，LOPC 的结构与制备条件相关：若温度过低或者 $\alpha$-LiN 的量较少，则会生成 $C_{60}$ 的聚合物晶体（polymercrystals）而非 LOPC；若温度过高，则产物更趋近于无序结构。虽然不同结构的产物间性能有巨大区别，但是常规的电镜与 XRD 实验无法直观证实三种不同结构间的细微差别［图 10.31(a)、(b)、(c)］，只有通过 PDF 中子衍射的实验方法，才可以得到 C$_{60}$ 单体、聚合物晶体和 LOPC 在结构上的细微区别。

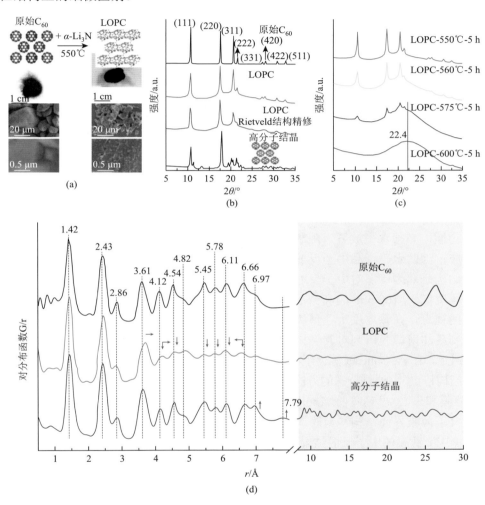

图 10.31　C$_{60}$ 与 LOPC 的结构示意图与电镜结果(a)；C$_{60}$、LOPC 与聚合物晶体间 XRD 结果对比(b)；不同制备条件得到的 LOPC 的 XRD 结果对比(c)；通过中子衍射数据的傅里叶变换得到的 C$_{60}$、LOPC 与聚合物晶体的 PDF 结果(d)，图中的绿色箭头标明了相对于 C$_{60}$ 中特征峰位置的改变趋势[43]

为了能够得到更加准确的原子结构，研究人员使用中国散裂中子源的全散射谱仪 MPI(multi physics instrument)进行了实验[44]。与传统的衍射谱仪相比，全散射谱仪可以将测量范围拓展到 $50\sim70\ \text{Å}^{-1}$，从而使倒空间的中子散射曲线直接进行傅里叶变换成为可能。如图 10.31(d)所示是三种不同结构的 PDF 结果。从图中可以看出：在 3 Å 以下的结构中，三者结构一致，这说明三价碳键（trivalent carbon bonding）在 LOPC 中仍然处于主导地位；在 9 Å 以上的结构中，LOPC 中的特征峰基本消失，对比 $C_{60}$ 和聚合物晶体的 PDF 曲线，这说明 LOPC 在该尺度上呈现一种无序的结构；而在 3～9 Å 的范围内，3.6 Å 与 4.1 Å 两个位置的特征峰明显向更大的尺度偏移，对比 LOPC 与石墨烯的 PDF 结果，得到峰位偏移的原因是 $C_{60}$ 笼结构的破缺导致的局部结构曲率减小。综上所述，$C_{60}$ 打破笼结构并通过共价键连接，导致 LOPC 在结构上同时呈现出富勒烯与石墨烯的特征。这一研究为未来设计 LOPC 结构、开发 LOPC 功能，同时促进下游产业的发展提供了理论基础。

2）中子反射观察薄膜界面结构

中子反射通常用来观察垂直于界面 1～100 nm 尺度范围内的薄膜结构，根据实验对象的不同，可以分为使用竖直样品和水平样品的两类中子反射谱仪。凝聚态物理领域的样品不具备流动性，为方便实验操作建设的竖直样品中子反射谱仪结构相对简单，操作和数据归一比较方便（图 10.29 2 号线）；软物质领域的样品具有流动性，必须水平放置，限制了入射、出射中子的取向，且需要考虑中子的重力效应，因此水平样品中子反射谱仪的结构相对复杂（3 号线）。以下以亚 100 nm 薄膜结构研究为例，对中子反射实验方法进行介绍。

厚度低于 100 nm 的高分子薄膜随着近年来有机电子学方面的需求逐渐进入人们的视野，在该厚度上，薄膜呈现出了独特的结构与力学性能，要根据需求设计与制备超薄薄膜，则对其结构-动力学-功能间关系的研究十分重要[45-47]。

最近，L. A. Galuska 等使用中子反射研究了水基底上厚度在 100 nm 以下薄膜的界面结构特点[48]。通过特殊的方法制备多种不同厚度的水基底聚苯乙烯（polystyrene，PS）薄膜和聚（3-己基噻吩）（poly（3-hexylthiophene），P3HT）薄膜，并使用中子反射研究了薄膜界面结构与薄膜厚度的关系。如图 10.32(a)、(b)中的散点图是 PS 薄膜与 P3HT 薄膜的中子反射结果，实线图则是根据模型拟合得到的结果。根据模型拟合结果，可以进一步得到垂直薄膜方向样品的散射长度密度（scattering length density，SLD）的分布情况，结果如图 10.32(c)、(d)所示，由于 PS（$1.42 \times 10^{-6}$ Å$^{-2}$）、P3HT（$0.7 \times 10^{-6}$ Å$^{-2}$）与水（$-0.56 \times 10^{-6}$ Å$^{-2}$）的中子散射长度密度均已知，根据式（10.23）即可计算高分子薄膜层中水的含量 $x$。

$$\mathrm{SLD}_{\mathrm{film}} = \mathrm{SLD}_{\mathrm{PS}} \times (1-x) + \mathrm{SLD}_{\mathrm{H_2O}} \times x \tag{10.23}$$

由图 10.32(c)可知，随着 PS 薄膜厚度减小（118～39 nm），薄膜的 SLD 随之降低（$1.321 \times 10^{-6}$～$1.146 \times 10^{-6}$ Å$^{-2}$），得到薄膜中水的体积分数从 5.04%升高到 9.79%，这说明即便是疏水高分子制备的薄膜，在厚度小于 100 nm 的情况下，也可以有效地吸附水分子；同时可以发现随着薄膜厚度的减小，水-薄膜界面的 SLD 反而是增加的（$0.361 \times 10^{-6}$～$0.552 \times 10^{-6}$ Å$^{-2}$），这主要是由薄膜界面的粗糙度决定

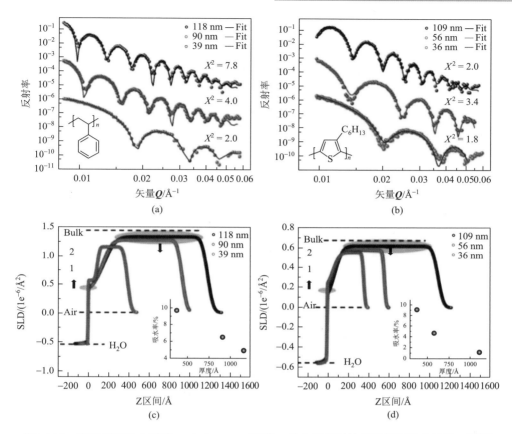

图 10.32　不同厚度的水基底 PS(a)与 P3HT 薄膜(b)的中子反射结果及模型拟合结果；不同
厚度水基底 PS(c)与 P3HT 薄膜(d)中垂直膜方向 SLD 的分布情况[48]

的，随着薄膜厚度变小，薄膜表面粗糙度降低，界面对水的吸附能力降低，因此
SLD 反而增加。同时根据时间依赖性测试，发现薄膜中的水含量基本不随时间改
变，说明水在薄膜中经过初次扩散后，动力学行为变得非常缓慢，薄膜的整体结
构更稳定。从 P3HT 薄膜的实验结果中可以得到类似的结论［图 10.32(d)］。

　　根据两种薄膜的中子反射实验结果，可以发现在厚度小于 100 nm 时，疏水高
分子形成的薄膜也可以吸附水分子，吸水会使超薄薄膜的结构与动力学发生改变，
从而体现不同的功能特性。中子反射是无损实时观察这类薄膜内部结构的唯一方法。

　　3）小角中子散射观察凝胶网络中高分子链构象

　　与小角激光散射（small angle light scattering，SLS）、小角 X 射线散射（small
angle X-ray scattering，SAXS）原理相同，小角中子散射（SANS）通常用来观察样品
内部 1～100 nm 的特征结构，随着中子散射技术的发展，SANS 向两个方向发展：
以牺牲样品处入射中子通量为代价，向更低 $Q$ 发展出可测量 1 μm 以内特征尺寸

的微小角（very small angle neutron scattering，VSANS）与可测量 30 μm 以内特征尺寸的超小角（ultra-small angle neutron scattering，USANS）谱仪[49]；以牺牲大尺度测量能力为代价，向更高 $\boldsymbol{Q}$ 发展，通过与衍射结合，发展出针对无序材料的大分子全散射谱仪，其一般的探测范围为 $0.02\sim50$ Å$^{-1}$，结合计算机模拟等手段，可以复现散射体的三维全原子结构，适合用来研究高分子功能材料的多尺度结构[50-53]。以下以凝胶网络中高分子链的构象及相关的预应变（prestrain）研究为例，对 SANS 实验方法进行介绍。

H. K. Beech 等使用两端基可交联的聚乙二醇（poly（ethylene glycol），PEG）的氘代二甲基甲酰胺（deuterated N, N-dimethylformamide，d-DMF）溶液，在其接触浓度（overlap concentration）附近制备了 PEG 凝胶（PEG gel），并使用小角中子散射得到了该浓度范围内桥接高分子链的预应变与浓度间的关系[54]。

之前的研究表明，不同浓度高分子溶液进行交联产物不同，产物中高分子单链的构象也有所区别。如图 10.33(a)所示，在浓度远低于接触浓度时，产物为环状高分子（loop）；在接触浓度附近时，产物为凝胶，且凝胶中部分起桥接（bridge）作用的高分子链发生预应变；在浓度远高于接触浓度时，产物也为凝胶，但高分子链不会发生预应变。接触浓度附近桥接链的预应变与溶液浓度相关，只有通过 SANS 的衬度匹配技术，才能观察高分子链在凝胶化前后构象的变化。

使用摩尔比为 1∶9 的、分子量与分子量分布基本相同的、两端基为可交联基团的氢化 PEG（h-PEG）与氘代 PEG（d-PEG），对 d-DMF 溶液进行了衬度匹配，得到了仅包含 PEG 单链结构信息的散射数据[55]。图 10.33(b)所示的是接触浓度的 PEG 溶液与不同浓度下 PEG 凝胶的 SANS 实验结果。通过德拜方程（Debye function）进行模型拟合与使用 Guinier 作图均可得到 PEG 链的均方回转半径（$R_g$）。进一步，考虑到此时凝胶网络中部分环状构象的 PEG 没有发生预应变，起桥接作用的 PEG 链才会真正发生预应变，因此，可以通过公式将体系平均的 $R_{g,avg}$ 分解：

$$P(R_{\text{g,avg}}) = (1-x_{\text{loop}})P(R_{\text{g,bridge}}) + (x_{\text{loop}})P(R_{\text{g,ring}}) \tag{10.24}$$

从而得到桥接链的真实 $R_{g, bridge}$，式中，$x_{loop}$ 为环状高分子的比例。如图 10.33(c)是通过两种分析方式得到的桥接 PEG 的 $R_{g, bridge}$ 与自由 PEG 的 $R_{g, solution}$ 比值随浓度变化的结果，预应变 $\alpha$ 正比于该值平方：

$$\alpha_{R_{\text{g}}} = \frac{R_{\text{g, network}}^2}{R_{\text{g, solution}}^2} \tag{10.25}$$

由图可知，在临界接触浓度附近，随着浓度的降低，桥接高分子的预应变逐渐增加。这一结论为将来进行凝胶网络的结构分析提供了模型，为根据需求设计凝胶结构提供了指导。

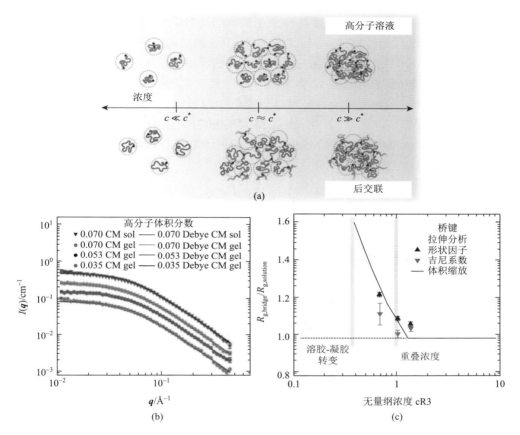

图 10.33 不同浓度高分子溶液对应凝胶制备的情况(a)：在浓度较低时，产物为环状高分子；在接触浓度附近，制备凝胶时部分高分子链会发生预应变；在浓度很高时，凝胶网络中的高分子链不会发生预应变；衬度匹配样品的 SANS 实验结果(b)，为方便查看对实验数据进行了 $y$ 方向的平移；接触浓度附近高分子链凝胶化后均方旋转半径 $R_{g,\,bridge}$ 与溶液状态下 $R_{g,\,solution}$ 的比值随浓度的变化情况(c)[54]

4) 准弹性中子散射研究两嵌段共聚物界面与端基链段的动力学

NBS 与 NSE 均可用来研究体系中 H 原子的动力学行为，NBS 针对 0.2～3 Å$^{-1}$ 尺度上 0.001～1 ns 量级的运动，NSE 针对 0.01～0.1 Å$^{-1}$ 尺度上 0.01～100 ns 量级的运动。NBS 和 NSE 通常用来研究富 H 侧基或者高分子链段的动力学[56]。二者虽然观察窗口不同，但是数据分析方法基本一致，与动态激光散射(dynamic light scattering，DLS)的相关函数分析方法类似。以下以嵌段共聚物界面与端基链段的动力学研究为例，对 NSE 的实验方法进行介绍。

嵌段共聚物(block copolymers，BCP)是一种常见的功能性高分子，在药物输运、印刷行业及聚合电解质等领域的研究中发挥着重要作用[57-59]。不同于均聚物高分子，BCP 拥有丰富的多尺度结构及相关联的动力学行为，这为其发挥多样的功能提供了基础。最近，M. Goswami 等制备了 PS 和聚乙二醇(polyethylene oxide，PEO)的两嵌段共聚物 PS-*b*-PEO，并使用 NSE 的实验方法研究了两嵌段共聚物中界面位置与端基位置链段的动力学[60]。

如图 10.34(a)、(b)所示，是 h-PEO 分别位于两嵌段界面处与 d-PEO 端基处的两种样品在 120℃时通过 NSE 实验得到的自相关函数 $S(\boldsymbol{q},t)/S(\boldsymbol{q},0)$，使用 Kohlrausch-Williams-Watts(KWM)模型对自相关函数进行拟合，可以得到富氢链段的特征弛豫时间 $\tau$:

$$\frac{S(\boldsymbol{q},t)}{S(\boldsymbol{q},0)} = A(T)\exp\left[-\left(\frac{t}{\tau(\boldsymbol{q},T)}\right)^{\beta}\right] \tag{10.26}$$

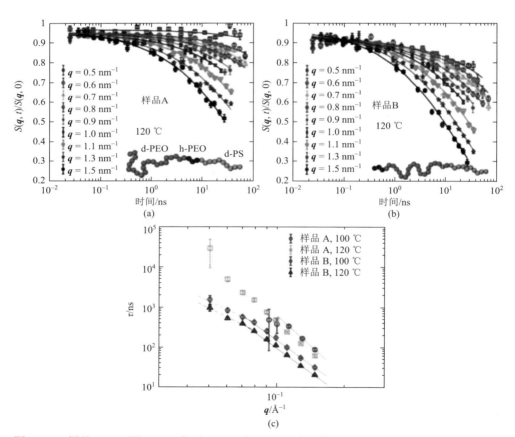

图 10.34    样品 A(a)，即 h-PEO 位于 d-PEO 与 d-PS 两嵌段的界面处与样品 B(b)，即 h-PEO 位于 d-PEO 嵌段端基处，在 120℃时 NSE 实验得到的不同散射矢量 $\boldsymbol{q}$ 的自相关函数结果；根据自相关函数结果进行模型拟合得到的特征弛豫时间 $\tau$ 与 $\boldsymbol{q}$ 的关系(c)，包括样品 A 与样品 B 在 100℃与 120℃下的结果[60]

拟合得到的弛豫时间 $\tau$ 随散射矢量 $q$ 的关系如图 10.34(c)所示，由图可知，在两个温度下，端基 PEO 链段的弛豫时间都更短，即动力学行为更快。通过 $\tau$ 与 $q$ 的指数关系，还可以进一步分析动力学行为的模式：在端基位置的 PEO 与纯 PEO 的动力学行为相似，而两嵌段界面位置的 PEO 相对于纯 PEO 在较大的尺度上动力学行为明显迟缓，这也能部分解释嵌段共聚物中 PEO 的玻璃化转变温度($T_g$)会升高的现象。NBS 与 NSE 是能够实时观察界面高分子不同尺度结构动力学行为的实验方法。

### 10.4.3　同步辐射散射技术

#### 1. 同步辐射散射基本原理

同步辐射(synchronous radiation)是带电粒子在接近光速的速度下，在沿着弧形轨道的磁场中运动时释放的电磁辐射。相比普通 X 射线光源，同步辐射 X 射线光源亮度更高、光谱连续、具有更好的偏振性和准直性，并且可以精确计算。我国经历了三代同步辐射大科学装置的建设、研究和发展，从第一代北京同步辐射装置、第二代合肥同步辐射装置到较为先进的第三代上海同步辐射光源。目前，我国正在积极建设和规划第四代先进光源，如北京高能同步辐射光源和合肥先进光源。同步辐射光源是前沿基础科学、工程技术和材料等领域所需的重要研究手段，是国际科学研究竞争的关键资源。

同步辐射硬 X 射线散射技术在高分子结构表征中的应用非常广泛，如广角 X 射线散射(WAXS)和小角 X 射线散射(SAXS)可表征高分子材料在亚纳米至百纳米尺度上的结构信息。目前，上海光源即将建成我国第一条超小角 X 射线散射(USAXS)线站，可进一步实现微米尺度的结构探测。在此基础上与毫秒级分辨的超快探测器联用可以实现高时间分辨。依托时间分辨的同步辐射 WAXS/SAXS/USAXS 研究平台，我们将能够同时获取高分子材料在 0.1～1000 nm 尺度内的结构信息，可以满足半晶高分子材料加工成型过程中多尺度结构快速演化、嵌段共聚物微相分离及高分子复合材料研究等方面的表征需求。高分子材料制品的服役性能强烈依赖于加工工艺。即使是相同的高分子原材料，通过不同的加工工艺，所获得的产品性能可能是迥异的。例如，聚乙烯通过吹塑成型可加工成柔韧的包装膜，通过挤出成型则可制成刚韧适中的排水管道，还可通过纺丝加工成超强纤维。高分子材料的加工参数主要包括加工温度、升降温速率、剪切和拉伸等加工外场的应变速率、应变和压强等。

因此，温度场、流动场等复杂外场、多加工步骤和参数相互耦合是高分子材料加工过程的主要特点。研制与多尺度表征技术联用的在线研究装备是表征高分子材料在加工过程中发生多尺度结构快速演化的重要实验手段。高分子材料加工与服役在线研究装备类型多样，有小型的剪切和拉伸流变仪，也有模拟实际工业生产的大型原位装备，如原位双向拉伸装置和原位挤出吹塑成膜装置等。此外，通过发展和集成与同步辐射联用的高分子材料性能表征技术，如用于光学膜的光学双折射检测系统，可建立高分子材料加工-结构-服役性能的高通量表征平台，大幅提高在多维加工参数空间中搜索最优参数的能力，并为实际的生产加工提供理论指导。

### 2. 同步辐射散射技术应用实例

金属及碳纤维作为高分子材料常用功能化/增强填料被广泛应用于高性能高分子复合材料的制备中。利用同步辐射散射技术可实现对该类纤维微观结构进行有效分析。

1）金属纤维标准样品的取向度验证

采用高分辨透射电镜统计金纳米棒各维度尺寸及分布，让纳米棒在流动场中取向，制备择优取向标准样品，后利用高通量、高准直性的第三代同步辐射-上海光源测试取向纳米棒，得到二维散射图谱。典型的金纳米棒其尺寸不够均一、分布较宽，无法满足作为标准样品的要求，需要进一步分离提纯。我们采用电泳分离方法对商品金纳米棒进行分离，分离后的金纳米棒如 10.35 所示。分离提纯后，金纳米棒的尺寸均一，适于作为标准样品使用，用于对相关模型进行标定。

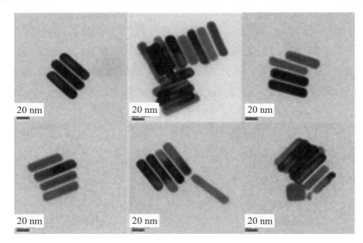

图 10.35    分离后的金纳米棒

在上海光源小角 X 射线散射站采集了取向的金纳米棒的 2D SAXS 图谱，如图 10.36(a)所示，通过模型计算得到的 2D SAXS 图谱如图 10.36(b)所示，对比图 10.36(a)和图 10.36(b)可以看出，计算得到的图谱与实验图谱非常接近，表明 2D SAXS 模型是合理的。

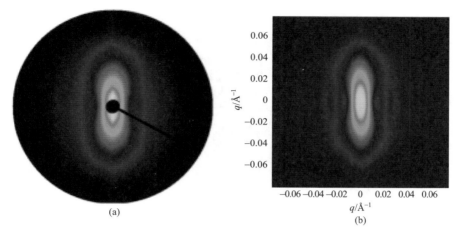

(a)

(b)

图 10.36　取向金纳米棒的 2D SAXS 图谱和计算图谱

2）高强高模碳纤维的结构分析

利用上海同步辐射光源 **BL16B** 线站，徐坚和刘瑞刚课题组设计研制了增强填料碳纤维拉伸原位检测装置，对典型的高强型和高模型碳纤维的微观结构进行原位检测，见图 10.37，具体数据见表 10.5。结果表明高强型的碳纤维微缺陷的颌联较小，而高模型的碳纤维的长径比较大。由此可以推断，微孔控制是制备高强型碳纤维的关键，超高倍牵伸是制备高模型碳纤维的关键。

图 10.37　典型的高强高模碳纤维的 SAXS 散射图

表 10.5　高强型和高模型微缺陷结果

| 样品 | $L/\text{Å}$ | $B_{eg}/(°)$ | $l_pL/\text{Å}$ | $V_{rel}$ | $L/l_p$ |
|---|---|---|---|---|---|
| M46 | 619.6 | 13.570 | 10.3 | 5.79 | 60.2 |
| T1000 | 457.5 | 10.649 | 19.2 | 1.00 | 23.8 |

## 参 考 文 献

[1]　杨柏, 吕长利, 沈家骢. 高性能聚合物光学材料[M]. 北京: 化学工业出版社, 2005.

[2]　黄翠华, 徐伟箭. 荧光高分子应用研究进展[J]. 应用化工, 2001, 30(1): 9-12.

[3]    EXARHOS G J, BRUNDLE C R, EVANS L A. 光学材料的表征[M]. 影印版. 哈尔滨: 哈尔滨工业大学出版社, 2014.

[4]    KRUPADAM R J, BHAGAT B, WATE S R, et al. Fluorescence spectrophotometer analysis of polycyclic aromatic hydrocarbons in environmental samples based on solid phase extraction using molecularly imprinted polymer[J]. Environmental Science & Technology, 2009, 43(8): 2871-2877.

[5]    A L MOMANI F A, ÖRMECI B.Measurement of polyacrylamide polymers in water and wastewater using an in-line UV-vis spectrophotometer[J].Journal of Environmental Chemical Engineering, 2014, 2(2): 765-772.

[6]    GAUR R K, GUPTA K C.A spectrophotometric method for the estimation of amino groups on polymer supports[J].Analytical Biochemistry, 1989, 180(2): 253-258.

[7]    TANAKA H, MASUKO T, OKAJIMA S.Studies on the biaxial stretching of polypropylene film. Ⅶ. Refractive index of film measured with abbé refractometer[J]. Journal of Applied Polymer Science, 1972, 16(2): 441-447.

[8]    SOKOLOV V I, SAVELYEV A G, BOUZNIK V M, et al. Refractive index and dispersion of highly fluorinated acrylic monomers in the 1.5 μm telecom wavelength region measured with a spectroscopic Abbe refractometer[J]. Measurement Science and Technology, 2014, 25(7): 077001.

[9]    LORENZO V, PEREÑA J M.Comparative study of orientation in hot-drawn poly(ethylene terephthalate)by means of refractive index and microhardness measurements[J]. Journal of Applied Polymer Science, 1990, 39(7): 1467-1474.

[10]   RHEIMS J, KSER J, WRIEDT T.Refractive-index measurements in the near-IR using an Abbe refractometer[J]. Measurement Science and Technology, 1997, 8(6): 601-605.

[11]   PARK W, PARK S J, CHO S, et al.Intermolecular structural change for thermoswitchable polymeric photosensitizer[J]. Journal of the American Chemical Society, 2016, 138: 10734-10737.

[12]   LIU F, ZHANG Y, YU G, et al.Electrochromism of novel triphenylamine-containing polyamide polymers[J]. Journal of Applied Polymer Science, 2018, 136(34): 47264.

[13]   ELLAHI M, LIU F, SONG P, et al.Characterization and morphology of polymer-dispersed liquid crystal films[J]. Soft Materials, 2014, 12(3): 339-345.

[14]   WU S J, LIN H, ZHANG S K, et al.Effects of naphthoxy side groups on functionalities of linear polyphosphazenes: Fluorescence, ion response and degradability[J].Polymer, 2020, 191: 122251.

[15]   刘顺华, 刘军民, 董星龙.电磁波屏蔽及吸波材料[M]. 北京: 化学工业出版社, 2007.

[16]   柴江河, 魏春华.四探针法电阻率测量原理[J].电子材料与电子技术, 1992, 19(2): 5.

[17]   CHENG D K. 电磁场与电磁波[M]. 何业军, 桂良启译. 北京：清华大学出版社, 2013.

[18]   许亚东. 聚合物电磁屏蔽复合材料的结构设计与性能研究[D]. 太原: 中北大学, 2019.

[19]   Qiu M N, ZHANG Y, WEN B Y. Facile synthesis of polyaniline nanostructures with effective electromagnetic interference shielding performance[J]. Journal of Materials Science: Materials in Electronics, 2018, 29(12): 10437-10444.

[20]   Dazzi A, PRATER C B. AFM-IR: Technology and applications in nanoscale infrared spectroscopy and chemical Imaging[J]. Chemical Reviews, 2017, 117(7): 5146-5173.

[21]   MATHURIN J, DENISET-BESSEAU A, BAZIN D, et al. Photothermal AFM-IR spectroscopy and imaging: status, challenges, and trends[J]. Journal of Applied Physics, 2022, 131(1): 010901.

[22]   TANG F G, BAO P T, SU Z H. Analysis of Nanodomain composition in high-impact polypropylene by atomic force microscopy-infrared[J].Analytical Chemistry, 2016, 88(9): 4926-4930.

[23]   EBY T, GUNDUSHARMA U, LO M, et al.Reverse engineering of polymeric multilayers using AFM-based

nanoscale IR spectroscopy and thermal analysis[J]. Spectroscopy Europe, 2012, 24(3): 18-21.

[24]　GHOSH S, RAMOS L, REMITA S, et al.Conducting polymer nanofibers with controlled diameters synthesized in hexagonal mesophases[J]. New Journal of Chemistry, 2015, 39(11): 8311-8320.

[25]　Mezei F. Neutrons and Neutron Scattering，History of Encyclopedia of condensed Matter physics 2005, 76-83.

[26]　DI COLA E, GRILLO I, RISTORI S. Small Angle X-ray and neutron scattering: powerful tools for studying the structure of drug-loaded liposomes[J]. Pharmaceutics, 2016, 8(2): 10.

[27]　ILL Neutrons for Society[OL]. https: //www.ill.eu/.[2023-06-05].

[28]　NIST Center for Neutron Research | NIST[OL]. https: //www.nist.gov/ncnr. [2023-06-05].

[29]　ISIS Neutron and Muon Source[OL]. https: //www.isis.stfc.ac.uk/Pages/home.aspx. [2023-06-05].

[30]　J-PARC | 大强度阳子加速器设施[OL]. https: //j-parc.jp/c/. [2023-06-05].

[31]　Neutron Sciences | Neutron Science at ORNL[OL]. https: //sns.gov/. [2023-06-05].

[32]　TAKEJI H. Principles and Applications of X-ray, Light and Neutron Scattering[M]. Singapore: Springer Nature Singapore, 2022.

[33]　CSNS 谱仪规划——高能所中国散裂中子源[OL]. http: //csns.ihep.cas.cn/pygh/kxyy/. [2023-06-05].

[34]　HABERL B, GUTHRIE M, BOEHLER R. Advancing neutron diffraction for accurate structural measurement of light elements at megabar pressures[J]. Scientific Reports, 2023, 13: 4741.

[35]　GUASCO L, KHAYDUKOV Y N, PÜTTER S, et al. Resonant neutron reflectometry for hydrogen detection[J]. Nature Communications, 2022, 13: 1486.

[36]　LIU D, SONG K, CHEN W, et al. Review: current progresses of small-angle neutron scattering on soft-matters investigation[J]. Nuclear Analysis, 2022, 1(2): 100011.

[37]　ZHAO K Y, ZHANG P, XUE S B, et al. Quasi-elastic neutron scattering(QENS)and its application for investigating the hydration of cement-based materials: state-of-the-art[J]. Materials Characterization, 2021, 172: 110890.

[38]　GARDNER J S, EHLERS G, FARAONE A, et al. High-resolution neutron spectroscopy using backscattering and neutron spin-echo spectrometers in soft and hard condensed matter[J]. Nature Reviews Physics, 2020, 2(2): 103-116.

[39]　HAN C C, AKCASU A Z. Scattering and Dynamics of Polymers: Seeking Order in Disordered Systems[M]. Singapore: John Wiley & Sons(Asia)Pte Ltd, 2011.

[40]　ARBE A, ALVAREZ F, COLMENERO J. Insight into the structure and dynamics of polymers by neutron scattering combined with atomistic molecular dynamics simulations[J]. Polymers, 2020, 12(2): 3067.

[41]　VANDERBILT D, TERSOFF J. Negative-curvature fullerene analog of $C_{60}$[J]. Physical Review Letters, 1992, 68(4): 511-513.

[42]　OKADA S, SAITO S, OSHIYAMA A. New metallic crystalline carbon: three dimensionally polymerized $C_{60}$ fullerite[J]. Physical Review Letters, 1999, 83(10): 1986-1989.

[43]　PAN F, NI K, XU T, et al. Long-range ordered porous carbons produced from $C_{60}$[J]. Nature, 2023, 614(7946): 95-101.

[44]　XU J P, XIA Y G, LI Z D, et al. Multi-physics instrument: total scattering neutron time-of-flight diffractometer at China Spallation Neutron Source[J]. Nuclear Instruments and Methods in Physics Research Section A: Accelerators, Spectrometers, Detectors and Associated Equipment, 2021, 1013: 165642.

[45]　XU J, WANG S H, WANG G-J N, et al. Highly stretchable polymer semiconductor films through the nanoconfinement effect[J]. Science, 2017, 355(6320): 59-64.

[46]  WANG Y, ZHU C X, PFATTNER R, et al. A highly stretchable, transparent, and conductive polymer[J]. Science Advances, 2017, 3(3): e1602076.

[47]  OH J Y, SON D, KATSUMATA T, et al. Stretchable self-healable semiconducting polymer film for active-matrix strain-sensing array[J]. Science Advances, 2019, 5(11): eaav3097.

[48]  GALUSKA L A, MUCKLEY E S, CAO Z Q, et al. SMART transfer method to directly compare the mechanical response of water-supported and free-standing ultrathin polymeric films[J]. Nature communications, 2021, 12(1): 2347.

[49]  ZUO T S, CHENG H, CHEN Y B, et al. Development and prospects of Very Small Angle Neutron Scattering(VSANS) techniques[J]. Chinese Physics C, 2016, 40(7): 076204.

[50]  ZUO T S, MA C L, JIAO G S, et al. Water/cosolvent attraction induced phase separation: a molecular picture of cononsolvency[J]. Macromolecules, 2019, 52(2): 457-464.

[51]  JIAO G S, ZUO T S, MA C L, et al. 3 d most-probable all-atom structure of atactic polystyrene during glass formation: a neutron total scattering study[J]. Macromolecules, 2020, 53: 5140-5146.

[52]  QIN H, MA C L, GÄRTNER S, et al. Neutron total scattering investigation on the dissolution mechanism of trehalose in NaOH/urea aqueous solution[J]. Structural Dynamics, 2021, 8(1): 014901.

[53]  MA C L, ZUO T S, HAN Z H, et al. Neutron total scattering investigation of the dissolution mechanism of trehalose in alkali/urea aqueous solution[J]. Molecules, 2022, 27(11): 3395.

[54]  BEECH H K, JOHNSON J A, OLSEN B D. Conformation of network strands in polymer gels[J]. ACS Macro Letters, 2023, 12(3): 325-330.

[55]  LI Y Q, HAN Z H, MA C L, et al. Structure and dynamics of supercooled water in the hydration layer of poly(ethylene glycol)[J]. Structural Dynamics, 2022, 9(5): 054901.

[56]  Bichler K J, Jakobi B, Honecker D, et al. Dynamics of bottlebrush polymers in solution by neutron spin echo spectroscopy[J]. Macromolecules, 2022, 55: 9810-9819.

[57]  KAZUNORI K, GLENN S K, MASAYUKI Y, et al. Block copolymer micelles as vehicles for drug delivery[J]. Journal of Controlled Release, 1993, 24(1/2/3): 119-132.

[58]  BATES C M, MAHER M J, JANES D W, et al. Block copolymer lithography[J]. Macromolecules, 2014, 47(1): 2-12.

[59]  SOO P P, HUANG B Y, JANG Y I, et al. Rubbery block copolymer electrolytes for solid-state rechargeable lithium batteries[J]. Journal of The Electrochemical Society, 1999, 146(1): 32.

[60]  GOSWAMI M, IYIOLA O O, LU W, et al. Understanding interfacial block copolymer structure and dynamics[J]. Macromolecules, 2023, 56(3): 762-771.

# 关键词索引